机械综合技术应用

主编　雷鸿春

国家一级出版社
全国百佳图书出版单位

图书在版编目(CIP)数据

机械综合技术应用 / 雷鸿春主编. — 西安 ：西安交通大学出版社，2022.2

ISBN 978-7-5693-1995-8

Ⅰ. ①机… Ⅱ. ①雷… Ⅲ. ①机械学-高等学校-教材 Ⅳ. ①TH11

中国版本图书馆 CIP 数据核字(2021)第 136625 号

书　　名 机械综合技术应用
JIXIE ZONGHE JISHU YINGYONG
主　　编 雷鸿春
责任编辑 李　佳
责任校对 毛　帆

出版发行 西安交通大学出版社
(西安市兴庆南路 1 号　邮政编码 710048)
网　　址 http://www.xjtupress.com
电　　话 (029)82668357　82667874(市场营销中心)
(029)82668315(总编办)
传　　真 (029)82668280
印　　刷 西安日报社印务中心

开　　本 787 mm×1 092 mm　1/16　**印张** 21.875　**字数** 547 千字
版次印次 2022 年 2 月第 1 版　2022 年 2 月第 1 次印刷
书　　号 ISBN 978-7-5693-1995-8
定　　价 59.80 元

发现印装质量问题，请与本社市场营销中心联系、调换。
订购热线：(029)82665248　(029)82665249
投稿热线：(029)82668818　QQ：19773706
电子信箱：19773706@qq.com

前　言

教材建设是应用型本科教育的一项基本内容，高质量的教材是培养应用型本科合格人才的基本保证。近年来出版的应用型本科教材种类繁多，但相对于应用型本科教育发展需求还存在较大差距，实践教学环节成熟的教材不多，真正体现应用型本科教育特征的实践类课程教材十分少见，难以达到培养学生工程应用能力和实践能力的目的。

西安思源学院进行了数年的探索和尝试，开发的实践课程教材以贴近工程技术人员职业能力的工程训练为特色，本书以真实工业级产品圆柱齿轮减速器为载体，通过拆卸、测绘、组装和再设计（计算机辅助设计），将机械制图、机械设计、机制工艺、公差与技术测量和 AutoCAD 等课程的实践应用融合为一体，在模拟工业生产环境下，实现教、学、做相结合，强化学生综合应用所学知识解决实际工程问题的能力。

本书采取“借鉴实际工程案例，以项目教学引领，工作任务驱动，理论实践结合，能力逐步提升”的行动导向教学模式，以圆柱齿轮减速器为项目载体，以完成圆柱齿轮减速器的设计为总项目，以工作过程为导向，共设计了 17 个工作任务。全书将学习内容任务化，教师以任务驱动方式展开教学，将“说、学、做”统一起来，使学生在一种真实的工作环境中按照企业的标准进行学习。学生在项目完成过程中，强化对知识的理解，学会对知识的应用。使学生能够扎实掌握从事工程技术工作所需要的基本理论、基本技能，能适应现代机械产品分析和设计的需要，培养学生对机械传动装置的设计能力、创新能力、工程应用能力。

本书是作者根据多年实践教学经验在原有讲义上改编而成的，在编写过程中得到了西安思源学院有关领导和工作人员的关心和帮助，并参考和引用了有关教材、文献和资料，在此对原作者一并表示衷心的感谢。

本书由雷鸿春高级工程师担任主编，参加编审工作的还有贾先、梁艳、张伟、李文汉、谭栓斌。其中，任务 3、任务 4、任务 7、任务 8、任务 9、任务 10 由雷鸿春编写（共计 12.7 万字），任务 1、任务 11、任务 16、任务 17 由贾先编写（共计 23.9 万字），任务 2、任务 5、任务 6、任务 15 由梁艳编写（共计 14.5 万字），任务 12、任务 13、任务 14 由张伟编写（共计 3.6 万字），全书由李文汉、谭栓斌审稿。

我们收集了一些机械综合技术方面的资料和习题放在电子档附件中，通过扫描前言页的二维码可学习。

由于机械技术综合实践教学环节的复杂性，实践教材的编写尚处于探索阶段，加之编者水平和经验有限，书中存在不足之处，敬请读者批评指正。

编者

2021 年 1 月

目　　录

本书项目　绘制斜齿圆柱齿轮减速器

项目描述

【项目目标】

本项目载体选用真实工业级产品一级斜齿圆柱齿轮减速器，以完成斜齿圆柱齿轮减速器的设计为总项目，设计若干个任务，以任务驱动方式展开，逐步完成一级斜齿圆柱齿轮减速器的拆卸和装配、零件测量、零件草图绘制、零件尺寸及公差标注等，最终完成一级斜齿圆柱齿轮减速器装配图和零件的绘制。

【学习目标】

①掌握通用传动装置和常用零部件的工作原理、结构特点及仿制设计的方法。

②初步掌握常用机械的拆卸、测绘和装配方法。

③掌握一般机器设备的测绘技术。

④掌握机械零件图、装配图的设计方法。

⑤熟练掌握各种常用测量工具的类型、特点、用途及使用方法。

⑥熟练掌握 CAD 软件绘图方法。

【能力目标】

①具备机械传动装置的仿制设计能力。

②具备简单机器的拆卸、装配的能力。

③具备使用各种常用测量工具的能力。

④具备一般机器设备的测绘能力。

⑤具备机械零件图、装配图的设计能力。

⑥进一步提高手工及计算机绘图的能力。

【素质目标】

①具有良好的职业道德和职业习惯。

②具有熟练的职业技能，较强的创新意识。

③具有良好的语言文字表达能力、沟通能力、团队协作精神。

④具有安全操作意识。

⑤具有严谨踏实的工作作风。

任务1　减速器的拆卸与装配

 任务描述

【任务目标】

①绘制减速器装配示意图。

②找出减速器中的标准件，列表写出标准件的名称、型号、数量、标准编号。

③写出减速器的分解顺序。

④分解减速器。

⑤给每个零件命名并编号。

【知识目标】

①零部件的拆卸规则和要求。

②一般机器的拆卸方法。

③绘制装配示意图。

【能力目标】

①具备制定简单机器拆卸和装配方案的能力。

②具备简单机器拆卸和装配的基本能力。

【素质目标】

培养学生一丝不苟、耐心细致的工作作风，养成诚实守信、严谨踏实、沟通协作的职业素质，树立质量、效率、成本、安全等意识。

 基础知识

1.1　机器测绘

1.1.1　机器测绘的概念

机器测绘是以整台机器为对象，通过测量、分析并整理，画出其制造所需的全部零件图和装配图的过程。机械零部件测绘就是对现有的机器或部件进行实物拆卸测量，选择合适的表达方案，绘出全部非标准零件的草图及装配图。根据装配草图和实际装配关系，对测得的数据进行圆整处理，确定零件的材料和技术要求，最后根据草图绘制出零件工作图和装配图。

测绘与设计不同，测绘是先有实物，再画出图样；而设计是先有图样，后有样机。如果把设计工作看成是构思实物的过程，则测绘工作可以说是一个认识实物和再现实物的过程。测绘与设计的不同点就在于此。

1.1.2　机器测绘的分类

1. 设计测绘

设计测绘的目的是设计新产品或更新产品，根据需要对有参考价值的设备或产品进行测绘，通过测绘了解机器的工作原理、结构特点，作为新产品设计的参考或依据。

设计测绘时要确定的是基本尺寸和公差，主要满足零部件的互换性需要。

2. 机修测绘

机修测绘的目的是修配。当机器因零部件损坏不能正常工作，又无图样和资料可供查阅时，为了满足零部件修配和更换的需要，就要对相关零部件进行测绘。有时为了发挥现有设备的潜力，利用已有设备的零件或部件，经过测绘，配制一些新零件或新部件，改善机器的性能，以提高机器设备的效率。

机修测绘时要确定的是制造零件的实际尺寸或修理尺寸，以修配为主，即配作为主，互换为辅，主要满足机器的传动配合要求。

3. 仿制测绘

仿制测绘的目的是制造生产性能更好的机器。在有设备但手头缺乏技术资料和图纸的情况下，通过机器测绘，得到生产所需的全部图样和有关技术资料，以便组织生产。这种为了仿制而进行的测绘，工作量较大，测绘内容也比较全面，又能为自行设计提供宝贵经验，因而受到人们的普遍重视。

大多数被仿制测绘的对象是较先进的设备，而且多为整机测绘。

1.1.3　机器测绘的过程

1. 常用的方法和程序

由于机器测绘的目的不同，所以测绘的程序和方法也不同。在实际测绘中一般有以下几种方法和程序：

零件草图→装配图→零件工作图；

零件草图→零件工作图→装配图；

装配草图→零件工作图→装配图；

装配草图→零件草图→零件工作图→装配图。

以上几种方法各有优缺点，要按测绘要求、测绘对象、复杂程度灵活采用，以达到准确、快速的目的。

测绘过程是一个复杂的工作过程，它不仅仅是照实样画图，标上尺寸就行，还要确定公差、配合、材料、热处理、表面处理和形位公差、表面粗糙度等各种技术要求。测绘工作涉及面广，包含了许多设计内容在内，所以必须要有正确的指导思想指导测绘工作的进行，采用合理的工作步骤和方法，以保证高质量、高效率地完成测绘工作。

2. 机器测绘的全过程

机器测绘的全过程，如图 1－1 所示。

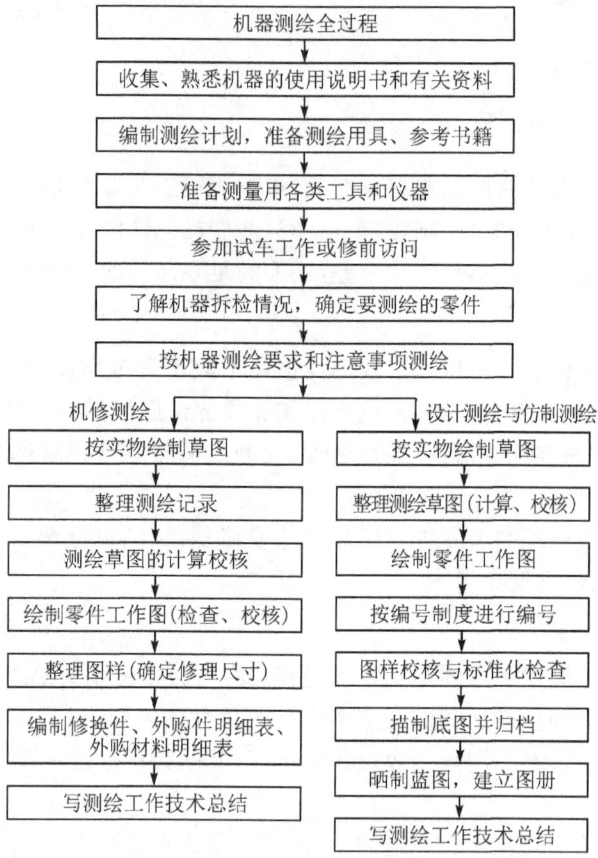

图 1－1　机器测绘的过程图

1)准备阶段

全面细致地了解测绘对象，如测绘对象的性能、工作原理、装配关系和结构特点等，了解测绘目的和任务，在参与人员、资料、场地、工具等方面做好充分准备。

2)拆卸阶段

对测绘的样机、样件依次拆卸零件，并对拆卸零部件进行记录、分组和编号。

3)绘制装配示意图

装配示意图是机器或部件拆卸过程中所画的记录图样，是绘制装配图和重新进行装配的依据。装配示意图主要表达各零件间的相对位置、装配与连接关系，传动路线等，装配示意图的画法没有严格的规定，通常用简单的线条画出零件的大体轮廓，以此作为测绘过程中的辅助图样。

4)绘制零件草图

零件测绘工作常在机器设备的现场进行，受条件限制，一般先绘制出零件草图，然后根据零件草图整理出零件工作图。

被拆卸的机器中，除标准件外的每一个零件都应根据零件的内、外结构特点，选择合适的表达方案，画出零件草图。零件草图是绘制装配图和零件工作图的重要依据，所以画零件草图时，务必认真仔细地完成。画零件草图的要求是：图形正确、表达清晰、尺寸齐全，并注写包括技术要求等必要的内容。零件草图一般用方格纸绘制。

5)测量零部件

按草图要求，测量并标注零部件的尺寸和有关参数，确定零部件的材料。在测量零部件时要注意零部件的基准及相关零件之间的配合尺寸或关联尺寸间的协调一致。测量后，要对零件的尺寸参数进行圆整，使其符合标准化、规格化和系列化的要求。

6)绘制装配草图

装配草图设计的最终目的是确定出所有部件和零件的结构和尺寸，为工作图(零件工作图、部件装配图和总装配图)设计打下基础。所以装配草图不仅要表达出装配体的工作原理、装配关系以及主要零件的结构形状，还要检查零件草图上的尺寸是否正确，若发现零件草图上的形状和尺寸有错，应及时进行调整。

7)绘制工作图

根据草图及测量数据、检验报告等有关方面的资料，整理出成套机器图样(包括零件工作图、部装图、总装图等)，并对图样进行全面审查，重点是标准化和主要技术条件，确保图样质量。

1.1.4　零件测绘草图的绘制

1. 机器零件的分类

机器的零件在结构上千差万别，在部件和机器上所起的作用也不相同，根据零件的结构和作用，将机器零件分类如下：

(1)一般零件：一般零件主要是箱体、箱盖、支架、轴、套和盘类零件等。

(2)传动件：传动件主要是带轮、链轮、齿轮、蜗轮蜗杆等。

(3)标准件和标准部件：属于标准件的有螺栓、螺母、垫圈、键和销等；属于标准部件的有减速器、联轴器和轴承等。

由于标准件和标准部件的结构、尺寸、规格等全部是标准化的，并由专门工厂生产，因此测绘时对标准件、标准部件不需要绘制草图，只要将它们的主要尺寸测量出来，再通过查阅有关设计手册，就能确定出它们的规格、代号、标注方法、材料和重量等，然后填入机器零件明细表中即可。

2. 零件草图的绘制

草图是绘制装配图和零件工作图的原始资料和主要依据。零件草图是绘制零件工作图的基本依据，要保证零件图的质量，首先要提高零件草图的质量。

零件草图一般是在测绘现场，依据实物，通过目测，估计各部分的尺寸比例，徒手绘制的零件图。草图的比例是凭眼力判断，它只要求与被测零件上各部分形状大体上符合，并不要求与被测零件保持某种严格的比例关系。

1)草图的绘制要求

为了保证草图的质量和提高绘图速度，测绘时常采用徒手与仪器相结合的方式绘制草图，对于中等或较大尺寸的圆、圆弧以及较长的线段等，多用仪器绘制，而较小尺寸的圆、圆弧、短线段等，多徒手绘制。测绘者还可以根据自己的绘图技巧和习惯，灵活运用仪器或徒手两种方式。

目测尺寸要尽量符合实际尺寸，各部分比例要匀称。要求完成的草图基本上保持物体各部分的比例关系。

草图上零件的视图表达要完整、线型粗细分明，尺寸标注要正确，配合公差、形位公差的选择也要合理，并且在标题栏内需记录零件名称、材料、数量、图号、重量等内容。

由于零件草图是绘制零件工作图的主要依据，所以草图画得越准确、越详细，将来完成零件工作图的时间就越快，测绘工作进展也越顺利。

由草图的上述要求可以看出，草图和零件工作图的要求完全相同，区别仅在于草图是目测比例和徒手绘制。草图上的线型之间的比例、尺寸标注和字体均应按机械制图国家标准规定执行。

零件草图的绘制一般是在测绘现场进行，在没有绘图工具和不知道被测绘零件尺寸的情况下，为了加快绘制草图的速度，提高图面质量，最好利用特制的方格纸。方格纸上的线间距为 5 mm，用浅色印出，右下角印有标题栏，见图 1-2。方格纸的幅面有 420 mm×300 mm、600 mm×420 mm 两种，如需更大的幅面时，可合并起来使用。如能充分利用方格纸上的图线绘制草图，不但画图的速度快而且效果好。当无方格纸时，可在厚一些的白纸上绘制草图。

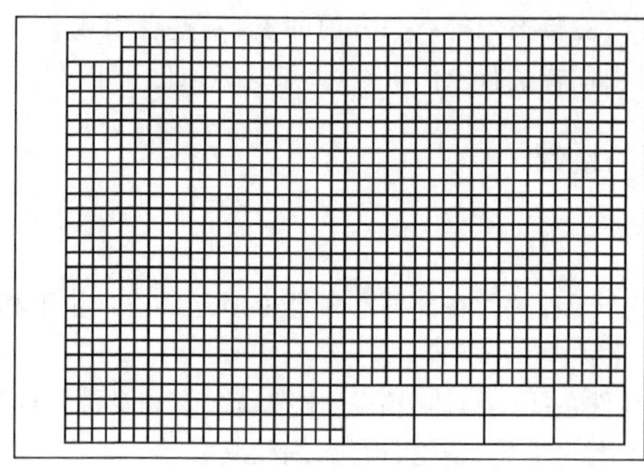

图 1-2　草图方格纸

2)绘制零件草图的步骤

在着手画零件草图之前，应对零件进行详细分析。在深入分析的基础上，再绘制零件草图。

(1)认真分析零件。了解零件的名称、材料及其在机器中或在部件中的安装部位、所起作用，与其他零件间的相互关系。详细观察零件外形和内部结构，从设计角度分析零件各部分的结构、各表面的作用，进而弄清零件是由哪些基本形体构成的？只有在分析的基础上，才能完整、清晰、简洁地表达它们的结构形状，标注出它们的尺寸。

(2)拟定表达方案。根据零件的结构形状并考虑零件加工位置或工作位置选择主视图，再按零件的内、外结构特点选择必要的其他视图，合理采用如剖视图、断面图等表达方法。尽可能采用较少的视图，完整、清晰地表达零件的内、外结构。

(3)布置图面。画出各视图的基准线、中心线，确定各视图的位置，并留出标注尺寸的间隙和右下角处标题栏的位置。

(4)画零件草图。目测各方向比例关系，按由主体到局部的顺序，逐步完成各视图的底图。

草图应按比例绘制，以视图清晰、易标注尺寸为准。

标注尺寸时应注意基准的选择(即测量基准)，要先画好尺寸界线、尺寸线和箭头，然后集中测量各部分尺寸，并将实测值标注到草图上。标注尺寸时，应仔细检查零件结构形状是否表达完整、清晰。尺寸线画完后要校对一遍，检查有没有遗漏和不合理的地方。

(5)确定各配合表面的配合公差和形位公差，并逐个填写数字，标注零件各表面的粗糙度代号。

(6)确定技术要求，填写标题栏，徒手描深，完成草图绘制。

3)绘制零件草图的注意事项

(1)优先测绘基础零件。机器解体后，按部件和组件，逐一测绘零件。这时最好选择作为装配基础的零件优先测绘。

基础件一般都比较复杂，与其他零件相关的尺寸较多。机器装配时常以基准件为核心，将相关的零件装于其上。基础件一般都为铸件、模锻件、压铸件、注塑件等，如底座、壳体、机匣等。对一些重要的轴类零件，如柴油机上的曲轴、凸轮轴和机床的主轴等，也应优先进行测绘。

基础件应优先精确计量，进行尺寸圆整、计算，并着手绘制零件工作图。这样不仅由于边测量、边计算、边绘图可以及时发现尺寸中的错误，而且能加快与基础件相关的其余零件的测绘过程。

(2)重视外购件。在优先测绘基础件的同时，对外购件(标准件与非标准件)也要着手进行测绘，整理出标准件清单和非标准件的零件图，以便早日订货。外购件必要时还可采用代用品，但必须先做代用品的置换实验再作决定。对标准件要注意匹配性、成套性，切不可用大垫圈配小螺母等。

(3)仔细分析，忠于实样。零件草图是绘制零件图的重要依据，因此，它应该具备零件图的全部内容，而绝非“潦草之图”。画测绘草图时必须严格忠于实样，不得随意更改，更不能凭主观猜测，特别要注意零件构造上工艺的特征。

如图1-3所示为传动减速箱的循环油路的正确画法，为使油路沟通，需加工一垂直孔，此孔是工艺孔，在成品上用堵头堵住，并涂漆保护。若将其测绘成图1-4所示，则减速器装配后不能正常工作。

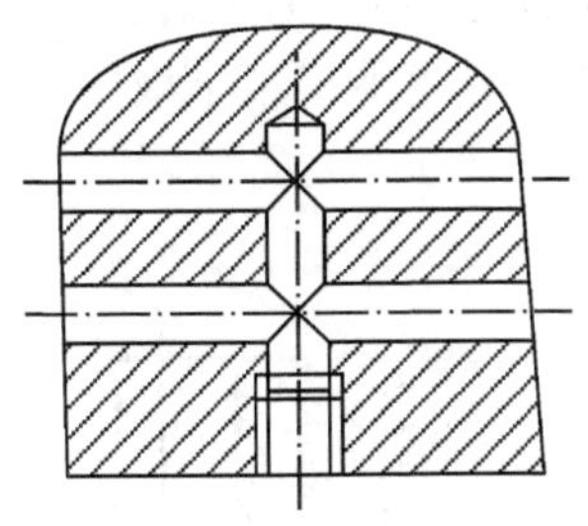
图1-3　循环油路的正确画法

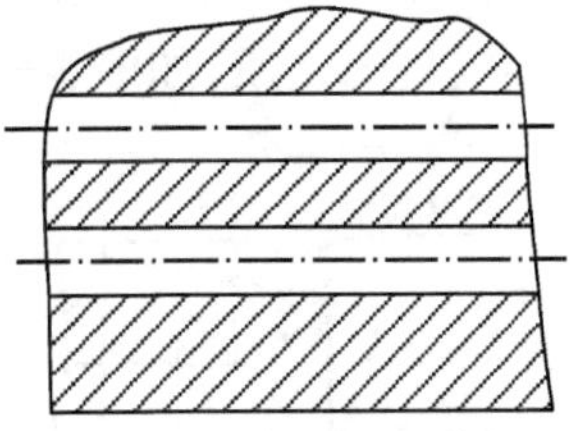
图1-4　循环油路的错误画法

零件上一些细小结构，如孔口、轴端倒角、沟槽、退刀槽、凸台、凹坑，转角处的小圆角，盲孔前端的钻顶角等均不能忽略。对于机械设备上一些设计不合理和华而不实之处，也只能在吃透原机械设备的基础上，在零件工作图上进行改变，而在画草图时应予以保留原结构。

(4)草图上允许标注封闭尺寸和重复尺寸。草图上的尺寸，有时也可注成封闭的尺寸链。

对于复杂零件，为了便于检查测量尺寸的准确性，可在不同基面注上封闭的尺寸，草图上各个投影尺寸，也允许有重复。如图 1-5 所示套座的锥体部分尺寸 a、b、c、d 中就有一个尺寸是重复的。如图 1-6 所示封严板上孔的位置尺寸，就采用了两种标注方法，因此出现了重复尺寸，这在测绘草图上是允许的。

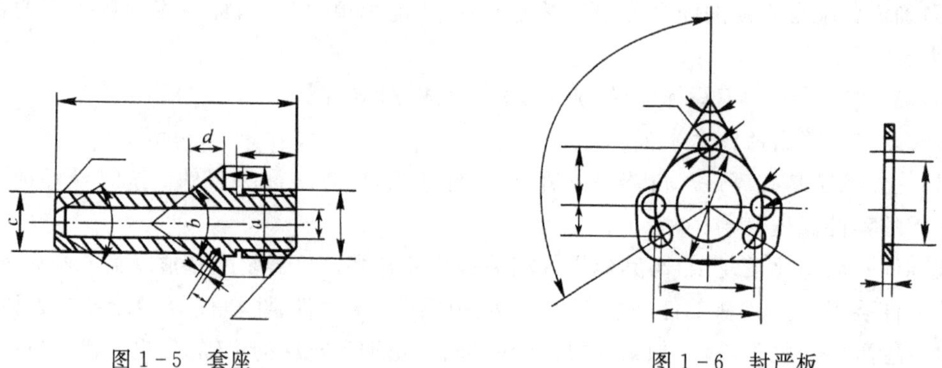

图 1-5 套座　　图 1-6 封严板

(5)注意易忽略的地方。绘制草图时，要充分注意一些容易被忽略的地方，如压力容器的螺栓连接，为了保证连接的紧密性和工作的可靠性，其中螺母和垫圈的厚度、扳手口尺寸等都会影响结合面的密封性。

(6)零件上制造缺陷和工艺结构的画法。零件上的制造缺陷，如缩孔、砂眼、毛刺、刀痕，以及使用中造成的裂纹、磨损和损坏等部位，画草图时应不画或加以修正。零件上的工艺结构，如倒角、倒圆、退刀槽、砂轮越程槽、起模斜度等，应查有关标准，确定后画出。锻件和铸件上有可能出现的形状缺陷和位置不准确，应在画草图时予以订正。

(7)零件结构工艺性问题。零件除需满足设计要求外，其结构形状还应满足加工、测量、装配等制造过程所必需的一系列工艺要求，这是确定零件局部结构的依据。因此，在进行测绘时，应考虑零件结构的工艺性，这些结构工艺可以参考国家标准的一些规定要求，结合具体情况确定。下面介绍一些常见工艺对零件结构的要求，供测绘时参考。

①铸造工艺对零件结构的要求。

铸件壁厚(JB/ZQ 4255—2006)。用铸造方法制造零件毛坯时，为了避免浇注后零件各部分因冷却速度不同而产生残缺、缩孔或裂纹，规定铸件壁厚不能小于某个极限值，且各处壁厚应尽量保持相同或均匀过渡，如图 1-7 所示。

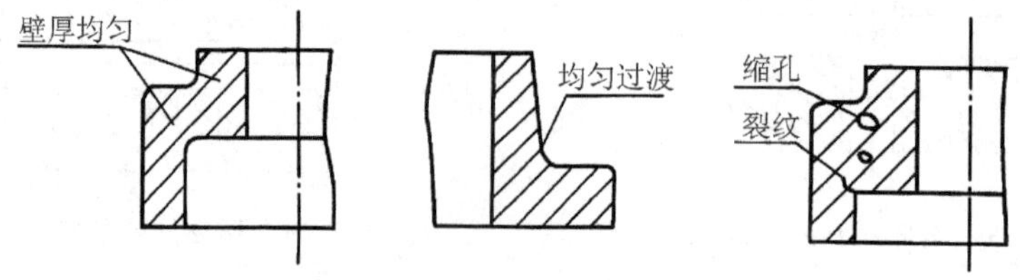

图 1-7 铸件壁厚

铸造圆角(JB/ZQ 4255—2006)。为了防止浇注铁水时冲坏砂型尖角产生砂孔，避免应力集中产生裂纹，铸件两面相交处均应做出过渡圆角，如图 1-8 所示。铸造圆角半径 R 为

3～5 mm，可在技术要求中统一注明。

起模斜度。为了便于将木模从砂型中取出，在铸件内、外壁上沿着起模方向应设计 1∶20 的斜度，叫作起模斜度，它可在零件图上画出，也可在技术要求中用文字说明，如图 1－9 所示。

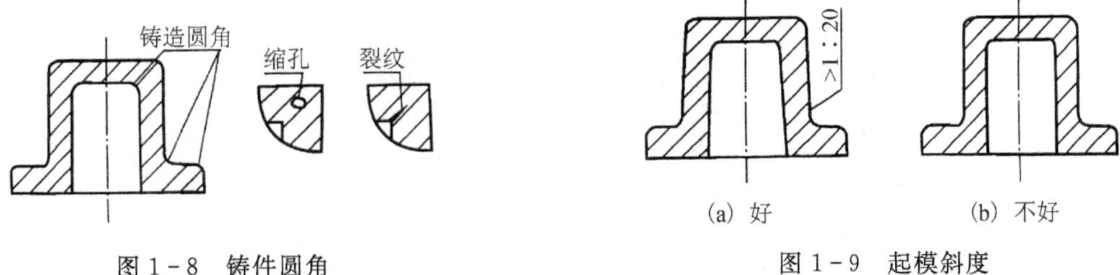

图 1－8　铸件圆角

图 1－9　起模斜度

②机械加工对零件结构的要求。

倒角(GB/T 6403.4—2008)。为了便于操作和装配，常在零件端部或孔口处加工出倒角。45°的倒角是常见的一种，有时也用 30°和 120°的倒角等，其尺寸标注如图 1－10 所示。图样中倒角尺寸全部相同或某一尺寸占多数时，可在图样空白处注明，图中 1－10(*a*)“*C*”是 45°倒角符号，“2”和“0.5”是倒角的角宽，其值可根据标准(GB/T 6403.4—2008)选择。

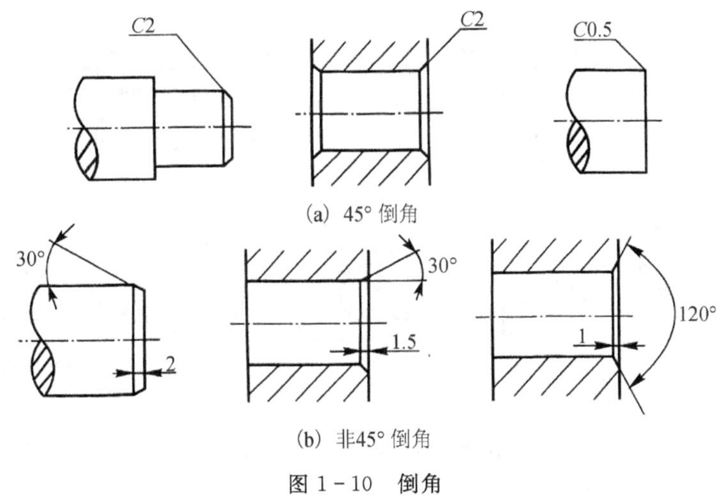

图 1－10　倒角

圆角(GB/T 6403.4—2008)。为了避免阶梯轴轴肩根部或阶梯孔的孔肩处因应力集中而断裂，通常阶梯轴轴肩根部或阶梯孔的孔肩处都以圆角过渡，圆角的画法和标注如图 1－11 所示。

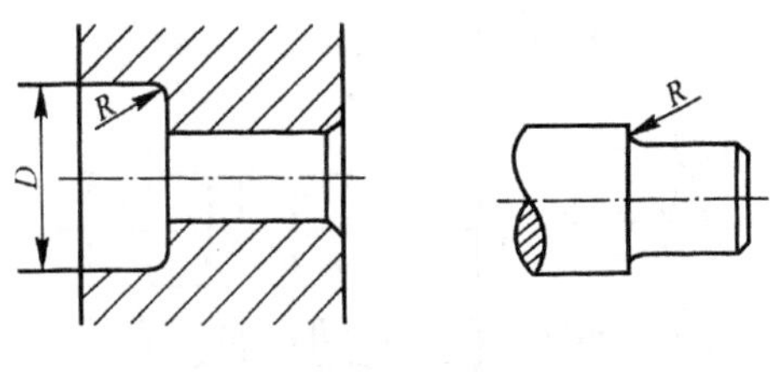

图 1－11　圆角

钻孔结构。零件上不同形式和不同用途的孔，常用钻头加工而成。为防止钻头歪斜或折断，钻孔端面应与钻头垂直。为此，对于斜孔、曲面上的孔应制成与钻头垂直的凸台或凹坑，如图 1－12(a)所示。钻削不通孔时，在孔的底部有 120°锥角。钻孔深度指的是圆柱部分的深度，不包括锥坑。在钻阶梯孔时，其过渡处也存在 120°锥角，阶梯孔的大孔的深度也不包括锥角，如图 1－12(b)所示。

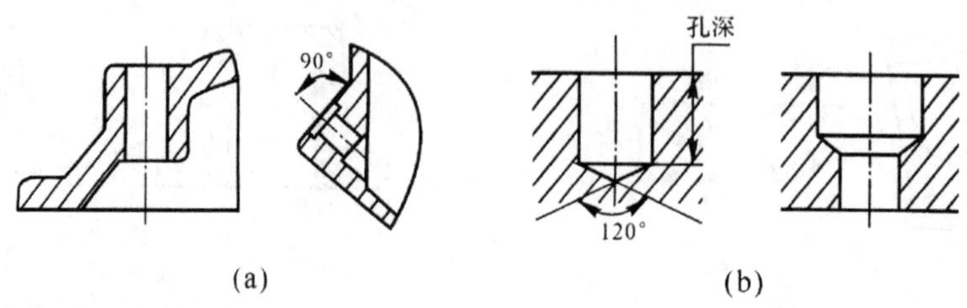

图 1－12　钻孔工艺结构

退刀槽、砂轮越程槽。在对零件进行切削加工时，为了便于退出刀具，保证装配时相关零件的接触面靠紧，在被加工表面台阶处应预先加工出退刀槽或砂轮越程槽。车削外圆的退刀槽，其尺寸一般可按“槽宽×直径”或“槽宽×槽深”方式标注(GB/T 3—1997)，如图 1－13(a)所示。磨削外圆或磨削外圆及端面时的砂轮越程槽尺寸标注(GB/T 6403.5—2008)如图 1－13(b)、(c)所示。

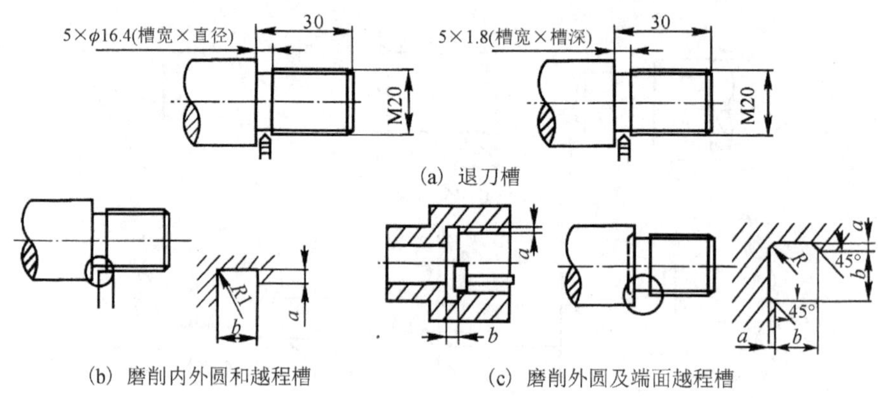

图 1－13　退刀槽和越程槽

凸台、凹坑。零件上与其他零件接触的面，一般都要加工。为了减少加工面积并保证零件表面之间有良好的接触，常常在铸件上设计出凸台、凹坑。

凸台、凹坑结构可以减轻零件的重量，节省材料和加工工时，并能提高加工精度和装配精度。常见的凸台、凹坑结构如图 1－14 所示。

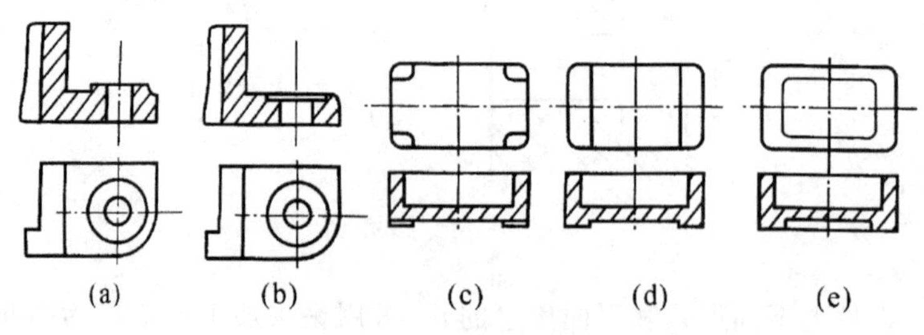

图 1－14　凸台、凹坑结构

中心孔。为了方便轴类零件的装卡、加工，通常在轴的两端加工出中心孔。中心孔有 A 型、B 型、C 型和 R 型四种，其中常用的 A 型、B 型中心孔的结构如图 1－15 所示，尺寸系列见表 1－1。

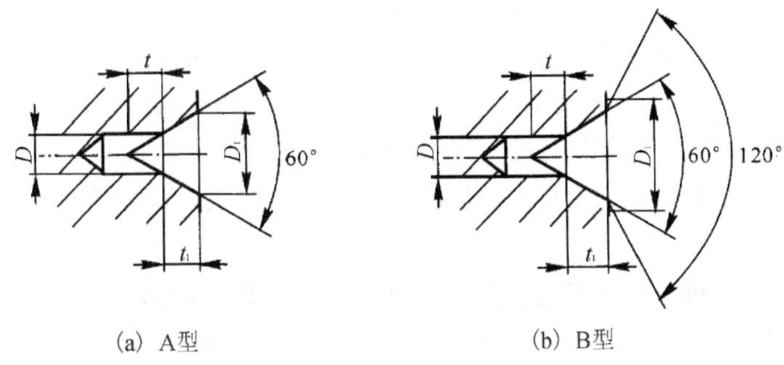

图 1－15　A 型、B 型中心孔结构

表 1－1　常用的 A 型、B 型中心孔尺寸系列

D/mm	A 型	1.00	1.60	2.00	2.50	3.15	4.00	6.30	10.00
	B 型								
D_1//mm	A 型	2.12	3.35	4.25	5.30	6.70	8.50	13.20	21.20
	B 型	3.15	5.00	6.30	8.00	10.00	12.50	18.00	28.00
t_1/mm	A 型	0.97	1.52	1.95	2.42	3.07	3.90	5.98	9.75
	B 型	1.27	1.99	2.54	3.20	4.03	5.05	7.36	11.6
t/mm	A 型	0.9	1.4	1.8	2.2	2.8	3.5	5.5	8.7
	B 型								

1.2　机器设备的拆卸

机器设备的拆卸是测量和绘制其工作图的前提。只有通过对零部件的拆卸，才能彻底了解被测零部件的工作原理和结构特点，为零部件的绘图打下基础。

1.2.1　拆卸前的准备工作

一台机器是由许多零部件装配起来的，拆卸机器是按照与装配相反的顺序进行的。因此，在拆卸之前，首先需要对被测实体进行观察，参阅测绘机器的说明书和其他有关参考资料，并查阅类似测绘机器的资料，了解使用情况和存在的问题，以便对机器或部件的用途、性能、工作原理、功能、结构特点、装配关系等进行深入了解。

在熟悉测绘对象、学习有关资料的基础上编出实用的拆卸计划，如拆卸顺序、拆卸方法、工具清单、测量项目、装夹方法和注意事项等。拟定拆卸前和拆卸中要记录和测量的原始数据表格，以避免机器或部件在拆卸后无法复原。拆卸计划要在拆卸前订出。

(1)选择测绘场地。测绘场地最好是一个封闭的环境，利于管理和安全。除绘图设备外，还应有测绘台。不能将样件直接放在绘图板上，以免污损图样损坏样件或发生事故。

(2)领取被测绘机器和用于测量尺寸误差、形位误差及表面粗糙度误差的量具、量仪、拆卸用品和工具,如扳手、螺钉旋具、锤子、铜棒、轴承拆卸器、钢直尺、内卡钳和外卡钳、游标卡尺、百分表及表架、塞尺等。

(3)准备测绘用的绘图工具、图纸,并做好测绘场地的清洁卫生。

(4)准备必要的资料,如有关国家标准、设计图册和手册、有关参考书及产品说明书等。

(5)研究机器构造特征,阅读被测绘机器的相关参考资料,掌握测绘对象的结构特点、工作原理、工艺性能及技术性能。若无相关参考资料,可查阅类似机器的有关技术文件进行参考。

(6)了解机器各零部件的连接方式。从机器拆装的角度分析,机器各零部件的连接方式可分为以下四种形式。

①永久性连接。这种连接为焊接、胶接、铆接、过盈量较大的过盈配合等,此类连接属于不可拆卸的连接,因此在分解过程中必须引起注意。如确属必要,而且又有两台以上样机时,可作破坏性试验或解剖,但必须慎重处理。

②半永久性连接。属于半永久性连接的有过盈量较小的过盈配合、具有过盈量的过渡配合,该类连接属于不经常拆卸的连接。如轴承内环和轴的配合,螺母锁紧后防松等均属这种连接,它们在拆卸后仍可再次进行连接,但拆卸过程中应测量记录其扭矩、相角、压力等数据。

③活动连接。活动连接是指相配合的零件之间有间隙,其中包括间隙配合和具有间隙的过渡配合,或两者可以相对运动。如滑动轴承的轴承孔与轴颈的配合,液压缸与活塞之间的配合,机床的导轨与刀架的连接等都属于活动连接。

④可拆卸连接。连接后零件之间虽然无相对运动,但是可以拆卸,如螺纹连接、键与销的连接等。

1.2.2 零部件的拆卸

1. 零部件的拆卸原则

(1)遵循“恢复原机”的原则。在开始拆卸时就应该考虑到再装配时要与原机相同,即保证原机的完整性、准确度和密封性等。

(2)拆卸时要遵守合理的拆卸顺序,一般情况下的拆卸顺序是由附件到主机,由外部到内部,由上到下进行。先将机器中的大部件解体,然后将各大部件拆卸成部(组)件,再将各部(组)件拆卸成测绘所需要的(组)件或零件。在拆卸比较复杂的部件时,要详细分析部件的结构以及零件在部件中所起的作用,特别应注意那些装配精度要求高的零部件。这样,可以避免混乱,使拆卸有序,为测绘工作打下良好的基础。

(3)拆卸时,通常是从最后装配的那个零件开始,即按装配的逆过程进行拆卸,切不可一开始就把机器或部件全部拆开。对不熟悉的机器或部件,拆卸前应仔细观察分析它的内部结构特点,对一些重要尺寸要进行测量并记录下测量数据,作为测绘中校核图样的参考。

(4)对于机器上的不可拆卸连接、过盈配合的衬套、销钉,壳体上的螺柱、螺套,以及一些经过调整、拆开后不易调整复位的零件(如刻度盘、游标尺等),一般不进行拆卸。

(5)复杂设备中零件的种类和数量很多,有的零件还要等待进一步测量。为了保证复原装配,必须保证全部零部件和不可拆卸组件完整无损、没有锈蚀。

(6)遇到不可拆卸组件或复杂零件的内部结构无法测量,或拆开后不易调整、复位、影响精度时，尽量不拆卸、晚拆卸或少拆卸，也可以采用 X 光透视或其他办法解决。

2. 正确的拆卸方法

(1)在拆卸过程中，除仔细考虑拆卸的顺序外，应根据零部件连接方式和零件尺寸，确定合适的拆卸方法，选用合适的拆卸工具和设备，忌乱敲乱打和划伤零件。若考虑不周、方法不对，容易造成零件损坏或变形，严重时可能造成零件无法修复，使整个零件报废。拆卸困难的零部件，应仔细揣摩其装配方法，然后试拆，切不可硬撬、硬扭，以致损坏原来好的机件。

(2)在拆卸零件的过程中，应注意分析机器或部件的传动方案、整体结构、功能要求、加工与装配工艺要求，润滑与密封要求，各零件的功用、结构特点、定位方式，零件间的装配关系、配合性质等，并测量各零部件的结构尺寸和各零部件之间的相对位置尺寸。

(3)注意相互配合零件的拆卸。机械设备中有许多配合的组件和零件，所以合理选择和正确使用相应的拆卸工具很重要。拆卸时，应尽量采用专用的或合适的工具和设备。装配在一起的零件间一般都有一定的配合，尽管配合的松紧依配合性质的不同而不同，但拆卸时常常会用手锤冲击。锤击时，必须对受击部位采取保护措施，一般使用铜棒、胶木棒、木棒或木板等保护受击的零件。拆卸时不得使用不合适的工具勉强凑合、乱敲乱打，不能用量具、钳子、扳手等代替手锤使用，以免将工具损坏。

(4)记录拆卸方向，防止零件丢失。零件拆卸后，无论是打出还是压出，衬套、轴承、销钉或拆卸的螺纹连接件，均需记录拆卸方向。拆卸后要对拆下的零件进行清洗、编号、挂标签并分类，必要时在零件上打号，然后分组且有顺序地放置和妥善保管，以避免零件损坏、变形、生锈或混乱、丢失。打号方法常用于相似零部件较多，零部件装配位置要求十分严格或非常重要的零部件。零件号牌应事先做好，号牌上内容应包括名称、编号、件数等。紧固件如螺栓、螺钉、螺母及垫圈等，其数量较多，规格相近，很容易混乱或丢失，最好将它们串在一起或装回原处，也可以把相同的小零件全部拴在一起，或放置在盒内，做上标记，并作相应记录。要特别注意防止滚珠、键、销等小零件的丢失。

(5)做好记录。拆卸记录必须详细具体，对每一拆卸步骤应逐条记录并整理出装配注意事项。尤其要注意装配的相对位置，必要时在记录本上绘制装配连接位置草图帮助记忆，力求记清每个零件的拆卸顺序和位置，以备重新组装，避免机器或部件分解后无法复原，如图 1－16 所示。对复杂组件，最好在拆卸前拍照记录。对在装配中有一定的啮合位置、调整位置的零部件，应先测量、鉴定，做上记号并详细记录。

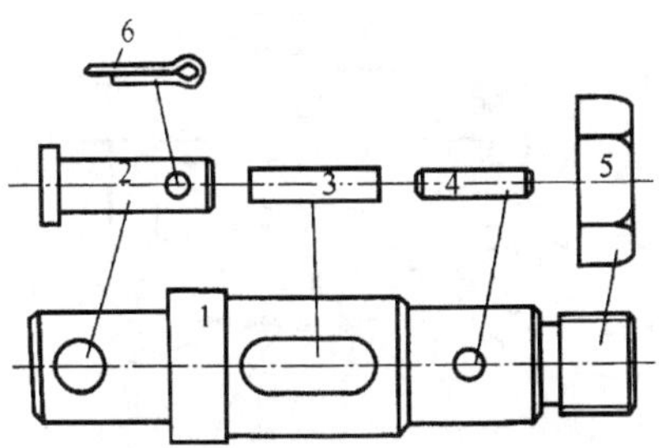

图 1－16　零件拆卸顺序和位置

(6)注意特殊零件的拆卸。进行拆卸时，应当尽量保护制造困难和价格较贵、精度较高的贵重零件，怕脏、怕碰的精密零部件应单独拆卸与存放；不能用重要的零件的表面做放置的支撑面，以免损伤。

拆下的润滑装置或冷却装置，在清洗后要将其管口封好，以免侵入杂物。有螺纹的零件，特别是一些受热部分的螺纹零件，应多涂润滑油，待油渗透后再进行拆卸。

在干燥状态下拆卸易卡住的配合件应先涂润滑油，等数分钟后再拆卸；如仍不易拆下，则应再涂油。对过盈配合件亦应涂润滑油，过一段时间再进行拆卸。

1.2.3 绘制装配示意图

装配示意图又称装配简图，主要用于表达机器中各组成部分的总体布局和相对位置关系。为了保证能顺利地将部件重新装配起来，避免遗忘，在拆卸过程中应画出装配示意图。装配示意图是在零件拆卸过程中，用简明的符号和线条徒手画出的图样，记录下部件的工作原理、传动系统、装配的连接关系等内容。绘制装配示意图一般边拆卸边画图，逐一记录下各零件在原装配体中的装配关系，并在图上标出各零件的名称、数量、相互位置关系和装配连接关系等需要记录的数据。

装配示意图是绘制装配图和零件拆卸后重新装配成机器或部件的依据。因此，正确绘制装配示意图是机械拆卸过程中重要的一步。图 1-17 是送料齿轮箱装配示意图，图上的齿轮主轴、轴承、圆锥齿轮、蜗杆、蜗轮等均按规定代号画出。箱体、轴承盖等无规定代号的零件，则只画出其大致轮廓，对不影响装配关系的部分，均可省略不画。

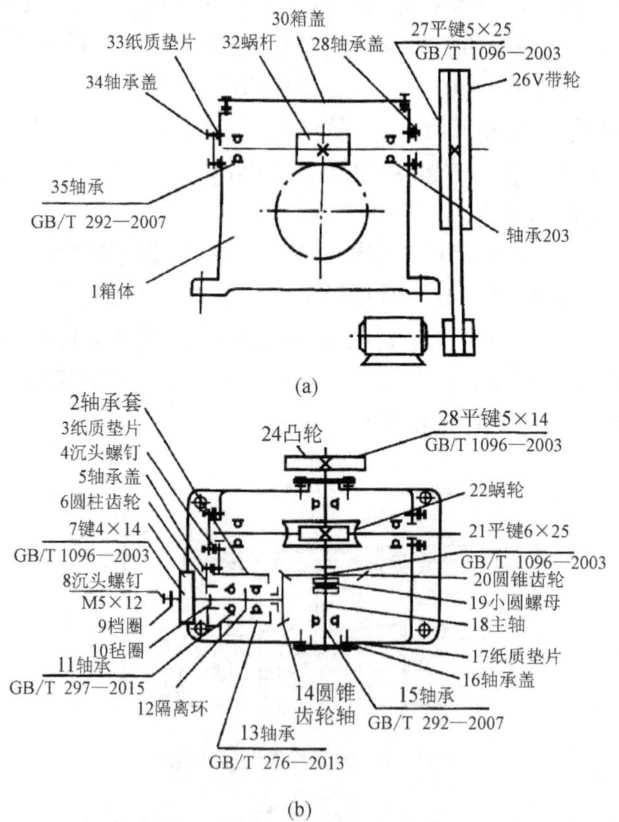

图 1-17　送料齿轮箱的装配示意图

图 1－17(a)表示从电动机至带轮、蜗杆蜗轮的传入路线。图 1－17(b)则表示蜗杆蜗轮和凸轮一条传出线路，另一条蜗杆蜗轮、一对圆锥齿轮、小圆柱齿轮的传出线路的传动关系。图 1－17还表示了箱体内轴承、轴承套、蜗杆轴、主轴之间的装配关系。

绘制装配示意图时，还应注意以下几点：

(1)装配示意图的画法没有严格的规定，除有些零件如轴、轴承、齿轮、弹簧等应用国家标准中规定的符号绘制外，机器零件通常用单线条画出它的大体轮廓，以显示其形态的基本特征。一些常用零件及构件的规定代号，可参阅国家标准中的“机构运动简图符号”(GB/T 4460—2013)。

(2)将待测绘的装配体假想成透明体，既画外形轮廓，又画内部结构，但它绝不是剖视图，而且各零件不受其他零件遮挡的限制，使所有零件尽量集中在一个或两个视图上表达出来。装配示意图可从主要零件着手，依次按装配顺序把其他零件逐一画出。

(3)在装配示意图上编出的零件序号，最好按拆卸顺序排列，并且列表填写序号、零件名称、数量、材料及标准件的标准代号等。

(4)由于标准件不必绘制零件图，因此，对装配体中的标准件，应查阅有关国家标准，及时确定其尺寸规格，并将它们标注在表上。

(5)两相邻零件的接触面或配合面之间应画出间隙，便于将它们区别开来，这点和画装配图的规定不同。

(6)装配示意图各部分之间大致符合比例，特殊情况可放大或缩小。

(7)示意图常采用展开画法和旋转画法，可以用涂色、加粗线条等手法，使其更形象化。

(8)装配示意图上的内、外螺纹，均用示意画法。内、外螺纹配合，可分别全部画也可只按外螺纹画出。

1.2.4　拆卸方法

一般连接方式如螺栓连接、螺钉连接、键连接等，拆卸时使用扳手、起子等一般工具就可以顺利拆开。但对过盈配合以及有些连接的零件，如弹簧挡圈、轴承等拆卸时就要使用专用工具。常用的拆卸方法有：

1. 冲击力拆卸法

利用手锤的冲击力打出要拆卸的零件的方法称为冲击力拆卸法。这种拆卸方法多用在零件材料的强度、硬度较大或不重要的零件，如衬套、定位销等的拆卸。为保证周边受力均匀，常采用导向柱或导向套筒，导向柱和导向套筒的直径分别和零件或衬套孔径具有较小的配合间隙，最好利用弹簧来支承使被拆卸的零件不受损坏，如图 1－18所示。在锤击时要垫上软质垫块，如木材、铜垫片等，以防止锤力过大而损坏所拆卸的零件表面。

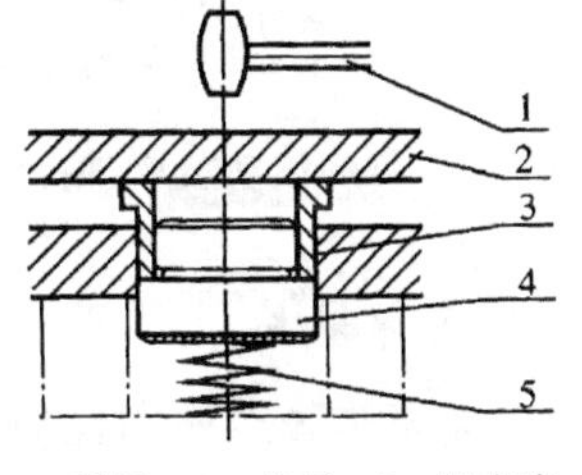

1—手捶；2—垫板；3—导向套；4—拆卸件；5—弹簧。

图 1－18　冲击力法拆卸示意图

2. 压出拆卸法

压出拆卸法作用力稳定而均匀，作用力的大小和方向容易控制，而且可以从压力表中记录压力大小，以便估计过盈量或复原之用。但这种方法需要一定的设备，如各种动力(液、气、机械)的压力机。如图 1－19 所示是在压力 P 的作用下,使齿轮与轴分离的示意图。如图 1－20 所示是在压力的作用下,拆卸滚动轴承的方法。

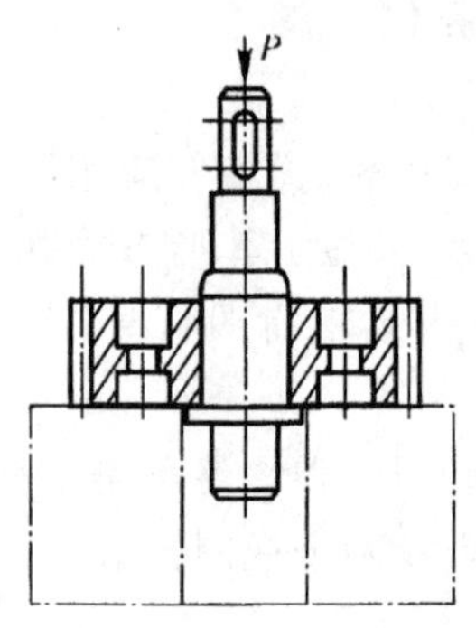

图 1－19　用压力机拆卸零件

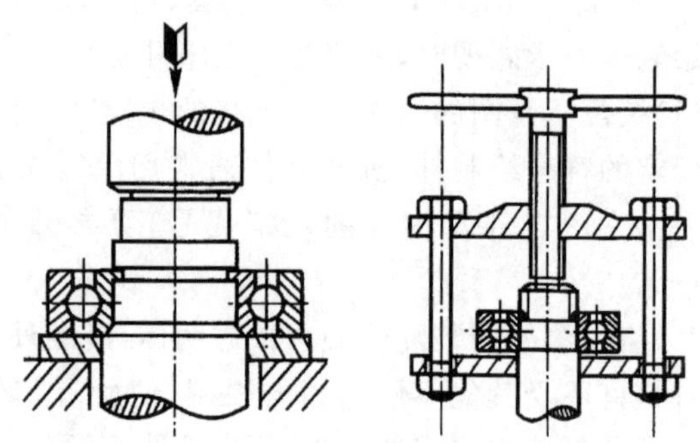

图 1－20　压力作用下拆卸滚动轴承

3. 拉力拆卸法

拉力拆卸法常采用一些特殊的螺旋拆卸辅助工具,其样式很多,拆卸滚动轴承、轴套、皮带轮等所用的拆卸工具如图 1－21 所示。利用卡环(两个半圆)拆卸轴承,使轴承受力更均匀,如图 1－22 所示。

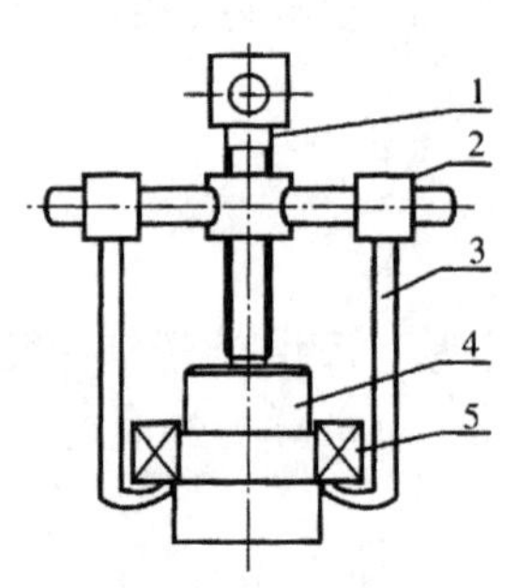

1—手钢与螺杆;2—螺母与横架;
3—拉杆;4—轴;5—轴承。

图 1－21　拆卸滚动轴承、轴套、皮带轮用的工具

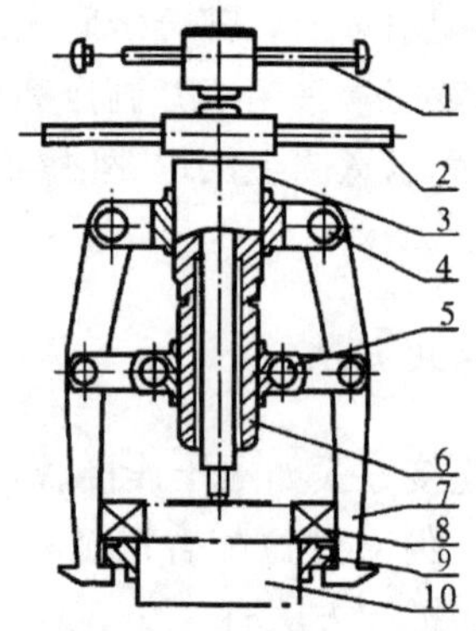

1、2—手钢;3—螺母套;4—右旋螺母;
5—左旋螺母;6—螺母;7—拉杆;
8—轴承;9—卡环;10—轴。

图 1－22　利用卡环拆卸轴承

4. 温差拆卸法

利用金属热胀冷缩的性质进行拆卸的方法称为温差拆卸法。加热,使孔径增大;冷却,使轴的直径变小。这样轴与孔的配合过盈量相对减小或配合出现间隙,拆卸就比较容易。

利用加热轴承内圈拆卸轴承的方法如图 1－23 所示。在加热前用石棉把靠近轴承那一部分轴隔离开,然后在轴上套一个套圈使之与零件隔热。拆卸时,用拆卸工具的抓钩抓住轴承的内圈,并迅速将加热到 100℃的油倒入,将轴承加热,然后拉出轴承。也可用干冰局部冷却轴承外圈,并迅速从齿轮中拉出轴承的外圈,如图 1－24 所示。

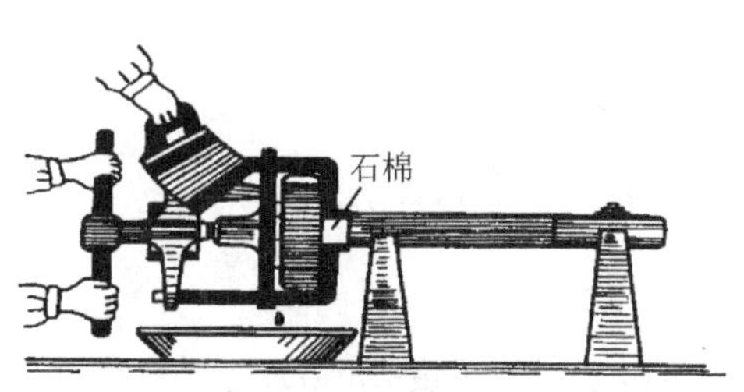

图1-23　用热胀法拆卸轴承内圈

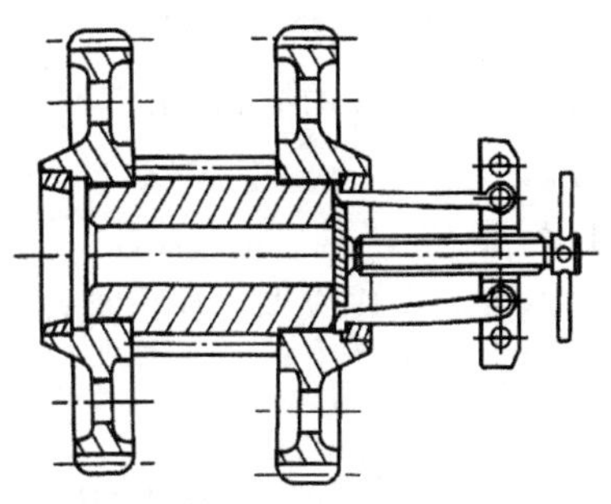

图1-24　用冷缩法拆卸轴承外圈

以上几种拆卸方法，主要用于半永久性连接。永久性连接则不应拆卸，如要拆卸则为破坏性拆卸。

拆卸时应注意：

(1)手锤头部不能直接接触被拆卸零件。用冲击力拆卸零件时，手锤头部不能直接接触拆卸零件，以防止零件变形或损坏。若用一定力量敲击仍不见松动时，应改用其他方法。

(2)可拆可不拆的零件尽可能不拆卸。当有些零件之间的结构是已知的或者可以在机械零件设计手册中查出时，可以不拆卸而直接画出其零件图。如图1-25(a)所示为常见齿轮和轴的配合结构，较为熟悉，不经拆卸即可画出轴轮的零件图，如图1-25(b)、(c)所示。

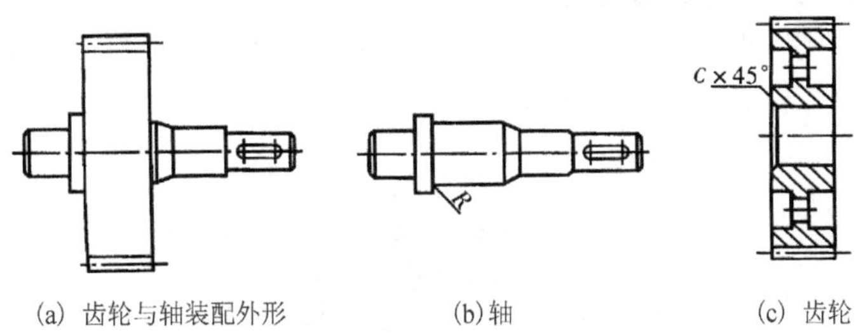

(a) 齿轮与轴装配外形　　(b)轴　　(c) 齿轮

图1-25　齿轮与轴的结构分析

(3)浇注的轴承合金等零件不应拆卸。浇注的轴承合金已经与机壳形成一体，因此不应拆卸，测绘如遇到这种结构时，只能根据外表和有关资料、标准进行分析决定，如图1-26所示。必要时，若有备件则应做解剖化验和测量。

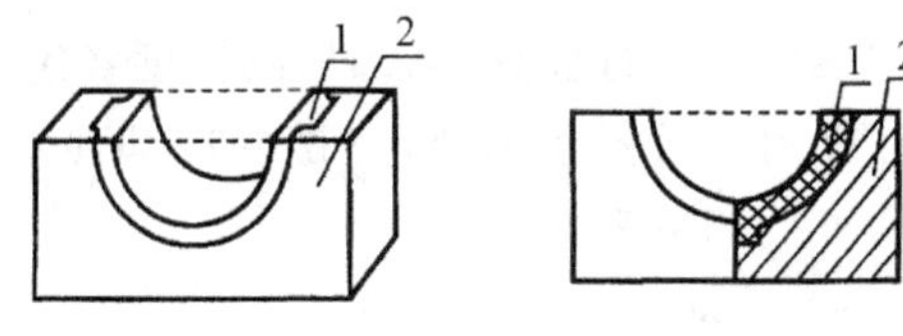

1—合金轴承；2—机体。

图1-26　多支点烧铸合金轴承

(4)铆接件与焊接件也不应拆卸。

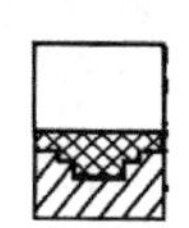

5. 预紧力组装件拆卸法

预紧力组装件的拆卸，如机械压力机的大立柱等，常用的有加热法、机械拉伸法和液压拉伸法等。

1）加热法

加热法的操作应先计算出被拉伸部分的伸长值，可按式（1－1）计算：

$$\lambda = \frac{RL}{E} \tag{1-1}$$

式中，λ为伸长值，mm；R为许用应力，kPa；L为被拉伸压紧部的长度，mm；E为弹性模量。

按式（1－1）算出的伸长值再用式（1－2）计算螺母的旋转角度：

$$\gamma = \frac{360°\lambda}{s} \tag{1-2}$$

式中，r为旋转角，°；s为螺距，mm；λ为伸长值，mm。

求得螺母旋转角度后，用式（1－3）计算螺柱的加热温度：

$$t_1 = \frac{\lambda}{\mu L} \tag{1-3}$$

式中，t_1为加热温度，℃；L为螺柱受热部分的长度，mm；μ为线胀系数。

将环境温度考虑进去，计算测量温度如下：

$$t = t_1 + t_2 \tag{1-4}$$

式中，t为测量温度，℃；t_1为加热温度，℃；t_2为环境温度，℃。

加热前将螺母拧紧，使螺母与压紧件的表面接触紧密至转不动为止，同时在螺母上做出零位和应旋转的角度标记，如图1－27所示。

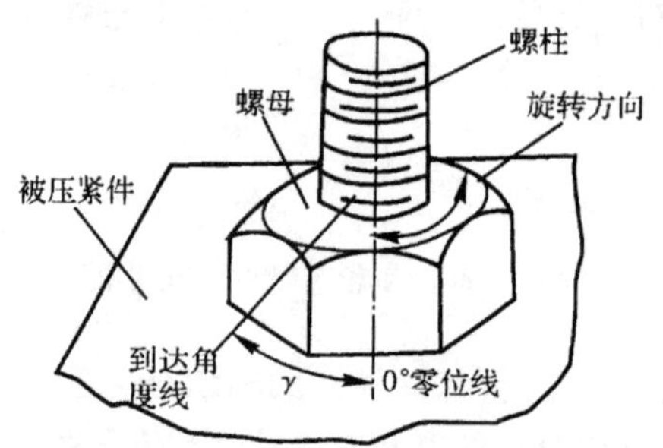

图1－27　螺母旋转角度示意图

用电加热贴片、电阻丝或热蒸汽在螺柱上进行加热；当螺柱的温度稳定在式（1－4）计算的测量温度时，旋转螺母至式（1－2）的计算角度后停止加热，待螺柱冷却便获得应有的预紧力。拆卸时，当螺柱加热伸长后旋松螺母即可拆卸下来。

2）拉伸法

当需要拆卸的螺柱既没有加热部位又没有专用工具时，可以采用杠杆原理以机械的方法进行拆卸。即加工一只螺母，用钢板焊上U字形的提篮臂，用槽钢加固后做成长杠杆，将加工的螺母旋至螺柱上，与螺柱上的螺母留出约一扣的距离。用杠杆套在提篮臂上，以垫铁在杠杆头上做支点，用油压千斤顶在杠杆的另一端做力点，逐渐将千斤顶升高，螺柱被拉长后，随即将螺母旋松即可将螺柱拆卸下来，如图1－28所示。

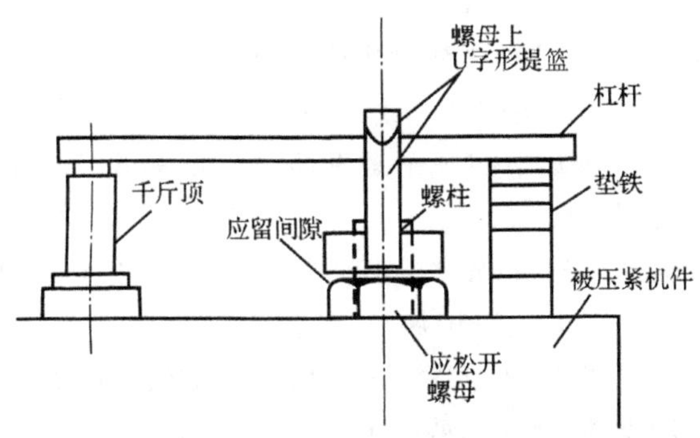

图 1-28 用简单工具拆卸大螺柱示意图

也可以用专用液压工具装在螺柱上，逐渐升高压力使螺柱伸长后，将螺母拧松便可将螺柱拆卸下来，这是最简便的拆卸方法。

1.2.5 常见零部件的拆卸方法

1. 螺纹连接件的拆卸

拆卸螺纹连接件时，首先应选用合适的扳手，一般开口扳手比活扳手好用，梅花扳手和套筒扳手比开口扳手好用。实际操作时，几种扳手可相互配合使用。开始拆卸时，应注意连接件的左右旋转方向，均匀施力，弄不清旋转方向时，要进行试拆，否则会出现越拧越紧的现象。待螺纹松动后，其旋向已明确，再逐步旋出。不要用力过猛，以免造成零件损坏。

特殊结构的螺母和螺纹连接(如圆周上带槽或孔的圆螺母)用图 1-29 所示的扳手。端面带槽或孔的圆螺母，可用带槽螺母扳手(如图 1-30 所示)和销钉扳手(如图 1-31)拆卸。

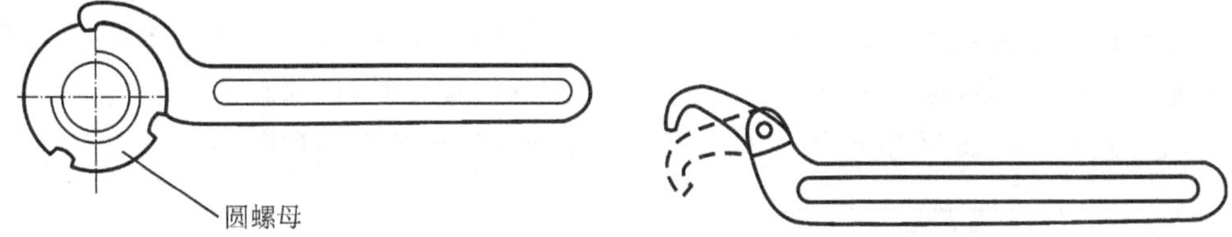

图 1-29 用圆螺母扳手拆卸圆螺母

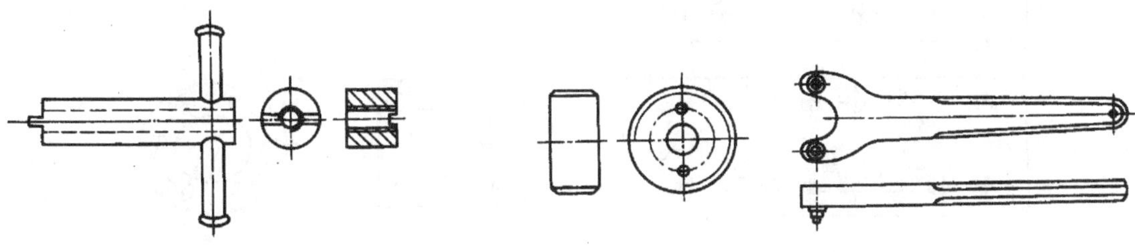

图 1-30 带槽螺母扳手

图 1-31 销钉扳手

1)双头螺柱的拆卸

(1)用并紧的双螺母来拆卸,这种方法操作简单,应用较广。方法是选两个和双头螺柱相同规格的螺母,把两个螺母拧在双头螺柱螺纹的中部,并将两个螺母相对拧紧,此时两螺母锁死在螺柱的螺纹中,用扳手旋转其中的一个螺母即可将双头螺柱拧出,如图 1-32(a)所示。安装双头螺柱的过程是旋向相反。

(2)用高螺母拆卸器拆卸螺柱时,先将它拧入螺柱,再拧紧止动螺钉,然后用扳手沿松脱螺柱的方向扳动高螺母即可,如图 1-32(b)所示。

(3) 用楔式拆卸器来拆卸螺柱时,先将它拧入螺柱,再将楔子楔入,压紧螺柱,然后将手柄沿松脱螺柱的方向转动,即可卸下螺柱,如图 1-32(c)所示。

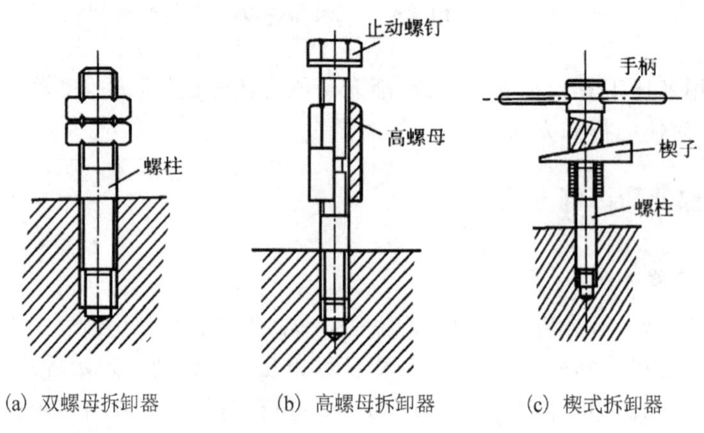

图 1-32 螺柱的拆卸

2)多螺栓紧固件的拆卸

由于多螺栓紧固的大多是盘盖类零件,材料较软、厚度不大、易变形,因此在拆卸这类零件螺栓时,螺栓或螺母必须按一定顺序进行,以便被紧固件的内应力实现均匀变化,防止严重变形,失去精度。注意不可将每个螺栓一次旋出。拆卸螺纹连接时,拆卸顺序与装配时的拧紧顺序相反,由外到里依次逐渐松开,图 1-33 指出了多螺柱连接的拆卸顺序。

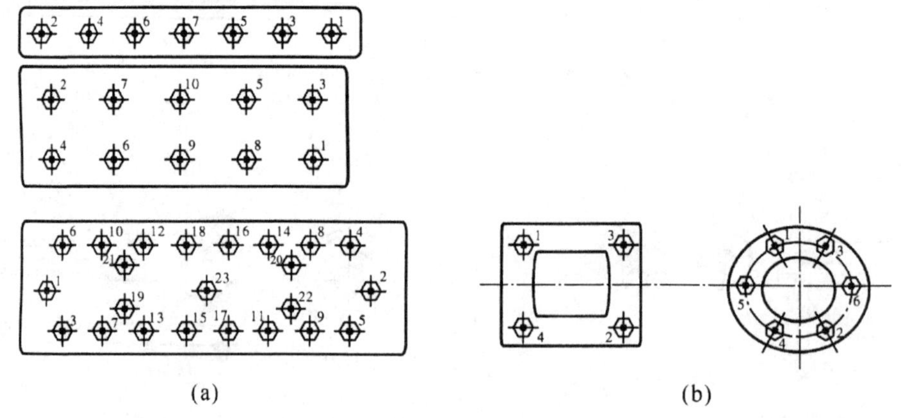

图 1-33 多螺栓连接的拆卸顺序

3)锈蚀螺母、螺钉等的拆卸

一般螺纹的拆卸比较容易,只要用扳手拧松就可拆卸掉。若零部件长期没有拆卸,螺母锈结在螺杆上或螺钉等锈结在机件上,即对生锈腐蚀的螺纹连接的拆卸则比较麻烦。拆卸时要根据锈结情况采用相应的方法,绝不能硬拧。这时,可先用手锤敲击螺母或螺钉,使其受振动而松动,然后,用扳手拧紧和拧退,反复地松紧,这样以振动加扭力方式,将其卸掉。若锈结时间较长,可用煤油浸泡 20～30 min 或更长时间后,辅以适当的敲击震动,使锈层松散,就比较容易拧转和拆卸。锈结严重的部位,可用火焰对其加热,经过热胀冷缩的作用,使其松动。

4)调整螺钉的拆卸

调整螺钉的拆卸一般用双套筒扳手,如图 1－34 所示。先拧紧内套筒,然后按松脱紧固螺母方向拧松外套筒,即可拆下。

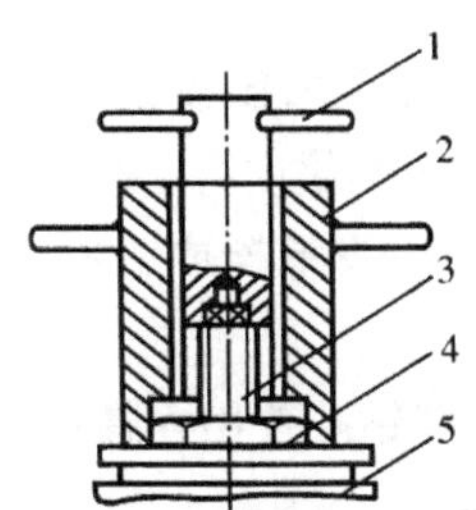

1—内套筒；2—外套筒；3—调整螺钉；4—紧固螺母；5—阀体。

图 1－34　双套筒扳手

5)受空间位置限制的特殊场合的拆卸

可以用带万向接头或带锥齿轮的特种扳手拆卸,特种扳手如图 1－35 所示。

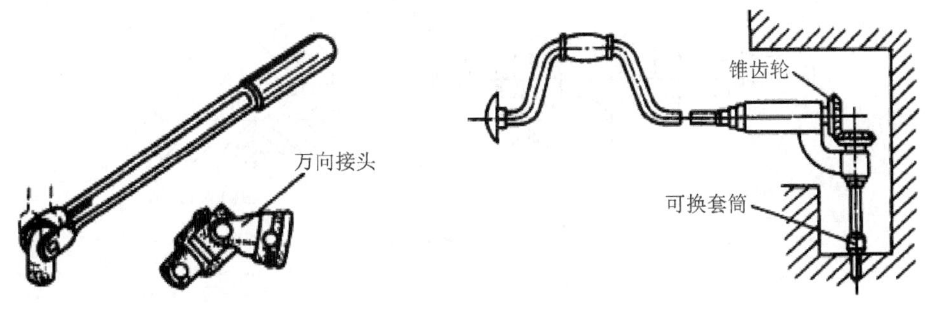

(a)带万向接头的特种扳手　　(b)带锥齿轮的特种扳手

图 1－35　特种扳手

2. 销的拆卸

1)安装在通孔中的销

拆卸安装在通孔中的销时要在机件下面放上带孔的垫铁,或将机件放在 V 形支承或槽钢类支承上面,使用手锤和略小于销直径的铜棒敲击销的一端(圆锥销为小端),即可将销拆出,如图 1－36 所示。如果销和零件配合的过盈量较大,手工不易拆出时,可借助于压力机拆卸。对于定位销，在拆去被定位的零件后，销往往会留在主要零件上，这时可用销钳或尖嘴钳将其拔出。

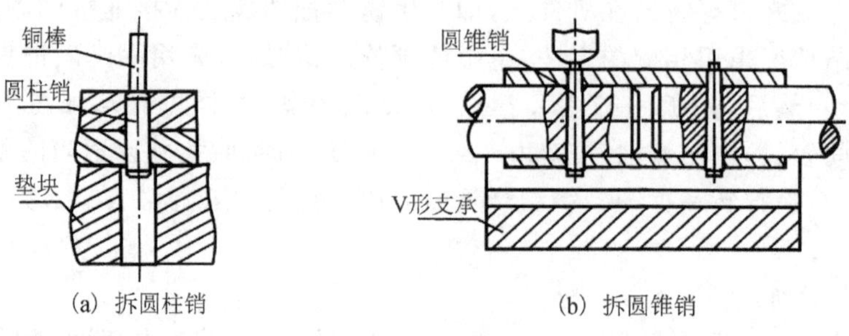

(a) 拆圆柱销　(b) 拆圆锥销

图 1－36　通孔中普通销的拆卸

2)内螺纹销和盲孔中销的拆卸

内螺纹销形式如图 1－37 所示，拆卸带内螺纹的销时，可使用特制拔销器将销拔出，如图 1－38 所示，当 3 部分的螺纹旋入销的内螺纹时，用 2 部分冲击 1 部分即可将销取出。如无专用工具，可先在销的内螺纹孔中装上六角头螺栓或带有凸缘的螺杆，再用锤、铜冲冲打将销子拆下，如图 1－39 所示。

对于盲孔中无螺纹的销，可在销头部钻孔攻出内螺纹，采用如图 1－39 所示方法进行拆卸。

(a) 内螺纹圆柱销　(b) 内螺纹圆锥销

图 1－37　内螺纹销形式

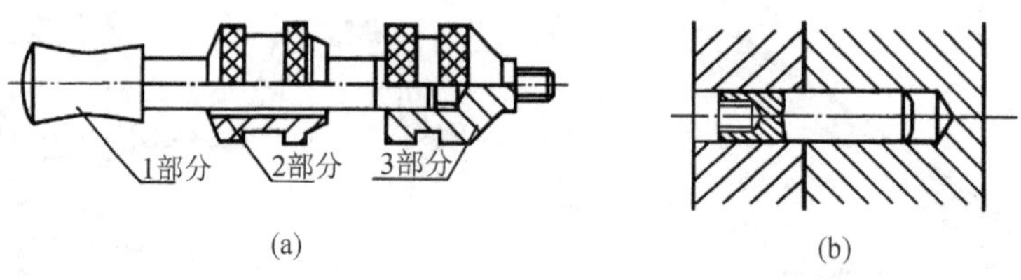

(a)　(b)

图 1－38　拆卸内螺纹销

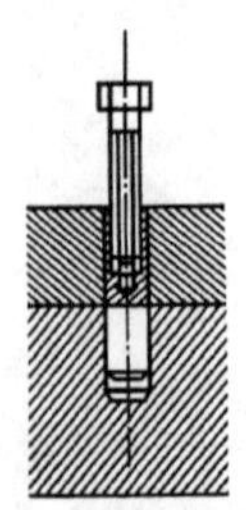

图 1－39　拆内螺纹销

3)螺尾圆锥销及外螺纹圆柱销的拆卸

螺尾圆锥销及外螺纹圆柱销如图1-40所示。拆卸时,拧上一个与螺尾相同的螺母,如图1-41所示,拧紧螺母将销卸出。

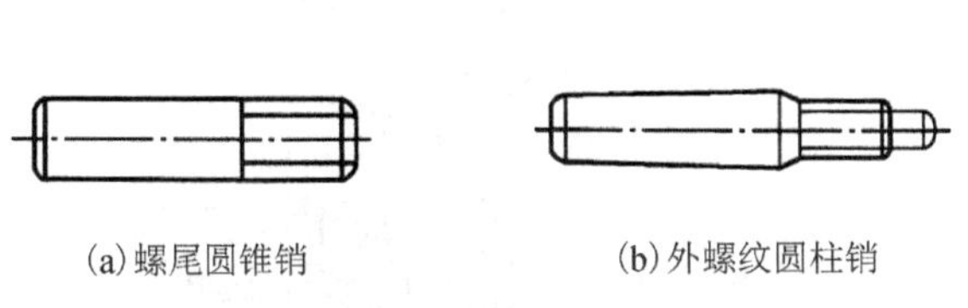
(a)螺尾圆锥销　(b)外螺纹圆柱销

图1-40　螺尾圆锥销及外螺纹圆柱销

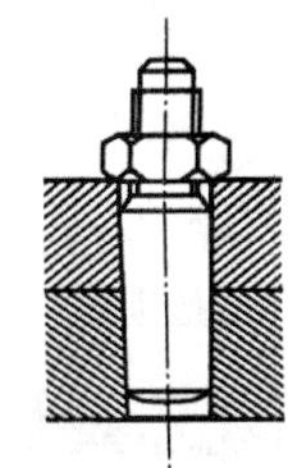

图1-41　拆螺尾圆锥销

3. 轴系及轴上零件的拆卸

轴系的拆卸要视轴承与轴、轴承与机体孔的配合情况而定。拆卸前要分析清楚轴和轴承的安装顺序,按安装的相反顺序进行拆卸,可用压力机压出或用手锤和铜棒配合敲击轴端拆出,切忌用力过猛。如果轴承与机体配合较松,则轴系连同轴承一同拆掉;反之,则轴系先与轴承分离。

1)滚动轴承的拆卸

拆卸轴上或机体孔内的轴承时,要采取必要的保护措施,掌握正确的拆卸方法,使轴保持完好的原有状态。过盈量不大时可用手锤配合套筒轻轻敲击轴承内、外圈,慢慢拆出,过盈量较大时可采用下述方法进行拆卸。

(1)拆卸轴上的滚动轴承。从轴上拆卸滚动轴承常使用拉拔器,滚动轴承内圈的拆卸一般用带钩爪的轴承拆卸器,如图1-42所示。

通过手柄转动螺杆,使螺杆下部顶紧轴端,慢慢转手柄杆,旋入顶杆,即可将滚动轴承从轴上拉出来。为减小顶杆端部和轴承端部的摩擦,可在顶杆端部与轴承端部中心孔之间放一合适的钢球进行拆卸。这样,使螺杆对轴的顶紧力更集中,更能使轴承顺利离开轴。

从轴上拆卸较大直径的滚动轴承时,可将轴承放在专用装置上,如图1-43所示,通过压力机对轴端施加压力,将轴承拆卸下来。

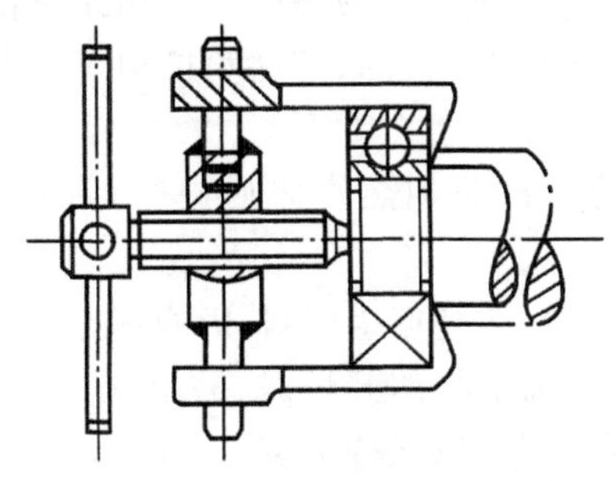

图1-42　拆卸轴上的滚动轴承

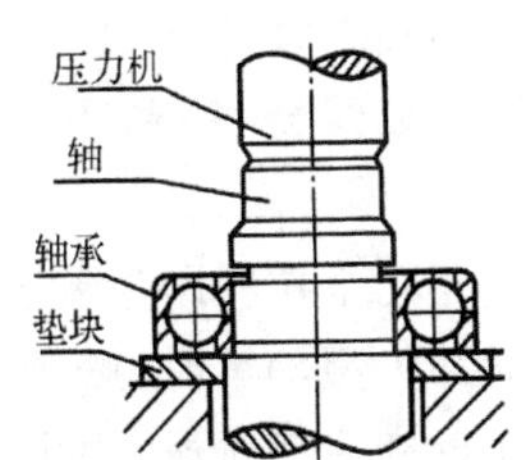

图1-43　拆卸较大直径轴承

(2)拆卸孔内的滚动轴承。由于工件孔有通孔和盲孔之分,所以,拆卸孔内轴承的方法也有区别,常用拉拔法和内涨法。对于通孔内的滚动轴承常采用拉拔法,如图1-44所示为采用拉拔法拆卸箱体孔内轴承时使用的工具,圆柱销1和圆柱销2可从孔内伸出和退缩。使用时,先将滚动轴承放进轴承孔内,然后拧动螺杆,使螺杆左面的尖端将圆柱销1和圆柱销2顶出,使两个圆柱销伸出轴承外并钩住轴承,在孔外放好横杠的位置,拧动螺母,即可将滚动轴承拉出。图1-45所示为采用拉拔法拆卸轴承外圈的方法。

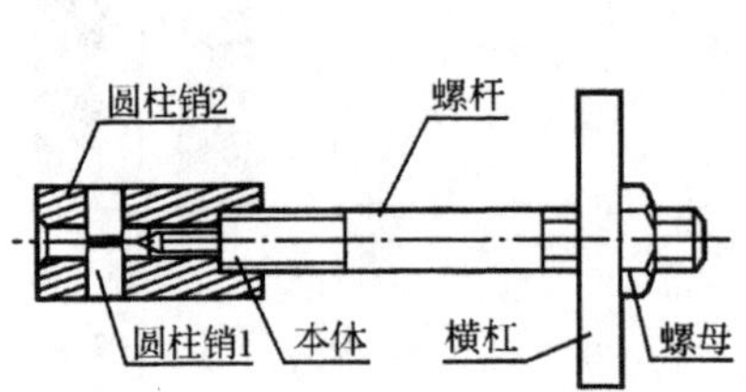

图1-44　拉拔孔内轴承工具

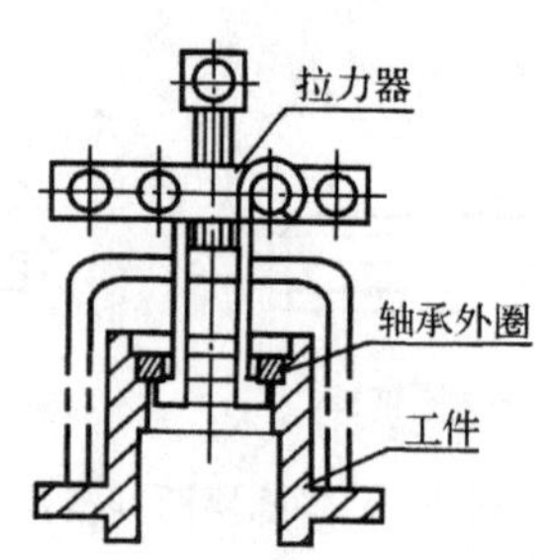

图1-45　拉拔法拆卸轴承外圈

对于盲孔内的滚动轴承常采用内涨法,如图1-46所示是拉拔盲孔内滚动轴承的情况,图中涨紧套筒上有3、4条开口槽,经热处理淬硬后具有一定的弹性。使用时,涨紧套筒和衬套安装在心轴上,一起放进轴承孔内(超出轴承内侧端面),旋转螺母2,使涨紧套筒涨紧轴承,然后将等高块垫在工件上,放好横板,当旋转螺母1时轴承即能拆卸下来。

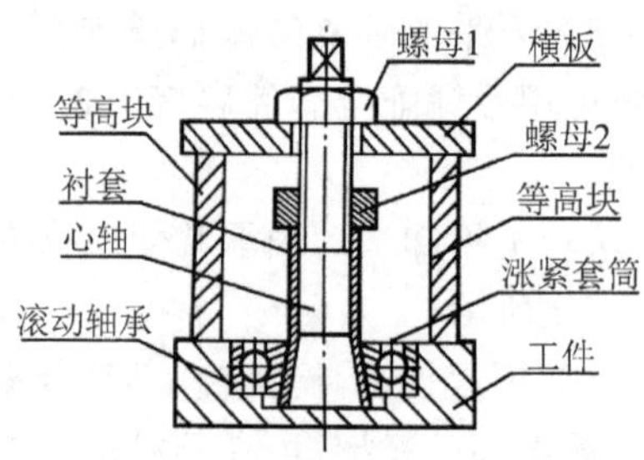

图1-46　拆卸盲孔内轴承

使用拉拔器进行拆卸时应注意的要点如下:

①用拉拔器拆卸零件时,拉拔器应与被拆零件同心,拉拔器的各拉钩应相互平行,钩和零件贴合要平整以保持四周受力均匀。必要时,可在螺杆和轴端间、零件和拉钩间垫入垫块,以免拉力集中而损坏零件。

②拆卸时要缓慢进行,不要强行拆卸。过盈的零件要加热膨胀后进行拆卸,以免损伤零件。

③拉拔器几个拉杆距离要相等,使各方向受力一致,避免产生歪斜,影响正常拆卸工作。

④当拆卸大型轴承时,必须把拉拔器架设好。当轴承将离开轴时,易出现歪斜而损伤轴承,因此,在拆卸后期阶段,用手锤轻轻敲击拉拔器的后部,以保持平衡。

2)其他轴系零件的拆卸

轴系零件除了滚动轴承外,还有轴套,各种轮、盘、密封圈、联轴器等,其拆卸方法与滚动轴承相似。当这些零件与轴配合较松时,一般用手锤和铜棒即可拆卸;配合较紧时借助拉拔器或压力机拆卸。轴上或机体内的挡圈需借助专用挡圈钳拆卸。

4. 键的拆卸

平键、半圆键可直接用手钳卸出，或使用锤子和錾子从键的两端或侧面进行敲击，然后将键卸下，如图 1-47 所示。

楔键的拆卸。用铜条冲子对着键较薄的一头向外冲击即可卸下，配合较紧或不宜用冲子拆卸的楔键，可用拔键钩，如图 1-48 所示。如图 1-49 所示的是用起键器套在楔键头部，用螺钉将其与楔键固定压紧，利用撞块冲击螺杆凸缘部分，或用手锤敲打撞块，即可将楔键从槽内拉出。

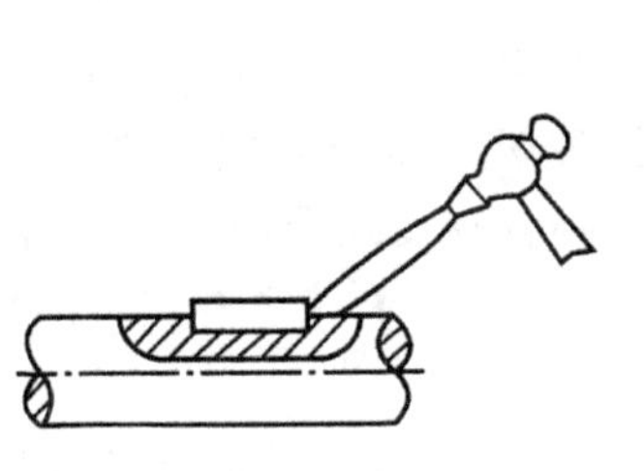

图 1-47　拆卸平键

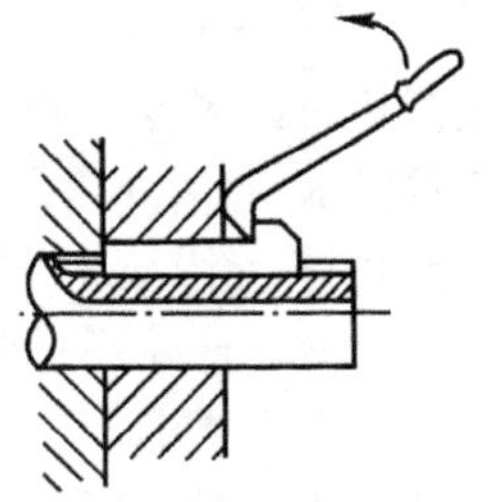

图 1-48　拔键钩拆卸楔键

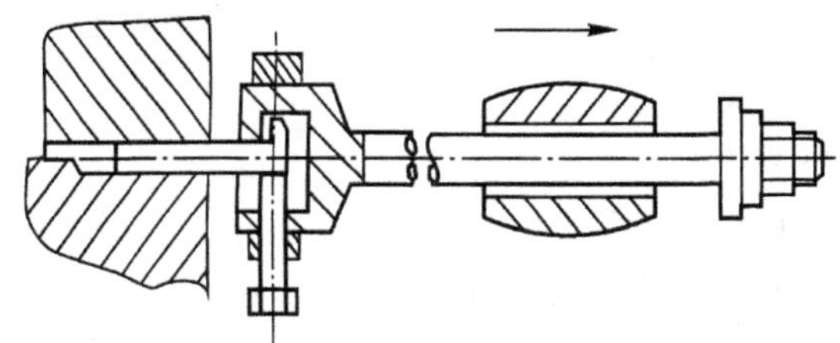

图 1-49　起键器拆卸楔键

过渡配合或过盈配合零件的拆卸需根据其过盈量的大小采取不同的方法。当过盈量小时，可用拉拔器拉出或用木槌、铜冲冲打将零件拆下；当过盈量较大时，可采用压力机拆卸、加温或冷却拆卸。拆卸过盈配合零件时应注意以下两点：

(1)被拆零件受力要均匀，所受力的合力应位于其轴心线上。

(2)被拆零件受力部位应恰当，如用拉拔器拉拔时，拉爪应钩在零件的不重要部位。

一般不得用锤直接敲击零件，必要时可用硬木或铜棒沿整个工件周边轻轻敲打，不可在一个部位用力猛敲。当零件敲不动时应停止敲击，待查明原因后再采取适当的办法。加温拆卸时，可选择油浸或感应加热法。采用油浸的方法是：先把相配合的两零件中轴的配合部位用石棉包裹起来，以起到隔热作用，然后将零件放在热油中浸泡，使零件受热膨胀，即可将两零件分离。而感应加热法是一种较先进的加温拆卸方法，它采用加温器对零件进行加热。感应加热迅速、均匀、清洁无污染、加热质量高，并保证零件不受损伤。感应加热时，加热温度不要过高，以能稍加力就分离零件为宜。取出工件一定要注意，必须在主机断电后方可取出感应线圈内的加热部件，以防烫伤。

拓展知识

1.3 装配基础知识

1.3.1 装配工艺概述

1. 装配工作的重要性

机械产品都是由许多零件和部件组成的。装配工作是产品制造工艺过程中的后期工作，按照规定的技术要求，将若干零件组合起来成为组件，并进一步结合成为部件，最后装成整台机器的过程，分别叫作组装、部装和总装。装配工作包括各种装配准备工作、部装、总装、调整、检验和试车等。机械零件要通过装配才能形成最终产品，并要求其具有规定的精度和设计所定的使用功能以及质量要求。

装配过程是保证机器达到各项技术要求的关键，是一项非常重要而细致的工作，必须认真按照产品装配图，制定出科学的装配工艺规程，确保机器性能和重要部位的装配精度要求。装配质量的优劣，对整个产品的质量起着决定性的作用。

通过装配可以保证机器的质量，也能发现产品设计和零件制造中的问题，从而提高产品质量、降低成本。

2. 装配工艺过程及组织形式

1）装配的一般工艺原则

（1）装配时的顺序应与拆卸时的顺序相反。要根据零、部件的结构特点，采用合适的工具或设备，严格仔细按顺序装配，注意零、部件之间的方位和配合精度要求。

（2）对某些有技术要求的零、部件的装配，如装配间隙、过盈量、灵活度、啮合印痕等，应边安装边检查，并随时进行调整，以避免装配后返工。

（3）对于过渡配合和过盈配合零件的装配，如滚动轴承的内、外圈等，必须采用相应的铜棒、铜套等专门工具和工艺措施进行手工装配，或按技术条件借助设备进行加温、加压装配。如遇有装配困难的情况，应先分析原因，排除故障，提出有效的改进措施再继续装配，千万不可乱敲、乱打、鲁莽行事。

（4）过盈配合装配时，应先涂润滑油脂，以利于装配和减少配合表面的磨损。另外，应根据零件拆卸下来时所做的各种安装记号进行装配，以防止装配出错而影响装配进度。

（5）摩擦表面装配前均应涂上适量的润滑油，如轴颈、轴承、轴套、活塞等。

（6）螺柱连接按规定的扭矩值分次均匀紧固。螺母紧固后，螺柱露出的螺牙不少于两个且应等高。

（7）在装配前，对有平衡要求的旋转零件要进行静平衡或动平衡试验，合格后才能装配。这是因为某些旋转零、部件的重心与旋转轴线不重合，在高速旋转时会产生很大的离心力，引起机械设备的振动，加速零件的磨损。

2）产品装配工艺过程

（1）装配前的准备工作。

①熟悉产品装配图、工艺文件和技术要求，了解产品的结构、零件的作用以及相互的连接关系。

②确定装配方法、程序，准备好需要的工具，熟悉装配工艺规程。

③对装配的零件进行清洗，去掉零件上的毛刺、铁锈、切屑、油污及其他脏物，以获得所需的清洁度。去毛刺时，应注意不要损伤零件表面的精度和粗糙度。

④对于机床导轨、滑动轴承的接触面，工具、量具的接触面及密封表面等，在装配时通常要进行刮削等修配工作。对于某些密封的零件，如液压元件、油缸、阀体、泵体等，要求在一定压力下不允许发生漏油、漏水或漏气的现象。因此，要求在装配前，在一定压力下进行渗漏试验和气密性试验。机械运转时，构件将产生惯性力或惯性力偶矩，由于它们的大小和方向随着机械运转的循环而产生周期性变化，因此，当它们不平衡时，将使整个机械发生振动。如果该振动频率接近系统的固有频率时，有可能引起共振而使机械破坏。所以，在装配时还要对一些零件进行平衡试验，以消除因零件重心与旋转中心不一致而引起的振动。

(2)装配分类。装配比较复杂的产品，其装配工作常分为部件装配和总装配。

①部件装配，指产品在进入总装以前的装配工作。凡是将两个以上的零件组合在一起或将零件与几个组件结合在一起成为一个装配单元的工作，均称为部件装配。部件装配后，应根据工作要求进行调整和试验，合格后，才可进入总装配。

②总装配，指将零件和部件结合成一台完整产品的过程。

(3)调整、检验和试车。

调整主要是指对零件或机构的相互位置、配合间隙、结合程度等的调节，目的是使机构或机器工作协调。调整包括机构间隙的调整和工作压力(如摩擦离合器中摩擦片之间的压力)的调整等。

检验包括几何精度检验和工作精度检验等，如车床总装后要检查主轴中心线和床身导轨的平行度，中滑板导轨和主轴中心线的垂直度以及前后两顶尖的等高。

试车包括机构或机器运转的灵活性、平稳性、振动、工作温升、噪声、转速、功率、效率等方面的性能参数的试验，检验这些参数是否符合要求。

3)装配方法

(1)完全互换装配法。完全互换装配法是指在同类零件中，任取一个装配零件，不经修配即可装入部件中，并能达到规定的装配要求。这种装配方法的特点如下：

①装配操作简单，质量稳定，生产效率高；

②容易确定装配时间，便于组织流水作业；

③有利于维修工作，零件磨损后，便于更换；

④对零件的加工精度要求较高，加工制造成本高。

完全互换装配法适用于批量大的零件和流水线生产，如汽车、拖拉机和中小柴油机等零部件。

(2)分组选配法。分组选配法是将一批零件逐一测量后，按实际尺寸的大小分成若干组，然后将尺寸小的包容件(如孔)与尺寸大的被包容件(如轴)相配，以达到要求的装配精度。这种装配方法的特点如下：

①配合精度很高，零件加工公差放大数倍，加工成本降低。

②增加了对零件的测量分组工作，对零件的组织管理工作要求严格。

③各组配合零件数不可能相同，加工时应采取适当的调整措施。

分组选配法适用于大批量生产或装配精度要求高的场合，如滚动轴承的内、外圈与滚动体，中小型柴油机的活塞与活塞销。

(3)调整装配法。调整装配法是指装配时调整一个或几个零件的位置或尺寸，以消除零件间的累积误差，达到规定的装配精度。这种装配方法通常采用移动斜面、锥面、螺纹等可调整件的位置，或采用调换垫片、垫圈、套筒等控制调整件的尺寸。这种装配方法的特点如下：

①零件可按经济精度确定加工公差，装配时通过调整达到规定的装配精度。

②采用定尺寸调整件(如垫片)调整时，操作较方便，可在流水作业中应用。

③产品使用中可进行定期调整，以保证配合精度，便于维护和修理。

④增加调整件或机构，易影响配合副的刚性。

调整装配法适用于零件较多、装配精度要求高且不宜采用分组选配法的场合，如滚动轴承调整间隔的隔圈、锥齿轮调整啮合间隙的垫片、机床导轨的镶条等。

(4)修配装配法。修配装配法是指装配时修去指定零件上预留的修配量，以达到规定精度的装配方法。通常当精度要求较高，采用完全互换装配法不够经济时，常采用这种方法。这种装配方法的特点如下：

①不需要采用高精度的设备来保证零件的加工精度，节约机器加工时间，从而降低了产品成本。

②使装配工作复杂化，增加了装配时间，同时提高了对操作工人的技能要求。

修配装配法一般用于单件小批生产、装配精度高、不便于组织流水作业的场合，如主轴箱底面用加工或刮研除去一层金属，更换大尺寸的新键等。

4)装配工作的组织形式

随着产品生产类型和复杂程度的不同，装配工作的组织形式也不同。装配工作的组织形式主要取决于产品的结构特点、生产批量和现有生产条件。

(1)单件生产及其装配组织。单件生产的装配工作多在固定的地点，由一个工人或一组工人从开始到结束进行全部的装配工作，如夹具、模具的装配就属于此类。这种组织形式的装配周期长、占地面积大，需要大量的工具和装备，要求修配和调整工作较多，互换件较少，故要求工人有较高的操作水平。由于产品或部件的全部装配工作安排在固定地点进行，所以又称为固定式装配。

(2)成批生产及其装配组织。在一定时期内成批地制造相同的产品，分批交替投产，这种生产方式称为成批生产。成批生产时的装配工作通常分成部装和总装，每个部件由一个或一组工人来完成，然后进行总装。如果零件预先经过选择分组，则零件可采用部分互换的装配，因此有条件组织流水线生产。这种组织形式的装配效率较高，如机床的装配属于此类。

成批生产也是将产品或部件的全部装配工作安排在一个固定地点进行装配，所以也属于固定式装配。

(3)大量生产及其装配组织。当产品制造数量很大，在每个工作地点经常重复地完成某一工序，并具有严格的节奏性，这种生产方式称为大量生产。在大量生产中，把产品装配过程划分为部件、组件装配，使每一工序只由一个或一组工人来完成。同时，只有当从事装配工作的全体工人都按顺序完成了所负担的装配工序以后，才能装配出产品。通常把这种装配组织形式叫作流水装配法。在大量生产中，由于广泛采用互换性原则，并使装配工作工序化、机械化、自动化，因此装配质量好、效率高、占地面积小、生产周期短、生产成本低，是一种先进的装配组织形式，如汽车、拖拉机的装配一般属于此类。

1.3.2　装配工艺规程

1. 装配工艺规程的内容

装配工艺规程是装配工作的指导性文件，是工人进行装配工作的依据，应具备以下内容：

(1)规定所有的零件和部件的装配顺序。

(2)规定所有装配单元和零件的装配精度，并规定生产率最高和生产成本最低的装配方法。

(3)划分工序，决定工序内容。

(4)选择完成装配工作必需的工装设备。

(5)决定必要的工人技术等级和工时定额。

(6)明确装配技术要求，规定装配验收条件及验收方法。

2. 制定装配工艺规程的方法和步骤

1)对产品进行分析

对产品的分析包括研究产品装配图及装配技术要求；对产品进行结构尺寸分析，并根据装配精度进行尺寸链分析计算，明确达到装配精度的方法；对产品结构进行工艺性分析，将产品分解成可独立装配的组件和分组件。

2)确定装配组织形式

根据产品结构特点和生产批量，选择适当的装配组织形式，进而确定总装及部装的划分，装配工序是集中还是分散，产品装配运输方式及工作场地准备等。

3)划分装配单元，确定装配顺序

将产品划分为可进行独立装配的单元(见图1-50)，是制订装配工艺规程中最重要的一个步骤，这对于大批量生产结构复杂的产品尤为重要。只有划分好装配单元，才能合理安排装配顺序和划分装配工序，组织流水作业。

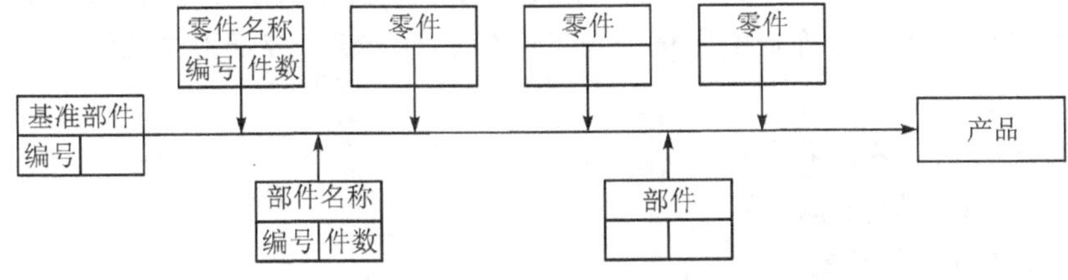

(a) 产品装配单元系统图

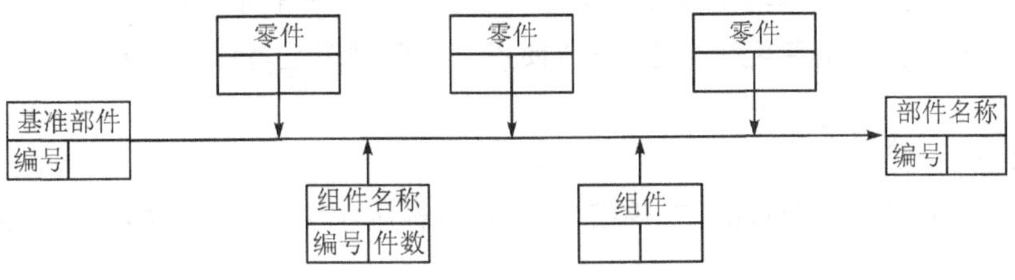

(b) 部分装配单元系统图

图1-50　装配单元系统图

零件——构成机器的最小单元，如一根轴、一只齿轮等。

部件——两个或两个以上零件结合形成机器的某部分，如车床主轴箱、进给箱、滚动轴承等。部件直接进入产品总装。

组件——部件的一种。部件是个通称，进入部件装配的为组件。

装配单元——可以直接进行装配的部件称为装配单元。任何一个产品都能分成若干个装配单元。

基准部件——最先进入装配的零件或部件，称为基准部件。

装配顺序基本上是由产品的结构和装配组织形式决定的。产品的装配首先选择基准件，再从零件到部件，从部件到产品。同时，根据装配结构的具体情况，按从内到外、从下到上、先难后易、先精密后一般、先重后轻，并且不影响下道工序的进行为原则，有次序地进行。

确定装配顺序时应注意：

(1)先装配基准件、重大件，以保证装配过程的稳定性。

(2)先装配复杂件、精密件和难装配件，以保证装配顺利进行。

(3)先进行容易破坏后序装配质量的工作，如冲击性的装配、压力装配和加热装配。

(4)集中安排使用相同设备及工艺装备的装配和需要共同特殊装配环境的装配。

(5)电路、油气管路的安装应与相应工序同时进行。

(6)易燃、易爆、易碎或有毒物质零部件的安装尽可能放在最后，以减小安全防护工作量，保证装配工作顺利完成。

4)划分装配工序

通常将整台机器或部件的装配工作分成装配工序和装配工步。由一个工人或一组工人在不更换设备或地点的情况下完成的装配工作是装配工序。用同一工具，不改变工作方法，并在固定的位置上连续完成的装配工作装配工步。部件装配和总装配都是由若干个装配工序组成，一个装配工序中可包括一个或几个装配工步。

装配顺序确定后，就可将装配工艺过程划分为若干个装配工序，并进行装配工序的设计。

装配工序的划分主要是确定工序集中与工序分散的程度。装配工序的划分通常和装配工序设计一起进行。

装配工序设计的主要内容有：

(1)制订装配工序的操作规范。

(2)选择设备与工艺设备。

(3)在采用流水线装配形式时，整个装配工艺过程中工序的划分应取决于装配节奏的长短。要合理确定装配工作内容，平衡装配工序，均衡生产，实现流水装配。

(4)在重要而又复杂的装配工序中，不方便用文字明确表达时应画出部件局部的指导性装配图。

5)选择工艺设备

根据生产产品的结构特点和生产规模，应尽可能选用相应的最先进的装配工具和设备。

6)确定检查方法

产品装配完毕，应根据产品的结构特点和生产规模，按产品技术性能和验收技术条件制订检测和试验规范，内容包括：

(1)检测和试验的项目及检验质量指标。

(2)检测和试验方法、条件与环境要求。

(3)检测和试验所需工艺装备的选择或设计。

(4)质量问题的分析方法和处理措施。

7)确定工人技术等级和工时定额

工人技术等级和工时定额一般根据工厂的实际经验和统计资料及现场实际情况来确定。

8)编写工艺文件

装配工艺技术文件主要是装配工艺卡片,它包含着完成装配工艺过程所必需的一切资料。单件小批量生产仅要求填写装配工艺过程卡。中批量生产时,通常也只是填写装配工艺过程卡,但对复杂产品则还需填写装配工序卡。大批量生产时,不仅要求填写装配工艺过程卡,而且要填写装配工序卡,以便指导工人进行装配。

总之,编制的装配工艺规程,在保证装配质量的前提下,必须是生产率最高且最经济的。因此,它应根据实际条件,尽力采用当前最先进的技术。

1.3.3 尺寸链

在设计机器和零部件时,首先要求保证质量。因此,要处理好零件之间的尺寸关系、装配精度与技术要求以及尺寸公差和形位公差之间的关系。

产品的装配过程不是简单地将有关零件连接起来的过程。每一步装配工作都应满足预定的装配要求,即应达到一定的装配精度。一般产品的装配精度包括零件、部件间距离精度(如齿轮与箱壁轴向间隙)、相互位置精度(如平行度、垂直度等)、相对运动精度(如车床溜板移动对主轴的平行度)、配合精度(间隙或过盈)及接触精度等。

合理规定各要素的尺寸精度和形位精度,进行几何精度综合分析计算,可以运用尺寸链理论来解决。

1. 尺寸链的基本概念

1)尺寸链的基本术语及其定义

(1)尺寸链的定义。机器装配或零件加工过程中,相互连接的尺寸形成封闭的尺寸组称为尺寸链,如图1-51(a)和图1-52(a)所示。

图1-51(a)为齿轮部件中各零件尺寸形成的尺寸链,该尺寸链由齿轮和挡圈之间的间隙L_0、齿轮轮毂的宽度L_1、轴套厚度L_2和轴上两轴肩之间的长度L_3这三个尺寸连接成封闭尺寸组,形成如图1-51(b)所示的尺寸链。

如图1-52(a)所示,将直径为A_2的轴装入直径为A_1的孔中,装配后得到间隙A_0,它的大小取决于孔径A_1和轴径A_2的大小。A_1和A_2属于不同零件的设计尺寸,A_1、A_2和A_0,3个相互连接的尺寸就形成了封闭的尺寸组,即形成了一个尺寸链。

(2)有关尺寸链组成部分的术语及定义。

①环。列入尺寸链中的每一个尺寸,称为环。如图1-51中的L_0、L_1、L_2、L_3以及图1-52中的A_0、A_1、A_2。

环的特征符号和代号:在尺寸链的分析计算中,为简化起见,通常不画出零件的具体结构,只将各环依次连接构成如图 1－51、图 1－52 所示的尺寸链图即可，而且不必严格地按尺寸比例绘制。

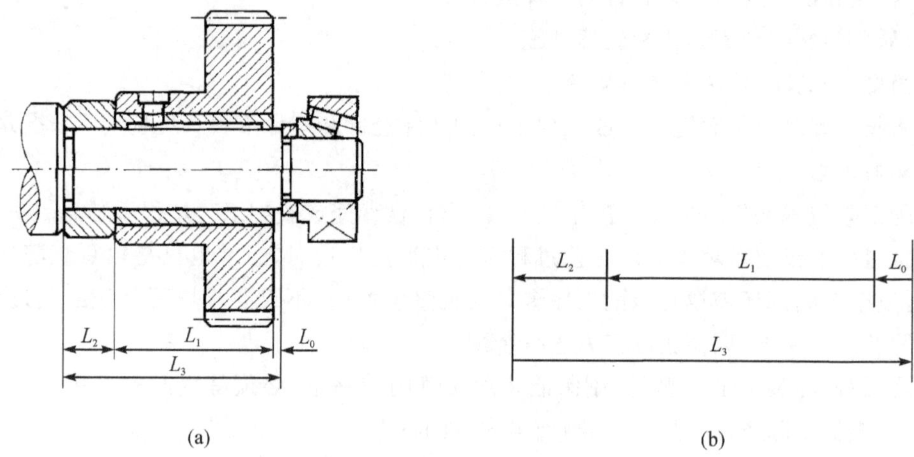

图 1－51　齿轮机构尺寸链(1)

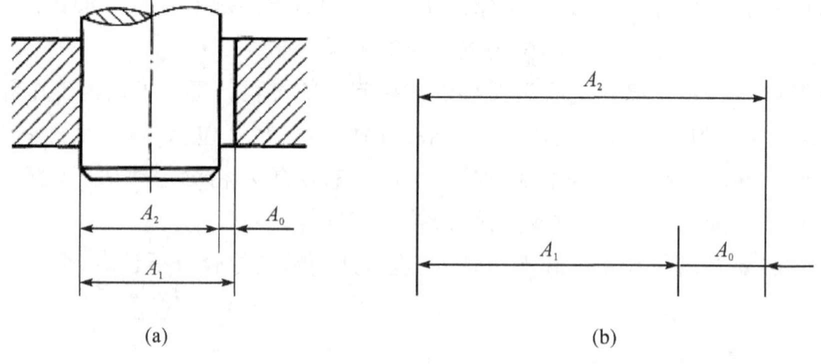

图 1－52　齿轮机构尺寸链(2)

②封闭环。封闭环的本质特征是“最后形成”，所以在建立尺寸链时，应抓住这个特征，寻找在装配过程中或加工过程最后自然形成的一环，如图 1－51 中的 L_0 及图 1－52 中的 A_0。

③组成环。组成环是指尺寸链中对封闭环有影响的全部环，这些环中任何一环的变动必然引起封闭环的变动。图 1－51 中的 L_1、L_2、L_3 和图 1－52 中的 A_1、A_2 都是组成环。组成环又分为增环和减环。

增环。增环是指它的变动会引起封闭环同向变动的组成环。同向变动是指该环增大时封闭环也增大，该环减小时封闭环也减小，如图 1－52(a)中的 A_1。

减环。减环是指它的变动会引起封闭环反向变动的组成环。反向变动是指该环增大时封闭环减小，该环减小时封闭环增大，如图 1－52(a)中的 A_2。

确定封闭环和组成环之后，用规定的符号，按各环的实际顺序绘制尺寸链图，并给各环以代号。作为尺寸链图正确与否的检验，应对照结构图，逐一认定各环之间界限线的实际意义，这对于检查尺寸链图是否正确有很大作用。

2)尺寸链的分类

(1)按应用场合分类。

①装配尺寸链。在产品或部件的装配过程中,由装配尺寸形成的尺寸链称为装配尺寸链。装配尺寸链主要用于分析保证装配精度的问题。装配尺寸链不仅与组成装配件的各个零件尺寸有关,还与装配方法相关,如图1-53(a)所示。

②零件尺寸链。全部组成环为同一零件的设计尺寸所形成的尺寸链称为零件尺寸链,如图1-53(b)所示。

装配尺寸链和零件尺寸链统称为设计尺寸链。

③工艺尺寸链。零件加工过程中,由各个工艺尺寸形成的尺寸链称为工艺尺寸链,如图1-53(c)所示。工艺尺寸链主要用于分析保证加工工艺精度的问题。

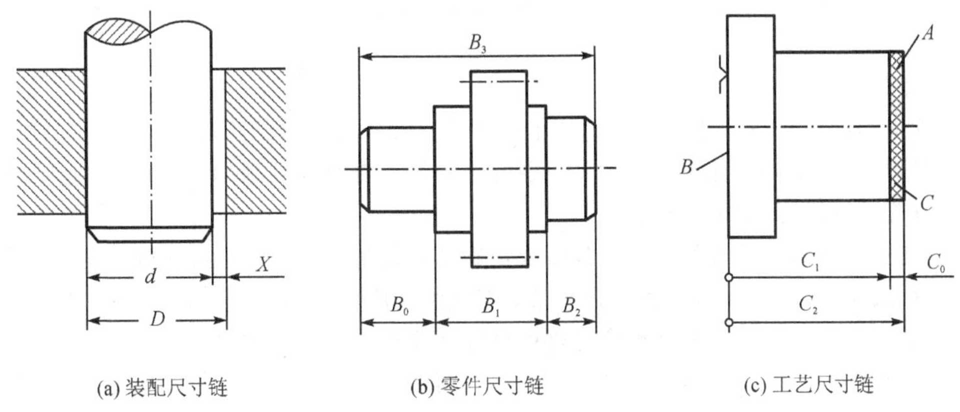

图1-53　尺寸链

(2)按各环所在空间位置分类。

①直线(线性)尺寸链。由相互平行的线性尺寸所形成的尺寸链称为直线(线性)尺寸链。

②平面尺寸链。形成尺寸链的所有尺寸均处于同一平面或一组平行平面内的尺寸链称为平面尺寸链(见图1-54)。

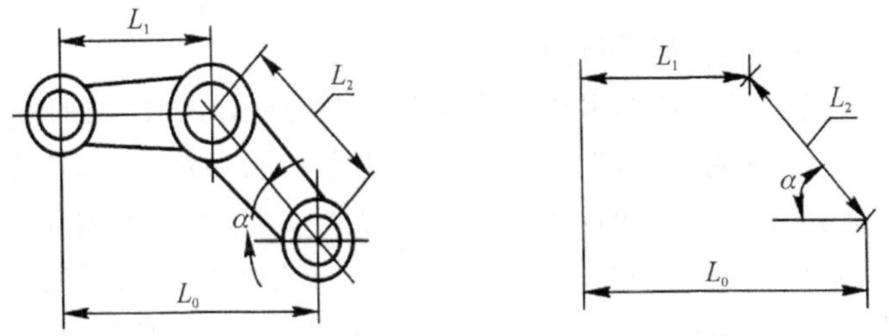

图1-54　平面尺寸链

③空间尺寸链。形成尺寸链的所有尺寸位于几个不平行的平面内的尺寸链。

尺寸链中常见的是直线尺寸链。平面尺寸链和空间尺寸链可以用坐标投影法转换为直线尺寸链。

(3)按各环尺寸的几何特性分类。

①长度尺寸链。链中各环均为长度尺寸(见图1-53、图1-54)。

②角度尺寸链。链中各环为角度尺寸(见图 1－55)。角度尺寸链常用于分析和计算机械结构中有关零件要素的位置精度,如平行度、垂直度、直线度、平面度和同轴度等。

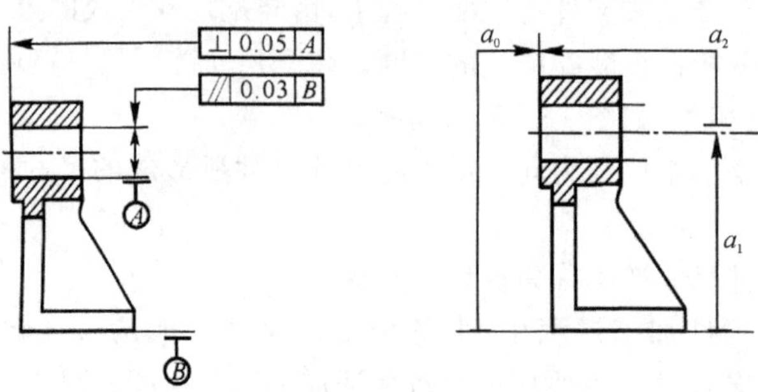

图 1－55　角度尺寸链

3)尺寸链的建立

(1)确定封闭环。正确建立和描述尺寸链是进行尺寸链综合精度分析计算的基础。应根据实际应用情况分析和建立尺寸链关系。建立装配尺寸链时,应了解产品的装配关系、产品装配方法及产品装配性能要求。

正确建立和分析尺寸链的首要条件是要正确地确定封闭环。一个尺寸链中有且只有一个封闭环。在装配尺寸链中,封闭环就是产品上有装配精度要求的尺寸,如一部件中各零件之间相互位置要求的尺寸或保证相互配合零件配合性能要求的间隙或过盈量。

在确定封闭环之后,应确定对封闭环有影响的各个组成环,使之与封闭环形成一个封闭的尺寸回路。

在建立尺寸链时,形位公差也可以是尺寸链的组成环。一般情况下,形位公差可以理解为基本尺寸为零的线性尺寸。形位公差参与尺寸链分析计算的情况较为复杂,应根据形位公差项目及应用情况分析确定。

必须指出,在建立尺寸链时“尺寸链环数最少”是建立装配尺寸链时应遵循的一个重要原则,要求装配尺寸链中所包括的组成环数目最少,即对于某一封闭环,若存在多个尺寸链时,应选择组成环数最少的尺寸链进行分析计算。

(2)查找组成环。装配尺寸链的组成环是相关零件的设计尺寸,它的变化会引起封闭环的变化。查找装配尺寸链的组成环时,先从封闭环的任意一端开始,找相邻零件的尺寸,然后再找与第一个零件相邻的第二个零件的尺寸,这样一环接一环,直到封闭环的另一端为止,从而形成封闭的尺寸组。如图 1－56(a)所示的车床主轴轴线与尾架轴线高度差的允许值 A_0 是装配技术要求,确定为封闭环。组成环可从尾架顶尖开始查找,尾架顶尖轴线到底面的高度 A_1,与床面相连的底板的厚度 A_2,床面到主轴轴线的距离 A_3,最后回到封闭环 A_0。A_1、A_2 和 A_3 均为组成环。

一个尺寸链中最少要有两个组成环。组成环中,可能只有增环没有减环,但不可能只有减环没有增环。

在封闭环有较高技术要求或形位误差较大的情况下,建立尺寸链时还要考虑形位误差对封闭环的影响。

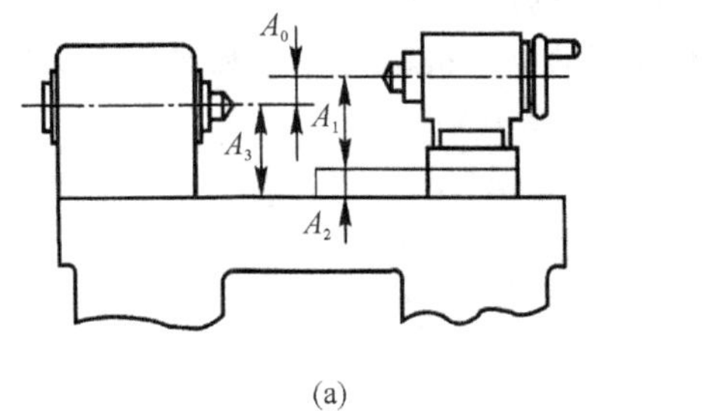

(a)

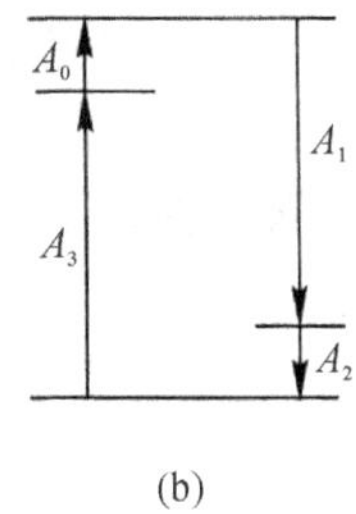

(b)

图1-56　车床顶尖高度尺寸链

(3)画尺寸链图。为清楚表达尺寸链的组成，通常不需要画出零件或部件的具体结构，也不必按照严格的比例，只需将链中各尺寸依次画出，形成封闭的图形即可，这样的图形称为尺寸链图，如图1-56(b)所示。构成尺寸链的每一个尺寸都称为尺寸链的“环”，每个尺寸链至少应有三个环。绘制尺寸链简图时，应由装配要求的尺寸首先画起，然后依次绘出与该项要求有关的各个尺寸。在尺寸链图中，常用带单箭头的线段表示各环，箭头仅表示查找尺寸链组成环的方向。为了检查尺寸链的封闭性，在尺寸链图上，假设一个旋转方向，绕其轮廓(顺时针方向或逆时针方向)由任一环的基面出发，看看最后是否能以相反的方向回到这一基面。与封闭环箭头方向相同的环为减环，与封闭环箭头方向相反的环为增环。图1-56(b)中，A_3 为减环，A_1、A_2 为增环。

2. 尺寸链的计算

分析和计算尺寸链是为了正确、合理地确定尺寸链中各环的尺寸和精度，主要解决以下三类任务。

(1)已知各组成环的极限尺寸，求封闭环的极限尺寸。这类计算主要用来验算设计的正确性，故又叫校核计算。

(2)已知封闭环的极限尺寸和各组成环的基本尺寸，求各组成环的极限偏差。这类计算主要用在设计上，即根据机器的使用要求来分配各零件的公差，所以也称设计计算。

(3)已知封闭环和部分组成环的极限尺寸，求某一组成环的极限尺寸。这类计算主要用在工艺设计上，求某一组成环的极限尺寸，所以也叫中间计算。

1)用极值法求尺寸链的基本公式

设尺寸链的组成环数为 m，其中 n 个增环，$m-n$ 个减环，A_0 为封闭环的基本尺寸，A_i 为组成环的基本尺寸，则对于直线尺寸链有如下公式。

(1)封闭环的基本尺寸。

$$A_0=\sum_{i=1}^{n}A_i-\sum_{i=n+1}^{m}A_i \tag{1-5}$$

即封闭环的基本尺寸等于所有增环的基本尺寸之和减去所有减环的基本尺寸之和。

(2)封闭环的极限尺寸。

$$A_{0\max}=\sum_{i=1}^{n}A_{i\max}-\sum_{i=n+1}^{m}A_{i\min} \tag{1-6}$$

$$A_{0\min}=\sum_{i=1}^{n}A_{i\min}-\sum_{i=n+1}^{m}A_{i\max} \tag{1-7}$$

即封闭环的最大极限尺寸等于所有增环的最大极限尺寸之和减去所有减环最小极限尺寸之和；封闭环的最小极限尺寸等于所有增环的最小极限尺寸之和减去所有减环的最大极限尺寸之和。

(3)封闭环的极限偏差。

$$ES_0 = \sum_{i=1}^{n} ES_i - \sum_{i=n+1}^{m} EI_i \tag{1-8}$$

$$EI_0 = \sum_{i=1}^{n} EI_i - \sum_{i=n+1}^{m} ES_i \tag{1-9}$$

即封闭环的上偏差等于所有增环上偏差之和减去所有减环下偏差之和；封闭环的下偏差等于所有增环下偏差之和减去所有减环上偏差之和。

(4)封闭环的公差。

$$T_0 = \sum_{i=1}^{m} T_i \tag{1-10}$$

即封闭环的公差等于所有组成环公差之和。

2)完全互换法解尺寸链

在采用完全互换装配法装配尺寸链时，尺寸链中各环按规定公差加工后，不需经修理、选择和调整，就能保证其封闭环的预定精度。

例 1-1 如图1-57所示的装配单元，为了使齿轮能正常工作，要求装配后齿轮端面和机体孔端面之间具有0.1～0.3 mm的轴向间隙。已知各环基本尺寸，$B_1=80$ mm，$B_2=60$ mm，$B_3=20$ mm，试用完全互换法解此尺寸链。

解 (1)绘出尺寸链简图，如图1-58所示，确定B_Δ为封闭环。

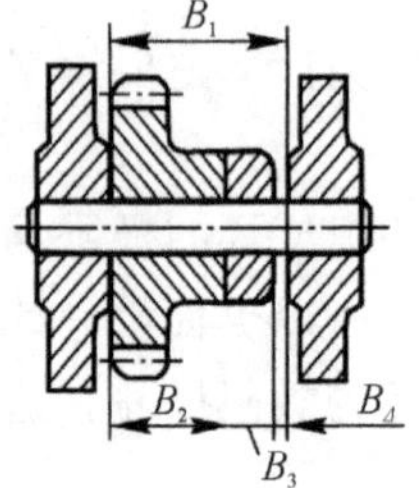

图1-57 装配尺寸链

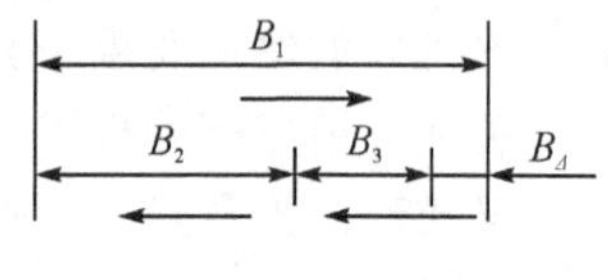

图1-58 尺寸链

(2)计算封闭环基本尺寸。

$$\begin{aligned} B_\Delta &= B_1 - (B_2 + B_3) \\ &= 80 - (60 + 20) \\ &= 0 \end{aligned}$$

(3)确定各组成环公差及极限尺寸。

封闭环公差：$\delta_\Delta=0.30-0.10=0.20$(mm)。

根据$\delta_\Delta = \sum\delta_i = \delta_1 + \delta_2 + \delta_3 = 0.20$(mm)，考虑到各组成环尺寸的加工难易程度，合理分配各环尺寸公差

$$\delta_1=0.10\ \text{mm},\delta_2=0.06\ \text{mm},\delta_3=0.04\ \text{mm}$$

因 B_1 为增环，B_2、B_3 为减环，故取 $B_1=80\ +0.100$ mm，$B_2=60\ -0.06$ mm，则 B_3 的极限尺寸可按下式计算，即

$$
\begin{aligned}
B_{3\max} &= B_{1\min}-(B_{2\max}+B_{\Delta\min})\\
&= 80-(60+0.1)\\
&= 19.9(\text{mm})\\
B_{3\min} &= B_{1\max}-(B_{2\min}+B_{\Delta\max})\\
&= 80.1-(59.94+0.3)\\
&= 19.86(\text{mm})
\end{aligned}
$$

即
$$B_3=20_{-0.04}^{-0.10}\ \text{mm}$$

3)校核计算

例 1-2　图 1-59(a)所示为一零件的标注示意图，试校验该图的尺寸公差、位置公差能否使 BC 两点处薄壁尺寸在 9.7～10.05 mm 内。

解　(1) 画出该零件的尺寸链图，如图 1-59(b)所示。壁厚尺寸 A_0 为封闭环，A_1 为圆弧槽的半径，A_2 为内孔 ϕ20H9 的半径，A_3 为内孔 ϕ20H9 与外圆 ϕ50h10 的同轴度的允许误差，其尺寸为 0±0.02 mm，A_4 为外圆 ϕ50h10 的半径，A_1、A_2、A_3、A_4 为组成环。

(2)判断增、减环。由图 1-59 可知 A_4 为增环，A_1、A_2、A_3 为减环。

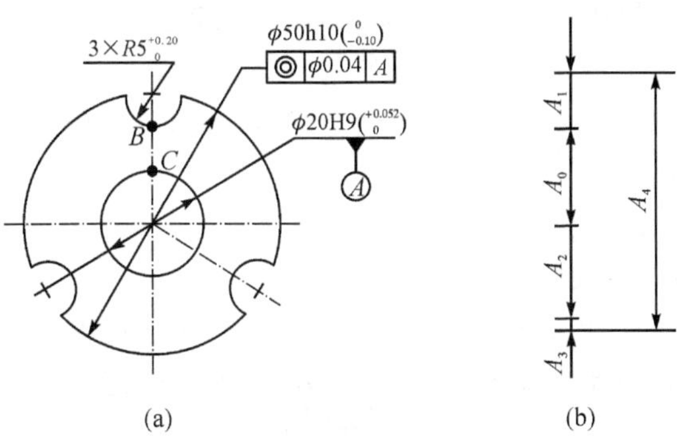

图 1-59　零件尺寸链

(3)计算封闭环的基本尺寸。

$$A_0=A_4-(A_1+A_2+A_3)=10\ \text{mm}$$

(4)计算封闭环的公差。已知各组成环的公差分别为

$$T_1=0.2\ \text{mm},T_2=0.026\ \text{mm},T_3=0.04\ \text{mm},T_4=0.05\ \text{mm}$$

$$T_0=\sum_{i=1}^{4}T_i=0.316\ \text{mm}$$

(5)计算封闭环的中间偏差。各组成环的中间偏差分别为

$$\Delta_1=+0.1\ \text{mm},\Delta_2=+0.013\ \text{mm},\Delta_3=0\ \text{mm},\Delta_4=-0.025\ \text{mm}$$

$$\Delta_0=\Delta_4-(\Delta_1+\Delta_2+\Delta_3)=-0.138\ \text{mm}$$

(6)计算封闭环的上、下偏差。

$$ES_0=\Delta_0+1/2T_0=\ -0.138\ \text{mm}+0.5\times0.316\ \text{mm}=+0.020\ \text{mm}$$

$$EI_0=\Delta_0-1/2T_0=\ -0.138\ \text{mm}-0.5\times0.136\ \text{mm}=-0.296\ \text{mm}$$

故封闭环的尺寸为 $A_0=10^{+0.020}_{-0.296}$ mm，对应的尺寸范围为 9.704～10.02 mm，在所要求的范围之内，故图 1-59 中的图样标注能满足壁厚尺寸的变动要求。

例 1-3　如图 1-60 所示的结构，已知各零件的尺寸为：$A_1=30$ mm，$A_2=A_5=5$ mm，$A_3=43$ mm，$A_4=3$ mm，设计要求间隙 A_0 为 0.1～0.35 mm，试确定各组成环的公差和极限偏差。

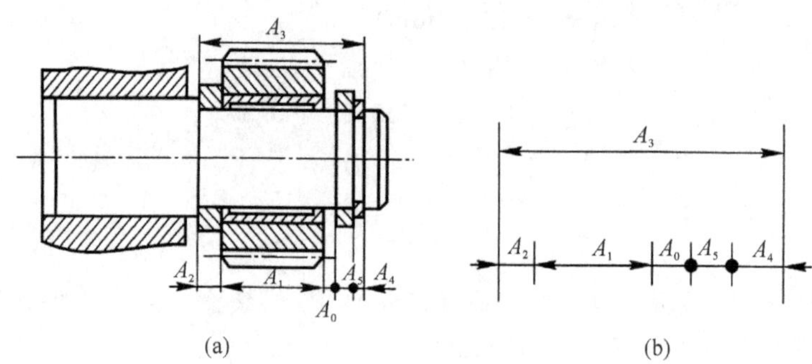

图 1-60　校核尺寸链

解　(1)确定封闭环。间隙 A_0 为最后自然形成的尺寸，故为封闭环。

(2)确定组成环。画尺寸链图，如图 1-60(b)所示。

(3)判断增减环。A_3 为增环，A_1、A_2、A_4 和 A_5 为减环。

(4)计算。

封闭环的基本尺寸：$A_0=A_3-(A_1+A_2+A_4+A_5)=43\text{ mm}-(30+5+3+5)\text{ mm}=0\text{ mm}$；

上偏差＝+0.35 mm；

下偏差＝+0.10 mm；

封闭环公差 $T_0=0.35-(+0.10)=0.25(\text{mm})$；

各组成环的平均公差 $T_i=T_0/n-1=0.25/5=0.05(\text{mm})$。

根据各环基本尺寸大小及加工的难易程度，将各环公差调整为

$$T_1=T_2=0.06\text{ mm}$$

$$T_2=T_5=0.04\text{ mm}$$

按“入体原则”确定各组成环的极限偏差。A_1、A_2、A_4 和 A_5 为被包容件，则

$$A_1=30_{-0.06}^{\ 0}\text{ mm},A_2=5_{-0.04}^{\ 0}\text{ mm},A_4=3_{-0.05}^{\ 0}\text{ mm},A_5=5_{-0.04}^{\ 0}\text{ mm}$$

根据式(1-8)、式(1-9)可得协调环 A_3 的极限偏差为

$$0.35=ES_3-(-0.06-0.04-0.05-0.04)$$

$$ES_3=+0.16\text{ mm}$$

$$0.10=EI_3-0-0-0-0$$

$$EI_3=+0.10\text{ mm}$$

因此，$A_3=43^{+0.16}_{+0.10}$ mm。

4)设计计算

设计计算是根据封闭环的极限尺寸和组成环的基本尺寸确定各组成环的公差和极限偏差，最后再进行校核计算。在具体分配各组成环的公差时，常采用“等公差法”或“等精度法”。

当各环的基本尺寸相差不大时，将封闭环的公差平均分配给各组成环的方法称为等公差法；将各组成环的公差等级取相同等级分配公差的方法称为等精度法。

等精度法设定各环公差等级系数相等,设其值平均为 $a_i v$,则有

$$a_1 = a_2 = \cdots = a_i = a_i v$$

式中,a 为公差等级系数;i 为标准公差因子。

按 GB/T 1800.1—2009 规定,当基本尺寸小于 500 mm,且公差等级在 IT5~IT18 时,标准公差的计算式为 $T = a_i$ 。公差等级系数 a 的值和标准公差因子 i 的数值列于表 1-2 和表 1-3中。

表 1-2 公差等级系数 a 的数值

公差等级	IT8	IT9	IT10	IT11	IT12	IT13	IT14	IT15	IT16	IT17	IT18
系数 a	25	40	64	100	160	250	400	640	1 000	1 600	2 500

表 1-3 公差因子 i 的数值

尺寸段/mm	1~3	>3~6	>6~10	>10~18	>18~30
i/μm	0.54	0.75	0.90	1.08	1.31
尺寸段/mm	>30~50	>50~80	>80~120	>120~180	>180~250
i/μm	1.56	1.86	2.17	2.52	2.90

例 1-4 如图 1-61(a)所示齿轮箱,根据使用要求,应保证间隙 A_0 在 1~1.75 mm 间。已知各零件的基本尺寸为:$A_1 = 140$ mm,$A_2 = A_5 = 5$ mm,$A_3 = 101$ mm,$A_4 = 50$ mm。试用"等精度法"求各环的极限偏差。

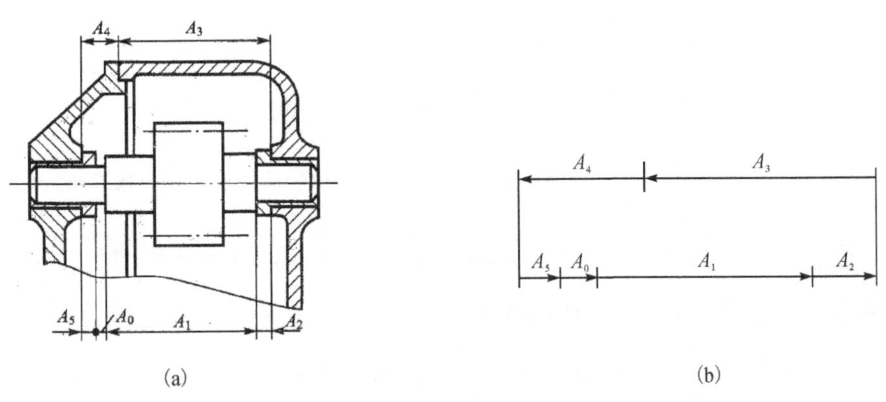

图 1-61 齿轮箱部件尺寸链

解 (1)由于间隙 A_0 是装配后得到的,故为封闭环;尺寸链线图如图 1-61(b)所示,其中 A_3、A_4 为增环,A_1、A_2、A_5 为减环。

(2)计算封闭环的基本尺寸。

$$A_0 = (A_3 + A_4) - (A_1 + A_2 + A_5) = (101 + 50)\text{ mm} - (140 + 5 + 5)\text{ mm} = 1\text{ mm}$$

故封闭环的尺寸为 $1^{+0.75}_{0}$ mm,$T_0 = 0.75$ mm。

(3)计算各环的公差。由表 1-3 可查各组成环的公差因子为

$$i_1 = 2.52, i_2 = i_5 = 0.73, i_3 = 2.17, i_4 = 1.56$$

各组成环相同的公差等级系数为

$a=T_0/(i_1+i_2+i_3+i_4+i_5)=750\ \mu\text{m}\div(2.52+0.73+2.17+1.56+0.73)\ \mu\text{m}=97$

查表1-2可知，$a=97$ 在IT10级和IT11级之间。

5)中间计算

中间计算常用在基准换算和工序尺寸换算等工艺计算中。

例1-5 如图1-62(a)所示的轴，加工顺序为，车外圆 A_1 为 $\phi70.5_{-0.1}^{\ 0}$ mm，铣键槽深为 A_2，磨外圆 A_3 为 $\phi70_{-0.06}^{\ 0}$ mm。要求磨完外圆后，保证键槽深 A_0 为 $\phi62_{-0.3}^{\ 0}$ mm，求键槽的深度 A_2。

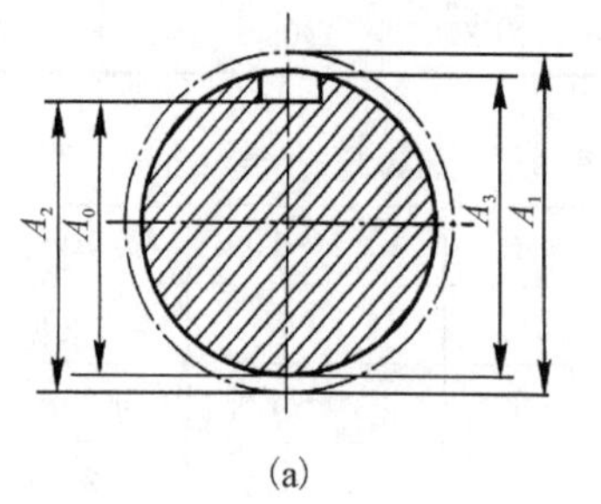

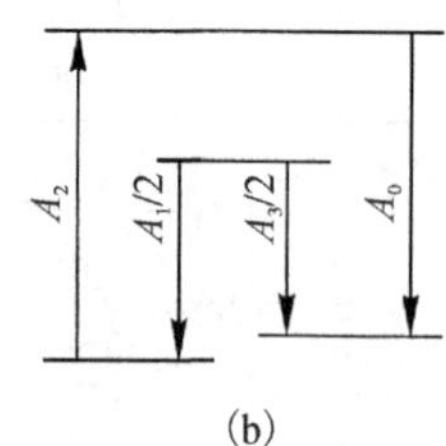

图1-62 轴的工艺尺寸链

解 (1)A_0 是加工最后自然形成的环，所以是封闭环；尺寸链线图如图1-62(b)所示(以外圆圆心为基准，依次画出 $\frac{A_1}{2}$、A_2、A_0 和 $\frac{A_3}{2}$)。其中，A_2、$\frac{A_3}{2}$ 为增环，$\frac{A_1}{2}$ 为减环。

(2)计算 A_2 的基本尺寸和上、下偏差。

$$A_2=A_0-\frac{A_3}{2}+\frac{A_1}{2}=(62-\frac{70}{2}+\frac{70.5}{2})\ \text{mm}=62.25\ \text{mm}$$

$$ES_2=ES_0-\frac{ES_3}{2}+\frac{EI_1}{2}=0\ \text{mm}-0\ \text{mm}+(-0.05)\ \text{mm}=\ -0.05\ \text{mm}$$

$$EI_2=EI_0-\frac{EI_3}{2}+\frac{ES_1}{2}=-0.3\ \text{mm}-(-0.03)\ \text{mm}+0\ \text{mm}=\ -0.27\ \text{mm}$$

(3)校核计算结果。由式(1-10)可得

$$T_0=T_2+\frac{T_3}{2}+\frac{T_1}{2}=[-0.05-(-0.27)]\ \text{mm}+0.03\ \text{mm}+0.05\ \text{mm}=0.3\ \text{mm}$$

6)装配尺寸链的其他解法

(1)分组装配法解尺寸链。分组装配法是先将各组成环按极值法求出公差值和极限偏差值，并将其公差扩大若干倍，即按经济可行的公差制造零件，然后将扩大后的公差等分为若干组(分组数与公差扩大倍数相等)，最后，按对应组别进行装配，同组零件可以互换。采取这样措施后，仍可保证封闭环原精度要求。这种只限于同组内的互换性，称为有限互换或不完全互换。

如图1-63(a)所示为发动机活塞销与活塞销孔的装配图，要求在常温下装配时，应有0.0025～0.0075 mm的过盈。若用极值法，活塞销的尺寸应为 $d=\phi28_{-0.0025}^{\ 0}$ mm，活塞销孔的尺寸 $D=\phi28_{-0.0075}^{-0.0050}$ mm，即孔、轴公差都为IT2，加工相当困难。若采用分组装配(分为4组)，

活塞销的制造尺寸扩大为 $d=\phi28_{-0.010}^{\ 0}$ mm，活塞销孔的尺寸则相应为 $D=\phi28_{-0.015}^{-0.005}$（孔、轴公差与 IT5 大体相当）。如图 1-63(b)所示，各组成环公差带分成公差相等的 4 组。按对应组别进行装配，即能保证最小过盈为 0.0025 mm 及最大过盈为 0.0075 mm 的技术要求。各组相配尺寸见表 1-4。

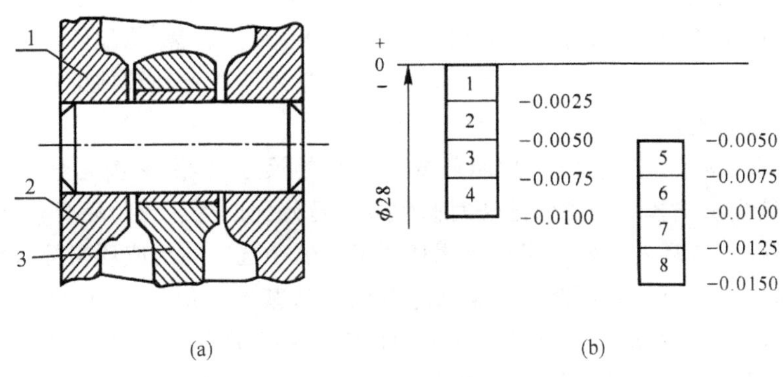

图 1-63　活塞销分组装配示意图

表 1-4　活塞销和活塞销孔分组尺寸

组别	活塞销直径 $d=\phi28_{-0.010}^{\ 0}$	活塞销孔直径 $D=\phi28_{-0.015}^{-0.005}$	配合情况	
			最小过盈	最大过盈
1	$\phi28_{-0.0025}^{\ 0}$	$\phi28_{-0.0075}^{-0.0050}$	0.0025	0.0075
2	$\phi28_{-0.0050}^{-0.0025}$	$\phi28_{-0.0100}^{-0.0075}$		
3	$\phi28_{-0.0075}^{-0.0050}$	$\phi28_{-0.0125}^{-0.0100}$		
4	$\phi28_{-0.0100}^{-0.0075}$	$\phi28_{-0.0150}^{-0.0125}$		

采用分组装配时的具体要求如下：

①保证分组后各组的配合性质、精度与原来的要求相同，配合件的公差范围应相等，公差增大时要向同方向增大，增大的倍数就是以后的分组数。

②保证零件分组后在装配时能够配套。加工时，零件的尺寸分布如果符合正态分布规律，零件分组后可以互相配套，不会产生各组数量不等的情况。但因为某些因素影响，造成尺寸分布不是正态分布，各组尺寸分布不对应，产生各组零件数不等而不能配套，这在实际生产中往往是很难避免的。为解决这一问题，只能在聚集相当数量的不配套零件后，通过专门加工一批零件来配套。否则，就会造成一些零件的积压和浪费。

③分组数不宜过多，尺寸公差只要放大到适当的加工精度就可以了。否则，由于零件的测量、分组、保管等工作量增加，会使组织工作过于复杂，易造成生产混乱。

④分组公差不准任意缩小，因为分组公差不能小于表面微观峰值和形状误差之和。只要使分组公差符合装配精度即可。

分组装配法既可扩大零件的制造公差，又可保持原有的高装配精度。其主要缺点是：检验费用增加；仅组内零件可以互换，所以在一些组内可能有多余零件。由于分组装配法存在上述缺点，故一般只宜用于大量生产的高精度、零件形状简单易测、环数少的尺寸链。另外，分组后零件的形状误差不能减少，因而限制了分组数(一般为 2～4 组)。

(2)修配装配法解尺寸链。修配装配法就是在装配时根据实际测量的结果，改变尺寸链中某一预定组成环的尺寸，使封闭环达到规定的精度。

采用修配法时，尺寸链中各尺寸按所在生产条件下经济可行的公差制造。装配时，封闭环的误差会超出规定的允许范围。为了达到预定的装配精度，必须对尺寸链中某一零件加以修配。预定进行修配的组成环叫修配环，它属于补偿环的一种。通常，修配件应选择容易进行修配加工，并且对其他尺寸链没有影响的零件，这种方法适用于成批和单件生产。修配通常是以去除材料的方式进行的。

(3)调整装配法解尺寸链。对于封闭环要求较高的尺寸链，不能按完全互换法进行装配时，除了用选择装配法选择装配和修配法对修配环进行修配以保证封闭环要求外，还可以用调整法对选定的某一组成环做调整来保证封闭环要求。这个选定的组成环叫补偿环或调节环。

调整装配法解尺寸链与修配装配法解尺寸链的方法基本类似，也是将尺寸链各组成环按经济公差制造，此时由于组成环尺寸公差放大而使封闭环上产生的累积误差不是采取切除修配环少量金属来抵消，而是采取调整补偿环的尺寸或位置来补偿。

常用的补偿环可分为以下三种：

①固定调整法。在尺寸链中选择一个合适的组成环作为补偿环(如垫片、垫圈或轴套)。补偿环可根据需要按尺寸大小分成若干组，装配时从合适的尺寸组中取一补偿件，装入尺寸链中的预定位置，即可保证装配精度，使封闭环达到规定的技术要求。

如图 1－64 所示部件，两固定补偿环用于使锥齿轮处于正确的啮合位置。装配时，根据测得的实际间隙选择合适的调整垫片作补偿环，使间隙达到装配要求。

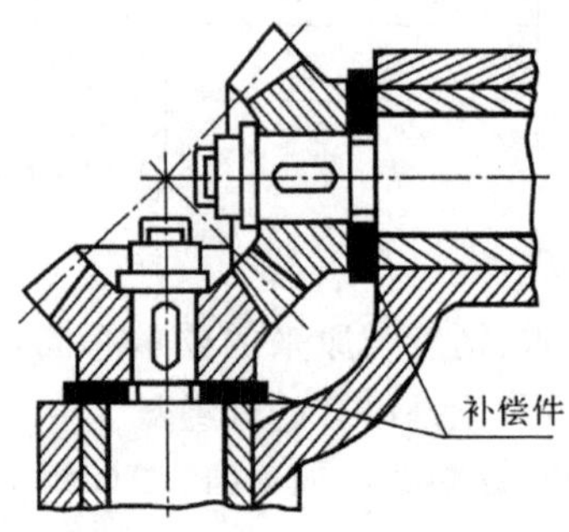

图 1－64　锥齿轮装配的固定调整

例 1－6　如图 1－65 所示为车床主轴双联齿轮轴向装配结构及尺寸链，要求隔套、齿轮、固定调节件(垫圈)及弹性挡圈装在轴上后，双联齿轮的轴向间隙 A_0 为 0.05 ～0.2 mm。各环的基本尺寸为 $A_1=115$ mm，$A_2=8.5$ mm，$A_3=95$ mm，$A_4=2.5$ mm，$A_k=9$ mm。

解　如果用完全互换法装配，则各组成环公差的平均值为

$$a_i v=0.15\div 5\ \text{mm}=0.03\ \text{mm}$$

按这样小的公差加工是不经济的。现按经济加工精度确定有关零件公差，采用固定调节法装配。

用 A_k 表示固定补偿件的尺寸，T_k 定为 0.03 mm，按“单向体内原则”规定 A_k 为

$$A_k=9_{-0.03}^{\ 0}\ \text{mm}$$

除 A_1 外，其余各环的制造要求按经济加工精度和“单向体内原则”规定如下

$$A_2 = 8.5_{-0.1}^{\ 0}\ \text{mm},\ A_3 = 95_{-0.1}^{\ 0}\ \text{mm},\ A_4 = 2.5_{-0.12}^{\ 0}\ \text{mm}$$

选 A_1 为协调环，按经济加工精度将公差确定为 0.15 mm。在保证 $A_{0\min} = 0.05$ mm 的要求下，按完全互换法的极值解法，计算 A_1 为（计算过程从略）

$$A_1 = 115_{+0.05}^{+0.20}\ \text{mm}$$

②可动调整法。这是一种位置可调整的补偿环。装配时，调整其位置即可达到封闭环的精度要求。这种补偿环在机构设计中应用很广，而且有各种各样的结构形式，如机床中常用的镶条、锥套、调节螺旋副等。

镶条位置的调整。如图 1-66 所示为用螺钉调整镶条位置以达到装配精度（间隙 L_0）的例子。

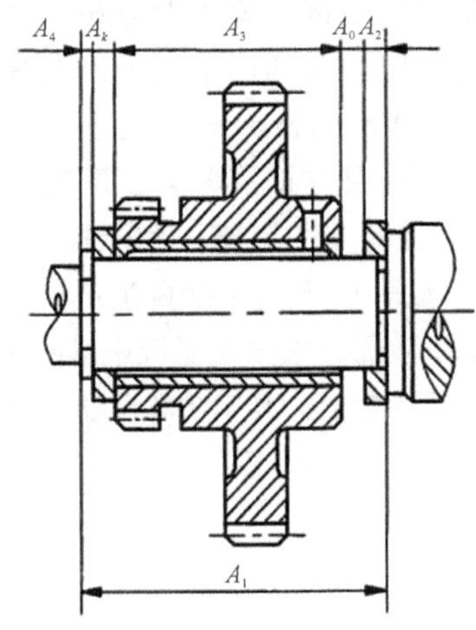

图 1-65　轴承零件间隙的可动调整

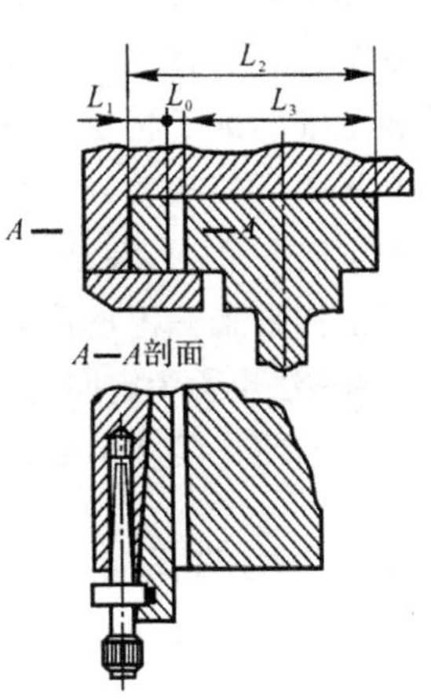

图 1-66　机床导轨的镶条调整

丝杠螺母副间隙的调整。为了能通过调整来消除丝杠螺母副间隙，可采用如图 1-67 所示的结构。当发现丝杠螺母副间隙不合适时，转动中间螺钉，通过斜楔块的上下移动来改变间隙的大小。靠近螺母左端某一个牙的左侧和靠近螺母右端某一个牙的右侧之间的距离，就是丝杠螺母副间隙尺寸链中的调节环。楔块位置的改变，造成了这两个牙侧之间距离的改变。

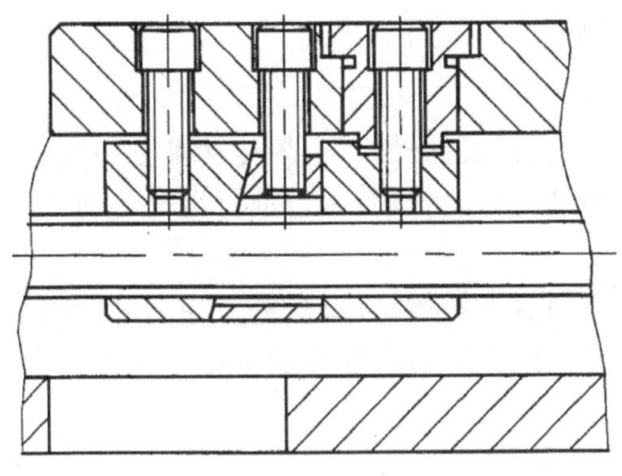

图 1-67　丝杠螺母副间隙的调整

在这里，楔块孔与丝杠之间的间隙是楔块的移动量，对应着牙侧之间距离的改变量。牙侧之间距离的最大或最小值，还与楔块孔的孔位有关。设计时，要注意楔块孔的定型尺寸和定位尺寸。

可动调整法的应用比较广泛，还有能实现自动调整的结构。

调整装配法的优点是：按经济加工精度确定组成环公差，扩大了组成环的制造公差，使制造容易；改变补偿环可使封闭环达到很高的精度；装配时不需修配，易组织流水生产；使用过程中可调整补偿环或更换补偿环，以恢复机器原有精度。其缺点是：有时需要增加尺寸链中的零件数（补偿环）；不具备完全互换性。故调整法只适用于封闭环要求精度很高的尺寸链，以及使用过程中某些零件尺寸（环）会发生变化（如磨损）的尺寸链。

(3)误差抵消调整装配法。误差抵消调整装配法就是通过调整几个补偿环的相互位置，使其加工误差相互抵消一部分，从而使封闭环达到其公差与极限偏差要求的方法。这种方法中的补偿环为多个矢量。常见的补偿环是轴承件的跳动量、偏心量和同轴度等。这种方法可在不提高轴承和主轴的加工精度条件下，提高装配精度。与其他调整法一样，这种装配方法常用于机床制造及封闭环要求较高的多环装配尺寸链中。但是，误差抵消调整装配法需事先测出补偿环的误差方向和大小，装配时需要技术等级高的工人，增加了装配时和装配前的工作量，并给装配组织工作带来一定的麻烦。误差抵消调整装配法多用于中小批量生产和单件生产。

误差抵消调整法也称为定向选配法或角度选配法，是在装配时根据尺寸链中某些组成环误差的方向作定向装配，使其误差互相抵消一部分，以提高封闭环的精度。其实质和可动调整法相似。

1.4 齿轮传动机构的装配

1.4.1 概述

1. 齿轮传动的应用和特点

齿轮传动是机械传动中最重要、应用最广泛的一种传动形式。齿轮传动由分别安装在主动轴及从动轴上的两个齿轮相互啮合组成。齿轮传动可用来传递运动和转矩，改变转速的大小和方向，与齿条配合时，可把转动变为移动。齿轮传动能保证传动比稳定不变，传递动力大，结构紧凑，效率高，但齿轮传动对制造和安装的精度要求也高。

齿轮最常用的材料是45钢和40Cr合金钢，有的也用铸铁。为了提高轮齿的齿面硬度，钢制齿轮的齿面还要进行热处理。

2. 齿轮传动的分类

按两齿轮轴线的相对位置及齿线的形状，齿轮传动可分为以下几种：

(1)平行轴齿轮传动。包括直齿轮传动、平行轴斜齿轮传动、人字齿轮传动、齿轮齿条传动和内齿轮传动等。

(2)相交轴齿轮传动。包括直齿锥齿轮传动、斜齿锥齿轮传动和曲线齿锥齿轮传动等。

(3)交错轴齿轮传动。包括交错轴斜齿轮传动和准双曲面齿轮传动。用于两轴平行传递动力的齿轮为圆柱形齿轮。

齿轮传动类型如图1-68所示。

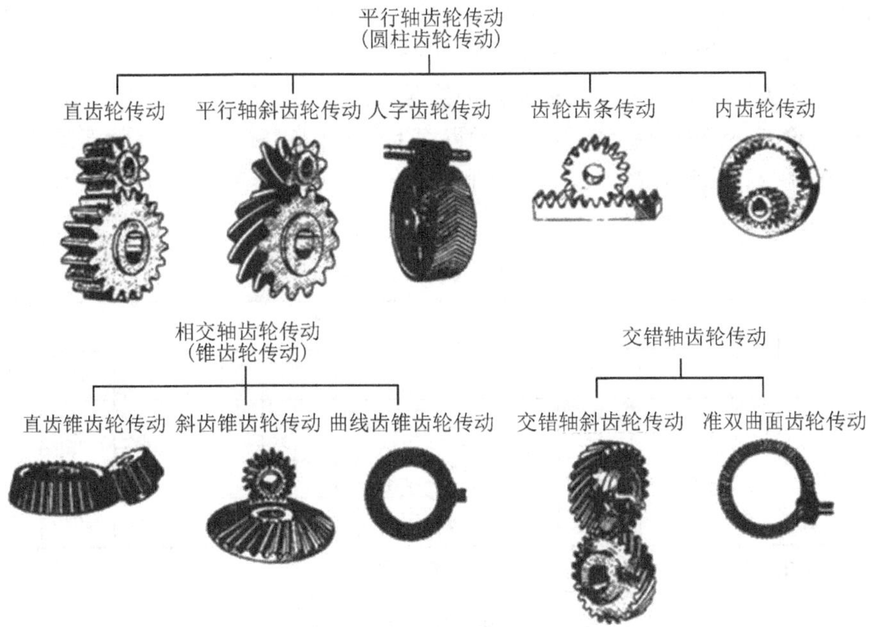

图1-68　齿轮传动类型

圆柱齿轮可分为直齿圆柱齿轮、斜齿圆柱齿轮、人字齿圆柱齿轮，分别如图1-69(a)、(b)、(c)所示。直齿圆柱齿轮的齿是直的，并且与轴线平行，便于制造，应用广泛。斜齿圆柱齿轮优点是传动平稳，噪声较小，允许的传动速度较高，承载能力较强。但斜齿轮在传动时有轴向分力，设计时要考虑轴向分力，可采用推力轴承或用两个螺旋角相反的人字齿轮，以消除轴向分力。

(a) 直齿圆柱齿轮　(b) 斜齿圆柱齿轮　(c) 人字齿圆柱齿轮

图1-69　圆柱齿轮传动

3. 齿轮传动的精度要求

(1)传递运动的准确性。要求齿轮在一转范围内，其最大转角误差限制在一定范围内，从而使齿轮副的传动比变化小，保证传递运动准确。

(2)传动平稳性。要求齿轮副的瞬时传动比变动小。齿轮在一转中，这种瞬时传动比变动会多次出现，它是引起齿轮噪声和振动的主要因素。

(3)齿面承载的均匀性。齿轮在传动中要求工作齿面接触良好,承载均匀,以免载荷集中于局部区域而引起应力集中,造成局部磨损,从而影响使用寿命。

齿轮副工作齿面接触精度是用齿轮副的接触斑点和接触位置来评定的。所谓接触斑点就是装配好的齿轮副在轻微的制动下,运转后齿面上分布的接触痕迹。接触痕迹的大小是在齿面展开图上用百分比来计算的,见表 1-5 和表 1-6。接触斑点的分布位置应趋近齿面中部,齿顶和两端部棱边处不允许接触。

表 1-5　齿轮副的接触斑点

接触斑点	精度等级											
	1	2	3	4	5	6	7	8	9	10	11	12
按高度不少于	65	65	65	60	55 (45)	50 (40)	45 (35)	40 (30)	30	25	20	15
按长度不少于	95	95	95	90	80	70	60	50	40	30	30	30

注:括号内数值用于轴向重合度 $\varepsilon_\beta>0.8$ 的斜齿轮。

表 1-6　接触斑点百分比的计算

图例	接触痕迹方向	定义	计算公式
b' b" h' h" c	沿齿长方向	接触痕迹的长度(扣除超过模数值的断开部分 c)与工作长度 b' 之比的百分数	$(b''-c)/b\times100\%$
	沿齿高方向	接触痕迹的平均高度 h'' 与工作高度 h' 之比的百分数	$h''/h'\times100\%$

(4)齿轮副侧隙的合理性。齿轮副的非工作面间要求有一定的间隙,用来储存润滑油,补偿齿轮的制造误差、装配误差、受热膨胀及受力后的弹性变形等,这样可以防止齿轮在传动时发生卡死或齿面烧蚀现象,但侧隙也是引起齿轮正反转的回程误差及冲击的不利因素。

对于不同用途和不同工作条件的齿轮副,其主要的使用要求是不同的。如分度或读数机构中的齿轮副,其特点是模数小,转速低,主要的要求是传递运动的准确性,对传动平稳性也有一定要求,而对齿面受载均匀性的要求较为次要,当需要正反转可逆传动时,侧隙要小些,以减少其回程误差。机床和汽车变速箱等都属于中等圆周速度、中等载荷的传动齿轮,以传动平稳性、减少噪声为主。在重型机械上传递动力的低速重载传动齿轮,以齿面承载均匀性为主,侧隙也应足够大,而对传动准确性则要求不高。然而,汽轮机、减速器等高速重载传动齿轮,对上述四个方面均有较高要求。

为了达到上述要求,除齿轮和箱体、轴等必须分别达到规定的尺寸和技术要求外,还必须保证装配质量。

1.4.2　齿轮传动机构的装配

1. 齿轮传动机构的装配要求

齿轮传动机构组装后，应传动均匀，工作平稳，无冲击振动和噪声，换向无冲击，承载能力强且使用寿命长。为保证装配质量，装配时应注意以下几点要求：

(1)齿侧间隙要适当。间隙小，齿轮转动不灵活，甚至损伤卡齿，加剧齿面的磨损；间隙过大，换向空程大，会产生冲击和噪声。

(2)相互啮合的两齿轮要有一定的接触面积和正确的接触部位。

(3)对转速高的大齿轮要进行平衡检查。

(4)封闭箱体式齿轮传动机构应密封严密，不得有漏油现象。内部设有润滑管路的，管路连接要密封，固定要牢固。润滑喷嘴开口适当，润滑位置准确。

(5)要按图纸及有关技术要求保证箱体(机体)及零部件的加工精度。加工后的箱体结合面在图纸技术要求无具体规定和自由状态下，用塞尺检查结合面间隙，厚度为 0.1 mm 的塞尺在任何方位都不得通过；箱体结合面需涂以密封胶密封。

(6)齿轮传动机构组装完毕后，通常要求进行跑合试车(不要求试车的除外)。

2. 齿轮传动机构的装配方法

现以圆柱齿轮传动机构和圆锥齿轮传动机构为例，说明其装配方法及要求，其他类型的装配与此类似，装配时可参照进行。

1)圆柱齿轮机构的装配

装配圆柱齿轮传动机构，一般是先把齿轮装在轴上，再把齿轮轴部件装入箱体中。装配的主要技术要求有：工作时传动均匀，噪声较小；相互啮合的齿轮轴线要互相平行，并保持一定的中心距 A；轮齿间应有一定的间隙 c，并要有足够的接触斑点(见图 1－70)。

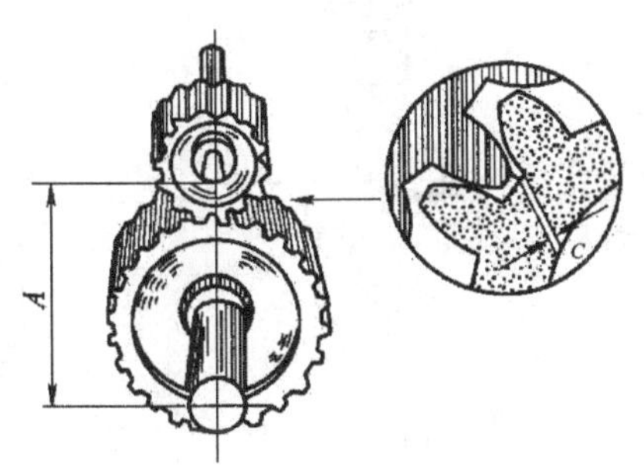

图 1－70　齿轮啮合时的情况

安装前，应检查齿轮的轮齿和轴孔有无碰伤，并去掉毛刺。齿轮和轴的配合可采用间隙配合，而工作时不移动的齿轮通常采用过渡配合，一般都采用键连接。

压装时，要避免齿轮在轴上歪斜和产生变形。当齿轮和轴的过盈量不大时，可用手工工具敲击压装；但对于过盈量较大和精度要求高的齿轮，最好采用压入工具，如螺旋压入工具或专用的压入装置。

精度要求高的齿轮传动机构，在压装后需进行径向圆跳动和端面圆跳动误差的检验。

(1)齿轮与轴的装配。齿轮是在轴上进行工作的，轴上安装齿轮(或其他零件)的部位应光洁并符合图样要求。齿轮在轴上可以空转、滑移或与轴固定连接。图 1-71 是齿轮与轴常见的几种结合方式。

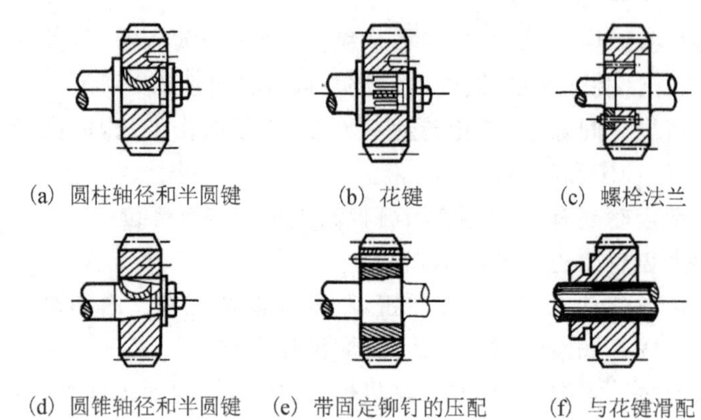

(a) 圆柱轴径和半圆键　(b) 花键　(c) 螺栓法兰

(d) 圆锥轴径和半圆键　(e) 带固定铆钉的压配　(f) 与花键滑配

图 1-71　齿轮与轴的结合方式

在轴上空转或滑移的齿轮，与轴之间为间隙配合。装配后的精度主要取决于零件本身的加工精度，这类齿轮的装配比较方便。装配后，齿轮在轴上不得有晃动现象。

在轴上固定的齿轮，通常与轴的配合有少量过盈量（多数为过渡配合)，装配时需加一定外力。若配合的过盈量不大，可用手工工具敲击压装，过盈量较大的，可用压力机压装。

在轴上安装的齿轮，常见的装配误差是齿轮偏心，如图1-72(a)所示；齿轮歪斜，如图 1-72(b)所示；齿轮端面未贴紧轴肩，如图 1-72(c)所示。压装时，一定要找准基准面，要避免齿轮歪斜和变形。

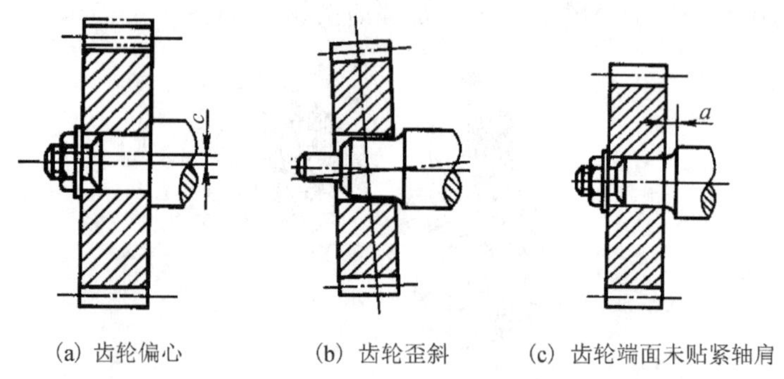

(a) 齿轮偏心　(b) 齿轮歪斜　(c) 齿轮端面未贴紧轴肩

图 1-72　齿轮在轴上的安装误差

在压装后需要检验其径向圆跳动和端面圆跳动误差。测量径向圆跳动误差的方法如图 1-73所示。将齿轮轴支持在 V 形架或两顶尖上，使轴和平板平行，把圆柱规放在齿轮的轮齿间，将百分表测量头抵在量柱上，从百分表上得出一个读数。然后转动齿轮，每隔 3、4 个轮齿再重复进行一次测量，百分表最大读数与最小读数之差就是齿轮分度圆上的径向圆跳动误差。

检查端面圆跳动误差，可以用顶尖将轴顶在中间，使百分表测量头抵在齿轮端面上。在齿轮轴旋转一周范围内，百分表的最大读数与最小读数之差为齿轮端面圆跳动误差。

齿轮与轴为锥面结合时，常用涂色法检查内、外锥面的接触情况，贴合不良的可用三角刮刀进行修正。

当测定的摆动量超过要求时，就要根据摆动情况检查其原因，有时可将齿轮变换某一角度后压入，或对配合面进行修整。

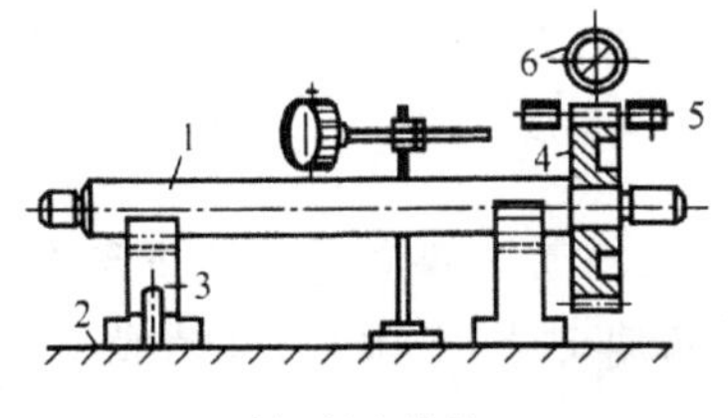

(a) 径向检验

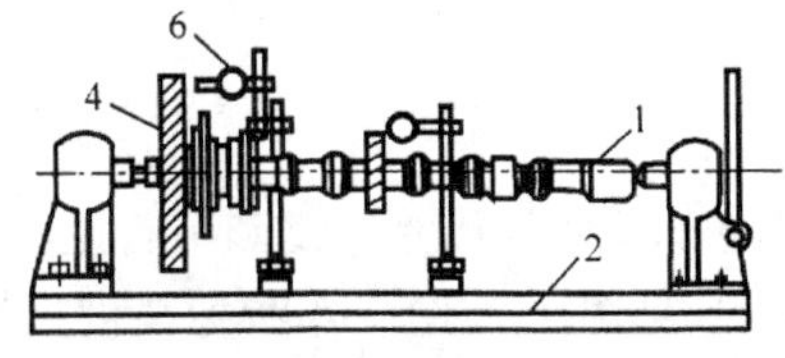

(b) 轴向检验

1—轴；2—工作台；3—V形铁(顶尖)；4—齿轮；5—量柱；6—百分表。

图1-73　齿轮摆动量的检验

(2)将齿轮轴组件装入箱体。将齿轮轴组件装入箱体是一个极为重要的工序，装配的方式应根据轴在箱体中的结构特点而定。

装入箱体的所有零件、组件必须清洗干净。将齿轮轴组件装入箱体内的方式应根据各种类型的箱体及轴在箱体内的结构特点而定。

箱体孔的同轴度、中心距、垂直度，孔与端面的垂直度等，在组装时都应做好这些数据的记录。

对于剖分式箱体，齿轮轴部件的装入是很方便的，只要打开上部，齿轮轴组件即可放入。例如常见的减速器，只要将上箱盖打开，组件就可直接放在下箱体上。但对于非剖分式箱体的齿轮传动，齿轮与轴的装配只能在装入箱体的过程中同时进行。轴上的所有件(包括齿轮、轴承、套等)都要一个个地按顺序组装，这种结构装配比较困难。但凡是这种结构，轴上的配合件过盈量都不会大，装配时可根据配合直径的大小，细心操作，使用手锤等工具可以将其装入。

采用滚动轴承结构的，其两轴的平行度与中心距基本上是不可调整的。对于滑动轴承结构的，尚可以结合齿面接触情况作微量调整。

齿轮传动机构中，支承轴两端的支承座与机体分开，其同轴度与平行度、中心距是可以调整的(例如两端为轴承座时)。可以通过调整支承座位置以及在其底部加或减垫片的办法进行；也可以通过实测轴线与支承座的实际尺寸偏差，将其返修加工的方法解决，这种结构调整比较容易。

为了保证齿传动的装配质量，装配前应检验箱体的主要部件的尺寸精度、形状和位置精度。下面介绍孔和平面的位置精度的检验方法。

①同轴线孔的同轴度检验。在成批生产中，用专用的检验芯棒检验，如图1-74(a)所示，若芯棒能自由地推入几个孔中，表明孔的同轴度在规定的允许偏差范围内。有时为了减少芯棒的数量，可用几副不同外径的检验套配合检验，如图1-74(b)所示。

②孔距精度和孔系相互位置精度检验。孔距及孔系轴线的平行度可用芯棒检验(也可不用芯棒检验)，由图1-75可得：

$$孔距\ A=\frac{L_1+L_2}{2}-\frac{d_1-d_2}{2};\qquad 平行度误差\ \delta=|L_1-L_2|$$

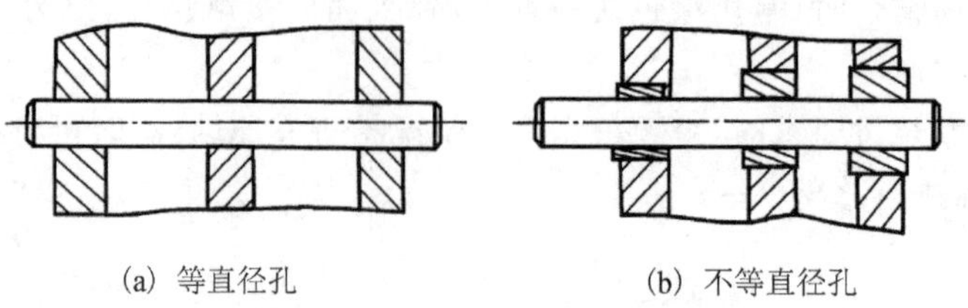

图 1-74 用芯棒检验孔的同轴度

③轴线与基准面的尺寸精度和平行度检验。箱体基准面用等高的垫块支承在平板上，将芯棒插入孔中（见图 1-76）。用游标高度尺测量芯棒两端尺寸 h_1 和 h_2，则轴线与基准面的距离 $h=\frac{h_1+h_2}{2}-\frac{d}{2}-a$；平行度误差 $\delta=|h_1-h_2|$。

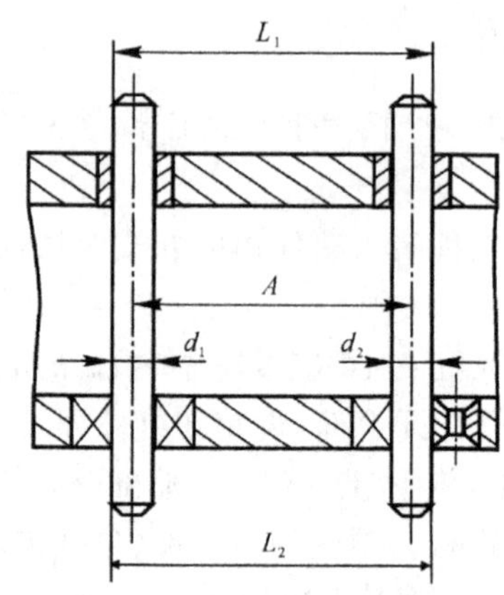

图 1-75 用芯棒检验孔距和孔系相互的位置精度

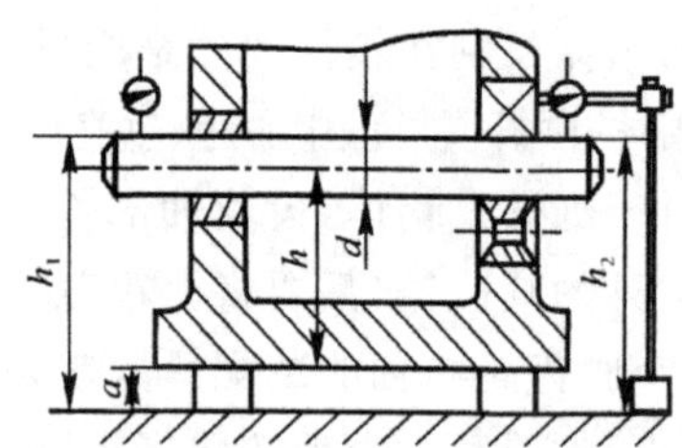

图 1-76 轴线与基面的尺寸精度和平行度检验

④轴线与孔端面的垂直度检验。如图 1-77 所示，用带有检验圆盘的芯棒插入孔中，用塞尺可检验轴线与孔端面的垂直度，也可用芯棒和百分表检验。

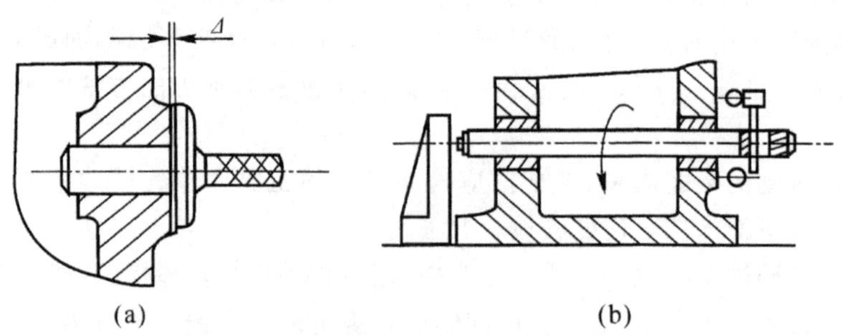

图 1-77 轴线与孔端面的垂直度检验

(3)装配质量的检验与调整。齿轮轴组件装入箱体后，必须检验其装配质量，以保证各齿轮之间有良好的啮合精度。装配质量的检验包括侧隙的检验和接触面积的检验。

①侧隙的检验。装配时主要保证齿侧间隙，而齿顶间隙有时只作参考。侧隙的大小要适当，具有一定的侧隙是必要的，它可以补偿齿轮的制造和装配偏差，补偿热膨胀及形成油膜，防

止研伤以至卡住现象，但间隙过大会造成冲击。因此侧隙过大、过小都将增加附加载荷，增加齿轮传动的磨损，甚至造成事故。所以一般图纸与技术要求都明确地规定侧隙的范围值。图1-78、图1-79为检验侧隙的两种方法。

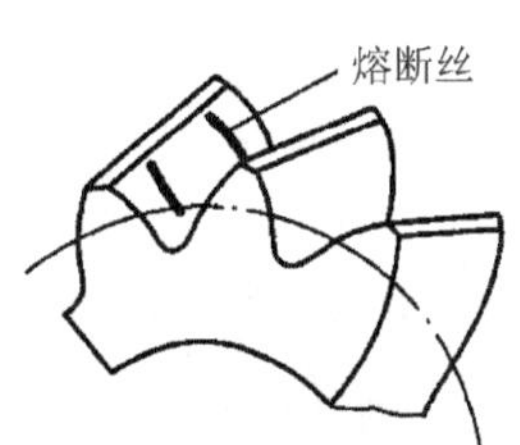

图1-78 用压熔断丝检查侧隙

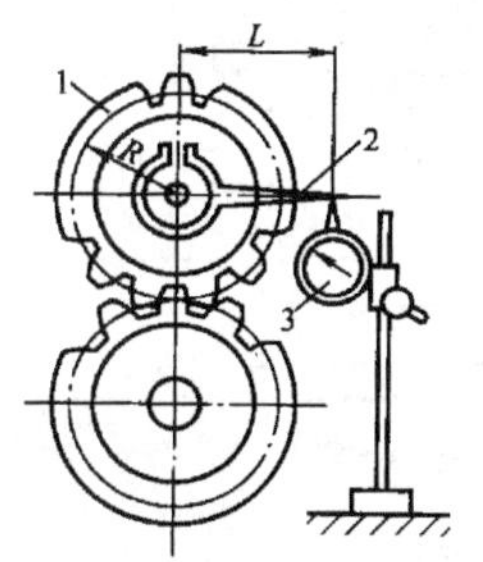

1—齿轮；2—夹紧杆；3—百分表。

图1-79 检验小模数齿轮啮合中的侧隙

用压熔断丝法检验。测量齿侧隙最简单的方法是压熔断丝法检验法。如图1-78所示，在齿面沿齿宽两端并垂直于齿长方向平行放置两条熔断丝，熔断丝的直径不大于齿轮副规定的最小极限侧隙的4倍。转动齿轮将熔断丝压扁后，测量熔断丝最薄处的厚度，即为齿轮副的侧隙。

用百分表检验。精确的测量方法可采用如图1-79所示的装置，将一个齿轮固定，摆动另外一个齿轮，通过百分表可直接测出侧隙。通过百分表的测量方法比较精确，具体检测方法是在另一个齿轮上装有夹紧杆，由于齿侧隙的存在，装有夹紧杆的齿轮便可摆动一定角度，从而推动百分表的触头，得到表针摆动的读数 C，根据节圆半径 R、指针长度 L（测量点至中心的距离），即可按下式求得齿侧隙 C_n 的值（式中 C、R、L 的单位均为 mm）。

$$C_n = C\frac{R}{L}\ (\text{mm})$$

齿轮副侧隙能否符合要求，在剔除齿轮加工因素外，与中心距误差密切相关。因此对于中心距可以调整的齿轮传动装置，可通过调整中心距来改变啮合时的侧隙。同时侧隙还会影响接触精度，因此，一般要与接触精度结合起来调整中心距，使侧隙符合要求。

②接触精度的检验。为了提高接触精度，通常是以轴承为调整环节，通过刮削轴瓦或微量调节轴承支座的位置，对轴线平行度误差进行调整，使接触精度达到规定要求。一对齿轮正常啮合时，在轮齿的高度上，接触斑点面积不少于30%～50%；在轮齿长度上，不少于40%～70%（随齿轮的精度而定）。通过涂色检验，还可以判断装配时产生误差的原因。当接触斑点的位置正确，而面积太小时，可在齿面上加研磨剂进行研磨，以达到足够的接触面积。

渐开线圆柱齿轮接触斑点常见的问题、产生原因及其调整方法见图1-80及表1-7。

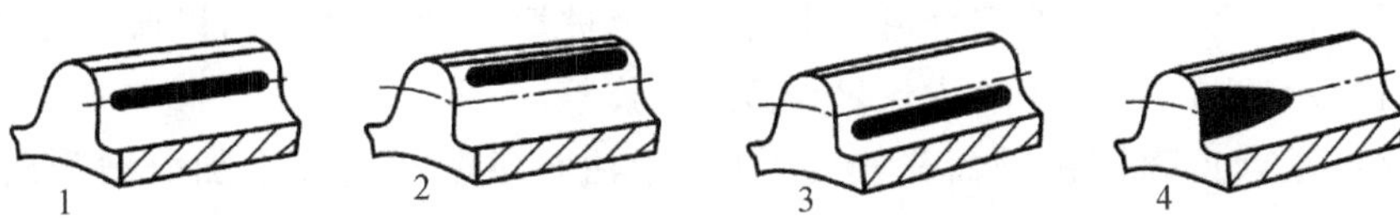

1—正确；2—中心距太大；3—中心距太小；4—两轴线歪斜。

图1-80 用涂色法检查啮合情况

表1-7　渐开线圆柱齿轮接触斑点及调整方法

接触斑点	原因分析	调整方法
正常接触	—	—
同向偏接触	两齿轮轴线不平行	可在中心距公差范围内，刮削轴瓦或调整轴承座
导向偏接触	两齿轮轴线歪斜	
单面偏接触	两齿轮轴线不平或同时歪斜	
游离接触在整个齿圈上，接触区由一边逐渐移至另一边	齿轮端面与回转中心线不垂直	检查并校正齿轮段端面与回转中心线的垂直误差
不规则接触（有时齿面点接触，有时在端面边线上接触）	齿面有毛刺或有碰伤隆起	去除毛刺，修整
接触较好，但不太规则	齿圈径向跳动太大	检验并消除齿圈的径向圆跳动误差

若轴承两端为轴承座类部件时，可通过调整轴承座的位置解决，否则要采用修研的方法来达到接触精度的要求。

通常接触精度的检验与侧隙的调整同时进行。当接触斑点的位置正确而面积太小时，可在齿面上加研磨剂进行研磨，以达到足够的接触面积。对一对啮合齿轮修研齿时要特别注意以下几点要求：

(a)修研齿时应尽量在一对啮合齿轮中的一件上进行(选齿数少的)，以保证修齿后齿形的准确性。当接触精度准确时，另一齿轮可作微量的修整。

(b)当接触斑点正确而接触面积小时，可使用油石条或在齿面上加研磨剂研磨等方法修研。

(c)一般齿面可用锉刀、刮刀等进行粗修研，最后用油石条光整修研。硬齿面齿轮可用油石条、角向磨光机(上软砂轮)修研齿。

(d)修研后，表面粗糙度应不低于原齿面。

研齿是一项对技术要求较高的工作，稍有不慎就有可能将齿轮修废，因此要求具有较高水平、经验丰富的操作工进行操作。

2)圆锥齿轮机构的装配

圆锥齿轮(伞齿轮)的轮齿分布在圆锥体表面上。常用的圆锥齿轮主要有直齿圆锥齿轮，如图 1-81(a)所示，曲线齿圆锥齿轮，如图 1-81(b)所示。

装配锥齿轮传动机构的顺序与装配圆柱齿轮传动机构相似，如锥齿轮在轴上的安装方法基本都与圆柱齿轮大同小异。但锥齿轮一般是传递互相垂直两轴之间的运动，故在两齿轮轴的轴向定位和侧隙的调整以及箱体检验等方面，各具有不同的特点。

(a) 直齿圆锥齿轮

(b) 曲线圆锥齿轮

图 1-81　圆锥齿轮

(1)圆锥齿轮装配的技术要求。装配圆锥齿轮时，安装齿轮轴的机体孔中心线应在同一平面内，并依所要求的角度交于固定点上；两轮中心线的夹角不得超过规定的偏差。为了检验机体孔中心线相互位置的准确性，可采用如图 1-82 所示的专用工具，即用检棒 1 和检棒 2 检查两孔轴线在同一平面内相交的情况。如果轴线正确，检棒 1 就能通过检棒 2 的孔(检棒 1 和检棒 2 的制造精度误差忽略不计)。经过检查合格的孔，可以减少装配工作量，装配质量较高。

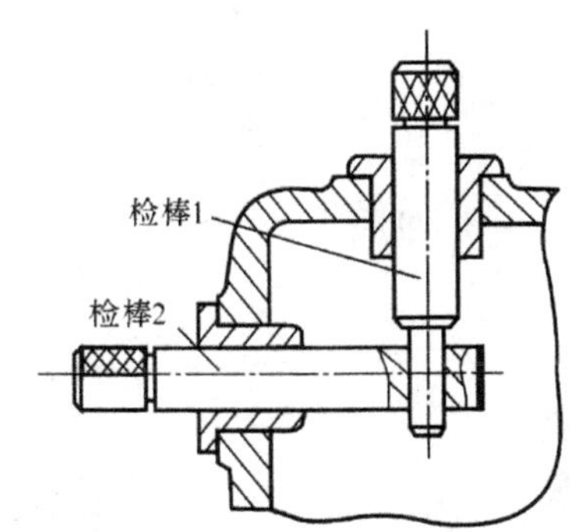

图 1-82　检查两孔轴线在同一平面内相交的示意图

(2)圆锥齿轮装配后的调整。图 1-83 为圆锥齿轮组件，如果装配的两孔轴线正确，就只需要调整齿轮的啮合，即调整圆锥齿轮 1、2 的轴向位置。圆锥齿轮 1 的轴向位置可调整垫片的厚度尺寸；圆锥齿轮 2 则需移动固定圈的位置。调整好后，根据固定圈的位置在轴上配钻固定孔，用螺钉固定。

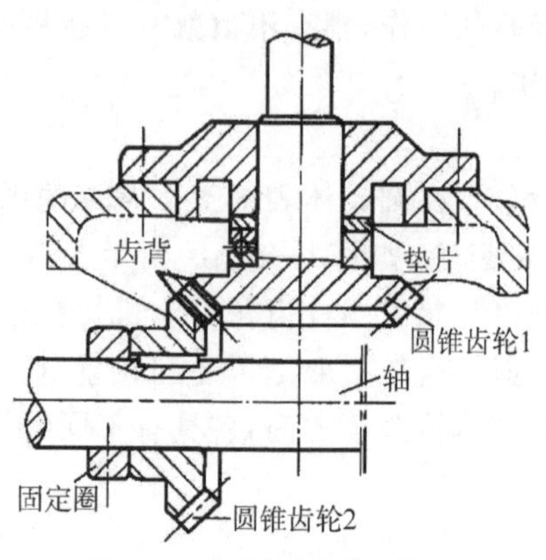

图 1-83　圆锥齿轮组件

怎样辨别圆锥齿轮之间的啮合情况和它的装配位置是否正确呢？精确的辨别方法可用着色法，即在主动齿轮上均匀地涂一层显示剂，并来回转动，使主动齿轮上的显示剂印染到被动齿轮上，视其齿面的显示情况，可以判别出以下几种误差，并有针对性地予以调整。

显示情况：图 1-84(a)为被动齿轮小端显示，应按箭头方向调整主动齿轮退、被动齿轮进；图 1-84(b)为被动齿轮大端显示，应调整主动齿轮进、被动齿轮退；图 1-84(c)显示印痕为一窄长条，并接近齿顶，则说明间隙太大，要同时调整两个齿轮靠近；图 1-84(d)显示印痕仍为一窄长条，并接近齿根，则说明间隙太小，要将两个齿轮同时退出；图 1-84(e)显示印痕恰好在中间位置，则证明装配位置已调整正确。如果印痕达到了齿面长 L 的 2/3，则同时证明两孔轴线在同一平面内。经过这样调整的圆锥齿轮传动机构，运转时磨损均匀、噪音小。

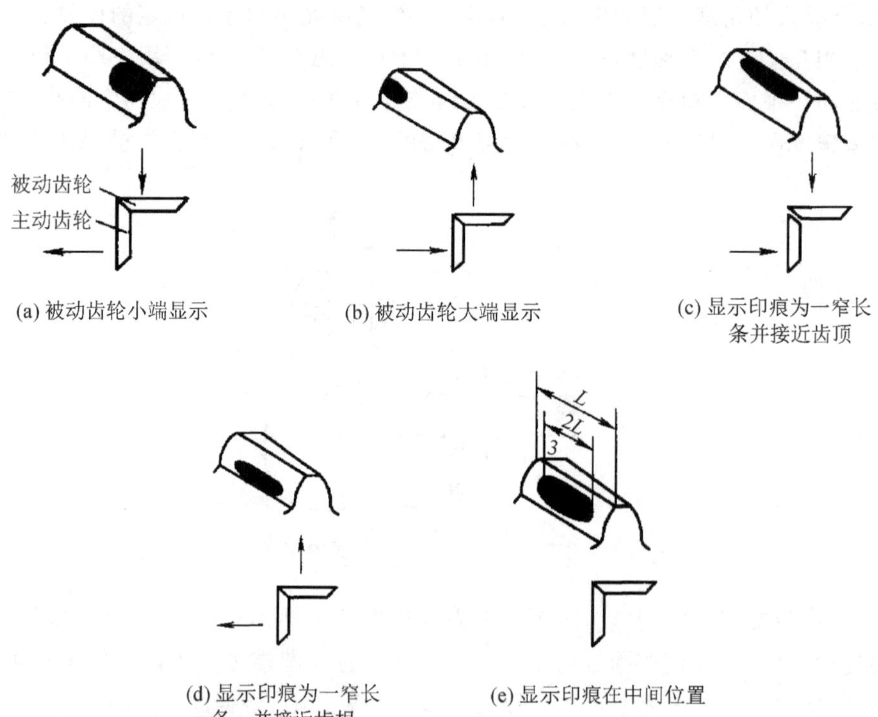

(a) 被动齿轮小端显示　(b) 被动齿轮大端显示　(c) 显示印痕为一窄长条并接近齿顶

(d) 显示印痕为一窄长条，并接近齿根　(e) 显示印痕在中间位置

图 1-84　用涂色法检查圆锥齿轮啮合情况

(3)两锥齿轮轴向位置的确定。当一对锥齿轮啮合传动时，必须使两齿轮分度圆锥相切，两锥顶重合。装配时以此来确定小齿轮的轴向位置；或者说这个位置是以安装距离 x_0（小齿轮基准面至大齿轮轴的距离所示）来确定的，如图 1－85(a)所示。若小齿轮轴与大齿轮轴不相交时，小齿轮的轴向定位，同样也以“安装距离”为依据，用专用量规测量，如图 1－85(b)所示。若大齿轮尚未装好，那么可用工艺轴代替，然后按侧隙要求决定大齿轮的轴向位置。

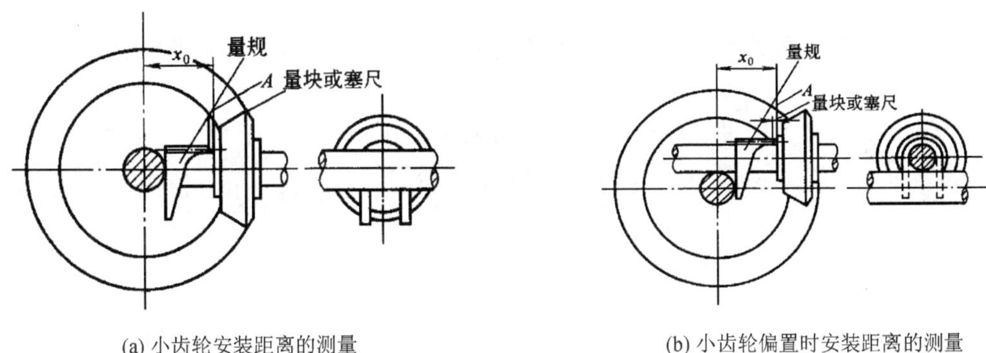

(a) 小齿轮安装距离的测量　　(b) 小齿轮偏置时安装距离的测量

图 1－85　小齿轮轴向定位

在轴向位置调整好以后，通常用调整垫圈厚度的方法，将齿轮的位置固定。

(4)锥齿轮啮合质量的检查与调整。锥齿轮传动的啮合质量检查，应包括侧隙的检验和接触斑点的检验。

侧隙的检验和调整。法向侧隙公差种类与最小侧隙种类的对应关系如图 1－86 所示。锥齿轮副的最小法向侧隙分为六种：a、b、c、d、e、h。a 为侧隙值最大，依次递减，最小法向侧隙种类与精度等级无关。法向侧隙公差有六种：A、B、C、D、E、H。

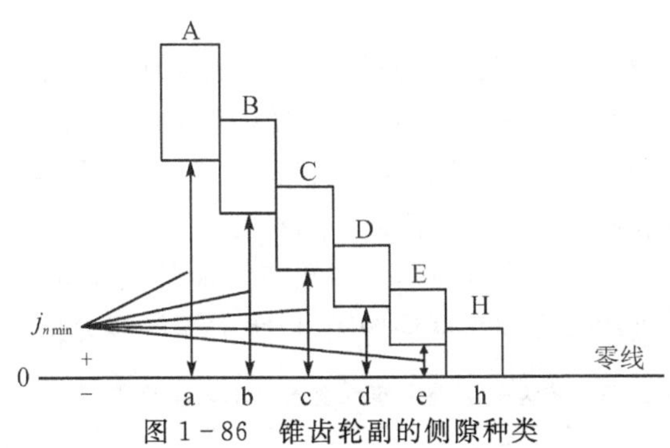

图 1－86　锥齿轮副的侧隙种类

在锥齿轮工作图上应标注齿轮的精度等级和最小法向侧隙种类，还应标注法向侧隙公差种类的数字及代号。

例 1－7　齿轮的三个公差组精度同为 7 级，最小法向侧隙的种类为 b，法向侧隙公差种类为 B，则标注为

7b GB/T 11365—2019

例 1－8　齿轮的三个公差组精度同为 7 级，最小法向侧隙为 400 μm，法向侧隙公差种类为 B，则标注为

7－400B GB/T 11365—2019

例 1-9 齿轮的第Ⅰ公差组精度为 8 级,第Ⅱ、第Ⅲ公差组精度为 7 级,最小法向侧隙种类为 C、法向侧隙公差种类为 B,则标注为

8-7-7C B GB/T 11365—2019

锥齿轮侧隙的检验方法与圆柱齿轮基本相同,也可用百分表测定(见图 1-87)。测定时,齿轮副按规定的位置装好,固定其中一个齿轮,测量非工作齿面间的最短距离(以齿宽中点处计量)即法向侧隙值。

直齿锥齿轮的法向侧隙 j_n 与齿轮轴向调整量 x(见图 1-88)的近似关系为

$$J_n = 2x\sin\alpha\sin\delta'$$

式中,α 为齿形角,°;δ' 为节锥角,°;x 为齿轮轴向调整量,mm。

根据测得的侧隙 j_n 就可从上式中求出调整量 x,即

$$x = \frac{j_n}{2\sin\alpha\sin\delta'}$$

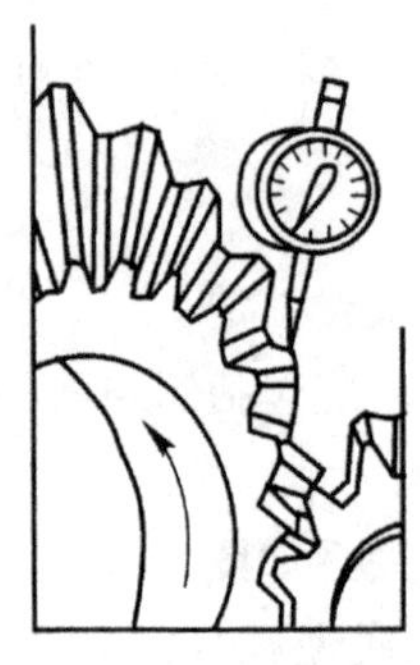

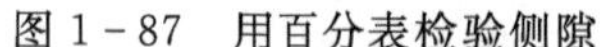

图 1-87 用百分表检验侧隙

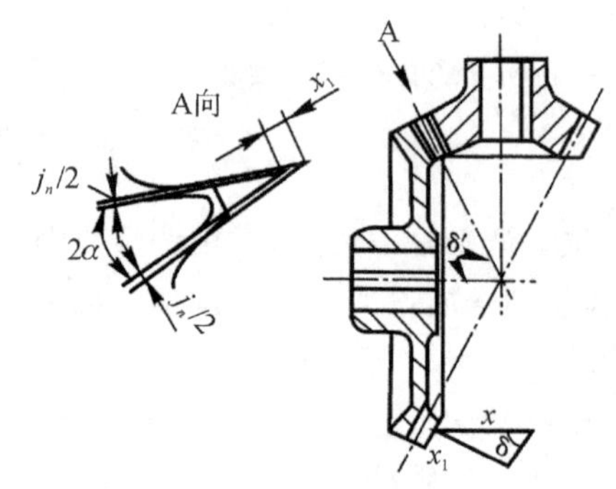

图 1-88 直齿锥齿轮轴向调整量与侧隙的近似关系

接触斑点的检验与调整。用涂色法检查锥齿面接触斑点时,与圆柱齿轮的检查方法相似。就是将显示剂涂在主动齿轮上,来回转动齿轮,从被动齿轮齿面上的斑点痕迹形状、位置和大小来判断啮合质量。一般对齿面修形的齿轮,在齿面大端、小端和齿顶边缘处,不允许出现接触斑点。锥齿轮副啮合接触斑点大小与精度等级的关系见表 1-8。对于工作载荷较大的锥齿轮副,其接触斑点应满足下列要求:轻载荷时,斑点应略偏向小端;而受重载荷时,接触斑点应从小端移向大端,且斑点的长度和高度均增大,以免大端区应力集中。

表 1-8 锥齿轮副啮合接触斑点大小与精度等级的关系

图例	痕迹方向	痕迹百分比确定	精度等级			
			4~5	6~7	8~9	10~12
	沿齿长方向	$\frac{b''}{b'}\times 100\%$	60~80	50~70	35~65	25~55
	沿齿高方向	$\frac{h''}{h'}\times 100\%$	65~85	55~75	40~70	30~60

注:表中数值范围用于齿面修形的齿轮,对于非修形齿轮其接触斑点不小于其平均值。

3)齿轮传动机构装配后的跑合

一般动力传动齿轮副,不要求有很高的运动精度及工作平稳性,但要求有较高的接触精度

和较小的噪声。若加工后达不到接触精度要求时，可在装配后进行跑合。

(1)加载跑合。在齿轮副的输出轴上加一力矩，使齿轮接触表面互相磨合（需要时加磨料），以增大接触面积，改善啮合质量。

(2)电火花跑合。在接触区内通过脉冲放电，把先接触部分的金属去掉，然后使接触面积扩大，直至达到要求为止，此法比加载跑合省时。

齿轮副跑合后，必须进行彻底清洗。

1.5　轴承和轴组的装配与调整

轴承种类很多，按承受载荷的方向可分为向心轴承（承受径向力）、推力轴承（承受轴向力）和向心推力轴承（同时承受径向力和轴向力）。按工作元件间摩擦性质可分为滑动轴承和滚动轴承。本章只介绍滚动轴承的装配。

滚动轴承有摩擦阻力小、效率高、轴向尺寸小、装拆方便、启动轻快和润滑简单等优点，所以在各种机械设备中应用十分广泛。滚动轴承已经标准化，并由专业工厂进行大批量生产，质量可靠、供应充足，技术人员只需根据使用条件，正确选用合适的轴承类型和型号，并进行轴承组合设计即可。滚动轴承按其受载荷的不同分为向心滚动轴承和推力滚动轴承两大类。

1.5.1　滚动轴承的种类及代号

1. 滚动轴承的种类

滚动轴承是标准元件，种类繁多，型号复杂，规格各异。根据国家标准 GB/T 271—2008，滚动轴承按其所能承受的负荷方向和工作时的调心性能的分类标准，以及滚动体的种类和列数分成若干类，再按其直径尺寸的大小分成多种规格。具体分类如下：

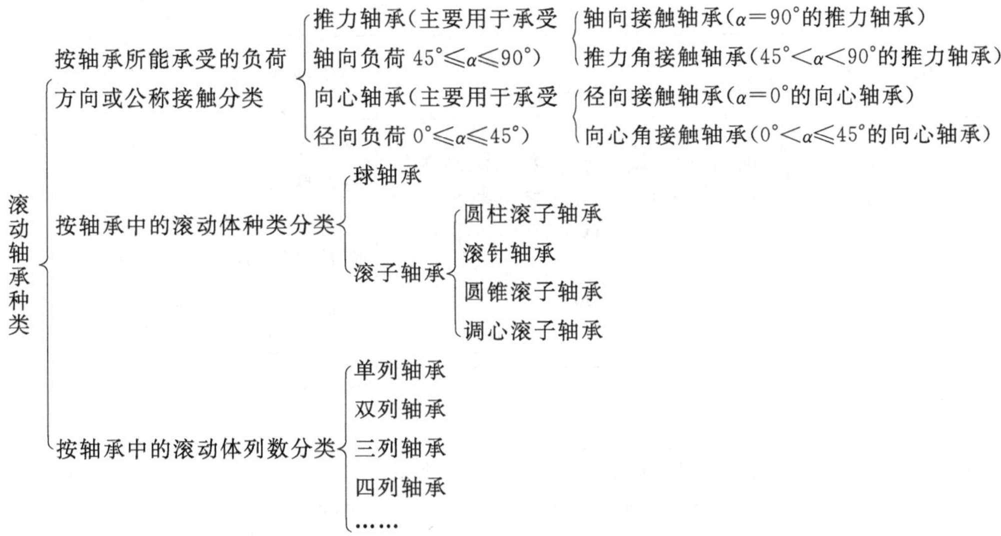

2. 滚动轴承的代号(GB/T 272—2017 滚动轴承代号方法)

轴承代号由前置代号、基本代号和后置代号构成，其排列顺序按见表 1-9。

(1)基本代号。基本代号表示轴承的基本类型、结构和尺寸，是轴承代号的基础。基本代号由轴承的类型代号、尺寸系列代号、内径代号构成。轴承代号的构成见表 1-9，类型代号见表 1-10，内径代号见表 1-11。

表 1-9　轴承代号的构成

<table>
<tr><td colspan="6">轴承代号</td></tr>
<tr><td rowspan="4">前置代号</td><td colspan="4">基本代号</td><td rowspan="4">后置代号</td></tr>
<tr><td colspan="3">轴承系列</td><td rowspan="3">内径代号</td></tr>
<tr><td rowspan="2">类型代号</td><td colspan="2">尺寸系列代号</td></tr>
<tr><td>高度(或宽度)系列代号</td><td>直径系列代号</td></tr>
</table>

表 1-10　类型代号

<table>
<tr><td>代号</td><td>轴承类型</td><td>代号</td><td>轴承类型</td></tr>
<tr><td>0</td><td>双列角接触球轴承</td><td rowspan="2">N</td><td>圆柱滚子轴承</td></tr>
<tr><td>1</td><td>调心球轴承</td><td>双列或多列用字母 NN 表示</td></tr>
<tr><td>2</td><td>调心滚子轴承和推力调心滚子轴承</td><td>U</td><td>外球面球轴承</td></tr>
<tr><td>3</td><td>圆锥滚子轴承</td><td>QJ</td><td>四点接触球轴承</td></tr>
<tr><td>4</td><td>双列深沟球轴承</td><td>C</td><td>长弧圆滚子轴承</td></tr>
<tr><td>5</td><td>推力球轴承</td><td>—</td><td>—</td></tr>
<tr><td>6</td><td>深沟球轴承</td><td>—</td><td>—</td></tr>
<tr><td>7</td><td>角接触球轴承</td><td>—</td><td>—</td></tr>
<tr><td>8</td><td>推力圆柱滚子轴承</td><td>—</td><td>—</td></tr>
</table>

表 1-11　内径代号

<table>
<tr><td colspan="2">轴承公称内径/mm</td><td>内径代号</td><td>示例</td></tr>
<tr><td colspan="2">0.6～10(非整数)</td><td>用公称内径毫米数直接表示，在其与尺寸系列代号之间用“/”分开</td><td>深沟球轴承 618/2.5，d=2.5 mm</td></tr>
<tr><td colspan="2">1～9(整数)</td><td>用公称内径毫米数直接表示，对深沟及角接触球轴承直径系列 7，8，9，内径与尺寸系列代号之间用“/”分开</td><td>深沟球轴承 625，d=5 mm；
深沟球轴承 618/5，d=5 mm；
角接触球轴承 707，d=7 mm；
角接触球轴承 719/7，d=7 mm</td></tr>
<tr><td rowspan="4">10～17</td><td>10</td><td>00</td><td>深沟球轴承 6200，d=10 mm</td></tr>
<tr><td>12</td><td>01</td><td>调心球轴承 1201，d=12 mm</td></tr>
<tr><td>15</td><td>02</td><td>圆柱滚子轴承 NU202，d=15 mm</td></tr>
<tr><td>17</td><td>03</td><td>推力球轴承 51103，d=17 mm</td></tr>
<tr><td colspan="2">20～480(22，28，32 除外)</td><td>公称内径除以 5 的商数，商数为个位数，需在商数左边加“0”，如 08</td><td>调心滚子轴承 23208，d=40 mm；
圆柱滚子轴承 NU1096，d=480 mm</td></tr>
<tr><td colspan="2">≥500 以及 22，28，32</td><td>用公称内径毫米数直接表示，但在与尺寸系列之间用“/”分开</td><td>调心滚子轴承 230/500，d=500 mm
深沟球轴承 62/22，d=22 mm</td></tr>
</table>

(2)前置代号。前置代号是轴承在结构形状等方面有改变时,在其基本代号左边添加的补充代号。前置代号用字母表示,经常用于表示轴承分部件。前置代号及其含义见表 1－12。

表 1－12　轴承前置代号

代号	含义	代号	含义
L	可分离轴承的可分离内圈或外圈	LR	带可分离内圈或外圈与滚动体的组件
R	不带可分离内圈或外圈的组件 (滚针轴承仅适用于 NA 型)	F	带凸缘外圈的向心球轴承
K	滚子和保持架组件	FSN	凸缘外圈分离型微型角接触球轴承
WS	推力圆柱滚子轴承轴圈	KIW－	无座圈的推力轴承组件
GS	推力圆柱滚子轴承座圈	KOW－	无轴圈的推力轴承组件

(3)后置代号。后置代号是轴承在结构形状、尺寸、公差、技术要求等有改变时,在其基本代号右边添加的补充代号。后置代号用字母(或加数字)表示,后置代号的组别及含义见表 1－13。

表 1－13　后置代号的组别及含义

组别	1	2	3	4	5	6	7	8	9
含义	内部结构	密封与防尘与外部形状	保持架及其材料	轴承零件材料	公差等级	游隙	配置	振动及噪声	其他

1.5.2　滚动轴承的结构和材料

如图 1－89 所示,滚动轴承一般由内圈、外圈、滚动体和保持架 4 部分组成。内、外圈都设有滚道,滚动体沿滚道滚动。轴承的内圈与轴颈配合,一般与轴一起转动,外圈安装在轴承座或机座内,可以固定不动,但也可以是内圈不动外圈转动(如滑轮轴上的滚动轴承)或内、外圈同时转动(如行星齿轮轴上的滚动轴承)。轴承工作时,滚动体在内、外圈滚道间滚动,形成滚动接触并支承回转零件和传递载荷。滚动体是滚动轴承中的核心零件,根据工作需要可以做成不同的形状,如球、圆柱滚子、圆锥滚子、鼓形滚子和滚针等。常见的滚动体形状如图 1－90 所示。保持架把滚动体均匀地隔开,避免运转时相互碰撞,减少滚动体之间的摩擦和磨损。

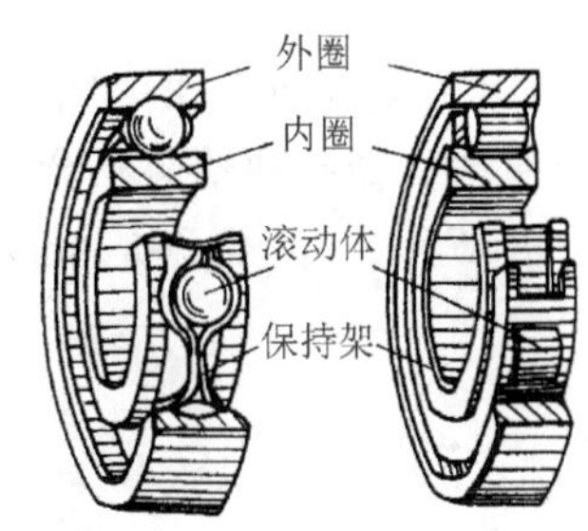

图 1－89　滚动轴承的构造

由于滚动体与内、外圈之间是点或线接触,接触应力较大,所以滚动体与内、外圈均选用强度高、耐磨性好的滚动轴承钢制造,如 GCr15、GCr15SiMn 等,工作表面经过磨削和抛光,其硬度不低于 HRC60。保持架多用低碳钢板冲压后经铆接和焊接而成,或用铜合金、铝合金或塑料等制造。

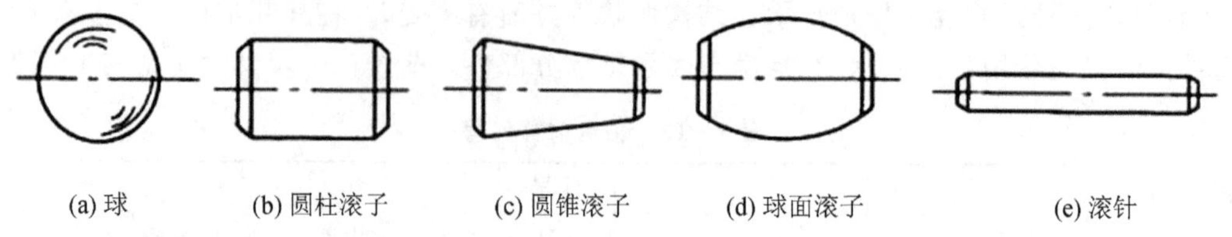

图 1-90　滚动体的种类

1.5.3　滚动轴承的组合和轴系的定位

1. 滚动轴承的组合

各种类型轴承的不同组合可以满足不同的使用要求。常见滚动轴承的组合有以下几种。

(1)两深沟球轴承(旧称向心球轴承)组合(如图 1-91 所示)。这种组合能承受纯径向载荷,也能同时承受径向载荷和轴向载荷,应用广泛。

(2)圆柱滚子轴承和定位深沟球轴承组合(如图 1-92 所示)。这种组合用于承受纯径向载荷或径向和轴向联合载荷,以及径向载荷超过深沟球轴承承载能力的场合。两支点跨距大时,定位球轴承布置在滚子轴承的外侧;跨距较小时,定位球轴承布置在两滚子轴承之间。

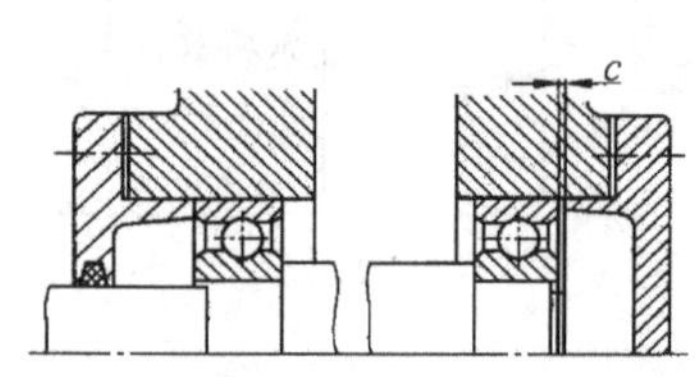

图 1-91　两深沟球轴承组合

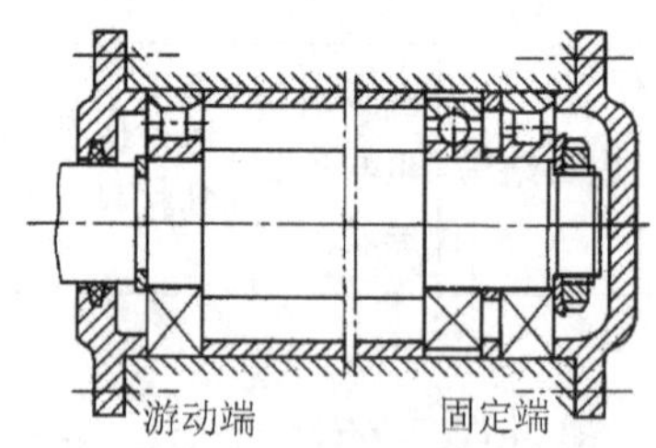

图1-92　圆柱滚子轴承和定位深沟球轴承组合

(3)两角接触轴承(旧称单列向心推力球轴承)的组合(如图 1-93 和图 1-94 所示)。这种组合能承受径向和轴向联合载荷,可以分装于两个支点,也可以成对安装于同一个支点(如图 1-95 所示)。其优点是可以根据实际需要调整轴的轴向窜动,可使轴无轴向窜动和径向间隙。

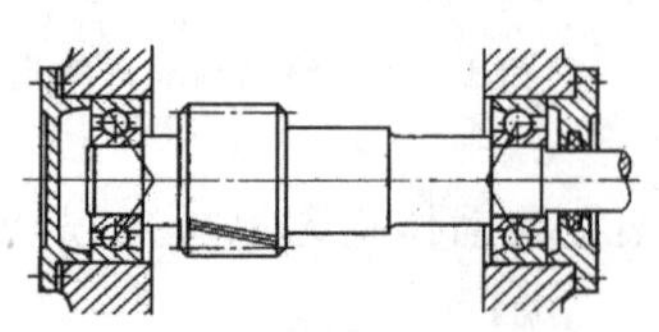

图 1-93　两角接触轴承的组合

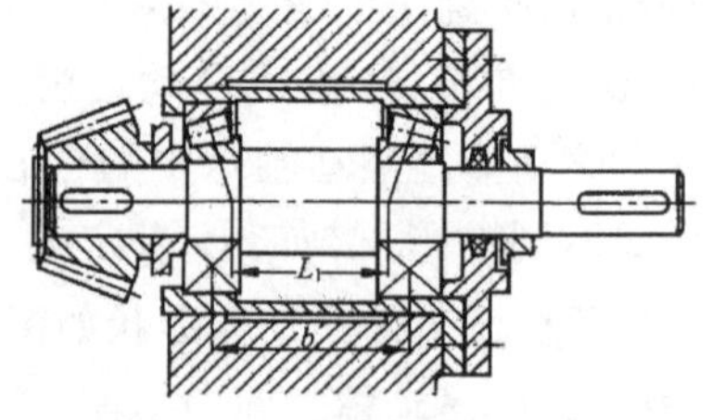

图 1-94　两圆锥滚子轴承的组合

(4)立轴的轴承组合(如图 1-96 所示)。水平轴的组合设计原则同样适用于立轴。但要注意两点:一要尽可能利用上支承的轴承使轴沿轴向固定,二要注意润滑油的保存。

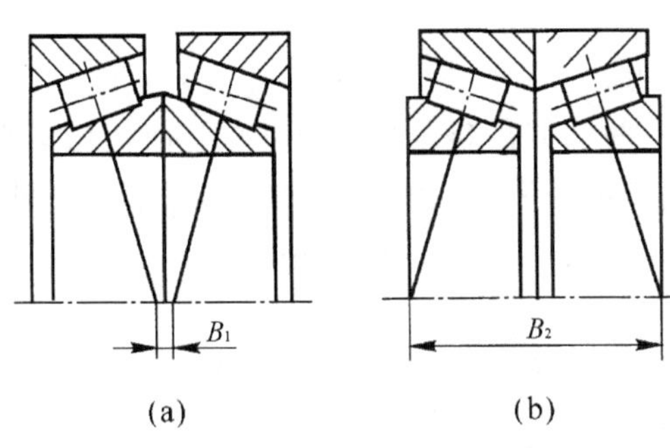

图 1－95　两角接触轴承组合为一支点

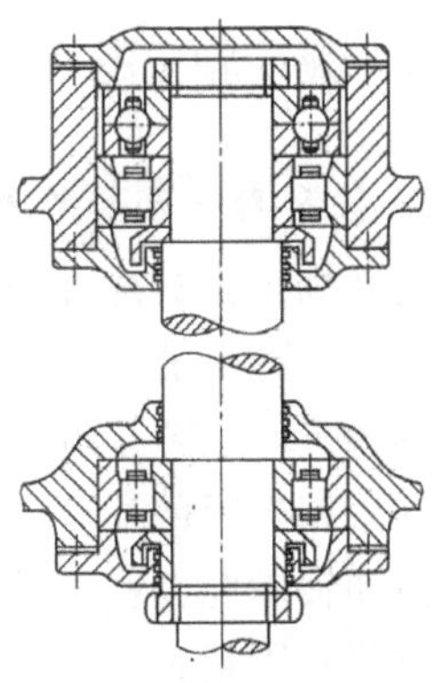

图 1－96　立轴轴承组合

2. 轴系的定位

轴系定位的目的主要是为了防止轴承热膨胀后将轴承卡死，从而使轴系的位置宏观固定，微观可调。常用的轴系轴向定位方式有以下三种。

1)两端固定

两个支点的轴承各限制一个方向的轴向移动，联合起来实现轴系的双向定位。右支点的间隙 c 是考虑轴承热伸长所留的间隙，一般预留 0.25～0.4 mm。对于深沟球轴承，其大小靠增减端盖与箱体之间垫片的厚度来保证；对向心角接触轴承，则靠调整轴承外圈或内圈的轴向位置即内部游隙来补偿。这种定位方式结构简单，易于安装调整，适用于工作温度变化不大，支点跨距小于 350 mm 的轴。

2)一端固定、一端游动

如图 1－97 所示，该轴系左端轴承内、外圈均双向固定，承受双向轴向载荷，右端轴承只对内圈进行双向固定，外圈在轴承座孔内可以轴向游动，是补偿轴的热膨胀的游动端。若是用内、外圈可分离的圆柱滚子轴承和滚针轴承，则内、外圈都要双向固定。这种轴系定位方式适用于跨度大，工作温度较高的轴。

3)两端游动

这种轴系定位方式一般是为满足某种特殊需要而采用的。如图 1－98 所示为人字齿轮轴，由于齿轮左右两侧螺旋角的加工误差，使其不易达到完全对称及人字齿轮间的相互限位作用，这样只能固定其中一根齿轮轴，使另一齿轮轴两端都能游动，自动调位，以防止人字齿两侧受力不均或齿轮卡死。

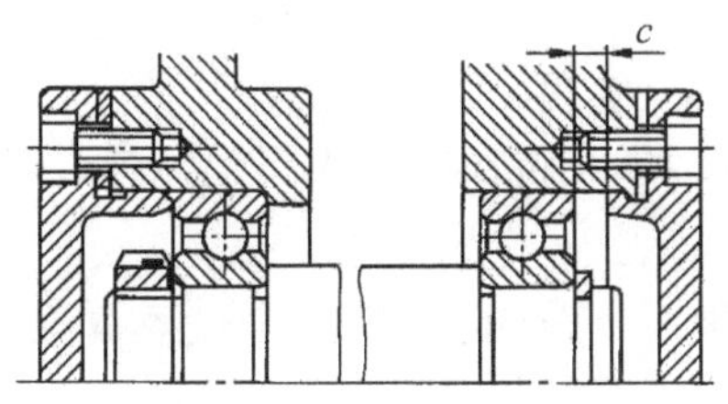

图 1－97　一端固定、一端游动

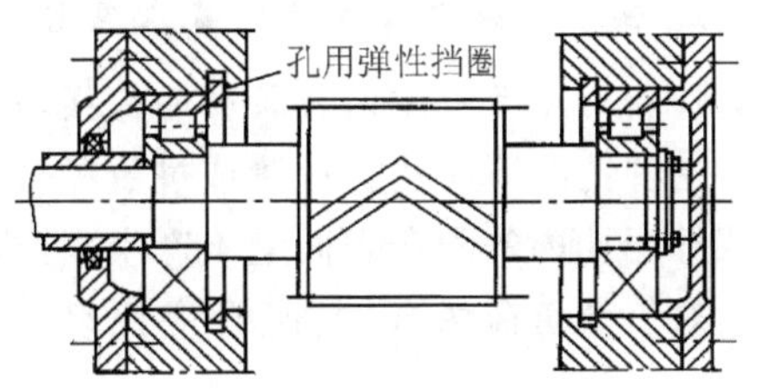

图 1－98　两端游动

1.5.4 滚动轴承的配合

1. 滚动轴承配合的制度

滚动轴承是标准件，是专业厂大批量生产的部件，其内径与外径尺寸出厂时均已确定，所以其内圈与轴颈的配合采用基孔制，外圈与座孔的配合采用基轴制，配合的松紧程度由轴承座孔和轴的尺寸公差来调整。载荷大、转速高、工作温度高时采用紧一些的配合，经常装拆或游动圈则采用较松的配合。

滚动轴承配合种类的选择应考虑荷载大小、方向、性质、转速高低、轴承的工作温度和拆卸是否方便等因素。

滚动轴承内、外圈的配合。当荷载方向不变，转动的内圈应比固定的外圈紧些，一般情况下，内圈随轴一起转动，而外圈不动，所以内圈用较紧的过渡配合，而外圈用较松的过渡配合。荷载越大，转速越高，有振动和冲击时，应采用较紧的过渡配合；当轴承转动精度要求较高时，也应采用较紧的过渡配合，以借助于过盈量来减少轴承的原始游隙。当轴承作游动支承时，外圈与轴承座孔应取较松的过渡配合，轴承与空心轴的配合应用较紧的过渡配合，以免轴的收缩使轴承松动。对于经常装拆的轴承，可采用较松的过渡配合，以便拆装和更换。

图 1-99 是滚动轴承配合的示意图。其中图 1-99(a)为滚动轴承内径与轴的公差带的相对位置，Δ_{dmp}为滚动轴承内径公差带。图 1-99(b)为滚动轴承外径与轴承座孔的公差带的相对位置，Δ_{Dmp}为轴承外径的公差带。

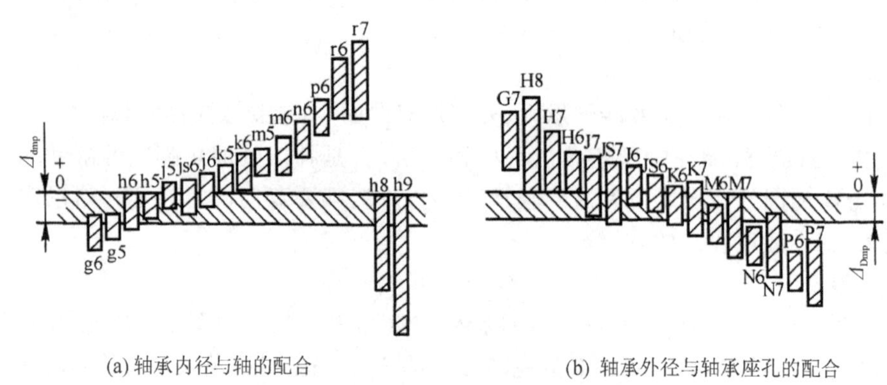

(a) 轴承内径与轴的配合　　(b) 轴承外径与轴承座孔的配合

图 1-99　滚动轴承配合示意图

2. 滚动轴承配合选择的基本原则

1)相对于负荷方向为旋转的套圈与轴或外壳孔的配合

这种情况下应选择过渡或过盈配合。过盈量的大小以轴承在负荷下工作时，其套圈在轴上或外壳孔内的配合表面上不产生“爬行”现象为原则。

对于重负荷场合，其配合应比轻负荷和正常负荷更紧。负荷越重，其配合过盈量也应越大。

2)公差等级的选择

公差等级的选择与轴或外壳孔的公差等级和轴承精度相关。如与 P0 级精度轴承(旧标准G级)配合的轴,其公差等级一般为IT6,外壳孔的公差等级一般为IT7。对于旋转精度和运转的平稳性有较高要求的场合(如电动机等),应选轴的公差等级为IT5,外壳孔的公差等级为IT6。

3)公差带的选择

(1)轴公差带的选择。在很多场合,轴旋转但径向负荷方向不变,即轴承内圈相对于负荷方向为旋转的场合,一般应选择过渡或过盈配合。轻负荷采用h5、i6、k6、m6,如机床主轴、精密机械等;正常负荷采用j5、k5、m5、m6、n6、p6,如电动机、内燃机变速箱等;重负荷采用n6、p6、r6、r7,如铁路车辆、轧机等重型机械。此外,当轴静止且径向负荷方向不变,即轴承内圈相对于负荷方向是静止的场合,可选择过渡或间隙配合,但是不允许配合间隙太大。

(2)外壳孔公差带的选择。安装向心轴承,外圈相对于负荷方向为静止时,在轻、正常、重负荷的工作场合,一般都采用G7、H7;当受冲击负荷时,采用J7;对于负荷方向摆动或旋转的外围,应避免间隙配合。

4)外壳结构形式的选择

原则上应选用整体式外壳,尤其在外壳孔的公差等级为IT6时,更应如此。剖分式外壳适用于有间隙的配合,其优点是装卸方便。对k7以及比k6更紧的配合,不宜采用剖分式外壳。

一般机械,轴颈的公差常取n6、m6、k6、js6,座孔的公差常取J6、J7、H7、G7,如图1-100所示。

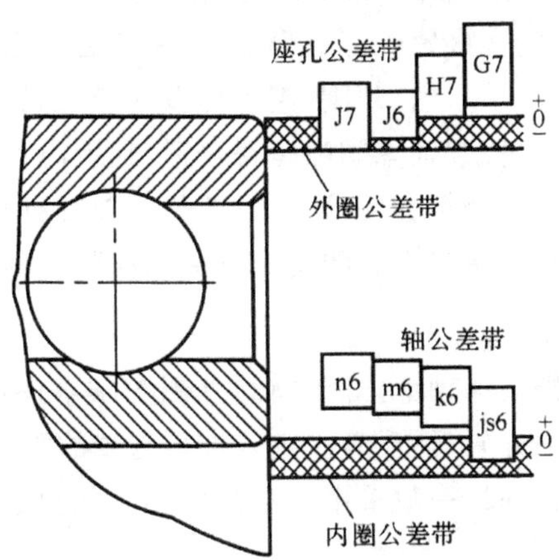

图1-100　常用轴承配合的公差带

1.5.5　滚动轴承的装配

滚动轴承的装配是轴承组合设计中的重点。安装方法不当,会造成对轴颈和其他零件的损害。

1. 滚动轴承的装配要求

(1)滚动轴承上标有规格、牌号的端面应装在可见的部位,以便于以后的检修和更换。

(2)轴颈或壳体孔台肩处的圆弧半径应小于轴承的圆弧半径,以保证装配后轴承与轴肩和壳体孔台肩靠紧。

(3)滚动轴承的装配,应根据轴承结构、尺寸大小和轴承部件的配合性质而定,装配时的压力应直接加在待配合套圈端面上,不能通过滚动体传递压力。

(4)在同轴的两个轴承中,必须有一个轴承的外圈(或内圈)可以在热胀时产生轴向移动,以免轴或轴承因没有这个余地而产生附加应力,严重时会使轴承咬住。

(5)装配后,轴承在轴上和壳体孔中不能有歪斜和卡住现象,轴承应转动灵活、无噪声,一般工作温升不超过 50℃。

(6)装配轴承过程中,应严格保持清洁,防止杂物进入轴承内。

2. 装配前的准备工作

滚动轴承是一种精密部件,其套圈和滚动体有较高的精度和较细的表面粗糙度,认真做好装配前的准备工作,对保证装配质量和提高装配工作效率是十分重要的。

(1)根距装配的轴承,准备好必要的工具和量具。

(2)按图样的要求检查与轴承相配的零件,如轴颈、外壳、端盖等的尺寸是否符合图样要求,表面是否有凹陷、毛刺、锈蚀和固体的微粒等。然后用汽油或煤油清洗,并用干净的布仔细擦净,最后,在上面涂上一层薄油。

(3)检查轴承型号与图样要求是否一致。

(4)装配前应对轴承进行清洗。清洗前,先将轴承中润滑油或防锈油除掉,涂有防锈油脂的轴承可用汽油或煤油清洗。若轴承是用防锈油脂封存的,则可用轻质矿物油加热溶解清洗(油温不超过 100℃)。把轴承浸入油内,待防锈油脂熔化后即从油中取出,冷却后再用汽油或煤油清洗,经过清洗的轴承不能直接置于工作台上,应擦净后待用。

在清洗过程中,要检查滚动轴承内、外圈、滚动体及保持架等是否生锈、碰伤或损坏,轴承转动是否灵活,有无卡住现象。检查轴承间隙是否合适,轴承内、外圈与轴肩是否紧密相切等。再用千分尺检查轴承各个尺寸是否符合要求,同时还要检查轴肩和轴承座的端面跳动量。

(5)对于两面带防尘盖、密封圈或涂有防锈润滑两用油脂的轴承,不需要清洗。

3. 滚动轴承的装配方法

滚动轴承的装配主要是指滚动轴承内圈与轴、外圈与轴承座的孔的配合。配合应根据轴承的类型、尺寸、载荷的大小和方向、性质等决定。轴承与轴的配合按基孔制,与轴承座的配合按基轴制。转动的圈(内圈或外圈)一般采用有过盈但不大的过渡配合;固定的圈常采用有间隙的过渡配合和间隙配合。

1)向心轴承的装配

由于滚动轴承的内、外圈都比较薄,装配时容易变形,因此,在装配前,必须测量一下轴和轴承座孔的尺寸,随时掌握它们之间的配合情况,避免过紧的装配。

装配时,必须保证轴承的滚动体不受压,配合面不擦伤,轴颈或轴承座孔台肩处的角应符合要求,如图 1-101 所示,轴承套圈的安装如图 1-102 所示。

(1)当轴承内圈与轴颈配合较紧,外圈与壳体为较松的配合时,应先将轴承装在轴上。压装时在轴承内圈端部垫上铜环或低碳钢的装配套,如图 1-102(a)所示,然后把轴承与轴一起装入轴座孔内。

(2)当轴承外圈与轴承座孔配合较紧,内圈与轴颈配合较松时,可将轴承先压入轴承座孔内,如图 1-102(b)所示。此时装配套筒的外径应略小于轴承座孔的直径。

(3)当轴承内圈与轴颈、轴承外圈与轴承座孔都是较紧配合时,装配套的端面应作成同时压紧轴承内、外圈端面的圆环形,其内径应略大于轴颈的尺寸,如图 1-102(c)所示,并使压力同时传到内、外圈上，把轴承压入轴颈和轴承座孔之中。

(4)对于圆锥滚子轴承和角接触球轴承，由于外圈可以自由脱开，装配时可分别把内圈装在轴颈上，外圈装在轴承座孔中。当过盈量较小时，可用锤子敲击；当过盈量较大时，可用机械压入；当过盈量过大时，可用温差法装配，即将轴承放入油液中加热至 80～100 ℃后进行装配。圆锥滚子轴承的装配如图1-103所示。

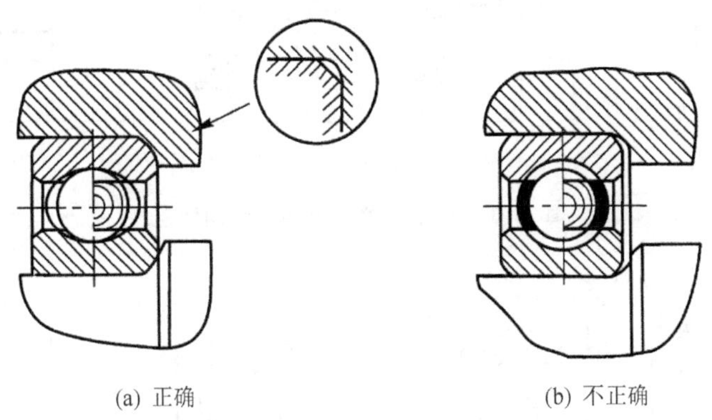

图 1-101　滚动轴承在台肩处的配合

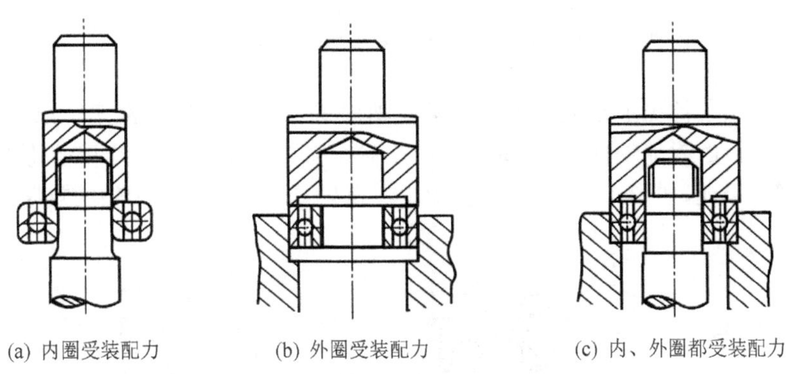

图 1-102　安装滚动轴承向心轴

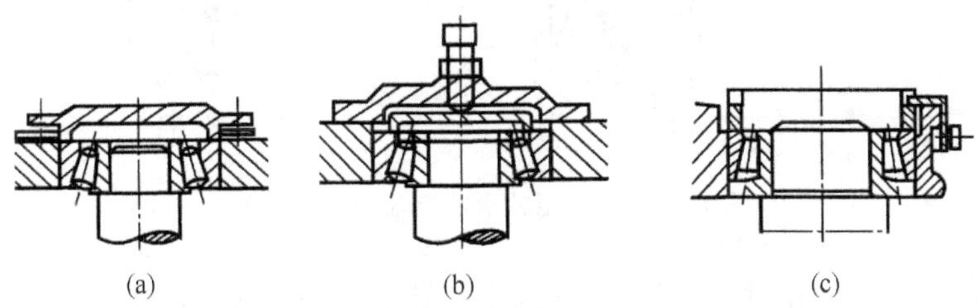

图 1-103　圆锥滚子轴承的装配

为了防止轴承在工作时受轴向力而产生轴向移动，轴承在轴或壳体上都应加轴向固定。轴承内圈在轴上的轴向固定应根据轴向载荷的大小选用，一般采用轴肩、弹性挡圈、轴端挡圈和圆螺母等结构，如图 1-104 所示。图 1-104(a)用于承受单向轴向载荷；图 1-104(b)用于转速不高和轴向载荷不大的场合；图 1－104(c)和图 1－104(d)用于承受较大的双向轴向载荷和高转速的场合。外圈则采用机座凸台、孔用弹性挡圈、轴承端盖等形式固定，如图 1－105 所示。图 1－105(a)用于转速高且轴向载荷大的场合；图 1－105(b)和图 1－105(c)用于轴向载荷较小的场合；图 1－105(d)用于要调整轴向游隙的场合。

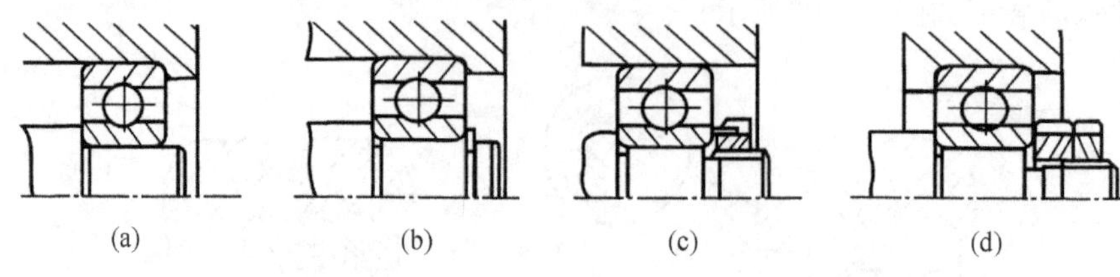

图 1－104　滚动轴承内圈的轴向固定

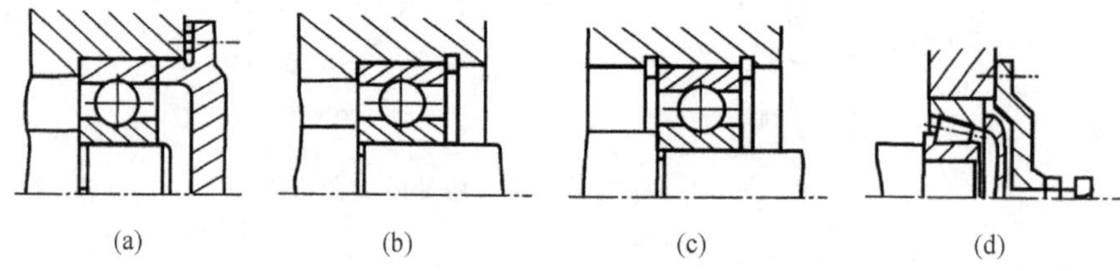

图 1－105　滚动轴承外圈的轴向固定

滚动轴承在某些情况下还应考虑给轴承在轴向移动留有余地。例如轴热胀伸长后，要使轴和轴承产生很大的附加轴向力，在保证有一个轴承轴向能定位的前提下，要使轴上其余各轴承留有轴向移动余地，如图 1－106 所示。图中所留轴向间隙 c 应大于轴的热胀伸长量。

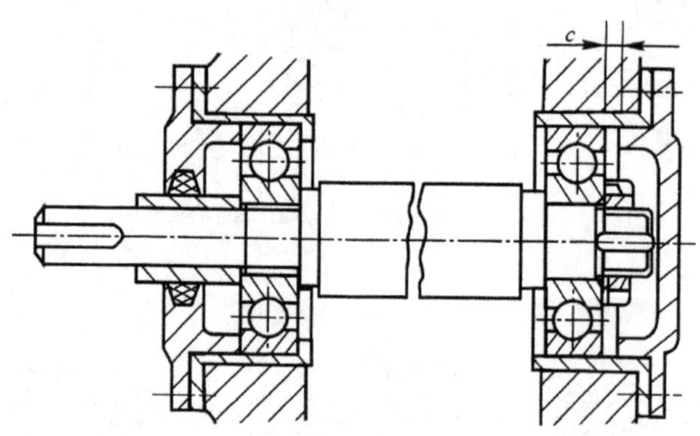

图 1－106　一端轴承留有轴向热胀间隙

向心轴承的装配应根据轴承结构、尺寸大小和轴承部件的配合性质而定，常用的装配方法是压入装配。当配合过盈量较小时，可用手锤敲击压入轴承，但要注意压力应直接加在待配合套圈端面上，不能通过滚动体传递压力，同时应避开轴承内、外圈的薄弱地方，并在打入时，相对地均匀用力。当配合过盈量很大时，可用温差法装配。温差法就是将轴承或外壳加热，再将轴承装入，此法适合批量生产。滚动轴承允许用油加温热装，油的温度应在 100～120 ℃，对于装有塑料保持架的轴承，加热温度不应超过 100 ℃。

热装轴承时，不允许轴承与油槽底或壁接触。对于需装轴承的较小壳体类件，也可采用这种方法加热后将轴承装入。为避免轴承接触到比油温高得多的箱底，形成局部过热，同时避免轴承被箱底沉淀的脏物污染，轴承加热时应放在油箱内的网格上；对于小型轴承，也可以挂在油中加热。对于两面带防尘盖、密封圈或涂有防锈润滑油脂的轴承，则不能采用温差法装配，如采用轴冷缩法装配，轴的温度不得低于－80℃。

由于油加热时对环境污染很大，所以很多厂家研究了专门对轴承加热的设备，如工频感应加热器，用电升温。根据轴承尺寸的不同，这种设备有不同的尺寸规格，有条件的情况下可采用这种方法。

2）推力轴承的装配

推力轴承由紧环、滚珠及松环等零件组成，如图1－107所示。

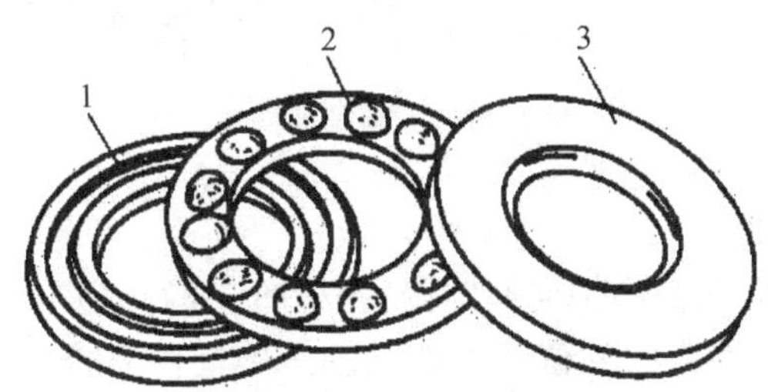

1—紧环；2—滚珠；3—松环。

图1－107　推力轴承

推力球轴承装配时，应区分紧环与松环，松环的内孔尺寸比紧环内孔尺寸大，与配合轴之间有间隙，能与轴作相对转动。装配时一定要使紧环靠在转动零件的平面上，松环靠在静止零件的平面上。如图1－108所示，上端的紧环靠在轴肩端面上，下端的松环靠在静止零件的平面上，否则会使滚动体丧失作用，同时也会加速配合零件的磨损。

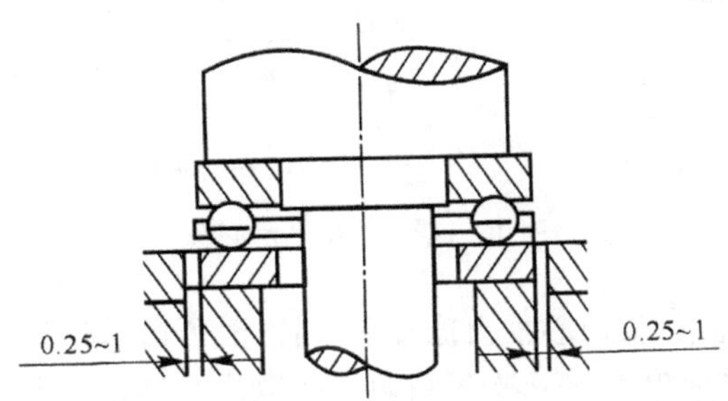

图1－108　推力球轴承活套与机座间的装配间隙图

4．滚动轴承的间隙调整

1）滚动轴承的间隙

滚动轴承的间隙是指在无负荷的情况下，将轴承的一个套圈固定，另一个套圈沿径向或轴向移动的最大距离。作径向移动的最大距离称为径向间隙，做轴向移动的最大距离称为轴向间隙，如图1－109所示。两类间隙之间有密切的关系，一般径向间隙越大，则轴向间隙也越大；反之，径向间隙越小，则轴向间隙也越小。间隙的作用是保证滚动体的正常运转、润滑，以及热膨胀的补偿量。轴承间隙过大或过小都会影响到正常运转和润滑，同时也满足不了热膨胀的要求，严重时会缩短轴承的工作寿命。因此，轴承间隙的调整是非常必要的，选择正常的间隙，是保证正常工作、延长使用寿命的重要措施之一。

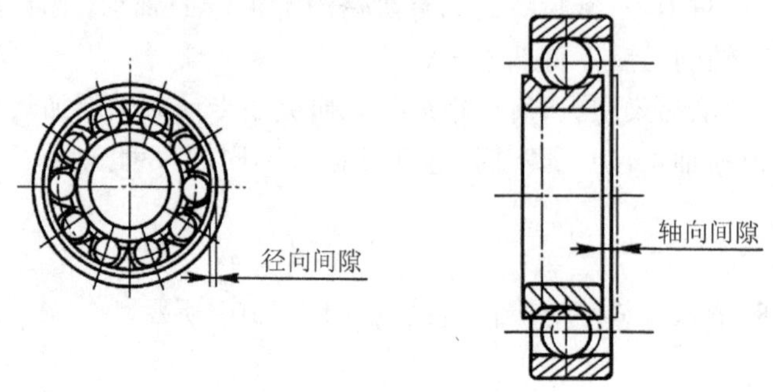

图 1－109　轴承的间隙

2)滚动轴承间隙的调整

滚动轴承的间隙有径向间隙和轴向间隙两种，如图 1－110 所示。间隙的作用是保证滚动体的正常运转、润滑以及热膨胀的补偿量。滚动轴承的间隙不能过大，也不能过小。间隙过大，将使同时承受负荷的滚动体减少，单个滚动体负荷增大，降低轴承寿命和旋转精度，引起振动和噪声。受冲击载荷时，尤为显著。间隙过小，则加剧磨损，同时也满足不了热膨胀的要求，会降低轴承的寿命。因此，轴承在装配时，应控制和调整合适的间隙以保证正常工作并延长轴承使用寿命。

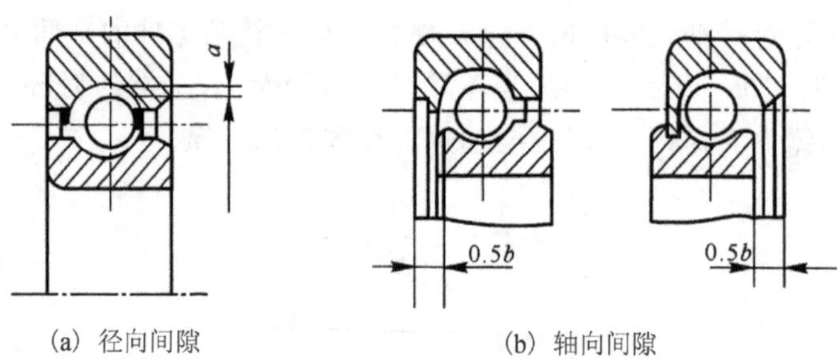

(a) 径向间隙　　(b) 轴向间隙

图 1－110　滚动轴承间隙

对于各种向心推力轴承，如向心推力球轴承、圆锥滚子轴承和双向推力球轴承等，因其内、外圈可以分离，故在装配过程中都要控制和调整间隙。在装配以及使用过程中，可通过调整内、外套圈的轴向位置，使轴承内、外圈作适当的轴向相对位移来获得合适的轴向间隙。滚动轴承调整间隙通常采用以下两种方法。

(1)用垫片调整。通过改变轴承盖处垫片厚度 δ 调整轴向间隙，如图 1－111 所示。为了精确地调整轴向间隙，要准备好不同厚度的垫片，一般用软金属垫片为好，纸片也可以。如用几层垫片叠起使用时，总厚度应以螺钉拧紧后，再卸下量出的尺寸为准，不能以几层垫片相加的厚度来计算，这样会出现误差。特别是多层垫片叠在一起未经压紧前，弹性较大，量出的数值总是偏大。用垫片调整滚动轴承间隙的方法应用较为普遍。

(2)用调整螺钉调整。如图 1－112 所示，先把调整螺钉上的锁帽松开，然后拧紧调整螺钉，这时螺钉压在止推盘上，止推盘挤向外套圈，直到使轴的转动感到阻力偏大为止。然后根据需要的轴向间隙要求，将调整螺钉退回一定距离，并把锁帽拧紧，以防调整螺钉在设备运转中产生松动。

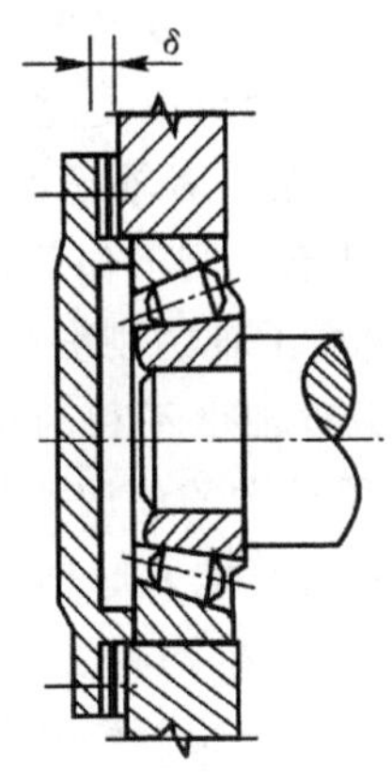

图 1－111　垫片调整法

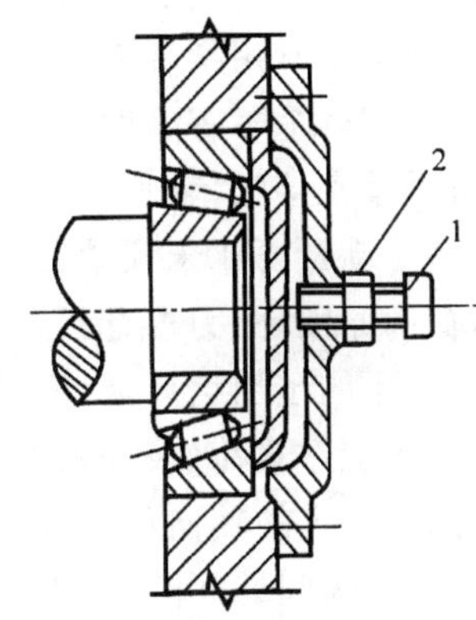

1—螺钉；2—锁帽。

图 1－112　螺钉调整法

轴承间隙调整完后，应进一步检查调整是否正确。检查方法可用百分表或塞尺测量轴向间隙。百分表法用于剖分式的滚动轴承。检查时，应先将上盖揭起，用力将轴推向一方，在其反方向的轴肩或轴上用物体固定，垂直于轴的端面上安装百分表，然后再用力将轴向反方向推紧，这样便可以在百分表上直接读出轴向间隙的数值来。塞尺检查法仅适用于圆锥滚子轴承，如图 1－113 所示。

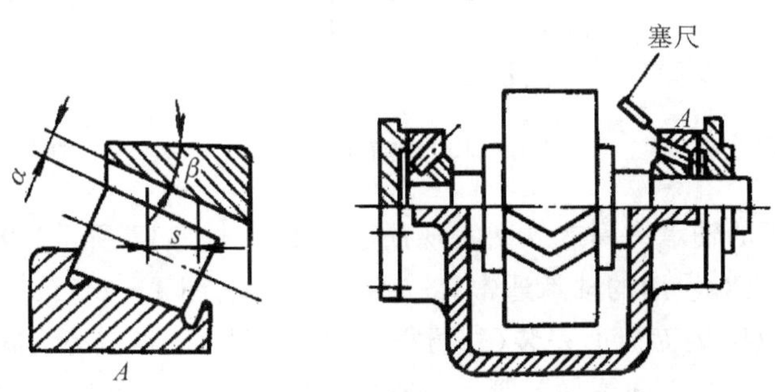

图 1－113　用塞尺检查圆锥滚子轴承间隙

检查时，先将轴向一端推紧，直到轴承没有任何间隙为止，然后用塞尺量出另一端轴承斜面的间隙尺寸，就可用下式计算轴承的轴向间隙。

$$s = \frac{\alpha}{2\sin\beta}$$

式中，s为轴承的轴向间隙，mm；α为轴承的斜面间隙，mm；β为轴承外套斜面与轴中心线所成的角度(随型号不同而改变)。

轴向间隙的大小要根据轴长以及轴在工作时的温度来决定。又因为滚动轴承轴向间隙与径向间隙的关系是一定的，所以轴向间隙也要根据径向间隙的需要来决定。

5. 滚动轴承的预紧

对于承受负荷较大，旋转精度要求较高的轴承，大多要求在无间隙或少量过盈状态下工作。为了防止在工作时因弹性变形出现间隙而影响精度，通常在轴承安装时要进行预紧。所谓预紧，就是在安装轴承时用某种方法产生并保持一轴向力。预紧可以通过修磨轴承中的一个套圈的端面，或采用两个不等厚度的间隔套筒(或称隔套)，放在一对轴承的内、外圈之间的方法，使滚珠与滚道紧密接触，轴承获得预加负荷。预紧后的轴承受到工作载荷时，其内、外圈的径向及轴向相对移动量要比未预紧的轴承大大减少，从而提高了轴的刚度和旋转精度。

选用预加负荷的原则是：力求有预期的刚度又尽可能减少对轴承不利的预加负荷。如运转速度高，宜选用较小的预加负荷量；反之，运转速度低，宜选用较大的预加负荷量。预加负荷量一般要大于或等于工作载荷(最好稍大于工作载荷)，如装配向心推力球轴承或向心球轴承时，给轴承内、外圈以一定的轴向负荷，如图 1-114 所示。这时内、外圈将发生相对位移，结果消除了内、外圈与滚动体间的间隙，产生了初始的弹性变形。预紧能提高轴承的旋转精度和寿命，减少机器工作时轴的振动。

1)滚动轴承的预紧方法

(1)如图 1-115 所示，对于成对安装的向心推力轴承，主要用轴承内、外垫环厚度差实现预紧，即用不同厚度的垫环得到不同的预紧力。

(2)用弹簧实现预紧，靠弹簧力作用在外圈上使轴承得到自动锁紧，如图 1-116 所示。

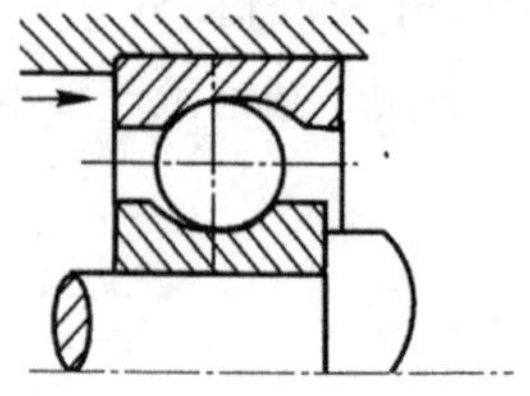

图 1-114　预紧原理

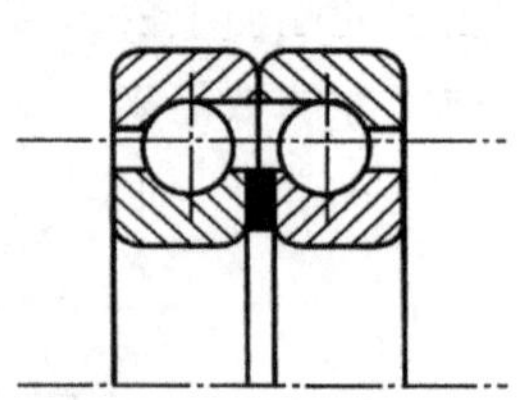

图 1-115　用垫环预紧

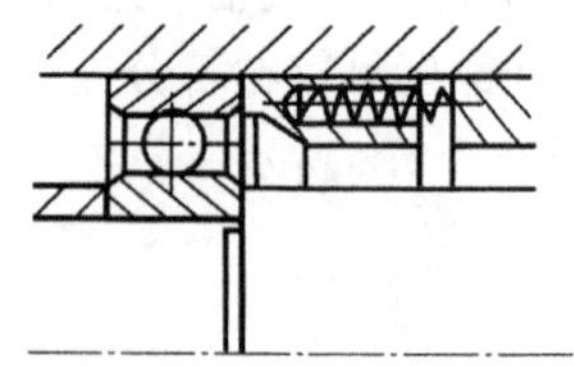

图 1-116　用弹簧预紧

(3)磨窄成对使用的轴承内圈或外圈实现预紧。如图 1-117 所示，当夹紧内(或外)圈时即可实现预紧。这种成对使用的轴承通常有三种布置方式，图 1-117(a)为背靠背安装(外圈宽边相对)；图 1-117(b)为面对面安装(外圈窄边相对)；图 1-117(c)为同向安装(外圈宽、窄边相对)。只要按图示箭头方向施加预紧力，使轴承紧靠在一起，就能达到预紧的目的。成对安装轴承之间配置厚度不同的间隔套，如图 1-118 所示，就可得到不同的预紧力。

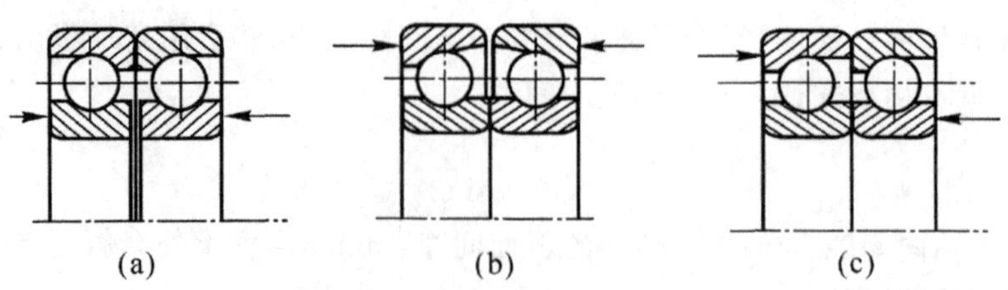

图 1-117　角接触球轴承的预紧

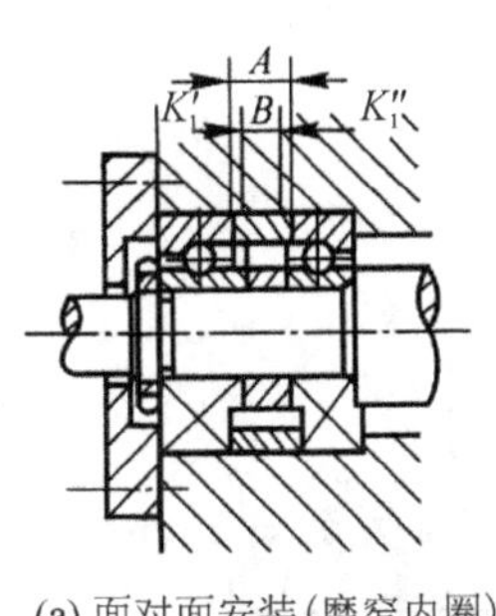

(a) 面对面安装(磨窄内圈)

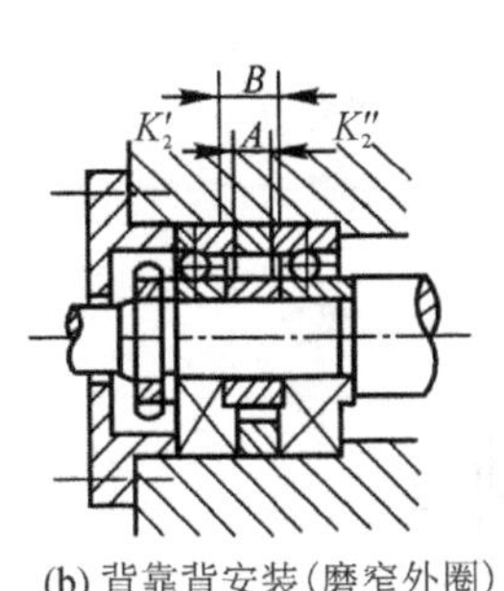

(b) 背靠背安装(磨窄外圈)

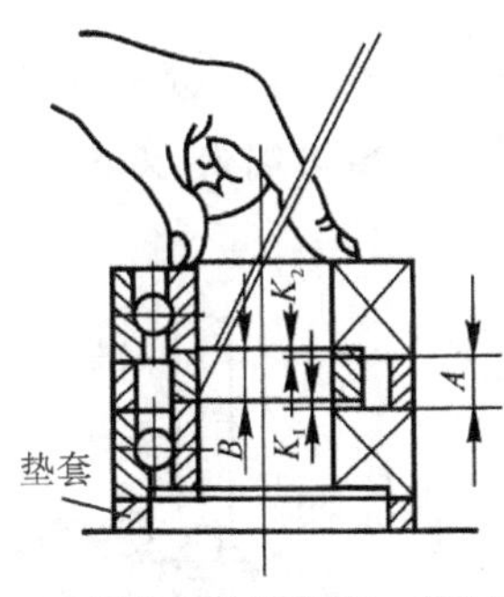

(c) 同向安装(外圈宽、窄边相对)

图 1 - 118　用间隔套预紧

(4)有锥孔内圈的轴承预紧,可以通过调节轴承锥形孔内圈的轴向位置实现。如图 1 - 119所示,双列向心短圆柱滚子轴承有三种预紧方式,其预紧方式都是由螺母经套筒压在轴承内圈的端面上,拧紧螺母使锥形孔内圈往轴颈大端移动,结果内圈直径增加,消除径向间隙,形成预负荷。

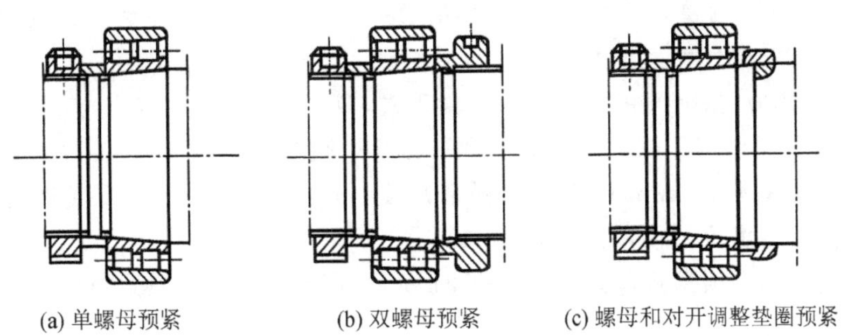

(a) 单螺母预紧　(b) 双螺母预紧　(c) 螺母和对开调整垫圈预紧

图 1 - 119　向心滚子轴承的预紧

2)滚动轴承预紧的测量与调整

利用衬垫或隔套的预紧方法,必须先测出轴承在给定的预紧力下轴承内、外圈的错位量,以确定衬垫或内、外隔套的厚度。测量方法如下:

(1)单件生产的简易测量。如图 1 - 120(a)所示,在标准平板上,将轴承窄边向上放在下底座上,在轴承内圈放上芯轴,并加上预加载荷。芯轴大端铣有三个互成 120 ℃的测量口,用百分表分别在三个测量口测得外圈窄边对内圈高度差,取其平均值。图 1 - 120(a)所示的是面对面安装时的测量方法,其内、外间隔套的尺寸存在如下关系

$$A = B + (K'_1 + K''_1)$$

式中,A 为外间隔套厚度,mm;B 为内间隔套厚度,mm;K'_1 为轴承 1 窄边端内、外圈高度差,mm;K''_1 为轴承 2 窄边端内、外圈高度差,mm。

如图 1 - 120(b)所示的是背靠背安装时的测量方法,将轴承外圈宽边向上,放在标准平板上,在内圈中装一底座,用压盖压住外圈宽边,并施加适当的预加载荷。用百分表在压盖上互成 120°三个测量口分别测得轴承外圈宽边对内圈高度差,取其平均值。安装轴承时,其内、外间隔套的尺寸存在如下关系

$$B = A + (K'_2 + K''_2)$$

式中，B 为外间隔套厚度，mm；A 为内间隔套厚度，mm；K'_2 为轴承 1 窄边端内、外圈高度差，mm；K''_2 为轴承 2 窄边端内、外圈高度差，mm。

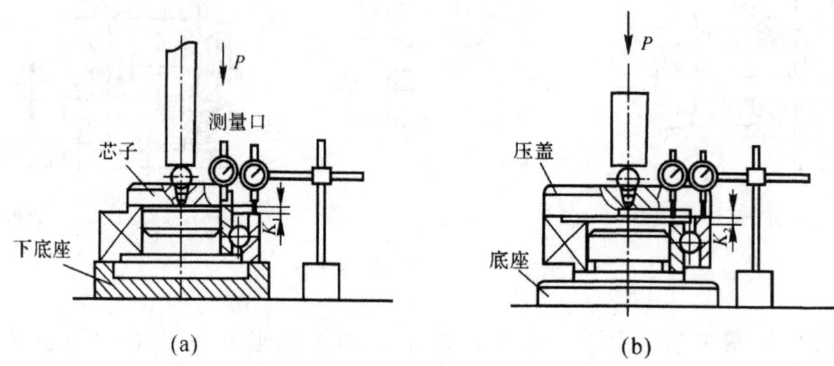

图 1-120 轴承内、外圈相对移动量测量

例 1-10 一对"背对背"安装布置的轴承，测得 $K'_2 = +0.07$ mm，$K''_2 = +0.08$ mm（每隔 120°测一次，求出其平均值）。如内隔圈的厚度 $A = 6.25$ mm，则外隔圈的厚度 $B = A + (K'_2 + K''_2) = 6.25 + (0.07 + 0.08) = 6.40$(mm)。

轴承同向安装的内、外间隔套尺寸关系如下式，即

$$A = B + (K_1 - K_2)$$

式中：A 为外间隔套厚度，mm；B 为内间隔套厚度，mm；K_1 为轴承外圆窄边对内圈高度差，mm；K_2 为轴承外圈宽边对内圈高度差，mm。

(2)成批生产轴承预紧测量。如图 1-121 所示，用专用测量工具进行测量。

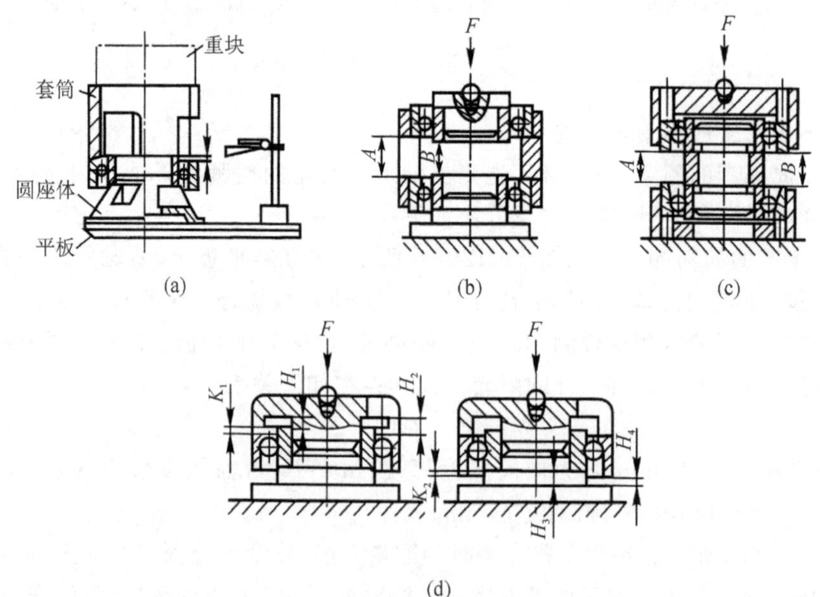

图 1-121 测量预紧后内、外圈的错位量

图 1-121(b)中，测量套 A 尺寸为定值，等于图 1-119(a)中的外间隔套尺寸 A。加预紧力 F 后，用量块测得 B 尺寸为内间隔套尺寸。

图 1-121(c)中，测量套 B 尺寸为定值，等于图 1-119(b)中的内间隔套尺寸 B。加预紧力 F 后，用量块测得 A 尺寸为外间隔套尺寸。

图 1-121(d)中，H_2、H_3 为压盖和芯轴的固定尺寸，用量块测得 H_1、H_4 后可计算轴承内、外圈高度差 K_1、K_2。

$$K_1 = H_3 - H_4,\ K_2 = H_2 - H_1$$

将 K_1、K_2 值代入式 $A=B+(K_1-K_2)$，即可得到按图 1-119(c)同向安装轴承时内、外间隔套尺寸关系。H_1、H_4 的测量应在互成 120°的三个测量口分三次进行，并取平均值。

3)手感法检查轴承预紧

该法不需要任何测量仪器和装备，只凭安装人员的工作经验来确定内、外隔圈厚度差。由于手感法有时可获得比较正确的预加负荷，应用也很广泛。常用的有下列几种：

一是将一对轴承按其安装形式装好内、外隔圈，事先在外隔圈 120°的 3 个方向分别钻 3 个直径 2～3 mm 的小孔，轴承上部压上等于预加负荷的压重，如图 1-122 所示。用直径大于 1.5 mm的小棒顺次通过 3 个小孔触动内隔圈，检查内、外隔圈在轴承端面间的阻力，凭手感来确定内、外隔圈的阻力是否相近。如阻力相差明显，可以研磨隔圈的端面至要求。

二是左手以两只手指消除两只轴承的全部间隙并压紧(一般相当于 50 N 左右的预加负荷量)；右手手指分别拨动内、外隔圈，检查其阻力，如果阻力相差明显，研磨隔圈至要求，如图 1-123所示。

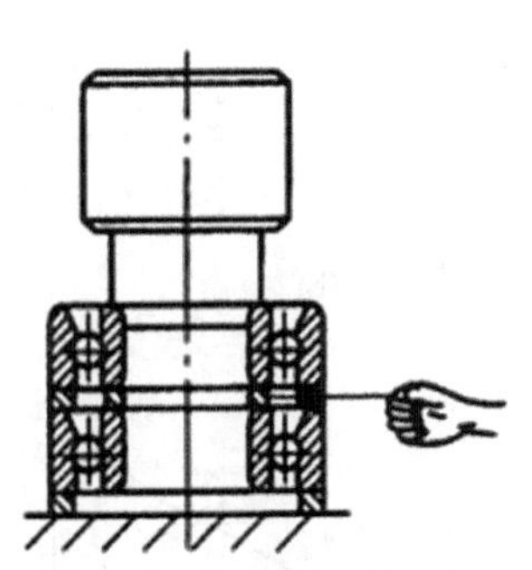

图 1-122　手感法一

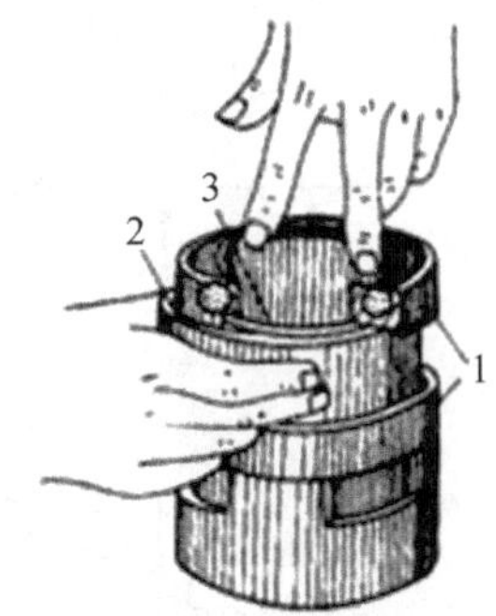

1—滚动轴承；2—外隔圈；3—内隔圈。

图 1-123　手感法二

三是以双手的大拇指和食指消除两只轴承的全部间隙，另以一中指伸入轴承内孔拨动偏心的内隔圈来检查其阻力是否与外隔圈相近，如图 1-124 所示。

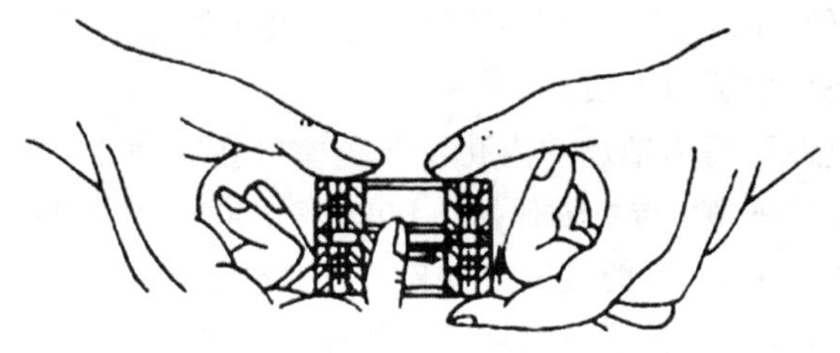

图 1-124　手感法三

预紧力较小或仅为了完全消除轴承内部间隙时，也可以用重块或一只手直接压紧轴承内圈或外圈（相当于施加预紧力），然后用另一只手拨动内、外间隔套，如感觉松紧一样，则内、外间隔套的厚度符合预紧要求。

1.5.6 提高滚动轴承轴组旋转精度的装配方法

机床等设备主轴的旋转精度直接受主轴本身精度和轴承精度的影响，同时也和轴承的装配、调整等因素有关。为提高主轴的旋转精度，除采用高精度轴承，保证主轴和箱体支承孔以及有关零件的制造精度等前提条件外，装配手段上也要采取相应措施，如前面提到的在装配时采取预加负荷（预紧）的方法来消除轴承的游隙，提高轴承的旋转精度和刚度外，可以采用定向装配法来提高主轴的旋转精度。

在装配时，依据主轴有关表面的最大径向跳动误差方向和轴承的最大径向跳动误差方向，按一定方向进行装配，使误差相互补偿而不积累，用来提高主轴的旋转精度。图 1－125 中 δ_1、δ_2 分别为车床主轴前、后轴承内圈的径向跳动量，δ_3 为主轴锥孔对主轴回转中心线的径向跳动量，δ 为主轴的径向跳动量。如按图 1－125(a)的方案装配，主轴的径向跳动量 δ 最小。此时，前、后轴承内圈的最大径向跳动量 δ_1 和 δ_2 在主轴中心线的同一侧，且在主轴锥孔最大径向跳动量的相反方向。后轴承的精度应比前轴承低一级，即 $\delta_2>\delta_1$，如前、后轴承精度相同，主轴的径向跳动量反而增大。同样，对轴承外圈也应进行定向装配。图 1－125(b)、(c)、(d)三种装配方案的径向跳动量比图 1－125(a)的大。

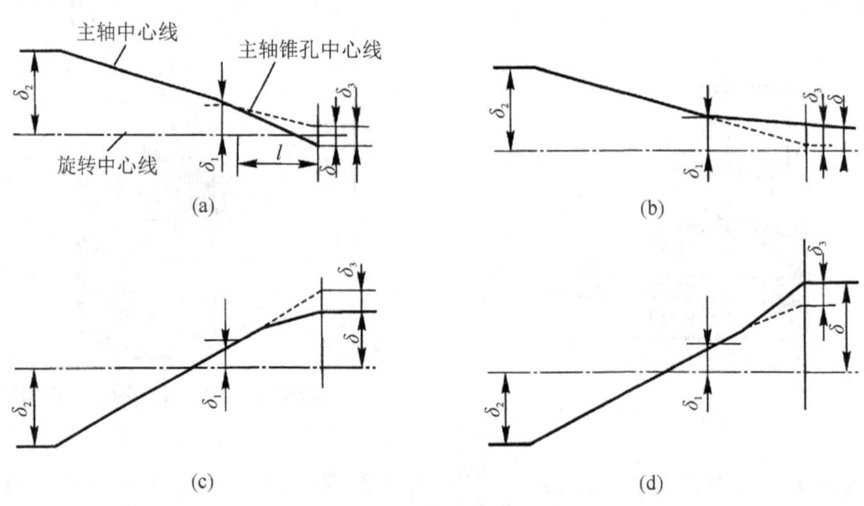

图 1－125 滚动轴承的定向装配

以图 1－126 所示的 MG1432A 的内圆磨具为例，装配时除了以“同向排列”安装形式配好内、外隔圈的厚度外，还应掌握以下要点。

(1)必须仔细选配轴承，每组轴承的内孔及外径差应在 0.002～0.003 mm，与套筒的内孔保持 0.004～0.008 mm 的间隙，与主轴保持 0.0025～0.005 mm 的间隙。在实际操作中，以双手大拇指能将轴承推入为最好，不能过紧或过松。过紧会引起轴承外圈变形，造成轴承温升过高，过松则降低磨具的刚度。带轮端一组轴承的外径与套筒孔的配合应较另一端松些，以使主轴在发热膨胀时连同轴承可以在套筒孔内右移。

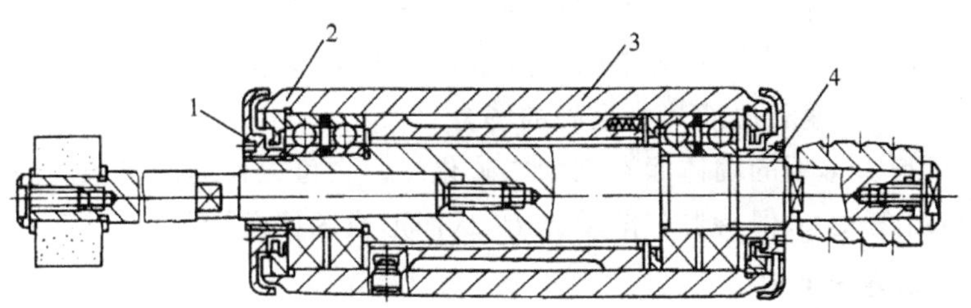

1—螺母；2—油封盖；3—套筒；4—主轴。

图1-126　内圆磨具

(2)套筒内孔及主轴轴颈的圆度误差要求在0.003 mm以内。套筒两端的同轴度以及主轴两端轴颈(包括锥孔)的径向圆跳动误差在0.003 mm以内。

(3)严格清洗轴承是保证轴承正常工作及其使用寿命的重要环节之一。切勿以压缩空气吹转轴承,因为压缩空气中的硬性微粒会将滚道拉毛。轴承的润滑材料及其数量也应严加注意。

(4)用涂色法检查螺母、油封盖端面与轴承内、外圈端面的接触率,如在80%以下,应用金刚砂研磨至要求(注意螺纹与端面的垂直度要求)。接触率低会加大接长轴的径向圆跳动,影响工件表面粗糙度。

(5)采用“定向装配”方法来减小轴承内圈偏心(径向圆跳动)对主轴回转精度的影响。

(6)装配后检查时,首先测量主轴轴向窜动及径向圆跳动,其数值应在规定范围内(轴向窜动小于0.005 mm,在150 mm长的试棒端锥孔径向圆跳动量应在0.1 mm以内)。

(7)装配后在工作转速下进行空运转试验,时间一般不少于2 h,温升不得超过15℃,且运转平稳、噪声小,然后重新测量精度,仍应在公差范围之内。

1.5.7　滚动轴承的润滑和密封装置

1. 滚动轴承的润滑

保证滚动轴承润滑良好,能减小滚动摩擦,并能减轻滚动轴承的磨损。同时,润滑还能使滚动轴承防止锈蚀、加强散热、吸收振动和降低噪声等。

滚动轴承的润滑剂一般分润滑油、润滑脂和固体润滑剂三类。

(1)润滑油。润滑油的特性是内摩擦较小,在高速和高温条件下仍保持良好的润滑性能。高速轴承一般均采用油浴润滑,如图1-127所示。当轴承转速高于10000 r/min时,需采用滴油或雾化等方法进行润滑,如图1-128所示。

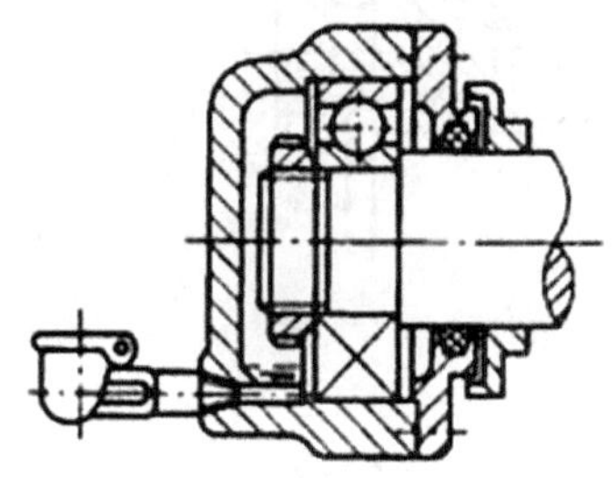

图1-127　油浴润滑

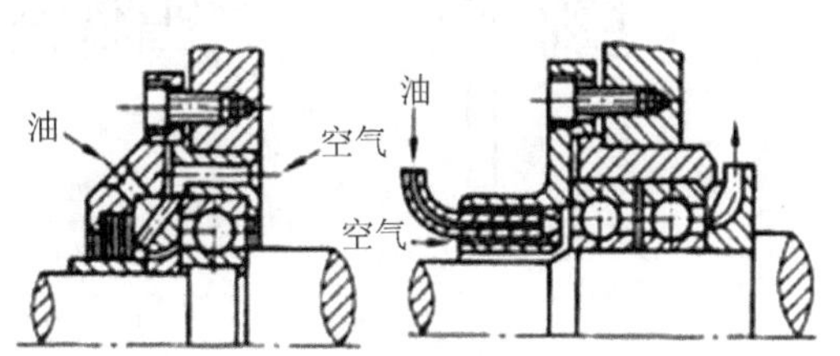

图1-128　雾化法润滑

(2)润滑脂。润滑脂的特性是不易渗漏,并具有防尘和防潮能力,但内摩擦较大,黏稠度随温度变化的影响也较大。使用润滑脂的特点是不需要经常添加,密封装置简单,维护保养方便。润滑脂一般用于转速和温度都不很高的场合。

(3)固体润滑剂。常用的固体润滑剂为二硫化钼。它可以作为润滑脂的添加剂使用,也可用黏结剂将其黏结在滚道、保持器和滚动体上,从而形成固体润滑膜。

2. 滚动轴承的密封装置

为防止滚动轴承装置中润滑剂的流失和外界环境中灰尘、水分的侵入,滚动轴承应具有合适的密封装置。

滚动轴承的密封装置一般分为接触式和非接触式两大类。

1)接触式密封装置

(1)皮碗式密封圈。如图 1-129 所示,皮碗式密封圈用耐油橡胶制成,其本身具有弹性,同时使用弹簧将它压紧在轴上,故可以密封润滑脂或润滑油。密封处的圆周速度不应大于 7 m/s,工作温度的范围为-40～100℃。

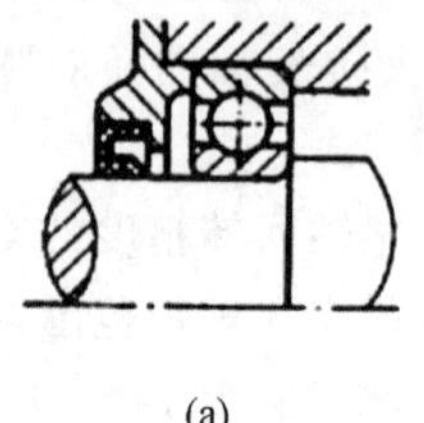
(a)

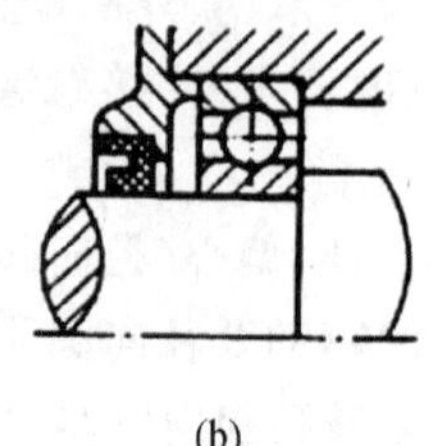
(b)

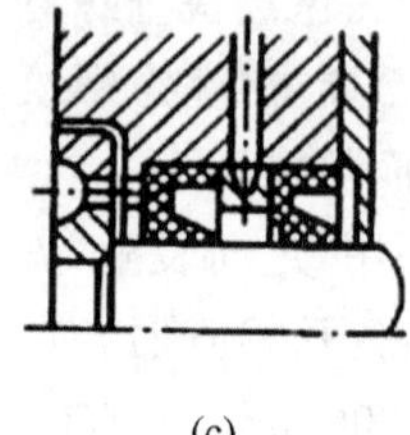
(c)

图 1-129　皮碗式密封圈

安装皮碗式密封圈时,应注意密封唇的方向。用于防止漏油的密封圈,其密封唇应向着轴承,如图 1-129(a)所示。用于防止外界污物侵入的密封圈,其密封唇应背着轴承,如图 1-129(b)所示。另外,也可以同时使用两只皮碗,以提高密封效果,如图 1-129(c)所示。

(2)毡圈密封。如图 1-130 所示,毡圈密封装置结构简单,但摩擦和磨损都较大,高速时不能应用。这种密封装置一般用于密封润滑油,而且设备的工作环境应比较洁净。密封处的圆周速度不应大于 5 m/s,工作温度不得超过 90℃。

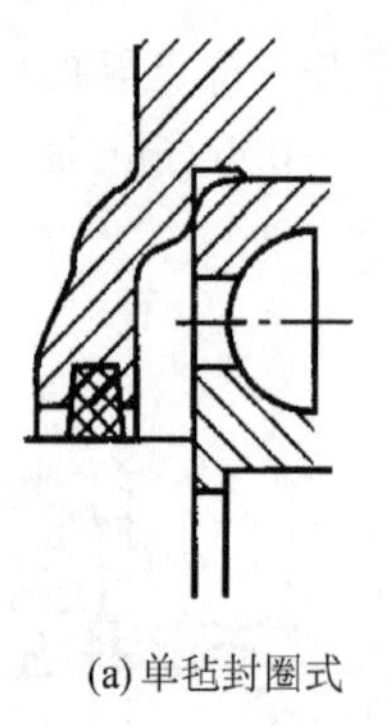
(a) 单毡封圈式

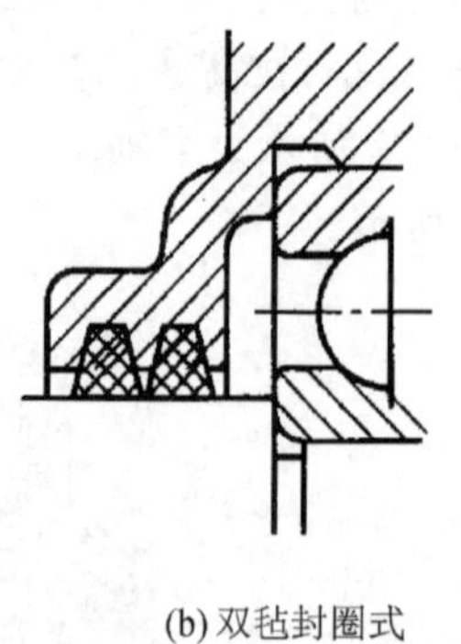
(b) 双毡封圈式

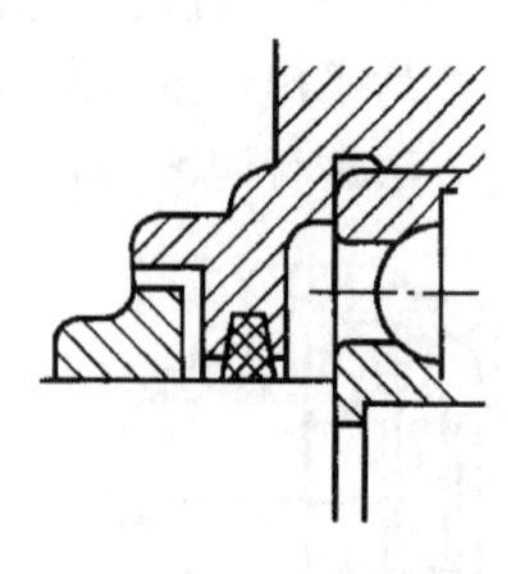
(c) 毡封圈与曲路密封

图 1-130　毡圈密封装置

2)非接触式密封装置

(1)间隙式密封。如图 1 - 131 所示,间隙式密封是靠轴与轴承盖的孔之间充满润滑脂的微小间隙(0.1～0.3 mm)实现密封。这种密封装置一般适用于环境比较洁净,并且不很潮湿的场合。

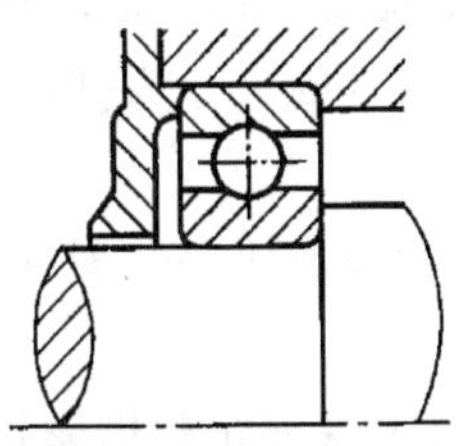

图 1 - 131　间隙式密封

(2)迷宫式密封。如图 1 - 132 所示,迷宫式密封由转动件与固定件间组成曲折的窄缝,窄缝的径向间隙为 0.2～0.5 mm,轴向间隙为 1～2.5 mm,依靠在曲折的窄缝中注满润滑脂来实现密封。工作时轴的圆周速度越高,其密封效果越好。

(3)垫圈式密封。如图 1 - 133 所示,这种密封垫圈工作时与轴一起旋转,由于离心力作用,旋转垫圈既可用来阻挡油的泄出,也可用来阻挡杂物的侵入,因此防污作用好。并且轴的转速越高,密封效果越好。但这种密封垫圈在低速时阻止漏油的作用较差,故常需与其他密封装置联合使用。

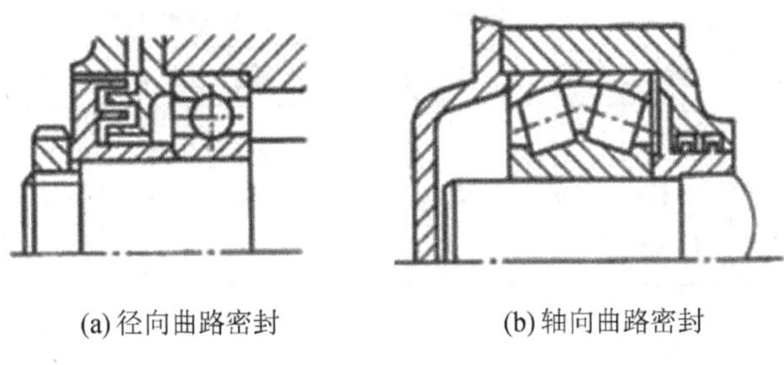

(a) 径向曲路密封　　(b) 轴向曲路密封

图 1 - 132　迷宫式密封

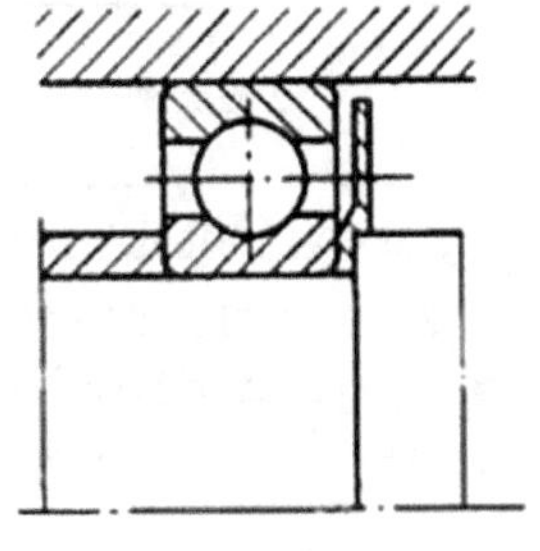

图 1 - 133　垫圈式密封

1.6　固定连接的装配

1.6.1　键连接的装配

键是用来连接轴和旋转套件(如齿轮、带轮、联轴器等)的一种机械零件,主要用于周向固定以传递扭矩。它具有结构简单、工作可靠、装拆方便等优点,因此得到广泛应用。

1. 松键连接

松键连接所采用的键有普通平键、半圆键、导向平键和滑键等。其特点是:依靠键的侧面传递扭矩,对轴上零件只做周向固定,不能承受轴向力。如需轴向固定,需加紧固螺钉或定位环等定位零件。

松键连接的对中性好，能保证轴与轴上零件有较高的同轴度，在高速及精密的连接中应用较多。

1)松键连接的配合特点

在松键连接时，键与轴和轮毂槽的配合性质一般取决于机械的工作要求，键固定在轴或轮毂上，而与另一相配零件作相对滑动，以键的尺寸为基准，通过改变轴或轮毂槽的尺寸，来得到不同的配合要求。

普通平键和半圆键两侧面与轴和轮毂连接必须配合精确；键嵌入轴槽要牢固可靠，以防止松动脱落，又要便于拆装。

导向键一般用螺钉固定在轴上，要求键与轮毂槽能相对滑动，因此键与轮毂槽的配合应为间隙配合；键和键槽侧面应有足够的接触面积，以承受负荷，保证键连接的可靠性和寿命，而键与轴槽两侧面必须配合紧密，没有松动现象。

滑键的作用与导向键相同，适用于轴向移动较长的场合，滑键固定在轮槽中(紧密配合)，键与轴槽两侧面为间隙配合，以保证滑动时能正常工作。

2)松键连接的装配技术要求

(1)保证键与键槽的配合要求。由于键是由精拔型钢制造的标准件，因而键与键槽的配合性质是靠改变轴槽、轮毂槽的极限尺寸来得到的。键与轴槽和轮毂槽的配合性质一般取决于机构的工作要求，见表 1 - 14。

表 1 - 14　键宽的配合公差带

键的类型	较松键连接			一般键连接			较紧键连接		
	键	轴	毂	键	轴	毂	键	轴	毂
平键(GB/T 1099—2003) 半圆键(GB/T 1099—2003) 薄型平键(GB/T 1566—2003)	$h9$	$H9$ — $H9$	$D10$ — $D10$	$h9$	$N9$	$Js9$	$h9$	$P9$	$P9$
配合公差带	+ 0 − H9 D10 h9			+ 0 − Js9 h9 N9			+ 0 − h9 P9		

普通平键连接。键与轴槽的配合为$\frac{P9}{h9}$或$\frac{N9}{h9}$，键与轮毂槽的配合为$\frac{Js9}{h9}$或$\frac{P9}{h9}$，如图1 - 134 所示，因此键在轴上和轮毂上不能轴向移动。普通平键连接一般用于固定连接处，这种连接应用广泛，适用于高精度、传递重载荷、冲击和双向扭矩的场合。

导向平键连接。键与轴槽的配合为$\frac{H9}{h9}$，键与轮毂采用器$\frac{D10}{h9}$配合。如图 1 - 135 所示，轴上零件能做轴向移动，导向平键连接一般用于轴上零件轴向移动量较小的场合，如变速箱中的滑移齿轮。

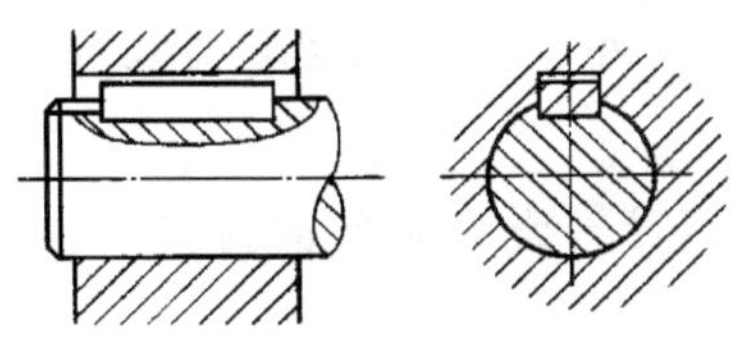

图1-134　普通平键连接

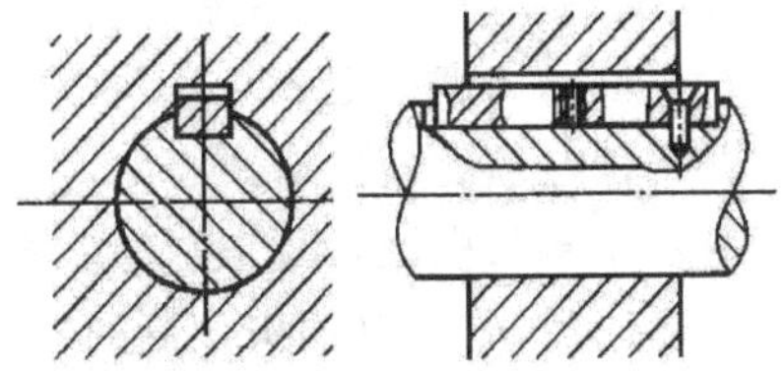

图1-135　导向平键连接

滑键连接。如图1-136所示，键固定在轮毂槽中，配合较紧，键与轴槽为精确间隙配合，键可随轮毂在轴槽中自由移动。滑键连接一般用于轴向移动量较大的场合。

半圆键连接。图1-137为半圆键连接，键可在轴槽中绕槽底圆弧曲率中心摆动，用以少量调整位置，但键槽较深，轴的强度降低。半圆键连接一般用于轻载，适用于轴的锥形端部。

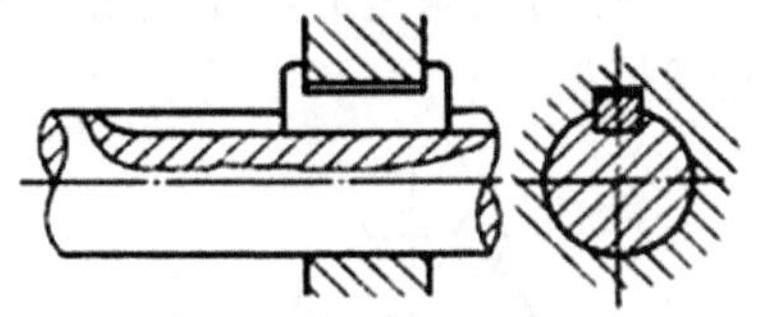

图1-136　滑键连接

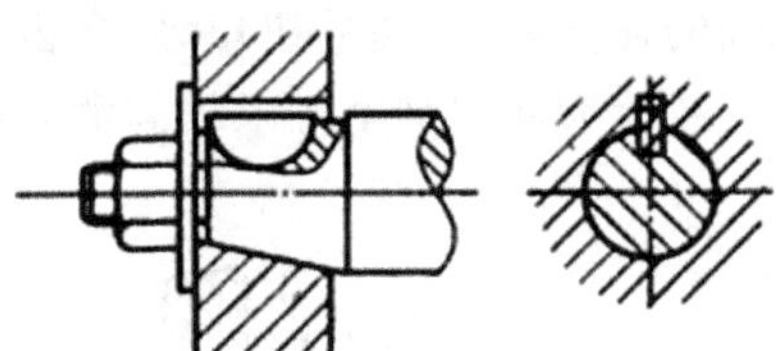

图1-137　半圆键连接

(2)键与键槽的粗糙度值应比较小。对于普通平键、半圆键和导向平键，装配后要求键的两侧应有一些过盈，键顶面需留有一定的间隙，键底面应与轴槽底面接触。对于滑键，则键与轮槽底面接触，而键与轴槽底面有间隙。键长方向与轴槽长应有0.1 mm的间隙。键的顶面与轮毂槽之间应有0.3～0.5 mm的间隙。

2. 紧键连接

1)紧键连接的配合特点

紧键连接又叫楔键连接。楔键的上表面和与它相接触的轮槽底面均制有1∶100的斜度，键侧与键槽之间有一定的间隙。装配时，将键打入构成紧键连接，紧键连接能传递扭矩，还能轴向固定零件和传递单方向轴向力。紧键连接的对中性较差(见图1-138)，多用于对中性要求不高和转速较低的场合。楔键分为平头与钩头两种。有钩头的楔键称为钩头楔键，钩头楔键便于装拆，一般用于轴头部位，如图1-139所示，常用于不能从另一端将键打出的场合。平头的楔键配制后用挡板将其在轴上固定。

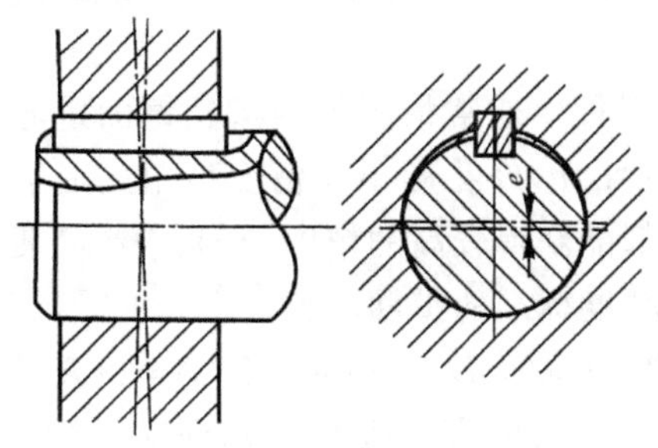

图1-138　紧键连接

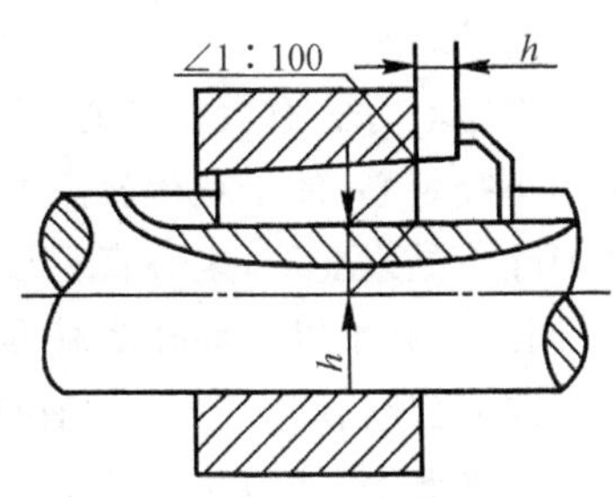

图1-139　钩头楔键

2)紧键连接的装配技术要求

(1)紧键的斜度一定要与轮毂槽的斜度一致,否则套件会发生歪斜,同时降低连接强度。

(2)紧键与槽的两侧应留有一定的间隙。

(3)对于钩头楔键,不能使钩头紧贴套件的端面,钩头楔键外露距离 h 应为斜面长度的10%～15%,以便拆卸(钩头楔键的外露尺寸不包括勾头)。

(4)装配紧键时,要用涂色法检查楔键上下表面与轴槽和轮毂槽的接触情况,接触率应大于65%。其余不接触部分不得集中于一段。若发现接触不良,可用锉刀、刮刀修整键槽。合格后,轻轻敲入键槽,直至套件的周向、轴向都紧固可靠为止。

3. 花键连接

1)花键连接的配合特点

花键连接是由多个轴上的键齿和毂孔上的键槽组成的,如图 1-140 所示。花键连接的特点是轴的强度高,传递的扭矩大,多齿工作,对中性与导向性都较好,但制造成本高。花键连接适用于载荷大和同轴度要求较高的连接,在机床和汽车中应用较多。

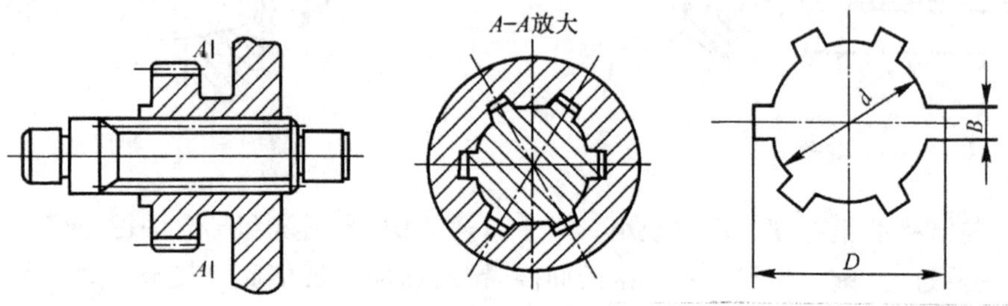

图 1-140 矩形花键连接

花键连接按工作方式不同可分为静连接和动连接两种;按受载荷情况规定有两个系列,轻系列(用于轻载荷的静连接)和中系列(用于中等载荷);按花键齿形可分为矩形、渐开线形、三角形和梯形四种,一般常用的是前两种。其中矩形花键的齿廓是直线,容易制造,故目前采用较多。

静花键连接允许有少量过盈,但不能过紧;动花键连接多数为间隙配合,套件在轴上能滑动自如,但也不能过松,用手摇动,不应感到有间隙。

2)矩形花键连接的结构特点

按国家标准 GB/T 1144—2001 关于矩形花键基本尺寸系列规定,矩形花键的键数 N 为偶数,常用范围 4～20,小径 d 和大径 D 分别为花键配合时的最小直径和最大直径,键宽 B 为键或槽的基本尺寸,如图 1-140 所示。

花键定心方式有大径定心、小径定心和键宽定心三种。通常情况下矩形花键的定心方式常采用小径定心,便于获得较高的加工精度,定心稳定性好,外花键小径精度可用成形磨削的方法消除热处理变形,定心直径尺寸公差和位置公差都能获得较高的精度,有利于产品质量的提高,同时有利于以花键孔为基准的渐开线圆柱齿轮精度标准的贯彻。

花键配合包括定心直径与轴的小径配合,非定心直径(大径 D)与轴的外径配合以及键宽的配合。关键配合性质与花键连接的定心方式、精度要求和连接的松紧等因素有关,详见有关手册。

矩形花键连接的标记依次由齿数 N、小径 d、大径 D、键宽 B 及花键公差代号组成。例如,

花键 $N=6, d=23\,\frac{H7}{f7}, D=26\,\frac{H10}{a10}, B=6\,\frac{H11}{d10}$，其标记如下：

花键副：$6\times 23\,\frac{H7}{f7}\times 26\,\frac{H10}{a10}\times 6\,\frac{H11}{d10}$ GB/T 1144—2001；

内花键：$6\times 23H7\times 26H10\times 6H11$ GB/T 1144—2001；

外花键：$6\times 23f7\times 26a10\times 6d10$ GB/T 1144—2001。

3)花键连接的装配要点

(1)静连接花键装配。由于套件在花键轴上固定，故应保证配合后有少许的过盈量，装配时可用铜锤轻轻打入，但不得过紧，否则会拉伤配合表面。如果过盈较大，则应将套件加热至80～120 ℃后再进行装配。

(2)动连接花键装配。动连接花键装配应保证精确的间隙配合。总装前应先进行试装，在周向能调换键齿的配合位置，套件花键轴上各位置可以轴向自由滑动，没有阻滞现象，但也不能过松。用手摆动套件时，不应感觉有明显的周向间隙。成批量定形生产的花键修去飞边毛刺后就可装入。在单件小批生产与检修配件时，一般需配修研后方可装入。

(3)花键的修整。拉削后热处理的内花键，为消除热处理产生的微量缩小变形，可用花键拉刀修整，也可以用涂色法修整，以达到技术要求。

(4)花键副的检验。花键连接装配后，应检查花键轴与套件的同轴度和垂直度误差。工作面经研合后，同时接触的齿数不得少于 2/3，接触率在齿长和齿高方向上均不得低于 50%，研合时用 0.05 mm 的塞尺检查齿侧间隙，塞尺不得插入齿全长。

1.6.2　销连接的装配

销连接在机械中主要是把两个或两个以上的零件用销钉连接在一起，使它们之间不能互相移动和转动。除了能起连接作用外，销连接还能起保险和定位作用，如图 1 - 141 所示。其特点是：连接可靠，安装、拆卸方便，应用十分广泛。

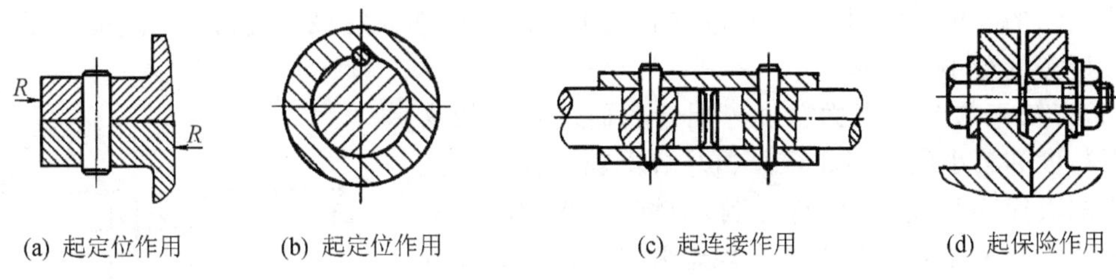

图 1 - 141　销连接

销是一种标准件，形状和尺寸都已标准化、系列化。销的种类较多，应用广泛，其中最多的是圆柱销和圆锥销。

1. 圆柱销的装配

圆柱销一般依靠少量过盈固定在孔中，用以固定零件、传递动力或做定位元件。在装配时，为了保证连接质量，一般两件上的孔应同时钻铰，以保证两孔同轴。对销孔尺寸、形状、表面粗糙度要求较高，孔壁的表面粗糙度 Ra 值应低于 $Ra1.6\ \mu m$。装配时销孔上应涂以机油，然后把销钉打入孔中，两端伸出长度要大致相等。国家标准中规定有不同直径的圆柱销，每种

销可按 $n6$、$g6$、$h8$ 和 $h9$ 四种偏差制造，并根据不同的配合要求选用。

由于圆柱销孔经过铰削加工、多次装拆会降低定位的精度和连接的紧固，故圆柱销不宜多次装拆，否则会降低定位精度和连接质量。

2. 圆锥销的装配

圆锥销具有 1∶50 的锥度，它以小头直径和长度代表其规格，钻孔时以小头直径选用钻头。圆锥销定位准确、装拆方便，在横向力作用下可保证自锁，一般多用作定位，常用于要求经常装拆的场合。

用圆锥销连接的两个零件需同时钻铰孔，但必须注意控制孔径，一般以能自由插入锥孔中的长度占销子长度的 80% 为宜。通孔一般用手锤将销敲入后，锥销小头稍露出被连接件的表面，以便于装拆。

不管是柱销还是锥销，往盲孔中打入时，销上必须钻一通气小孔或在侧面开一道微小的通气小槽，供放气用。

1.6.3 不可拆卸连接的装配

常见的不可拆卸连接有过盈连接、铆钉连接、熔焊连接和胶合连接等，本节主要介绍过盈连接的装配。一般情况下，当拆卸零件时，将会损伤或损坏连接零件。

过盈连接是依靠包容件（孔）和被包容件（轴）配合的过盈，使装配后的两零件表面产生弹性变形而形成横向压力，依靠此压力产生摩擦力来传递扭矩和轴向力，从而获得紧固的连接。过盈连接结构简单、同轴精度高、承载能力强、能承受变载和冲击力，同时可避免键连接中切削键槽而削弱零件的强度。

过盈连接配合表面的加工精度要求较高，装配和拆卸较困难。过盈连接的配合面多为圆柱面，但也有圆锥面和其他形式。

1. 过盈连接的装配技术要求

（1）有适当的过盈量。配合的过盈量是按连接要求的紧固程度确定的，过盈量太小不能满足传递扭矩的要求，过盈量过大则造成装配困难。一般选择的最小过盈量 Y_{min} 应等于或稍大于连接所需的最小过盈量。

（2）有较高的配合表面精度。配合表面应具有较高的位置精度和较小的表面粗糙度值。装配前应仔细检查配合面的表面粗糙度，不应有毛刺、凹坑、凸起、麻点等。精确检查配合尺寸公差是否符合规定要求。装配时保证配合表面的清洁，装配中注意保持轴孔的同轴度，以保证装配后有较高的对中性。

（3）有适当的倒角。如图 1-142 所示，为了便于装配，孔端和轴的倒角 α 为 5°～10°，图中 a 和 A 的取值由直径大小决定，一般取 a 为 0.5～3 mm，A 为 1～3.5 mm。

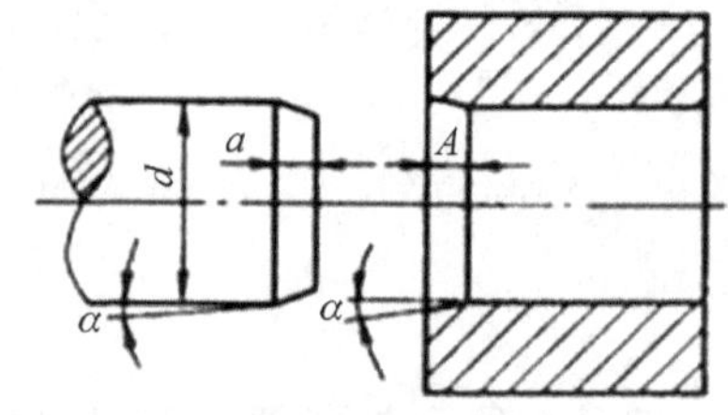

图 1-142　圆柱面过盈连接的倒角

2. 过盈连接的装配方法

圆柱面过盈连接是依靠轴、孔尺寸差获得过盈量的。过盈连接按其过盈量、公称尺寸的大小可选择以下几种方法装配。

1)压入配合法

当过盈量及配合尺寸较小时，一般采用在常温下压入装配。此种方法可分为锤击法和压力机压入法。锤击法可根据零件的大小、过盈量、配合长度、批量或单件生产等因素(一般为M、K、j、js配合)，用手锤或大锤将零件打入装配(锤头不可直击零件表面)。用压力机压入法需有设备，较大直径的需用大吨位的压力机，这种方法适用于配合过盈不大的配合。

2)热胀配合法

热胀配合法常用于过盈量大的过盈连接件的装配，是利用金属材料热胀冷缩的物理特性进行装配的。其方法是将孔加热使之胀大，然后将轴装入胀大的孔中，待孔冷却收缩后，轴孔就形成过盈连接，这样形成的配合件能传递轴向力、扭矩或同时传递轴向力与扭矩。过盈量较小的连接件可放在沸水槽(80～100℃)、蒸汽加热槽(120℃)或热油槽(90～320℃)中加热；过盈量较大的中、小型连接件亦可放在电阻炉或红外线辐射加热箱中加热；过盈量大的中型和大型连接件可用感应加热器加热。

3)冷缩配合法

冷缩配合法是采用冷装的方法，将轴进行低温冷却，使之缩小，然后与常温下的孔进行装配的方法。对于过盈量小的小型连接件和薄壁衬套等装配，可采用干冰将轴件冷却至－78℃，操作比较简单。对于过盈量较大的连接件，可采用液氮将轴件冷至－195℃，其冷缩时间短，生产效率比较高。

冷缩配合法的特点是收缩量较小，一般用于过盈量较小，而又受其他方法限制的过盈配合场合。

3. 过盈连接的装配要点

(1)注意清洁。装配前，要十分注意配合件的清洁。若对配合件进行加热或冷却处理，装配必须将配合面擦拭干净。

(2)注意润滑。采用压装时，配合表面必须用油润滑，以免压入时擦伤表面，并且压入速度不宜太快，一般为2～4 mm/s，压入过程应连续，压入行程应控制精确。

(3)注意过盈量和形状误差。对于细长的薄壁件，要特别注意检查其过盈量和形状误差。装配时最好垂直压入，以防变形。

1.6.4　联轴器的装配

联轴器主要用于两轴的相互连接，在机器中把两根轴同轴地连接在一起的组件有联轴器、轴套加销或键、十字接头等，如图1-143所示。它们的主要功能都是传递运动和转矩。此外，联轴器还可能具有补偿两轴相对位移、缓冲和减振，以及安全防护等功能。用联轴器连接的两轴线上的构件，只有在机器停止运转后，经过拆卸才能把它们分开。

1. 联轴器的装配技术要求

由于大多数用联轴器连接的两个轴，往往是分别属于两个独立的部件并安装在不同的位置上。因此在连接时要求两部件的轴必须有良好的同轴度，使运转时不产生单边受载，从而保持平衡，减少振动，这是装配联轴器最基本的技术要求。

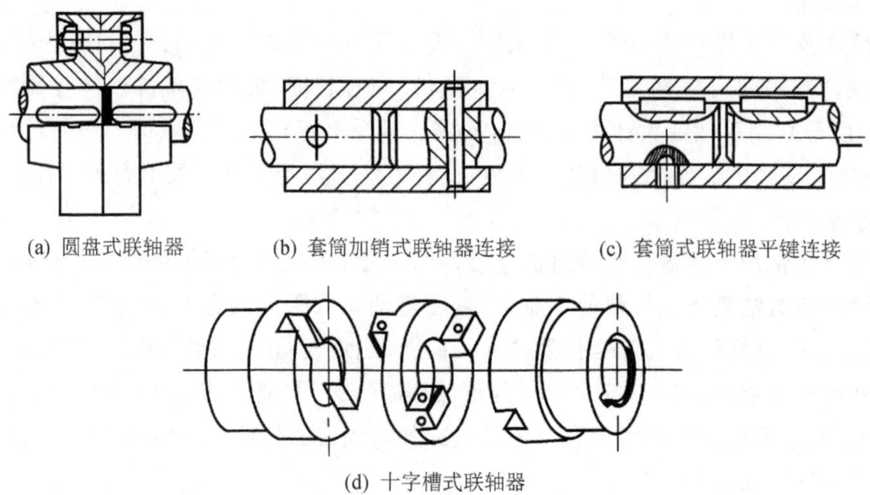

图 1-143　同心轴的联轴器

联轴器装配时常见的三种偏差形式见图 1-144。

第一种情况，见图 1-144(a)，两轴中心线不重合，有径向位移，但两轴中心线是平行的；第二种情况，见图 1-144(b)，两轴中心线在联轴器处共点，但不是一条线，相互之间有角位移；第三种情况，见图 1-144(c)，它既有径向位移，又有角位移，实际上常常会遇到这种情况。

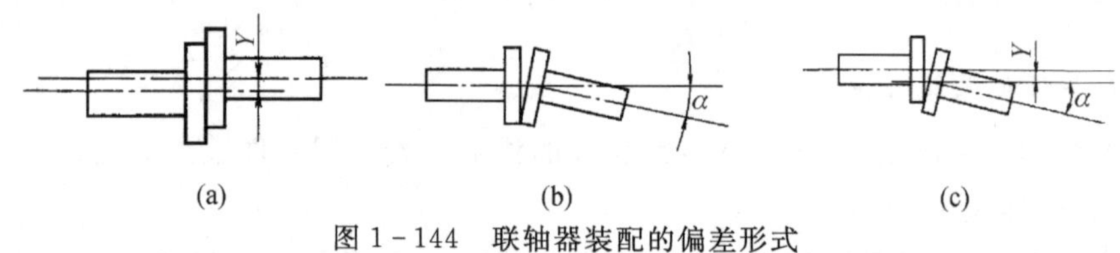

图 1-144　联轴器装配的偏差形式

过大的偏差将使联轴器、传动轴及其轴承产生附加负荷，其结果是引起发热、加速磨损、加大振动，甚至发生疲劳及断裂事故。对于工作转数在 3000 r/min 以上的机器或机组，其同轴度的要求十分严格，如制氧机组中的配套离心式空气压缩机组，其联轴器的两个端面平行度应不超过 0.02 mm/m，径向跳动不应超过±0.02 mm。对这类要求很高的设备，其有关图纸、技术文件都有明确规定，装配时按规定要求进行。

1)固定式联轴器的装配要点

这种联轴器应用广泛，它由两个带毂的圆盘组成，如图 1-143(a)所示。两圆盘用键分别安装在两轴轴端，并靠螺栓把它们联成一体；也有用一个套筒连接两根轴的形式，如图 1-143(b)和图 1-143(c)所示，例如车床丝杠、光杠与进给箱轴的连接。图 1-143(b)若将圆锥销改用剪切安全销，也可作为安全联轴器，即当机器过载或承受冲击载荷超过定值时，联轴器中的连接件即可自动断开，从而保护设备安全。

2)可移式联轴器的装配要点

由于制造、安装或工作时的变形等原因，不可能保证被连接的两轴严格对中，这时可采用可移式联轴器，这种联轴器的结构如图 1-143(d)所示，它由端面开有凹槽的两个套筒和两侧各具有凸块(作为滑块)的中间圆盘组成，中间圆盘两侧的凸块相互垂直，分别嵌入两个套筒的凹槽中。如果两轴线不同轴，运动时中间圆盘的滑块将在凹槽内滑动，以实现连接并获得补偿两轴线少量的径向偏移和歪斜的能力。

2. 联轴器轴线的校正方法

在机械传动中，用联轴器连接来传递转矩的方法很多。装配调整时，要严格保证两轴线的同轴度，使运转时不产生振动，保持平衡。因此，联轴器的校正也是设备安装中一个关键环节，必须认真、细致地进行操作。

如图 1－145 所示，箱体传动轴与电动机轴的连接，首先要校正两轴同轴度，才能确定箱体与电动机的装配位置。

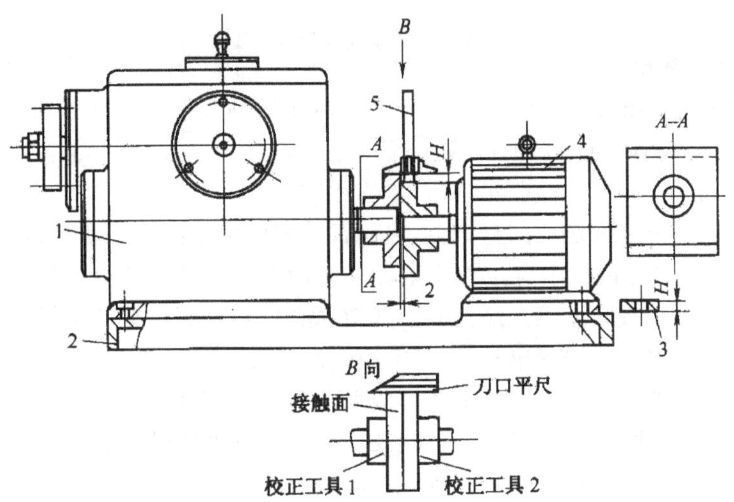

1—箱体组件；2—底板；3—调整垫片；4—电动机；5—深度尺。

图 1－145　用专用校正工具校正两轴同轴度

1）使用校正工具装配

使用一种专用的校正工具，用来找出箱体轴与电动机轴的不同轴度，以确定调整垫片的厚度，达到两轴同轴度要求的目的。调整校正工具的方法如下：

（1）分别在箱体轴和电机轴上装配校正工具 1 和 2，并将箱体、电动机置于底板上。

（2）调整箱体与电动机轴端相距 2 mm。用刀口平尺检查校正工具 1 和 2 的两侧面，保持平直（B 向视图），两工具平面接触应良好。

（3）用游标深度尺测量校正工具 1 和 2 的不等高值 H（H 值即为调整垫片的厚度），此时，便可确定箱体与电动机的装配位置，把它们的螺钉孔配划在底板上。

采用上述校正工具，找出两轴线的不同轴度，调整很简单，并能达到一般联轴器的同轴度要求。但这在很大程度上取决于校正工具本身的制造精度。

（4）校正工具的制造。首先要知道两轴直径的尺寸大小，以两轴来确定工具的孔，工具孔与两轴之间的配合间隙应极小（一般为间隙配合），工具为正方形体（见图 1－146）。两件四边边长都相等，且与孔相对称，设边长为 a，则边与孔中心的距离即为 $a/2$；厚度 b 要根据两轴颈伸出的长度来定（但应比轴颈短，以便于移动）；D 平面应与孔垂直；校正面的宽度 c 尽量宽一些（用刀口平尺检查两侧面平直时能使接触线增长，有利于提高测量精度）。

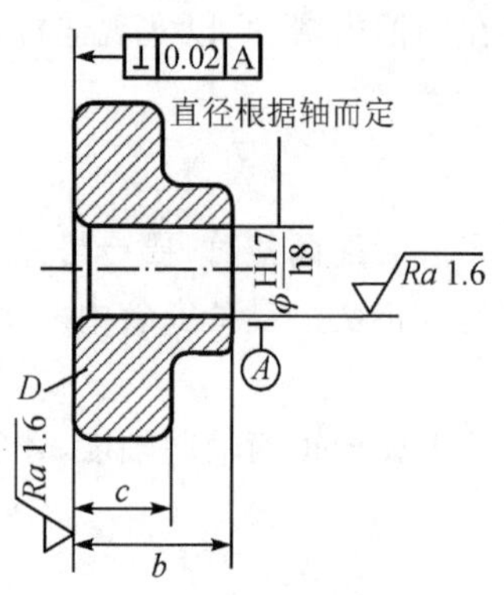

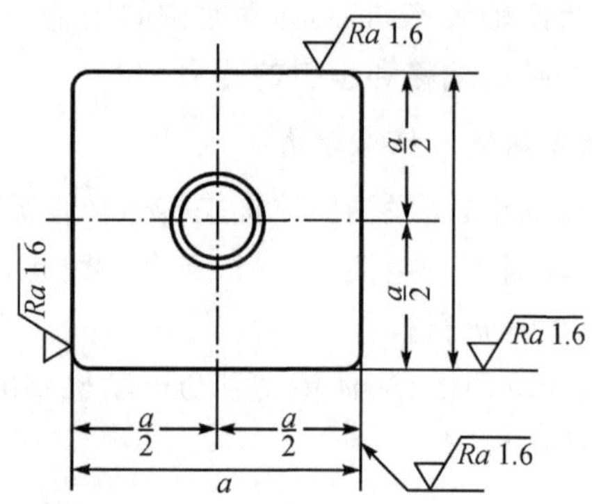

图 1-146　联轴器轴线的校正工具

2)不用校正工具装配

(1)圆盘式联轴器的装配(见图 1-147)。先在轴 1 和轴 5 上修配键 4 和安装圆盘。然后用直尺靠紧基准圆盘(例如圆盘 2)的凸缘上，移动轴 5，并使它与圆盘 3 也紧贴着直尺进行找正，并用塞尺测量间隙 Z。在一转中，间隙 Z 应当相同。

初步找正后，将百分表固定在圆盘 2 上，并使百分表的触头抵在圆盘 3 的凸缘上，找正圆盘 3，使它的径向摆动在允许范围内。然后移动轴 5，使圆盘 2 的凸肩少许插进圆盘 3 的台阶孔内。最后，转动轴 5 检查两个圆盘端面间的间隙，如果间隙均匀，则移动轴 5 使两圆盘端面靠紧，再用螺栓紧固。这种方法简单易行，且不用辅助工具。

(2)十字槽式联轴器的装配(图 1-148)。这种联轴器在工作时允许两轴线有一定的径向偏移和略有倾斜，所以，比较容易装配。它的装配顺序是：分别在轴 1 和轴 7 上修配键 3 和键 6、安装套筒 2 和套筒 5，并用直尺按上述圆盘式联轴器的装配方法来找正。再在两套筒间安装中间圆盘 4，并移动轴，使套筒与圆盘间留有少许间隙 Z(一般为 0.5～1 mm)。

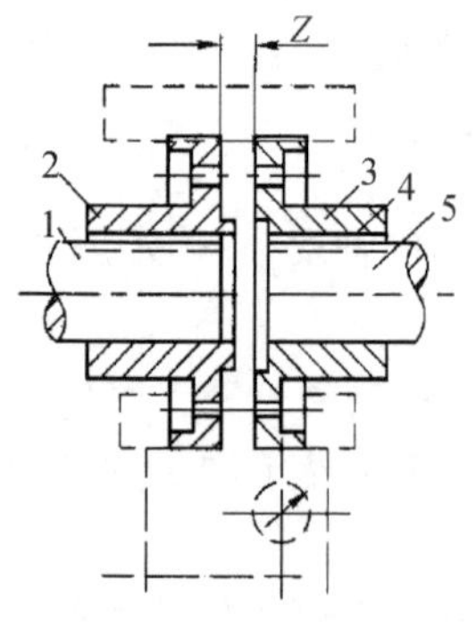

1、5—轴；2、3—圆盘；4—键。

图1-147　圆盘式联轴器的装配

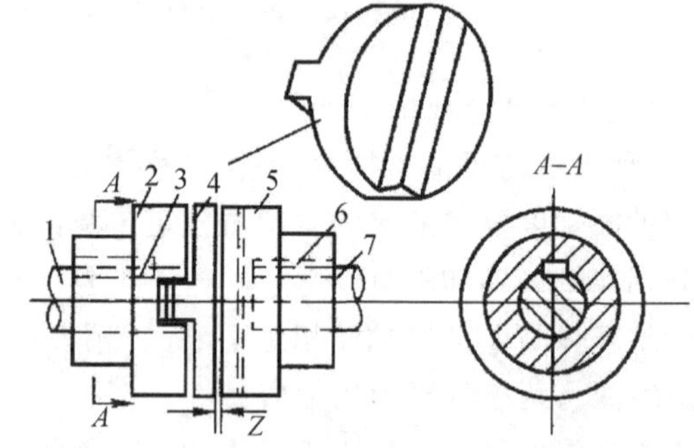

1、7—轴；3、6—键；2、5—套筒；4—圆盘；Z—间隙。

图 1-148　十字槽式联轴器的装配

对于工作转数在 3000 r/min 以上的机器或机组，其同轴度的要求十分严格。如制氧机组中的配套离心式空气压缩机组，其联轴器的两个端面平行度应不超过 0.02 mm/m，径向跳动不应超过±0.02 mm。对这类要求很高的设备，其有关图纸、技术文件都有明确规定，装配时按规定要求进行。

3)联轴器轴线的精校正方法

联轴器的初步校正，是以角尺的一边紧靠在联轴器外圆表面上，按上、下、左、右的次序进行检查，直至两外圆表面齐平为止。但外圆表面齐平，只表示联轴器外圆轴线同心，并不说明所连的两轴同心。联轴器两外圆表面同心，但两轴并不同心，其最大偏心为两半联轴器外圆与轴偏心之和，如图 1-149(a)所示；最小偏心为两半联轴器外圆与轴偏心之差，如图 1-149(b)所示。实际上所产生的偏心常在两者之间。

当外圆中心线与轴的中心线不平行而有一夹角时，两轴的中心线也有夹角，其最大夹角为两半联轴器外圆中心线与轴中心线夹角之和，其最小夹角为两半联轴器外圆中心线与轴中心线夹角之差，如图 1-149(c)和图 1-149(d)所示，实际上夹角也常在两者之间。

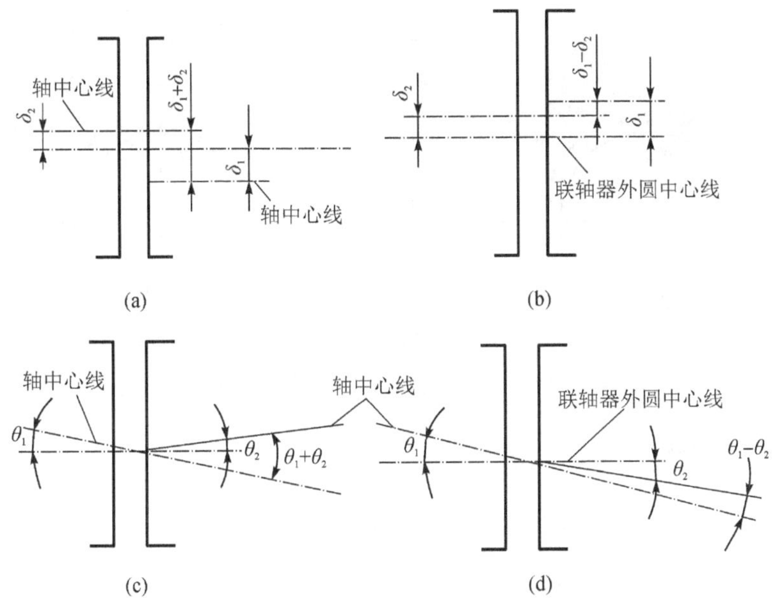

图 1-149　联轴器校正时可能出现的情况

由于有上述误差的存在，所以联轴器在初校正后还要进行精校正。精校正的方法与初校正不同，它可排除由于制造误差所引起的偏心。

测量两轴线的同轴度时，必须采用固定测量点位置，两轴同时转动使固定测量点转至 90°、180°、270°和 360°四个位置上进行测量，才能获得两轴旋转中心的同轴度。因为这样旋转一周所测得的径向位移和轴向倾斜是两轴旋转中心的实际偏差值。

许多人将联轴器制造的几何中心和旋转中心分不清，视为同一概念。实际上由于主轴和联轴器加工和装配均有一定的偏差存在，所以其几何中心可能不是它们的旋转中心。只有两轴同时旋转，在固定测量位置，测出一周中的各个位置上的数值，并通过计算才能得出其旋转轴线的实际同轴度，才能消除主轴和联轴器加工制造和装配中造成的偏差。精校正的操作步骤和测量方法如下：

(1)先将两轴粗调找正使两半联轴器靠近，径向位移和轴向倾斜没有明显的偏差；在半联轴器圆周上画出测点的对准线或装上测量的专用工具。将联轴器用螺栓临时连接起来但不要上紧，以便于转动两轴。

(2)同时缓慢旋转两轴，每转过 90°时，在其对准测量位置处或专用检具测量点上测出径向数值 a 和轴向数值 b' 及 b''；依次在 0°、90°、180°、270°和 360°测得五个位置的相关数值，并按

图 1-150 做好记录。当这些测量数值符合 $a_1=a_5$ 和 $b_1'-b_1''=b_5'-b_5''$时，应视为测量正确，其测量值为有效值；如发生回到零位，即转 360°后的 a 和 b 数值与原 0°时所测数值不同时，应查明原因，检查联轴器是否松动、装设歪斜或轴有窜动等，消除后再进行测量。

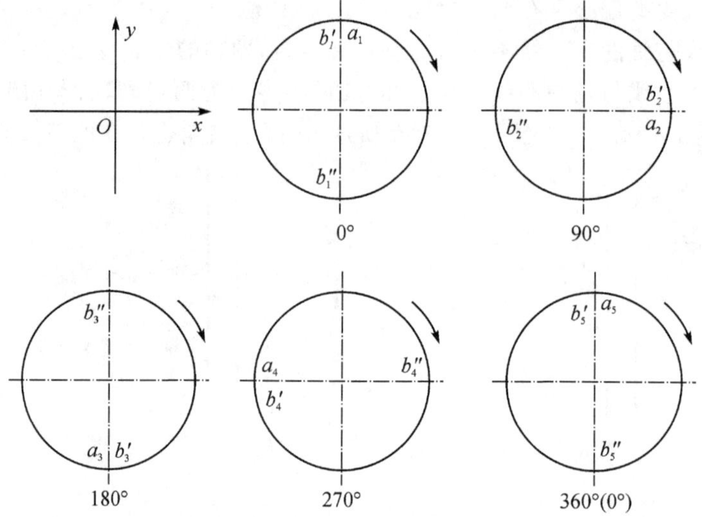

图 1-150　联轴器测量同轴度的记录方法

联轴器径向位移应按式(1-11)计算。

$$\begin{cases} a_x = \dfrac{a_2 - a_4}{2} \\ a_y = \dfrac{a_1 - a_3}{2} \\ a = \sqrt{a_x^2 + a_y^2} \end{cases} \tag{1-11}$$

式中，a_1、a_2、a_3、a_4 为径向测量数值，mm；a_x 为测量处两轴心在 $x-x$ 方向的径向位移，mm；a_y 为测量处两轴心在 $y-y$ 方向的径向位移，mm；a 为测量处两轴心的实际径向位移，mm。

联轴器的轴向倾斜应按式(1-12)计算。

$$\begin{cases} Q_x = \dfrac{(b''_2 + b'_4) - (b''_2 + b''_4)}{2d} \\ Q_y = \dfrac{(b'_1 + b''_2) - (b''_3 + b'_3)}{2d} \\ Q = \sqrt{Q_x^2 + Q_y^2} \end{cases} \tag{1-12}$$

式中，d 为测点处的元轴直径，mm；Q_x 为两轴线在 $x-x$ 方向的倾斜，mm；Q_y 为两轴线在 $y-y$ 方向的倾斜，mm；Q 为两轴线的实际倾斜，mm。

1.7　传动机构的装配

1.7.1　带传动机构的装配

带传动是一种使用非常广泛的机械传动，它是依靠张紧在带轮上的带(或称传动带)与带轮之间的摩擦力或啮合来传递运动和扭矩的。与齿轮传动相比，带传动具有工作平稳、噪声小、结构简单、不需要润滑、缓冲吸震、制造容易，能过载保护，并能适应两轴中心距较大的传动等优点，得到了广泛应用。但其缺点是传动比不准确、传动效率低、带的寿命短。

根据带的截面形状不同，带传动可分为V带传动、平带传动、同步带传动，如图1－151所示。V带传动是以一条或数条V带和V带轮组成的摩擦传动。V带安装在相应轮槽内，以其两侧面与轮槽接触，而不与槽底接触。在同样初拉力的作用下，其摩擦力是平带传动的3倍左右。因此V带传动的应用比平带传动广泛。图1－151(c)为同步带传动，其特点是传动能力强，不打滑，能保证同步运转，但成本较高，近年来在机械传动中应用逐渐增多。

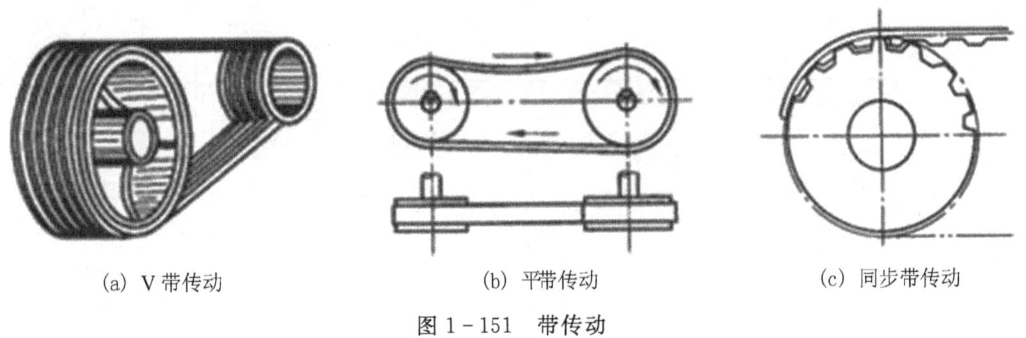

(a) V带传动　(b) 平带传动　(c) 同步带传动

图1－151 带传动

1. V带传动机构的装配

1)V带的规格

我国生产的V带共有Y、Z、A、B、C、D、E七种规格。V带上印有型号及长度标记，V带的长度按内径计算，其长度是按一定的规格生产的，选用时应注意，尤其是成组使用时，由于制作误差，同种规格的V带，应选长度近似相等的使用。

2)带轮

带轮的轮槽同样也有Y、Z、A、B、C、D、E七种尺寸类型，与V带相对应使用，也就是A形槽必须配用A型V带。一般带轮采用HT150铸铁材料制造，也有用钢、铝合金等材料的。按其不同的带轮直径和带型号，规定有34°、36°、38°三种角度的槽型。在特殊情况下，也有加宽、加大的特殊槽轮，但必须制作相对应的V带配合使用。V带的截面尺寸和带轮的轮槽参数见图1－152，与图1－152相对应的具体轮槽尺寸见表1－15。

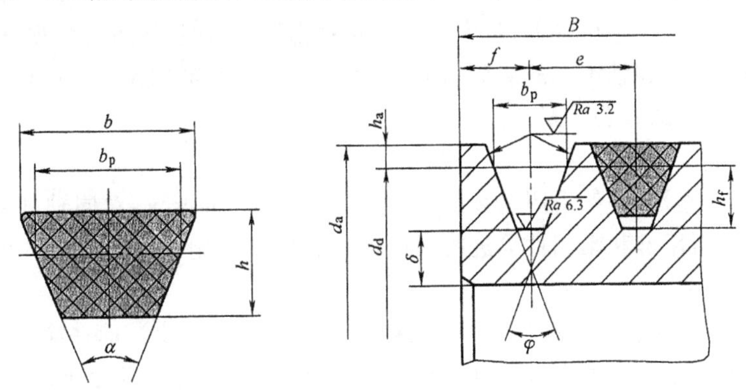

图1－152 V带的截面尺寸和带轮轮槽尺寸参数

表 1-15　带轮轮槽尺寸

尺寸		Y	Z	A	B	C	D	E
V 带尺寸	顶宽 b/mm	6	10	13	17	22	32	38
	节宽 b_p/mm	5.3	8.5	11	14	19	27	32
	高度 h/mm	4	6	8	11	14	19	23
单位长度质量 $q/(\text{kg}\cdot\text{m}^{-1})$		0.04	0.06	0.10	0.17	0.30	0.60	0.87
带的楔角 α/(°)		40						
轮缘尺寸	h_{amin}/mm	1.6	2	2.75	3.5	4.8	8.1	9.6
	h_{fmin}/mm	4.7	7	8.7	10.8	14.3	19.9	23.4
	e/mm	8	12	15	19	25.5	37	44.5
	f_{min}/mm	6	7	9	11.5	16	23	28
	δ_{min}/mm	5	5.5	6	7.5	10	12	15
		带轮基准直径 d_d/mm						
轮缘楔角 ϕ	32°	≤60	—	—	—	—	—	—
	34°	—	≤80	≤118	≤190	≤315	—	—
	36°	>60	—	—	—	—	≤475	≤600
	38°	—	>80	>118	>190	>315	>475	>600
带轮外径 d_a/mm		$d_a = d_d + 2h_a$						
带轮宽度 B/mm		$B = (z-1)e + 2f$						

注：z 为轮槽数。

3)V 带传动机构的装配技术要求

(1)表面粗糙度。带轮轮槽工作面的表面粗糙度要适当，过细易使传动带打滑，过粗则传动带工作时易发热而加剧磨损。其表面粗糙度值一般取 $Ra3.2$，轮槽的棱边要倒圆或倒钝。

(2)安装精度。带轮在轴上的安装精度通常不低于下述规定：带轮的径向圆跳动公差和端面圆跳动公差为 0.2～0.4 mm；安装后两轮槽的对称平面与带轮轴线垂直度误差为 ±30′，两带轮轴线应相互平行，相应轮槽的对称平面应重合，其误差不超过 ±20′。

(3)包角。皮带在带轮上的包角口不能太小。因为当张紧力一定时，包角越大，摩擦力也越大。对 V 带来说，其小带轮包角不能小于 120°，否则也容易打滑。

(4)张紧力。皮带的张紧力对其传动能力、寿命和轴向压力都有很大影响。张紧力不足，传递载荷的能力降低，效率也降低，且会使小带轮急剧发热，加快皮带的磨损；张紧力过大也会使皮带的寿命降低，轴和轴承上的载荷增大，使轴承发热和磨损加速。因此适当的张紧力是保证带传动能正常工作的重要因素。

4)带轮的装配

带轮孔和轴的连接，一般采用过渡配合，这种配合有少量过盈，对同轴度要求较高。为了传递较大的转矩，需用键和紧固件等进行周向固定和轴向固定，如图 1-153 所示为带轮与轴的几种连接方式。

安装带轮前，必须按轴和轮毂孔的键槽来修配键，然后清理安装面并涂上润滑油。把带轮装在轴上时，通常采用木锤锤击，螺旋压力机或油压机压装。由于带轮通常用铸铁制造，故当用锤击法装配时，应避免锤击轮缘，锤击点尽量靠近轴心。带轮的装拆也可用如图 1-154(a)

所示的顶拔器。对于在轴上空转的带轮，先在压力机上将轴套或滚动轴承压在轮毂孔中，然后再将带轮装到轴上，如图 1－154(b)所示。

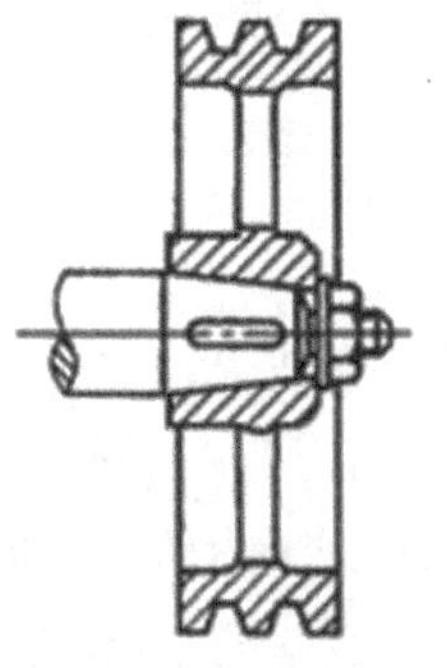
(a) 圆锥轴径、螺母固定

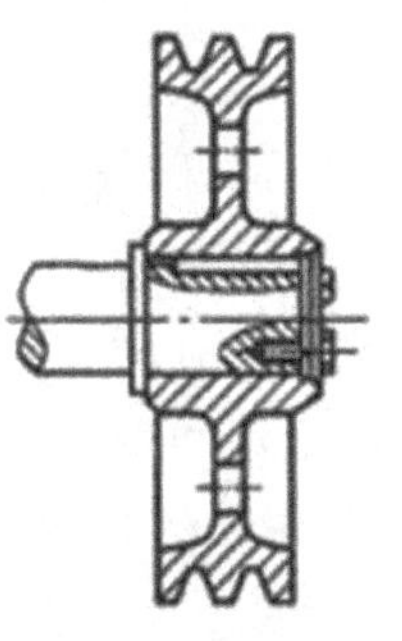
(b) 圆柱轴径、轴间隔套和挡圈固定

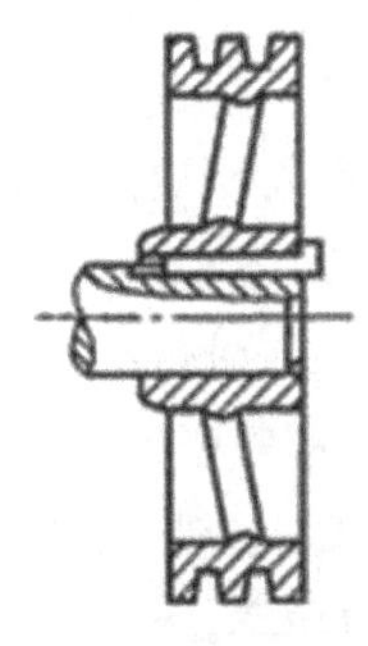
(c) 圆柱轴径、锲键连接

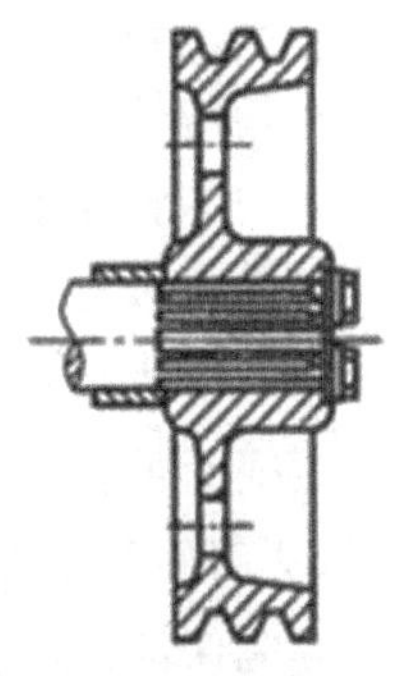
(d) 圆柱轴径、轴间隔套和挡圈固定

图 1－153　带轮的装置方法

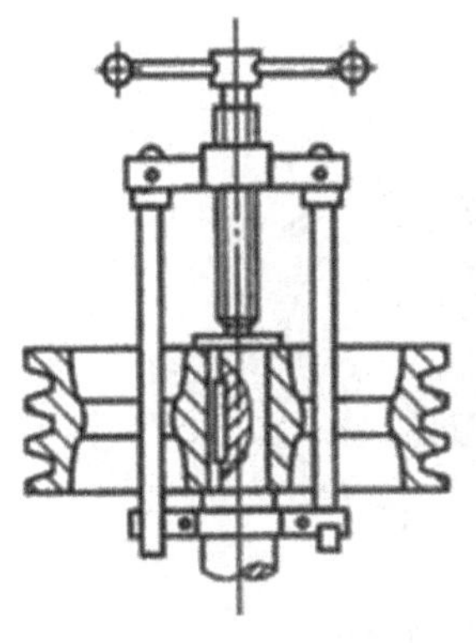
(a) 用顶拔器压入带轮

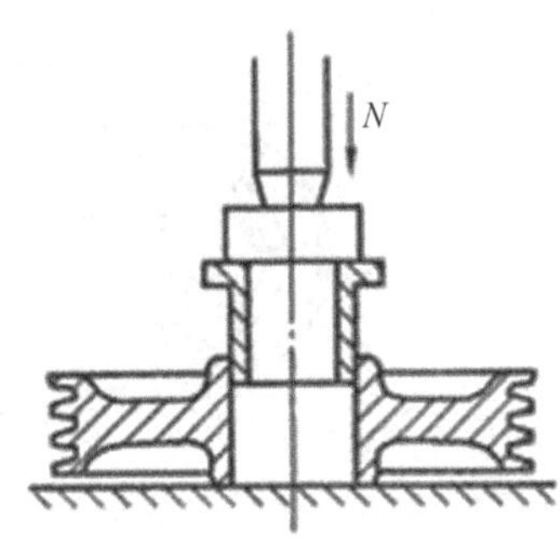

(b) 将轴套压入带轮孔内

图 1－154　用压紧法装配带轮

由于带轮的拆卸比装入难些，故在装配过程中，应注意测量带轮在轴上安装位置的正确性（见图 1－155），即用刻线盘或百分表检查带轮的径向和端面圆跳动量。并且还要经常用平尺或拉线法测量两带轮相互位置的正确性，以免返工。

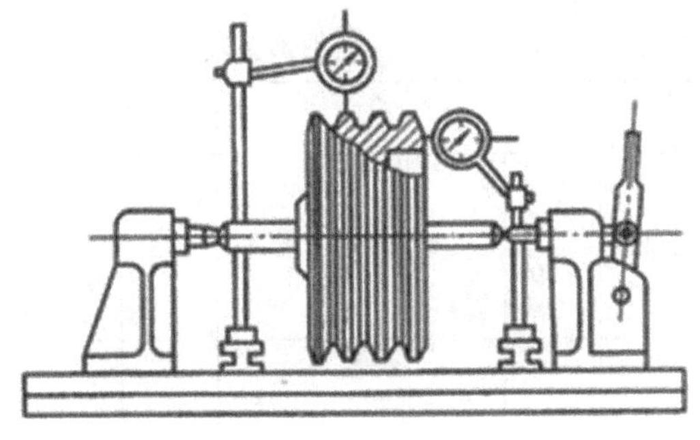
图 1－155　带轮圆跳动量的检查

5)V 带的装配

首先将两带轮的中心距调小，然后将 V 带先套在小带轮上，再将 V 带旋进大带轮(不要用带有刃口锋利的金属工具硬性将 V 带拨入轮槽，以免损伤带)。装好的 V 带不应接触到槽底或凸在轮槽外。

V 带不宜在阳光下暴晒，特别要防止带与矿物质、酸、碱等接触，以免变质。

6)张紧力的控制

传动带的张紧力要适当，在带传动机构中，一般都装有调整张紧力的拉紧装置，大部分是通过改变两带轮的中心距来调整张紧力的大小。由于传动带工作一段时间后，会产生永久性变形，从而使张紧力不断降低。为此，在安装新带时，最初的张紧力应为正常张紧力的 1.5 倍，这样才能保证传递所要求的功率。

在调整张紧力时，可在带与带轮的切边的中间(见图 1-156)加一个垂直于带边的载荷 p (一般可用弹簧秤挂上重物)，通过测量带产生的下垂度(挠度) f 来判断实际的张紧力是否符合要求。正常张紧力时的下垂可用下式计算：

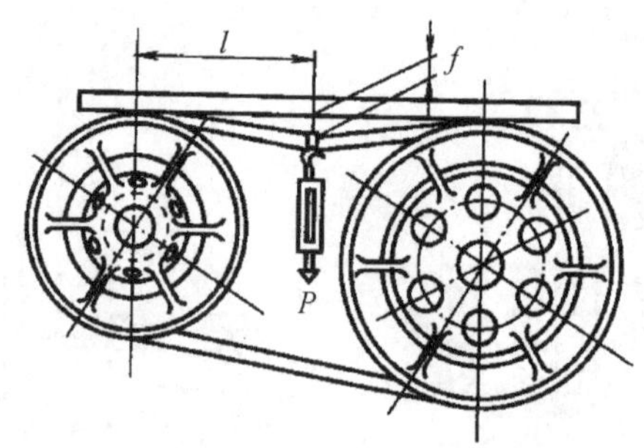

图 1-156 张紧力的检查方法

$$f=\frac{PL}{2S_0}$$

式中，f 为下垂度，mm；P 为作用力，N；L 为测定点距轮子中心的距离，mm；S_0 为带的初拉力，N。

V 带的初拉力 S_0 值可按表 1-15 选取。

表 1-15 V 带的初拉力

型号	O		A		B		C		D		E		F	
小带轮计算直径 D_1/mm	63～80	≥90	90～112	≥120	125～160	≥180	200～224	≥250	315	≥355	500	≥560	800～900	≥1000
初拉力 S_0/N	5.5	7.0	10	12	16.5	21	27.5	35	58	70	85	105	140	175

当测量所得的下垂度 f 值大于或小于上述公式的计算值时，说明张紧力不符合要求，应重新调整。

在带传动机构中常用的调整张紧力的机构，如图 1－157 所示。张紧力的调整方法主要靠改变两带轮的中心距来实现，也可用张紧轮调节。

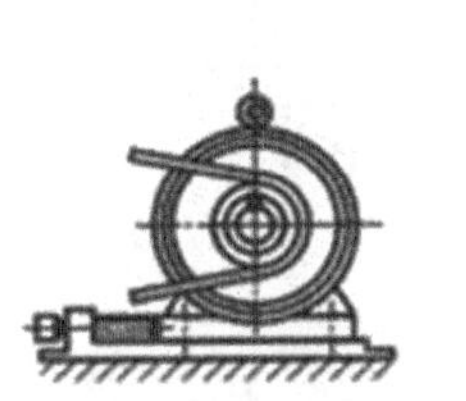

(a) 改变中心距

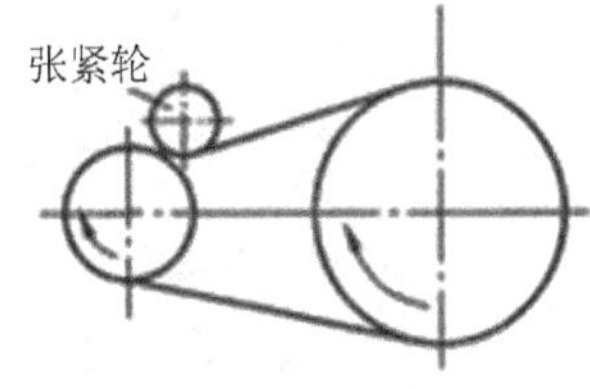

(b) 用张紧轮调节中心距

图 1－157　张紧力调整

2. 平带传动机构的装配

平带的传动形式有多种，一般常用的传动形式有开口传动、交叉传动、半交叉传动三种，如图 1－158 所示。

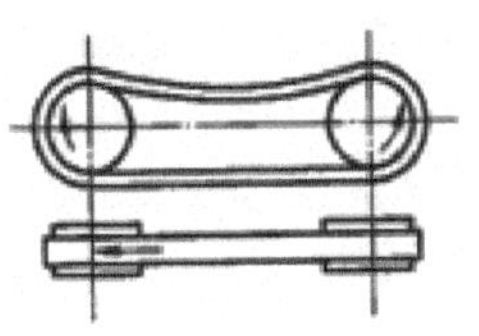

(a) 开口传动

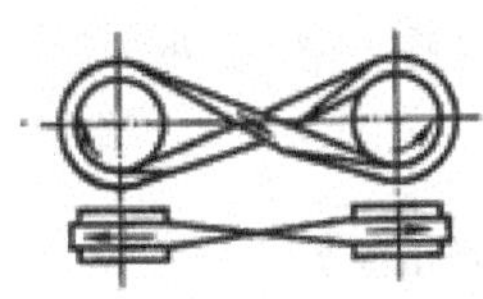

(b) 交叉传动

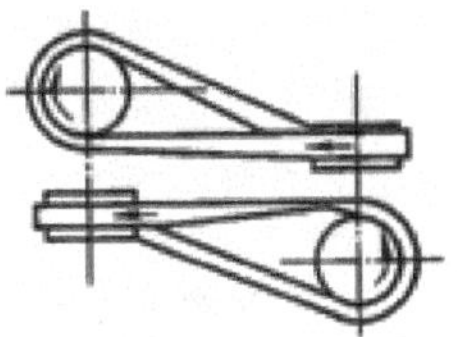

(c) 半交叉传动

图 1－158　平带传动形式

平带根据制作材料的不同有皮革带、编织带、橡胶带。常用的平带为橡胶带，是由若干层帆布(2～10 层)分层用硫化橡胶粘制而成。其宽度有不同的规格，长度按需要截取。截取平带时一定要注意留量，且不可截短，否则传动带会因短而作废。

1) 平带装配方法

平带装配时有以下几种方法：

(1) 胶合(或硫化胶合)，接头平滑可靠，连接强度高，但胶合技术要求高；

(2) 带扣，一般机械中常使用，连接方便，但接头强度及工作平稳性差；

(3) 带螺栓，连接方便，接头强度高，接受冲击力大；

(4) 金属夹板，连接方便，接头强度高，接受冲击力大。

平带传动可用于中心距较大的两轴间，且传动平稳。由于过载时可以打滑，可防止其他零件的损坏，并有结构简单等优点，使用比较广泛。

平带轮由轮缘 1、轮辐 2 及轮毂 3 组成(见图 1－159(a))。两平皮带轮之一的轮缘常制成弧形凸起，以免皮带从皮带轮上滑下。直径小些的皮带轮常常不用轮辐，而用腹板或做成整体式的(见图 1－159(b)和图 1－159(d))。为了改变转速，平带轮也有制成宝塔式(多级式)的(见图 1－159(c))。

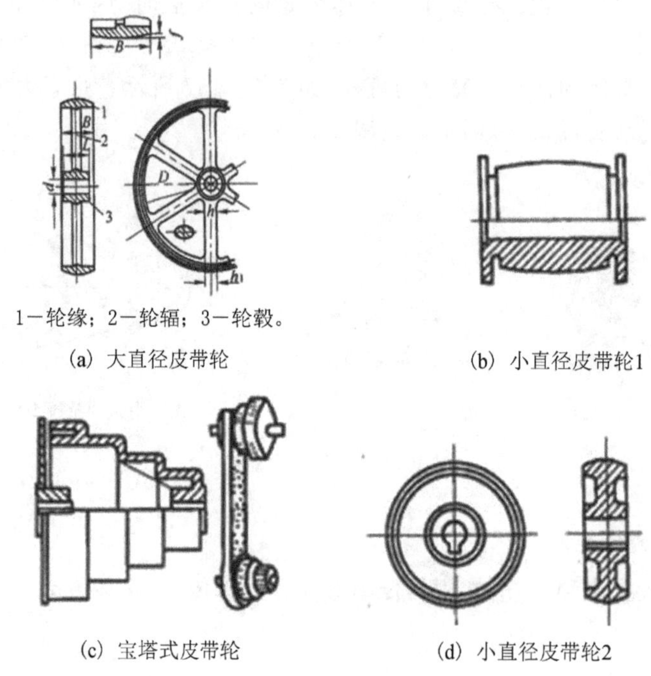

1—轮缘；2—轮辐；3—轮毂。

(a) 大直径皮带轮　　(b) 小直径皮带轮1

(c) 宝塔式皮带轮　　(d) 小直径皮带轮2

图 1-159　**皮带轮**

2)平带传动机构的装配技术要求

(1)平带轮装在轴上,应没有歪斜和摆动。

(2)当两个平带轮的宽度相同时,它们的端面应位于同一平面内。

(3)平带在轮面上应保持在中间位置,工作时不应脱落。

(4)平带的张紧力应能保证皮带和皮带轮的接触面间有足够的摩擦力,以传递一定的功率。

3)平带轮的装配

平带轮的装配与 V 带轮的装配方法相同,带轮与轴的连接一般为 H7/k6 配合,并用键或螺钉等固定。

平带轮装配后要检查轮缘的径向及端面摆动。摆动量的大小,随工作要求而定。

检查摆动的方法有两种:较大的平带轮可用划针盘来检查,较小的平带轮可用百分表来检查。

用划针盘检查的方法如图 1-160 所示。把划针盘安置在底座上,并使划针轻轻地抵住轮缘及端面上的最高处,旋转皮带轮,找出摆动位置,并用粉笔标上记号。然后,测定针尖与轮面之间的间隙(δ_1 和 δ_2)。如果摆动量过大,则必须找出原因来进行修整。如轴是否弯曲,轮孔和轴的配合间隙是否正确等。

平带轮之间的相对位置对平带传动质量影响很大,如果两个平带轮安装时有过大的偏移,会使平带的张力不均,造成平带自行滑脱和加速磨损。所以,对于相互传动的平带轮,它们的相对位置必须经过检查和调整。

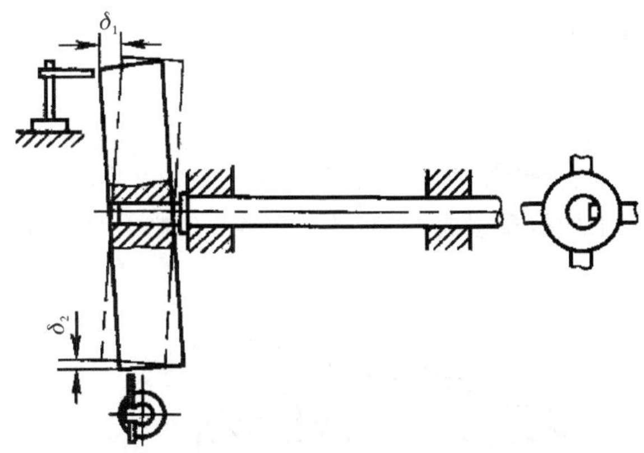

图 1-160 平带轮端面和径向摆动的检查

当两轮轴间的距离不大时，可以用直尺检查（见图 1-161(a)）。如图 1-161(b)所示方法是将线的一端系在一轮的轮缘上，拉紧另一端，并使线贴住此轮的前面。然后，测定另一轮的端面是否跟线贴住。如果没有贴着，则可测定线与轮端面之间的间隙 d 的大小，然后进行调整。如两轮宽度不同，可将线系在宽轮上，用上述方法进行检查，但窄轮与线之间应有两轮宽差的一半的间隙。

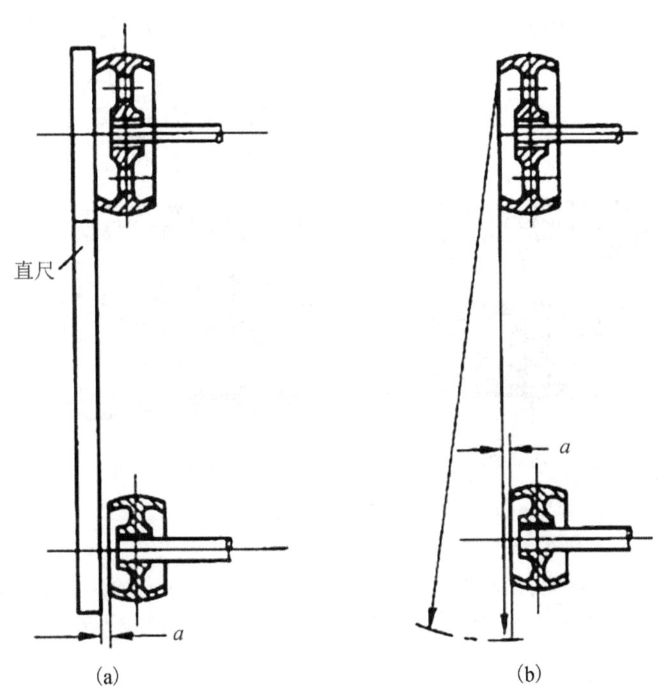

图 1-161 平带轮安装位置的检查

平带安装在平带轮上，其张紧力的大小，通常在实际工作中凭经验决定。在安装新平带时，其最初张紧力应比正常张紧力大。这样，在工作过一段时间后，平带仍能保持一定的张紧力。

1.7.2 链传动机构的装配

1. 链传动机构的特点

链传动是以链条为中间挠性件的啮合传动，如图 1－162 所示。它是由装在平行轴上的主、从动链轮和绕在链轮上的链条组成，并通过链和链轮的啮合来传递运动和动力。

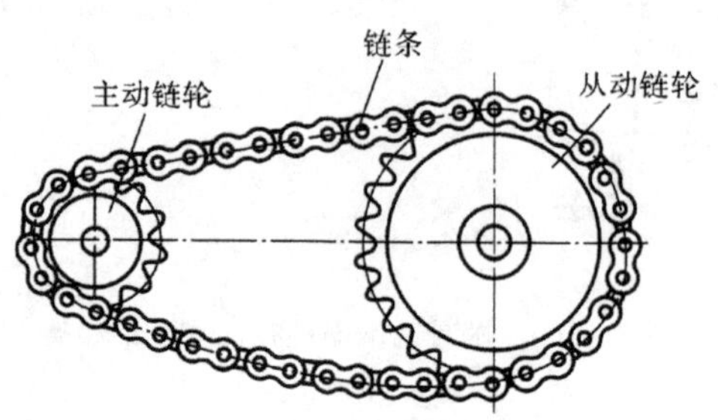

图 1－162 链连动

常用的传动链可分为套筒滚子链和齿形链两种。滚子链由外链板、内链板、销轴、套筒和滚子等主要零件组成，如图 1－163 所示，其结构已经标准化。滚子链分 A、B 两系列，我国滚子链以 A 系列为主，设计时应选用 A 系列；B 系列则主要供进口设备维修和出口用。链传动一般适用于传递功率小于 100 kW，传动比 $i\leqslant7$，链速 $v\leqslant15$ m/s 的场合。

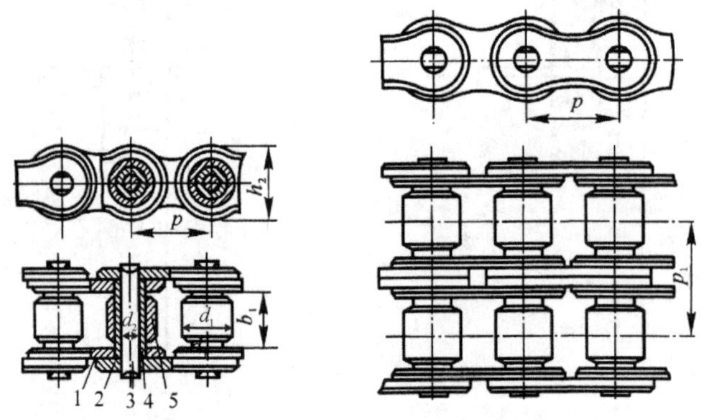

1—内链板；2—外链板；3—销轴；4—套筒；5—滚子。

图 1－163 滚子链结构

链传动是啮合传动，既能保证准确的平均传动比，又能满足远距离传动要求，特别适合在温度变化大和灰尘较多的地方工作。在机床、农业机械、矿山机械、纺织机械，以及石油化工等机械中均有应用。

2. 链传动机构的装配技术要求

1)链轮的两轴线必须平行

两轴线不平行将加剧链条和链轮的磨损，降低传动平稳性，使噪声增加。两轴线的平行度可用量具检查，如图 1－164 所示，通过测量 A、B 两尺寸来检查其误差。

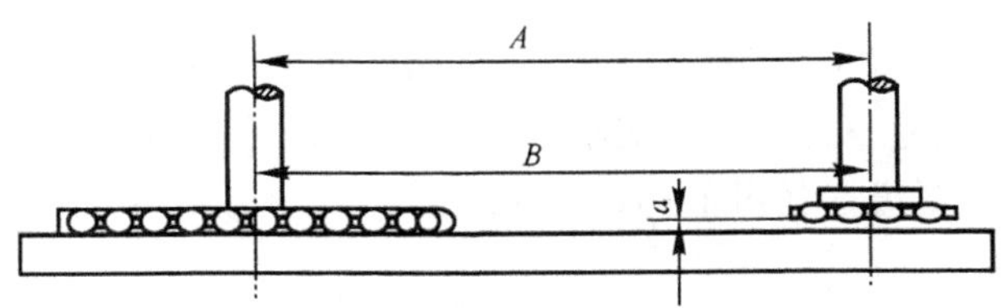

图1-164 链轮两轴线平行度和轴向偏移的检查

2)链轮之间的轴向偏移必须在要求范围内

偏移量 a 根据中心距大小而定,一般当中心距小于500 mm时允许偏移量为1 mm;当中心距大于500 mm时允许偏移量为2 mm。检查可用直尺法,在中心距较大时采用拉线法。

3)跳动量要求

链轮在轴上固定之后,跳动量必须符合要求,其允差见表1-17。

表1-17 链轮的允许跳动量

链轮直径/mm	套筒滚子链的链动跳动量/mm	
	径向	端面
100以下	0.25	0.3
100～200	0.5	0.5
200～300	0.75	0.8
300～400	1.0	1.0
400以上	1.2	1.5

对于精确的链传动,链轮的径向跳动量也有一定要求。链轮跳动量可用划针盘或百分表进行检查,如图1-165所示。

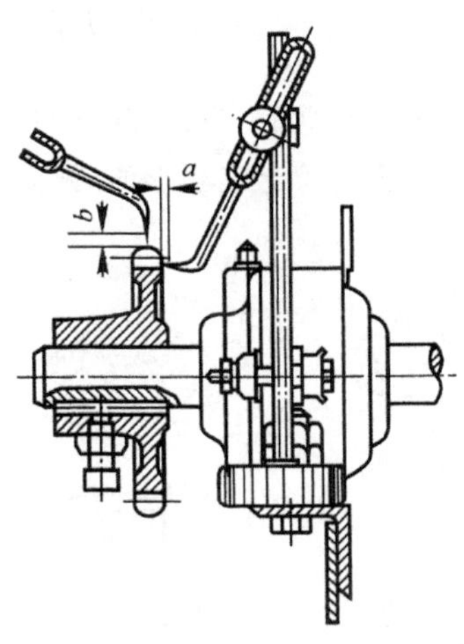

图1-165 检查链轮的跳动量

4)链的下垂度应适当

如果链传动是水平的或稍微倾斜的(在 45°以内),可取下垂度 f 等于 $2\%L$;倾斜度增大时,就要减小下垂度。在垂直传动时 f 应小于或等于 $0.2\%L$,其目的是减少链传动的振动和脱链现象。检查下垂度的方法如图 1－166 所示。

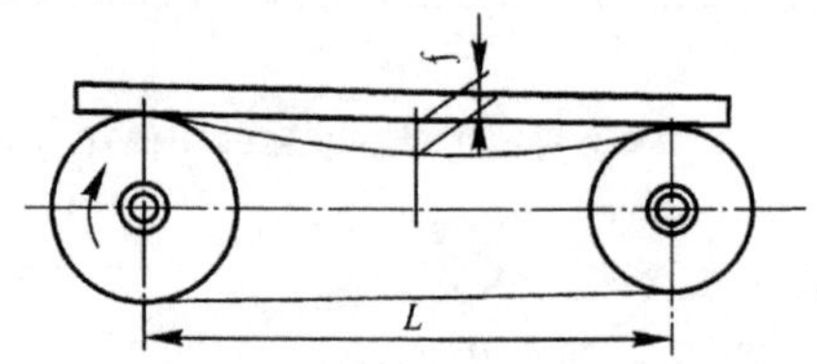

图 1－166 链条的下垂度检查

3. 链传动机构的装配

链轮的装配方法与带轮的装配基本相同。链轮在轴上的固定方法有:用键连接后再用紧定螺钉固定(见图 1－167(a)),或用圆锥销连接(见图 1－167(b))。

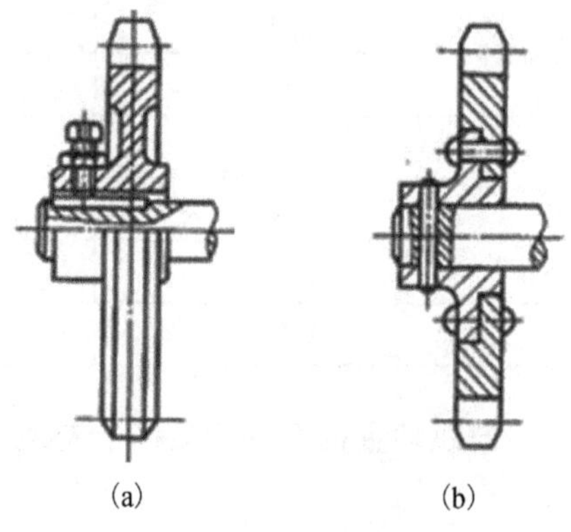

(a) (b)

图 1－167 链轮的固定方式

套筒滚子链的接头形式如图 1－168 所示。除了链条的接头链节外,各链节都是不可分离的。链条的长度用链节数表示,为了使链条连成环形时,正好是外链板与内链板相连接,所以链节数最好为偶数。

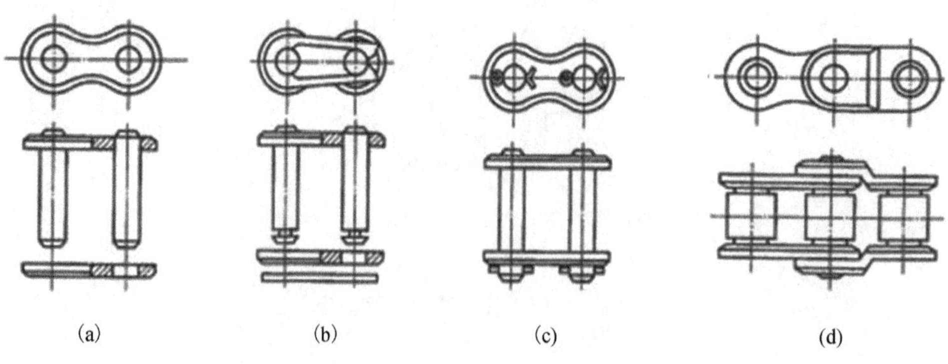

(a) (b) (c) (d)

图 1－168 套筒滚子链的接头形式

接头链节有两种形式。当链节数为偶数时，采用连接链节，其形状与外链节一样（见图1-168(a)），只是链节一侧的外链板与销轴为间隙配合，接头处可用弹簧锁片或开口销等锁紧件固定（见图1-168(b)、(c)）。一般前者用于小节距，后者用于大节距。用弹簧卡片时，必须使其开口端的方向与链的速度方向相反，以免运动中受到碰撞而脱落。当链节数为奇数时，可采用过渡链节（见图1-168(d)）。由于过渡链节的链板受拉力时有附加弯矩的作用，所以强度仅为通常链节的80%左右，因此应尽量避免使用奇数链节。但这种过渡链节的柔性较好，具有缓和冲击和吸收振动的作用。

对于链条两端的接合，如果结构上允许在链轮装好后再装链条的话（例如两轴中心距可调节且链轮在轴端时），则链条的接头可预先进行连接；如果结构不允许链条预先将接头连接好时，则必须在套到链轮上以后再进行连接，此时常需采用专用的拉紧工具（见图1-169(a)）。齿形链条则都必须先套在链轮上，再用拉紧工具拉紧后进行连接（见图1-169(b)）。

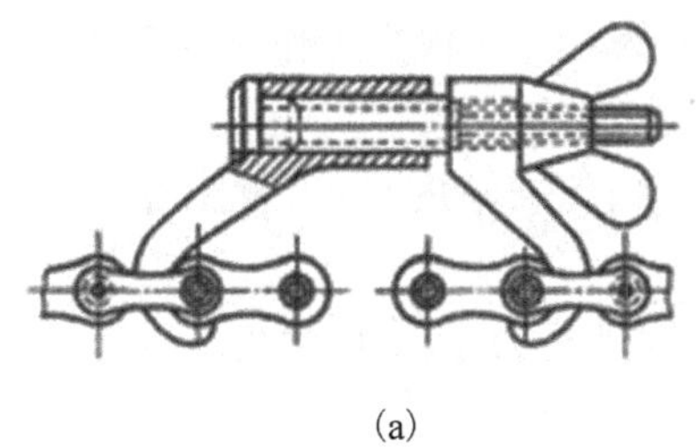

(a)

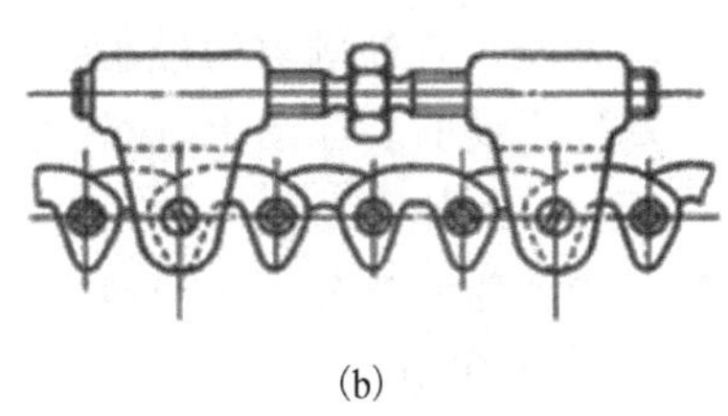

(b)

图1-169　拉紧链条的工具

1.7.3　蜗轮蜗杆传动机构的装配

蜗轮蜗杆传动机构在装配时要区别对待。如果蜗轮蜗杆传动机构用来分度，则以提高运动精度为主，应尽量减少蜗轮蜗杆机构在运动中的空转角度；如果用于传动和减速，则以提高接触精度为主，使蜗轮蜗杆机构能传递较大的转矩，并增强其耐磨性。

蜗轮蜗杆传动是用于空间交错轴之间传递运动和转矩的一种机械传动机构，应用范围很广，常用于分度、减速、传动等机构。在绝大多数场合，两轴在空间是互相垂直的，交错角为90°，如图1-170所示。

图1-170　蜗轮蜗杆传动机构

1. 蜗轮蜗杆传动的特点

(1)结构紧凑，传动比大，动力传动中一般单级传动比为20～40，最大可达80，在分度传动中单级传动比可达1000。

(2)蜗轮蜗杆的传动是逐渐进入啮合和逐渐退出啮合的，加上同时参与啮合的齿数较多，所以传动平稳，噪声低。

(3)可以制成具有自锁性的蜗轮蜗杆传动。当蜗杆的螺旋升角小于啮合面的当量摩擦角时，蜗轮蜗杆传动具有自锁性。

(4)主要缺点是在制造精度和传动比相同的条件下，传动效率比齿轮传动低，工作时发热量大，需要有良好地润滑。

2. 蜗轮蜗杆传动的精度

按国家标准 GB/T 10089—2018 规定，蜗轮蜗杆传动有 12 个精度等级，1 级精度最高，12 级精度最低，普通圆柱蜗杆的精度以 6～9 级应用最多。6 级精度可用于中等精度机床的分度机构、发动机调节系统的传动等，它允许的蜗轮圆周速度大于 5 m/s；7 级精度常用于运输和一般工业的中等速度（小于 7.5 m/s）的动力传动；8 级精度常用于每天只有短时间工作、低速（不大于 3 m/s）传动。

按照能对传动性能起到保证作用的公差特性，可将公差（或极限偏差）也分成三个公差组，允许各公差组选用不同的精度等级组合，但在同一公差组中，各项公差与极限偏差应保持相同的精度等级。蜗杆与配对蜗轮的精度等级一般取成相同，也允许取成不同。

国家标准 GB/T 10089—2018 中规定蜗轮蜗杆传动的侧隙共分八种：a、b、c、d、e、f、g、h。最小法向侧隙值以 a 为最大，其他依次减小，一直到 h 为零。应根据工作条件和使用要求来选择传动的侧隙种类。各种侧隙的最小法向侧隙值见表 1-18。

在蜗轮蜗杆传动的装配图上，应标注出配对蜗杆、蜗轮的精度等级、侧隙种类代号和国家标准代号。标注示例如下。

蜗轮蜗杆传动的三个公差组的精度同为 5 级，侧隙种类为 f，则标注为：

传动 5f　GB/T 10089—2018

表 1-18　蜗轮蜗杆传动的最小法向侧隙值

传动中心距 l/mm	侧隙种类							
	$h/\mu m$	$g/\mu m$	$f/\mu m$	$e/\mu m$	$d/\mu m$	$c/\mu m$	$b/\mu m$	$a/\mu m$
<30	0	9	13	21	33	52	84	130
>30～50	0	11	16	25	39	62	100	160
>50～80	0	13	19	30	46	74	120	190
>80～120	0	15	22	35	54	87	140	220
>120～180	0	18	25	40	63	100	160	250
>180～250	0	20	29	46	72	115	185	290
>250～315	0	23	32	52	81	130	210	320
>315～400	0	25	36	57	89	140	230	360
>400～500	0	27	40	63	97	155	250	400
>500～630	0	30	44	70	110	175	280	440
>630～800	0	35	50	80	125	200	320	500
>800～1000	0	40	56	90	140	230	360	560

例 1-11　蜗轮蜗杆传动的第Ⅰ公差组的精度为 5 级，第Ⅱ、第Ⅲ公差组的精度为 6 级，侧隙种类为 f，则标注为

传动 5-6-6f　GB/T 10089—2018

蜗轮蜗杆副的接触斑点要符合表 1-19 的规定。

表 1-19　蜗轮蜗杆副的接触斑点要求

图例	精度等级	接触面积/%		接触形状	接触位置
		沿齿高≥	沿齿长≥		
	1、2	75	70	痕迹在齿高方向无断缺，不允许成带状条纹	痕迹分布位置趋近于齿面中部，允许略偏于啮合端，在齿顶和啮入、啮出端的棱边处不允许接触
	3、4	70	65		
	5、6	65	60		
	7、8	55	50	不要求	痕迹偏于啮合端但不允许在齿顶和啮入、啮出端的棱边接触
	9、10	45	40		
	11、12	30	30		

3. 蜗轮蜗杆传动的技术要求

(1)保证蜗轮上齿的圆弧中心与蜗杆的轴线在同一个垂直于蜗轮轴线的平面内，且与蜗轮中心线垂直，保证蜗杆轴线与蜗轮轴线的相对位置正确(见表 1-20)，并保持稳定性(主要靠调整各相关零件，使之无轴向窜动来保证)。

表 1-20　蜗轮蜗杆传动轴交角极限偏差 ($\pm f_{\Sigma}$) 的 f_{Σ}

蜗轮齿宽/mm	精度等级						
	3/μm	4/μm	5/μm	6/μm	7/μm	8/μm	9/μm
≤30	5	6	8	10	12	17	24
>30～50	5.6	7.1	9	11	14	19	28
>50～80	6.5	8	10	13	16	22	32
>80～120	7.5	9	12	15	19	24	36
>120～180	9	11	14	17	22	28	42
>180～250	—	13	16	20	25	32	48
>250	—	—	—	22	28	36	53

(2)蜗杆与蜗轮的中心距准确。其精度要求见表 1-21。

表 1-21　蜗轮蜗杆传动中心距极限偏差($\pm fa$)的 fa 和传动中间平面极限偏差($\pm fx$)的 fx

项目	精度等级	传动中心距 a/mm											
		<30	>30～50	>50～80	>80～120	>120～180	>180～250	>250～315	>315～400	>400～500	>500～630	>630～800	>800～1000
fa/μm													
1	3	7	8	10	11	13	15	16	18	20	22	25	28
2	4	11	13	15	18	20	23	26	28	32	35	40	45
3	5	17	20	23	27	32	36	40	45	50	55	62	70
4	6	17	20	23	24	32	36	40	45	50	55	62	70
5	7	26	31	37	44	50	58	65	70	78	87	100	115
6	8	26	31	37	44	50	58	65	70	78	87	100	115
7	9	42	50	60	70	80	92	105	115	125	140	160	180

续表

项目	精度等级	传动中心距 a/mm											
		<30	>30～50	>50～80	>80～120	>120～180	>180～250	>250～315	>315～400	>400～500	>500～630	>630～800	>800～1000
		fx/μm											
1	3	5.6	6.5	8	9	10.5	12	13	14.5	16	18	20	23
2	4	9	10.5	12	14.5	16	18.5	21	23	26	28	32	36
3	5	14	16	18.5	22	27	29	32	36	40	44	50	56
4	6	14	16	18.5	22	27	29	32	36	40	44	50	56
5	7	21	25	30	36	40	47	52	56	63	70	80	92
6	8	21	25	30	36	40	47	52	56	63	70	80	92
7	9	34	40	48	56	64	74	85	92	100	112	130	145

(3)装配后应保证有适当的啮合侧隙和正确的啮合接触面，使转动灵活，无任何卡阻现象，并受力均匀。

装配蜗轮蜗杆传动过程中，可能产生的三种误差：蜗杆轴线与蜗轮轴线的夹角误差、中心距误差和蜗轮对称中间平面与蜗杆轴线的偏移，如图 1-171 所示。

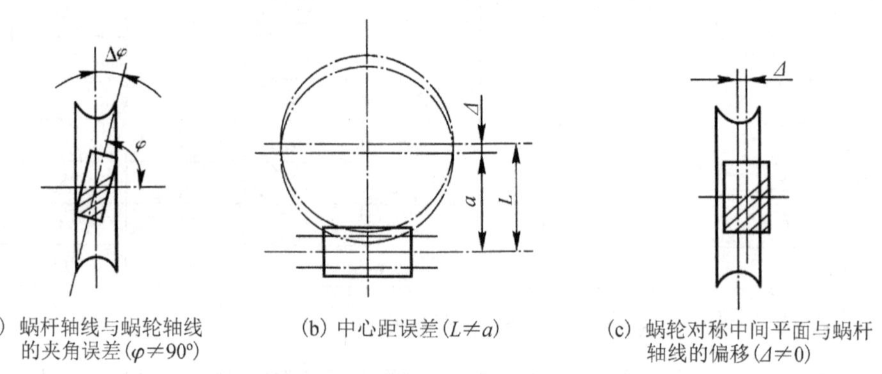

(a) 蜗杆轴线与蜗轮轴线的夹角误差($\varphi \neq 90°$)　(b) 中心距误差($L \neq a$)　(c) 蜗轮对称中间平面与蜗杆轴线的偏移($\Delta \neq 0$)

图 1-171　蜗轮蜗杆传动机构的不正确啮合情况

对于不同用途的蜗轮蜗杆传动机构，在装配时，要加以区别对待。如果蜗轮蜗杆传动机构用来分度，则以提高运动精度为主，应尽量减少蜗轮蜗杆机构在运动中的空转角度；如果用于传动和减速，则以提高接触精度为主，使蜗轮蜗杆机构能传递较大的转矩，并增强其耐磨性。

4. 蜗轮蜗杆传动机构箱体的装前检验

为了确保蜗轮蜗杆传动机构的装配要求，在蜗杆、蜗轮装配前，先要对蜗杆孔轴线与蜗轮孔轴线的中心距误差和垂直度误差进行检测。检测箱体孔中心距时，可按图 1-172 所示的方法进行测量。测量时，分别将测量芯棒 1 和 2 插入箱体孔中。箱体用三个千斤顶支承在平板上，调整千斤顶，用百分表在该芯棒两端最高点上检测，使其中一个芯棒与平板平行，然后用两组量块以相对测量法，测量两芯棒至平板的距离，即可算出中心距 a。

测量轴线间的垂直度误差，可采用如图1－173所示的检验工具。检测时将芯棒1和2分别插入箱体孔中，在芯棒2的一端套一百分表摆杆，用螺钉固定，旋转芯棒2，百分表上的读数差即是轴线的垂直度误差。

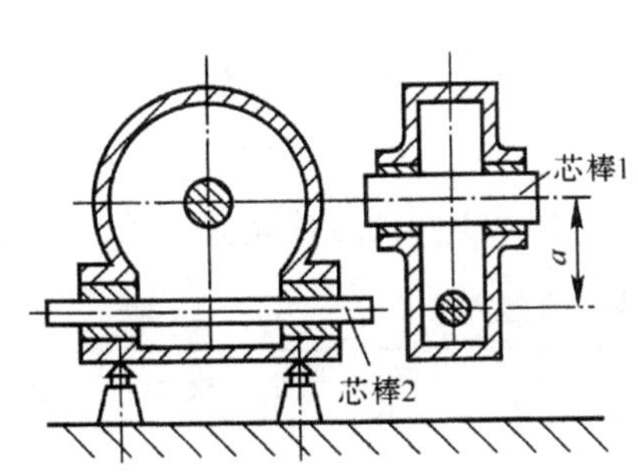

图1－172　检验蜗轮蜗杆箱中心距

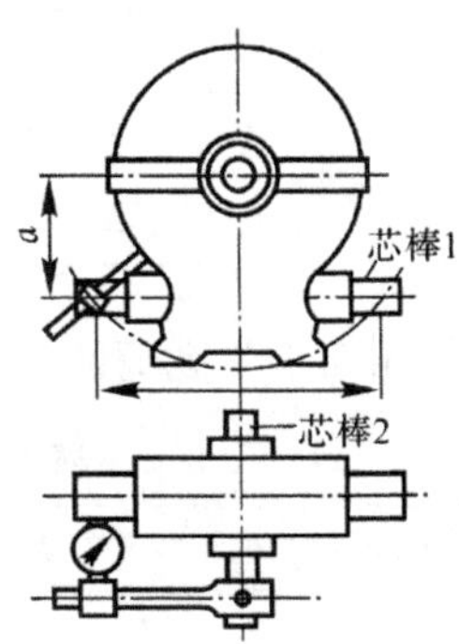

图1－173　检验蜗轮蜗杆箱轴线间垂直度误差

5. 蜗轮蜗杆机构的装配过程

蜗轮蜗杆传动机构主要由箱体、蜗轮、蜗杆等零件组成。装配时，按其结构特点的不同，有的应先装蜗轮，后装蜗杆，有的则相反。蜗轮蜗杆传动机构的组装比较简单，主要是装配过程中的检验和调整。蜗杆中心线与蜗轮中心线距离主要靠机械加工精度保证，并通过调整垫片，消除各零件加工产生的偏差，使中心距准确，并获得良好的接触精度。一般情况下，装配工作是从装配蜗轮开始的，其步骤如下：

(1)将蜗轮齿圈1压装在轮毂2上，并用螺钉加以紧固(见图1－174)。

(2)将蜗轮装在轴上，安装和检验方法与圆柱齿轮相同。

(3)把蜗轮轴装入箱体，然后再装蜗杆。一般蜗杆轴心线的位置是由箱体安装孔所确定的，因此蜗轮的轴向位置可通过改变调整垫圈厚度或其他方式进行调整。

(4)将蜗轮、蜗杆装入箱体后，首先要用涂色法来检验蜗杆与蜗轮的相互位置以及啮合的接触斑点。将红丹粉涂在蜗杆螺旋面上，给蜗轮以轻微阻尼，转动蜗杆，根据蜗轮轮齿上的痕迹判断啮合质量。正确的接触斑点位置应在中部稍偏蜗杆旋出方向(见图1－175(a))，对于图1－175(b)、图1－175(c)所示的情况，则应调整蜗轮的轴向位置(如改变垫片厚度等)，使其达到正常接触。

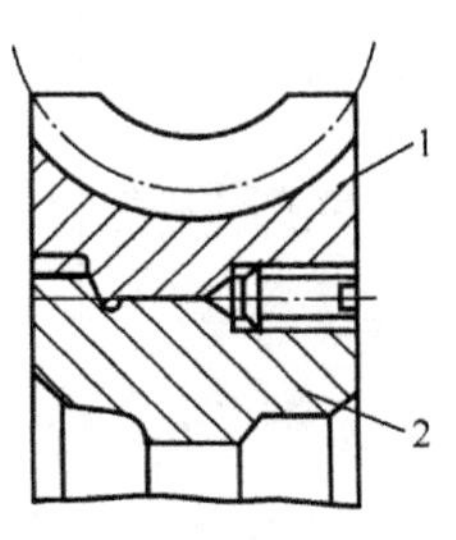

1—齿圈；2—轮毂。

图1－174　组合式蜗轮

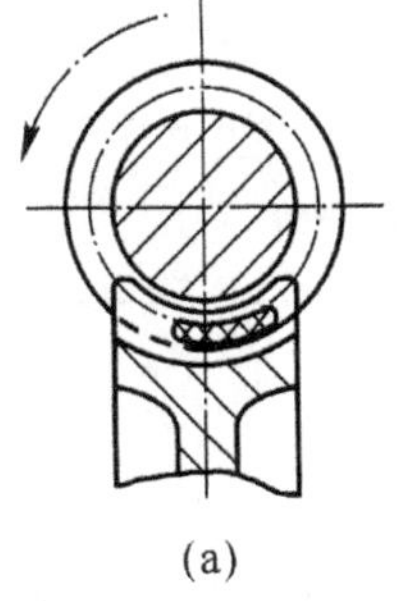

(a)

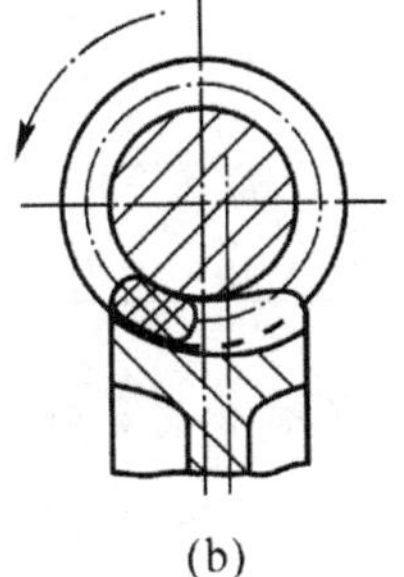

(b)

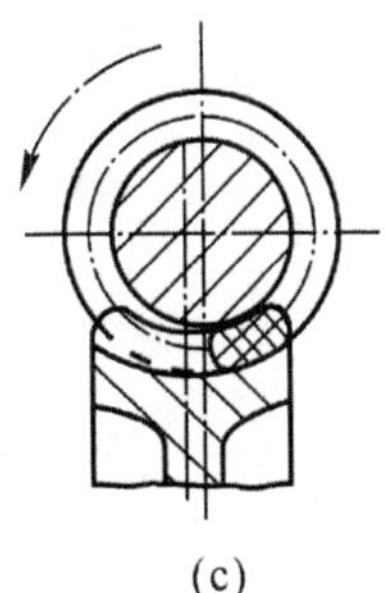

(c)

图1－175　蜗轮齿面上的接触斑点

各种不同精度的蜗轮蜗杆传动，其接触斑点的要求见表1－22。

表1－22　蜗轮蜗杆传动接触斑点的要求

精度等级	沿齿高不少于/%	沿齿宽不少于/%
7	60	65
8	50	50
9	30	35

蜗轮蜗杆副在承受载荷时，如有不正确接触，可按表1－23所列方法调整。

表1－23　蜗轮齿面接触斑点及调整方法

接触斑点	症状	原因	调整方法
	正常接触	—	—
	左右齿面对角接触	中心距大或蜗杆轴线歪斜	调整蜗杆座位置(缩小中心距) 调整(或修整)蜗杆基面
	中间接触	中心距小	调整蜗杆座位置(增大中心距)
	下端接触	—	调整蜗杆座(向上)
	上端接触	—	调整蜗杆座(向下)
	带状接触斑	蜗杆径向跳动误差大 加工误差大	调换蜗杆轴承(或修刮轴瓦) 调换蜗轮或跑合
	齿面接触	蜗杆与终加工刀具齿形不一致	调换蜗杆或蜗轮 重新加工(在中心距有充分条件下)
	齿顶接触	蜗杆与终加工刀具齿形不一致	(1)调换蜗杆或蜗轮 (2)重新加工(在中心距有充分条件下)

6. 蜗轮蜗杆传动机构啮合质量的检验

由于蜗轮蜗杆传动的结构特点，其侧隙(见图1－176)用塞尺或压铅片的方法测量是有困难的。对不太重要的蜗轮蜗杆传动机构，有经验的操作工是用手转动蜗轮蜗杆，根据蜗轮蜗杆的空程量判断侧隙大小。一般要求较高的传动机构，要用百分表进行测量。

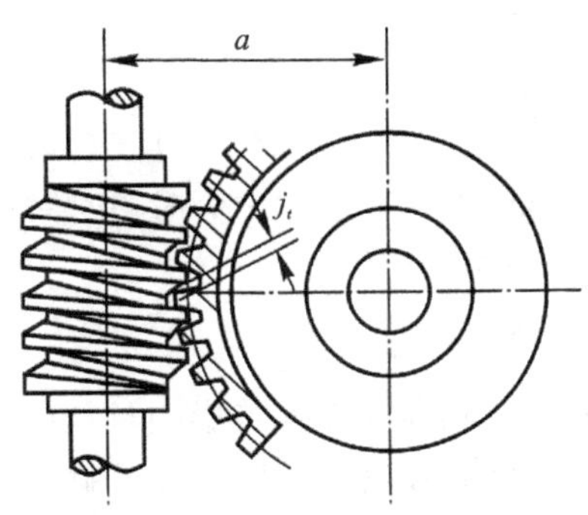

图 1－176　蜗轮蜗杆传动机构的齿侧间隙

蜗轮蜗杆装配后的齿侧间隙，可按图 1－177(a)所示的方法进行检验。在蜗杆轴上固定一带量角器的刻度盘，用百分表测量头顶在蜗轮齿面上，手转蜗杆，在百分表指针不动的条件下，用刻度盘相对于固定指针的最大转角(也称空程角)来判断侧隙大小。如用百分表直接与蜗轮齿面接触有困难时，可在蜗轮轴上装一测量杆进行测量，如图 1－177(b)所示。

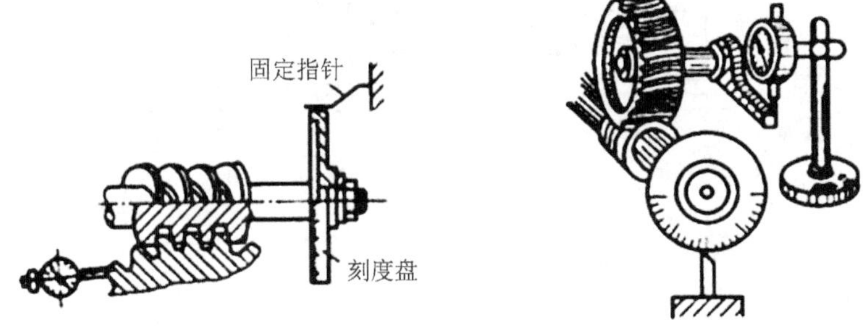

(a) 直接测量法　　(b) 用测量杆的测量法

图 1－177　蜗轮蜗杆传动机构侧隙的检查

空程角与圆周侧隙有如下的近似关系(略去蜗杆升角的影响)，即

$$j_t = \phi m_t z_1$$

式中，ϕ 为蜗杆空程角，′；m_t 为轴向模数，mm；z_1 为蜗杆螺旋线头数；j_t 为圆周侧隙，mm。

蜗轮蜗杆传动机构装配之后，还要检查它的转动灵活性。蜗轮在任何位置上，用手轻而缓慢地旋转蜗杆时，所需的转矩均应相同，而且没有忽松忽紧和咬住现象。

1.7.4　丝杠螺母传动机构的装配

丝杠螺母传动是用于将旋转运动变成直线运动，同时进行能量和力的传递机构，使用非常广泛。其特点是结构简单、传动精度高、工作平稳、无噪声、易于自锁、能传递较大的动力。缺点是摩擦损失大、传动效率低，因此一般不用于大功率的传递。丝杠螺母传动主要用于车床的纵、横向进给机构等。

1. 丝杠螺母传动机构的装配技术要求

丝杠螺母传动机构在装配时，为了保证传动精度，提高使用寿命，必须认真调整丝杠螺母副的配合精度，一般应满足以下要求：

(1)保证径向和轴向配合间隙达到规定要求。

(2)丝杠与螺母同轴度及丝杠轴线与基准面的平行度应符合规定要求。

(3)丝杠与螺母相互转动应灵活，在旋转过程中无时松时紧和阻滞现象。

(4)丝杠的回转精度应在规定范围内。

2. 丝杠螺母副配合间隙的测量及调整

配合间隙包括径向和轴向两种。轴向间隙直接影响丝杠螺母副的传动精度，因此需采用消隙机构予以调整。但测量时径向间隙比轴向间隙更易准确反映丝杠螺母副的配合精度，所以，配合间隙常用径向间隙表示。

1)径向间隙的测量

将丝杠螺母副如图 1－178 所示放置好，为避免丝杠产生弹性变形，螺母离丝杠一端约3～5个螺距，把百分表测量头触及螺母上部，然后用稍大于螺母重力的力抬起和压下螺母，此时，百分表读数的代数差即为径向间隙。

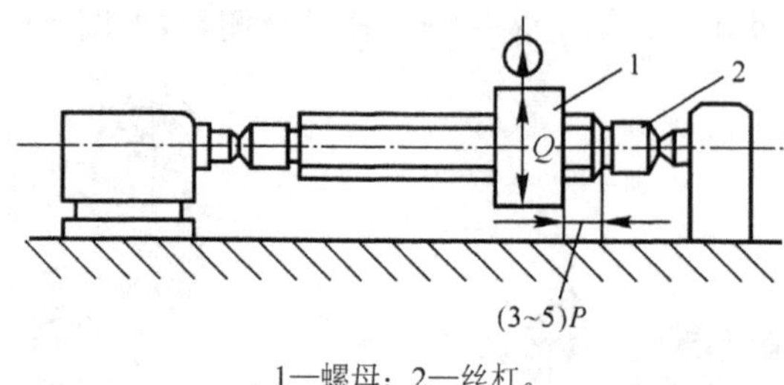

1—螺母；2—丝杠。

图 1－178　径向间隙的测量

2)轴向间隙的调整

对于无间隙调整机构的丝杠螺母副，可采用单配或选配的方法来保证合适的轴向间隙；对有消隙机构的丝杠螺母副，常采用轴向间隙调整机构。机构有单螺母和双螺母两种结构形式。

(1)单螺母结构。用图 1－179 所示机构，利用强制施加外力的方法，使螺母与丝杠始终保持单面接触。

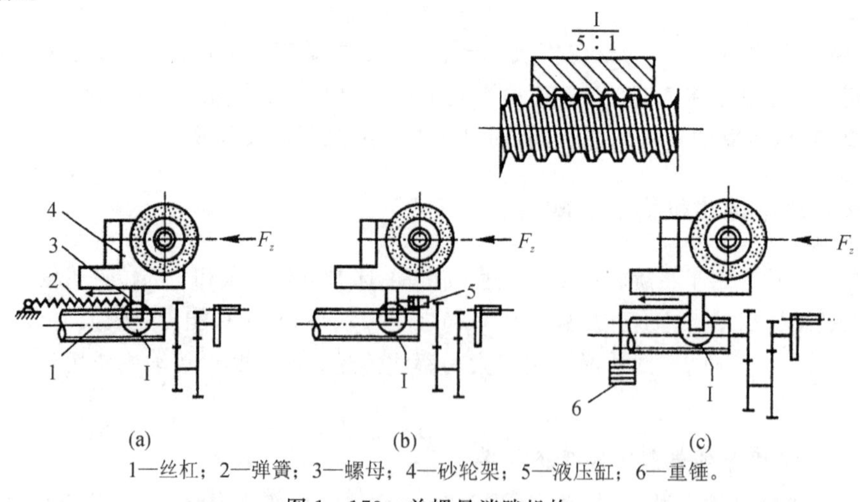

1—丝杠；2—弹簧；3—螺母；4—砂轮架；5—液压缸；6—重锤。

图 1－179　单螺母消隙机构

图1－179(a)的消隙机构是靠弹簧拉力；图1－179(b)的消隙机构是靠油缸压力；图1－179(c)的消隙机构是靠重锤重力。

装配时可调整或选择适当的弹簧拉力、液压缸压力、重锤重力，以消除轴向间隙。但应注意，用于机床进给机构时，单螺母结构中消隙机构的消隙力方向与切削分力 F_z 方向必须一致，以防进给时产生爬行而影响进给精度。

(2)双螺母结构。消隙机构如图1－180(a)所示。调整时先松开螺钉，再拧动调整螺母1，消除螺母2与丝杠间隙后，旋紧螺钉。图1－180(b)为斜面消隙机构，其调整方法是：拧松螺钉2，再拧动螺钉1，使斜楔向上移动，以推动带斜面的螺母右移，从而消除轴向间隙，调好后再用螺钉2锁紧。

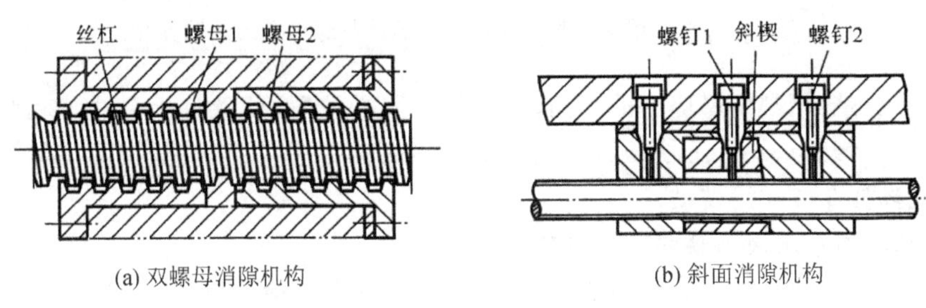

(a) 双螺母消隙机构　　(b) 斜面消隙机构

图1－180　双螺母消隙机构

3. 丝杠螺母副同轴度校正

1)用专用量具校正

(1)以丝杠两轴承孔中心连线为基准，校正螺母孔的同轴度。如图1－181所示，先校正两轴承孔中心连线在同一直线上，且与V形导轨平行，如图1－181(a)所示。校正时根据实测数值修刮轴承座结合面，并调整前、后轴承的水平位置，以达到规定要求。再以此中心连线为基准，校正螺母中心，如图1－181(b)所示。校正的方法是：将检验棒2装在螺母座4的孔中，移动工作台3，如检验棒2能顺利插入前、后轴承座孔中，即符合要求，否则应根据尺寸 h 修磨螺母座4的厚度。

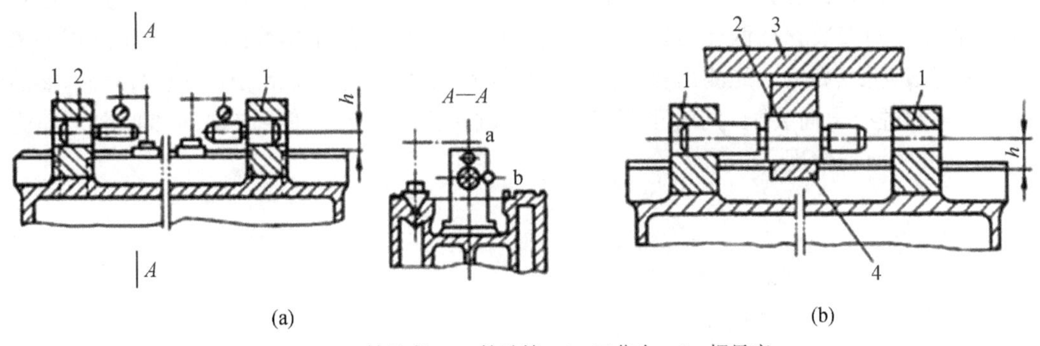

(a)　　(b)

1—轴承座；2—检验棒；3—工作台；4—螺母座。

图1－181　校正螺母孔与前、后轴承孔的同轴度误差

(2)以平行于导轨面的螺母孔中心线为基准，校正丝杠两轴承孔的同轴度误差。

2)用丝杠直接校正

如图 1-182 所示为用丝杠直接校正两轴承孔与螺母孔的同轴度。

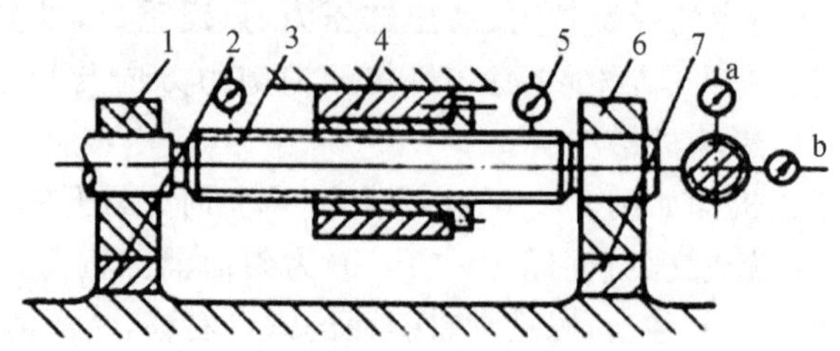

1、6—前后轴承座；2、7—垫片；3—丝杠；4—螺母座；5—百分表。

图 1-182　用丝杠直接校正两轴承孔与螺母孔的同轴度

校正的方法是：精刮螺母座 4 的底面，并调整其水平位置，使丝杠上母线 a 和侧母线 b 均与导轨面平行。修磨垫片 2、7，并在水平方向调整前后轴承座 1、6，使丝杠两端轴颈能顺利插入轴承孔，且丝杠 3 能灵活转动。

3)校正丝杠螺母副同轴度的注意事项

(1)在校正丝杠轴心线与导轨面的平行度时，各支承孔中检验棒的“抬头”或“低头”方向应一致。

(2)为消除检验棒在各支承孔中的安装误差，可将其转过 180°后再测量一次，取其平均值。

(3)具有中间支承的丝杠螺母副，考虑丝杠有自重挠度，中间支承孔位置校正时应略低于两端。

(4)检验棒应满足如下要求：测量部分与安装部分的同轴度公差为丝杠螺母副同轴度公差的$\frac{1}{2}\sim\frac{2}{3}$。测量部分直径公差小于 0.005 mm，圆度、圆柱度公差为 0.002～0.005 mm，表面粗糙度值小于 $Ra0.4$，安装部分直径与各支承孔配合间隙为 0.005～0.010 mm。

4)调整丝杠的回转精度

丝杠的回转精度是指丝杠的径向圆跳动和轴向窜动量。使用的轴承不同，调整方法也不同，主要通过正确安装丝杠两端的轴承支座消除轴承间隙，采用定向装配法减少积累误差来保证。如使用滚动轴承时，应先测出影响丝杠径向跳动的各零件最大径向跳动量的方向，然后按最小积累误差进行定向装配，同时预紧轴承消除轴承间隙，使丝杠径向跳动和轴向窜动为最小，达到要求的回转精度。

任务2　测量器具的使用

任务描述

【任务目标】

①量块、游标卡尺、游标齿厚尺、游标深度尺、游标高度尺、公法线千分尺、外径千分尺、内径千分尺、深度千分尺、百分表、内径百分表、游标万能角度尺、塞尺、半径样板的用途及使用方法。

②游标卡尺读数练习。

③测绘中的尺寸圆整练习。

【知识目标】

①测量方法的分类，测量误差与数据处理。

②测绘中的尺寸圆整。

③选用测量器具的一般原则。

④通用量具及其使用方法。

【能力目标】

①掌握计量器具测量误差的处理方法和尺寸圆整。

②掌握各种常用测量工具的类型、特点、用途及使用方法。

【素质目标】

培养学生一丝不苟、耐心细致的工作作风，养成诚实守信、严谨踏实、沟通协作的职业素质，树立质量、效率、成本、安全等意识。

基础知识

2.1　技术测量基础

2.1.1　计量器具与测量方法的分类

1. 计量器具的分类

计量器具是测量仪器和测量工具的总称。通常把没有传动放大系统的计量器具称为量具，如游标卡尺、90°角尺和量规等；把具有传动放大系统的计量器具称为量仪，如机械式比较仪、测长仪和投影仪。

计量器具按结构特点可以分为以下4类。

1)量具

以固定形式复现量值的计量器具称为量具。一般结构比较简单,没有传动放大系统。量具中有的可以单独使用,有的也可以与其他计量器具配合使用。量具又可分为单值量具和多值量具两种。单值量具又称为标准量具,如量块、直角尺等。多值量具又称为通用量具,通用量具按其结构特点分为:固定刻线量具,如钢尺、圈尺等;游标量具,如游标卡尺、万能角度尺等;螺旋测微量具,如内、外径千分尺和螺纹千分尺等。

2)量规

量规是指没有刻度的专用计量器具,用于检验零件要素的实际尺寸、形状、位置所形成的综合结果是否在规定的范围内,从而判断零件被测的几何量是否合格。量规检验不能获得被测几何量的具体数值,如用光滑极限量规检验光滑圆柱形工件的合格性,得不到孔、轴的实际尺寸。

3)量仪

量仪是能将被测几何量的量值转换成可直接观察的指示值或等效信息的计量器具。量仪一般具有传动放大系统。按原始信号转换原理的不同,量仪主要有以下三种。

(1)机械式量仪。机械式量仪是指用机械方法实现原始信号转换的量仪,如指示表、杠杆比较仪和扭簧比较仪等。这种量仪结构简单、性能稳定、使用方便、应用广泛。

(2)光学式量仪。光学式量仪是指用光学方法实现原始信号转换的量仪,其具有光学放大系统,如万能测长仪、工具显微镜、干涉仪等。这种量仪精度高,性能稳定。

(3)电动式量仪。电动式量仪是指将原始信号转换成电量形式信息的量仪。这种量仪有放大电路和运算电路,可将测量结果用指示表或记录器显示出来,如电感式测微仪、电容式测微仪、电动轮廓仪、圆度仪等。这种量仪精度高,易于实现数据自动化处理和显示,还可实现计算机辅助测量和检测自动化。

4)计量装置

计量装置是指为确定被测几何量值所必需的计量器具和辅助设备的总体。它能够测量较多的几何量和较复杂的零件,有助于实现检测自动化或半自动化。计量装置一般用于大批量生产中,以提高检测效率和检测精度,如齿轮综合精度检查仪等。

2. 计量器具的基本技术性能指标

计量器具的基本技术性能指标是合理选择和使用计量器具的重要依据。下面以机械式比较仪(见图2-1)为例介绍一些常用的计量技术性能指标。

1)分度间距(刻度间距)

分度间距为计量器具的刻度标尺或刻度盘上两相邻刻线间的距离。为便于读数,一般做成间距为1～2.5 mm的等距离刻线。刻度间距太小,会影响估值精度;刻度间距太大,会加大读数装置的轮廓尺寸。

2)分度值(刻度值)

分度值为计量器具的刻度尺或刻度盘上两相邻刻线所代表的量值之差。例如,一外径千分尺的微分筒上相邻两刻线所代表的量值之差为0.01 mm,则该测量器具的分度值为0.01 mm。分度值是一种测量器具所能直接读出的最小单位量值,它反映了读数的精度,也从侧面说明了该测量器具的测量精度。一般来说,分度值越小,计量器的精度越高。

3)分辨力

分辨力是指计量器具所能显示的最末一位数所代表的量值。由于在一些量仪中(如数字式量仪),其读数采用非标尺或非分度盘显示,因此就不能使用分度值这一概念,而将其称为分辨力。

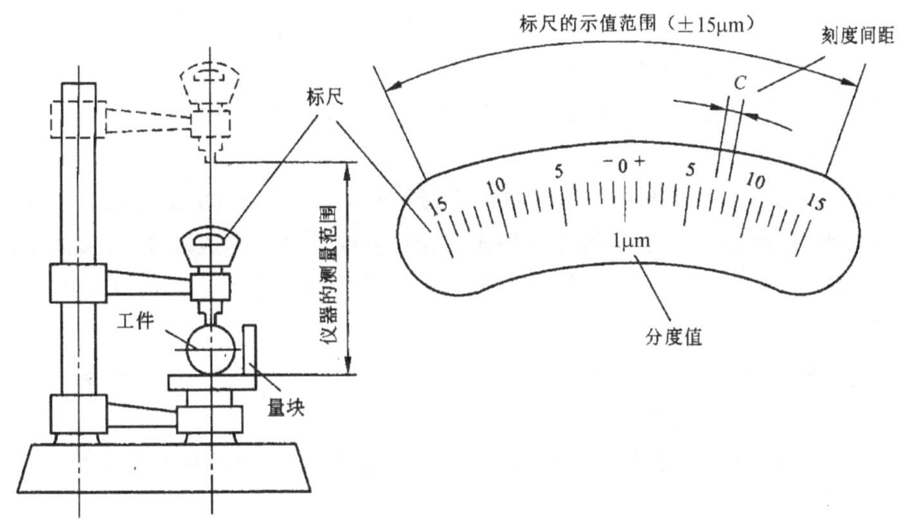

图 2-1　机械式比较仪刻线间距、分度值、示值范围、测量范围的比较

4)示值范围

示值范围是指计量器具标尺或刻度盘所指示的起始值到终止值的范围。如图 2-1 所示,比较仪的示值范围是±15 μm。

5)测量范围

测量范围是指计量器具能够测出的被测尺寸的最小值到最大值的范围,如千分尺的测量范围有 0～25 mm、25～50 mm、50～75 mm、75～100 mm 等多种。

6)重复精度

在工作条件一定的情况下,对同一参数进行多次测量(一般为 5～10 次)所得示值的最大变化范围称为测量的重复精度。

7)灵敏度

灵敏度是指计量器具对被测量变化的反应能力,即若被测几何量的变化为 Δx,该几何量引起计量器具的响应变化为 ΔL,则其灵敏度为

$$S=\frac{\Delta L}{\Delta x}$$

8)回程误差

在相同条件下,被测量值不变,当测量器具行程方向不同时,两示值之差的绝对值称为回程误差。回程误差是由测量器具中测量系统的间隙、变形和摩擦等原因引起的。

9)测量力

测量力是指计量器具的测量元件与被测工件表面接触时产生的机械压力。测量力过大会

引起被测工件表面和计量器具的有关部分变形，在一定程度上降低了测量精度；但测量力过小，也可能降低接触的可靠性而引起测量误差。因此必须合理控制测量力的大小。

3. 测量方法的分类

(1)根据所测的几何量是否为要求被测的几何量，测量方法可分为以下两种。

①直接测量。直接测量是直接用量具和量仪测出被测零件几何量值的方法。例如，用游标卡尺或者是比较仪直接测量轴的直径。

②间接测量。间接测量是指先测出与被测量有一定函数关系的相关量，然后按相应的函数关系式，求得被测量的测量结果。

直接测量过程简单，其测量精度只与这一测量过程有关；而间接测量的精度不仅取决于实测几何量的测量精度，还与所依据的计算公式和计算精度有关。一般来说，直接测量的精度比间接测量的精度高，因此，应尽量采用直接测量，对于受条件所限无法进行直接测量的零件才采用间接测量。

(2)根据被测量值是直接由计量器具的读数装置获得，还是通过对某个标准值的偏差值计算得到，测量方法可分为以下两种。

①绝对测量。绝对测量是指从测量器具上直接得到被测参数的整个量值的测量。例如，用游标卡尺测量零件轴径值。

②相对测量。相对测量是指将被测量与同它只有微小差别的已知同种量(一般为标准量)相比较，通过测量这两个量值间的差值以确定被测量值。例如，用图 2 - 1 所示的机械式比较仪测量轴，测量时先用量块调整零位，再将轴颈放在工作台上测量。此时指示出的示值为被测轴颈相对于量块尺寸的微差，即轴颈的尺寸等于量块的尺寸与微差的代数和(微差可以为正或为负)。

(3)按测量时计量器具的测头与被测表面之间是否接触可分为以下两种。

①接触测量。接触测量是指在测量过程中，测量器具的测头与零件被测表面接触后有机械作用力的测量。如用外径千分尺、游标卡尺测量零件等。为了保证接触的可靠性，测量力是必要的，但它可能使测量器具及被测件发生变形而产生测量误差，还可能对零件被测表面造成损坏。

②非接触测量。非接触测量是指在测量过程中，测量器具的感应元件与被测零件表面不直接接触。非接触测量的仪器主要是利用光、气、电、磁等与被测件表面联系，如干涉显微镜、磁力测厚仪、气动量仪等。因为非接触测量没有测量器具与被测件接触产生变形而带来的测量误差，所以一些易变形或薄壁工件多用非接触测量。

(4)按同时被测参数的多少，测量方法可分为以下两种。

①单项测量。单项测量是指单独地、彼此没有联系地测量零件的单项参数。如分别测量齿轮的齿厚、齿形、齿距等。这种方法一般用于量规的检定、工序间的测量等。

②综合测量。综合测量是为了测量零件几个相关参数的综合效应或综合参数。例如，齿轮运动误差的综合测量，用螺纹量规检验螺纹的作用中径等。综合测量一般用于终结检验，其测量效率高，能有效保证互换性，在大批量生产中应用广泛。

(5)根据测量时工件是否运动，测量方法可分为以下两种。

①静态测量。静态测量是在测量过程中,工件的被测表面与计量器具的测量元件处于相对静止状态,被测量的量值是固定的。例如,用游标卡尺测量轴颈。

②动态测量。动态测量是在测量过程中,工件的被测表面与计量器具的测量元件处于相对运动状态,被测量的量值是变动的。例如,用圆度仪测量圆度误差,偏摆仪测量跳动误差等。

动态测量可测出工件某些参数连续变化的情况,经常用于测量工件的运动精度参数。

(6)根据被测量是否在加工过程中进行,测量方法可分为以下两种。

①在线测量。在线测量是指在加工过程中对工件进行测量,能及时减少废品的产生。

②离线测量。离线测量是指在加工后对工件进行测量,测量结果用于发现并剔除废品。

2.1.2　测量误差及其处理

1. 测量误差的来源

由于测量误差的存在,测得值只能近似地反映被测几何量的真值。为减小测量误差,就需要分析产生测量误差的原因,以便提高测量精度。在实际测量中,产生测量误差的因素很多,归纳起来主要有以下几个方面。

1)计量器具误差

计量器具误差是指计量器具本身在设计、制造和使用过程中造成的各项误差。这些误差的综合反映可用计量器具的示值精度或不确定度来表示。

2)标准件误差

标准件误差是指标准件本身的制造误差和检定误差。例如,用量块作为标准件调整计量器具的零位时,量块的误差会直接影响测得值。因此,为了保证一定的测量精度,必须选择相应精度的量块。

3)测量方法误差

测量方法误差是指由于测量方法不完善所引起的误差。例如接触测量中测量力引起的计量器具和零件表面变形误差,间接测量中计算公式的不精确,测量过程中工件安装定位不合格等。

4)测量环境误差

测量环境误差指测量时的环境条件不符合标准条件所引起的误差。测量的环境条件包括温度、湿度、气压、振动等。其中,温度对测量结果的影响最大。

5)人员误差

人员误差是指由于测量人员的主观因素所引起的误差。例如,测量人员技术不熟练、视觉偏差、估值判断错误等引起的误差。

总之,产生误差的因素很多,有些误差是不可避免的,但有些是可以避免的。因此,测量者应对一些可能产生测量误差的原因进行分析,掌握其影响规律,设法消除或减小其对测量结果的影响,以保证测量精度。

2. 测量误差的分类

根据测量误差的性质、出现的规律和特点,测量误差可分为三类。

1)系统误差

系统误差是指在一定条件下,对一个被测量值进行多次重复测量时,误差的大小和方向均保持不变或按某种确定规律变化的测量误差。

2)随机误差

随机误差是指在同一条件下,多次测量一个量值时,大小和方向以不可预定的方式变化着的误差。将系统误差消除后,在同样条件下,重复地对一个量值进行多次测量,所得结果也不尽相同,即说明随机误差的存在。这种误差的产生原因很多,而且又未加控制,因此表现为随机误差。如测量过程中,由于温度波动、测量力不恒定等一系列因素引起的误差。

3)粗大误差

粗大误差是指超出规定条件下预期的误差。这种误差是由于测量者主观上疏忽大意造成的读错、记错或客观条件发生突变(外界干扰、振动)等因素所致。粗大误差使测量结果产生严重的误差。测量时应根据判断粗大误差的准则予以确定,然后予以剔除。

3. 各类测量误差的处理

1)测量数据中随机误差的处理

随机误差不可能被修正或消除,但可以用概率论与数理统计的方法,估计出随机误差的大小和规律,并设法减小其影响。

通过对大量的测试实验数据进行统计后发现,随机误差通常服从正态分布规律,其正态分布曲线如图 2-2 所示。

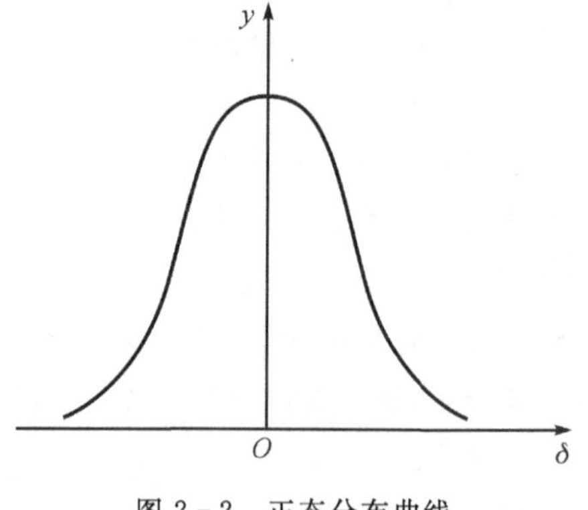

图 2-2　正态分布曲线

正态分布曲线的数学表达式为

$$y=\frac{1}{\sigma\sqrt{2\pi}}e^{-\frac{\delta^2}{\sigma^2}}$$

式中,y 为概率密度;σ 为标准偏差;δ 为随机误差;e 为自然对数的底。

概率密度 y 的大小与随机误差 δ 和标准偏差 σ 有关。当 $\delta=0$ 时,概率密度最大,即 $y_{max}=1/\sigma\sqrt{2\pi}$。显然概率密度最大值是随标准偏差变化的。标准偏差越小,分布曲线就越陡,随机误差的分布就越集中,表示测量精度就越高;反之,标准偏差越大,分布曲线就越平坦,随机误差的分布就越分散,表示测量精度就越低。随机误差的标准偏差可用下式计算得到:

$$\sigma=\sqrt{\frac{\sum\delta^2}{n}}$$

式中,n 为测量次数。

2)测量中系统误差的处理

在测量过程中产生系统误差的因素是复杂多样的,查明所有的系统误差很困难,同时也不可能完全消除系统误差的影响。

对于系统误差,可从下面几个方面去消除。

(1)从产生误差根源上消除系统误差。这要求测量人员对测量过程中可能产生系统误差的各个环节进行分析,并在测量前就将系统误差从产生根源上消除。例如,为了防止测量过程中仪器示值零位的变动，测量开始和结束时都需检查示值零位。

(2)用修正法消除系统误差。这种方法是预先将计量器具的系统误差检定或计算出来，做出误差表或误差曲线，然后取与误差数值相同而符号相反的值作为修正值，将测得值加上相应的修正值，即可使测量结果不包含系统误差。

(3)用抵消法消除定值系统误差。这种方法要求在对称位置上分别测量一次，以使这两次测量中测得的数据出现的系统误差大小相等，方向相反，取这两次测量中数据的平均值作为测得值，即可消除定值系统误差。例如，在工具显微镜上测量螺纹螺距时，为了消除螺纹轴线与量仪工作台移动方向倾斜而引起的系统误差，可分别测取螺纹左、右牙面的螺距，然后取它们的平均值作为螺距测得值。

3)测量中粗大误差的处理

粗大误差在测量中应尽可能避免。如果粗大误差已经产生，则应根据判断粗大误差的准则予以剔除。

实践和理论证明，测量值的误差在$\pm\sigma$范围内的概率为 68.26%；测量值的误差在$\pm 3\sigma$范围内的概率为 99.73%，当被测量数列服从正态分布时，被测量超出$\pm 3\sigma$范围的概率仅为 0.3%，实际上几乎不会发生。所以，通常以$\pm 3\sigma$作为误差极限，称为测量值的极限误差。因此，当出现绝对值比 3σ 大的误差时，则认为该误差对应的测得值含有粗大误差，应予以剔除。这一判断准则称为 3σ 准则。注意，3σ 准则不适用于测量次数小于或等于 10 的情况。

4. 基本测量原则

在实际测量中，对于同一被测量往往可以采用多种测量方法。为减小测量不确定度，应尽可能遵守以下基本测量原则。

1)阿贝原则

“将被测物与标准尺沿测量轴线成直线排列。”这就是著名的阿贝(测长)原则，即被测尺寸和作为基准长度的标准尺应在同一条直线方向上并排放置。若被测长度和作为基准长度的标准尺未并排放置，在测量比较过程中由于制造误差的存在，直线方向的偏转，被测尺寸和标准尺之间出现夹角而产生较大的误差。误差的大小除与被测尺寸和标准尺之间出现的夹角大小有关外，还与其之间距离有关，距离越大，误差也越大。遵守阿贝原则可显著减小测量误差。

2)基准统一原则

测量基准要与加工基准和使用基准统一，即工序测量应以工艺基准作为测量基准，终检测量应以设计基准作为测量基准。

3)最短链原则

在间接测量中，与被测量有函数关系的其他量和被测量形成测量链。形成测量链的环节越多，被测量的不确定度越大，因此，应尽可能减少测量链的环节数，以保证测量精度，这称之为最短链原则。

所以，只有在不能采用直接测量或直接测量的精度不能保证时，才采用间接测量。

4)最小变形原则

测量器具与被测零件都会因实际温度偏离标准温度和受力(重力和测量力)产生变形，形成测量误差。

在测量过程中，控制测量温度及其变动，保证测量器具与被测零件有足够的等温时间，选用与被测零件线胀系数相近的测量器具，选用适当的测量力并保持其稳定及选择适当的支撑点都是实现最小变形原则的有效措施。

2.1.3 测绘中的尺寸圆整

1. 尺寸圆整的基本概念

由于零件存在着制造误差和测量误差，所以在测绘过程中，按实样测出的尺寸往往不是整数。根据实测尺寸数据，分析、推断并确定原设计尺寸的公称尺寸和公差的过程称为尺寸圆整。圆整包括确定基本尺寸的圆整和尺寸公差的圆整两个方面。

1)尺寸圆整的意义

(1)测量所得的尺寸并非原设计尺寸，而且带着多位小数进行尺寸换算，给计算工作带来较大的困难，因此必须在换算时先进行尺寸圆整。

(2)尺寸圆整不仅可简化计算，清晰图面，更主要的是可以采用标准化刀具、量具和标准化配件，提高测绘效率、缩短设计和加工周期、提高劳动生产率，从而达到良好的经济效益。

(3)尺寸上带有多位小数在当前的加工和测试水平上都不可能做到，而且在实际上也没有必要。圆整后的尺寸则有利于加工、测量和组织生产。

将所测尺寸尽量按国家标准系列进行圆整，合理确定其公称尺寸，这是测绘中一项非常细致且重要的工作。

在机器测绘中常用两种圆整方法，即设计圆整法和测绘圆整法。本节主要介绍设计圆整法，该方法也是最常用的一种圆整方法。

2)尺寸圆整的原则和方法

由于测绘的样机可能为公制或英制产品，在圆整尺寸时则有所不同，下面将主要介绍公制样件中的尺寸圆整(以毫米为单位的尺寸)。

(1)首先应注意影响性能的重要配合尺寸的圆整。圆整尺寸时要判别配合基制，确定基准件。如果为基孔制，则孔的下限偏差为零，这时则很容易定出两配合件的公称尺寸。

(2)在测量时，不仅要测出实际尺寸，在很多情况下还要测出间隙值。因为间隙的大小往往是反映配合类别、精度等级的综合指标，也是反映配合性能的标志。根据间隙值可以参考相关或类似产品的资料及标准手册，选定公称尺寸及精度等级。

(3)当被测件数量较多时，应对多个同样零件反复进行测量，然后在多件实测尺寸的分布区间，找出公称尺寸的原设计值，这样比较准确。

(4)公制产品设计时，多数公称尺寸均取整数，少数尺寸的尾数为一位小数(两位以上小数者很少)。且尾数也有一定的规律，如 1、2、4、5、8 等，基本符合标准系列。所以当被测件只有一件时，可根据以上设计特点选择尺寸参数。

(5) 确定公称尺寸必须考虑通用标准量刃具使用的可能性，这对于降低成本和顺利组织生产十分重要。

(6)在确保质量的前提下，圆整的公称尺寸应尽量按国家标准尺寸系列选取。主要包括《标准尺寸》(GB/T 2822—2005)和《标准锥度》(GB/T 157—2001)。

(7)对于零件中有特殊要求的尺寸，圆整时允许保留非标准尺寸系列，如准备与原机组装部分的尺寸，叶片形面的坐标尺寸，根据结构、强度和性能的特殊要求必须保持的原尺寸等。

2. 设计圆整法

设计圆整法是最常用的一种圆整法，其方法步骤基本上是按设计的程序，即以实测值为依据，参照类似产品的配合性质及配合类别，确定基本尺寸和尺寸公差。

圆整前首先应进行数值优化。数值优化是指各种技术参数数值的简化和统一，即设计制造中所使用的数值为国家标准推荐使用的优先数。数值优化是标准化的基础。

1)优先数系和优先数

在工业产品的设计和制造中，常常要用到很多数。当选定一个数值作为某产品的参数指标时，这个数值就会按一定的规律向一切有关制品和材料中的相应指标传播。例如，若螺纹孔的尺寸一定，则其相应的丝锥尺寸，检验该螺纹孔的塞规尺寸，攻丝前的钻孔尺寸和钻头直径也随之而定，这种情况称为数值的传播。

(1)优先数系。GB/T 321—2005《优先数系和优先数》规定的优先数系分别用符号 R5、R10、R20 和 R40 表示，称为 R5 系列、R10 系列、R20 系列和 R40 系列。

优先数系成等比数列。采用等比数列作为优先数系可使相邻两个优先数的相对差相同，且运算方便，简单易记。

(2)优先数。优先数系的各系列中任意一个项值称为优先数。优先数也叫常用值，是取三位有效数字进行圆整后规定的数值。

设计任何产品，其主要尺寸及参数应有意识地采用优先数，使其在设计时就纳入标准化轨道。

2)常规设计的尺寸圆整

常规设计是指标准化的设计。常规设计具有方便设计、制造，经济性良好等优点。在对常规设计的尺寸圆整时，一般都应使其符合国家标准 GB/T 2822—2005 推荐的尺寸系列。尺寸系列的选取原则是：优先数系 R 系列按 R10 系列、R20 系列、R40 系列的顺序选用。如必须将数值圆整，可在 Ra 系列中按 $Ra10$、$Ra20$、$Ra40$ 顺序选用。

圆整时一般都应将全部实测尺寸圆整成整数。对于配合尺寸也应按照国家标准圆整成整数。

例 2-1　实测一对配合孔和轴，孔的尺寸为 $\phi 25.012$ mm，轴的尺寸为 $\phi 24.978$ mm，试圆整尺寸并确定尺寸公差。

解　(1)确定基本尺寸。根据孔、轴的实测尺寸，只有 R10 系列的基本尺寸 $\phi 25.0$ mm 靠近实测值，故将该配合的基本尺寸选为 $\phi 25$ mm。

(2)确定基准制。通过对此配合结构的分析可知，该配合为基孔制间隙配合。

(3)确定极限。从相关技术资料获知，此配合属单件小批生产，根据工艺要求，单件小批生产时，零件尺寸靠近最大实体尺寸，即孔的尺寸靠近最小极限尺寸，轴的尺寸靠近最大极限尺寸。已知轴的尺寸为：$\phi 24.978$ mm$=\phi(25-0.022)$ mm，靠近轴的基本偏差。查轴的基本偏差表，在 $\phi 25$ mm 所在的尺寸段内，与 $\phi(25-0.022)$最靠近的基本偏差只有-0.020 mm，即轴的基本偏差代号为 f。

(4)确定公差等级。通过查标准公差数值表，得 $\phi 25$ mm 轴的公差等级为 IT7 级。根据工艺等价的性质，推出孔的公差等级比轴低一级，为 IT8 级。

根据上述分析与计算，该孔轴配合的尺寸公差为 $\phi 25$H8/f7 或 $\phi 25^{+0.033}_{0}/\phi 25^{-0.020}_{-0.041}$。

3)非常规设计的尺寸圆整

(1)非常规设计尺寸圆整的原则。基本尺寸和尺寸公差数值不一定都是标准化数值,可以根据需要,在进行尺寸圆整时,对一些性能尺寸、配合尺寸、定位尺寸等允许保留到小数点后一位,个别重要的和关键性的尺寸,允许保留到小数点后两位,其他尺寸则圆整为整数。

将实测尺寸圆整为整数或带一、两位小数时,尾数删除应采用四舍六入五单双法,即尾数删除时,逢四以下舍,逢六以上进,遇五则以保证偶数的原则决定进舍。圆整时,对不必要位数的删除,应以整个一组数据来进行,绝不可将小数逐位推进而删除。

例如:14.6 应圆整成 15(逢六以上进);25.3 应圆整成 25(逢四以下舍);67.5 和 68.5 都应圆整成 68(遇五则保证圆整后的尺寸为偶数)。

删除尾数时,是按一组数来进行删除的,而不得逐位地进行删除。如实测尺寸 35.456,当保留一位小数时,应圆整为 35.4,而不应逐位圆整为 35.456 → 35.46 → 35.5。

所有尺寸圆整时,都应尽可能使其符合国家标准推荐的尺寸系列值,尺寸尾数多为 0、2、5、8 及某些偶数值。

(2)轴向功能尺寸的圆整。轴向尺寸中的功能尺寸(例如参与轴向装配尺寸链的尺寸)圆整时,依据大批量生产中其随机误差分布符合正态曲线的特征,可假定零件的实际尺寸位于零件公差带的中部,即当尺寸仅有一个实测值时,就可将该实测值当成公差中值。同时尽量将基本尺寸按国家标准所给尺寸系列圆整成整数,并保证所给公差在 IT9 级以内。公差值采用单向或双向公差。当该尺寸在尺寸链中属孔类尺寸时取单向正公差(如 $\phi 30^{+0.052}_{0}$ mm);当该尺寸属轴类尺寸时,取单向负公差(如 $\phi 30^{0}_{-0.052}$ mm);当该尺寸属长度尺寸时采用双向公差(如 30±0.026 mm)。

例 2-2 某传动轴的轴向尺寸参与装配尺寸链计算,实测值为 84.99 mm,试将其圆整。

解 (1)确定基本尺寸。查标准尺寸系列表,确定基本尺寸为 85 mm。

(2)确定公差数值。查标准公差数值表,在基本尺寸大于 80～120 mm 时,公差等级为 IT9 的公差值为 0.087 mm。

(3)取公差值为 0.080 mm。

(4)将实测值 84.99 mm 当成公差中值,得圆整方案为 85±0.04 mm。

(5)校核。公差值为 0.08 mm,在 IT9 公差值以内且接近该公差值,并采用双向公差。实测值 84.99 mm 接近 85±0.04 mm 的公差中值,故该圆整方案合理。

例 2-3 某轴向尺寸参与装配尺寸链计算,实测值为 223.95 mm,试将其进行圆整。

解 (1)确定基本尺寸。确定基本尺寸为 224 mm。

(2)确定公差数值。查标准公差数值表,基本尺寸在 180～250 mm 的范围内,公差等级为 IT9 的公差值为 0.115 mm。

(3)取公差值为 0.10 mm。

(4)将实测值当成公差中值,得圆整方案为 2240－0.10 mm。

(5)校核。公差值为 0.10 mm,在 IT9 级公差值以内且接近公差值。实测值 223.95 mm 是 2240－0.10 mm 的公差中值,故该圆整方案合理。

(3)非功能尺寸的圆整。

①非功能尺寸的特征。非功能尺寸是指一般公差的尺寸(未注公差的线性尺寸),包含功能尺寸外的所有轴向尺寸和非配合尺寸。

图纸上未注公差的尺寸，也叫"自由尺寸"，但不应把自由尺寸理解为尺寸不受任何限制，可以任意变动。原则上讲，图纸上每一个尺寸都应给出公差，若这样处理，不但会大大增加设计人员的工作量，而且注满了公差会使尺寸标注失去清晰性，所以通常的做法是只对少量重要的尺寸即主要尺寸注出公差数值。这样可使图纸清晰地表示出哪些尺寸将影响产品的功能。由于一般公差不需在图样上进行标注，则突出了图样上的注出公差的尺寸，可使制造人员和工艺人员把注意力集中在这些尺寸上，在进行加工和检验时对这些注出尺寸给予应有的重视，从而有利于提高产品的质量并降低制造成本。

采用自由尺寸的主要场合有：

(a)公差要求低的非配合尺寸，这些尺寸不参加装配尺寸链，也不直接影响产品的功能，虽然从装配方便、控制重量、节约材料及外形统一等方面会提出一些限制，但这些限制公差较大，图纸上不需注出。

(b)要求不高的尺寸。可以用工艺方法保证这些尺寸，如冲压件尺寸可由冲模来保证，铸件的尺寸可以由木模或金属模来保证，使尺寸变化范围可以满足使用要求。

②非功能尺寸的圆整。圆整这类尺寸时，主要是合理确定基本尺寸，保证尺寸的实测值在圆整后的尺寸公差范围之内，并且圆整后的基本尺寸应符合国家标准规定的优先数、优先数系和标准尺寸。除个别外，一般不保留小数，例如，8.03 圆整为 8；30.08 圆整为 30 等。

为保证使用要求，避免在生产中引起不必要的纠纷，国家标准 GB/T 1804—2000 中对未注公差的尺寸规定了一般公差。

一般公差是指在车间一般加工条件下能够保证的公差。未注公差尺寸的极限偏差数值，倒圆半径与倒角高度尺寸的极限偏差数值见国家标准相关技术手册。

标准将这类尺寸的公差分为：f(精密级)、m(中等级)、c(粗糙级)和 v(最粗级)四个等级，根据零件精度要求，可选用其中某一级。

不同行业或不同产品对自由公差精度等级的选用各不相同，通常由企业作出具体规定，在企业内部实行，图纸上一般可不作说明；有时也可以由设计或测绘部门的技术人员提出更明确的要求，指明某机件应按哪级精度控制自由公差。该类公差一般不在图样上单独标注，而是在图样上、技术文件或标准中作出总的说明。例如，常在零件图标题栏上方或技术要求中标明，未注公差尺寸按照 GB /T 1804—2000 加工。

对于未注公差尺寸的极限偏差一般规定为 IT12 级至 IT18 级，如航空和航天产品尺寸的极限偏差可选用 IT12～IT13；机床、仪表、汽车、拖拉机、冶金矿山机械、石油化工机械、电机、纺织机械、医疗机械尺寸的极限偏差多采用 IT14；冲压件、铸造件、重型机械尺寸的极限偏差等可选用 IT15；电器产品外壳、手术器械一般外形，压延弯曲，塑料及自由锻件用 IT16；塑料成型、焊接用尺寸的极限偏差选用 IT17 或 IT18。

2.1.4　测绘中的尺寸协调

尺寸协调是指相互结合、连接、配合的零件或部件间的尺寸的合理调整。一台机器或设备通常由许多零件、组件和部件组成。因此，不但要考虑部件中零件与零件之间的关系，而且还要考虑部件与部件之间，部件与组件或零件之间的关系。所以在标注尺寸时，必须把装配在一起的或在装配尺寸链中有关零件的尺寸一起测量，将测量结果加以分析比较，最后一并确定基本尺寸和尺寸偏差。如图 2-3 所示的法兰盘，其上孔的位置尺寸是在协调后采用相同的标注方法;图 2-4 中的尺寸 A、B 可能会影响装配精度和部件的工作性能,所以两尺寸在协调后取值不同。

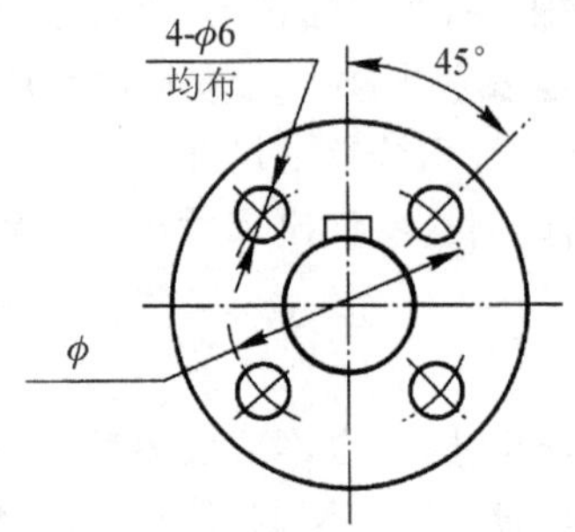

图 2-3　法兰盘尺寸协调

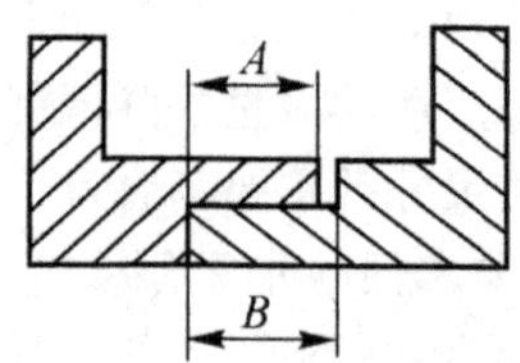

图 2-4　连接件尺寸协调

机器内部各配合部位的尺寸(如孔、轴、槽等),应尽量做到同时测量、同时圆整、统一考虑,以保证尺寸的协调一致。很多结合面的外形由于毛坯的制造不十分规整,测绘时应在分析的基础上确定两零件结合面的外形尺寸,以保证结合处外形的统一。

因此在尺寸圆整时不仅应注意到相关尺寸的数值,而且在尺寸的标注形式上也必须进行协调。

通过以上介绍,我们学习和掌握了尺寸圆整、尺寸换算、尺寸协调的方法,并对确定零件基本尺寸的公差和偏差的原则也有所了解。但是,对于有些特殊零件,仅仅依靠测量的数据,根据前面所讲的原则显然是不够的。它要求我们不仅要有丰富的生产实践知识,而且要深入现场调查,结合具体情况确定。

某些可调节的零件如仪表游丝等,应考虑其装配调整中的加工。因仪表中游丝在焊接时,为了对准游丝与导电片的焊接位置,需剪掉游丝的二分之一圈(或四分之三圈)。所以,单凭测量从仪表上拆下的游丝的力矩、圈数,不会得到符合原零件的尺寸数据。这就需要根据实测数据,通过理论计算,吸取调整经验,设计出装配调整前的尺寸。

例 2-4　测绘一塑压零件,其尺寸范围为 22.4～22.5 mm,由于塑压件尺寸常受塑料的收缩率和流动性的影响,在实际生产中零件尺寸总是偏向负数。如标注为 $L\pm 0.05$,在制造时,零件实际偏差大部分为 $L^{+0.05}_{-0.15}$。为了抵消其负数偏移之特点,标注为 22.5 ± 0.05 mm。而零件实际偏差为 $22.5^{+0.05}_{-0.15}$ mm。在大批量生产时,大部分零件集中于中间,即 22.45 mm 左右,符合 22.4～22.5 mm。

所以说,测绘中确定基本尺寸,是一项非常重要的工作,必须从多方面考虑,进行深入细致的调查研究和分析。

尺寸协调中还应注意:

凡是测绘中重要的长度方向的装配线,一般应进行尺寸链验算,在验算过程中对各零件上参与尺寸链的重要尺寸进行协调,这样可以保证装配精度和部件的工作性能。

标准刀具、量具的使用,对顺利组织生产十分重要,例如加工弧形槽应注意在不影响功能的情况下,尽量与铣刀直径尺寸一致;较精密的销孔,应考虑与圆柱铰刀或圆锥铰刀的尺寸及精度一致。

2.2　测量器具的选用和使用

2.2.1　测量器具的选用

要测量零件上的某一几何参数，可以选择不同的器具测量。正确选择测量器具，既要考虑器具的精度，又要保证被检测工件的质量，同时也要考虑检测的经济性，所以合理选用测量器具是保证产品质量、降低生产成本和提高生产效率的重要环节。

1. 合理选用测量器具的一般原则

(1)测量器具的类型应与生产类型相适应。单件、小批量生产应选用通用测量器具；大批量生产应选用专用测量器具和测量装置等。

(2)测量器具的使用性能应与被测件的结构、材质、表面特性相适应。一般钢件表面较硬，多用接触式测量器具；刚性低，硬度低的软金属或薄型、微型零件，可用非接触式测量器具。

(3)测量器具的度量指标应能满足测量要求。测量器具的测量范围应与被测的尺寸相适应、测量误差应与被测尺寸的公差相适应，过大过小都不可取。

2. 根据安全裕度选用测量器具

1)误收和误废

对于任何测量过程来说，无论采用通用测量器具，还是采用极限量规对工件进行检测都存在测量误差。由于测量误差对测量结果有影响，当真实尺寸位于极限尺寸附近时，可能会把实际尺寸超过极限尺寸范围的工件误认为合格，出现误收，而把实际尺寸在极限尺寸范围内的工件误认为不合格，出现误废，如图 2-5 所示。可见，测量器具的精度越低，容易引起的测量误差就越大，误收和误废的概率就越大。

2)内缩验收极限和安全裕度

测量器具的精度应该与被测零件的公差等级相适应。被测零件的公差等级越高，公差值越小，则选用的测量器具精度要求高；反之，公差等级越低，公差值越大，则选用的测量器具精度要求低。由于测量器具和测量条件的限制，不管采用什么样的仪器或量具，都会出现或大或小的测量误差。为了保证被测零件的正确率，建立了在规定尺寸极限基础上内缩的验收规则。验收标准规定：验收极限从规定的极限尺寸向零件公差带内移动一个测量不确定度的允许值 A(安全裕度)，如图 2-6 所示。

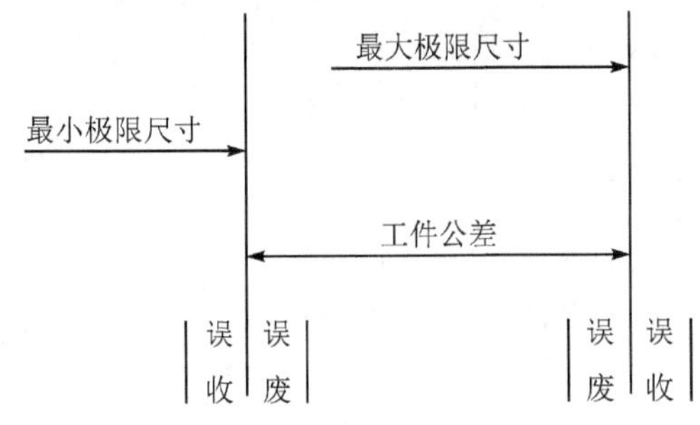

图 2-5　测量误差的影响

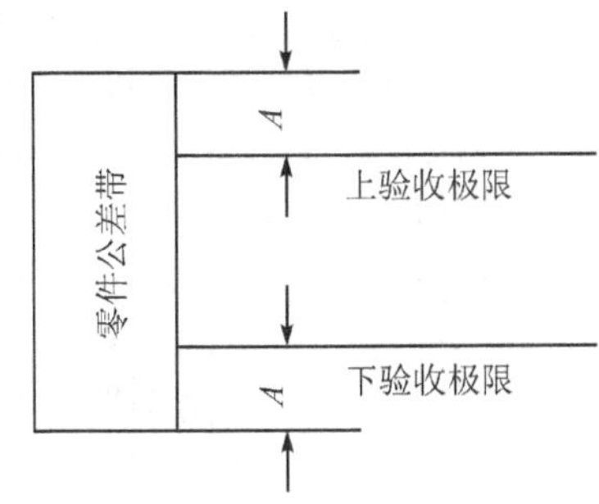

图 2-6　测量误差的影响

上验收极限＝最大极限尺寸－安全裕度

下验收极限＝最小极限尺寸＋安全裕度

安全裕度(A)的确定，必须从技术和经济两个方面综合考虑。A 值较大时，可选用较低精度的测量器具进行检验，但减少了生产公差，因而加工经济性差；A 值较小时，要用较精密的测量器具，加工经济性好，但测量仪器费用高。因此，A 值应按被检工件的公差大小确定，一般为工件公差的 1/10。国家标准规定的 A 值列于表 2－1 中。安全裕度相当于测量中的总的不确定度。不确定度用来表示测量过程中各项误差综合影响测量结果分散程度的误差界限。

测量器具的测量不确定度允许值(u_1)是产生“误收”与“误废”的主要因素。在尺寸验收极限一定的情况下，u_1 越大，则产生“误收”与“误废”的概率也越大；反之，u_1 越小，则产生“误收”与“误废”的概率也越小。因此使用一般通用的测量器具测量工件时，依据器具的不确定度允许值 u_1，正确选择测量器具很重要。

使用通用测量器具测量工件时，应参照国家标准 GB/T 3177—2009 进行。该标准适用于车间用的测量器具(游标卡尺、千分尺和分度值不小于 0.5 μm 的指示表和比较仪等)，主要用以检测公差等级为 IT6～IT18 的工件尺寸。标准规定了测量器具的选择原则，按照测量器具所引起的测量不确定度允许值 u_1 来选择测量器具，以保证测量结果的可靠性。常用的千分尺、游标卡尺、比较仪和指示表的不确定度 u_1 值见表 2－2、表 2－3。在选择测量器具时，应使所选用的测量器具的不确定度 u_1' 小于或等于测量器具不确定度允许值 u_1。

测量不确定度的允许值(u_1)分为Ⅰ、Ⅱ、Ⅲ三档(工件公差为 IT12～IT18 分为Ⅰ、Ⅱ两档)，分别约为工件公差的 1/10、1/6、1/4，可直接从表格中查取。一般情况下，优先选用Ⅰ档。

表 2－1　安全裕度(A)与计量器具的测量不确定度允许值(u_1)(摘自 GB/T 3177—2009)

公差等级		IT6					IT7					IT8					IT9				
公称尺寸/mm		T/μm	A/μm	u_1/μm			T/μm	A/μm	u_1/μm			T/μm	A/μm	u_1/μm			T/μm	A/μm	u_1/μm		
大于	至			Ⅰ	Ⅱ	Ⅲ			Ⅰ	Ⅱ	Ⅲ			Ⅰ	Ⅱ	Ⅲ			Ⅰ	Ⅱ	Ⅲ
—	3	6	0.6	0.54	0.9	1.4	10	1.0	0.9	1.5	2.3	14	1.4	1.3	2.1	3.2	25	2.5	2.3	3.8	5.6
3	6	8	0.8	0.72	1.2	1.8	12	1.2	1.1	1.8	2.7	18	1.8	1.6	2.7	4.1	30	3.0	2.7	4.5	6.8
6	10	9	0.9	0.81	1.4	2.0	15	1.5	1.4	2.3	3.4	22	2.2	2.0	3.3	5.0	36	3.6	3.3	5.4	8.1
10	18	11	1.1	1.0	1.7	2.5	18	1.8	1.7	2.7	4.1	27	2.7	2.4	4.1	6.1	43	4.3	3.9	6.5	9.7
18	30	13	1.3	1.2	2.0	2.9	21	2.1	1.9	3.2	4.7	33	3.3	3.0	5.0	7.4	52	5.2	4.7	7.8	12
30	50	16	1.6	1.4	2.4	3.6	25	2.5	2.3	3.8	5.6	39	3.9	3.5	5.9	8.8	62	6.2	5.6	9.3	14
50	80	19	1.9	1.7	2.9	4.3	30	3.0	2.7	4.5	6.8	46	4.6	4.1	6.9	10	74	7.4	6.7	11	17
80	120	22	2.2	2.0	3.3	5.0	35	3.5	3.2	5.3	7.9	54	5.4	4.9	8.1	12	87	8.7	7.8	13	20
120	180	25	2.5	2.3	3.8	5.6	40	4.0	3.6	6.0	9.0	63	6.3	5.7	9.5	14	100	10	9.0	15	23
180	250	29	2.9	2.6	4.4	6.5	46	4.6	4.1	6.9	10	72	7.2	6.5	11	16	115	12	10	17	26
250	315	32	3.2	2.9	4.8	7.2	52	5.2	4.7	7.8	12	81	8.1	7.3	12	18	130	13	12	19	29
315	400	36	3.6	3.2	5.4	8.1	57	5.7	5.1	8.4	13	89	8.9	8.0	13	20	140	14	13	21	32
400	500	40	4.0	3.6	6.0	9.0	63	6.3	5.7	9.5	14	97	9.7	8.7	15	22	155	16	14	23	35

表 2－2　千分尺和游标卡尺的测量不确定度　　单位：mm

<table>
<tr><th colspan="2" rowspan="2">尺寸范围</th><th colspan="4">计量器具类型</th></tr>
<tr><th>分度值 0.01
外径千分尺</th><th>分度值 0.01
内径千分尺</th><th>分度值 0.02
游标卡尺</th><th>分度值 0.05
游标卡尺</th></tr>
<tr><th>大于</th><th>至</th><th colspan="4">不确定度 u_1'</th></tr>
<tr><td>0</td><td>50</td><td>0.004</td><td rowspan="3">0.008</td><td rowspan="6">0.020</td><td rowspan="5">0.05</td></tr>
<tr><td>50</td><td>100</td><td>0.005</td></tr>
<tr><td>100</td><td>150</td><td>0.006</td></tr>
<tr><td>150</td><td>200</td><td>0.007</td><td rowspan="3">0.013</td></tr>
<tr><td>200</td><td>250</td><td>0.008</td></tr>
<tr><td>250</td><td>300</td><td>0.009</td><td rowspan="6">0.100</td></tr>
<tr><td>300</td><td>350</td><td>0.010</td><td rowspan="3">0.020</td><td rowspan="7">—</td></tr>
<tr><td>350</td><td>400</td><td>0.011</td></tr>
<tr><td>400</td><td>450</td><td>0.012</td></tr>
<tr><td>450</td><td>500</td><td>0.013</td><td>0.025</td></tr>
<tr><td>500</td><td>600</td><td rowspan="3">—</td><td rowspan="3">0.030</td></tr>
<tr><td>600</td><td>700</td></tr>
<tr><td>700</td><td>1000</td><td>0.150</td></tr>
</table>

注：①当采用比较测量时，千分尺的不确定度可小于本表规定的数值，一般可减小 40％ 。

②考虑到某些车间的实际情况，当从本表中选用的计量器具不确定度（u_1'）需在一定范围内大于 GB/T3177—2009规定的 u_1 值时，须按式 $A'=u_1'/0.9$ 重新计算出相应的安全裕度。

表 2－3　比较仪和指示表的不确定度　　单位：mm

<table>
<tr><th colspan="2" rowspan="2">尺寸范围</th><th colspan="4">所使用的计量器具</th></tr>
<tr><th>分度值为 0.000 5（相当于放大倍数 2 000倍）的比较仪</th><th>分度值为 0.001（相当于放大倍数 1000 倍）的比较仪</th><th>分度值为 0.002（相当于放大倍数 400 倍）的比较仪</th><th>分度值为 0.005（相当于放大倍数 250 倍）的比较仪</th></tr>
<tr><th>大于</th><th>至</th><th colspan="4">不确定度 u_1'</th></tr>
<tr><td>—</td><td>25</td><td>0.0006</td><td rowspan="2">0.0010</td><td>0.0017</td><td rowspan="6">0.0030</td></tr>
<tr><td>25</td><td>40</td><td>0.0007</td><td rowspan="3">0.0018</td></tr>
<tr><td>40</td><td>65</td><td>0.0008</td><td rowspan="2">0.0011</td></tr>
<tr><td>65</td><td>90</td><td>0.0008</td></tr>
<tr><td>90</td><td>115</td><td>0.0009</td><td>0.0012</td><td rowspan="2">0.0019</td></tr>
<tr><td>115</td><td>165</td><td>0.0010</td><td>0.0013</td></tr>
<tr><td>165</td><td>215</td><td>0.0012</td><td>0.0014</td><td>0.0020</td><td rowspan="3">0.0035</td></tr>
<tr><td>215</td><td>265</td><td>0.0014</td><td>0.0016</td><td>0.0021</td></tr>
<tr><td>265</td><td>315</td><td>0.0016</td><td>0.0017</td><td>0.0022</td></tr>
</table>

例 2－5　按“光滑工件尺寸的检验”标准，用通用测量器具检验 $\phi 35e9$ 工件，采用内缩方案，确定其验收极限，并按Ⅰ档选择计量器具。

解：查表得：$\phi 35e9(^{-0.050}_{-0.112})$，$A=0.0062$ mm，$u_1=0.0056$ mm；

验收上限＝$\phi 35-0.050-0.0062\approx\phi 34.944$ mm；

验收下限＝$\phi 35-0.112+0.0062\approx\phi 34.894$ mm。

选分度值为 0.05 mm 的外径千分尺，其不确定度为 0.004 mm<0.0056 mm，合适。

例 2-6 试确定轴类工件直径 $\phi 140H9\left(\begin{smallmatrix}-0.01\\0\end{smallmatrix}\right)$ 的验收极限，并选择相应的测量器具。

解 (1)确定安全裕度 A。由表 2-1 可知，基本尺寸大于 120～180 mm、IT9 时，$A=1/10\times T=10\ \mu m$。

(2)确定验收极限。由于工件采用包容要求，应按内缩方式确定验收极限。

上验收极限＝最大极限尺寸－A＝140.090 mm；

下验收极限＝最小极限尺寸＋A＝140.010 mm。

(3)选择测量器具。由表 2-2 可知，在工件尺寸不大于 150 mm、分度值为 0.01 mm 的内径千分尺的不确定度为 0.008 mm，小于 $u_1=0.009$ mm，可满足要求。

例 2-7 被测工件为 $\phi 58f8$ mm，试选择合适的测量器具。

解 (1)查表确定工件的极限偏差为 $\phi 48f8(^{-0.064}_{-0.025})$ mm。

(2)确定安全裕度 A 和测量器具的不确定度 u_1。查表 2-1 得：$A=0.0039$ mm，$u_1=0.0035$ mm。

(3)选择测量器具。按工件基本尺寸 50 mm，从表 2-3 查知，分度值为 0.005 mm 的比较仪不确定度为 0.0030 mm，小于 u_1 的 0.0035 mm，可满足使用要求。

3)测量基准面和定位方式的选择及温度误差的消除

(1)测量基准面的选择原则：必须遵守基准统一的原则，即测量基准面应与设计基准面、工艺基准面、装配基准面相一致。

但是在实际检测中，工件的工艺基准面和设计基准面不一定重合，在这种工艺基准面不与设计基准面一致的情况下，测量基准面的选择应遵守下列原则：

①在工序间检验时，测量基准面应与工艺基准面一致；

②在终结检验时，测量基准面应与装配基准面一致。

(2)定位方式的选择原则：根据被测件几何形状和结构形式选择定位方式。

定位方式的选择原则如下：

①对平面可用平面或三点支撑定位；

②对球面可用平面或 V 形铁定位；

③对外圆柱表面可用 V 形块或顶尖、三爪卡盘定位。

(3)温度误差的消除方法：测量时的温度、湿度、振动、灰尘、腐蚀性气体等对测量数据的准确度都会有影响，其中温度条件对测量精度影响最大(特别是在绝对测量过程中)。

减小或消除温度误差的主要方法有：

①选择与被测工件线膨胀系数一致或相近的测量器具进行测量。

②经定温后进行测量。如果被测工件与测量器具的线膨胀系数相同，则将被测工件和测量器具置于同一温度下，经过一定时间，使两者与周围的温度相一致，然后再进行测量。

③在标准温度 200 ℃下进行测量。高精度测量应在(20±0.1)～(20±0.5) ℃的室内进行；中等精度测量应在(20±2) ℃的室内进行；一般精度测量应在(20±5) ℃的室内进行。测量前，应在恒温室内定温一段时间。

综上所述，选择测量器具应与被测工件的外形、位置、尺寸及被测参数特性相适应，使所选测量器具的测量范围能满足工件的要求。选择测量器具应考虑工件的尺寸公差，使所选测量器具的不确定度值既要保证测量精度要求，又要符合经济性要求。

2.2.2　通用量具及其使用方法

1. 量块

1)长度量块

长度量块是一种测量精密工件，用于调整、校正、检验测量仪器，是技术测量上长度测量的基准，也是一种没有刻度的平行平面端面量具，故又称块规。长度量块是保证长度量值统一的重要常用实物量具，如图2-7所示。

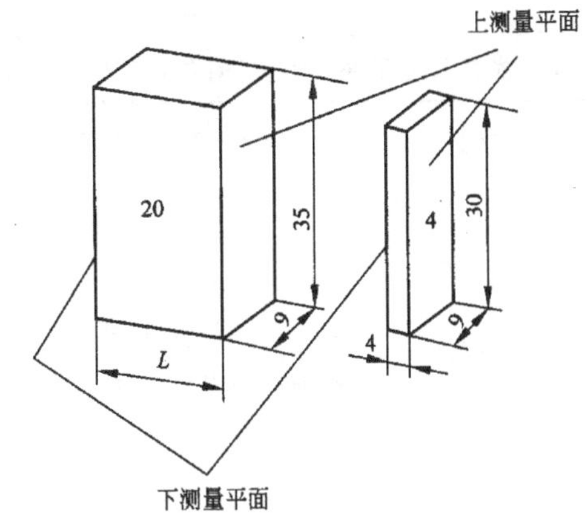

图2-7　长度量块

长度量块具有经过精密加工很平整很光滑的两个平行平面，叫作测量面。长度量块以其两测量面之间的距离作为长度的实物基准，是一种单值量具。其两测量面之间的距离为工作尺寸，又称为标称尺寸，该尺寸具有很高的精度。为了消除长度量块测量面的平面度误差和两测量面间的平行度误差对长度量块长度的影响，将长度量块的工作尺寸定义为长度量块的中心长度，即两个测量面中心点的长度。

长度量块的两个测量面非常光洁、平面度精度很高。用少许压力推合两个长度量块，使它们的测量面紧密接触，两个量块长度就能黏合在一起，长度量块的这种特性称为研合性。利用长度量块的研合性，就可用不同尺寸的长度量块组合成所需的各种尺寸。

长度量块材料通常都用铬锰钢、铬钢或轴承钢制成，其材料与热处理工艺可以满足长度量块的尺寸稳定、硬度高、耐磨性好的要求，线膨胀系数与普通钢材的线膨胀系数相同，即为(11.5±1)×10^{-6}℃，其稳定性约为年变化量不超过±0.5～1.0 μm。

(1)长度量块的精度。长度量块按制造精度分为0、1、2、3级和K级(见GB/T 6093—2001)。0级精度最高；3级精度最低；K级为校准级，用于校准0、1、2级精度的量块。长度量块按级别使用时，用其标称尺寸作为工作尺寸。

(2)长度量块的套别。长度量块是成套提供的，如图2-7所示。每套中分别有5块、6块、8块、10块、12块、38块、46块、83块和91块长度量块，加上不同的尺寸间隔，共有17种套别。常用成套长度量块(91块、83块、46块、38块等)的级别、尺寸系列、间隔和块数如表2-4所示。

表2-4 成套长度量块尺寸表(摘自GB/T 603—2002)

套别	总块数	级别	尺寸系列/mm	间隔/mm	块数
2	83	00,0,1,2,(3)	0.5	—	1
			1	—	1
			1.005	—	1
			1.01,1.02,…,1.49	0.01	49
			1.5,1.6,…,1.9	0.1	5
			2.0,2.5,…,9.5	0.5	16
			10,20,…,100	10	10
3	46	0,1,2	1	—	1
			1.001,1.002,…,1.009	0.001	9
			1.01,1.02,…,1.09	0.01	9
			1.1,1.2,…,1.9	0.1	9
			2,3,…,9	1	8
			10,20,…,100	10	10
5	10	00,0,1	0.991,0.992,…,1	0.001	10
6	10	00,0,1	1,1.001,…,1.009	0.001	10

(3)长度量块的使用。长度量块是保证尺寸准确的量具，主要用于量仪和量具的检验与校正；量仪或工具的调整、定位；机床和夹具的调整；高精度零件尺寸的比较测量；内、外径的测量和精密画线等。在实际生产中，长度量块是成套使用的，每套长度量块由一定数量的不同标称尺寸的长度量块组成，以便组合成各种尺寸，满足一定尺寸范围内的测量需求。

使用长度量块的一般原则是尽量选用最少数量的长度量块组合所需尺寸的长度量块组，以减少长度量块的组合累积误差和工作量。一般情况下，所选长度量块的数量不超过四块。另外，应避免多次重复使用某些长度量块，以免部分长度量块磨损过多。

使用长度量块组合尺寸时，应从所组合尺寸的最小位数开始，第一块长度量块的最小位数值应为所组合尺寸的最小位数值，依此类推，每选一块，使所组合的尺寸的位数逐次递减，直到得到所组合的尺寸为止。但长度量块的数量一般不超过四块。

例如，现需组合尺寸为89.765 mm的长度量块组，若采用83块一套的4块长度量块组合，长度量块尺寸的选择方法如下：

长度量块组的尺寸： 89.765

第一块长度量块的尺寸： 1.005

剩余尺寸： 88.76

第二块长度量块的尺寸： 1.26

剩余尺寸： 87.5

第三块长度量块的尺寸： 7.5

剩余尺寸(第四块长度量块尺寸)： 80

即 89.765＝1.005＋1.26＋7.5＋80。

2)角度量块

角度量块主要用于检定万能角度尺和角度样板的角度，也可用于检查零件的内、外角度以及精密机床在加工过程中的角度调整等，是技术测量上角度测量的基准。

(1)角度量块的结构形式。角度块规有三角形和四角形两种形式，三角形角度量块只有一个工作角(10°～79°)可以用作角度测量的标准量；而四边形角度量块则有四个工作角(80°～100°)可以用作角度测量的标准量，以相邻平面的夹角为测量角。角度量块按不同的工作角度公称值、块数及精度等级组合配套成四组，每组均有 1 级和 2 级精度等级。

(2)角度量块的类型及精度。通常使用的角度量块有库什尼克夫型、约翰逊型和 NPL 型三种。我国生产的均为库什尼克夫型，分为 0、1、2 三个精度等级，其精度要求分别为：0 级角度量块的工作角度偏差为±3″、1 级角度量块的工作角度偏差为±10″、2 级角度量块的工作角度偏差为±30″。

(3)角度量块的使用。角度量块也是成套提供的，我国 GB/T 3325—2017 规定有 94 块、36 块和 7 块(两种)四种组套。使用时可以只用一块，也可以多块组合，其方法与长度量块的使用方法类似。

2. 游标类量具

游标类量具是利用游标读数原理制成的一种常用量具，主要用于机械加工中测量工件内外尺寸、宽度、厚度和孔距等。游标类量具的特点有结构简单、使用方便、测量范围大等。

1)游标量具的读数原理

游标量具的读数装置主要由尺身和游标组成。将两根直尺相互重叠，其中一根固定不动，另一根沿着固定那根相对滑动。固定不动的直尺称为主尺，沿主尺滑动的直尺称为游标尺(简称游标)。游标量具的主尺和游标尺的刻线宽度是不一样的，游标量具的读数就是利用尺身刻线间距与游标刻线间距之差来读取毫米的小数数值。

设主尺每格的宽度为 a，游标尺每格的宽度为 b，i 为游标分度值(刻度值)，n 为游标的刻线格数。当主尺 $n-1$ 格的长度正好等于游标 n 格的长度时，游标尺每格的宽度 b 为

$$b=(n-1)\times\frac{a}{n}=a-\frac{a}{n} \tag{2-1}$$

游标的分度值 i 为主尺每格的宽度与游标尺每格的宽度之差，即

$$i=a-b \tag{2-2}$$

将式(2-1)代入式(2-2)得

$$i=\frac{a}{n} \tag{2-3}$$

由上式可知，在主尺每格宽度一定的情况下，游标的刻线格数越多，则游标尺分度值越小，读数精度越高。常用的游标刻线格数分别为 10、20、50，相应的分度值为 0.1、0.05、0.02，如图 2-8 所示。

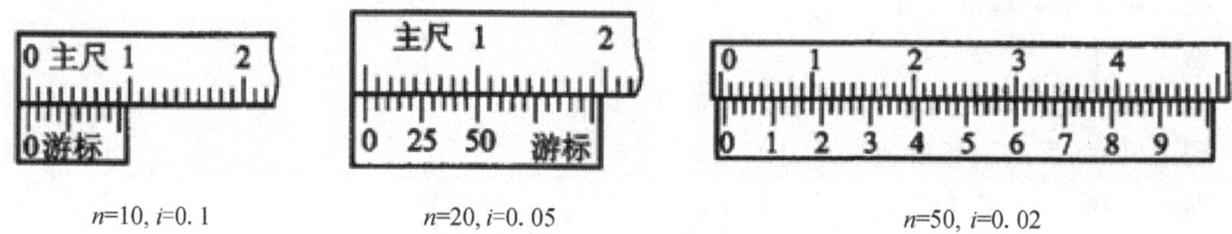

n=10, i=0.1　　n=20, i=0.05　　n=50, i=0.02

图 2-8　游标的刻线格数和游标尺分度值

下面以游标分度值为 0.1 mm 的游标尺为例说明游标读数原理。

如果主尺每格宽度 a=1 mm，因为游标刻线格数为 10，则游标尺每格的宽度为

$$b=(n-1)\times\frac{a}{n}=a-\frac{a}{n}=0.9\ \text{mm}$$

如图 2-9(a)所示，当主尺的零刻线与游标的零刻线对齐时，除游标最末的一根线与主尺的第九根线重合外，其他线均不与主尺刻线重合，这种情况称为游标读数装置处于零位。在游标读数装置处于零位时，游标的第一条线与主尺的第一条线相距 0.1 mm，它们的第二条线相距 0.2 mm，第三条线相距 0.3 mm，……，第九条线相距 0.9 mm，而它们的第十条线相距 1 mm。如图 2-9(b)所示，若游标在主尺上向右滑动 0.1 mm 时，游标上的第一条刻线就与主尺的第一条线重合了。此时，游标零刻线至主尺零刻线之间的距离为 0.1 mm；若第二条刻线重合时，则游标零刻线至主尺零刻线之间的距离为 0.2 mm；若第九条线重合时，则游标零刻线至主尺零刻线之间的距离为 0.9 mm。可见利用游标可读出游标零刻线与主尺刻线之间相互错开的距离。

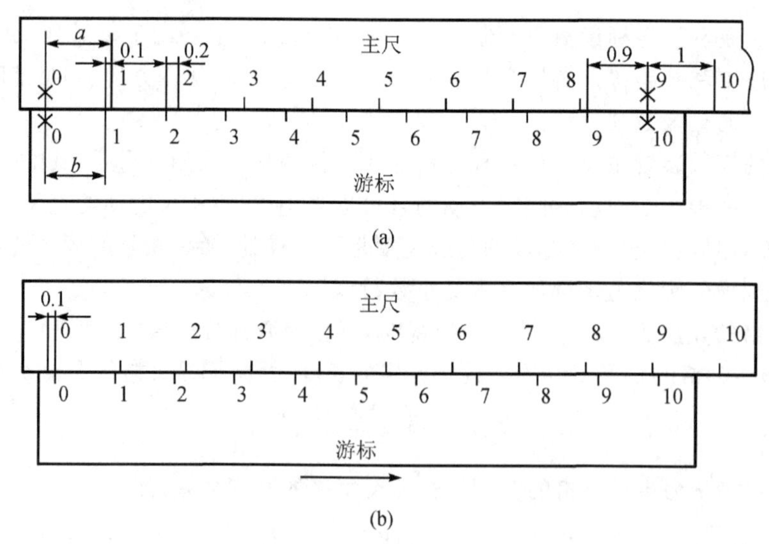

图 2-9　游标读数原理

2)游标量具的读数方法

无论哪一种分度值的游标尺,都采用如下三个步骤读数(如图2-10所示)。

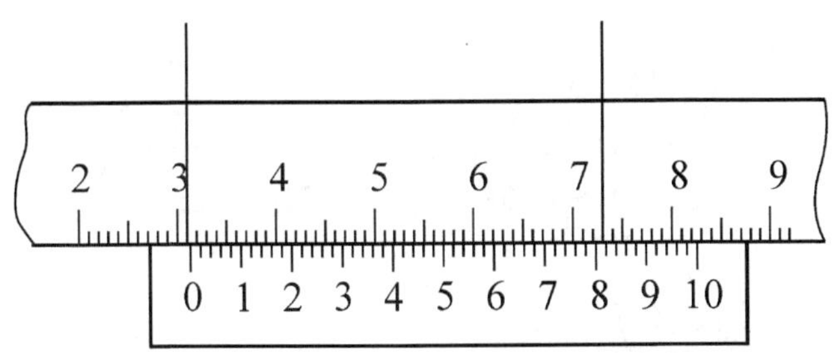

图2-10　游标读数

(1)先读整数部分。游标零刻线是读数的基准。先看游标零刻线的左边,主尺上最靠近的一条刻线的数值,该数就是读数的整数部分,图中为30 mm。

(2)再读小数部分。判断游标零刻线右边是哪一根游标刻线与主尺刻线重合,将该线的序号乘游标分度值之后,所得的积即为读数的小数部分,图中为41×0.02 mm=0.82 mm。

(3)最后求和。将读数的整数部分与读数的小数部分相加即为所求的读数。用公式概括:

所求尺寸=主尺整数+(游标刻线序号×游标分度值)=30 mm+0.82 mm=30.82 mm

3)游标量具的结构与选用

常用的游标量具有游标卡尺(见图2-11(a))、游标齿厚尺(见图2-11(b))、游标深度尺(见图2-11(c))、游标高度尺(见图2-11(d))、游标角度规等。

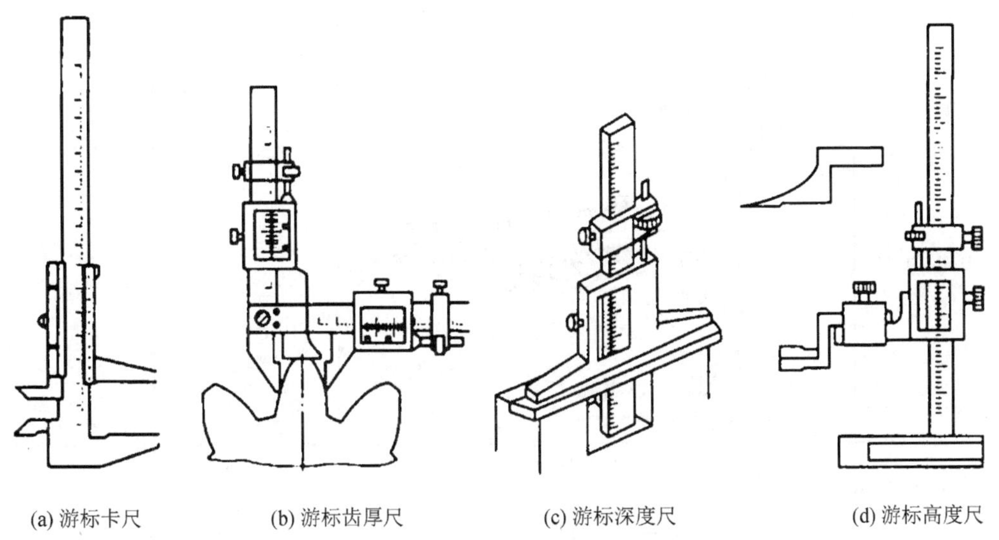

(a) 游标卡尺　(b) 游标齿厚尺　(c) 游标深度尺　(d) 游标高度尺

图2-11　各类游标卡尺

游标量具在结构上的共同特征是都有主尺、游标尺以及测量基准面。主尺上有毫米刻度,游标尺上的分度值有0.1 mm、0.05 mm、0.02 mm共三种。

(1)游标卡尺。如图2-12所示,游标卡尺一般有上下两对卡脚,每对中有一个为固定卡脚,另一个为活动卡脚,上卡脚为内测量爪,用来测量物体的内部尺寸;下卡脚为外测量爪,用来测量物体的外部尺寸。游标卡尺的种类很多，最常用的 3 种游标卡尺的结构和测量指标见表 2-5。

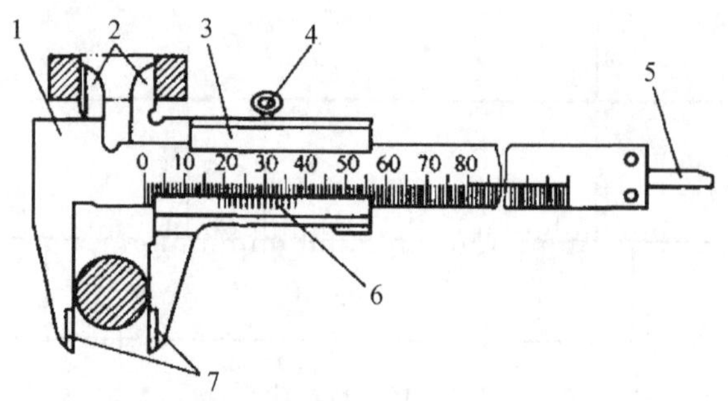

1—尺身；2—上量爪；3—尺框；4—紧固螺钉；
5—深度尺；6—游标；7—下量爪。

图 2-12　0.02 游标卡尺

表 2-5　常用的游标卡尺

种类	结构图	量测范围/mm	游标读数值/mm
三用卡尺(Ⅰ型)	刀口内测量爪 紧固螺钉 深度尺 尺框 游标 尺身 外测量爪	01～25 0～150	0.02 0.05
双面卡尺(Ⅱ型)	刀口外测量爪 尺身 尺框 游标 紧固螺钉 微动装置 内外测量爪 *b*	0～200 0～300	0.02 0.05
单面卡尺(Ⅲ型)	尺身 尺框 游标 紧固螺钉 *b* 内外测量爪 微动装置	0～200 0～300	0.02 0.05
		0～500	0.02 0.05 0.1
		0～1000	0.05 0.1

为了方便读数，有的游标卡尺装有测微表头。如图 2－13 所示的是一种带表游标卡尺，它是通过机械传动装置，将两量爪的相对移动转变为指示表的回转运动，并借助尺身刻度和指示表，对两量爪相对位移所分隔的距离进行读数。

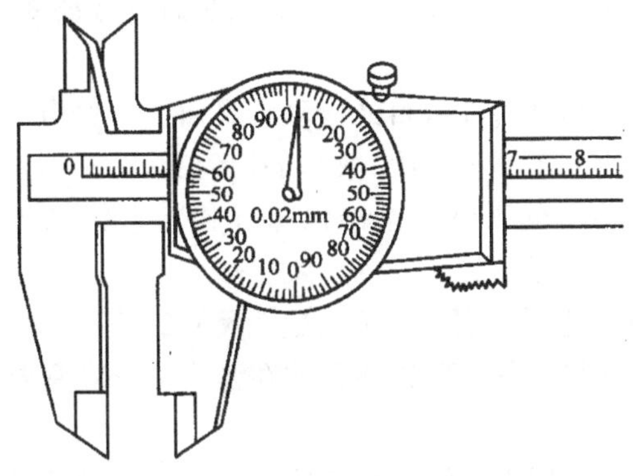

图 2－13　带表游标卡尺

电子数显卡尺具有非接触性电容式测量系统，由液晶显示器显示测量结果，测量方便可靠。其外形结构各部分名称如图 2－14 所示。

电子数显卡尺是利用电子数字显示原理，对两测量爪相对移动分隔的距离进行读数的一种长度测量工具。电子数显卡尺的用途与游标卡尺相同，但测量精度比一般游标卡尺高，分辨率也高，具有读数清晰、准确、直观、迅速、使用方便等优点。

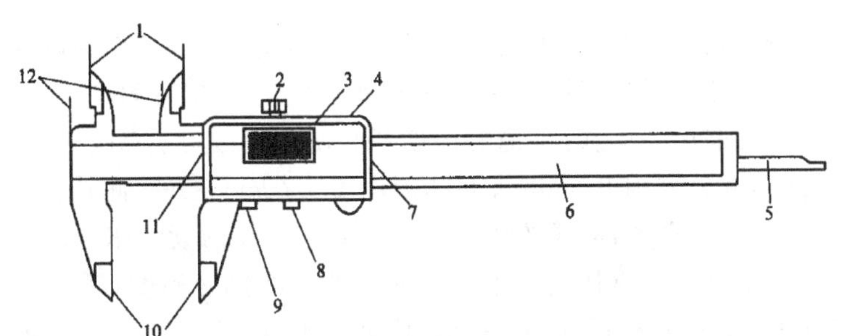

1—内测量爪；2—紧固螺钉；3—液晶显示器；4—数据输出端口；5—深度；6—尺身；
7、11—防尘板；8—置零按钮；9—米制英制转换按钮；10—外测量爪；12—台阶测量面。

图 2－14　电子数显卡尺

使用游标卡尺应注意以下事项：

①使用前，先把测量爪和被测零件表面擦净。检查各部件的相互作用，如尺框和微动装置移动是否灵活，紧固螺钉能否起作用。卡尺两量爪应紧密贴合，无明显的光隙。

②使用前，要校对零位，观察游标零刻线与尺身零刻线是否对准，游标的尾刻线与尺身的相应刻线是否对准。最好把量爪闭合 3 次，观察各次读数是否一致，如果 3 次读数虽然不是“零”，但却一样，可把这一数值记下来，在测量时加以修正。

③使用时，要掌握好量爪面同工件表面接触时的压力，做到既不太大，也不太小，刚好使测量面与工件接触，同时量爪还能沿着工件表面自由滑动。有微动装置的游标卡尺，应使用微动装置。

④使用卡尺量外径时，应先使卡尺两外测量爪间距略大于被测工件的尺寸，再使量爪接触被测工件表面，并找出最小尺寸。测量内径时，应先使卡尺两内测量爪间距略小于被测工件的尺寸，再使量爪接触被测孔表面，并找出最大尺寸。用卡尺测量深度时，卡尺的深度尺应引直放好，不要倾斜，要使深度尺的削角边靠近槽壁，卡尺端面应与被测零件的顶面贴合，测深尺应与被测底面接触。

⑤读数时，卡尺应朝着亮光的方向，目光应垂直尺面。以免由于视线的歪斜而引起读数误差。最好在工件的同一位置上多测量几次，取其平均读数，以减小读数误差。

⑥不能用卡尺测量运动着的工件。不准以卡尺代替卡钳在工件上拖拉，防止损坏游标卡尺。

⑦使用后，应当注意把游标卡尺平放，尤其是大尺寸的游标卡尺，否则会使主尺弯曲变形。

⑧使用完毕之后，应松开紧固螺钉，擦净并放在盒内。量具盒要放在干燥、无振动、无腐蚀性气体的地方。

(2)游标齿厚尺，一种专门用于测量圆柱齿轮齿厚的量具，用于测量直齿、斜齿圆柱齿轮的固定弦齿厚。游标齿厚尺很像两把游标卡尺组合而成，水平主尺上有游标尺框，高度主尺上有游标尺框，分别与微调装置相连。高度定位尺用于定位，量爪用于测量齿厚。

用游标齿厚尺测量齿厚时，在垂直主尺上调整出齿顶高，并用游标框上的螺钉锁紧，把高度定位尺紧贴被测齿轮的齿顶，保持齿厚游标卡尺与被测齿轮轴线垂直，移动水平游标尺框到量爪接近轮齿侧面时，拧紧微调装置上的紧固螺钉，旋转微调装置，使两个量爪轻轻接触轮齿侧面，然后从水平游标卡尺上读出齿厚数值。此时，宽度尺(或水平游标尺)上的读数为分度圆弦齿厚。

游标齿厚尺的测量精度不高，因为测量时以齿顶圆定位，所以齿顶圆误查和径向跳动误差会影响测量结果。游标齿厚尺的读数方法同一般游标卡尺，其精度为 0.02 mm。

(3)游标深度尺，主要用于测量孔、槽的深度和台阶的高度等。GB/T 1214.4—1996 标准规定，游标深度尺的精度分别为 0.1 mm、0.05 mm、0.02 mm 三种，测量范围为 0～200 mm、0～300 mm、0～500 mm 等多种，刻线的读法与一般游标卡尺的读法相同。

(4)游标高度尺，主要用于测量放在平台上的工件各部位的高度，还可进行较精密的画线工作。游标高度尺的测量爪有两个测量面，下面是平面，上面是弧形，用来测曲面高度。GB/T 1214.3—1996标准规定，游标高度尺的精度和测量范围与一般游标卡尺相同。

3. 千分尺类量具

千分尺类量具又称测微螺旋量具，它是利用螺旋副的运动原理进行测量和读数的一种测微量具。千分尺类量具是机械制造业中常用的量具，它比游标卡尺精度高，使用方便，主要用来测量工件的长、宽、厚及外径，测量时能准确地读出尺寸，精度可达 0.01 mm。千分尺类量具，按用途的不同，一般分为外径千分尺、内径千分尺、杠杆千分尺、深度千分尺、螺纹千分尺、公法线千分尺、V 形砧千分尺、板厚千分尺以及尖头千分尺等。

1)千分尺类量具的工作原理和读数方法

(1)工作原理。千分尺是利用螺旋副传动原理，借助测微螺杆与螺母配合的螺旋传动，将被测尺寸转换成丝杆的轴向位移和微分筒的圆周位移，并以微分筒上的刻度对圆周位移进行计量，从而实现对螺距的放大细分。

当测量丝杆连同微分筒转过 ϕ 角时，丝杆沿轴向位移量为 L，因此千分尺的传动方程为：

$$L = P \times \phi / 2\pi$$

式中，P 为丝杆螺距；ϕ 为微分筒转角。

一般 $P=0.5$ mm，微分套筒的圆周刻度数为 50 等分，故每一等分对应的分度值为 0.01 mm。

将螺杆的回转运动变为直线运动后，从固定套筒和微分筒所组成的读数机构上读出长度尺寸。读数的整数部分由固定套筒上的刻度给出，其分度值为 1 mm，读数的小数部分由微分筒上的刻度给出。

(2)读数机构和读数方法。

①读数机构。如图 2－15 所示，在千分尺的固定套管上刻有轴向中线，作为微分筒读数的基准线。在中线的两侧，刻有两排刻线，每排刻线间距为 1 mm，上下两排相互错开 0.5 mm。测微螺杆的螺距为 0.5 mm，微分筒的外圆周上刻有 50 等分的刻度。当微分筒转一周时，螺杆轴向移动 0.5 mm。如微分筒只转动一格时，则螺杆的轴向移动为 0.5/50＝0.01 mm，因而 0.01 mm就是千分尺分度值，所以，千分尺可以准确读出 0.01 mm 的数值。

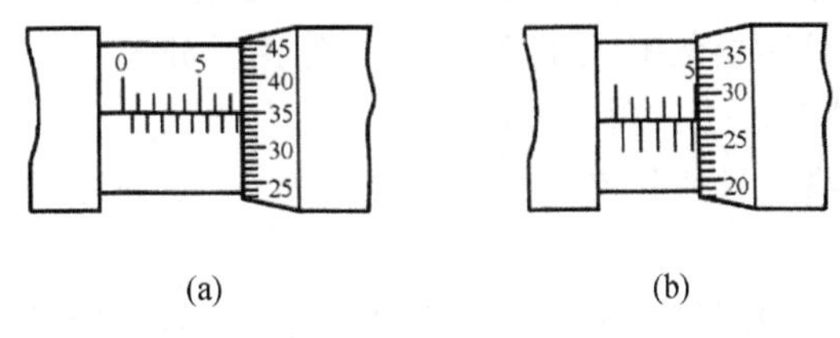

图 2－15　千分尺读数示例

②读数方法。如图 2－15 所示，读数时，从微分筒的边缘向左看固定套管上距微分筒边缘最近的刻线，从固定套管中线上侧的刻度读出整数，从中线下侧的刻度读出 0.5 mm 小数，再从微分筒上找到与固定套管中刻度对齐的刻线，将此刻线数乘以 0.01 mm 就是小于0.5 mm 的小数部分的读数。不足一格的数，即千分之几毫米由估读法确定。将整数和小数部分相加，即为被测工件的尺寸。

例 2－8　以图 2－15 为例，试读出图中千分尺所示读数。

解　在图 2－15(a)中，距微分筒最近的刻线为中线下侧的刻线，表示 0.5 mm 的小数，中线上侧距微分筒最近的为 7 mm 的刻线，表示整数，微分筒上的 35 刻线对准中线，所以外径千分尺的读数为 7＋0.5＋0.01×35＝7.85 mm。

在图 2－15(b)中，距微分筒最近的刻线为 5 mm 的刻线，而微分筒上数值为 27 的刻线对准中线，所以外径千分尺的读数为 5＋0.01×27＝5.27 mm。

2)外径千分尺

(1)外径千分尺的结构及其特点。外径千分尺由尺架、测头、测微螺杆、固定套筒、微分筒、测力装置、锁紧机构等组成，如图 2－16 所示。外径千分尺主要用来测量外表面尺寸。

(2)外径千分尺的基本参数(引用 GB/T 1216—2004 标准)。

①分度值有 0.01 mm、0.001 mm、0.002 mm 和 0.005 mm。

②测微螺杆螺距有 0.5 mm 和 1 mm。

③量程有 25 mm 和 100 mm。

④测量范围：0～500 mm 每 25 mm 为一档；500～1000 mm 每 100 mm 为一档。

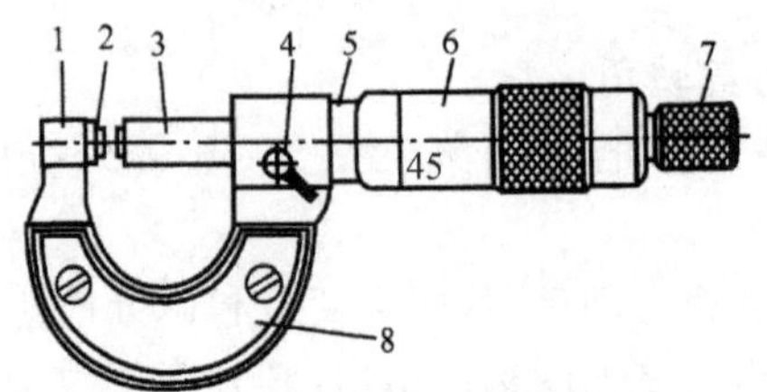

1—尺架；2—测头；3—测微螺杆；4—锁紧装置；
5—固定套筒；6—微分筒；7—测力装置；8—隔热装置。

图 2-16 外径千分尺

外径千分尺使用方便，读数准确，其测量精度比游标卡尺高，在生产中使用广泛。但千分尺的螺纹传动间隙和传动副的磨损会影响测量精度，因此主要用于测量中等精度的零件。

(3)外径千分尺的使用与维护。

①使用前，必须校对外径千分尺的零位。对测量范围为 0～25 mm 的外径千分尺，校对零位时应使两测量面接触；对测量范围大于 25 mm 的外径千分尺，校对零位时应在两测量面间安放尺寸为其测量下限的校对棒，进行对零。

②使用时，应手握隔热装量。如果手直接握住尺架，会使外径千分尺和工件温度不一致，而增加测量误差。

③测量时，将工件的被测部位置于两测量面之间，先转动微分筒，当两测量面快要接触工件时，改用转动测力装置，不要直接转动微分筒使测量面与工件接触。

④测量时，外径千分尺测量轴线应与工件被测长度方向一致，不要斜着测量。

⑤不能在零件转动中测量，也不能测量粗糙的表面。

⑥按被测尺寸调整外径千分尺时，要慢慢转动微分筒或测力装置，不要握住微分筒挥动或摇转尺架，以免使精密螺杆变形。

3)公法线千分尺

公法线千分尺主要用来测量模数 $m \geqslant 1$ mm 的渐开线外啮合齿轮的公法线长度。公法线千分尺的结构与外径千分尺基本相同，如图 2-17 所示。不同点是用测盘和测微螺杆盘代替了测头和测杆。

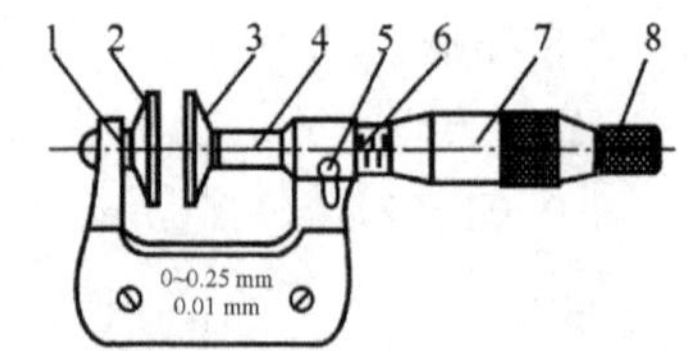

1—尺架；2—测盘；3—测微螺杆盘；
4—测微螺杆；5—锁紧装置；6—固定套筒；
7—微分筒；8—测力装置。

图 2-17 公法线千分尺

公法线千分尺的测量范围如下：0～25 mm、25～50 mm、50～75 mm、75～100 mm、100～125 mm、125～150 mm 等。分度值一般为 0.01 mm。

测量公法线长度 W_{nk} 时应注意：

(1)卡的松紧程度要一致。

(2)卡的时候，公法线千分尺测微螺杆盘的后面不要与相近齿干涉。

(3)要沿法向进行测量。

(4)可以多取几处进行测量，取平均值。

(5)每次测量三个 W_n 值，要从同一个齿面开始。

测量时，按要求的跨测齿数，将两个测微螺杆盘的中部与被测齿轮分度圆附近的齿面轻轻接触，如图 2－18 所示。千分尺的示值就是公法线的长度，读数方法与外径千分尺完全相同。

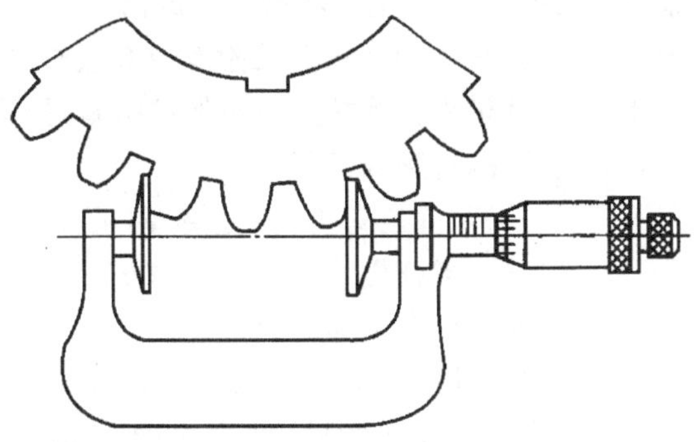

图 2－18　用公法线千分尺测量公法线长度

4)内径千分尺

内径千分尺是用来测量内孔直径、槽宽等尺寸的。它有普通内径千分尺(见图 2－19)和杆式内径千分尺(见图 2－20)两种。

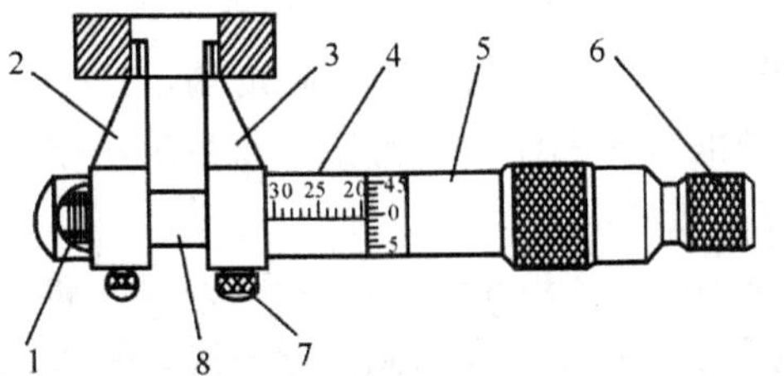

1—螺母；2—固定量爪；3—活动量爪；4—固定套筒；
5—微分筒；6—测力装置；7—螺钉；8—导向杆。

图 2－19　普通内径千分尺

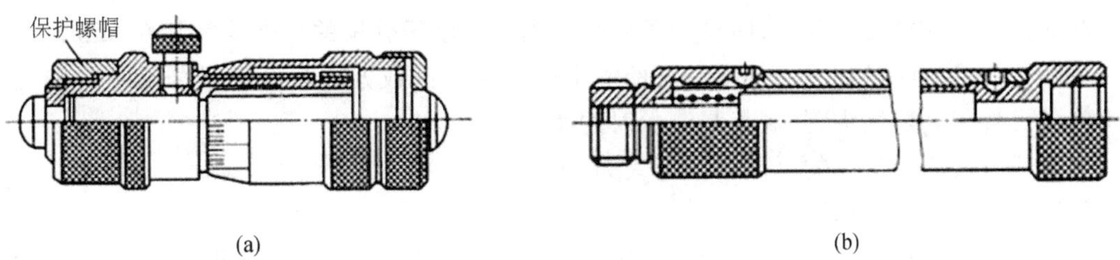

图 2－20　杆式内径千分尺

(1)普通内径千分尺。普通内径千分尺主要用于测量零件的中、小尺寸孔的直径、沟槽的宽度等。

普通内径千分尺的读数方法和外径千分尺的读数方法基本相同,但测量方向和读数方向与外径千分尺相反,如图 2-18 所示。值得注意的是由于测量件不在基准线的延长线上,故不符合阿贝原则,所以这种内径千分尺的示值误差比外径千分尺大。

测量孔径时,左手扶住千分尺固定端,右手旋转套管,作轻微摆动,以使测量爪处于孔径的最大尺寸处,具体的测量方法与外径千分尺相似。

(2)杆式内径千分尺。如图 2-20(a)所示为杆式内径千分尺的结构样式。这种内径千分尺可以用来测量实体内部尺寸在 50 mm 以上的精密零件的内径尺寸、槽宽或两个内端面之间的距离,其读数范围为 50～63 mm。杆式内径千分尺附有成套接长杆,如图 2-20(b)所示,必要时可以通过连接接长杆,以扩大其量程。连接时去掉保护螺帽,把接长杆右端与内径千分尺左端旋合。可以通过连接多个接长杆,直到满足需要。

杆式内径千分尺由测量头、接长杆、固定套筒、微分筒、测量面、锁紧装置等组成。它的刻度原理和螺杆螺距与外径千分尺相同,螺杆最大行程为 13 mm。为了增加测量范围,可在尺头上旋入加长杆,成套的内径千分尺加长杆有不同的规格。

内径千分尺的测量范围有 50～175 mm、50～250 mm、50～575 mm 等,最大可测量 1500 mm或更大直径的孔。内径千分尺的分度值一般为 0.01 mm。

使用杆式内径千分尺时的注意事项如下:

①使用前,应用调整量具(校对卡规)校对微分头零位,若不正确,则应进行调整。

②选取接长杆时,应尽可能选取数量最少的接长杆来组成所需的尺寸,以减少累积误差。

③连接接长杆时,应按尺寸大小排列。尺寸最大的接长杆应与微分头连接,依次减小,这样可以减少弯曲,减少测量误差。

④使用接长杆时,接头必须旋紧,否则将影响测量的准确度。

⑤使用接长后的内径千分尺时,应一只手扶住固定端,另一只手旋转套筒,做上下及左右摆动,这样测量才能取得比较准确的尺寸。在测量大孔径时,一般需要两个人合作测量,要按孔径的大小选择合适的接杆或接杆组。

⑥当使用测量下限为 75 mm 或 150 mm 的内径千分尺时,被测量面的曲率半径不得小于 25 mm 或 60 mm,否则可能会使内径千分尺的测头球面边缘接触被测件,造成测量误差。

5)深度千分尺

深度千分尺主要用来测量精度要求较高的通孔、盲孔、阶梯孔、槽的深度和台阶高度尺寸等,其结构有固定式和可换式两种。固定测杆式的测量范围是 0～25 mm(见图 2-21);可换测杆式(见图 2-22)有 4 种尺寸规格,加测量杆后的测量范围分别为 0～25 mm、25～50 mm、50～75 mm、75～100 mm 等,从而扩大了测量范围。深度千分尺的分度值为 0.01 mm。

深度千分尺的测量范围由标准测杆的规格确定。其读数方法和外径千分尺基本相同,只是用底板代替了固定测头,其底板是测量时的基面。

深度千分尺测量工件的最高公差等级为 IT10。

使用时的注意事项如下:

(1)测量前,应将底板的测量面和工件被测面擦干净,并去除毛刺,被测表面应具有较细的表面粗糙度。

（2）应经常校对零位是否正确。零位的校对可采用两块尺寸相同的量块组合体进行。

（3）在每次更换测杆后，必须用调整量具校正其示值，如无调整量具，可用量块校正。

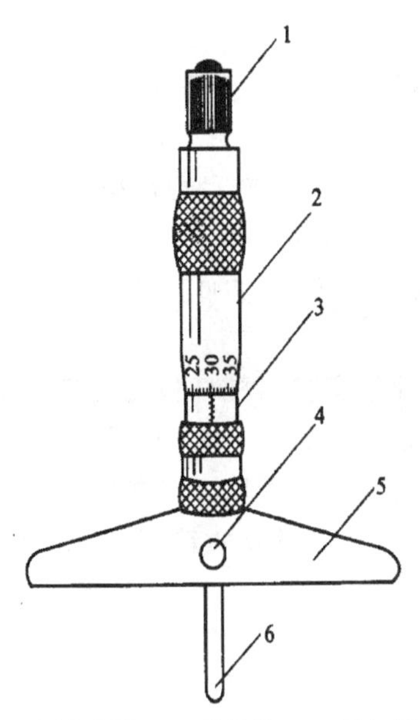
1—测力装置；2—微分筒；3—固定套筒；
4—锁紧装置；5—底板；6—测杆。

图 2－21　深度千分尺

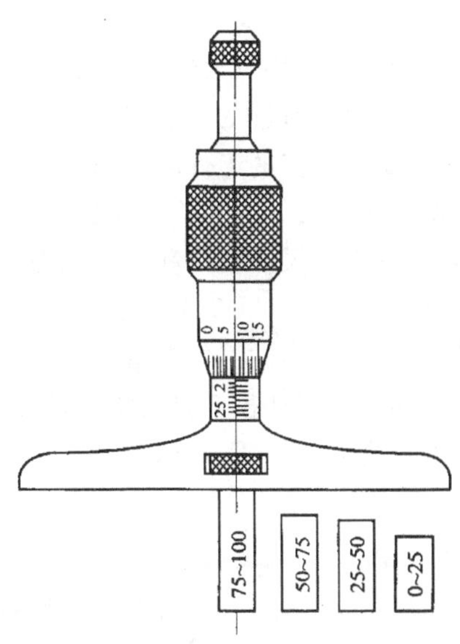

图 2－22　可换测杆式深度千分尺

（4）测量时，应使测量底板与被测工件表面保持紧密接触。测量杆中心轴线与被测工件的测量面保持垂直，旋动测量装置，使测杆接触工作面即可测得尺寸。深度千分尺的读数和外径千分尺相似。

6）螺纹千分尺

螺纹千分尺主要用于测量螺纹的中径。螺纹千分尺的结构与外径千分尺相似，所不同的是测砧可调节，有调零装置，测砧和测杆端部各有一个小孔，用于插入不同规格的测头。螺纹千分尺一般带有一组测量米制螺纹的插头，也附有一组测量英制螺纹的插头。带螺纹千分尺的 V 形测头和锥形测头必须配对使用，如图 2－23 所示。

螺纹千分尺测量中径范围有 0～25 mm、25～50 mm、50～75 mm、75～100 mm 等，分度值为 0.01 mm，可测量螺纹的螺距为 0.4～6 mm。

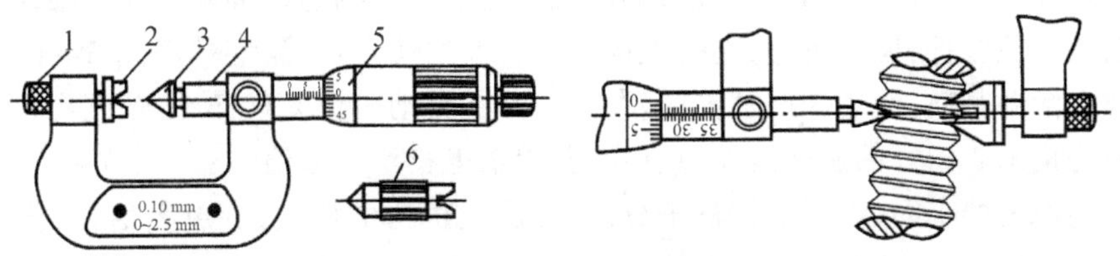

1—调“0”装置；2—V形测头；3—锥形测头；4—测微螺杆；5—微分筒；6—校对量杆。

图 2－23　螺纹千分尺的外形结构及其应用

使用螺纹千分尺的注意事项如下：

(1)测量不同精度等级的工件，应选用不同精度等级的外径千分尺。

(2)测量时，根据被测螺纹螺距大小，选择螺纹千分尺的 V 形测头 2 和锥形测头 3，装入螺纹千分尺，并读取零位值。

(3)测量时，应从不同截面、不同方向多次测量螺纹中径，其值从螺纹千分尺中读取后减去零位的代数值。

(4)测量时，要用测力装置转动微分筒，不要握住微分筒转动或摇转弓形尺架。

(5)千分尺测量轴的中心线应与被测长度方向相一致，不要歪斜。

(6)测量被加工的工件时，要在静态下进行测量，不要在工件转动或加工时测量。

7)杠杆千分尺

(1)杠杆千分尺的结构和工作原理。杠杆千分尺是一种带有精密杠杆齿轮传动机构的指示式测微量具(见图 2-24)，它是在外径千分尺的基础上改进而成的。与外径千分尺相比，其尺架的刚性较好，测砧可作微量调节，增加了一套杠杆测微机构，能读取更微量的测量值。杠杆千分尺的用途与外径千分尺相同，但因其能进行相对测量，故测量效率较高，适用于较大批量且精度较高的中、小零件测量。

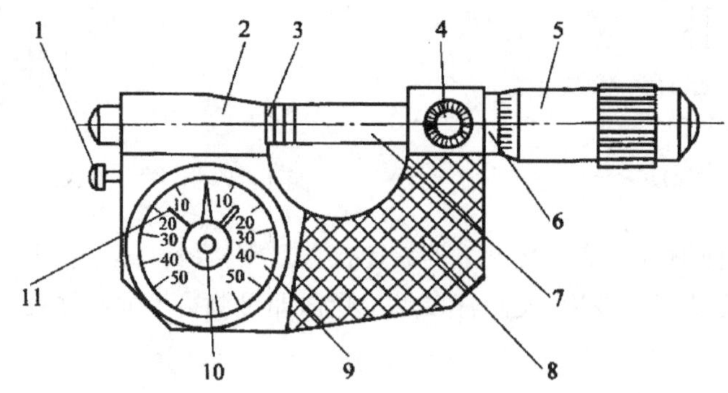

1—按钮；2—尺架；3—活动测砧；4—锁紧装置；
5—微分筒；6—固定套管；7—测微螺杆；8—隔热板；
9—指示表；10—调“0”机构；11—公差指示针。

图 2-24　杠杆千分尺

杠杆千分尺是利用螺旋原理和指示表对弧形尺架上两个测量面之间分割的距离进行读数的通用长度精密测量工具。由其结构可以看出，它是由一把外径千分尺和一个指示表组合而成的。和普通外径千分尺相比，一个最大的区别是它的两个测量面都可以和尺架作相对移动。指示表一般是一级杠杆-齿轮机构(这些机构安装在尺架体内)。测量时，测微螺杆的测量面将被测工件推向活动测砧，活动测砧被推向左移动，并在移动时拨动杠杆-齿轮机构，将测砧的直线位移转换为指示表指针的旋转运动，从而在其表盘上指示出数值。

由于结构形式的不同，不同的杠杆千分尺，其放大机构的放大比(放大倍数)会有所不同。较常用的为 666 倍，所以可显示微小的位移量。分度值为 0.001 mm 的杠杆千分尺，可测量的尺寸公差等级为 6 级；分度值为 0.002 mm 的杠杆千分尺可测公差等级为 7 级。

(2)相关技术参数。杠杆千分尺的测量范围常用的有 0～25 mm、25～50 mm、50～75 mm

和 75～100 mm，其相关技术参数见表 2-6。

表 2-6 杠杆千分尺的分度值、指示表的示值范围和综合示值误差 单位:mm

指式表的分度值	指示表的示值范围	综合示值误差	
		测量范围为 0～25 mm 和 25～50 mm 时	测量范围为 50～75 mm 和 75～100 mm 时
0.001	±0.03	±0.002	±0.003
0.002	±0.06	±0.003	±0.004

(3)使用方法和注意事项。杠杆千分尺的用途与普通千分尺相同，使用方法和注意事项也基本相同，但因为其测量精度较高，所以主要用于精密测量。由于它没有测力装置，控制测量力由其活动测砧的压缩弹簧和显示表指针小齿轮的游丝共同完成，所以要求的操作技术较高。

①使用前的检查。在使用前，要像检查普通千分尺那样对其外观和各部位的相互作用进行仔细检查。在自由状态时，显示表的指针应在表盘的左边。当按下按钮时，指针的转动应均匀平稳，不应有摩擦和配合松弛及轴向窜动现象。松开拨叉时，指针应回到原位。

②校对“0”位。使用前应校对杠杆千分尺的零位。首先校对微分筒零位和杠杆指示表零位。0～25 mm 杠杆千分尺可使两测量面接触，直接进行校对；25 mm 以上的杠杆千分尺用校对量杆或用量块来校对零位。

刻度盘可调整式杠杆千分尺零位的调整，使微分筒对准零位即可。刻度盘固定式杠杆千分尺零位的调整，须先调整指示表指针零位，此时若微分筒上零位不准，应按通常千分尺调整零位的方法进行调整。

在上述零位调整时，均应多次按下按钮，示值必须稳定。

③设置上、下偏差值。当要测量一批同一尺寸规格的工件时，可根据被测尺寸的上、下偏差允许值，调整千分尺指示表的两个公差指针。测量时，只要指针指在两根公差指针之间就算合格，指针指在两根公差指针之外就为不合格。

④用于绝对测量时的测量方法和注意事项。绝对测量又称为直接测量。用杠杆千分尺对工件尺寸进行绝对测量的方法和普通千分尺基本相同。不同点只在于：杠杆千分尺必须在其指示表的指针指到“0”刻线处时，才能读微分筒的数值，此时指示表仅起指示测量力的作用，因而不能发挥该种量具测量精密度高的优势。有些“大材小用”，所以较少应用。

⑤用于相对测量时的测量方法和注意事项。相对测量又称为比较测量。利用精确度较高的量块做比较的基准，测得的数值是相对于量块的偏差值，也就是被测尺寸偏离其公称值的数值。所以常用于精确判定被测量尺寸是否超过它允许的公差。

用杠杆千分尺对工件尺寸进行相对测量的方法和普通千分尺也基本相同。具体方法如下：

测量前，用量块把杠杆千分尺调整好(习惯称为“对尺”，其指示表的指针指到“0”刻线处)，然后用锁紧装置把测微螺杆锁住。

测量时，先按动按钮，使活动测砧移开，然后使千分尺的两个测量面移到要测工件的测量位置，再按动几次按钮，待指针停稳后开始在指示表上读数，该读数即为被测尺寸偏离其公称值的数值。

测量完毕后，要先按动按钮，使活动测砧移开，然后使千分尺的两个测量面移开被测工件，这样可减少对测量面的磨损。

(4)测量实例。用杠杆千分尺采用相对测量法测量直径 $20_{-0.016}^{-0.007}$ mm 的轴的直径尺寸。测量步骤和有关事项如下：

①选择千分尺的规格。被测尺寸的公称数值为 20 mm，故应选择测量范围为 0～25 mm、分度值为 0.002 mm 的杠杆千分尺。

②选择量块的规格。选一块公称尺寸为 20 mm 的量块，经查验该量块的检定证书，其实际尺寸是 19.9997 mm，即其修正值为 0.0003 mm。

③用量块调整千分尺。将千分尺的两个测量面和量块的工作面擦拭干净后，把量块放在千分尺的两个测量面之间，旋转微分筒，使两个测量面与量块接触，并使指示表的指针指在"0"刻度处，将测微螺杆锁紧，再按动几次按钮，如果指针每次都稳定地停在"0"刻度处，说明千分尺已调整好。

这里应当指出的是，上述核对的千分尺实际尺寸是量块的尺寸 19.9997 mm，即相对20 mm而言有－0.0003 mm 的误差，相对测量值的公差带而言可以认为无较大影响，为了调整方便和提高测量效率，可忽略该误差。若需要精密的测量结果，可在最终测量结果中将该误差值加上。

④调整公差指针。将左边的指针拨至上偏差数值－0.007 mm 的刻度线上，右边的指针拨至下偏差数值－0.016 mm 的刻度线上。

⑤测量。先按动按钮使活动测砧移开，然后使千分尺的两个测量面移到待测工件的测量位置，再按动几次按钮，待指针停稳后开始观看指示表的读数，该读数即为被测尺寸的加工偏差值。若表针在上述两指针之间，则说明被测尺寸合格，否则为不合格。

(5)保养方法及注意事项。杠杆千分尺的保养方法及注意事项与普通外径千分尺基本相同，另外还应注意的是：不要过多地按动按钮，不要打开护板，严禁往杠杆-齿轮传动机构内注油或其他液体。

8)V 形砧千分尺

V 形砧千分尺用于测量有奇数沟槽的工件或刀具的外径。根据工件槽数不同相应的有三沟千分尺、五沟千分尺、七沟千分尺等，如图 2－25 所示。

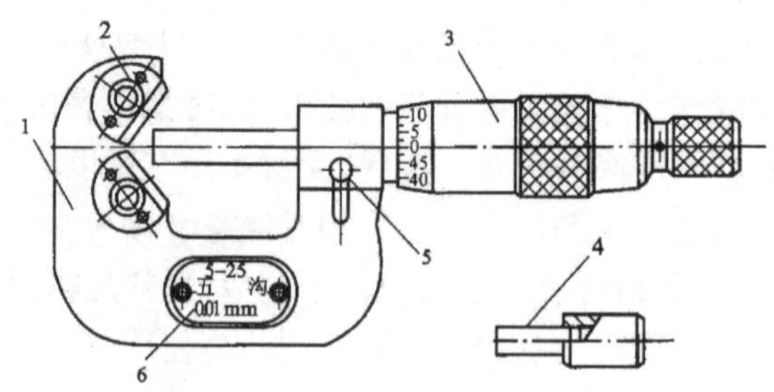

1—尺架；2—V 形测头；3—微分筒；
4—校对量规；5—锁紧装置；6—标牌。

图 2－25　V 形砧千分尺

9)尖头千分尺

尖头千分尺和普通外径千分尺的结构相比，只有一点不同，即它的两个测量面是锥形的(俗称尖头的，这也是它的名称的来历)，其锥角有 30°、45°和 60°三种，测量端呈球面，其圆弧直径为 0.2～0.3 mm。

该类千分尺的测量范围有 0～25 mm、25～50 mm、50～75 mm 和 75～100 mm。当测量范围为 0～25 mm 和 25～50 mm 时，示值误差为±0.004 mm；当测量范围为 50～75 mm 和 75～100 mm 时，示值误差为±0.005 mm。

该类千分尺主要用于普通外径千分尺不能深入的脖状工件的“脖颈”尺寸及沟、槽深度的测量，如图 2-26 所示。

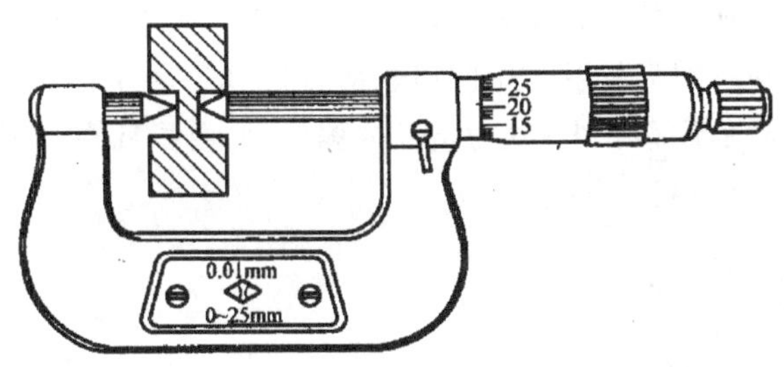

图 2-26　尖头千分尺的外形结构及其应用

10）板厚千分尺

板厚千分尺分Ⅰ型和Ⅱ型两种不同的类型，其外形结构如图 2-27(a)和 2-27(b)所示。可以看出，该类千分尺和普通外径千分尺的结构相比，主要不同点是它的尺架呈较深的 U 字形，以便将测量面深入到距离工件（或板材）边缘较远的部位进行测量。尺架的凹入深度有 40 mm、80 mm 和 150 mm 等多种，可根据需要来选择。Ⅱ型的读数装置是一个圆盘，指针随着微分筒旋转并在圆盘上指示出测量值。

Ⅰ型板厚千分尺的测量范围为 0～10 mm、0～15 mm 和 0～25 mm 共三种；Ⅱ型千分尺的测量范围只有 0～25 mm 一种。壁厚千分尺的示值误差有±0.004 mm 和±0.008 mm 两种，前者为 1 级，后者为 2 级。

板厚千分尺主要用于测量较薄工件，特别是板材的厚度尺寸（这也是它的名称来历），如图 2-27(b)所示，当然也可用于测量其他形状的长度尺寸。

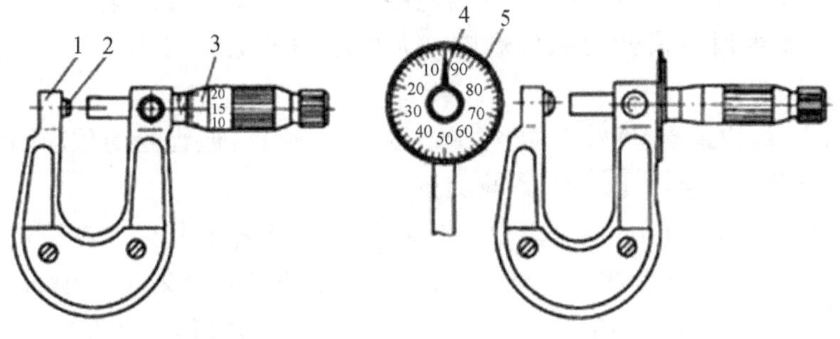

(a) Ⅰ型板厚千分尺　　(b) Ⅱ型板厚千分尺

1—尺架；2—球形测砧；3—测微头；4—指针；5—表盘。

图 2-27　板厚千分尺的外形结构及其应用

4. 表类量具

表类量具包括百分表、千分表、杠杆百分表、杠杆千分表、内径百分表、内径千分表、杠杆齿轮比较仪、扭簧比较仪等。

1)百分表

(1)结构。百分表是应用最广的机械量仪,主要用来测量精密件的形位公差,也可用比较法测量工件的长度,其外形及传动如图 2 - 28 所示。如图 2 - 29 所示,当切有齿条的测量杆上下移动时,带动与齿条相啮合的小齿轮转动,此时与小齿轮固定在同一轴上的大齿轮也跟着转动,通过大齿轮即可带动中间齿轮及与中间齿轮固定在同一轴上的指针。这样通过齿轮传动系统,就可将测量杆的微小位移放大,变为指针的偏转,并由指针在刻度盘上指出相应的数值。

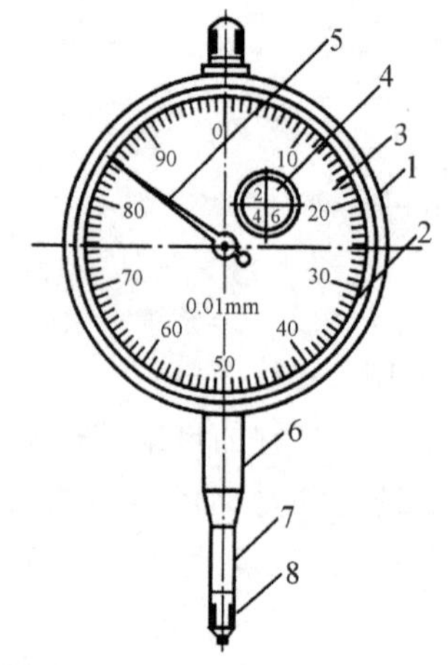

1—表体;2—表面;3—刻度盘;4—转读数装置;5—长指针;6—套筒;7—测量杆;8—测量头。

图 2 - 28　百分表

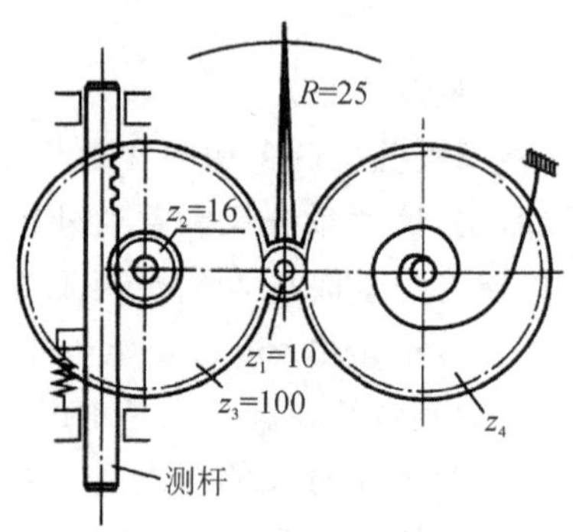

图 2 - 29　百分表传动系统

为了消除由齿轮传动系统中齿侧间隙引起的测量误差,在百分表内装有游丝。由游丝产生的扭矩作用在大齿轮上,大齿轮也和中间齿轮啮合,这样可以保证齿轮在正反转时都在齿的同一侧面啮合,因而可消除齿侧间隙的影响。大齿轮的轴上装有小指针,以显示大指针的转数。

百分表体积小、结构紧凑、读数方便、测量范围大、用途广,但齿轮的传动间隙和齿轮的磨损及齿轮本身的误差会产生测量误差,影响测量精度。

百分表的测量杆移动 1 mm,通过齿轮传动系统,使大指针沿着刻度盘转过一圈。刻度盘沿圆周刻有 100 个刻度,当指针转过一格时,表示所测量的尺寸变化为 0.01 mm,所以百分表的分度值为 0.01 mm。因其最小读数值为 1 mm 的百分之一,故称之为百分表。

(2)工作原理。百分表的测量范围分为 0～3 mm、0～5 mm 和 0～10 mm 等。百分表的精度等级分为0 级、1 级和 2 级。百分表不仅用作相对测量,也能用作绝对测量。它一般用来测量工件的长度尺寸和形位误差,也可以用于检验机床设备的几何精度或调整工件的装夹位置以及作为某些测量装置的测量元件。用百分表测量时,被测尺寸的变化引起测头微小移动,经传动装置而转变为读数装置中的长指针转动,这样被测量就可以从刻度盘上读出。百分表的传动系统如图 2－29 所示，测量杆上方有齿条与齿轮 Z_2 啮合，齿条和齿轮的模数均为 $m=0.199$ mm，当测量杆上升 1 mm 时，齿条上升 1.6 齿，因为与齿条啮合的齿轮齿数为 $Z_2=16$，所以 Z_2 转动 1/10 周，与 Z_2 固定在同一轴上的大齿轮齿数为 $Z_3=100$，所以 Z_3 转过 10 齿，小齿轮齿数为 $Z_1=10$，经 Z_3 带动 Z_1 以及固定在同一轴上的长指针正好转一周，百分表的刻度盘为 100 等分，所以当测杆移动 1 mm 时，长指针转动 100 个分度，那么长指针转动 1 个分度，就相当于测量杆移动 0.01 mm。

(3)使用注意事项。

①百分表应牢固地装夹在表架上，夹紧力不宜过大，以免使装夹套筒变形卡住测杆，测杆移动应灵活。使用时用手反复轻推触头，观看表针是否停在同一位置，检查百分表读数的重复精度。

②测量时应使测量杆与零件被测表面垂直，否则将产生测量误差。

③测量圆柱形工件时，测量杆的中心线要通过被测圆柱面的轴线。

④测量头开始与被测量表面接触时，为保持一定的初始测量力，测量杆应预先有 0.3～1 mm的压缩量，以保证示值的稳定性。测量前先要转动表盘，使指针对正零线，再将表杆上下提几次，待表针稳定后再进行测量。

⑤测量时应轻提测量杆，移动工件至测量头下面(或将测量头移至工件上)，再缓慢放下与被测表面接触。不能急于放下测量杆，否则易造成测量误差。不准将工件强行推至测量头下，以免损坏量仪。

⑥测头移动要轻缓，距离不要太大，测量杆与被测表面的相对位置要正确，提压测量杆的次数不要过多，距离不要过大，以免损坏机件及加剧零件磨损。

⑦应避免剧烈震动和碰撞，不要使测量头突然撞击在被测表面上，以防测量杆弯曲变形，更不能敲打百分表的任何部位。

⑧使用磁性表座时要注意表座的旋钮位置。

使用百分表及相应附件还可用来测量工件的直线度、平面度及平行度等误差，以及在机床上或者其他专用装置上测量工件的各种跳动误差等。

2)内径百分表

(1)百分表的结构与用途。内径百分表是测量孔径的通用量仪，一般以量块作为基准采用相对测量法测量孔的直径和孔的形状误差。特别适合测量深孔。

内径百分表是以百分表为读数机构，配备杠杆传动系统。它采用比较法测量孔径、槽宽的尺寸或孔、槽的几何形状误差等。内径百分表是测量内孔的一种常用量仪，其分度值为 0.01 mm，测量范围一般为 6～10 mm、10～18 mm、18～35 mm、35～50 mm、50～160 mm、160～250 mm、250～400 mm 等，通过更换可换触头，可改变内径百分表的测量范围。

内径百分表由百分表和专用表架组成，其结构如图 2－30 所示。内径百分表是以同轴线上的固定测头和活动测头与被测孔壁相接触进行测量的。它有一套长短不同的固定测头，可根据被测孔径大小选择更换。内径百分表的测量范围取决于固定测头的尺寸范围。

内径百分表的测量杆与传动杆始终接触，弹簧是控制测量力的，并经过传动杆、杠杆向外顶住活动测头。测量时，活动测头的移动使杠杆回转，通过传动杆推动百分表的测量杆，使百分表指针回转。由于杠杆是等臂的，百分表测量杆、传动杆及活动测量头三者的移动量是相同的，所以，活动测头的移动量可以在百分表上读出来。

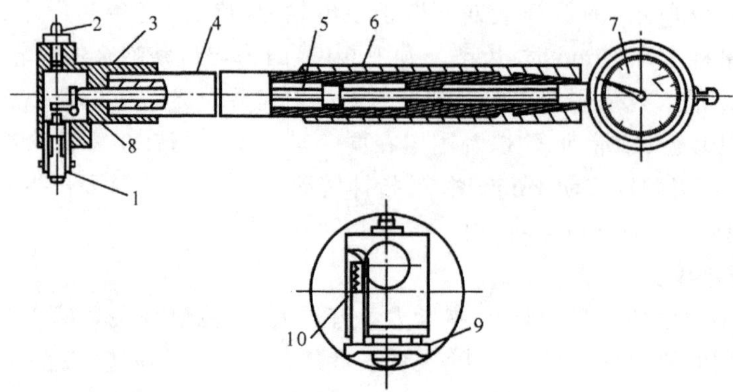

1—活动测头；2—可换固定测头；3—主体；4—移动杆；5—传动杆；
6—弹簧；7—百分表；8—杠杆；9—定位装置；10—弹簧。

图 2－30　内径百分表

(2)操作方法。如图 2－30 所示，百分表 7 的测杆与传动杆 5 始终接触。弹簧 6 控制测量力，并经传动杆 5、杠杆 8 向外侧顶靠在活动测头 1 上。测量时，活动测头 1 的移动使杠杆 8 绕其固定轴转动，推动传动杆 5 传至百分表 7 的测杆，使百分表指针偏转显示工件值。为使内径百分表的测量轴线通过被测孔的圆心，内径百分表设有定位装置 9，该装置的作用是找正直径位置，保证活动测头 1 和可换固定测头 2 的轴线处于被测孔直径位置，以保证测量的准确性。

(3)用内径百分表测量孔的内表面时，应注意如下事项：

①测量前必须根据被测工件尺寸选用相应尺寸的测量头安装在内径百分表上。

②使用前应调整百分表的零位。根据被测工件的尺寸，选用相应尺寸的固定测头。用标准环规、外径千分尺或量块组成内尺寸来调整内径百分表的零位。对表时，应预先将百分表压缩 1 mm，表针指向正上方为宜。

③测量时内径百分表的固定测头和活动测头的连线应与被测孔轴心线垂直，将内径百分表按轴线方向来回摆动或转动，如图 2－31 所示，若指针正好指零，说明孔的实际尺寸与测量前内径百分表在标准环规或其他量具上所对尺寸相等。若指针差一格不到零位，说明孔径比标准环规大 0.01 mm；若指针超过零位一格，说明孔径比标准环规小 0.01 mm。

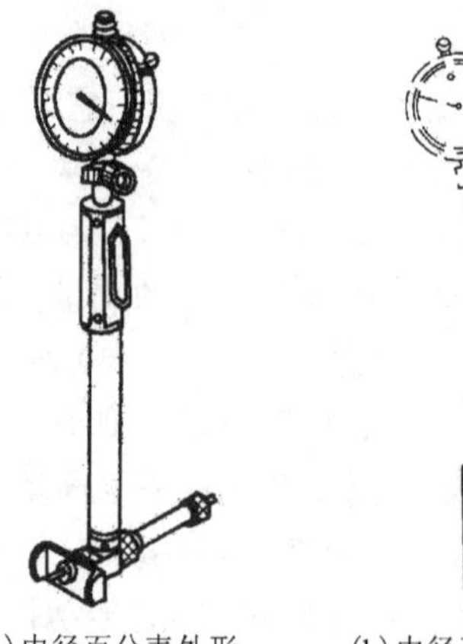

(a)内径百分表外形

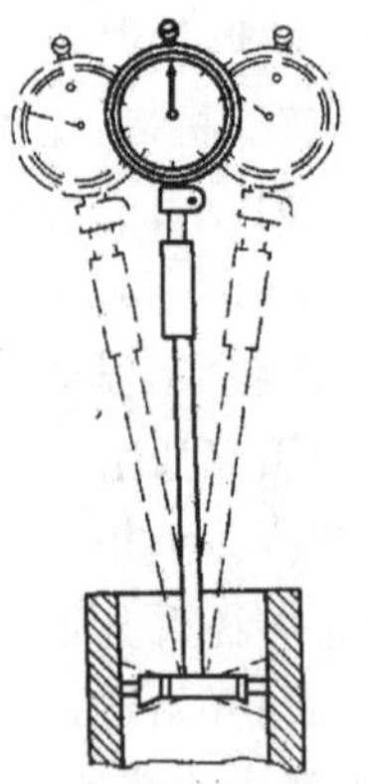

(b)内径百分表的使用方法

图 2－31　内径百分表

④测量时，活动测头受到孔壁的压力而产生位移，该位移经杠杆系统传递给指示表，并由指示表进行读数。为了保证两测头的轴线处于被测孔的直径方向上，在活动测头的两侧有对称的定位片，定位片在弹簧的作用下，对称地压靠在被测孔壁上。用具有定位装置的内径百分表测量内孔时，只要将其按孔的轴线方向来回摆动，取其最小值，即为孔的直径。

⑤若要测量孔的圆度，则应在孔的同一径向截面内的几个不同方向上进行测量；若要测量孔的圆柱度，则应在孔的几个径向截面内进行测量，将几次测量结果进行比较，即能判定出被测孔是否有圆度和圆柱度误差。

3)杠杆百分表

(1)杠杆百分表的结构与用途。杠杆百分表又称为杠杆表或靠表，它是将杠杆测头的角位移，通过机械传动系统转变为指针在表盘上的角位移而进行读数的长度测量工具。杠杆百分表可用于绝对测量，也可用于相对测量，但最多的还是用于相对测量，如测量形状和位置误差测量。这一点和前面介绍的百分表是相同的。

(2)用杠杆百分表测量形位误差的方法。以测量一个工件的平直度为例，讲述用杠杆百分表测量形位误差的方法。

①使用前要检查其外观，要求无影响使用性能的缺陷；用手拨动测头时，测杆和指针的移动应平稳、灵活。

②先将符合要求精度的平台(一般要求 1 级以上)工作面、表架(用游标高度尺做表架)的底平面和被测工件的底平面擦拭干净，然后将被测工件放在平台上，把百分表装夹在表架上。

③将百分表调高到略高于被测面，双手推高度尺的底座，使表的测头置于被测面上的适当位置后对准“0”点。用杠杆百分表测量工件的平直度如图 2－32 所示，测量时可以缓慢地左右推动高度尺的底座，使测头在被测量面上沿轴向移动，全过程中最大和最小读数之差即为被检测面的平直度数值；也可在被测全长范围内均匀地取几个点进行测量，几点读数中最大和最小读数之差即为被检测面的平直度数值。这两种方法中后一种方法应用较多。

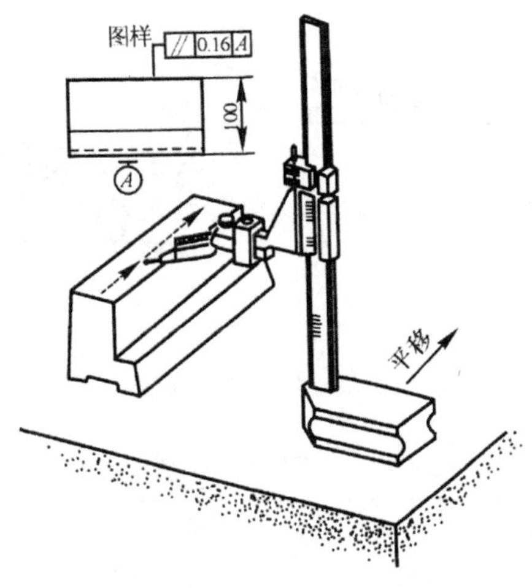

图 2－32　用杠杆百分表测量工件的平直度

图 2－33 给出了用杠杆百分表测量一根轴外圆径向圆跳动和端面圆跳动形位公差的示意图。图中的转轴架在车床或专用测量支架的两个顶尖上。

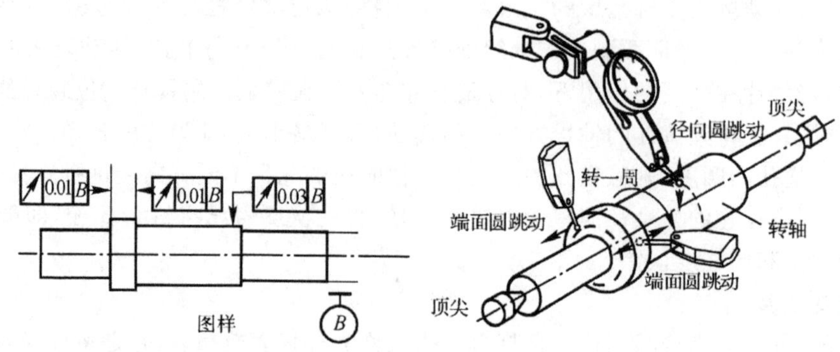

图 2-33　用杠杆百分表测量工件的径向和端面轴向跳动公差

(3)杠杆百分表测量杆角度引起的测量误差及其修正方法。在检定杠杆百分表时,其测量杆轴线要平行于测微头的测量面,或者说测量杆轴线与测微头测量轴线垂直,如图 2-34(a)所示。测量时,测量杆的状态往往偏离一个角度,这就会造成一定的测量误差,如对测量结果的精度要求较严格,则应对其进行修正。

设 N_b 为测量时从表上读得的数值,N_s 为实际的数值,α 为杠杆测头的轴线与被测表面所成的夹角,如图 2-34(b)所示,则

$$N_s = N_b \cos\alpha$$

α 角的大小可用目估的方法得到,在精密测量时则应精确计算。测出测量杆回转轴心至被测量表面的距离 s,通过测量或查表得到所用百分表测头的半径 r 和杠杆短臂的长度 a,如图 2-34(b)所示,然后用下式进行计算求得 $\cos\alpha$

$$\cos\alpha = \cos(\arcsin\frac{s-r}{a})$$

$\cos\alpha$ 称为杠杆百分表的修正系数。表 2-7 给出了一些数值,以方便使用。

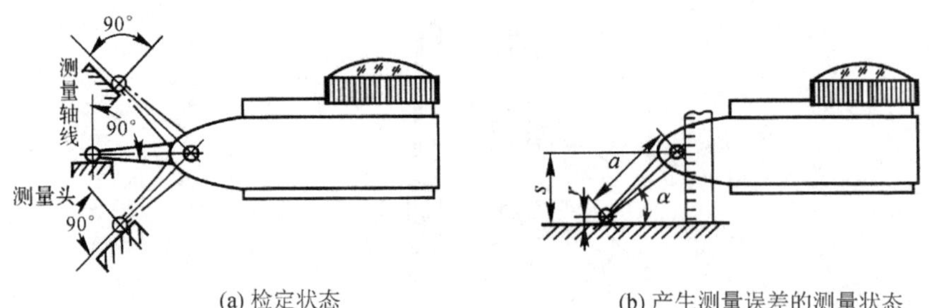

(a) 检定状态　　(b) 产生测量误差的测量状态

图 2-34　杠杆百分表测量杆的位置状态及产生的测量误差

表 2-7　杠杆百分表的修正系数

α/(°)	10	15	20	25	30	35	40	45	50	60
cosα	0.985	0.966	0.939	0.906	0.866	0.819	0.766	0.707	0.643	0.500

例 2-9　使用杠杆百分表测量所得读数为 0.24 mm,$\alpha=30°$,试求准确的实际测量结果。

解　由表 2-7 查得,当 $\alpha=30°$ 时,修正系数 $\cos\alpha=0.866$。根据修正公式 $N_s=N_b\cos\alpha$

可得

$$N_s = N_b \cos\alpha = 0.24\ \text{mm} \times 0.866 = 0.20784\ \text{mm} \approx 0.208\ \text{mm}$$

准确的实际测量结果为 0.208 mm。

4)千分表

千分表的用途、结构形式及工作原理与百分表相似，但千分表的传动机构中齿轮传动的级数要比百分表多，因而放大比更大，分度值更小，量测精度也更高，可用于较高精度的量测。千分表的分度值为 0.001 mm，其示值范围为 0～1 mm。示值误差在工作行程范围内不大于 5 μm，在任意 0.2 mm 范围内不大于 3 μm，示值变化不大于 0.3 μm。

5. 角度量具

1)游标万能角度尺

(1)用途和结构。游标万能角度尺又称万能角度尺、角度规、万能量角器等，主要用于测量各种零件、样板的内、外角度，是一种专门用来测量精密工件 0°～320°内、外角度的量具。

游标万能角度尺按最小刻度(即分度值)可分为 2′和 5′两种；按尺身的形状可分为圆形和扇形两种。本节以最小刻度为 2′的扇形万能角度尺为例介绍万能角尺的结构、刻线原理、读数方法和测量范围。

万能角度尺的结构如图 2－35 所示，万能角度尺由主尺、角尺、游标、制动器、扇形板、基尺、直尺、夹块、捏手、小齿轮和扇形齿轮等组成。游标固定在扇形板上，基尺和尺身连成一体。扇形板可以与尺身作相对回转运动，形成和游标卡尺相似的读数机构。角尺用夹块固定在扇形板上，直尺又用夹块固定在角尺上。根据所测角度的需要，也可拆下角尺，将直尺直接固定在扇形板上。制动器可将扇形板和尺身锁紧，便于读数。

测量时，可转动万能角度尺背面的捏手，通过小齿轮转动扇形齿轮，使尺身相对扇形板产生转动，从而改变基尺与角尺或直尺间的夹角，满足各种不同情况的测量需要。

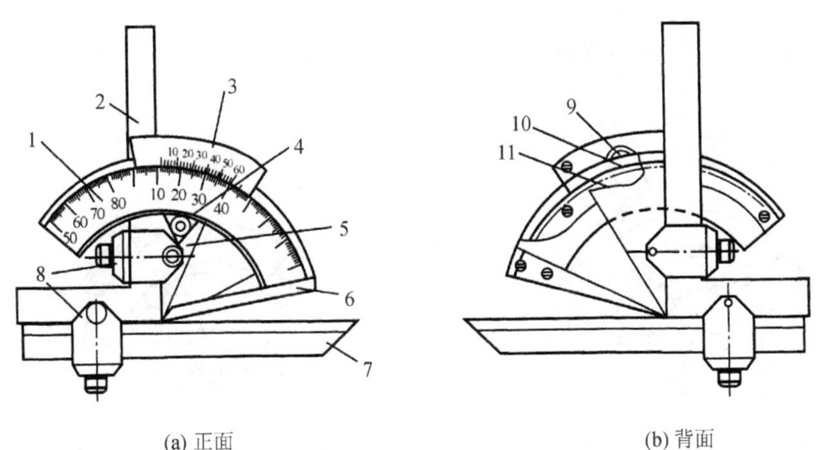

(a) 正面　　(b) 背面

1—主尺；2—角尺；3—游标；4—制动器；5—扇形板；6—基尺；7—直尺；8—卡块。

图 2－35　万能角度尺

(2)万能角度尺的读数原理。万能角度尺是一种结构简单的通用角度量具，其读数原理与游标卡尺相似。角度尺主尺的分度每格等于 1°，游标的刻线格数与主尺的刻线格数的关系是:主尺上 29 个格的一段弧长等于游标 30 个格的一段弧长。

设主尺每格的宽度为 a,游标尺每格的宽度为 b,i 为游标分度值(刻度值),n 为游标的刻线格数。当主尺 $(n-1)$ 格的长度正好等于游标 n 格的长度时,游标尺每格的宽度 b 为

$$b=(n-1)\times\frac{a}{n}=a-\frac{a}{n}=1^{\circ}-1^{\circ}/30=58'$$

游标的分度值 i 为主尺每格的宽度与游标尺每格的宽度之差,即

$$i=a-b=1^{\circ}-58'=2'$$

通过万能角度尺构件不同的组合,可以测量 0～320°以内的任何角度,在这个范围内测量的角度都是以基尺为基准的。如图 2-36 所示,测量 0°～50°之间的角度应装上直角尺和直尺,利用卡块将直尺固定在直角尺上,再利用卡块将直角尺固定在扇形板上。通过主尺背面的微动装置使扇形板随游标相对主尺缓慢转动。如图 2-37 所示,测量 50°～140°之间的角度只需装上直尺,即可进行测量。如图 2-38 所示,测量 140°～230°之间的角度也需装上直角尺,但安装时应注意使直角尺短边与长边的交点与基尺的尖端对齐。如图 2-39 所示,测量 230°～320°之间的角度不装直角尺和直尺,只使用基尺和扇形板的测量面进行测量。

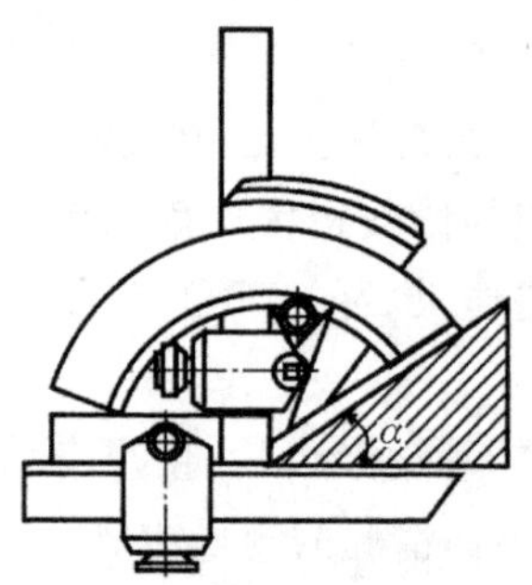

图 2-36　0°～50°角度测量

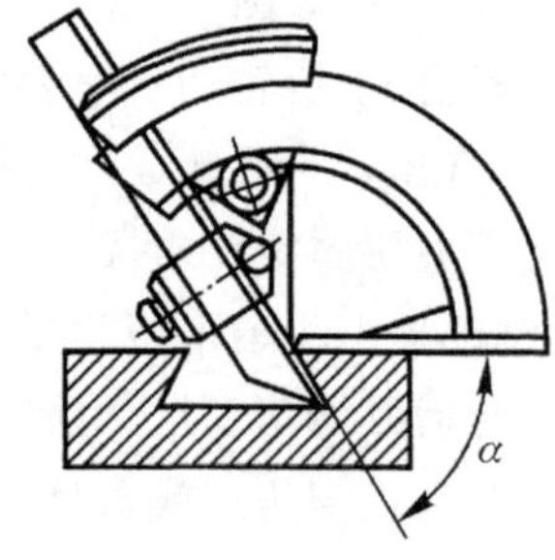

图 2-37　50°～140°角度测量

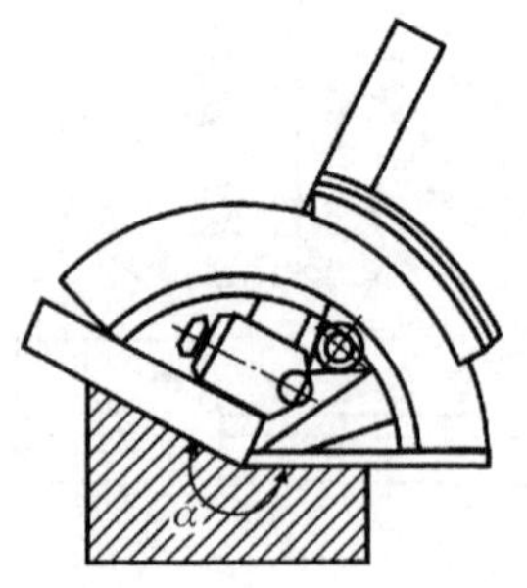

图 2-38　140°～230°角度测量

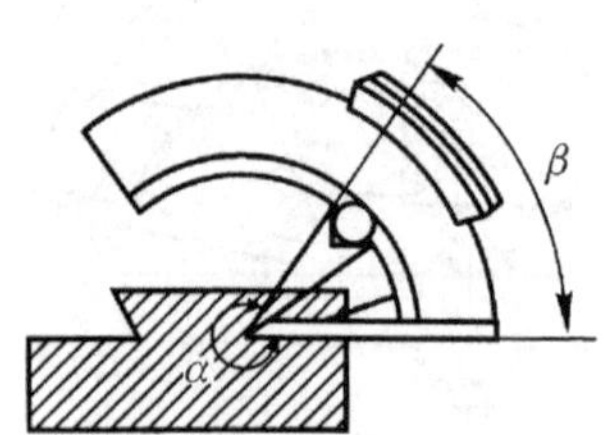

图 2-39　230°～320°角度测量

(3)万能角度尺使用方法。

①使用前,要擦净工作面,把基准尺和直尺合拢,检查游标零线是否与主尺零线对齐,零位对齐后即可进行测量。

②根据被测角度选择并装好测量尺,调整万能角度尺的角度稍大于被测角度。将工件放

在基尺与测量尺测量面之间，使工件的一个被测量面与基尺测量面接触，移动主尺做粗调整，利用微动装置，使测量尺与工件另一被测量面充分接触好，然后拧紧制动装置上的制动器之后即可进行读数。

③读数时，先读出主尺上的整数刻度值，再读出游标尺上的分刻度，两者之和即为被测角度值。

④用万能角度尺测量内角时，若万能角度尺上所指示的角度为 β，而被测内角为 α，则被测内角 α 应等于 360°减去角度规上的读数 β 所得之差，即 $\alpha=360°-\beta$。

⑤用完角度规之后，应洗净、擦干，涂上防锈油，然后装入盒内。

2）正弦规

（1）正弦规的结构和工作原理。正弦规是间接测量角度的常用计量器具之一，它需和量块、千分表等配合使用。正弦规的结构如图 2-40 所示，它由主体和两个圆柱等组成，分宽型和窄型两种。

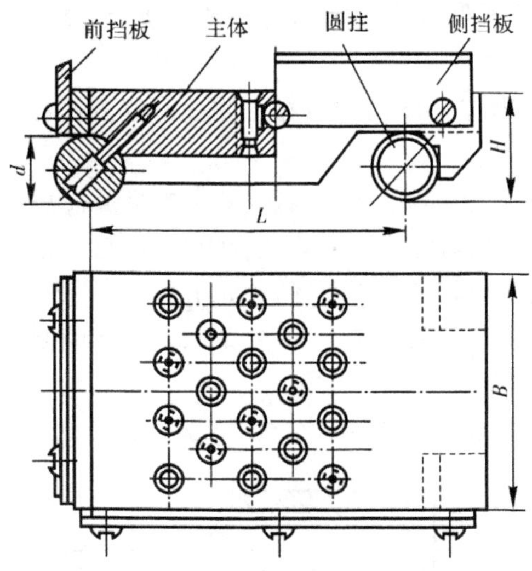

图 2-40　正弦规外形结构

正弦规测量角度误差的原理是以直角三角形的正弦函数为基础，如图 2-41 所示。测量时，先根据被测圆锥的公称圆锥角 α，按下式计算出量块组的高度 h

$$h = L\sin\alpha$$

式中，L 为正弦规两圆柱间的中心距（宽型和窄型的 L 分别为 100 mm 和 200 mm）；h 为量块组尺寸；α 为正弦规测量平面与平板平面之间的夹角（即被测件的锥度）。

根据计算出的 h 值组合量块，垫在正弦规圆柱的下方，此时正弦规的测量面与平板的夹角为 α。然后将被测圆锥放在正弦规的工作面上，如果被测圆锥角等于公称圆锥角 α，则指示表在 e、f 两点的示值相同。反之 e、f 两点的示值有一差值 A。当 $\alpha>\alpha'$ 时，$e-f=+A$；若 $\alpha<\alpha'$ 时，$e-f=-A$（α' 为塞规实际圆锥角），则

$$\tan\alpha = \frac{A}{l}$$

式中，l 为 e、f 两点间的距离。

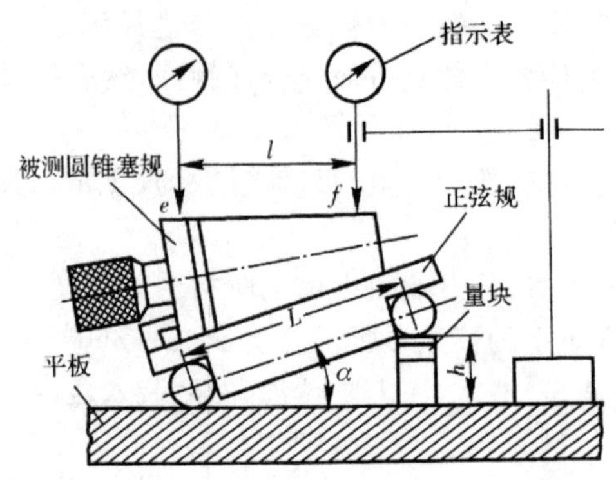

图 2-41　正弦规测量圆锥角

(2)正弦规测量圆锥角的操作方法。

①根据被测圆锥塞规圆锥角 α,按 $h=L\sin\alpha$ 计算垫块的高度,选择合适的量块组合好作为垫块。

②将组合好的量块组按图 2-41 所示放在正弦规一端的圆柱下面,然后将被测塞规稳放在正弦规的工作台上。

③将千分表装在磁性表座上,测量 e、f 两点(其距离尽量远些,不小于 2 mm)。测量时,应找到被测圆锥素线的最高点,然后将指示表读数调为零,再测 f 或 e 的读数。

④按上述步骤,将被测量规转过一定角度,在 e、f 点分别测量三次,取平均值,求出 e、f 两点的高度差 A,然后测量 e、f 之间的距离。将 A 和 e、f 之间的距离代入上述公式,则可间接测量出圆锥塞规圆锥角的大小。

例 2-10　用正弦规在平台上测量内锥体锥角(见图 2-42)。

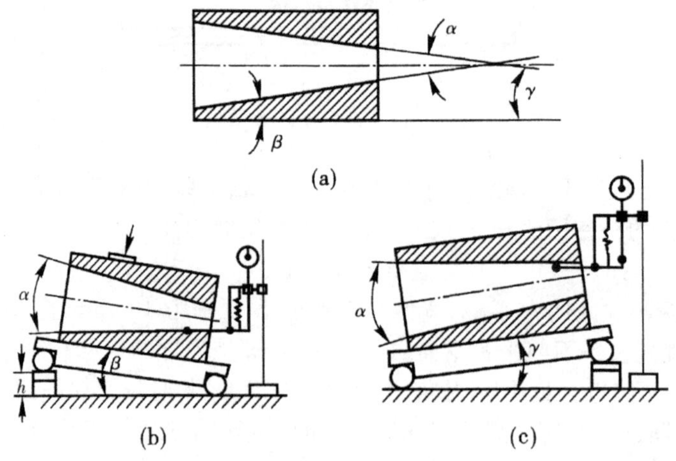

图 2-42　内锥角的测量

解　用正弦规在平台上测量内锥体锥度、锥角时,量块组尺寸用下式计算

$$h = L\sin\alpha$$

式中,L 为正弦规两圆柱轴线距离;α 为圆锥角。

测量时，以工件外表面作为测量的辅助基面，按图2-42所示分别测出β及r，则内锥角

$$\alpha = \beta + r$$

必须注意，在测量β和r时，内锥体在正弦规上的安装情况保持不变，只是量块组分别垫在正弦规的左、右圆柱下。

3)直角尺

直角尺也被称为90°角尺，通常简称为角尺，在有些场合还被称为"靠尺"。它主要用于检验工件的垂直度及工件相对位置的垂直度，有时也用于画线。其结构形式有圆柱形、刀口形、矩形、铸铁型和宽座型等多种。

直角尺的精度分为00级、0级、1级和2级共四级。00级和0级一般用于检测精密量具，1级用于检测精密工件，2级用于检测一般工件。常用规格有100、160、200、250、500、630等。

2.2.3 其他常用量具及其使用方法

1. 螺纹规和螺纹样板

1)螺纹规

检查螺纹的量规可分为螺纹塞规和螺纹环规两大类，前者用于检查外螺纹，后者用于检查内螺纹。螺纹规有双头和单头之分，其中双头的螺纹塞规较常用，单头的螺纹环规较常用。另外，螺纹环规还有不可调式和可调式两大类。其测量部位和标准的螺栓(或螺母)一样，具有标准的全形螺纹牙，一般可旋合长度为8个牙，如图2-43所示。

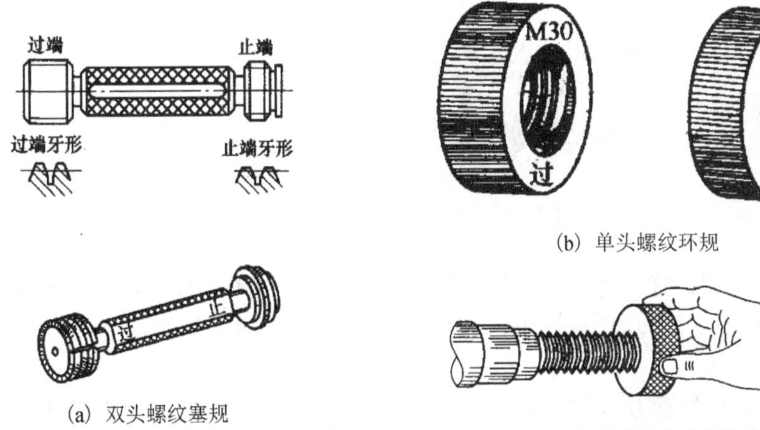

(a) 双头螺纹塞规

(b) 单头螺纹环规

(c) 用螺纹环规检查外螺纹

图2-43 螺纹规

(1)螺纹塞规的使用方法。螺纹塞规用于检验工件的内螺纹尺寸是否合格。每种规格分通规(代号为T)和止规(代号为Z)两种，二者可制成单体，也可制成整体。一般情况下，螺纹塞规通侧螺纹较长，而不通侧较短，而且柄部有刻线纹。

检查时，若螺纹塞规的过端能够顺利地旋入和旋出被检螺孔，而使用止端时不能旋入，则说明被检螺纹是合格的；若过端不能旋入，则说明被检螺纹直径偏小了；若止端也能旋入，则说明被检螺纹直径偏大了。

(2)螺纹环规的使用方法。螺纹量规是按极限尺寸判断原则设计的。螺纹通规体现的是

最大实体牙型边界,具有完整的牙型,并且其长度应等于被检测螺纹的旋合长度,以用于正确的检测作用中径。若被检螺纹的作用中径未超过螺纹的最大实体牙型中径,且被检螺纹的底径也合格,那么螺纹通规就会在旋合长度内与被检螺纹顺利旋合。

螺纹量规的止规用于检测被检螺纹的单一中径。为了避免牙型半角误差及螺距累积误差对检测的影响,止规的牙型常做成截短型牙型,以使止端只在单一中径处与被检螺纹的牙侧接触,并且止端的牙扣只作出几牙。

检查时,若螺纹规的过端能够顺利地旋入和旋出被检螺栓,而使用止端时不能旋入,则说明被检螺纹是合格的;若过端不能旋入,则说明被检螺纹直径偏大了;若止端也能旋入,则说明被检螺纹直径偏小了。可见判定不合格的情况刚好与用塞规检查内螺纹时相反。

2)螺纹样板

螺纹样板又称螺距规,是一种用于测量低精度螺纹工件的螺距、牙形角的检测工具。螺纹样板采用比较法测定普通螺纹的螺距,其结构形式如图 2-44 所示。

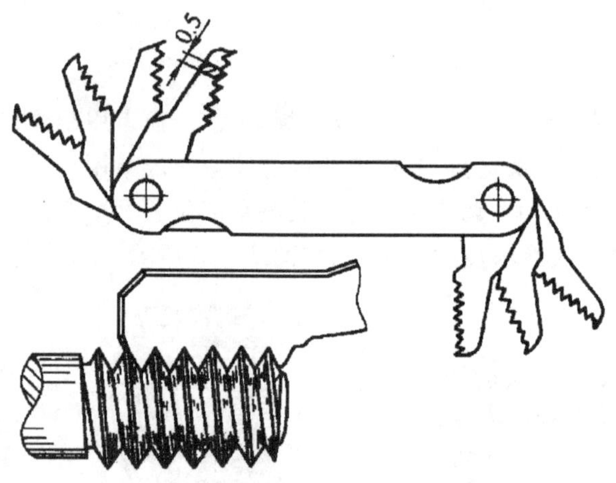

图 2-44 螺纹样板及使用方法

和其他用途的样板一样,螺纹样板也是成套供应的,即由多种标准螺纹牙形样板组成。在每一个样板上标注着各自的螺距,样板采用 0.5 mm 厚的不锈钢板制成。螺纹样板的检验方法如下。

(1)检验螺距。按被检验螺纹的名义螺距(图纸标定的螺距)先选一片与其数值相同的螺纹样板在被测螺纹上进行试卡,如果完全吻合,则说明被测螺纹的螺距合格;如果样板牙形与被测螺纹的牙形表面不密合,则换一个与其尺寸相近的样板试卡,直到密合为止,此时所用的样板所标螺距即为被检螺纹的实际螺距。

(2)检验螺纹牙形。按被检螺纹的名义螺距(图纸标定的螺距),选一片与其数值相同的螺纹样板在被测螺纹上进行试卡,如果完全吻合,即没有透光现象,则说明被测螺纹的牙形是准确的;如果样板牙形与被测螺纹的牙形表面不密合,即有不均匀的透光现象,则说明被测螺纹的牙形是不准确的。

本方法只能对牙形的偏差进行一个大概的判定。

2. 内尺寸检测用光滑量规

检查内尺寸的光滑量规种类，按其用途可分为圆柱形和圆锥形两种。

1)圆柱形孔用光滑塞规

检查圆柱形孔内径的光滑塞规和检查螺纹量规一样，有将过端和止端装在一个手柄两端的双头型和通规、止规单独制作的单头型两大类，图 2－45(a)是双头套式塞规，图 2－45(b)是单头套式塞规。

(1)通端(过端)和止端的区分。通常采用以下几种措施来区分塞规的通端(通规) 和止端(止规)。

①用字母 T 表示通端，Z 表示止端。

②制造时，在靠近止端的一头手柄上或者止端测头的锥柄上，车出一个环形窄槽。

③通端的工作面比止端长出约 1/3～1/2。

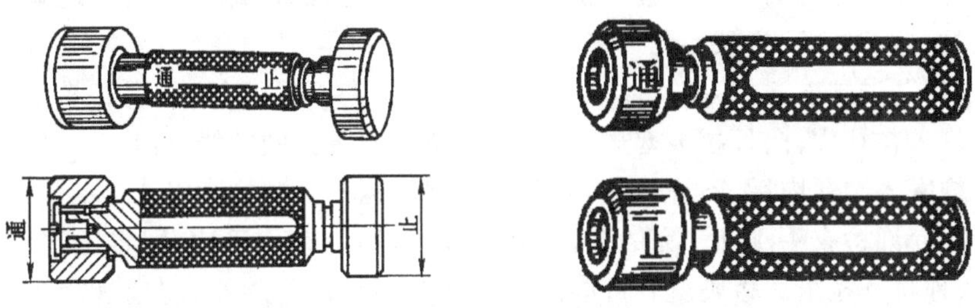

(a) 双头套式塞规　　(b) 单头套式塞规

图 2－45　检查内尺寸的量规

(2)使用方法(见图 2－46)和注意事项。

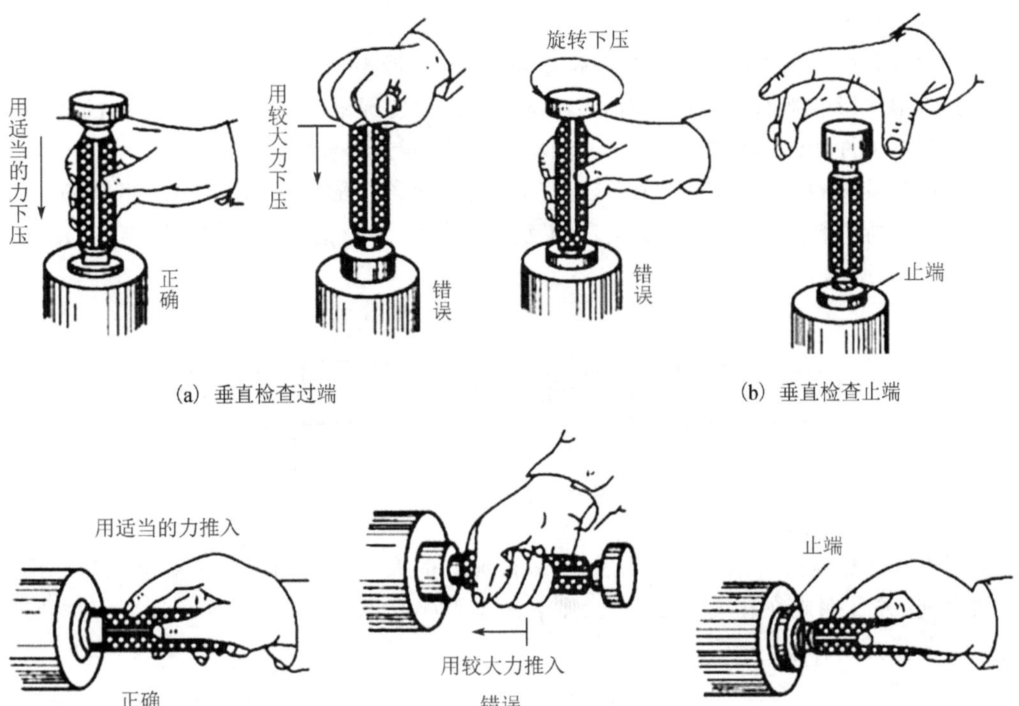

(a) 垂直检查过端　　(b) 垂直检查止端

(c) 水平检查过端　　(d) 水平检查止端

图 2－46　塞规的使用方法

①将被检查的圆孔擦拭干净后，手握塞规，尽可能保持塞规的轴线与被检查的圆柱孔轴线重合。

②先将塞规的过端对准被检查的圆柱孔，轻轻地用力将塞规过端推入孔内，然后拉出。

若此时推动和拉出时较顺利，则说明被检查圆孔的内径尺寸在公差带之内；若需用较大的力才能推进和拉出，则说明被查内径尺寸在公差带下限附近（即接近下限）；若用很小的力就能推进和拉出，甚至靠塞规的自重就能滑入被检孔内，则说明被查内径尺寸在公差带上限附近（即接近上限），甚至于超过了上限（此孔超过了合格标准）。

③再将塞规的止端对准被检查的圆柱孔，若不能进入，则说明被检查的圆柱孔内径尺寸未超过公差带的上限值，合格；若能进入（可能须用一定的推力和拉力），则说明被检查的圆柱孔内径尺寸超过公差带的上限值，不合格。

④检查通孔时，塞规的“止端”应分别从孔的两头进行检查，都不通过；“过端”应在孔的整个长度内通过。此时方认为被检孔合格。

⑤将“过端”（过规或通规）塞入被检孔内时，塞规轴向不得倾斜，否则容易发生测量误差，也可能把塞规卡在孔内；向外拉拔塞规时，也要使塞规顺着孔的轴线方向。

⑥将塞规塞入圆孔内后，不许转动，以防止塞规受到不必要的磨损。

⑦一般不允许检查刚刚加工完的孔，如必须检查，则应动作迅速，即将过端（通规）塞入孔内后，要尽快地将其拉出。否则就有可能因工件冷却使孔内径缩小，将塞规“咬”在孔内，难以拔出。

若遇上述情况，不要使用普通榔头敲、打或摔、拧塞规等措施，而要用木榔头轻轻敲或使用拉拔器等专用工具进行处理。必要时，将工件稍稍加热，即可将塞规很容易地拔出。

2）圆锥孔用光滑塞规

检查圆锥孔内径的光滑塞规称作圆锥塞规，是锥体量规中的一种。圆锥工件的直径偏差和角度偏差都将影响基面距变化。因此，用圆锥量规检验圆锥工件时，是按照圆锥量规相对于被检验的圆锥工件端面的轴向移动（基面距偏差）来判断是否合格。

在塞规测量面的较粗端，有一个台阶形的缺口或两条环形刻线，缺口的间距为 m，m 是工件因加工误差所引起的基面距（用于确定相互配合的内、外圆锥轴向的相互距离）变动的允许值，如图 2-47 所示。

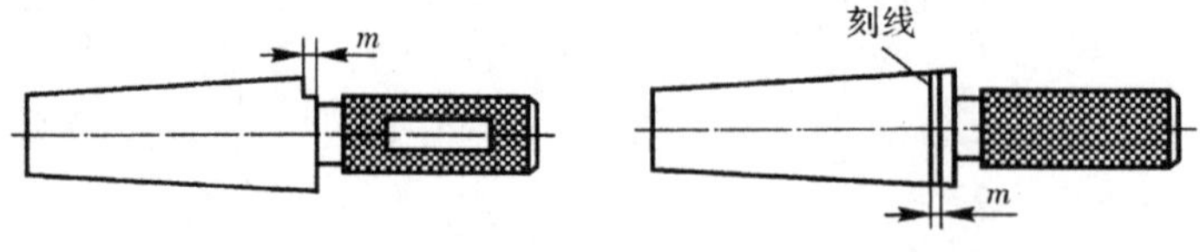

图 2-47　圆锥塞规

将塞规塞入被检查的锥形孔内以后，如果锥形孔的大口端面刚好处于塞规缺口或两条环形刻线之间，并且塞规在孔内不能晃动，则表示被检锥孔的孔径、锥度以及长度都是合适的。否则说明孔径大或者小，如图 2-48 所示。

由于圆锥配合时，通常锥角公差有更高要求，所以当用圆锥量规检验时，首先以单项检验锥度，采用涂色法，即在塞规的测量表面涂上一层厚度为 2～15 μm 的红丹粉或蓝油后，将塞规塞入锥形孔中，转动塞规几周后从孔中退出，观看涂层被抹掉的面积，该面积即为塞规测量面和

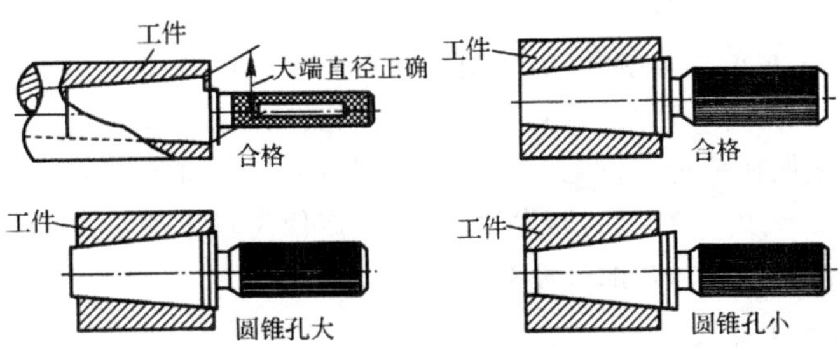

图 2-48　圆锥塞规的使用方法

锥形孔内表面相接触的面积。另外，也可事先用红丹粉、蓝油(没有这两种材料时也可用铅笔)在塞规测量面上沿轴向在圆周上均匀地画 3、4 道线，然后轻轻地和被检工件对研，转动几周后，取出圆锥量规，观看图色的线被抹掉的部位和长度，即知锥形孔锥度的加工情况，如图 2-49 所示。

用圆锥塞规检验内圆锥时，若只有大端被擦去，则表示内圆锥的锥角小了；若小端被擦去，则说明内圆锥的锥角大了；若均匀地被擦去，才表示被检验的内圆锥锥角是正确的。其次再用圆锥量规按基面距偏差作综合检验，如果被检验工件的最大圆锥直径处于圆锥塞规两条刻线之间，表示被检验工件是合格的。

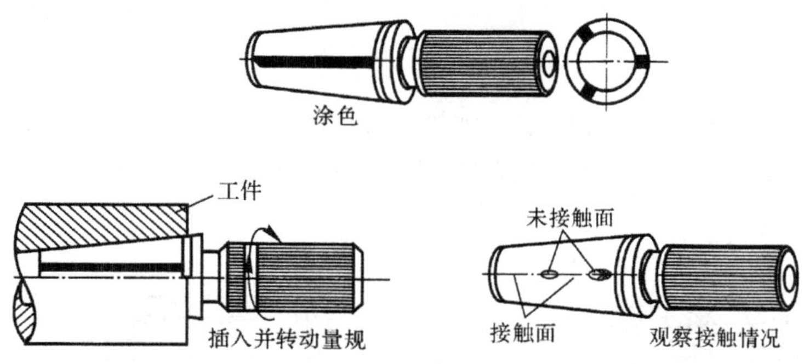

图 2-49　用涂色法检查锥形孔的加工情况

3)带百分表的圆锥塞规

图 2-50 是一个带百分表的圆锥塞规及其使用方法。所用标准环规的锥度、长度、两端直径要按被检工件的名义尺寸来制造。

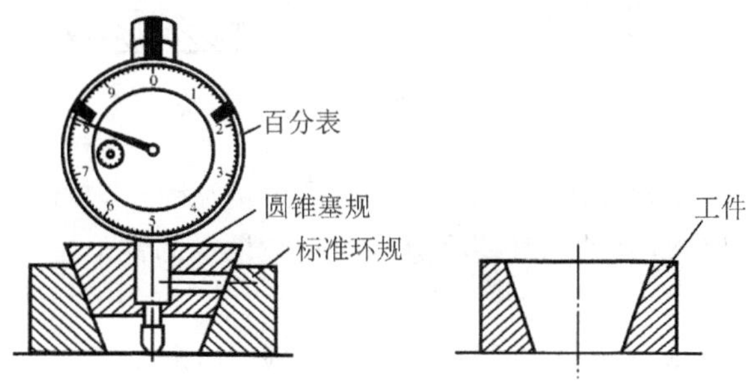

图 2-50　带百分表的圆锥塞规及其使用方法

将百分表安装在塞规的中心孔内并用顶丝固定(在校对时可能还要调整)。将标准环规平放在测量平板上,把塞规放入标准环规中,使百分表的测头接触测量平板,并要求有一定的测量力,即要求百分表的指针转动半圈到一圈。旋转表盘使指针对零。

将被检工件也平放在测量平板上,把塞规放入其中后,若百分表的指针还在零位,说明被检工件的尺寸和标准环规完全相同;若发生了偏离,但偏离量未超过允许的公差范围,则为合格。允许的公差范围与标准环规的尺寸有关。

3. 圆锥环规和锥度样板

1)圆锥环规

检查圆锥轴直径和锥度用的光滑套规被称作圆锥环规,也是锥体量规中的一种。

在套规测量面孔径较小的一端,有半个端面缩进去一段,形成一个台阶形的缺口,缺口的长度为 m,m 值就是工件因加工误差所引起的基面距(用于确定相互配合的内、外圆锥轴向的相互距离)变动的允许值,如图 2-51 所示。

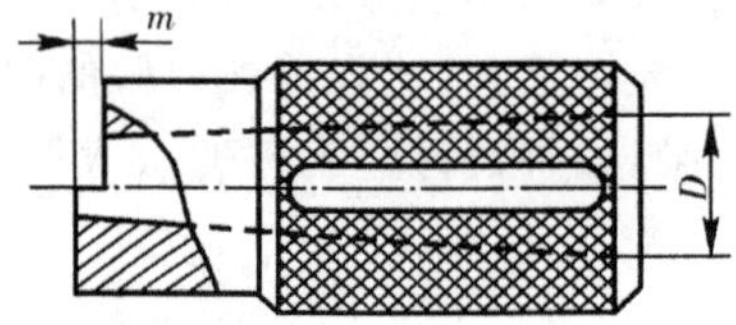

图 2-51 圆锥环规

将环规套入被检查的锥形轴上以后,如果锥形轴的小端面刚好处于套规缺口长度之间,并且套规不感觉晃动,则表示被检锥轴的轴径、锥度以及长度都是合适的。否则说明轴径大或者小,如图 2-52 所示。

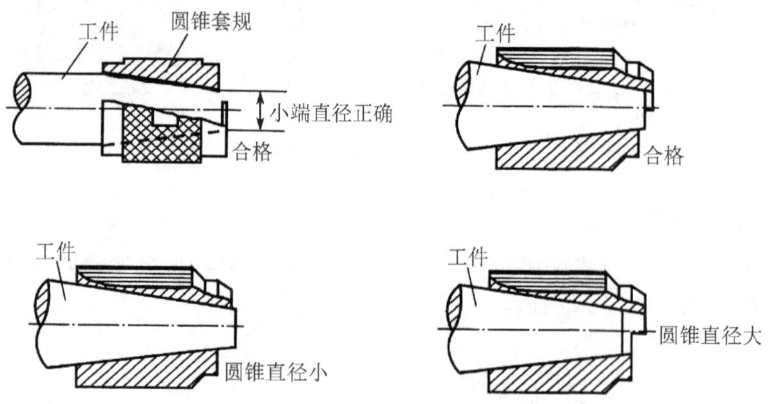

图 2-52 圆锥环规的使用方法

为了准确地检查轴锥度和表面的加工情况,也可采用涂色法,具体操作和判定方法和用圆锥塞规检查锥形孔基本相同,只是此时要将涂料涂在被检查的锥形轴上。

2)锥度样板

除圆锥量规外,对于外圆锥还可以用锥度样板检验,如图 2-53 所示。合格的外圆锥最小圆锥直径应处在样板上两条刻线之间,锥度的正确性利用光隙判断。

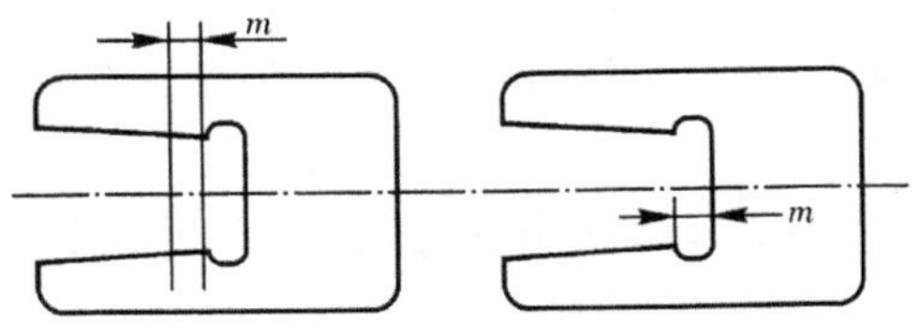

图 2-53　锥度样板

4. 键槽尺寸量规

1)平键键槽尺寸量规

对于平键连接,需要检测的项目有键宽、轴键槽和轮毂键槽的宽度、深度及槽的对称度。

(1)槽宽极限量规。在单件小批量生产时,一般采用通用计量器具(如千分尺、游标卡尺等)测量,在大批量生产时,用极限量规控制,如图 2-54(a)所示。

(2)槽深量规。在单件小批量生产时,一般用游标卡尺或外径(内径)千分尺测量。在大批量生产时,用专用量规,如轮毂槽深度极限量规和轴槽深极限量规控制,如图 2-54(b)、(c)所示。

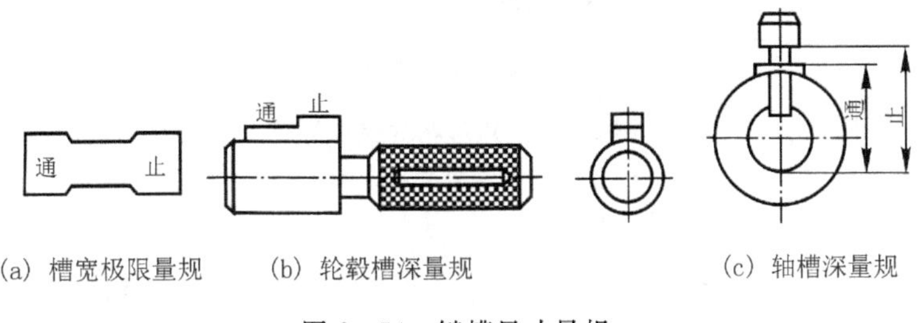

(a) 槽宽极限量规　(b) 轮毂槽深量规　(c) 轴槽深量规

图 2-54　键槽尺寸量规

(3)键槽对称量规。在单件小批量生产时,可用分度头、V 型块和百分表测量,在大批量生产时一般用综合量规检测,如对称度极限量规,只要量规通过即为合格。如图 2-55(a)所示的是轮毂槽对称度量规,图 2-55(b)是轴槽对称度量规。

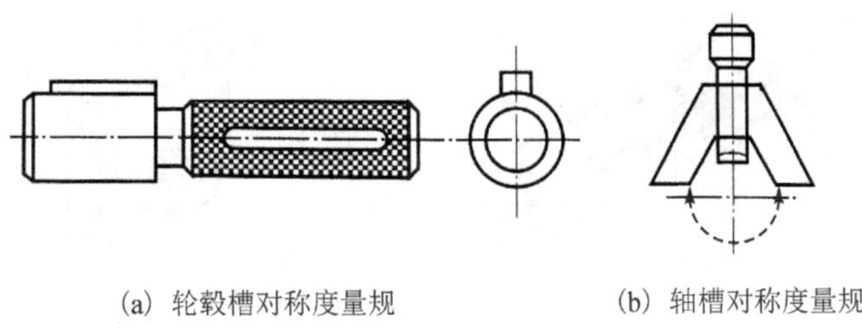

(a) 轮毂槽对称度量规　(b) 轴槽对称度量规

图 2-55　键槽对称量规

2)花键综合量规

矩形花键的检测包括尺寸检测和形位误差检测。

在单件小批量生产中,花键的尺寸和位置误差通常用千分尺、游标卡尺或指示表等通用计量器具进行测量。

在大批量生产中,内(外)花键用花键综合塞(环)规同时检验内(外)花键的小径、大径、各键槽宽(键宽)、大径对小径的同轴度和键(键宽)的位置度等项目。此外,还要用单项止端塞(卡)规或不同计量器具检测其小径、大径、各键槽宽(键宽)的实际尺寸是否超越其最小实体尺寸。

检测内、外花键时,如果花键综合量规能通过,而单项止端量规不能通过,则表示被测内、外花键合格。反之,即为不合格。

内、外花键综合量规的形状如图 2-56 所示,图 2-56(a)、(b)为花键塞规,图 2-56(c)为花键环规。

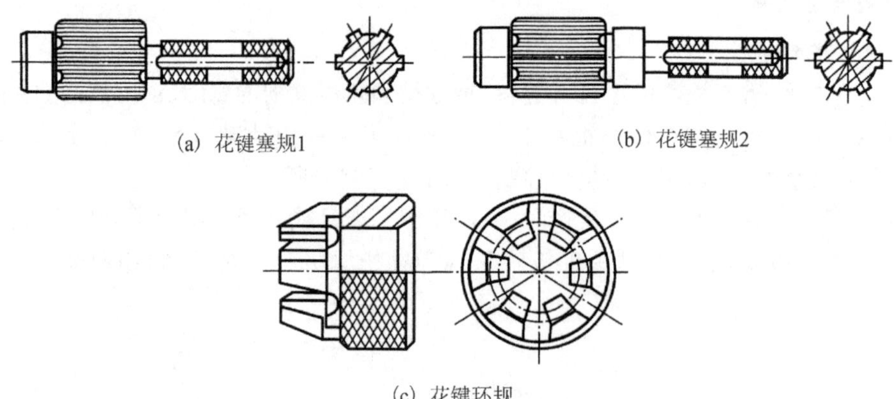

(a) 花键塞规1　(b) 花键塞规2

(c) 花键环规

图 2-56　矩形花键综合量规

5. 水平仪

水平仪是测量被测平面相对水平面微小倾角的一种计量器具,在机械制造中,常用来检测工件表面或设备安装的水平情况,如检测机床、仪器的底座、工作台面及机床导轨等的水平情况。还可以用水平仪检测导轨、平尺、平板等的直线度和平面度误差,以及测量两工作面的平行度和工作面相对于水平面的垂直度误差等。

常用的水准式水平仪有条式和框式两种,如图 2-57 所示。

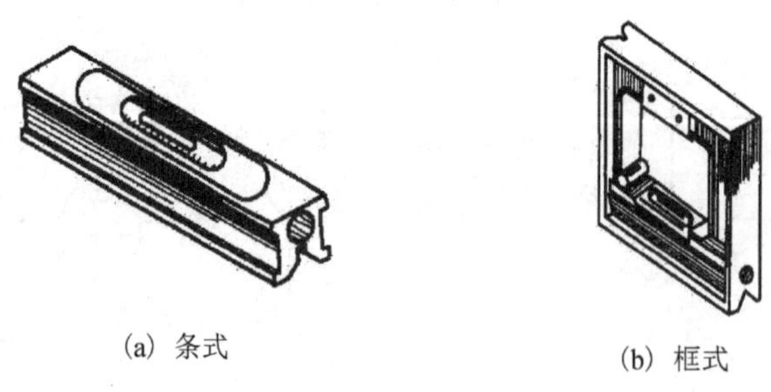

(a) 条式　(b) 框式

图 2-57　水平仪

水准式水平仪的主要工作部分是管状水准器。它是一个封闭的弧形玻璃管,内装乙醚或酒精,但未注满,形成一个气泡。管子内壁磨成一定的曲率,管上刻有与内壁曲率相应的刻度线,间距约 2 mm,如图 2-58(a)所示。当放置水平位置时,水准器的气泡正好在中间位置;当置于倾斜面上,水准器的气泡就向左或向右移动到最高点。

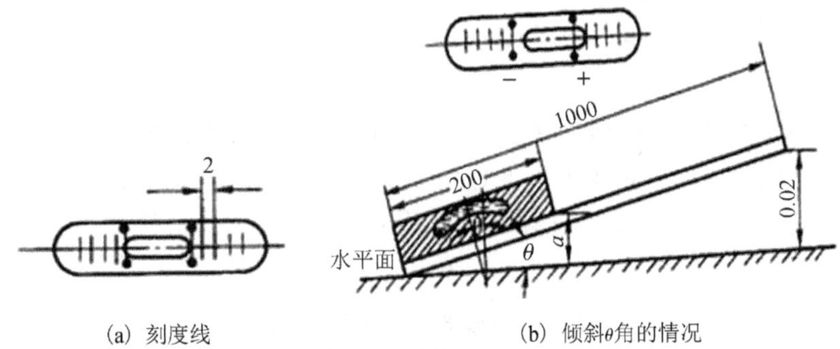

(a) 刻度线　　(b) 倾斜θ角的情况

图 2-58　水平仪的刻线原理

框式水平仪的外形如图 2-57(b)所示，它与条式水平仪的不同之处在于：条式水平仪的主体为一条形，而框式水平仪的主体为一框形。框式水平仪除有安装水准器的下测量面外，还有一个与下测量面垂直的侧测量面，因此框式水平仪不仅能测量工件的水平表面，还可用它的侧测量面与工件的被测表面相靠，检测其对水平面的垂直度。框式水平仪的框架规格有 150 mm×150 mm、200 mm×200 mm、250 mm×250 mm、300 mm×300 mm 四种，最常用的是 200 mm×200 mm。水平仪的精度有 0.02 mm/1000 mm 和 0.05 mm/1000 mm 两种。

例 2-11　将一读数精度为 0.02/1000 mm、规格为 200 mm×200 mm 的框式水平仪，置于长 1000 mm 的平尺左端表面上，将平尺右端抬高 0.02 mm，这时平尺便倾斜一个 θ 角，而框式水平仪内的气泡正好移动一格，如图 2-58(b)所示。

解　框式水平仪与平尺的倾斜角 θ 的大小可从下式求出。

$$\sin\theta = 0.02/1000 = 0.00002$$

从上式可知，精度为 0.02/1000 mm、规格为 200 mm×200 mm 的水平仪，气泡每移动一格，其倾斜角度值为 4″。这时在离左端 200 mm 处的高度 d 值可从下式求出。

$$\sin\theta = a/200 = 0.00002$$

$$a = 200 \times \sin\theta = 200 \times 0.00002 = 0.004 \text{ mm}$$

因此，精度为 0.02/1000 mm、规格为 200×200 mm 的框式水平仪，它的每一格误差值为 0.004 mm。

水平仪的精度等级，以气泡向高点移动一格时的倾斜角度，或以气泡移动一格时其表面在 1 米内的倾斜高度差来表示，见表 2-8。

表 2-8　水平仪精度等级

精度等级	Ⅰ	Ⅱ	Ⅲ	Ⅳ
气泡移动一格时的倾斜角度/(″)	4～10	12～20	24～40	50～1
一米内倾斜的高度差/mm	0.02～0.05	0.06～0.10	0.12～0.20	0.25～0.30

水准式水平仪的使用注意事项：

(1)使用前工作面要清洗干净；

(2)湿度变化对仪器中的水准器位置影响很大，必须隔离热源；

(3)测量时旋转度盘要平稳，必须等两气泡像完全符合后方可读数。

6. 半径样板

半径样板又称半径规、R 规，有凸形和凹形两种，用于以比较法测定工件凹凸圆弧面的半径。

根据半径范围，常用的半径样板有三套，每组由凹形和凸形样板各 16 片组成，具体尺寸见表 2-9。从表中可以看出，最小的为 1 mm，然后每隔 0.5 mm 增加一档，到 20 mm 为止，再每隔 1 mm增加一档，到 25 mm 为止。每片样板都是用 0.5 mm 的不锈钢板制造的，如图 2-59(a)所示。

表 2-9　成套半径样板的半径尺寸　　单位:mm

样板组 半径范围	样板半径尺寸															
1～6.5	1	12.5	1.5	17.5	2	2.25	2.5	2.75	3	3.5	4	4.5	5	5.5	6	6.5
7～14.5	7	7.5	8	8.5	9	9.5	10	10.5	11	11.5	12	12.5	13	13.5	14	14.5
15～25	15	15.5	16	16.5	17	17.5	18	18.5	19	19.5	20	21	22	23	24	25

用半径样板检查圆弧角时，先选择与被检圆弧角半径名义尺寸相同的样板，将其靠紧被测圆弧角，要求样板平面与被测圆弧垂直(即样板平面的延长线将通过被测圆弧的圆心)，用透光法查看样板与被测圆弧的接触情况，完全不透光为合格；如果有透光现象，则说明被检圆弧角的弧度不符合要求，几种情况分别如图 2-59(b)中各图所示，图中 R 为样板半径，r 为工件半径。

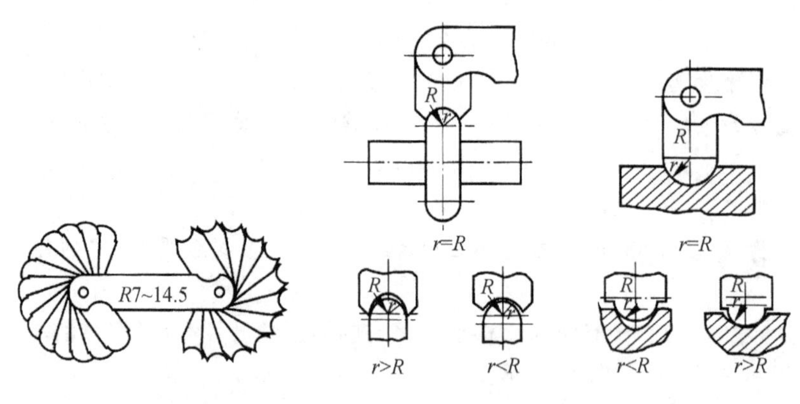

(a) 半径样板　　(b) 完全合格和不合格的各种情况

图 2-59　半径样板和使用方法

若要测量出圆弧角的未知半径时，先大致估计所测曲线半径的大小，再依次以不同半径尺寸的样板在工件圆弧处检验，当密合一致时，该半径样板的尺寸即为被测圆弧表面的半径尺寸。

7. 塞尺

塞尺是测定两个工件的缝隙以及平板、直角尺和工作物间的缝隙使用的片状量规。当遇到测量两个平面之间的距离很小，并且其所处的位置很难使用前面介绍的量具时，塞尺就可以发挥作用。

塞尺又称厚薄规或间隙规，有普通级和特级两种。实际应用的塞尺都是几片不同厚度的尺片合装在一起的，每个薄片都有两个相互平行的测量面，在每一薄片上都刻有厚度的尺寸数字，在一端像扇骨那样钉在一起，如图 2 - 60 所示。由不同厚度的金属薄片组成的塞尺，一般称为“一把”，每把有 13、14、17、20、21 片不等。考虑到较薄的尺片容易损坏，厚度在 0.05 mm 及以下尺片每档为两片。

塞尺的长度有 75 mm、100 mm、150 mm、200 mm、300 mm 共 5 种。厚度为 0.03～0.1 mm 时，中间每两片间隔为 0.01 mm；厚度为 0.1～1 mm 时，中间每两片间隔为 0.05 mm。

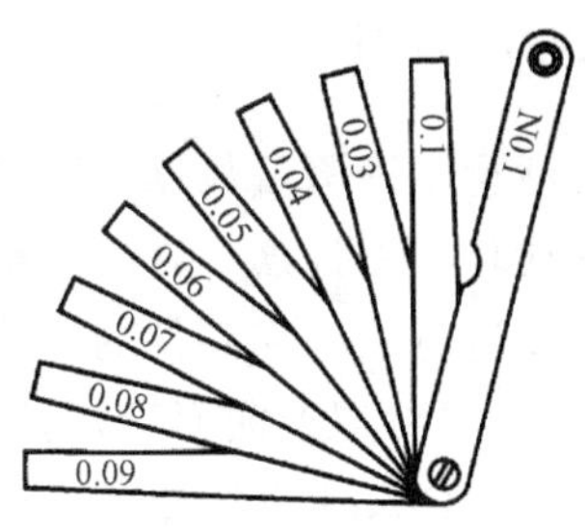

图 2 - 60　塞尺

使用塞尺测量间隙时，先大致估计所测间隙的大小，再依次以不同厚度的塞尺插入间隙，刚好插入者，其厚度即为所测间隙的大小。

塞尺可以单片使用，也可多片叠起来使用，但多片使用会使测量误差变大，所以叠起的片数越少越好。

使用塞尺时，应注意用力适当，方向要合适，不可强行将较厚的塞尺往小的间隙中塞，防止其弯曲过度甚至折断和划伤。

只检查某一间隙是否小于规定值时，则用符合规定最大值的塞尺（一片或几片叠加在一起）去塞该间隙，如果不能塞入，则为合格，能塞入则为不合格。

若需测量出间隙的实际尺寸，则要用不同厚度的塞尺片（包括一片或几片叠加在一起）去试探着塞入被测间隙中，刚好插入，手感不松不紧者，所用片的厚度即为被测间隙的尺寸。

因为塞尺片很薄，精度也较高，所以应特别注意日常保护，每次使用后，应使用干净的棉布等顺着尺片将其擦干净。不要随意放置在有灰尘和油污，特别是有腐蚀性化学物质的地方。如发现局部有锈蚀，应立即清除，锈蚀较严重的不能使用。

2.2.4　常用的测量辅助工具

在测绘工作中常用的测量辅助工具有平板、方箱和 V 型块等。

1. 平板

平板作为测量时的工作台，在其工作面上安放量具、零件及其他辅助工具，对零件进行测量。较大规格的平板，安装在专用支架上时，统称为平台。

平板的精度等级有：000、00、0、1、2、3 六个等级。平板按其制造材料不同分为铸铁平板和花岗岩平板两大类。

2. 方箱

方箱是具有六个工作面的空腔正方体，其中一个工作面上有 V 型槽，以供放置圆柱形工件。方箱用铸铁或钢材制成。

方箱主要用于检验零部件的平行度和垂直度，装夹形状复杂的零件，还可供划线使用，做各种测量装置中的辅助工具。

3. V 形铁

V 形铁根据用途分为划线用 V 形铁、带夹紧两面 V 形铁、带夹紧四面 V 形铁三种。

2.2.5 现代测量仪器——三坐标测量机

三坐标测量机是一种高效率的新型精密测量仪器，是集精密机械、电子技术、传感器技术、电子计算机等高新科技为一体的现代化检测仪器。它广泛地应用于机械制造、电子、汽车和航空航天等工业中。三坐标测量机可以进行零件和部件的尺寸、形状及相互位置的检测，还可用于划线、定中心孔、光刻集成线路等，并可对连续曲面进行扫描等，故有“测量中心”之称。在现代化生产中，三坐标测量机已成为 CAD/CAM 系统中的一个测量单元，它将测量信息反馈到系统主控计算机，进一步控制加工过程，提高产品质量。

1. 三坐标测量机的结构类型

三坐标测量机有三个方向的标准器（标尺），利用导轨实现沿相应方向的运动，同时三维测头对被测量进行探测和瞄准。此外，测量机还具有数据处理和自动检测等功能，需由相应的电气控制系统与计算机软硬件实现。

1）三坐标测量机的结构

三坐标测量机有主机、测头、电气系统三大部分，如图 2－61 所示。主机的机构包括框架结构、标尺系统、导轨、驱动装置、平衡部件、转台与附件等，其中标尺系统是测量机的重要组成部分，也是决定仪器精度的关键。三坐标测量机所用的标尺有线纹尺、精密丝杠、感应同步器、光栅尺、磁尺及光波波长等。

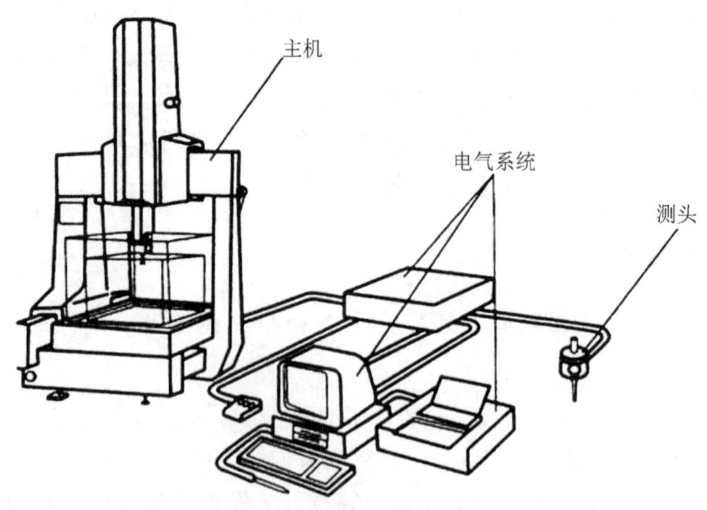

图 2－61 三坐标测量机的组成

测头是三坐标测量机的传感器，它可以在三个方向上感受瞄准信号和微小位移，以实现瞄准与测微两种功能。测量机的测头主要有接触式测头和非接触式测头两类。

电气控制系统是测量机的电气控制部分，主要包括计算机硬件部分、测量机软件、打印与绘图装置。测量机软件包括控制软件与数据处理软件，这些软件可进行坐标变换与测头校正，生成探测模式与测量路径，可用于基本集合元素及其相互关系的测量，形状与位置误差的测量，齿轮、螺纹与凸轮的测量以及曲线与曲面的测量等。

2）三坐标测量机的分类

(1)按操作方式分类。

①手动测量机。这种机器结构简单，无机动传动机构，全部由操作者控制动作。

②半自动测量机。有三套传动系统，由电机、减速器、驱动器、控制器、电源、操作杆等组成。工作时，操作者通过操作杆控制机器的运动方向和速度。

③自动测量机。即 CNC 控制的测量机，全部运动自动实现，它的伺服传动机构同机动式测量机一样，只是控制方式是通过软件实现。批量测量时，第一件用机动方式操作，编出自学习程序，存储在计算机里，以后再测量时，动作全部自动进行。

(2)按主机结构形式分类。

①悬臂式。如图 2－62(a)、2－62(b)所示。图 2－62(a)为悬臂式 z 轴移动，特点是左右方向开阔，操作方便。但因 z 轴在悬臂 y 轴上移动，易引起 y 轴挠曲，使 y 轴的测量范围受到限制(一般不超过 500 mm)。图 2－62(b)为悬臂式 y 轴移动，特点是 z 轴固定在悬臂 y 轴上，随 y 轴一起前后移动，有利于工件的装卸。但悬臂在 y 轴方向移动，重心的变化较明显。悬臂式结构的缺点是刚性较差，会影响测量精度，设计时应注意补偿变形误差。

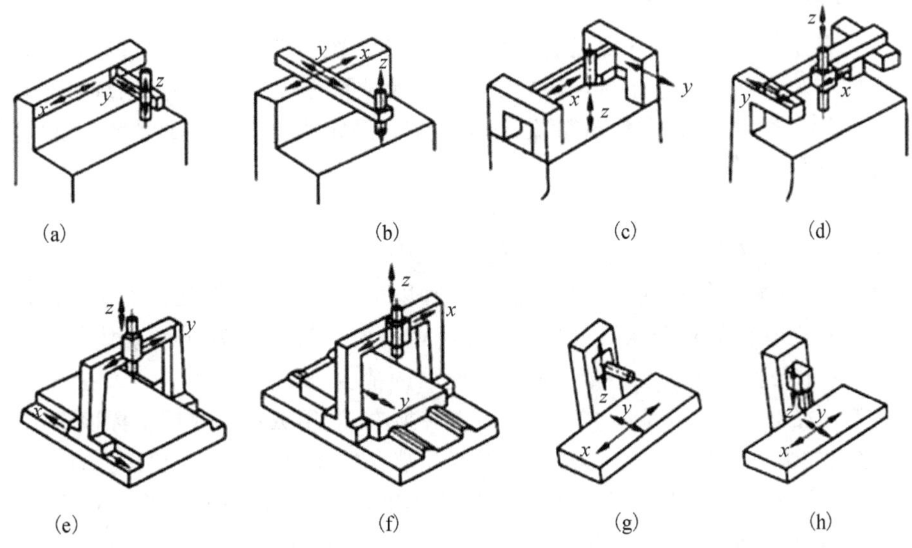

图 2－62　三坐标测量机构类型

②桥式。如图 2－62(c)、2－62(d)所示。以桥框作为导向面，x 轴能沿 y 方向移动，它的结构刚性好，适用于大型测量机。

③龙门式。如图 2－62(e)、2－62(f)所示。图 2－62(e)为龙门移动式和图 2－62(f)为龙

门固定式，龙门式的特点是当龙门移动或工作台移动时，装卸工件非常方便，操作性能好，适合小型测量机，精度较高。

④图 2－62(g)、2－62(h)是在卧式镗床或坐标镗床的基础上发展起来的坐标机，这种测量机精度也较高，但结构复杂。

(3)按精度高低分类。

①高精度。指三坐标测量机单轴示值精度，在 1 m 的测量范围内，误差绝对值不大于 5 μm。

②中等精度。指三坐标测量机单轴示值精度，在 1 m 的测量范围内，误差绝对值在 5～15 μm之间。

③低精度。指三坐标测量机单轴示值精度，在 1 m 的测量范围内，误差绝对值大于 15 μm。

三坐标测量机的示值误差是由测量的正确度和测量精密度组成；测量正确度是由几何精度等系统误差决定；精密度由三坐标测量机的重复性误差所决定。

(4)按测量范围大小分类。

按三坐标测量机的测量范围大小可分为大、中、小三种类型：

①大型三坐标测量机。x 轴的测量范围大于 2000 mm 以上的为大型三坐标测量机。

②中型三坐标测量机。x 轴的测量范围在 600～2000 mm 的为中型三坐标测量机。这种机器的用途广、生产厂家多、品种和规格也很多、自动化水平高。

③小型三坐标测量机。x 轴的测量范围小于 600 mm 的为小型三坐标测量机。它主要用于测量小型复杂形状高精度零件，所以精度和自动化水平都较高。

2. 三坐标测量机的测量系统

测量系统是坐标测量机的重要组成部分之一。该系统对三坐标测量机的精度、成本、维护保养和寿命等有着密切的关系。目前国内、外三坐标测量机中使用的测量系统种类很多，归纳起来大致可分为三类，即机械式测量系统、光学式测量系统和电气式测量系统。这些测量系统的工作原理和优缺点各异。

1)机械式测量系统

机械式测量系统按其工作原理和结构可分为以下三种。

(1)精密丝杠加微分鼓轮测量系统。这是一种以精密丝杠为检测元件的机械式测量系统。其读数的方法是把丝杠的转角从微分鼓上读出。读数值一般为 0.01 mm，若附加游标后，可读到 0.005～0.01 mm。测量系统的精度取决于丝杠的精度。

为了读数方便，这种测量系统可以通过机电转换方式，用数字形式把坐标值显示出来。

(2)精密齿轮齿条测量系统。这是用一对互相啮合的齿轮齿条作为检测元件的测量系统。如图 2－63 所示。在齿轮的同轴上装有一圆形的光电盘(也有装刻度盘的)，光电盘上刻有许多刻线。当齿轮在齿条上转动时，读数头里的光电元件就接收到明暗交替变化的光电信号，经放大整形后被送入计数器，用数字的形式把移动的坐标值显示出来。

该测量系统的精度取决于齿轮副的精度。这种测量系统可靠性高、维护简便，但是精度较低。

(3)滚动光栅测量系统。该系统利用了摩擦滚动的原理，以一定的压力使摩擦轮与平面导轨接触，摩擦轮轴的另一端装有圆光栅系统。一般情况下，摩擦轮与光栅安装在移动部件上，

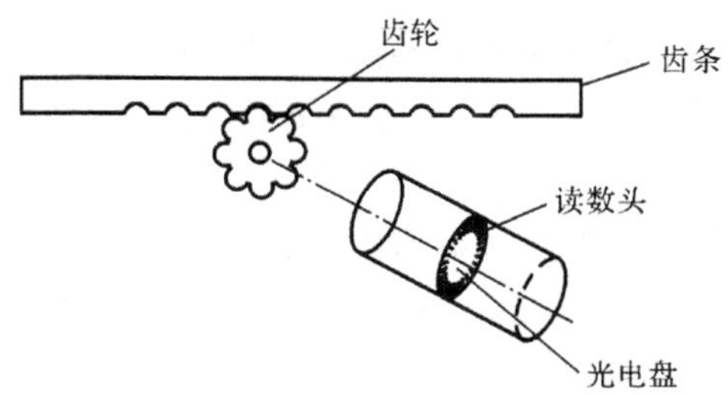

图 2-63　精密齿轮条测量系统

部件移动时借助摩擦力使摩擦轮旋转，同时带动光栅转动，圆光栅将机械位移转变为电信号，经放大整形送入数显表，以数字形式显示出坐标位移量。

这种测量系统的测量精度与摩擦副中有无打滑及滚轮的尺寸精度有关。该测量系统的优点是结构简单、安装方便，缺点是因摩擦副打滑或滚轮磨损，会使测量精度降低。

2)光学式测量系统

光学式测量系统按工作原理、结构特点来分，主要有以下几种。

(1)光学刻度尺测量系统。这种测量系统要求检测元件是金属标尺或玻璃标尺。在标尺上每隔 1 mm 刻一条刻线，测量时通过光学放大把刻线影像投射到视野上，再通过游标副尺读出整数和小数坐标值。视野的结构大部分是光屏式的，也有目镜式的。这种测量系统的精度主要取决于标尺制作精度。

(2)光电显微镜和刻度尺测量系统。如图 2-64 所示，该测量系统的读数装置由圆光栅盘 10，指示光栅 13、光电元件 9、光源 11 及数字电路组成。光栅盘与伺服电机 12 和鼓轮 8 同轴转动。在光栅盘上刻有 2 500 条线，光栅盘每转一周，在光电元件上接收到 2 500 条莫尔条纹，转换成电信号，再被电路四倍频细分后转变成脉冲送入数字电路。当工作台 7 带动刻线标尺 6 移动时，伺服电机不停地转动，同时光电元件 9 接收脉冲信号。工作台停止移动后，电机停转。因此，数字电路显示的数值，就是移动的坐标值。这种测量系统的精度高，但结构比较复杂。

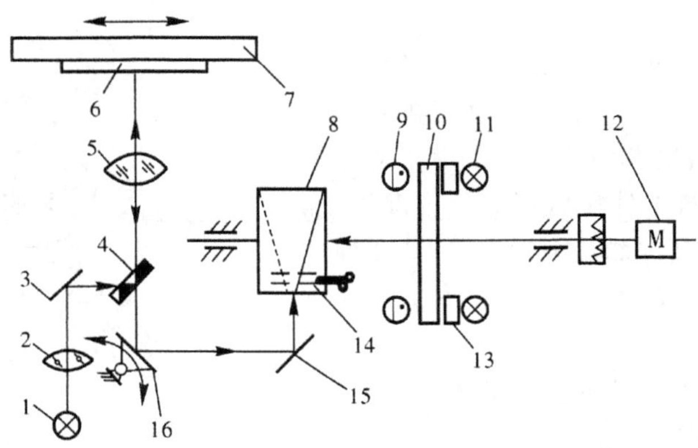

1、11—光源；2、5—凸透镜；3、4—反射镜；6—刻线标尺；7—工作台；8—鼓轮；9—光电元件；10—光栅盘；12—伺服电机；13—指示光栅；14—信号转换传感器；15、16—反射镜。

图 2-64　光电显微镜和金属刻度尺测量系统

(3)光学编码器测量系统。光学编码器测量系统是一种绝对测量系统,在原点固定之后,它所显示的数值是绝对坐标值,也就是说编码器的任何一个确定位置,只能与一个固定的编码状态相对应,停电不会造成测量数据丢失,电源一接通,与编码器位置相对应的坐标值又被正确地显示出来。

编码器有直线型和旋转型两种,分别称为码尺和码盘。码尺和码盘是以二进制代码运算为基础,用透光和不透光两种状态代表二进制代码的"1"和"0"两个状态,经光电接收和模数转换,可用于长度和角度的测量和定位。

编码器测量系统的优点是不需要电子细分电路,所以电路抗干扰能力较强,受电子噪声、电源波动等影响较小;缺点是码尺和码盘制作麻烦,价格较贵。

3)电气式测量系统

(1)感应同步器与旋转变压器测量系统。感应同步器结构简单,制造不复杂,成本低,环境变化影响小,维护方便,工作可靠,但定位精度低,适合于开环系统。旋转变压器与感应同步器类似,是一种角度检测元件。

(2)磁尺测量系统。磁尺测量系统是一种录有磁化信号的磁性标尺,该系统由磁尺本体、读数磁头和测量电路三部分组成,可用于精密机器的位置测量系统。

3. 三坐标测量机的测量头

三坐标测量机的测量头按测量方法分为接触式和非接触式两大类。

接触式测量头可分为硬测头和软测头两类。硬测头多为机械测头,因测量力会引起测头和被测件的变形,降低了瞄准精度,所以主要用于手动测量和精度要求不高的场合。软测头是目前三坐标测量机普遍使用的测量头。软测头的测端与被测件接触后,测端可作偏移,传感器输出模拟位移量的信号,因此,它不但可用于瞄准,又可用于测微。非接触式主要采用电气测头和光学测头。

接触式测头亦称电触式测头,其作用是瞄准。它可用于"飞越"测量,即在检测过程中,测头缓缓前进,当测头接触工件并过零时,测头即自动发出信号,采集各坐标值,而测头则不需要立即停止或退回,允许若干毫米的超程。

1)接触式测头

三坐标测量机使用的机械式测头种类很多,包括不同形状的各种触头,可根据被测对象的不同特点进行选用,使用时注意测量力引起的变形对测量精度的影响,在触头与工件接触可靠的情况下,测量力越小越好。一般要求测量力在 0.1～0.4 N 的范围内,最大测量力不应大于 1 N。下面介绍一种触发式软测头。

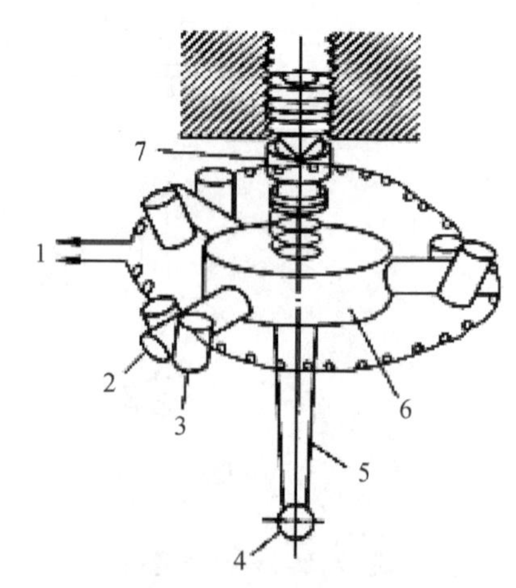

1—信号线; 2—销; 3—圆柱销; 4—红宝石测头; 5—测杆; 6—块规; 7—陀螺。

图 2-65 触发式测头

图 2-65 所示为触发式测头的典型结构之一,其工作原理相当于零位发信开关。当三对由圆柱销组成的接触副均匀接触时,测杆处于零位。当测头与被测件接触时,测头被推向任一方向后,三对圆柱销接触副必然有一对脱开,电路立即断开,随即发出过零信号。当测头与被测件脱离后,外力消

失，由于弹簧的作用，测杆回到原始位置。

接触式测头的结构与电路都比较简单，测头输出的是阶跃信号，它广泛应用于各种信号的瞄准装置、自动分选和主动检验中。触点的电蚀和腐蚀影响检验精度，它易受振动而误发信号，其静态测量误差一般不超过±1 μm。触发式测头的测量力较大，一般不能给出连续数，因此使用受到局限。

2）非接触式测头（激光测头）

激光测头速度快（比一般接触式测头高 10 倍）、效率高，对一些软质、脆性、易变形的材料，如橡胶、木塞、石蜡、塑料、胶片，甚至透明覆盖物后面的表面均可测量。没有测量力引起的接触变形的影响，适用于雷达、微波天线、电视显像管、光学镜头、汽轮机叶片及其他翼面成形零件等的测量与检验。测头的测量范围较大，水平方向为 10 m，垂直方向为 4 m。

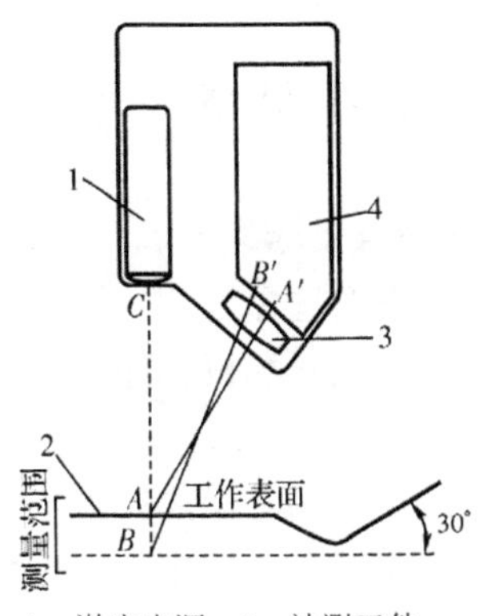

1—激光光源；2—被测工件；
3—透镜；4—数字固体传感器。

图 2 - 66　激光测头原理图

如图 2 - 66 所示为激光测头的工作原理图，激光光源 1 发射出一束精细的光束，形成光能量较强的光斑（直径为 0.076 mm）照射在被测工件 2 的表面 A 点上，若 A 点位于透镜的光轴上，探针距被测表面为一固定值 C，通过透镜 3 成像在相对应的 A'点上。若被测表面位于 B 点（在探针测量范围内），通过透镜 3 成像在 B'点，通过计算显示出测量结果 BC 比 AC 大，也可用光电元件接收，输入计算机进行处理。

三坐标测量机的工作效率和精度与测头密切相关，没有先进的测头，就无法发挥测量机的功能。三坐标测量机的发展促进了新型测头的研制，新型测头的出现又使测量机的应用范围更加广泛。

任务3　观察孔板、隔圈、轴类零件的测绘

 任务描述

【任务目标】

①视图选择

结合观察孔板、隔圈、轴类零件的结构特点，选择视图的位置和数量，讨论几种视图方案，画出零件草图。

②尺寸线的标注。讨论几种标注方案，分析其优劣。

③实物测绘。找出与标准件(轴承、键)配合的尺寸，确定轴径、键槽的基本尺寸，测量各部分尺寸。

【知识目标】

①环类、板类、轴类零件的测量方法。

②简单零件的视图表达方法

③简单零件的尺寸标注方法。

【能力目标】

①掌握环类、板类、轴类零件的测绘方法。

②掌握简单零件的视图表达方法和尺寸标注方法。

【素质目标】

培养学生一丝不苟、耐心细致的工作作风，养成诚实守信、严谨踏实、沟通协作的职业素质，树立质量、效率、成本、安全等意识。

 基础知识

3.1　轴类零件的测绘

3.1.1　轴类零件的功用与结构

轴类零件是机器组成的重要零件，是机器测绘中经常碰到的典型零件。轴类零件的主要作用是安装、支承回转零件并传递机械运动和动力，同时又通过轴承与机器的机架连接，保证装在轴上的零件具有一定的位置精度和运动精度。

轴类零件的主体多为几段直径不同、长度大于直径的回转体，轴类零件通常由外圆柱面、

圆锥面、内孔、螺纹及相应端面组成。轴类零件上往往还有花键、键槽、横向孔、沟槽等。根据功用和结构形状,轴类有多种形式,如光轴、空心轴、半轴、阶梯轴、花键轴、曲轴、凸轮轴等。

3.1.2　轴类零件的视图表达及尺寸标注

1. 视图表达

轴类零件(包括转轴、齿轮轴和蜗杆轴)一般用棒料经车削或磨削加工而成,故其主视图按加工状态将轴线水平放置,只需采用一个基本视图(主视图)就能表示其主要形状。实心轴不必采用剖视图,空心轴则用全剖视图或局部剖视图表示。对轴上的键槽及花键等结构,要绘出相应的移出横剖面图,以便清晰表达结构形状外,还能方便地标注有关结构的尺寸和技术要求。为清楚起见,必要时对螺纹退刀槽、砂轮越程槽等可绘出局部放大视图。较长的轴用折断画法。

2. 尺寸标注

轴类零件的尺寸主要是直径和长度。直径尺寸可直接标注在相应的各段直径处,必要时可标注在引出线上。

工艺基准面作为标注轴向尺寸的主要基准面,如图 3-1 的齿轮轴所示,其主要基准面选择在轴肩①处,它是齿轮的轴向定位面,同时也影响其他零件在轴上的装配位置。只要正确地定出轴肩①的位置,各零件在轴上的位置就能得到保证。

基准面通常有轴孔配合端面基准面及轴端基准面。应使尺寸标注反映加工工艺的要求,又满足装配尺寸链精度的要求,不允许出现封闭尺寸。

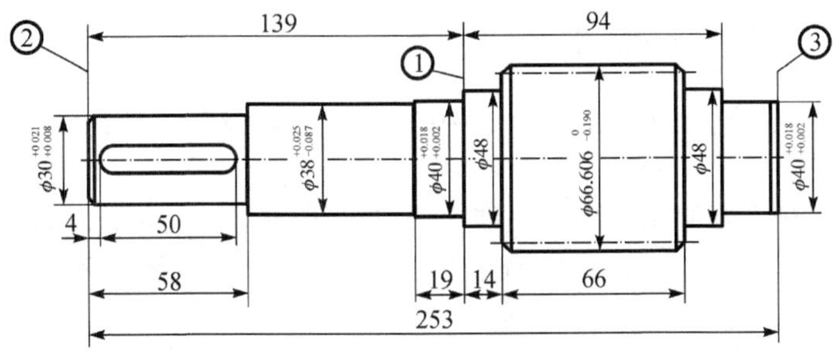

1—主要基准;　2、3—辅助基准。

图 3-1　轴的尺寸标注示例(齿轮轴)

(1)径向尺寸。以轴线为基准,轴的各段直径尺寸都应注出。所有配合处的直径尺寸或精度要求较高的重要尺寸应注出尺寸偏差。

(2)轴向尺寸。基准面通常选择轴孔配合端面或轴的端面,尽可能做到设计基准和工艺基准一致,并尽量考虑在加工过程来标注各段尺寸,以便于加工和测量。通常功能尺寸及尺寸精度要求较高的轴段尺寸直接注出。

如图 3-1 所示,该齿轮轴的轴向尺寸以左侧轴承的定位面①为主要基准面,并考虑加工情况,以轴的两端面②、③为辅助基准面。尺寸 139 确定主要基准面①的位置;尺寸 94 保证两轴承的相对位置;ϕ40 段尺寸 19 与左侧轴承安装面有关;ϕ48 段尺寸 14 确定齿轮位置,都从主要基准面①直接注出。ϕ 30 段尺寸 58 和 4 从辅助基准面②注出,以便测量;加工时,轴的全长 253 以辅助基准面③为基准测量。工序图中未标出的尺寸为工序过程中自然形成的尺寸,因此零件图上不标注，如 $\phi38$ 段轴长为不重要尺寸，其累积误差不影响装配精度。

(3)键槽尺寸及其偏差。在轴的零件工作图上，齿轮轴 $\phi30$ 轴段上键槽尺寸除注出定位尺寸 4 和键槽长 50 外，还应在移出断面图上按键连接国家标准规定注法，注出槽宽和槽深的尺寸及其极限偏差值，标注方法如图 3-1 所示。

键连接的结构尺寸可按轴径 d 由机械设计手册查出。平键长度应比键所在轴段的长度短些，并使轴上的键槽靠近传动件装入一侧，以便于装配时轮毂上的键槽易与轴上的键对准，键槽靠近传动件装入一侧与轴端的距离 Δ 为 1～4 mm。图 3-2(b)的结构不正确，因 Δ 值过大而对准困难，同时，键槽开在过渡圆角处会加重应力集中。

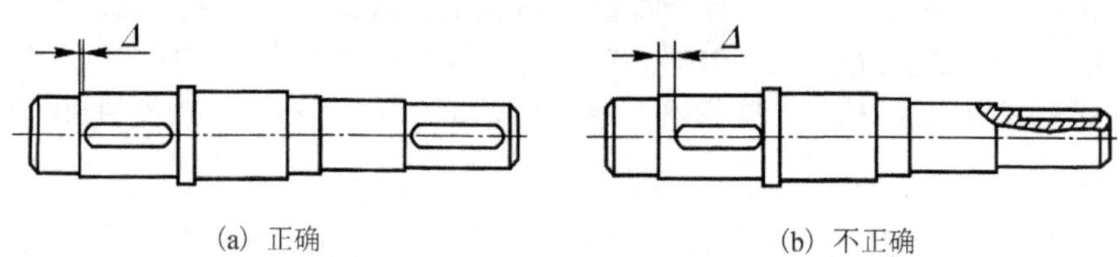

(a) 正确　　(b) 不正确

图 3-2　轴上键槽的位置

当轴沿键长方向有多个键槽时，为便于一次装夹加工，各键槽应布置在同一直线。如轴径径向尺寸相差较小，各键槽断面可按直径较小的轴段取同一尺寸，以减少键槽加工时的换刀次数。

(4)所有细部结构的尺寸，如倒棱、倒角、退刀槽、砂轮越程槽、键槽、中心孔等结构，应查阅有关技术资料的尺寸后再进行标注，或在技术要求中说明。

3.1.3　轴类零件测绘时的注意事项

(1)在测绘前必须弄清楚被测轴在机器中的部位，了解清楚该轴的作用及用途，如转速大小、载荷特征、精度要求以及与相配合零件的作用等。

(2)测量时要正确选择测量基准。基准面确定后，所有要确定的尺寸均以此为基准进行测量，尽量避免尺寸换算。对于长度尺寸链的尺寸测量，要考虑装配关系，尽量避免分段测量。分段测量的尺寸只能作为校核尺寸的参考。

(3)重要表面的基本尺寸、尺寸公差、形位公差和表面粗糙度以及零件上一些标准结构的形状和尺寸，应查阅国家标准资料，按标准取值，如倒角、键槽、螺纹退刀槽、砂轮越程槽、顶尖孔、铸造圆角等。

(4)测量磨损零件时，对于测量位置的选择要特别注意，尽可能地选择未磨损或磨损较少的部位。如果整个配合表面均已磨损，必须在草图上注明，对零件磨损的原因应加以分析，以便在绘制正规零件图时根据所测量表面的配合性质重新确定技术要求。

(5)测绘零件的某一尺寸时，必须同时测量配合零件的相应尺寸，尤其是只更换一个零件时更应该如此。

(6)测量轴的外径时，要选择合适的部位进行，以便判断零件的形状误差。对于转动部位更应注意。

(7)测量轴上有锥度或斜度时，首先要看它是否是标准的锥度或斜度，如果不是标准的，要仔细测量，并分析其作用。

(8)测量曲轴及偏心轴时，要注意其偏心方向和偏心距离。要注意轴类零件的键槽在其圆周方向的位置。

(9)测量螺纹或丝杠时,要注意其螺纹头数、螺旋方向、螺纹形状和螺距。对于锯齿形螺纹更应注意方向。

(10)测绘花键轴时,应注意其定心方式、齿数和配合性质。

(11)需要修理的轴应当注意零件工艺基准是否完好以及热处理情况,以作为修理工艺的依据。

(12)细长轴放置妥当,防止测绘时发生变形。

(13)对于零件的材料、热处理、表面处理、公差配合、形位公差及表面粗糙度等要求,在绘制草图时都要注明。

(14)对测绘图样必须严格审核,以确保图样质量。

3.1.4　齿轮轴测绘实例

齿轮轴是由实心圆柱体、键槽等构成的,是减速器的重要组成部分。轴上工艺结构有圆角、倒角及中心孔。该轴是被测减速器的输入轴,与轴配合的零部件有联轴器、轴承、密封件、键等。测绘步骤如下:

1)齿轮轴的装配关系、装配精度分析

装配关系:堵盖→轴承→齿轮轴→轴承→密封圈→端盖

装配精度:为保证传动精度,齿顶圆应与装配轴承两轴颈处同轴,装配轴承两轴颈处应同轴。为保证轴承的轴向间隙,装配两轴承的轴肩之间距离应有较高要求。

2)绘制零件草图

轴类零件主视图按加工状态将轴线水平放置。只需采用一个基本视图(主视图)就能表示其主要形状。实心轴不必采用剖视图,对轴上的键槽及花键等结构,要绘出相应的移出横剖面图,如图3-3所示。必要时对螺纹退刀槽、砂轮越程槽等可绘出局部放大视图。较长的轴用折断画法。

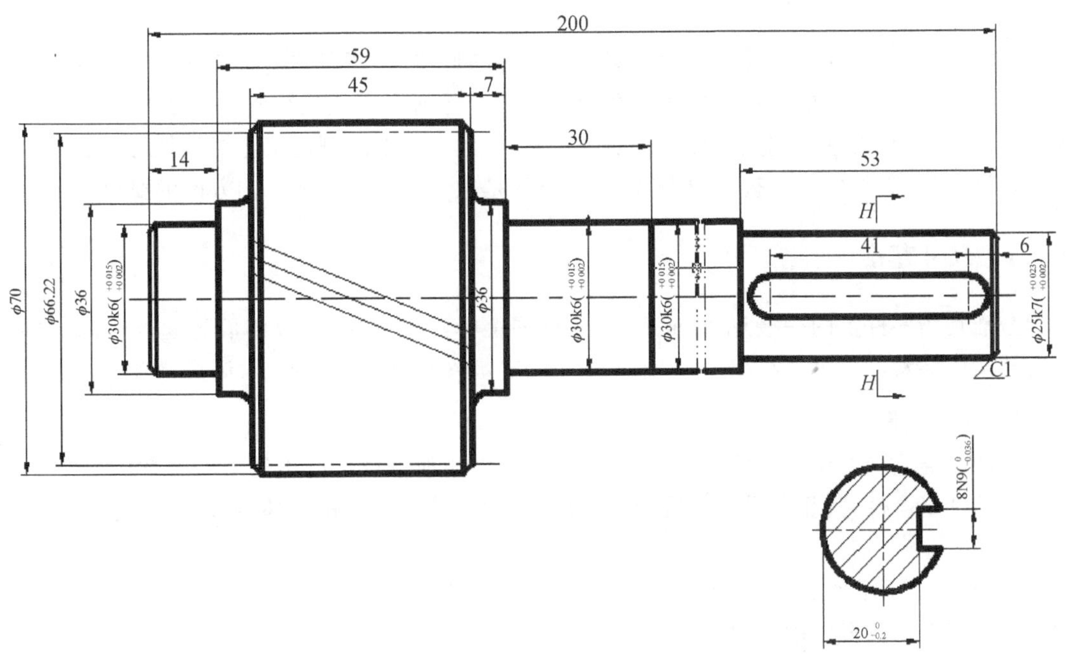

图3-3　齿轮轴的草图

如图 3-3 所示，齿轮轴按加工位置选择主视图，轴线水平放置，轴上键槽朝前方放置。

3)齿轮轴零件的尺寸标注

(1)轴向尺寸。轴向尺寸以左侧轴承的定位面为主要基准面，并考虑加工情况，以轴的两端面为辅助基准面。尺寸 14 确定主要基准面的位置；尺寸 59 保证两轴承的相对位置；ϕ30 段尺寸 30 与右侧轴承安装面有关，从右侧轴承安装面直接注出；ϕ38 段尺寸 7 确定齿轮位置，从主要基准面直接注出。ϕ 25 段尺寸 53 和 6 从右侧辅助基准面（轴的右端面）注出，以便测量；加工时，轴的全长 200 以左侧辅助基准面（轴的左端面）为基准测量。图中未标出的尺寸为工序过程中自然形成的尺寸，因此零件图上不标注，如 ϕ30 段轴长为不重要尺寸，其累积误差不影响装配精度。

为保证轴承的轴向间隙，装配两轴承的轴肩之间距离尺寸为主要尺寸，应直接标出，并需标注尺寸偏差。其他轴向尺寸不需标注尺寸偏差。

(2)径向尺寸。以轴线为基准，轴的各段直径尺寸都应注出。所有配合处的直径尺寸或精度要求较高的重要尺寸应注出尺寸偏差。

(3)键槽尺寸。齿轮轴 ϕ25 轴段上键槽尺寸除注出定位尺寸 3 和键槽长 45 外，还应在移出断面图上按键连接的国家标准规定注法，注出槽宽和槽深的尺寸及其极限偏差值。键连接的结构尺寸可按轴径 d 由机械设计手册查出。

(4)所有细部结构的尺寸，如倒棱、倒角、退刀槽、砂轮越程槽、键槽、中心孔等结构，应查阅有关技术资料的尺寸后再进行标注，或在技术要求中说明。

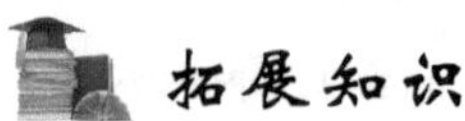

3.2 零件图中尺寸的合理标注

在测绘过程中，除了需要足够的视图表达零件的形体外，还必须测量并标注出零件上各部分的尺寸，以确定零件中各形体的大小和相对位置。任何形体或表面总是在机器或部件中起着它应有的作用，而且与相关零件有密切的关系，因此还要考虑制造工艺对零件的影响。在测绘中，标注尺寸固然要求完整而清晰，但更重要的是应该满足设计和工艺方面的要求。

3.2.1 尺寸基准

基准是指零件上的一些点、线或面，在零件图上标注尺寸时，是以它们为起点来确定零件中其他几何要素的位置。在生产中，用基准来确定零件在机构中或加工、测量、装配时的位置。

1. 设计基准

设计基准是指在设计工作中，确定零件在机构中的理论位置所用的一些基准。如图 3-4 所示的油针组合件，其径向设计基准为两零件的轴线；其轴向基准对零件 1 为 A 面，对零件 2 则为 P 面。

如图 3-5 所示的曲轴，其径向设计基准是曲轴的回转轴线；而轴向设计基准则是 $O-O$，即确定活塞工作位置的理论中心线。

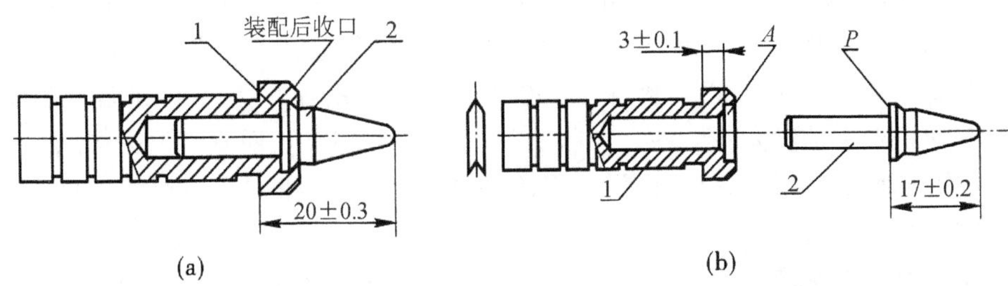

图 3-4 油针组合件

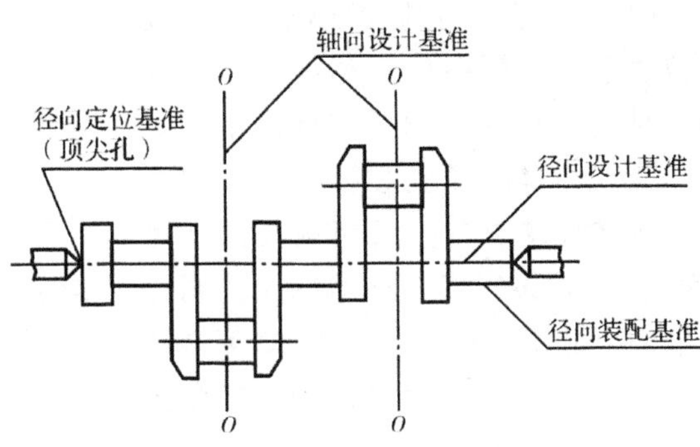

图 3-5 曲轴

通过图例可以看出，设计基准既是设计中确定零件间相互位置的依据，又可用来确定零件本身其他几何要素的位置。但在实际加工和装配时，零件的位置不一定都能靠设计基准确定，如图 3-5 曲轴中的 O-O 线，实际上并不存在，也无法用它进行加工和装配，因此在生产中往往需要另选工艺基准。

2. 工艺基准

工艺基准是根据零件在加工、测量、装配等方面的需要而选定的一些基准。这些基准在生产中往往起着重要的作用。它们可能与设计基准重合，这是比较理想的情况，但也可能与设计基准不一致，会引起各种误差，迫使人们提高尺寸精度，增加产品成本。工艺基准根据用途不同，通常分为定位基准、测量基准和装配基准。

1）定位基准

在加工过程中，确定零件的加工表面与机床、夹具的相对位置所用的一些基准，如图 3-6 所示的支架，设计时要求 ϕD 与 K 面的距离为 $A+a$，显然，K 面是确定 ϕD 轴线的设计基准。但在加工时若选 M 平面定位，则 M 面为加工 ϕD 时的定位基准；如果选 N 面定位，则 N 面为加工 ϕD 时的定位基准。

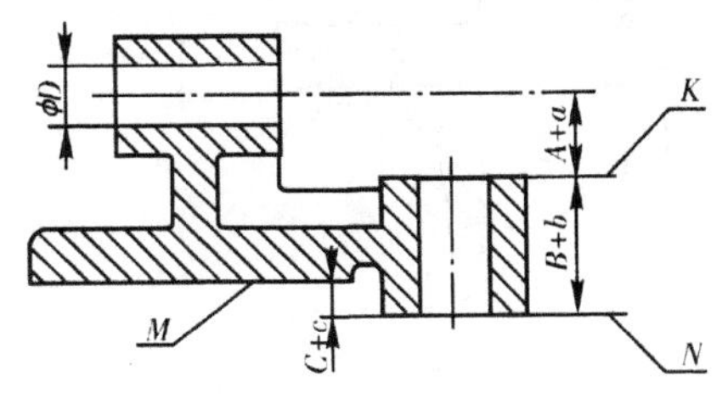

图 3-6 支架

从以上的例子可以看出：

(1)定位基准有选择性。由于定位基准是加工零件的某些表面时所用的基准，即使加工同一表面，也可选用不同的表面做定位基准，因此它的选择是否恰当，直接影响着零件的质量和成本，所以在标注尺寸时应特别注意定位基准的选择。

(2)定位基准的选择应重视重合性，即尽量与设计基准重合。定位基准是零件的实际表面，设计基准则不一定是实际表面，因此往往会出现两者不重合的情况，即出现定位误差。如果选择恰当，可避免和消除定位误差。在图 3－6 支架中，如以 M 面做定位基准加工 D 孔时，即使对刀非常准确，加工极为仔细，但尺寸 B、C 的加工误差(b 和 c)仍然影响着尺寸 $A+a$ 的精度，所以其定位误差 $\lambda=b+c$。

如以 N 面为定位基准，尺寸 C 的误差可以消除，而尺寸 B 的误差 b 仍影响零件上尺寸 $A+a$ 的精度，其定位误差 $\lambda=b$。如以 K 面为定位基准(与设计基准重合)，B、C 两尺寸的误差都可消除，定位误差 $\lambda=0$，显然易于保证尺寸 $A+a$ 的精度。

由此可见，在可能的情况下，标注尺寸应使定位基准与设计基准重合，以免产生定位误差。

(3)考虑定位基准的一致性。在加工同一零件的不同表面时，各工序的定位基准可能不同，这样也会影响零件的精度。如图 3－7 中所示为齿轮轴，在卡盘上采用调头加工时(分别以Ⅰ、Ⅱ两圆柱面为基准)就必然影响两边轴颈的同心度；如果采用顶尖顶住两端面上的中心孔进行加工，就可避免因更换定位基准引起的误差。由此可见，尽量使相关工序的定位基准一致，这样可以提高零件的加工精度。

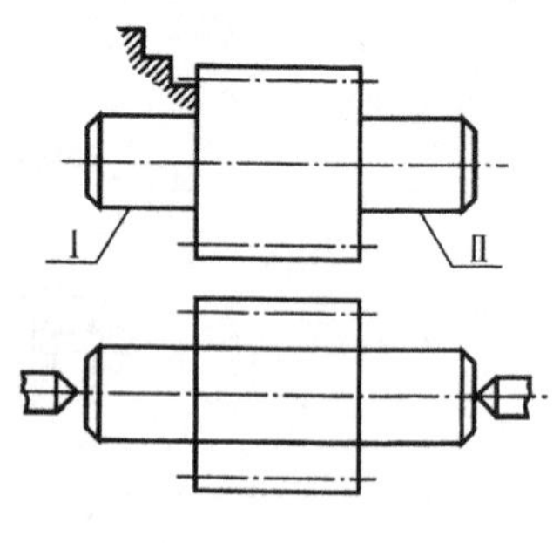

图 3－7　齿轮轴

2)装配基准

在产品装配过程中，确定零件在机器中的实际位置所用的一些基准，称为装配基准。如图 3－7 中的齿轮轴，装配时要将Ⅰ、Ⅱ两圆柱面装入轴承孔内，故Ⅰ、Ⅱ两圆柱面就是轴的径向装配基准(而设计基准是公共轴线，定位基准是两端中心孔的锥面)。

又如图 3－5 所示的曲轴，其径向装配基准是主轴颈，它也与设计基准不重合。但对多数零件来说，其装配基准与设计基准还是一致的，如图 3－4 中所示油针组合件的零件 2，其 P 面既是长度方向的设计基准又是装配基准。

3)测量基准

测量基准是检验已加工表面所用的基准。如图 3－8 中测量大圆柱上的切平面位置尺寸时，是用大圆柱上的某一素线为测量基准。又如图 3－9 中测量中间大圆柱面的跳动时，设计基准应为两端轴颈的公共轴线，但测量时可用刃形 v 形架支撑两轴颈，故测量基准是两轴颈的圆柱表面。

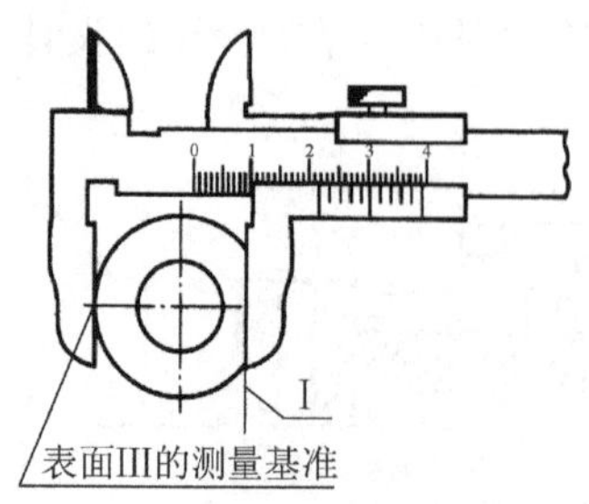

图 3－8　测量大圆柱切平面

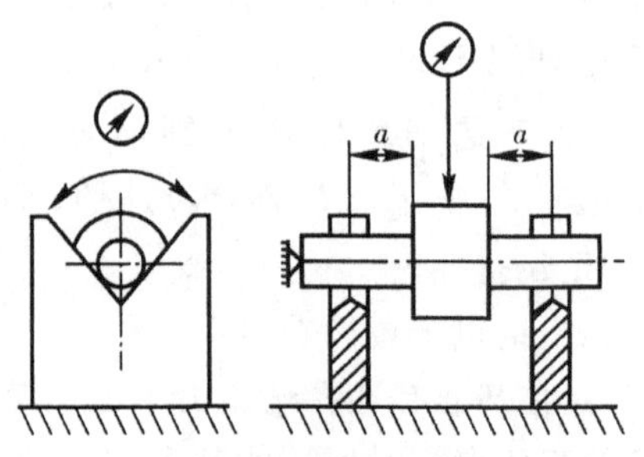

图 3－9　测量大圆柱跳动

由此可以看出，测量基准往往和设计基准并不一致，因此在标注尺寸时既要考虑测量的方便，又要注意加工过程的实际需要。如图 3－10(a)所示的衬套，若考虑到尺寸$50^{+0.1}_{0}$测量不便，改用如图 3－10(b)所示的$60^{+0.05}_{0}$代替，尺寸精度会提高得很多，且端面 1 也需要提高加工精度，这样改动显然是不经济的。实际上如图 3－10(c)所示，工艺人员常使用专用的测量工具以基准 3 来测量，使$50^{+0.1}_{0}$尺寸很容易得到保证。

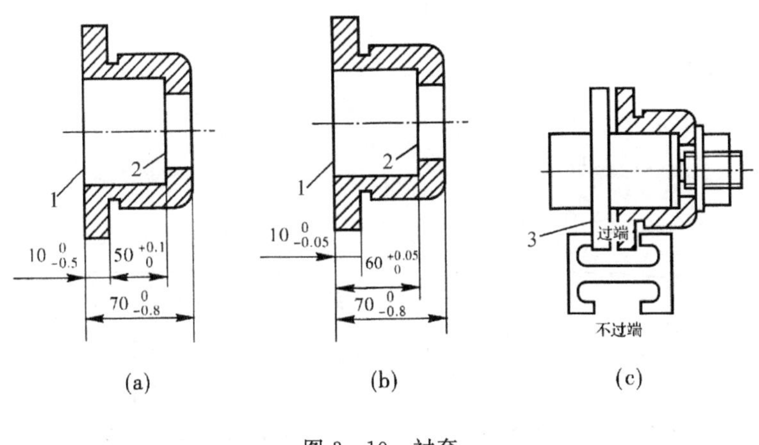

图 3－10　衬套

3.2.2　常见尺寸的标注方法

为了使零件图中的尺寸标注合理，测绘人员必须具有一定的设计和工艺方面的经验，这样才能全面考虑各种因素，以保证所注尺寸能符合产品质量和加工工艺要求。因此对实际产品的尺寸标注来说，除要求完整、清晰外，更重要的是它的合理性。

1. 零件中常见结构的尺寸标注

1)圆锥的尺寸标注

圆锥的主要要素是大小端直径 D 和 d，两端面距离 L 和锥度 K。锥度与圆锥角的关系为

$$K=\frac{D-d}{L}=2\tan\alpha$$

(1)锥度要求不高或铸、锻成型的锥面，通常标注出大、小端直径和长度 L，这种注法(见图 3－11)对车削加工或对铸件的木模制作比较有利。

(2)锥度有一定要求的锥面，按使用情况可分为：标准锥度、专用锥度(机床专用)和工具锥度(包括中等尺寸用的莫氏圆锥和特大、特小尺寸采用的公制圆锥)。

①标准锥度的锥角大于 30°时，通常采用标注大端(或小端)直径、长度 L 及锥角。如水阀中的阀门锥面、顶尖用的中心孔等即采用此种标注(见图 3－12)。

②标准锥度的锥角小于等于 30°以及专用锥度和公制工具锥度，通常采用标注大端(或小端)直径、长度 L 及锥度 K，如图 3－13 所示。标注时可用指引线引出，也可直接注在轴线上方，必要时可在其下方注出对应的斜角，但应加括弧作为参考尺寸。

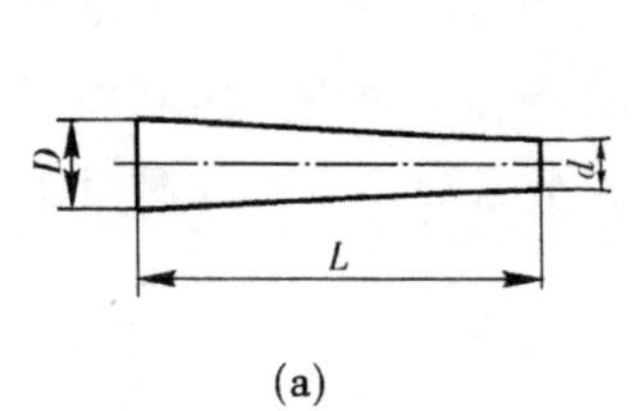

(a)

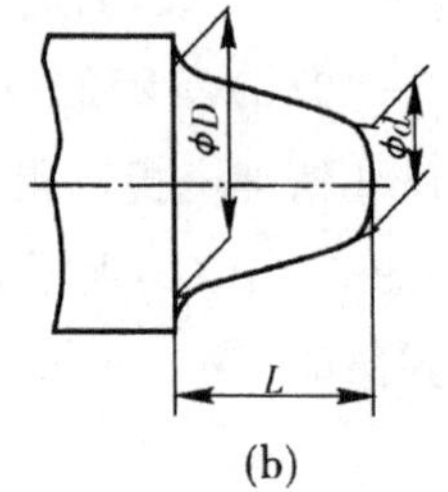

(b)

图 3－11　圆锥

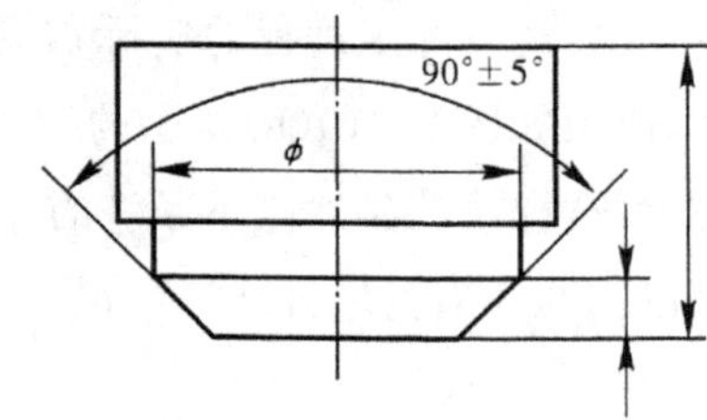

图 3－12　标准锥度的锥角

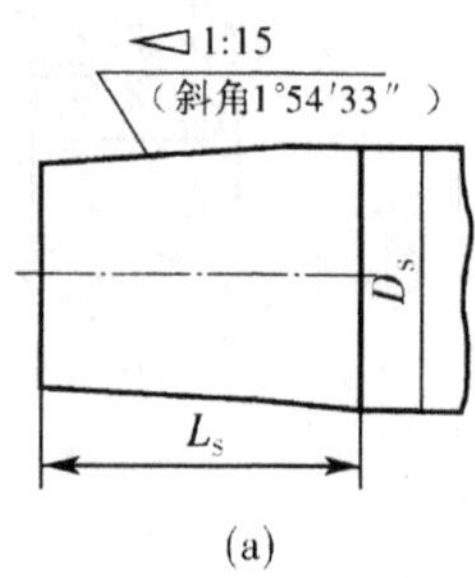

(a)

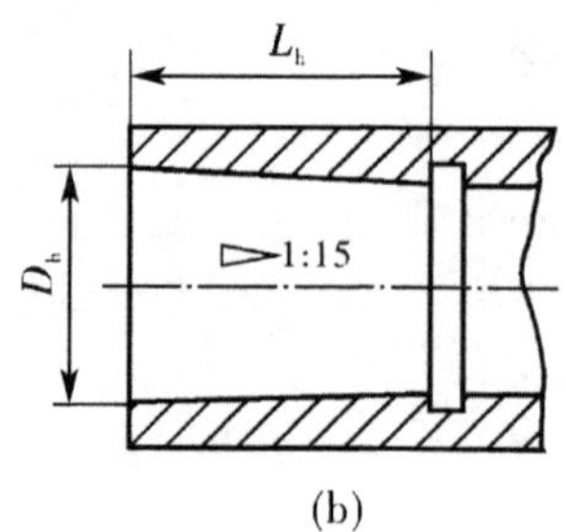

(b)

图 3－13　标准锥度的锥角

③对于工具锥度中的莫氏锥度，标注尺寸时一般注出大端（或小端）直径、长度及几号莫氏锥度（莫氏锥度分 0 号、1 号、2 号、3 号、4 号、5 号、6 号共 7 种）标注方法基本相同，但指引线上注"×号莫氏锥度"。

2）孔组尺寸的标注

零件上相互有位置关系的一组孔称为孔组。在标注尺寸时，根据孔间的位置精度要求不同，常采用以下注法。

如图 3－14 所示的法兰盘以中心为基准标注定位尺寸，孔间相对位置在加工时按其要求可采用划线、分度头或钻模等方式保证，通常这种连接用孔要求不高，故孔的间距用"5－ϕ8 均布"进行标注。

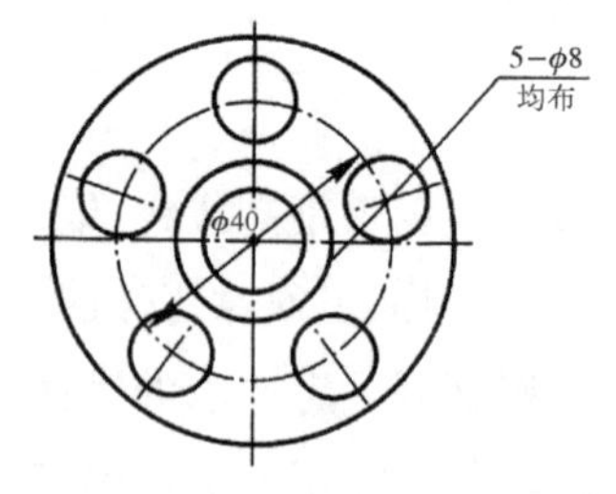

图 3－14　法兰盘

图 3－15、图 3－16 所示两零件，其孔间距离均有一定精度要求，此时可根据加工方法不同，采用直角坐标（见图 3－15）或极坐标（见图 3－16）的方法标注尺寸。如果拟采用坐标钻床、坐标镗床加工，则可按直角坐标方法标注，它不仅对加工有利，对数控机床及计算机辅助绘图中编制程序也较方便。如果拟采用分度头、转盘等加工孔组，则可按极坐标的方法标注，这样不仅加工方便，而且易保证精度。

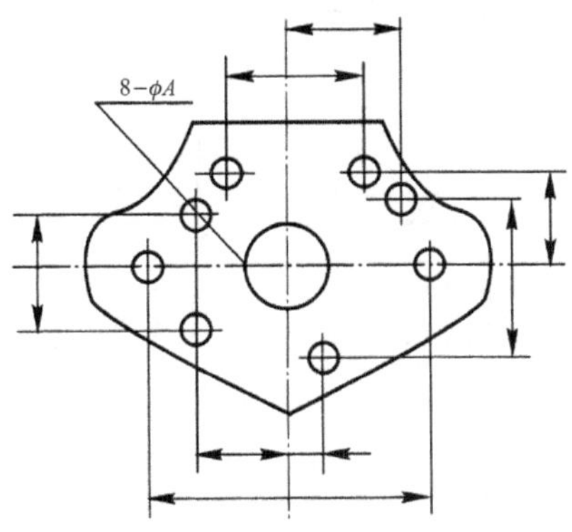

图 3－15　连接板孔位尺寸标注

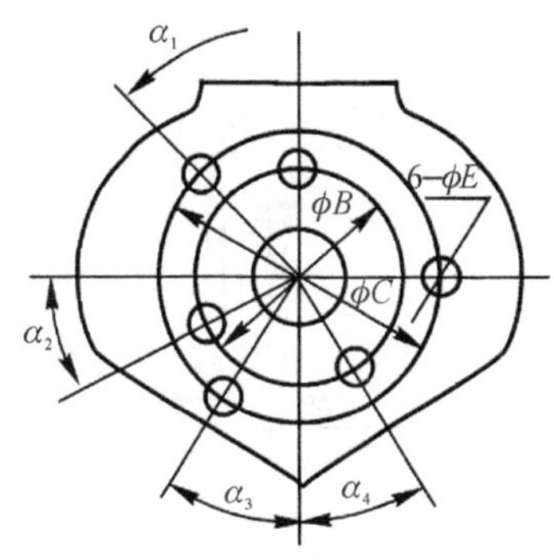

图 3－16　扣板孔位尺寸标注

2. 零件上斜孔尺寸的标注

在标注这种尺寸时，除应注出孔径及孔深(不通孔)外，还应注出确定斜孔轴线方向和位置的角度尺寸和定位尺寸，其注法如图 3－17 所示。

如图 3－17(c)所示，对于组合后加工的斜孔，标注其定位尺寸时，应注 A 或 B，不应注 C，因标注尺寸 C 在组合后加工困难。

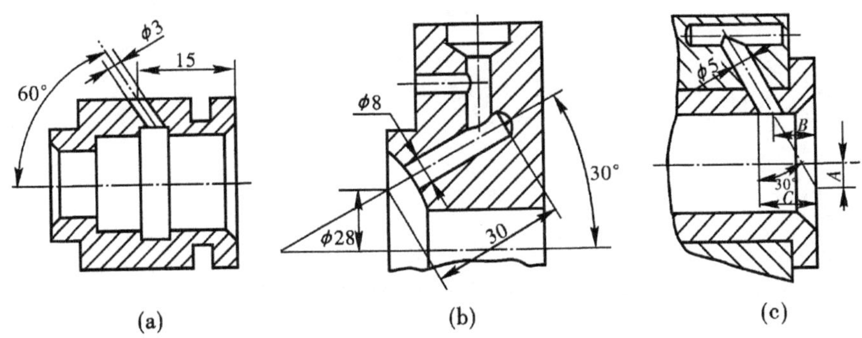

图 3－17　加工斜孔

3. 弯制零件的尺寸标注

对于一些在弯管机上弯曲成形的零件，标注尺寸通常采用以下两种方式：

(1)以零件的轴线为基准标注尺寸，如图 3－18 所示。这种注法对于设计时确定零件间的位置比较有利，但对加工和检验不太方便。

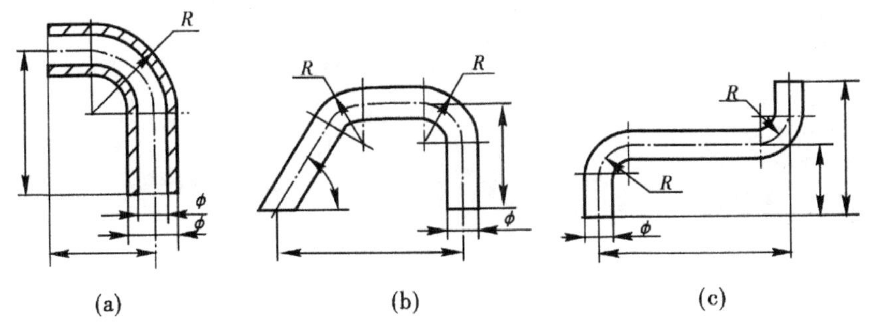

图 3－18　以轴线为基准标注尺寸

(2)以零件的实际表面为基准标注尺寸,如图 3-19 所示。这种注法利于加工和检验。

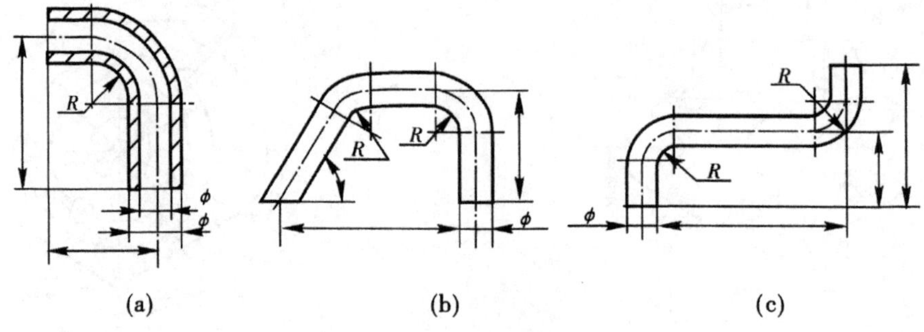

图 3-19　以实际表面为基准标注尺寸

任务4　轴类零件尺寸公差的选择与标注

任务描述

【任务目标】

①选择并标注与轴承配合的轴径尺寸公差。

②选择并标注与齿轮配合的轴径尺寸公差。

③选择并标注与联轴器配合的轴径尺寸公差。

④选择并标注与密封圈配合的轴径尺寸公差。

⑤选择并标注其他轴径的尺寸公差。

⑥轴类件轴向尺寸公差选择与标注。

【知识目标】

①用类比法选择极限与配合的一般方法。

②与标准件配合时，公差与配合的确定方法。

③公差与配合的标注方法。

【能力目标】

①掌握用类比法选择极限与配合的方法。

②掌握公差与配合的标注方法。

【素质目标】

培养学生一丝不苟、耐心细致的工作作风，养成诚实守信、严谨踏实、沟通协作的职业素质，树立质量、效率、成本、安全等意识。

基础知识

4.1　极限与配合的基本概念

由于任何一种加工方法都不可能把工件做得绝对准确，所以，一批完工工件的尺寸之间就一定存在着不同程度的差异。而为满足产品使用性能要求，也允许完工工件尺寸有所差异，即允许存在尺寸误差。允许尺寸变化的界限，即称为极限。

在制成的一批尺寸相同而有不同程度差异的工件中任取一件，不需做任何选择和修配就可装配在机器上，并能满足机器原定性能的要求，该工件就具有互换性能。显然，要使一批工件具有互换性，就必须根据配合精度的要求，将工件的加工误差控制在一定的范围内。在这个范围内，既不影响工件的互换，又不降低工件的工作性能。

4.1.1 有关尺寸的术语

1. 基本尺寸

设计时给定的尺寸称为基本尺寸。它是根据使用的需要和结构特点，通过计算或根据经验来确定的，并应尽量选择标准尺寸。如图 4-1 中的 $\phi 20$ 和长度 40 是圆柱销的基本尺寸。

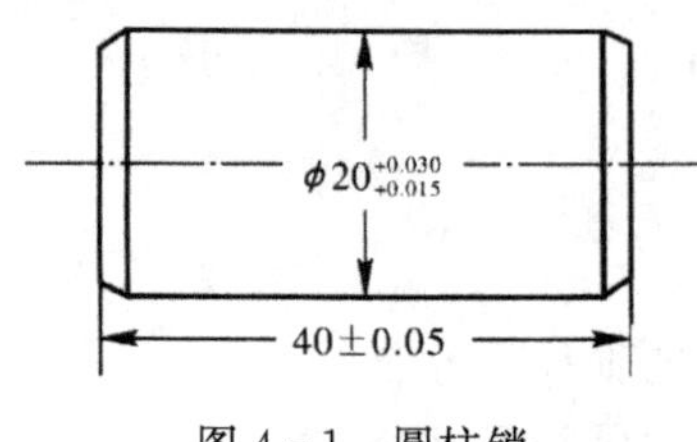

图 4-1 圆柱销

2. 实际尺寸

实际尺寸是通过测量获得的某一孔、轴的尺寸。

由于测量误差的存在，所以，实际尺寸不一定是被测尺寸的真值，又由于测量误差具有随机性，多次测量同一尺寸所得的实际尺寸可能是不相同的。此外，由于被测工件形状误差的存在，测量器具与被测工件接触状态的不同，其测量结果也是不同的。我们把任何两相对点之间测得的尺寸称为“局部实际尺寸”。通常所谓实际尺寸均指局部实际尺寸，即两点法测得的尺寸。

3. 极限尺寸

实际尺寸与基本尺寸不同，但也不能相差太多，因此，必须用极限尺寸来限制实际尺寸的变动范围。极限尺寸是一个孔或轴允许的尺寸变化的两个极端值。孔或轴允许的最大尺寸称为最大极限尺寸，孔或轴允许的最小尺寸称为最小极限尺寸。

各尺寸的名称参看图 4-2。

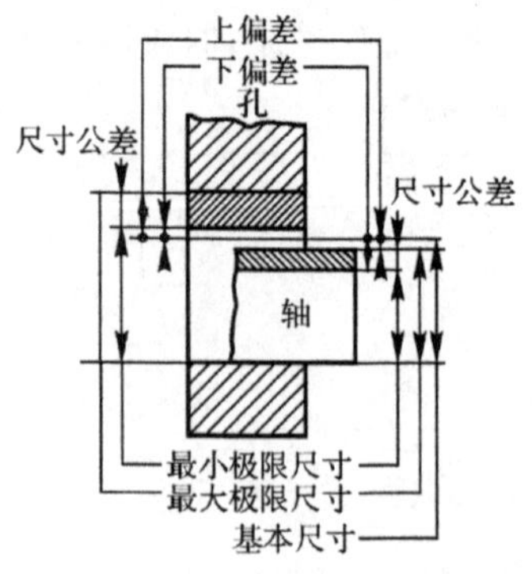

图 4-2 各尺寸名称

4.1.2 有关偏差与公差的术语

1. 偏差

某一尺寸(如实际尺寸、极限尺寸等)减其基本尺寸所得的代数差称为偏差。偏差可以为正、负或零。偏差可以分为实际偏差和极限偏差等。

(1)实际偏差。实际尺寸减其基本尺寸所得的代数差称为实际偏差。

(2)极限偏差。极限尺寸减其基本尺寸所得的代数差称为极限偏差。

(3)上偏差。最大极限尺寸减其基本尺寸所得的代数差称为上偏差。孔的上偏差以 ES 表示;轴的上偏差以 es 表示。

(4)下偏差。最小极限尺寸减其基本尺寸所得的代数差称为下偏差。孔的下偏差以 EI 表示;轴的下偏差以 ei 表示。

上偏差和下偏差可以是正数、负数,也可以其中之一为 0。极限尺寸比基本尺寸大的时候,偏差就是正数;极限尺寸比基本尺寸小的时候,偏差就是负数;极限尺寸等于基本尺寸时,偏差就等于 0。为了避免发生错误,如果是正偏差,就在偏差数字前面注上“+”号;如果是负偏差,就在偏差数字前面注上“-”号。

2. 公差

公差是最大极限尺寸减最小极限尺寸之差或上偏差减下偏差之差,也称尺寸公差。公差是允许尺寸的变动量。公差不为零,永远是个正值。

因为在加工工件时要限定公差,所以,工作图中在基本尺寸后面都注出允许的偏差数。通常把上偏差注在基本尺寸后的上方,下偏差注在基本尺寸后的下方。

例如:图纸上所注的轴的直径为 $\phi40^{+0.015}_{-0.010}$。根据以上定义,我们可以清楚地将尺寸偏差分析如下:

基本尺寸 40(mm)。

最大极限尺寸为:40+0.015=40.015(mm);

最小极限尺寸为:40-0.010=39.990(mm);

公差为:40.015-39.990=0.025(mm);

上偏差为:40.015-40.0=+0.015(mm);

下偏差为:39.99-40.0=-0.010(mm)。

即轴的直径要做得不大于 40.015 mm 又不小于 39.990 mm 就算合格了。

3. 公差带

由代表上偏差和下偏差,或最大极限尺寸和最小极限尺寸的两条直线所限定的区域,称为公差带(或尺寸公差带),如图 4-3 所示 。

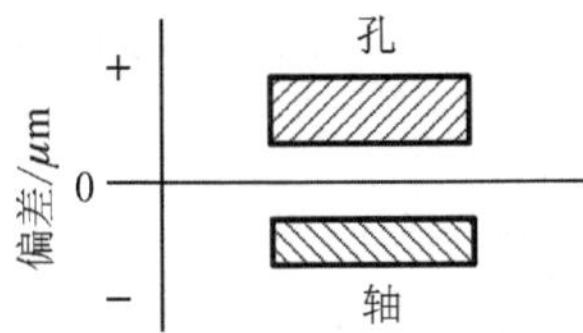

图 4-3　公差带示意图

以基本尺寸线为零线(零偏差线),用适当的比例画出两极限偏差,以表示尺寸允许变动的界限及范围,称为公差带图(尺寸公差带图)。

通常,公差带图的零线水平安置,且取零线以上为正偏差,零线以下为负偏差。偏差值多以微米(μm)为单位进行标注。

公差数值与工件尺寸的数值相差悬殊，因此，当用同一比例来表示时，公差带就画不出来。如果按同一比例放大，保证了公差带很清楚，而工件图形就显得很巨大。为了解决这个矛盾，可以不画整个工件图，而只画出工件的公差带。这样，就可以将公差带的比例放得很大，看起来非常清楚，这种图形称为公差带图。

公差带的大小取决于公差数值的大小，公差带相对于零线的位置取决于极限偏差的大小。大小相同而位置不同的公差带，它们对工件的精度要求相同，而对尺寸大小的要求不同。必须既给定公差数值以确定公差带大小，又给定一个极限偏差（上偏差或下偏差）以确定公差带位置，才能完整地描述一个公差带，表达对工件尺寸的要求。

4. 标准公差

为确保工件的功能和互换性，对工件上的配合尺寸应给出公差要求，以确定加工尺寸的允许变动范围。标准公差是国家标准极限与配合制中所规定的任一公差。标准公差用 IT 表示（IT 也表示国际公差）。

5. 公差等级

公差等级表示尺寸精确的程度，即确定公差带的宽度。

极限与配合在基本尺寸不大于 500 mm 内规定了 IT01、IT0、IT1、…、IT18 共 20 个标准公差等级。IT01 为最高一级，精度最高，公差值最小，即公差带最窄；IT18 为最低一级，精度最低，公差值最大，即公差带最宽。标准公差等级 IT01 和 IT0 在工业上很少用到，所以在标准中没有给出这两公差等级的标准公差数值。

各公差等级的大致应用范围根据国家制定的标准中有关《公差等级的应用》的内容进行确定。

6. 公差带与公差尺寸的表示方法

(1)公差带的表示。公差带用基本偏差的字母和公差等级数字表示。

例如：H7 为孔公差带代号；h7 为轴公差带代号。

(2)公差尺寸的标注。标注公差的尺寸，用基本尺寸后跟所要求的公差带或(和)对应的偏差值表示(见图 4-4)。

公差带在零件图上可采用下述表示方法。

$\phi50^{+0.039}_{0}$或$\phi50H8(^{+0.039}_{0})$、$\phi30^{+0.041}_{+0.020}$或$\phi30F7(^{+0.041}_{+0.020})$、$\phi30^{0}_{-0.021}$或$\phi30h7(^{0}_{-0.021})$、$\phi25^{-0.007}_{-0.040}$或$\phi25g8(^{-0.007}_{-0.040})$。

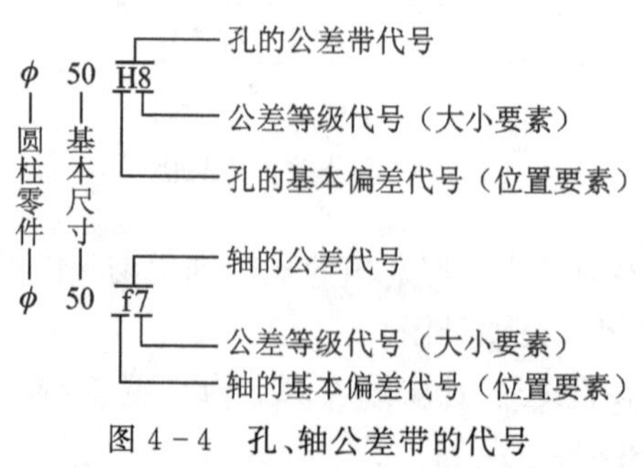

图 4-4 孔、轴公差带的代号

4.1.3　配合类别

1. 间隙配合

为了得到轴和孔有适当要求的间隙配合，这个间隙不能大于、小于一定的数值。因此，对于每种间隙配合要规定出最大间隙和最小间隙。

最大间隙是指在间隙或过渡配合中孔的最大极限尺寸减轴的最小极限尺寸之差。

最小间隙是指在间隙配合中孔的最小极限尺寸减轴的最大极限尺寸之差。

例 4-1　如图 4-5 所示，孔径 $100^{+0.035}_{0}$，轴径 $100^{-0.080}_{-0.125}$，求间隙差是多少？

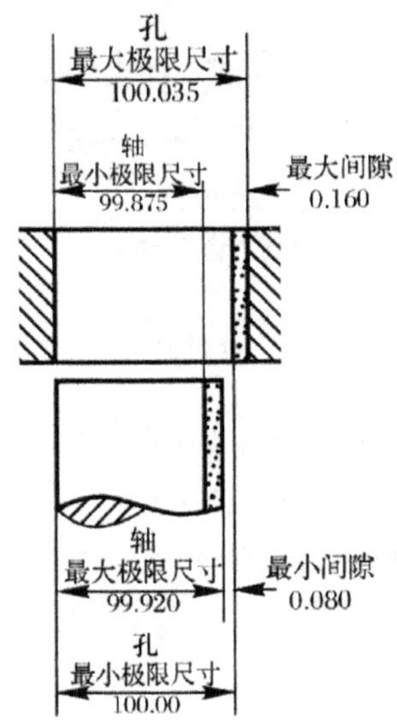

图 4-5　间隙配合示意图

解　最大间隙＝孔的最大极限尺寸－轴的最小极限尺寸＝100.035－99.875＝0.160(mm)；

最小间隙＝孔的最小极限尺寸－轴的最大极限尺寸＝100.000－99.920＝0.080(mm)；

间隙差＝0.160－0.080＝0.080(mm)。

在这个例子里，所得到的配合最小间隙为 0.080 mm，最大间隙可达 0.160 mm，所以，可以得到间隙配合。

2. 过盈配合

为了使轴和孔有适合要求的紧度，过盈不能小于一定数值，不然，就得不到需要的紧度。同时过盈也不能大于一定的数值，不然，装配时就需要很大的力，而且可能会损坏配合零件。也就是说，对每一种过盈配合，都必须规定出最大过盈和最小过盈。

(1)最大过盈。在过盈配合或过渡配合中，孔的最小极限尺寸减轴的最大极限尺寸之差称为最大过盈。

(2)最小过盈。在过盈配合中，孔的最大极限尺寸减轴的最小极限尺寸之差称为最小过盈。

例 4－2 如图 4－6 所示，孔径 $100^{-0.085}_{-0.050}$，轴径 $100^{+0.140}_{+0.105}$，求过盈差是多少？

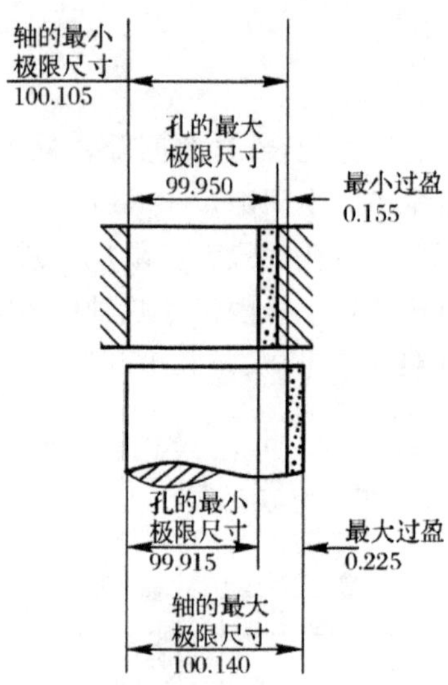

图 4－6 过盈配合示意图

解 最大过盈＝孔的最小极限尺寸－轴的最大极限尺寸＝99.915－100.140＝－0.225(mm)；

最小过盈＝孔的最大极限尺寸－轴的最小极限尺寸＝99.950－100.105＝－0.155(mm)；

过盈差＝－0.225－(－0.155)＝－0.070(mm)。

在这个例子中，轴和孔的配合可以得到最小过盈为－0.155 mm，最大过盈为－0.225 mm，所以，可以得到过盈配合。

间隙差和过盈差统称为配合公差。配合公差是组成配合的孔、轴公差之和，它是允许间隙或过盈的变动量。

例 4－2 中配合公差(即过盈差)为 0.070 mm，而孔公差为 0.035 mm，轴公差为 0.035 mm，两者之和就是 0.070 mm，这正好等于配合公差。所以配合公差永远是孔公差和轴公差之和。

3. 过渡配合

过渡配合是可能具有间隙或过盈的配合，如图 4－7 所示。图中轴和孔虽然都在公差范围内，如果孔的最大极限尺寸和轴的最小极限尺寸相配，可得到最大间隙；如果孔的最小极限尺寸和轴的最大极限尺寸相配，又可以得到最大过盈。因此，这样的配合，既可能是间隙配合，也可能是过盈配合，把这种配合，叫作过渡配合，它是介于间隙和过盈之间的一种配合。

例 4－3 如图 4－7 所示，孔径 $40^{+0.027}_{0}$，轴径 $40^{+0.008}_{-0.008}$。求配合公差是多少？

解 最大间隙＝40.027－39.992＝0.035 mm；

最大过盈＝40.000－40.008＝－0.008 mm；

实际最大过盈为 0.008 mm；

配合公差＝0.035－(－0.008)＝0.043 mm。

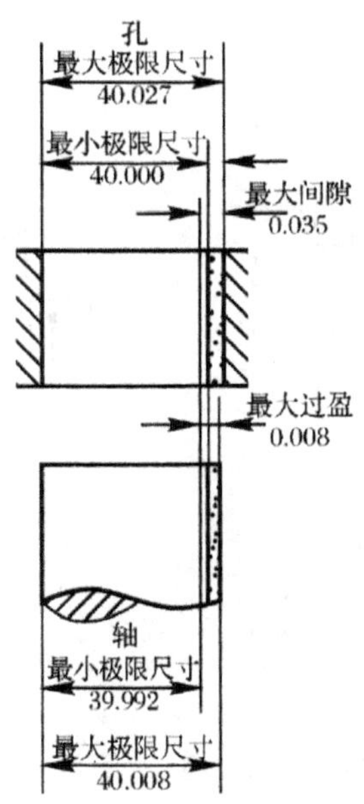

图 4-7　过渡配合示意图

4.1.4　基孔制配合与基轴制配合

在实际应用中，为使工件能达到相互配合，国家标准规定了公差范围来表示各种配合。为了以尽可能少的标准公差带形成最多种类的配合，将配合的工件之一的公差范围固定，而只改变另一工件的公差范围，来达到间隙、过盈和过渡配合的目的。为此，国家标准规定了两种配合制，即基孔制配合和基轴制配合。

1. 基孔制配合

基孔制配合是基本偏差为一定的孔的公差带，与不同的基本偏差的轴的公差带形成各种配合的一种制度。基孔制配合的孔称为基准孔，国家标准规定的基准孔的下偏差为 0，即 $EI=0$；基准孔的上偏差为(+)值；基本偏差代号为 H。

2. 基轴制配合

基轴制配合是基本偏差为一定的轴的公差带，与不同基本偏差的孔的公差带形成各种配合的一种制度。基轴制配合的轴称为基准轴，国家标准规定的基准轴的上偏差为 0，即 $es=0$；基准轴的下偏差为(-)值；基本偏差代号为 h。基孔制配合和基轴制配合都有间隙配合、过盈配合和过渡配合三种类型，如图 4-8 所示。

在基孔制配合中孔的基本尺寸就是它的最小极限尺寸，即孔的公差只能使孔径加大，而不能减小；在基轴制配合中，轴的基本尺寸就是它的最大极限尺寸，即轴的公差只能使轴径减小，而不能加大。

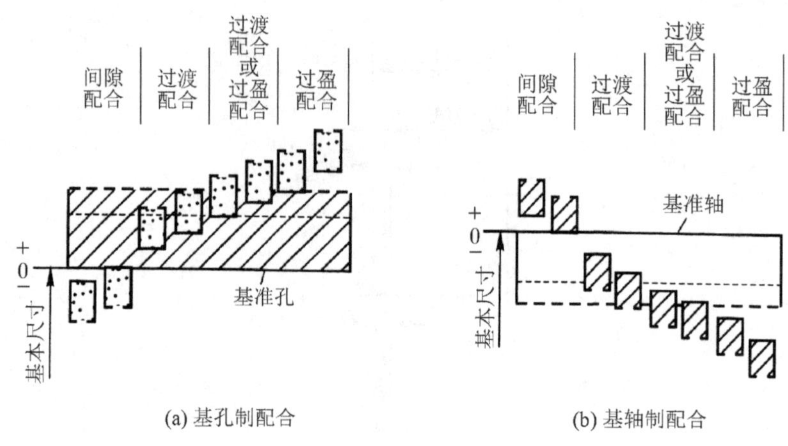

(a) 基孔制配合　　(b) 基轴制配合

图 4－8　配合制

4.1.5　标准公差系列和标准基本偏差系列

1. 标准公差系列

确定尺寸精确程度的等级称为公差等级。国家标准将标准公差分为 20 级，各级标准公差用代号 IT 及数字 01、0、1、2、…、18 表示，如 IT8 称为标准公差 8 级。从 IT01～IT18 等级依次降低。

同一公差等级(例如 IT 7)对所有公称尺寸的一组公差被认为具有同等精确程度。不同公差等级的标准公差值参见国家标准中的公差等级表。

2. 基本偏差系列

基本偏差是用来确定公差带相对于零线的位置的，不同的公差带位置与基准件将形成不同的配合，基本偏差的数量将决定配合种类的数量。为了满足各种不同松紧程度的配合需要，国家标准对孔和轴分别规定了 28 种基本偏差。

基本偏差的代号用拉丁字母表示，大写字母代表孔，小写字母代表轴，在 26 个字母中，除去易与其他含义混淆的 I(i)、L(l)、O(o)、Q(q)、W(w)5 个字母外，采用了剩余 21 个单写字母和 7 个双字母 CD(cd)、EF(ef)、FG(fg)、JS(js)、ZA(za)、ZB(zb)、ZC(zc)组成。

轴 a～h 基本偏差是 *es*，孔 A～H 基本偏差是 *EI*，他们的绝对值依次减小，其中 h 和 H 的基本偏差为零。

轴 js 和孔 JS 的公差带相对于零线对称分布，故基本偏差可以是上偏差，也可以是下偏差，其值为标准公差的一半，即±IT/2。

轴 j～zc 基本偏差为 *ei*，孔 J～ZC 基本偏差是 *ES*，其绝对值依次增大。孔和轴的基本偏差原则上不随公差等级变化，只有极少数基本偏差(j、js、k)例外。

轴和孔的基本偏差数值参见国家标准中的偏差数值。

4.2　极限与配合的确定方法

在测绘零件的过程中，不仅要确定零件的基本尺寸，还要确定零件的尺寸公差和形位公差等技术要求。而实际测绘时由于只能测得零件的实际尺寸、实际间隙或实际过盈等，所以要确定零件的技术要求还需要根据生产的实际情况，结合测量值、同类产品的资料等，综合考虑各种因素才能把被测绘件的极限与配合确定下来。

通常确定极限与配合的方法有两种：一种是用类比法选择极限与配合；另一种是用实测值和配合件的实际间隙或过盈来确定极限与配合。

4.2.1　用类比法选择极限与配合

1. 基准制的选择

配合基准制包括基孔制配合和基轴制配合两种，一般来说基孔制和基轴制的优先和常用配合都符合"工艺等价"原则。所谓工艺等价性是指同一配合中的孔和轴的加工难易程度大致相同，如对于间隙配合和过渡配合，标准公差等级为 8 级的孔应与高一级(9 级)的轴配合。基孔制配合和基轴制配合的"同名配合"，原则上配合性质相同。如 ϕ30H7/f6 与 ϕ30F7/h6，从满足配合性质上讲，基孔制与基轴制完全等效，具有同样的最大、最小间隙，所以配合制的选择与使用要求无关，主要从结构、工艺性及经济性几方面综合考虑。

1)优先选用基孔制

一般情况下，应优先选用基孔制配合，因为中、小尺寸的孔通常使用定值刀具(如钻头、铰刀、拉刀等)加工，使用光滑极限塞规检验。而轴使用通用刀具(如车刀、砂轮等)加工，用普通计量器具如游标卡尺、千分尺量具测量。定值刀具、量具的特点是孔的公差带一经改变，往往就要更换刀具和量具，所以采用基孔制配合可以减少孔公差带的数量，进而可以减少定值刀具、量具的规格种类，有利于刀具、量具的标准化、系列化，这样显然是经济合理的。现以采用基孔制配合和基轴制配合所需刀具和量具做比较。采用基孔制配合，用一把铰刀铰孔(钻-扩-铰)，可以把一批零件的孔都加工成一样(或非常接近)的尺寸(基准孔)，而与这个孔形成不同配合要求的轴则可用车刀、砂轮很容易地加工出不同的尺寸公差带。相反，采用基轴制配合，加工基准轴使用车刀、砂轮，而加工不同公差带的孔则需采用不同公差带的多把铰刀，增加了生产成本。

因此从总体上说基孔制孔的公差带数目要远少于基轴制孔的公差带数目。换句话说，基孔制所需定尺寸的刀具、量具数目要远少于基轴制。

综上所述，选用基孔制可以极大地减少定尺寸刀具、量具的品种和规格，有利于定尺寸刀具、量具的标准化、系列化，还有利于定尺寸刀具、量具的生产和储备，从而降低生产成本，达到较好的经济效益。

在测绘时，被测孔的实际尺寸大于基本尺寸时，基孔制配合的可能性较大。

2)在下列情况下可以选择基轴制

(1)机械制造用的冷拔圆钢型材，尺寸公差达 IT7～IT9 级，表面粗糙度 Ra 约为 0.8～3.2 μm。用这样的冷拔圆钢型材做轴，对农机、纺机等设备已能满足使用精度要求。轴可不加工，或极少加工，此时用基轴制技术上合理，经济上合算。

(2)尺寸小于 1 mm 的精密轴比同一公差等级的孔加工要困难，因此在仪器制造、钟表生产中，常使用经过光轧成型的钢丝或有色金属棒料直接做轴，这时应采用基轴制。

(3)和标准件配合时，应将标准件作基准。机器上使用的标准件，通常由专门工厂大量生产，其配合部分的基准制已确定，所以，与之配合的轴或孔应服从标准件上既定的基准制。例如，滚动轴承内圈内径和轴的配合一定是基孔制，而外圈外径和外壳孔的配合一定是基轴制。

图 4-9 为轴承内、外径的公差带图。由图可见，各级轴承的单一平面平均外径 D_{mp} 的公差带的上偏差均为 0，与一般基轴制相同；单一平面平均内径 d_{mp} 的公差带的上偏差亦为 0，和一般基孔制的规定不同，这样的公差带分布是考虑到轴承和轴颈配合的特殊需要。实践证明，当它与一般过渡配合的轴相配时，可以获得较小的过盈，正好满足了轴承内孔与轴的配合要求。滚动轴承的配合都为高精度的小间隙或小过盈配合。

D_{mp} 和 d_{mp} 的公差数值与国家标准“极限与配合”中的标准公差数值不同，在装配图上标注滚动轴承与轴颈和壳体孔的配合时，只需标注轴和壳体孔的公差带代号（见图 4-10）。

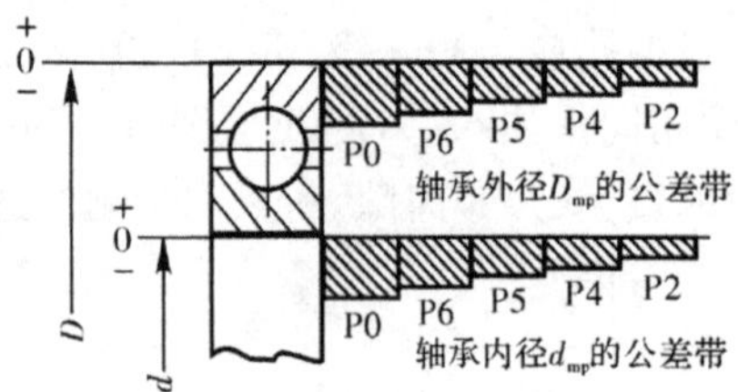

图 4-9　滚动轴承内、外径公差带

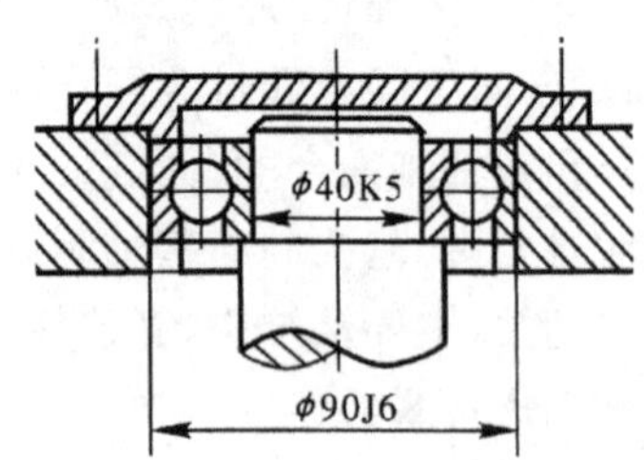

图 4-10　轴径和外径孔公差在图样上的标注

(4) 当同一轴与基本尺寸相同的多个孔相配合，且配合性质不同的情况下，宜采用基轴制配合，如图 4-11(a)所示的活塞连杆机构，活塞销 2 装在活塞销孔内，并穿过连杆小头衬套孔，共有三处配合。通常是活塞销 2 与活塞 1 两个销孔的配合要求紧些（过渡配合性质），而活塞销 2 与连杆 3 小头衬套孔的配合要求松些（小间隙配合性质）。若采用基轴制配合，活塞销可制成一根光轴，而连杆小头衬套孔和活塞销孔分别按不同公差带加工，既便于生产，又便于装配，如图 4-11(b)所示。若采用基孔制配合，三个孔的公差带一样，而活塞销则需加工成两端粗中间细的阶梯轴，如图 4-11(c)所示，这种活塞销加工不方便且不利于装配（装配时，易将连杆小头衬套孔壁刮伤，影响配合质量）。

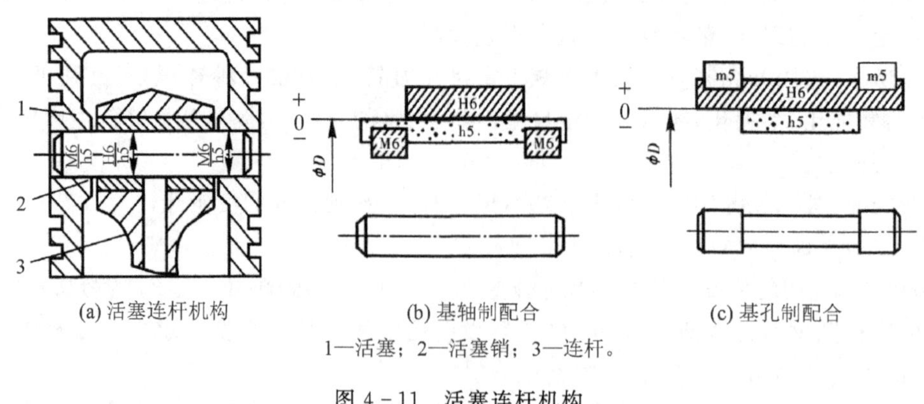

(a) 活塞连杆机构　(b) 基轴制配合　(c) 基孔制配合

1—活塞；2—活塞销；3—连杆。

图 4-11　活塞连杆机构

(5) 特大件与特小件，可考虑用基轴制。

3)在特殊情况下可采用非基准制配合

当机器上出现一个非基准孔(轴)与两个或两个以上的轴(孔)要求组成不同性质的配合时,其中至少有一个为非基准制配合。如图4-12所示的轴承孔与端盖的配合,考虑端盖的装拆方便,且允许配合的间隙较大,因此选用非基准制的混合配合 $\phi110\ \frac{J7}{f9}$。

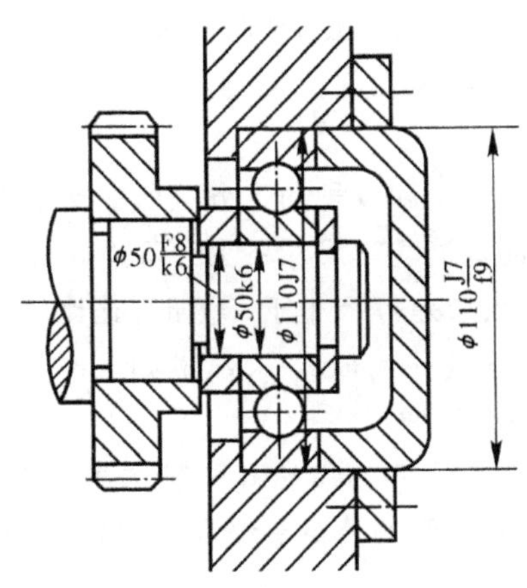

图4-12　非基准制的混合配合

2. 公差等级的确定

1)选择公差与配合的意义及原则

零件上的尺寸公差,多数是先选定公差配合代号再查表得到。选择公差配合的意义可以从两个方面来说明。

(1)公差配合的选择直接影响产品的性能。机械产品除结构设计和材料选择外,公差配合的选择是影响产品性能的主要因素。如机床设备加工零件时所能达到的加工精度,仪器、仪表的工作精度,机器和仪表的使用寿命等,都和公差与配合的选择有关。

(2)公差与配合的选择影响机械产品的制造成本。相同的基本尺寸,公差等级越高的产品制造成本越高,废品率也相应增加。选择公差配合的原则是,在满足使用要求的前提下,能获得最佳的经济效益。

2)选择公差与配合的方法

(1)公差等级的选择。公差等级的选择是否恰当,对产品的性能、质量、互换性及经济性都有影响。

由于对被测件的测绘只能测量出实际尺寸而不能测量出其上、下偏差,所以在确定被测件的公差等级时,要正确处理使用要求、制造工艺和成本之间的关系。在满足使用要求的前提下,尽量选用较低的公差等级。

测绘中可以得到有若干位小数的实际尺寸,这个实际尺寸应位于一定基本尺寸的某一确定的公差带之内,但却不能指出是何种公差等级,所以首先需区分出基本尺寸,如所测绘机件按公制尺寸制造,通常可按标准系列选取或选整数尺寸,在特殊情况下也可能带1～2位小数作为基本尺寸。

实际尺寸与基本尺寸之差即误差,这个误差值应在公差带之内,故所选公差等级需能包住这一误差才是合理的，但也不能选得等级过低使公差偏大。此时虽然能包住实测误差，但不一定能满足使用要求。故选何种公差等级合适，应通过分析后用类比法决定。

(2)公差等级的选择方法。公差等级一般用类比法选择，即参照实践证明是合理的同类产品选择相应的孔、轴公差等级。也就是参考从生产实践中总结出来的资料，进行比较选择。

在用类比法选择公差等级时，应综合考虑以下几个方面：

①根据被测绘零件所在机器的精度高低，被测绘零件所在部位的作用，配合表面粗糙度数值大小来选取。若被测机器精度高、所在部位重要、配合表面粗糙度数值小，则被测部位公差等级高，反之则公差等级较低。

②根据各个公差等级的应用范围和各种加工方法所能达到的公差等级来选取。

③联系孔和轴的工艺等价性。当基本尺寸不大于 500 mm，公差等级高时，孔比轴加工困难。所以对相互配合的孔与轴，当公差等级小于 IT8 时，孔比轴低一级(例如 H7/n6、p6/h5)；当公差等级为 IT8 时，孔和轴同级或孔比轴低一级(例如 H8/f8、F8/h7)；当公差等级大于 IT8 时，孔、轴为同级(例如 H9/e9、B12/h12)。

④联系相关件和配合件的精度。例如齿轮孔与轴的配合公差等级由齿轮的精度等级确定；与滚动轴承相配合的外壳孔和轴颈的公差等级由滚动轴承的精度等级确定。

⑤应与配合种类相适应。过渡与过盈配合一般不允许其间隙或过盈有太大的变动，所以过渡配合与过盈配合的公差等级不能太低，一般孔的标准公差不大于 IT8 级，轴的标准公差不大于 IT7 级。间隙配合则不受此限制，但间隙小的配合公差等级应较高，而间隙大的公差等级应低些。

⑥应考虑加工成本。通常产品精度越高，加工工艺越复杂，生产成本越高。图 4-13 是公差等级与生产成本的关系曲线图。

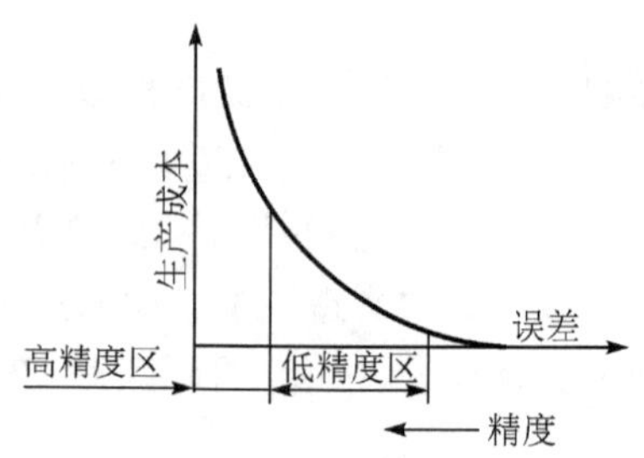

图 4-13　公差等级与生产成本的关系

由图可见，在高精度区，加工精度稍有提高将使生产成本急剧上升，所以，高公差等级的选用要特别谨慎。而在低精度区，公差等级提高使生产成本增加不显著，因而可在工艺条件许可的情况下适当提高公差等级，以使产品有一定的精度裕度，从而取得更好的综合经济效益。

在某些情况下，只要满足使用要求，还可把相配合的一对轴和孔，在对各自的公差等级选取时，把一件选的较高，一件选的较低，而不一定像标准中所推荐的二者同一级或仅相差一级。如图 4-12 中机座上轴承孔精度等级受轴承精度制约应选 IT7，而与该轴承孔相配合的端盖，只要求轴向定位而无定心要求，为利于装配取较大间隙，而轴承孔的精度等级已由滚动轴承确定，所以轴承端盖公差等级比轴承孔的公差等级低两级，这样既可满足使用要求，又降低了端盖加工成本。

3. 配合种类的选择

配合种类的选择是为了确定相配合孔与轴在工作时的相互关系。在确定了配合制和公差等级以后，选择配合种类，实际上就是如何选择轴或孔的基本偏差代号的问题。

用类比法选择配合种类，是目前选择配合的主要方法。即参照经过生产和使用验证的类似机器或零部件的图纸资料，确定新设计或测绘的图纸的公差与配合。为此，首先必须确切地掌握所测绘机器的性能与用途，零部件的作用及要求，了解它们的加工方法和装配方法等，并与另外作用相同或相近的、使用性能良好的机器或部件实例进行分析对比，从而得出合适的方案。零件的工作条件是选择配合的重要依据，用类比法选择配合时，当待选部位和类比的典型实例在工作条件上有所变化时，应对配合的松紧做适当地调整。因此，必须充分分析零件的具体工作条件和使用要求，考虑工作时结合件的相对位置状态（如运动速度、运动方向、停歇时间、运动精度要求等），承受负荷情况、润滑条件、温度变化、配合的重要性、装卸，条件以及材料的物理机械性能等。

使用时，要了解各类配合的特征和应用。在充分研究配合件的工作条件和使用要求的基础上，进行合理选择：

(1)a～h(或 A～H)11 种基本偏差与基准孔（或基准轴）形成间隙配合，主要用于结合件有相对运动或需方便装拆的配合。

(2)js～n(或 JS～N)5 种基本偏差与基准孔（或基准轴）形成过渡配合，主要用于需精确定位和便于装拆的相对静止的配合。

(3)p～zc(或 P～ZC)12 种基本偏差与基准孔（或基准轴）形成过盈配合，主要用于孔、轴间没有相对运动，需传递一定的扭矩的配合。过盈不大时主要借助键连接（或其他紧固件）传递扭矩，可拆卸；过盈大时，主要靠结合力传递扭矩，不便拆卸。

表 4-1 是配合类别的大体方向。国家标准规定的配合种类很多，使用时，应尽可能地选用优先配合。配合类别大体确定后，再进一步类比选择，确定非基准件的基本偏差代号。

表 4-1　配合类别的大体方向

<table>
<tr><td rowspan="4">无相对运动</td><td rowspan="3">要传递转矩</td><td rowspan="2">要精确同轴</td><td>永久结合</td><td>过盈配合</td></tr>
<tr><td>可拆结合</td><td>过渡配合或基本偏差为 H(h)① 的间隙配合加紧固件②</td></tr>
<tr><td colspan="2">不要求精确同轴</td><td>间隙配合加紧固件</td></tr>
<tr><td colspan="3">不需要传递转矩</td><td>过渡配合或轻的过盈配合</td></tr>
<tr><td rowspan="2">有相对运动</td><td colspan="3">只有移动</td><td>基本偏差为 H(h)、G(g)① 的间隙配合</td></tr>
<tr><td colspan="3">转动或转动与移动复合运动</td><td>基本偏差为 A～F(a～f)② 的间隙配合</td></tr>
</table>

注：①指非基准件的基本偏差代号。

②紧固件指键、销和螺钉等。

在确定非基准轴或非基准孔的基本偏差代号时，应从以下几个方面考虑，再用类比法确定基本偏差代号。

(1)实测的孔和轴的配合间隙或过盈的大小；

(2)被测件的配合部位在工作过程中对间隙的影响；

(3)被测绘机器使用时间及配合部位磨损状态；

(4)配合件的工作情况。

①配合件间有无相对运动，若有相对运动则只能选择间隙配合；若没有相对运动，但要求很容易拆装的应是间隙配合；若没有相对运动，用键、销等连接件传递扭矩且又易于拆装的可能是间隙配合或松的过渡配合；不易拆装的应是过渡配合；无相对运动且又要传递扭矩的应是过盈配合。

②孔和轴之间定心精度要求高时不宜用间隙配合，而应选用过渡配合或较小过盈的过盈配合。

③传递大载荷且不使用连接件的，应选有较大过盈的过盈配合。

④孔和轴使用中需经常拆装时配合应松些，如车床交换齿轮和轴、滚齿机滚刀与轴的配合应较松些。有时虽不常拆卸，但由于工作场所限制不易拆卸时也应取较松的配合。

(5)在机械结构中，常遇到薄壁套筒装配变形的问题，如图 4 - 14 所示，由于套筒压入机座后使内孔收缩直径变小，因而影响它与轴的配合性质。实验表明，当外径有－0.03 mm 过盈时，内径收缩可达 0.045 mm，若内孔与轴加工后实际间隙有＋0.03 mm 时，则装配后由于套筒的变形，轴与套筒内壁之间将有－0.015 mm 的过盈，不但不能使轴转动，而且会使装配也难于进行。

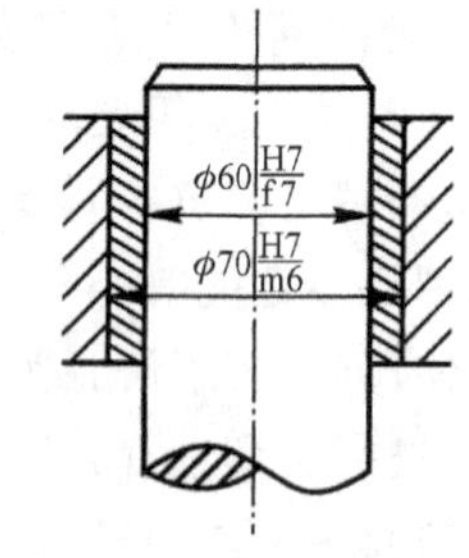

图 4 - 14　有装配变形的配合

一般装配图上规定的配合，应是装配后的要求。因此，对有装配变形的套筒类零件，在绘图时应对公差带进行必要的修正，如将内孔公差带上移，使孔的极限尺寸加大，或用工艺措施加以保证。

(6)在选择公差与配合时，要考虑温度条件。若工作温度与装配温度相差较大时，必须充分考虑装配间隙在工作时发生的变化。公差与配合标准中规定的数值，均以标准温度(20℃)为准。当工作温度与标准温度相差较大时，或材料的线膨胀系数较大时，应考虑热变形的影响，这对于在高温或低温下工作的机械尤其重要。

(7)考虑配合件的生产批量情况。在单件小批生产时，孔往往接近最小极限尺寸，轴往往接近最大极限尺寸，造成孔轴配合趋紧，此时间隙应放大些。

(8)在明确所选配合大类的基础上，了解与对照各种基本偏差的特点及应用，参考相关标准确定出配合代号。

各种基本偏差的特性及应用和优先配合的配合特性及应用在选用时应按国家标准中所提供的内容进行选择。

4.2.2　用实测值确定极限与配合

前面所述的用类比法确定公差配合，基本上是由测绘者根据设计的实践经验，按照设计的一般程序给定的。由于缺乏对实测值的深入分析，因而在测绘机器的过程中常出现偏离设计质量的情况，致使制造出的某些零件无法与原样机零部件互换。为了解决这一问题可以采用实测数据和极限与配合标准中数据进行科学分析，找出实测值与尺寸公差的内在联系，从而确定出符合设计要求的基本尺寸、尺寸公差、极限与配合种类等。从零件的实际尺寸推断设计尺寸的过程称为测绘圆整法。

1. 对实测值进行分析

假定所测绘零件全部为合格零件，则测绘中得到的实测值一定是原图样给定的公差范围

内的某一数值，即

$$实测值=基本尺寸\pm制造误差\pm测量误差$$

由于制造误差与测量误差之和应小于或等于原图规定的公差，所以，实测值应大于或等于零件的最小极限尺寸而小于或等于最大极限尺寸。

又由于制造误差和测量误差在大批量生产时，符合正态分布规律，即它们处于中值的概率最大。当只有一个测得值时，便可将该实测值作为被测零件在公差中值时的零件尺寸，将实测的间隙或过盈当成图纸所给间隙或过盈的中值。当实测值有多个值时，则应进行概率计算。

2. 实测值和极限与配合的内在联系

相配合的孔与轴，假设其尺寸公差如图 4－15 所示。在基准件的实测值中，既包含着零件的基本尺寸，又包含着零件的公差，因为基准孔的公差带位置总是在零线上方，其上偏差 ES 的数值的绝对值即为基准孔的公差值。而基准轴的公差带位置总是在零线下方，其下偏差 ei 的绝对值即为基准轴的公差值。

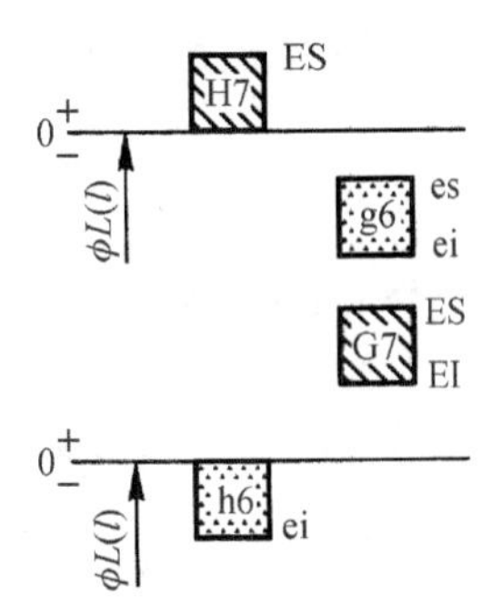

图 4－15　基孔制、基轴制间隙配合公差带

在非基准件的实测值中，不仅包含着基本尺寸和公差，而且还包含着基本偏差。因为在孔和轴的配合中，各种不同的配合性质都是由极限与配合标准中规定的孔和轴的公差带位置决定的，而每一种公差带位置则由基本偏差确定。实测间隙或过盈的大小，反映基本偏差的大小。

由上面的分析可以看出，相互配合的孔、轴的基本尺寸和公差值，应该在实测值中去找，而配合类别应该在实测间隙或过盈中去找。

3. 用实测值确定极限与配合的方法

具体操作步骤如下：

(1)精确测量的测量精度应保证小数点后三位。为精确起见，测量中应对同一几何量反复进行多次测量，在剔除粗大误差后求出其算术平均值，并将此值作为被测的公差在公差中值时的测得值。

(2)确定配合基准制。根据零件结构、工艺性、使用条件及经济性几个方面进行综合考虑，定出基准制。一般情况下，优先选用基孔制。

(3)确定基本尺寸。相互配合的孔与轴，其基本尺寸只有一个。

1)确定尺寸精度

测绘时，不论是基孔制还是基轴制，推荐按孔的实测尺寸，根据表 4－2 来判断基本尺寸是否应含小数点后的数值。

表 4－2 之所以成立是因为它是根据标准公差制定的，当孔的实测值小数点后的第一位小于表 4－2 中所列值时，基本尺寸不包含小数位。只有当孔的实测值小数点后的第一位大于或等于表 4－2 中所列数值时，该实测值小数点后的第一位数才可能与基本尺寸有关，而使基本尺寸带第一位小数。

确定尺寸精度就是判定基本尺寸是否应包含实测值小数点后面的数值。

表 4-2　尺寸精度判定

基本尺寸/mm	实测值中小数点后的第一位数	基本尺寸是否含小数值
1～80	≥2	包含
>80～250	≥3	包含
>250～500	≥4	包含

2)确定基本尺寸数值

由于基孔制的基准孔下偏差为 0，上偏差为正，而基轴制的基准轴上偏差为 0，下偏差为负，假设实测值为原图纸所给基本尺寸与公差中值之和，所以孔(轴)的基本尺寸必须同时满足下列不等式：

$$\text{对于基孔制}\begin{cases}\text{孔(轴)的基本尺寸} < \text{孔实测尺寸值} & (4-1)\\ \text{孔实测尺寸} - \text{基本尺寸} \leqslant 1/2\ \text{孔公差(IT11)} & (4-2)\end{cases}$$

$$\text{对于基轴制}\begin{cases}\text{孔(轴)的基本尺寸} < \text{轴实测尺寸} & (4-3)\\ \text{基本尺寸} - \text{轴实尺寸} \leqslant 1/2\ \text{轴公差(IT11)} & (4-4)\end{cases}$$

确定孔(轴)的基本尺寸时，以公差等级 IT11 作为判断依据的理由是公差等级高于 IT11 时常用于配合尺寸。

例 4-4　有一基孔制配合的孔，测量得到孔的尺寸为 ϕ63.52 mm，试确定基本尺寸。

解　根据表 4-2，由于 ϕ63.52 的基本尺寸在 1～80 mm 内，实测值小数点后第一位数为 5 (大于 2)，故基本尺寸应包含一位小数。根据式(4-1)可知，实测值中 ϕ63.52 的基本尺寸应小于 63.52，且保留一位小数，故基本尺寸最大只能是 ϕ63.5。根据式(4-2)得，63.52－63.5＝0.02≤1/2 孔公差(IT11)

由于 ϕ63.5 孔的 IT11＝0.19，代入式(4-1)，使式(4-1)的不等式成立，所以将基本尺寸确定为 ϕ63.5 是合理的。

4)计算公差、确定尺寸公差等级

(1)计算基准件公差

基孔制的孔公差：$T_h=(L_{\text{实测}}-L_{\text{基本}})\times 2$

基轴制的轴公差：$T_s=(L_{\text{基本}}-L_{\text{实测}})\times 2$

根据计算出的 T_h 或 T_s，从标准公差数值表中查出相近的数值作为基准件的公差值，同时也确定公差等级。

例 4-4 中，基准孔的实测尺寸为 ϕ63.52 mm，基本尺寸定为 ϕ63.5 mm，根据计算基准件公差公式 $T_h=(L_{\text{实测}}-L_{\text{基本}})\times 2$ 计算得

$$T_h=(63.52-63.5)\times 2=0.04\ \text{mm}$$

从标准公差数值表中查出相近的数值 0.046 mm，故将其公差定为 0.046 mm，同时确定其公差等级为 IT8。

(2)确定相配件公差等级。相配件的公差等级应根据基准件的公差等级并按工艺等价性进行选择。

5)计算基本偏差，确定配合类型

(1)计算孔、轴实测尺寸之差，确定出实测间隙或过盈值。

(2)求相配合孔、轴的平均公差：

$$\text{平均公差}=(\text{孔公差}+\text{轴公差})/2$$

(3)当孔、轴实测为间隙时(见图 4-16),可按表 4-3 确定配合类型;当孔、轴实测为过盈时,如图 4-17 所示,可按表 4-4 确定配合类型。

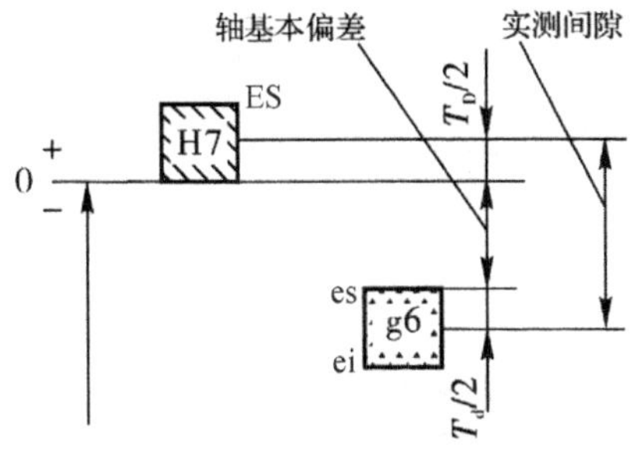

图 4-16 基孔制间隙配合公差带

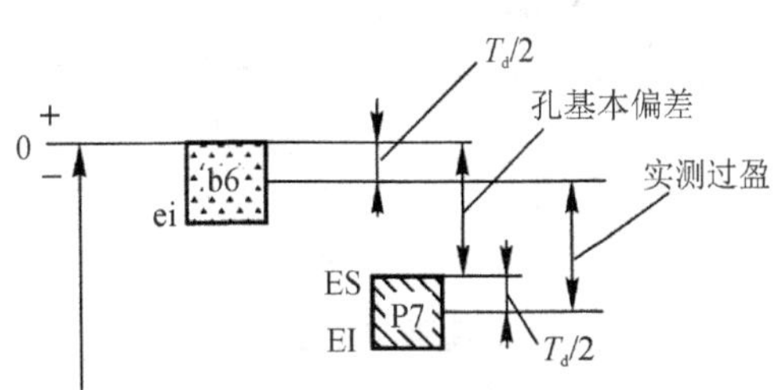

图 4-17 基轴制过盈配合公差带

表 4-3 孔轴实测为间隙时的配合

实测间隙种类		1	2	3	4
		间隙=$(T_h+T_s)/2$	间隙<$(T_h+T_s)/2$	间隙>$(T_h+T_s)/2$	间隙=基准间公差/2
轴(基孔制)	配合代号	h	j、k	a、b~f、fg、g	js
	基本偏差	上偏差	下偏差	上偏差	±轴公差/2
	偏差性质	0	—	—	—
孔、轴的基本偏差计算		不必计算	查公差表	基本偏差=间隙$-(T_h+T_s)/2$	查公差表
孔(基轴制)	配合代号	H	J、K	A、B、C、CD、D、E、EF、F、FG、G	JS
	基本偏差	下偏差	上偏差	下偏差	±孔公差/2
		0	+	+	

表 4-4 孔轴实测为过盈时的配合

轴(基孔制)	适用范围	轴的公差等级为 4、5、6、7 级	轴的公差等级为 01、0、1、2 及 8~16 级
	配合代号	m、n、p、r、S、t、U、V、x、y、Z、Za、Zb、ZC	k
	基本偏差(绝对值)	|过盈|$+(T_h-T_s)/2$①	当 $T_h<T_s$ 时出现实测过盈;当 $T_h>T_s$ 时出现实测间隙
	基本偏差	下偏差	下偏差
	偏差性质	+	0
孔(基轴制)	适用范围	孔的公差等级 8~16 级	孔的公差等级≤7 级,孔公差>轴公差
	配合代号	K、M、N、P、R、S、T、U、V、X、Y、Z、ZA、ZB、ZC	K~ZC
	基本偏差(绝对值)	|过盈|$-(T_h-T_s)/2$	|间隙|$+[ITn-IT(n-1)]/2$②或|过盈|$-[ITn-IT(n-1)]/2$
	基本偏差	上偏差	上偏差
	偏差性质	—	—

注:①计算结果如出现负值,说明孔公差小于轴公差,应调整孔、轴公差等级。

②式中 n 为公差等级。

在实测时，在大批量条件下，当过渡配合的轴、孔之间的实测值出现过盈时，按国家标准，只能出现在基孔制的 H/k、H/m、H/n 三种配合类型或基轴制的 K/h、M/h、N/h 三种配合类型，其配合选择可查相关国家标准。

6)确定相配合孔、轴的上偏差和下偏差

(1)基孔制的孔。上偏差 ES＝＋IT(IT 为标准公差数值)

下偏差 EI＝0

(2)基轴制的轴。上偏差 es＝0

下偏差 ei＝－IT

(3)当已知非基准制孔或轴的公差等级和基本偏差时，其上、下偏差为

$$ES(es)=EI(ei)+IT$$

$$EI(ei)=ES(es)-IT$$

7)校核与修正

根据常用及优先配合标准进行校核。根据零件的功用、结构、材料、工艺水平及工作条件，在必要时可对公差及配合进行适当调整和修正。

例 4-5 某轴和齿轮的配合，孔的实测尺寸为 ϕ40.021 mm，轴的实测尺寸为 ϕ39.987 mm。试确定基本尺寸。

解 (1)确定配合基准制。根据结构分析，确定该配合为基孔制。

(2)确定基本尺寸。查表，并满足不等式(4-1)、(4-2)

$$\text{即}\begin{cases}\text{孔(轴)的基本尺寸}<\text{孔实测尺寸}\\ \text{孔实测尺寸}-\text{基本尺寸}\leqslant 1/2\text{ 孔公差(IT11)}\end{cases}$$

由上式得，基本尺寸为 ϕ40 mm。

(3)计算公差，确定尺寸的公差等级。

①确定基准孔公差

$$T_h=(L_{实测}-L_{基本})\times 2=0.021\times 2\text{ mm}=0.042\text{ mm}$$

查公差表，IT8 的公差值为 0.039 mm，与计算出的基准孔公差 T_h 最接近，故选孔公差等级为 IT8，所以基准孔为 ϕ40H8。

②确定轴公差

$$T_s=(L_{基本}-L_{实测})\times 2=(40-39.987)\times 2\text{ mm}=0.026\text{ mm}$$

查公差表，IT7 公差值 0.025 mm，与计算出的基准轴公差 T_s 最接近，故选轴公差等级为 IT7。

(4)计算基本偏差，确定配合类别。

①孔、轴实际间隙＝40.021－39.987＝0.034 mm。

②平均公差＝(孔公差＋轴公差)/2＝(0.039＋0.025)/2＝0.032 mm。

③基本偏差＝实测间隙－平均公差＝0.034—0.032＝0.002 mm。

该值为轴的负值上偏差。查轴的基本偏差数值表，得到与－0.002 mm 最接近的上偏差值为 h，所以配合轴为 ϕ40h7。

(5)确定孔、轴的上、下偏差。

孔：$\phi 40\text{H}8(^{+0.039}_{0})$

轴：$\phi 40\text{h}7(^{0}_{-0.025})$

(6)H8/h7 为优先配合,圆整后的配合尺寸为 ϕ40H8/h7。

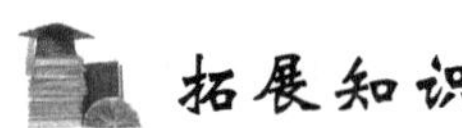
拓展知识

4.3　滚动轴承的互换性

4.3.1　滚动轴承的组成和型式

滚动轴承是一种标准部件,它由专业工厂生产,供各种机械选用。滚动轴承一般由内圈、外圈、滚动体和保持架四部分组成,如图 4-18(a)所示。

滚动轴承按滚动体的形状不同,可分为球轴承和滚子轴承;按受负荷的作用方向,可分为向心轴承、推力轴承、向心推力轴承,如图 4-18 所示。

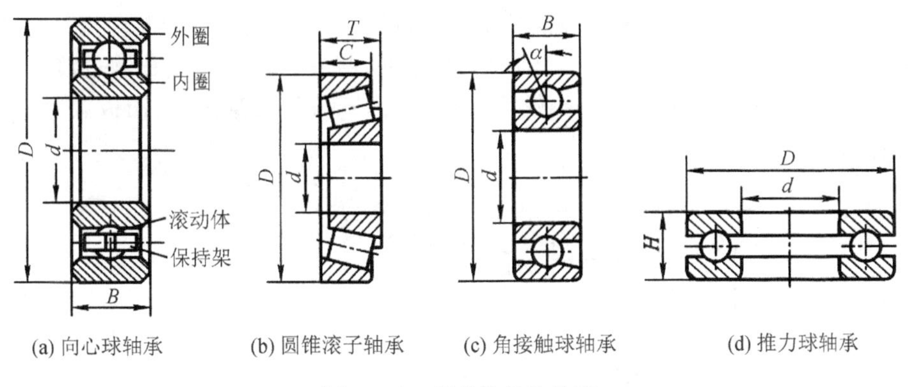

图 4-18　滚动轴承的类型

通常,滚动轴承内圈装在传动轴的轴颈上,随轴一起旋转,以传递扭矩;外圈固定于机体孔中,起支承作用。因此,内圈的内径(d)和外圈的外径(D)是滚动轴承与结合件配合的基本尺寸。

设计的机械需采用滚动轴承时,除了确定滚动轴承的型号外,还必须选择滚动轴承的精度等级、滚动轴承与轴和外壳孔的配合,轴和外壳孔的几何公差及表面粗糙度参数。

4.3.2　滚动轴承的精度等级及其应用

根据 GB/T 307.3—2005《滚动轴承-通用技术规则》规定,滚动轴承按其公称尺寸精度和旋转精度分为 0、6(或 6x)、5、4 和 2 五个精度等级,其中 0 级精度最低,2 级精度最高,仅向心轴承有 2 级,圆锥滚子轴承有 6x 级,而无 6 级。

滚动轴承的基本尺寸精度是:轴承内径(d)、外径(D)、轴承内圈宽度(B)、外圈宽度(C)和圆锥滚柱轴承装配高(T)等尺寸的制造精度。

滚动轴承的旋转精度是:成套轴承内、外圈的径向跳动;成套轴承内、外圈端面对滚道的跳动;内圈基准端面对内孔的跳动;外径表面母线对基准端面的倾斜度的变动量等。

滚动轴承各级精度的应用情况如下:

0 级(普通精度级)轴承应用在中等负荷、中等转速和旋转精度要求不高的一般机构中,如普通机床、汽车和拖拉机的变速机构和普通电机、水泵、压缩机的旋转机构的轴承。

6(或 6x)级(中等精度级)轴承应用于旋转精度和转速较高的旋转机构中,如普通机床的主轴轴承、精密机床传动轴使用的轴承。

5 级、4 级(较高级、高级)轴承应用于旋转精度高和转速高的旋转机构中,如精密机床的主轴轴承、精密仪器和机械使用的轴承。

2 级(精密级)轴承应用于旋转精度和转速很高的旋转机构中,如精密坐标镗床的主轴轴承、高精度仪器和高转速机构中使用的轴承。

4.3.3 滚动轴承与轴、外壳孔的配合特点

滚动轴承内圈与轴颈的配合应采用基孔制,外圈与外壳孔的配合应采用基轴制。

GB/T 307.1—2005《滚动轴承-向心轴承-公差》规定:内圈基准孔公差带位于以公称内径 d 为零线的下方,且上偏差为 0(见图 4-19)。这种特殊的基准孔公差带不同于 GB/T 1800.2—2009 中基准孔 H 的公差带,因此,在采用相同的轴公差带的前提下,其得到的配合比一般基孔制的相应配合要紧些。当其与 k6、m6、n6 等轴构成配合时,将获得比一般基孔制过渡配合规定的过盈量稍大的过盈配合;当与 g6、h6 等轴构成配合时,不再是间隙配合,而成为过渡配合,如图 4-20 所示。

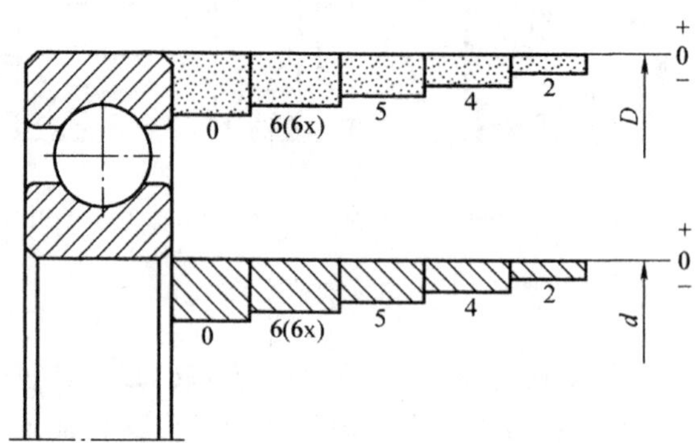

图 4-19 滚动轴承内、外径公差带

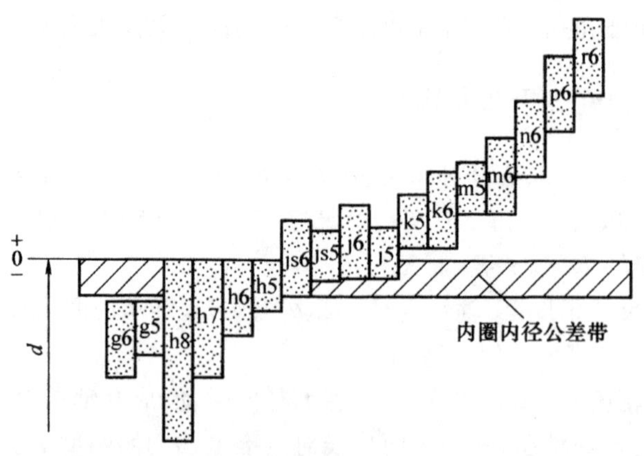

图 4-20 与滚动轴承配合的轴颈的常用公差带

GB/T 307.1—2005 规定：外圈基准轴公差带位于以公称内径 D 为零线的下方，且上偏差为 0(见图 4－19)。在轴承外圈与外壳孔的基轴制配合中，外壳孔的各种公差带与一般圆柱结合基轴制配合中的孔公差带相同；作为基准轴的轴承外圈圆柱面，其公差带位置虽与一般基准轴相同，但其公差带的大小不同，所以其公差带也是特殊的。其配合基本上保持 GB/T 1801—2009 中同名配合的配合性质，如图 4－21 所示。

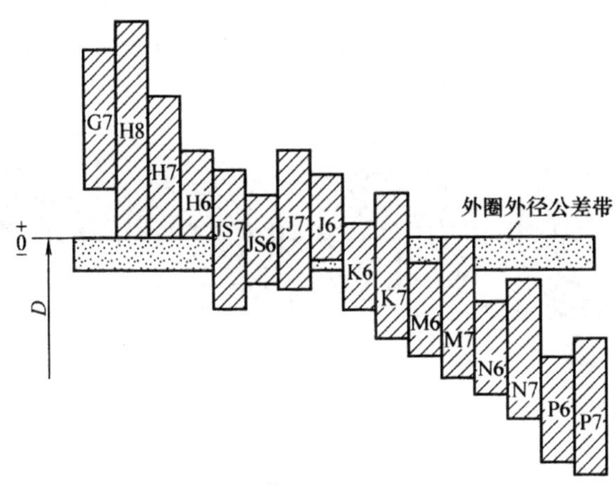

图 4－21　与滚动轴承配合的外壳孔的常用公差带

4.3.4　滚动轴承配合的选择

选择滚动轴承配合之前，必须先确定轴承的精度等级。精度等级确定后，轴承内、外圈基准结合面的公差带也就随之确定。因此，选择配合其实就是选择与内圈结合的轴的公差带及与外圈结合的孔的公差带。

1. 轴和外壳孔的公差带

滚动轴承基准结合面的公差带单向布置在零线下侧，既可满足各种旋转机构不同配合性质的需要，又可以按照标准公差来制造与之相配合的零件。轴和外壳孔的公差带，就是从极限与配合的标准中选取的。

2. 轴和外壳孔公差带的选用

正确选用轴和外壳孔的公差带，对于充分发挥轴承的技术性能和保证机构的运转质量、使用寿命有着重要的意义。

影响公差带选用的因素较多，如轴承的工作条件(负荷类型、负荷大小、工作温度、旋转精度、轴向游隙)，配合零件的结构、材料及安装与拆卸的要求等。一般根据轴承所承受的负荷类型和大小来决定。

1)负荷的类型

作用在轴承上的合成径向负荷，是由定向负荷和旋转负荷合成的。若合成径向负荷的作用方向是固定不变的，则称为定向负荷(如皮带的拉力、齿轮的传递力)；若合成径向负荷的作用方向是随套圈(内圈或外圈)一起旋转的，则称为旋转负荷(如镗孔时的切削力)。根据套圈工作时相对于合成径向负荷的方向，可将负荷分为局部负荷、循环负荷和摆动负荷。

局部负荷：作用在轴承上的合成径向负荷与套圈相对静止，即合成径向负荷方向始终不变地作用在套圈滚道的局部区域上，该套圈所承受的这种负荷称为局部负荷（见图 4 - 22(a)的外圈和图4 - 22(b)的内圈）。

循环负荷：作用于轴承上的合成径向负荷与套圈相对旋转，即合成径向负荷顺次作用在套圈滚道的整个圆周上，该套圈所承受的这种负荷，称为循环负荷。例如轴承承受一个方向不变的径向负荷 R_g，旋转套圈所承受的负荷性质即为循环负荷（见图 4 - 22(a)的内圈和图 4 - 22(b)的外圈）。

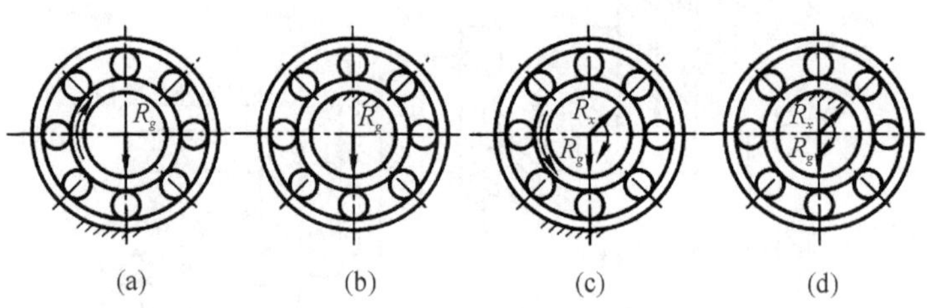

图 4 - 22　轴承承受的负荷类型

摆动负荷：作用于轴承上的合成径向负荷与所承受的套圈在一定区域内相对摆动，即合成径向负荷经常变动地作用在套圈滚道的局部圆周上，该套圈所承受的负荷称为摆动负荷。

例如轴承承受一个方向不变的径向负荷 R_g 和一个较小的旋转径向负荷 R_x，两者的合成径向负荷 R_x 的大小与方向都在变动。但合成径向负荷 R_x 仅在非旋转套圈一段滚道内摆动（见图4 - 23），该套圈所承受的负荷性质即为摆动负荷（见图 4 - 22(c)的外圈和图 4 - 22(d)的内圈）。

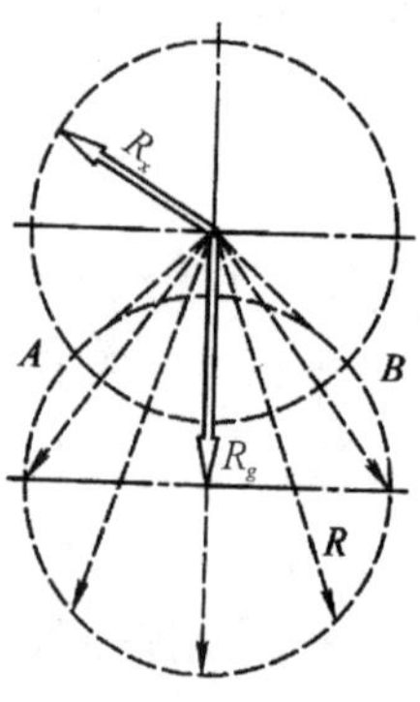

图 4 - 23　摆动负荷

轴承套圈承受的负荷类型不同，选择轴承配合的松紧程度也应不同。承受局部负荷的套圈，局部滚道始终受力，磨损集中，其配合应选松些（选较松的过渡配合或具有极小间隙的间隙配合）。这是为了让套圈在振动、冲击和摩擦力矩的带动下缓慢转位，以充分利用全部滚道并使磨损均匀，从而延长轴承的寿命。但配合也不能过松，否则会引起套圈在相配件上滑动而使结合面磨损。对于旋转精度及速度有要求的场合（如机床主轴和电机轴上的轴承），则不允许套圈转位，以免影响支承精度。

承受循环负荷的套圈，滚道各点循环受力，磨损均匀，其配合应选紧些(选较紧的过渡配合或过盈量较小的过盈配合)。因为套圈与轴颈或外壳孔之间在工作时不允许产生相对滑动以免结合面磨损，并且要求在全圆周上具有稳固的支承，以保证负荷能最佳分布，从而充分发挥轴承的承载力。但配合的过盈量也不能太大，否则会使轴承内部的游隙减少以至完全消失，产生过大的接触应力，影响轴承的工作性能。承受摆动负荷的套圈，其配合松紧介于循环负荷与局部负荷之间。

2)负荷的大小

滚动轴承套圈与轴颈或壳体孔配合的最小过盈，取决于负荷的大小。国家标准将当量径向负荷 P 分为三类：$P<0.07C$ 的称为轻负荷；$0.07C<P<0.15C$ 的称为正常负荷；$P>0.15C$ 的称为重负荷(C 为轴承的额定负荷)。

承受较重的负荷或冲击负荷时，将引起轴承较大的变形，使结合面间实际过盈减小，轴承内部的实际间隙增大，这时为了使轴承运转正常，应选较大的过盈配合。同理，承受较轻的负荷时可选较小的过盈配合。

在设计工作中，选择轴承的配合通常采用类比法，有时为了安全起见，才用计算法校核。用类比法确定轴颈和外壳孔的公差带时，可应用滚动轴承标准推荐的资料进行选取，参见国家标准中的相关规定。

为了保证轴承的工作质量及使用寿命，除选定轴和外壳孔的公差带之外，还应规定相应的几何公差及表面粗糙度值，国家标准推荐的几何公差及表面粗糙度值参见国家标准中的相关规定，供设计时选取。轴颈和外壳孔的各项公差在图样上的标注示例如图 4-24 所示。应当指出，由于滚动轴承结合面的公差带是特别规定的，因此，在装配图上对轴承的配合，仅标注公称尺寸及轴、外壳孔的公差带代号。

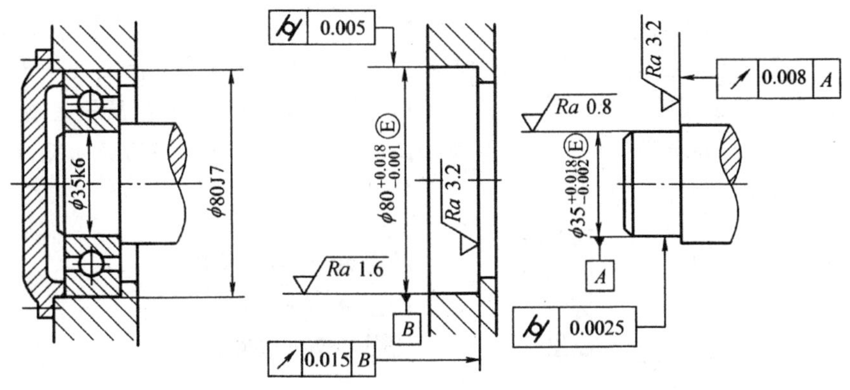

图 4-24　轴颈和外壳孔公差在图样上的标注

4.4　键结合的互换性

键主要用于轴与轴上传动件(如齿轮、带轮、联轴器等)之间实现周向固定以传递转矩的可拆连接。其中，有些还能用作导向连接，如变速箱中变速齿轮花键孔与花键轴的连接。

4.4.1 概述

键是标准零件，分为两大类，一类是平键和半圆键，构成松连接；另一类是斜键，构成紧连接。

键的侧面是工作面，工作时，靠键与键槽的互压传递转矩。

平键按用途可分为普通平键、导向平键和滑键三种。平键连接由键、轴键槽和轮毂键槽（孔键槽）三部分组成，如图 4－25 所示。平键制造简易，装拆方便，应用广泛。

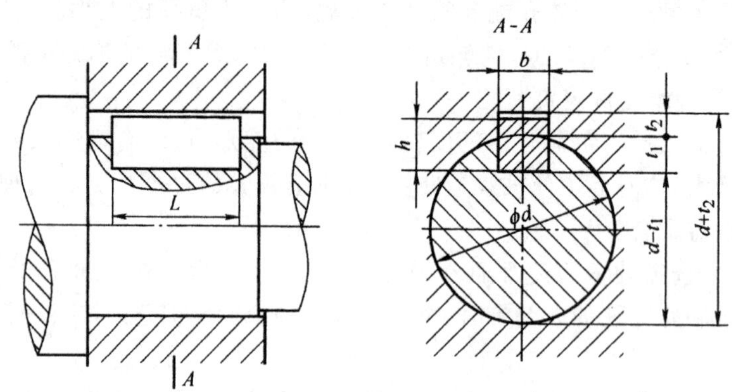

图 4－25 普通平键和键槽的尺寸

4.4.2 平键连接的公差与配合

平键连接的配合尺寸是键和键槽宽，其配合性质也是以键与键槽宽的配合性质来体现的，其他为非配合尺寸。

平键连接由于键侧面同时与轴和轮毂键槽侧面连接，且键是标准件，由型钢制成，因此，采用基轴制配合，其公差带见图 4－26。为了保证键与键槽侧面接触良好而又便于拆装，键与键槽宽采用过渡配合或小间隙配合。其中，键与轴槽宽的配合应较紧，而键与轮毂槽宽的配合可较松。对于导向平键，要求键与轮毂槽之间作轴向相对移动，要有较好的导向性，因此宜采用具有适当间隙的间隙配合。

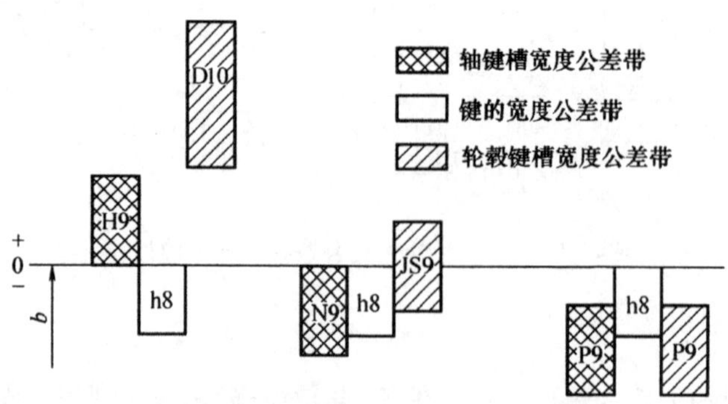

图 4－26 键宽与键槽宽 b 的公差带

GB/T 1095—2003《平键-键槽的剖面尺寸》对键和键宽规定了三种基本连接，配合性质及其应用见表 4－5。键宽 b、键高 h（公差带按 h11）、平键长度 L（公差带按 h14）和轴键槽长度 L

(公差带按 H14)的公差值按其基本尺寸从 GB/T 1800.3—2005 中查取,键槽宽 b 及其他非配合尺寸公差规定参见国家标准中的相关内容。

表 4－5　普通平键连接的三种配合性质及其应用

配合种类	宽度 b 的公差带			应用范围
	键	轴槽	毂槽	
松连接	h9	H9	D10	主要用于导向平键
正常连接		N9	Js9	单件和成批生产且载荷不大时
紧密连接		P9	P9	传递重载、冲击载荷或双向扭矩时

为了限制几何误差的影响,不使键与键槽装配困难和工作面受力不均等,在国家标准中,轴槽和轮毂槽对轴线的对称度公差做了规定。根据键槽宽 b,一般按 GB/T 1184—2008《形状和位置公差》中对称度 7～9 级选取。

其表面粗糙度值要求为:键槽侧面取 Ra 为 1.6～3.2 μm;其他非配合面取 Ra 为 6.3 μm。图样标注如图 4－27 所示。

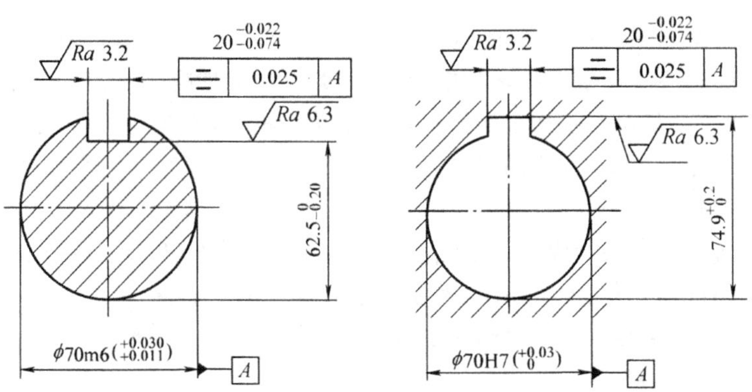

图 4－27　键槽尺寸与公差标注

4.5　圆柱齿轮传动的互换性

4.5.1　齿轮传动的使用要求

各类齿轮都是用来传递运动或动力的,其使用要求因用途不同而异,但归纳起来主要为以下四个方面。

1. 传递运动的准确性

传递运动的准确性是指齿轮在一转范围内,最大转角误差不超过一定的限度。齿轮一转过程中产生的最大转角误差用 $\Delta\phi_{\Sigma}$ 来表示。

2. 传递运动的平稳性

传递运动的平稳性要求齿轮在转一齿范围内,瞬时传动比变化不超过一定的范围,因为这一变动将会引起冲击、振动和噪声，它可以用转一齿过程中的最大转角误差 $\Delta\phi$ 表示。

3. 载荷分布的均匀性

载荷分布的均匀性要求一对齿轮啮合时，工作齿面要保证接触良好，避免应力集中，减少齿面磨损，提高齿面强度和寿命。

4. 传动侧隙

传动侧隙要求一对齿轮啮合时，在非工作齿面间应存在间隙。如图 4－28 所示的法向侧隙 j_{bn} 是为了使齿轮传动灵活，用以贮存润滑油、补偿齿轮的制造与安装误差以及热变形等所需的侧隙，否则齿轮在传动过程中会出现卡死或烧伤。在圆周方向测得的间隙为圆周侧隙 j_{ω_1}。

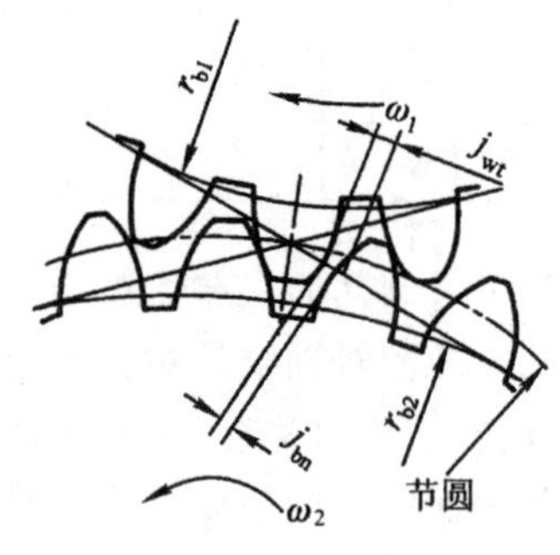

图 4－28　传动侧隙

上述前三项要求为对齿轮本身的精度要求，而第四项是对齿轮副的要求，而且对不同用途的齿轮，提出的要求也不一样。对于机械制造业中常用的齿轮，如机床、通用减速器、汽车、拖拉机、内燃机车等行业用的齿轮，通常对上述三项精度要求的高低程度都是差不多的，对齿轮精度评定各项目可要求同样精度等级，这种情况在工程实践中是占大多数的。而有的齿轮，可能对上述三项精度中的某一项有特殊功能要求，因此可对某项提出更高的要求。例如对分度、读数机构中的齿轮，可对控制运动精度的项目提出更高的要求；对航空发动机、汽轮机中的齿轮，因其转速高，传递动力也大，特别要求振动和噪音小，因此应对控制平稳性精度的项目提出高要求；对轧钢机、起重机、矿山机械中的齿轮，属于低速动力齿轮，因而可对控制接触精度的项目要求高些。而对于齿侧间隙，无论何种齿轮，为了保证齿轮正常运转都必须规定合理的间隙大小，尤其是仪器仪表中的齿轮传动，保证合适的间隙尤为重要。

另外，为了降低齿轮的加工和检测成本，如果齿轮总是用一侧齿面工作，则可以对非工作齿面提出较低的精度要求。

4.5.2　齿轮的加工误差

齿轮的各项偏差都是在加工过程中形成的，是由于工艺系统中齿轮坯、齿轮机床、刀具 3 个方面的各个工艺因素决定的。齿轮加工误差有下述四种形式(见图 4－29)。

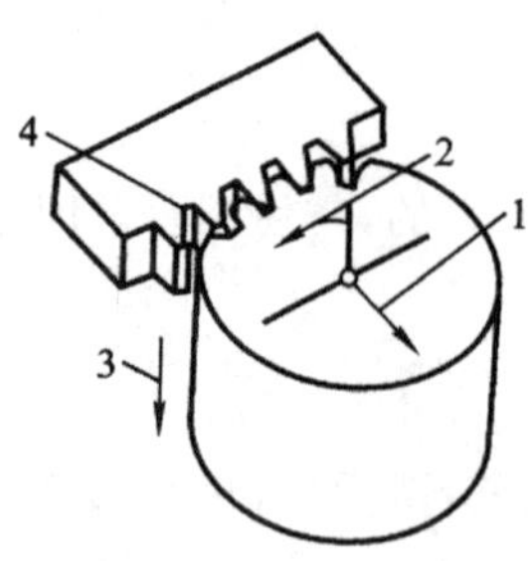

1—径向误差；2—切向误差；3—轴向误差；4—刀具产形面的误差。

图 4－29　齿轮加工误差

1. 径向误差

径向误差是刀具与被切齿轮之间径向距离的偏差。它是由齿坯在机床上的定位误差、刀具的径向跳动、齿坯轴或刀具轴位置的周期变动引起的。

2. 切向加工误差

切向加工误差是刀具与工件的展成运动遭到破坏或分度不准确而产生的加工误差。机床运动链各构件的误差，主要是最终的分度蜗轮副的误差，或机床分度盘和展成运动链中进给丝杠的误差，是产生切向误差的根源。

3. 轴向误差

轴向误差是刀具沿工件轴向移动的误差。它主要是由于机床导轨的不精确、齿坯轴线的歪斜造成的，对于斜齿轮、机床运动链也有影响。轴向误差破坏齿的纵向接触还会破坏斜齿轮的齿高接触。

4. 齿轮刀具产形面的误差

齿轮刀具产形面的误差是由于刀具产形面的近似造型，或由于其制造和刃磨误差而产生的。此外由于进给量和刀具切削刃数目有限，切削过程断续也产生齿形误差。刀具产形面偏离精确表面的所有形状误差，使齿轮产生齿形误差，在切削斜齿轮时还会引起接触线误差。刀具产形面和齿形角误差，使工件产生基圆齿距偏差和接触线方向误差，从而影响直齿轮的工作平稳性，并破坏直齿轮和斜齿轮的全齿高接触。

4.5.3　圆柱齿轮精度的评定指标

图样上设计的齿轮都是理想的齿轮，但由于齿轮加工误差，使制得的齿轮齿形和几何参数都存在误差。因此必须了解、掌握并控制这些误差的评定项目。在齿轮新标准中，齿轮误差、偏差统称为齿轮偏差，将偏差与偏差允许值共用一个符号表示，例如 F_a 既表示齿廓总偏差，又表示齿廓总偏差允许值。单项要素测量所用的偏差符号用小写字母（如 f）加上相应的下标组成；而表示若干单项要素偏差组成的“累积”或“总”偏差所用的符号，采用大写字母（如 F）加上相应的下标表示。

1. 轮齿同侧齿面偏差

1）齿距偏差

（1）单个齿距偏差（f_{pt}）：在端平面上接近齿高中部的一个与齿轮轴线同心的圆上，实际齿距与理论齿距的代数差。当齿轮存在齿距偏差时，会造成一对齿啮合完了而另一对齿进入啮合时，主动齿与被动齿发生冲撞，影响齿轮传动的平稳性精度。

（2）齿距累积偏差（F_{pk}）：任意 k 个齿距的实际弧长与理论弧长的代数差，理论上它等于 k 个齿距的各单个齿距偏差的代数和。齿距累积偏差实际上是控制在圆周上的齿距累积偏差，如果此项偏差过大，将产生振动和噪声，影响平稳性精度。

（3）齿距累积总偏差（F_p）：齿轮同侧齿面任意弧段（$k=1$ 到 $k=z$）内的最大齿距累积偏差。它表现为齿距累积偏差曲线的总幅值。齿距累积总偏差（F_p）可反映齿轮转一圈过程中传动比的变化，因此它影响齿轮的运动精度。

2)齿廓偏差

实际齿廓偏离设计齿廓的量,在端平面内且垂直于渐开线齿廓的方向计值。

(1)齿廓总偏差(F_α):在计值范围内,包容实际齿廓迹线的两条设计齿廓迹线间的距离。齿廓总偏差主要影响齿轮平稳性精度。

(2)齿廓形状偏差($f_{f\alpha}$):在计值范围内,包容实际齿廓迹线的两条与平均齿廓迹线完全相同的曲线间的距离,且两条曲线与平均齿廓迹线的距离为常数。

(3)齿廓倾斜偏差($f_{H\alpha}$):在计值范围的两端与平均齿廓迹线相交的两条设计齿廓迹线间的距离。

3)螺旋线偏差

螺旋线偏差是在端面基圆切线方向上测得的实际螺旋线偏离设计螺旋线的量。

(1)螺旋线总偏差(F_β):在计值范围内,包容实际螺旋线迹线的两条设计螺旋线迹线间的距离。

(2)螺旋线形状偏差($f_{f\beta}$):在计值范围内,包容实际螺旋线迹线的,与平均螺旋线迹线完全相同的两条曲线间的距离,且两条曲线与平均螺旋线迹线的距离为常数。

(3)螺旋线倾斜偏差($f_{H\beta}$):在计值范围的两端与平均螺旋线迹线相交的两条设计螺旋线迹线间的距离。对直齿圆柱齿轮,螺旋角 $\beta=0$,此时 F_β 称为齿向偏差。

4)切向综合偏差

(1)切向综合总偏差(F_i'):产品齿轮与测量齿轮单面啮合检验时,产品齿轮一转内,齿轮分度圆上实际圆周位移与理论圆周位移的最大差值,它是反映齿轮运动精度的检查项目。

(2)一齿切向综合偏差(f_i'):在一个齿距内的切向综合偏差值,它是检验齿轮平稳性精度项目。

2. 径向综合偏差与径向跳动

径向综合偏差的测量值受到测量齿轮的精度和产品齿轮(指正在被测量或评定的齿轮)与测量齿轮的总重合度的影响。检验径向综合偏差时,测量齿轮应在有效长度 L_{AE} 上与产品齿轮啮合。

1)径向综合总偏差 F_i''

径向综合总偏差 F_i'' 是在径向(双面)综合检验时,产品齿轮的左右齿面同时与测量齿轮接触,并转过一整圈时出现的中心距最大值和最小值之差。

2)一齿径向综合偏差(f_i'')

一齿径向综合偏差是产品齿轮与测量齿轮啮合一整圈(径向综合检验)时,对应一个齿距的径向综合偏差值,它反映齿轮工作平稳精度。

3)径向跳动(F_r)

齿轮径向跳动为测头(球形、圆柱形、锥形)相继置于每个齿槽内时,从它到齿轮轴线的最大和最小径向距离之差。径向跳动主要反映齿轮的几何偏心,它是检测齿轮运动精度的项目。

3. 齿厚偏差及齿侧间隙

1)齿厚偏差(E_{sn})

齿厚偏差是指在分度圆柱面上齿厚的实际值与公称值之差,如图 4-30(a)所示。齿厚测量可用齿厚游标卡尺,如图 4-30(b)所示,也可用精度更高些的光学测齿仪测量。

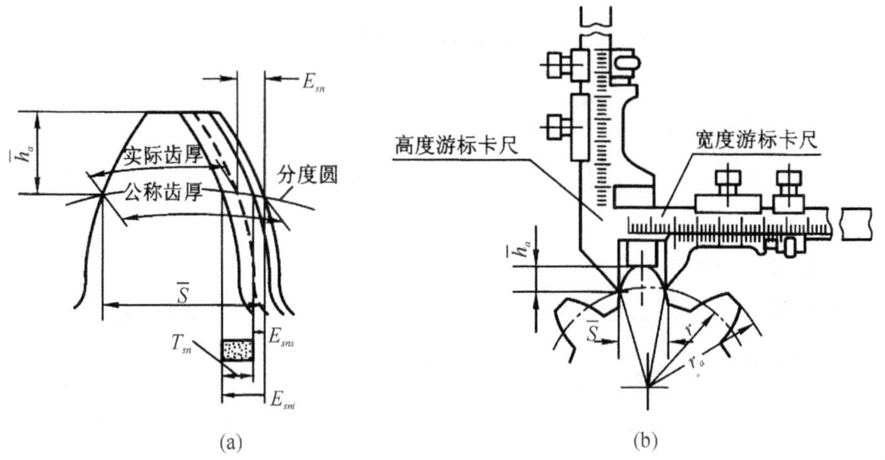

图 4-30　齿厚测量

2）公法线平均长度偏差（E_{bn}）

公法线平均长度偏差是指公法线长度测量的平均值与公称值之差。公法线长度 W_n 是在基圆柱切平面上跨 n 个齿（对外齿轮）或 n 个齿槽（对内齿轮）在接触到一个齿的右齿面和另一个齿的左齿面的两个平行平面之间测得的距离。

3）齿侧间隙

单个齿轮没有侧隙只有齿厚，相互啮合的轮齿的侧隙是由一对齿轮运行时的中心距以及每个齿轮的实际齿厚所控制的。国家标准规定采用“基准中心距制”，即在中心距一定的情况下，用控制轮齿的齿厚的方法获得必要的侧隙。

（1）齿侧间隙的表示法。齿侧间隙通常有两种表示法：法向侧隙 j_{bn} 和圆周侧隙 j_{wt}。法向侧隙 j_{bn} 是当两个齿轮的工作齿面相互接触时，其非工作面之间的最短距离。圆周侧隙 j_{wt} 是当固定两啮合齿轮中的一个，另一个齿轮所能转过的节圆弧长的最大值。

（2）最小侧隙（$j_{bn\min}$）的确定。在设计齿轮传动时，必须保证有足够的最小侧隙 $j_{bn\min}$ 以保证齿轮机构正常工作。对于用黑色金属材料齿轮和黑色金属材料箱体，工作时齿轮节圆线速度小于 15 m/s，其箱体、轴和轴承都采用常用的商业制造公差的齿轮传动，$j_{bn\min}$ 可查表 4-6 所示的推荐数据。

表 4-6　对于中、大模数齿轮最小侧隙 $j_{bn\min}$ 的推荐数据

模数 m_n	最小中心距 a/mm					
	50	100	200	400	800	1 600
1.5	0.09	0.11	—	—	—	—
2	0.10	0.12	0.15	—	—	—
3	0.12	0.14	0.17	0.24	—	—
5	—	0.18	0.21	0.28	—	—
8	—	0.24	0.27	0.34	0.47	—
12	—	—	0.35	0.42	0.55	—
18	—	—	—	0.54	0.67	0.94

(3)齿侧间隙的获得和检验项目。齿轮轮齿的配合采用基中心距制，在此前提下，齿侧间隙必须通过减薄齿厚来获得，其检测可采用控制齿厚或公法线长度等方法来保证侧隙。

用齿厚极限偏差控制齿厚：

为了获得最小侧隙 $j_{bn\min}$，齿厚应保证有最小减薄量，它是由分度圆齿厚上偏差 E_{sns} 形成的，如图 4-30 所示。

对于 E_{sns} 的确定，可类比选取，也可参考下述方法计算选取。

当主动轮与被动轮齿厚都做成最大值即做成上偏差时，可获得最小侧隙 $j_{bn\min}$。通常取两齿轮的齿厚上偏差相等，此时可有

$$j_{bn\min} = 2 \mid E_{sns} \mid \cos\alpha_n \tag{4-5}$$

因此

$$E_{sns} =- j_{bn\min}/2\cos\alpha_n \tag{4-6}$$

当对最大侧隙也有要求时，齿厚下偏差 E_{sns} 也需要控制，此时需进行齿厚公差 T_{sn} 计算。齿厚公差的选择要适当，公差过小会增加齿轮制造成本；公差过大会使侧隙加大，使齿轮反转时空行程过大。齿厚公差 T_{sn} 可按下式求得

$$T_{sn} = \sqrt{F_r^2 + b_r^2}\,2\tan\alpha_n \tag{4-7}$$

式中，b_r 为切齿径向进刀公差，可按表 4-7 选取。

表 4-7　切齿径向进刀公差 b_r 值

齿轮精度等级	4	5	6	7	8	9
b_r 值	1.26IT7	IT8	1.26IT8	IT9	1.26IT9	IT10

注：查 IT 值的主参数为分度圆直径尺寸

这样 E_{sni} 可按下式求出

$$E_{sni} = E_{sns} - T_{sn} \tag{4-8}$$

式中，T_{sn} 为齿厚公差。显然若齿厚偏差合格，实际齿厚偏差 E_{sn} 应处于齿厚公差带内，从而保证齿轮副侧隙满足要求。

4)用公法线长度极限偏差控制齿厚

齿厚偏差的变化必然引起公法线长度的变化。测量公法线平均长度同样可以控制齿侧间隙。公法线长度的上偏差 E_{bns} 和下偏差 E_{bni} 与齿厚偏差有如下关系

$$E_{bns} = E_{sns}\cos\alpha_n - 0.72F_r\sin\alpha_n \tag{4-9}$$

$$E_{bni} = E_{sni}\cos\alpha_n + 0.72F_r\sin\alpha_n \tag{4-10}$$

4.5.4　齿轮坯精度和齿轮副精度的评定指标

1. 齿轮坯精度

有关齿轮轮齿精度(齿廓偏差、相邻齿距偏差等)参数的数值，只有明确其特定的旋转轴线

时才有意义。当测量时齿轮围绕其旋转的轴线如有改变，则这些参数测量值也将改变。因此在齿轮的图纸上必须把规定轮齿公差的基准轴线明确表示出来，事实上整个齿轮的几何形状均以其为基准。

齿面粗糙度影响齿轮的传动精度、表面承载能力和弯曲强度，也必须加以控制。标准推荐的齿轮齿面轮廓的算术平均偏差 R_a 参数值需根据国家标准规定进行选择。

2. 齿轮副精度评定指标

1)中心距允许偏差（$\pm f_a$）

在齿轮只是单向承载运转而不经常反转的情况下，中心距允许偏差主要考虑重合度的影响。对传递运动的齿轮，其侧隙需控制，此时中心距允许偏差应较小；当轮齿上的负载常常反转时要考虑下列因素：①轴、箱体和轴承的偏斜；②安装误差；③轴承跳动；④温度的影响。

一般 5、6 级精度齿轮 f_a=IT7/2，7、8 级精度齿轮 f_a=IT9/2（推荐值）。

2)轴线平行度偏差（$f_{\Sigma\delta}$、$f_{\Sigma\beta}$）

轴线平行度偏差影响螺旋线啮合偏差，也就是影响齿轮的接触精度，如图 4－31 所示。

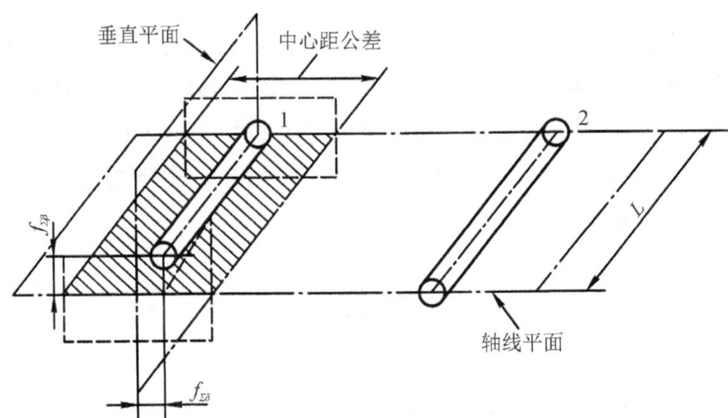

图 4－31　轴线平行度偏差

$f_{\Sigma\delta}$ 为轴线平面内的平行度偏差，是在两轴线的公共平面上测量的。$f_{\Sigma\beta}$ 为轴线垂直平面内的平行度偏差，是在两轴线公共平面的垂直平面上测量的。

$f_{\Sigma\beta}$ 和 $f_{\Sigma\delta}$ 的最大推荐值为

$$f_{\Sigma\beta} = 0.5(L/b)F_\beta \tag{4-11}$$

$$f_{\Sigma\delta} = 2f_{\Sigma\beta} \tag{4-12}$$

4.5.5　圆柱齿轮精度标准及其应用

1. 精度标准

在文件需叙述齿轮精度要求时，应注明 GB/T 10095.1—2008 或 GB/T 10095.2—2008。

1)精度等级及表示方法

国家标准对单个齿轮规定了 13 个精度等级，从高到低分别用阿拉伯数字 0、1、2、3、…、12

表示，其中 0～2 级齿轮要求非常高，属于未来发展级，3～5 级称为高精度等级，6～8 级称为中精度等级(最常用)，9 为较低精度等级，10～12 为低精度等级。

齿轮精度等级标注方法如下：

7GB/T 10095.1—2008，该标注含义为：齿轮各项偏差项目均为 7 级精度，且符合 GB/T 10095.1—2008 要求。

7 F_p 6($F_\alpha F_\beta$)GB/T 10095.1—2008，该标注含义为：齿轮各项偏差项目均应符合 GB/T 10095.1—2008 要求，F_p 为 7 级精度，F_α、F_β 均为 6 级精度。

2)齿厚偏差标注

按照 GB/T 6443—1986《渐开线圆柱齿轮图样上应注明的尺寸数据》的规定，应将齿(或公法线长度)及其极限偏差数值注写在图样右上角的参数表中。

2. 各偏差标准值

GB/T 10095.1—2008 和 GB/T 10095.2—2008 标准中规定了各偏差允许值或极限偏差数值表列出的数值。

3. 齿轮的检验组(推荐)

齿轮精度标准等文件中给出了很多偏差项目，作为划分齿轮质量等级的标准一般只有齿距偏差 F_p、f_{pt}、F_{pk}、齿廓总偏差 F_α、螺旋线总偏差 F_β、齿厚偏差 E_{sn}，其他参数不是必检项目而是根据需方要求而确定，充分体现了用户第一的思想。按照我国的生产实践及现有生产和检测水平，特推荐五个检验组，以便于设计人员按齿轮使用要求、生产批量和检验设备选取其中一个检验组来评定齿轮的精度等级。

4. 应用

齿轮精度设计主要包括以下四个方面的内容：

1)齿轮精度等级的确定

选择精度等级的主要依据是齿轮的用途、使用要求和工作条件，一般有计算法和类比法。类比法是参考同类产品的齿轮精度，结合所设计齿轮的具体要求来确定精度等级。相关国家标准中标注的精度等级典型使用为多年来实践中搜集到的齿轮精度使用情况，可供参考。

中等速度和中等载荷的一般齿轮精度等级通常按分度圆处圆周速度来确定精度等级，具体选择参考国家标准规定来确定。

2)最小侧隙和齿厚偏差的确定

按本任务讲述的方法，进行合理的确定。

3)检验组的确定

确定检验组就是确定检验项目，一般根据以下几方面内容来选择：

(1)齿轮的精度等级，齿轮的切齿工艺；

(2)齿轮的生产批量；

(3)齿轮的尺寸大小和结构；

(4)齿轮的检测设备情况。

综合以上情况，从相关国家标准中选取。

4)齿坯及箱体精度的确定

根据齿轮的具体结构和使用要求，按本章所述内容确定。

例4-6　某通用减速器齿轮中有一对直齿齿轮副，模数 $m=3$ mm，齿形角 $\alpha=20°$，齿数 $Z_1=32$，$Z_2=96$，齿宽 $b=20$ mm，轴承跨度为 85 mm，传递最大功率为 5 kW，转速 $n_1=1280$ r/min，齿轮箱用喷油润滑，生产条件为小批量生产。试设计小齿轮精度，并画出小齿轮零件图。

解　(1)确定齿轮精度等级。

从给定条件知该齿轮为通用减速器齿轮，由国家标准中规定的齿轮精度等级可以大致得出齿轮精度等级在6～9级之间，而且该齿轮既传递运动又传递动力，可按线速度来确定精度等级。

$$V=\frac{\pi d n_1}{1000\times 60}=\frac{3.14\times 3\times 32\times 1280}{1000\times 60}=6.43\ \text{m/s}$$

由国家标准中规定的齿轮精度等级典型应用选出该齿轮精度等级为7级，表示为:7 GB/T 10095.1—2008。

(2)最小侧隙和齿厚偏差的确定。

中心距 $a=m(Z_1+Z_2)/2=3\times(32+96)/2=192$ mm，

查国家标准得 $j_{bn\min}=0.17$ mm，

由公式得 $E_{sns}=-j_{bn\min}/2\cos\alpha=0.17/(2\cos 20°)=-0.087$ mm，

分度圆直径 $d=mZ=3\times 32=96$ mm，

由国家标准中规定的齿轮精度等级表中查得 $F_r=30\ \mu\text{m}=0.03$ mm，$b_r=\text{IT9}=0.087$ mm，

所以 $T_{sn}=\sqrt{F_r^2+b_r^2}\times 2\tan 20°=\sqrt{0.03^2+0.087^2}\times 2\times\tan 20°=0.067$ mm，

$E_{sni}=E_{sns}-T_{sn}=-0.087-0.067=-0.154$ mm，

而公称齿厚 $\bar{s}=zm\sin\dfrac{90°}{z}=4.71$，所以公称齿厚及偏差为 $4.71_{-0.154}^{-0.087}$。

也可以用公法线长度极限偏差来代替齿厚偏差，

上偏差　$E_{bns}=E_{sns}\cos\alpha_n-0.72F_r\sin\alpha_n$

$=-0.087\times\cos 20°-0.72\times 0.03\sin 20°=-0.089$ mm，

下偏差　$E_{bni}=E_{sni}\cos\alpha_n+0.72F_r\sin\alpha_n$

$=-0.154\times\cos 20°+0.72\times 0.03\sin 20°=-0.137$ mm，

跨齿数 $n=Z/9+0.5=32/9+0.5\approx 4$，

公法线公称长度 $W_n=m[2.9521\times(k-0.5)+0.014Z]=3[2.9521\times(4-0.5)+0.014\times 32]=32.341$ mm，

故，$W_n=32.341_{-0.137}^{-0.089}$。

(3)确定检验项目。

该齿轮属于小批生产，中等精度，无特殊要求，可选第一组。

查国家标准得 $F_p=0.038$ mm，$F_\alpha=0.016$ mm，$F_r=0.030$ mm，$F_\beta=0.015$ mm。

(4)确定齿轮箱体精度(齿轮副精度)。

中心距极限偏差 $\pm f_a=\pm\text{IT9}/2=\pm 115/2\ \mu\text{m}\approx\pm 57\ \mu\text{m}=\pm 0.057$ mm，所以 $a=192\pm 0.057$ mm。

由式(4－11)得 $f_{\Sigma\beta}=0.5(L/b)\ F_\beta=0.5\times(85/20)\times0.015=0.032$ mm，

由式(4－12)得 $f_{\Sigma\delta}=2f_{\Sigma\beta}=2\times0.032=0.064$ mm。

(5)齿轮坯精度。

内孔尺寸偏差：查出其公差为IT7，其尺寸偏差为 $\phi40\mathrm{H7}(^{+0.025}_{0})$。

齿顶圆直径偏差：齿顶圆直径 $d_a=m(Z+2)=3\times(32+2)=102$ mm。

齿顶圆直径偏差为 $\pm0.05\ m=\pm0.05\times3=\pm0.15$ mm，即 $d_a=102\pm0.15$ mm。

(6)基准面的形位公差：内孔圆柱度公差 t_1。由本书电子档附件可知

$$0.04(L/b)F_\beta=0.04\times(85/20)\times0.015\approx0.0026\ \text{mm}$$

$$F_p=0.1\times0.038=0.0038\ \text{mm}$$

故取最小值为0.0026，$t_1=0.0026\approx0.003$ mm；端面圆跳动公差 $t_2=0.018$ mm；顶圆径向圆跳动公差 $t_3=t_2=0.018$ mm。

(7)齿面表面粗糙度：查表得 Ra 的上限值为1.25 μm 。图4－32为小齿轮的零件图。

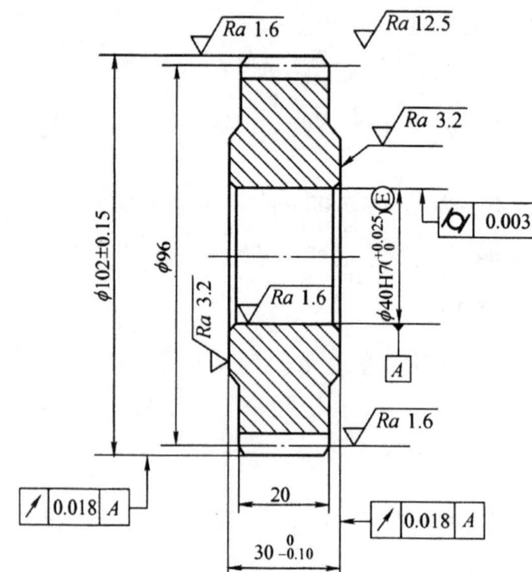

模数	m	3
齿数	z	32
齿形角	α	20°
变位系数	x	0
精度	7GB/T 10095—2008	
齿距累计总公差	F_p	0.038
齿廓总公差	F_α	0.016
齿向公差	F_β	0.015
径向跳动公差	F_r	0.030
公法线长度及其极限偏差	$W_n=32.341^{-0.089}_{-0.137}$	

图4－32 小齿轮零件图

任务5　轴类零件形位公差的选择与标注

 任务描述

【任务目标】

①选择并标注与轴承配合的轴径形位公差。

②选择并标注与齿轮配合的轴径形位公差。

③选择并标注与联轴器配合的轴径形位公差。

④选择并标注与密封圈配合的轴径形位公差。

⑤选择并标注其他轴径的形位公差。

【知识目标】

①用类比法选择形位公差的一般方法。

②与标准件配合时,形位公差的确定方法。

③形位公差的标注方法。

【能力目标】

①掌握用类比法选择形位公差的方法。

②掌握形位公差的标注方法。

【素质目标】

培养学生一丝不苟、耐心细致的工作作风,养成诚实守信、严谨踏实、沟通协作的职业素质,树立质量、效率、成本、安全等意识。

 基础知识

5.1　形位公差的基本概念

5.1.1　形位公差基本术语

零件在机械加工过程中,由于机床、夹具、刀具和系统等存在几何误差,以及加工中出现受力变形、热变形、振动和磨损等影响,不但尺寸产生误差,而且零件的实际形状和位置相对理想的形状和位置也会产生偏离,出现形状和位置误差。

零件的形状和位置误差直接影响机器的装配性能和精度,还会直接影响机器的工作精度、寿命和质量。对于在高速、高压、高温、重载等条件下工作的机器和精密仪器,其影响更甚。

所以形状和位置误差是许多机器精度标准的主要内容，也是许多精密机器的关键技术。随着生产的发展，高精度、大功率、高速度的机器越来越多，因而对零件的形状和位置精度要求也越来越高。对于有配合要求和配合质量的表面都应提出形状或位置精度要求。所以在对机器进行设计、测绘时，必须对形状公差和位置公差(简称形位公差)给予高度重视。

形位公差是零件表面形状公差和相互位置公差的统称。形位公差是指加工成的零件的实际表面形状和相互位置相对于其理想形状与理想位置的允许变化范围。

形位公差研究的对象就是零件几何要素本身的形状精度和有关要素之间相互的位置精度问题。零件的几何要素(简称为“要素”)，就是构成零件几何特征的点、线、面。几何要素可按不同的情况分类。

1)几何要素按存在的状态分为理想要素和实际要素

理想要素(公称要素):具有几何学意义的要素，它们不存在任何误差。机械零件图样上表示的要素均为理想要素。

实际要素:零件上实际存在的要素。通常都以测得(提取)要素来代替。

2)几何要素按结构特征分为导出要素和组成要素(代替原中心要素和轮廓要素)

组成要素:零件轮廓上的点、线、面，即可触及的要素。组成要素还分为提取组成要素和拟合组成要素。

导出要素:可由组成要素导出的要素，如中心点、中心面或回转表面的轴线。GB/T 1182—2008 规定:“轴线”“中心平面”用于表述理想形状的中心要素，“中心线”“中心面”用于表述非理想形状的中心要素。即导出要素分为提取导出要素和拟合导出要素。提取导出要素是指由一个或几个提取组成要素得到的中心点、中心线或中心面。拟合导出要素是指由一个或几个拟合组成要素导出的中心点、轴线或中心平面。

3)几何要素按所处地位分为基准要素和被测要素

基准要素:用来确定理想被测要素的方向或(和)位置的要素。

被测要素:在图样上给出了形状或(和)位置公差要求的要素，是检测的对象。

4)几何要素按功能关系分为单一要素和关联要素

单一要素:仅对要素本身给出形状公差要求的要素。如图 5-1 中的轴线即为单一要素。

关联要素:对基准要素有功能关系要求而给出方向、位置和跳动公差要求的要素。如图 5-2所示的轴线即为关联要素。

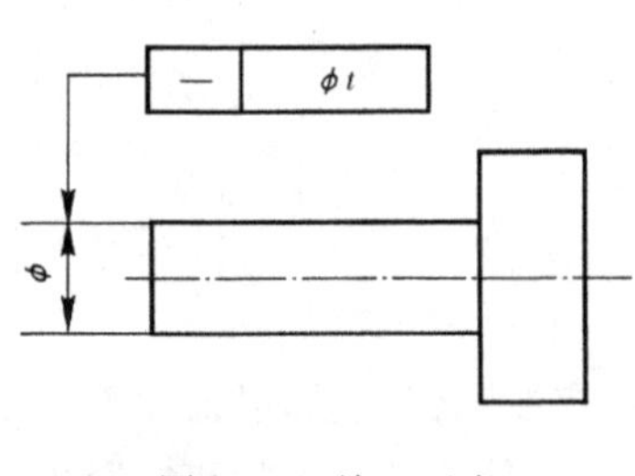

图 5-1 单一要素

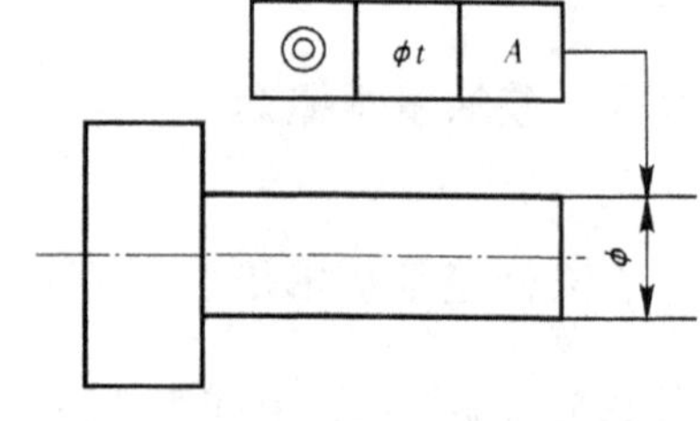

图 5-2 关联要素

零件及部件之间的形状误差和相互之间的位置误差都是由设计给定的形位公差带所控制的，形位公差带必须包含实际的被测要素。

5.1.2　形位公差的分类

形位公差分为形状公差和位置公差两大类。形状公差是对单一要素的要求，形状公差包括直线度、平面度、圆度、圆柱度。位置公差是对关联要素的要求，位置公差包括定向公差、定位公差及跳动公差。定向公差，即平行度、垂直度和倾斜度；定位公差，即位置度、同轴（同心）度和对称度；跳动公差，即圆跳动和全跳动。线轮廓度和面轮廓度，若无基准要求，属形状公差；有基准要求，则属位置公差。

5.1.3　形位公差的符号

形位公差的特征符号见表 5－1。

表 5－1　形位公差特征符号

<table>
<tr><th colspan="2">公差</th><th>特征</th><th>符号</th><th>是否需要基准</th><th colspan="2">公差</th><th>特征</th><th>符号</th><th>是否需要基准</th></tr>
<tr><td rowspan="4">形状公差</td><td rowspan="4">形状</td><td>直线度</td><td>—</td><td>否</td><td rowspan="8">位置公差</td><td rowspan="3">定向</td><td>平行度</td><td>//</td><td>是</td></tr>
<tr><td>平面度</td><td>▱</td><td>否</td><td>垂直度</td><td>⊥</td><td>是</td></tr>
<tr><td>圆度</td><td>○</td><td>否</td><td>倾斜度</td><td>∠</td><td>是或否</td></tr>
<tr><td>圆柱度</td><td>⌭</td><td>否</td><td rowspan="2">定位</td><td>位置度</td><td>⌖</td><td>是或否</td></tr>
<tr><td rowspan="4">形状或位置公差</td><td rowspan="4">轮廓</td><td>线轮廓线</td><td>⌒</td><td>是或否</td><td>同心度
（对中心点）
同轴度
（对轴线）</td><td>◎</td><td>是</td></tr>
<tr><td rowspan="3">面轮廓线</td><td rowspan="3">⌓</td><td rowspan="3">是或否</td><td rowspan="3">跳动</td><td>对称度</td><td>⌯</td><td>是</td></tr>
<tr><td>圆跳度</td><td>↗</td><td>是</td></tr>
<tr><td>全跳度</td><td>⌰</td><td>是</td></tr>
</table>

5.1.4　形位公差的评定

在测量被测实际要素的形状和位置误差值时，首先应确定理想要素对被测实际要素的具体方位，因为不同方位的理想要素与被测实际要素上各点的距离是不相同的，因而测量所得形位误差值也不相同。确定理想要素方位的常用方法为最小包容区域法。

最小包容区域法是用两个等距的理想要素包容实际要素，并使两理想要素之间的距离为最小。应用最小包容区域法评定形位误差是完全满足“最小条件”的，所谓“最小条件”，即被测实际要素对其理想要素的最大变动量为最小。

如图 5－3 所示，理想直线（或平面）的方位可取 $l-l$，l_1-l_1，l_2-l_2 等，其中 $l-l$ 之间的距离（误差）Δ 为最小，即 $\Delta < \Delta_1 < \Delta_2$。故理想直线应取 $l-l$，以此来评定直线度误差。

对于圆形轮廓，用两同心圆去包容被测实际轮廓，半径差为最小的两同心圆即为符合最小包容区域的理想轮廓。此时圆度误差值为两同心圆的半径差 Δ，如图 5－4 所示。

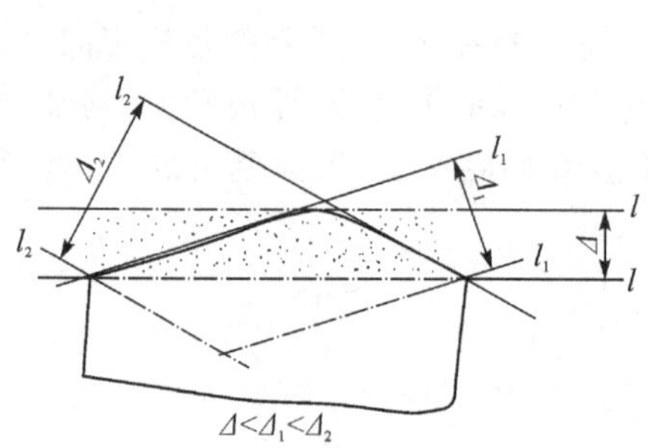

图 5-3　按最小包容区域法评定直线度误差

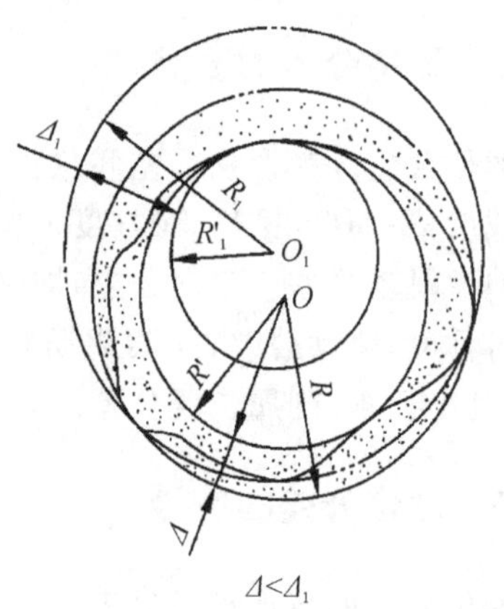

图 5-4　按最小包容区域法评定圆度误差

评定方向误差时，理想要素的方向由基准确定；评定定位误差时，理想要素的位置由基准和理论正确尺寸确定。所谓理论正确尺寸(角度)是指确定被测要素的理想形状、理想方向或理想位置的尺寸(角度)。对于同轴度和对称度，理论正确尺寸为零。如图 5-5 所示，包容被测实际要素的理想要素应与基准成理论正确的角度。

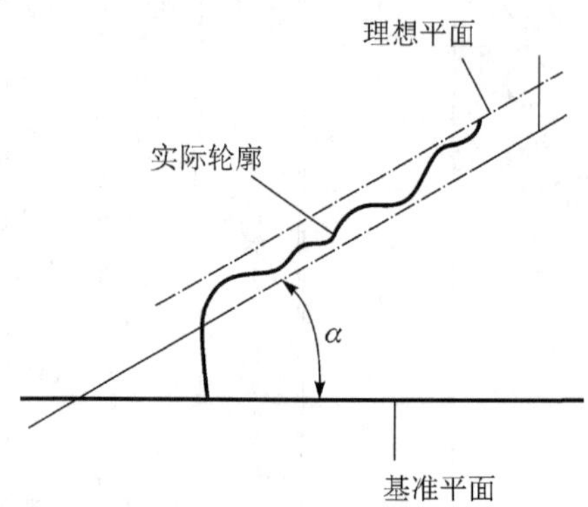

图 5-5　按最小包容区域法评定方向误差

5.2　形位公差的选择

零件的形状和位置误差对机器、仪器的工作精度、寿命、质量等都有直接的影响，同时也会直接影响到产品质量、生产效率与制造成本。形位公差的确定主要包括公差项目、公差等级(公差值)和公差原则的确定等。

5.2.1　形位公差项目的选择

形位公差特征一般是根据零件的几何特征、使用要求和经济性等方面因素，经综合分析后确定。在保证零件功能要求的前提下，应尽量使形位公差项目减少，检测方法简便，以获得较好的经济效益。具体应考虑以下几点：

1. 考虑零件的几何特征

形位公差项目主要是按要素的几何形状特征制定的，因此，要素的几何形状特征是选择被测要素公差项目的基本依据。例如，圆柱形零件的外圆会出现圆度、圆柱度误差，其轴线会出现直线度误差；平面零件会出现平面度误差；槽类零件会出现对称度误差；阶梯轴(孔)会出现同轴度误差；凸轮类零件会出现轮廓度误差等。因此，对上述零件可分别选择圆度公差或圆柱度公差、直线度公差、平面度公差、对称度公差、同轴度公差和轮廓度公差等。

2. 考虑零件的使用要求

从要素的形位误差对零件在机器中使用性能的影响入手，确定所要控制的形位公差项目。例如圆柱形零件，当仅需要顺利装配或保证轴、孔之间的相对运动以减少磨损时，可选轴线的直线度公差；如果轴、孔之间既有相对运动，又要求密封性能好，为了保证在整个配合表面有均匀的小间隙，需要标注圆柱度公差，以综合控制圆度、素线直线度和轴线直线度(如柱塞与柱塞套、阀芯与阀体等)。又如减速箱上各轴承孔轴线间平行度误差会影响齿轮的接触精度和齿侧间隙的均匀性，为保证齿轮的正确啮合，需要对其规定轴线之间的平行度公差等。

由于零件种类繁多，功能要求各异，测绘者只有在充分明确所测绘零件的功能要求、熟悉零件的加工工艺和具有一定的检测经验的情况下，才能对零件提出合理、恰当的形位公差项目。

在测绘时，如果有原始资料，则可照搬；在没有原始资料时，由于有实物，可以通过精确测量实物来确定形位公差。但要注意两点，其一，选取形位公差应根据零件功用而定，不可采取只要能通过测量获得实测值的项目都注在图样上的方法。其二，随着科技水平和工艺水平的提高，不少零件从功能上讲，对形位公差并无过高要求，但由于工艺方法的改进，大大提高了产品加工的精确性，使要求不甚高的形位公差提高到很高的精度。因此，测绘中，不要盲目追随实测值，应根据零件要求，结合我国国家标准所确定的数值，合理确定。

5.2.2　公差值的选用原则

(1)根据零件的功能要求，并考虑加工的经济性和零件的结构、刚性等情况，在满足零件功能要求的前提下，应尽可能选用较低的公差等级。选用时还应考虑下列情况：

①在同一要素上给出的形状公差值应小于位置公差值。如要求平行的两个表面，其平面度公差值应小于平行度公差值。

②圆柱形零件的形状公差值(轴线的直线度除外)一般情况下应小于其尺寸公差值。

③平行度公差值应小于其相应的距离公差值。

(2)对于下列情况，在满足零件功能的要求下，适当降低1～2级选用。

①孔相对于轴；

②细长轴和孔；

③距离较大的轴和孔；

④宽度较大(一般大于1/2长度)的零件表面；

⑤线对线和线对面相对于面对面的平行度、垂直度公差。

(3)凡有关标准已对形位公差作出规定的，如与滚动轴承相配的轴和壳体孔的圆柱度公差、机床导轨的直线度公差、齿轮箱体孔的轴线的平行度公差等，都应按相应的标准确定。

5.2.3　形位公差等级

国家标准GB/T 1184—1996对形位公差的等级作了如下规定：

(1)直线度、平面度、平行度、垂直度、倾斜度、同轴度、对称度、圆跳动、全跳动公差有1、2、…、12共12级，公差等级按顺序由高到低，公差值按顺序递增。

(2)圆度、圆柱度公差有0、1、2、…、12共13级,公差等级按顺序由高变低,公差值按顺序递增。

(3)对位置度,国家标准只规定了位置度系数,而未规定公差等级,位置度系数见表5-2。

表5-2 位置度系数(摘自GB/T 1185—1996)

1	1.2	1.5	2	2.5	3	4	5	6	8
1×10^n	1.2×10^n	1.5×10^n	2×10^n	2.5×10^n	3×10^n	4×10^n	5×10^n	6×10^n	8×10^n

位置度的公差值一般与被测要素的类型、连接方式等有关。

位置度常用于控制螺栓或螺钉连接中孔距的位置精度要求,其公差值取决于螺栓与光孔之间的间隙。位置度公差值T(公差带的直径或宽度)按下式计算

螺栓连接: $$T\leqslant KZ \tag{5-1}$$

螺钉连接: $$T\leqslant 0.5KZ \tag{5-2}$$

式中,Z为孔与紧固件之间的间隙,$Z=D_{\min}-d_{\max}$;$D_{\min}$为最小孔径(光孔的最小直径);$d_{\max}$为最大轴径(螺栓或螺钉的最大直径);K为间隙利用系数,推荐值为:不需调整的固定连接,$K=1$,需要调整的固定连接,$K=0.6\sim0.8$。按式(5-1)、式(5-2)算出的公差值,经圆整后应符合国家标准推荐的位置度系数,见表5-2。

5.2.4 形位公差值的确定

国家标准GB/T 1184—1996对各项形位公差都规定了标准公差值或者计算系数,为直接查表或计算求值提供了条件。各项目的各形位公差等级的公差值见本书电子档附件。

形状公差与尺寸公差存在大致的比例关系见表5-3,从尺寸公差可估算出形位公差数值。

表5-3 形状公差与尺寸公差的大致比例关系

尺寸公差等级	孔或轴	形状公差占尺寸公差的百分比
IT5	孔	20%~67%
	轴	33%~67%
IT6	孔	20%~67%
	轴	33%~67%
IT7	孔	20%~67%
	轴	33%~67%
IT8	孔	20%~67%
	轴	33%~67%
IT9	孔、轴	20%~67%
IT10	孔、轴	20%~67%
IT11	孔、轴	20%~67%
IT12	孔、轴	20%~67%
IT13	孔、轴	20%~67%
IT14	孔、轴	20%~50%
IT15	孔、轴	20%~50%
IT16	孔、轴	20%~50%

一般情况下，形状公差值小于位置公差值，位置公差值小于尺寸公差值(特殊情况如细长轴、薄壁件等可以例外)。

有些零件可以直接查零件设计的有关表格得到其形位公差。例如，与轴承配合的轴颈和外壳孔的圆柱度，端面圆跳动，花键的对称度，齿轮齿坯基准面的径向和端面跳动等，都可直接从《机械零件设计手册》中查得。

为了简化图样，对一般机床加工能保证的形位精度，不必在图样上注出形位公差。图样上没有具体注明形位公差值的要素，其形位精度应按下列规定执行：

(1)国家标准对未注直线度、平面度、垂直度、对称度和圆跳动各规定了 H、K、L 三个公差等级，其公差值见本书电子档附件。

(2)未注圆度公差值等于直径公差值，但不能大于规定中的径向圆跳动值。

(3)未注圆柱度公差由圆度、直线度和素线平行度的注出公差或未注公差控制。

(4)未注平行度公差值等于尺寸公差值或直线度和平面度未注公差值中的较大者。

(5)未注同轴度的公差值可以和规定中的圆跳动的未注公差值相等。

5.2.5　形位公差的标注

几何公差在图样上用框格的形式标注，如图 5-6 所示。

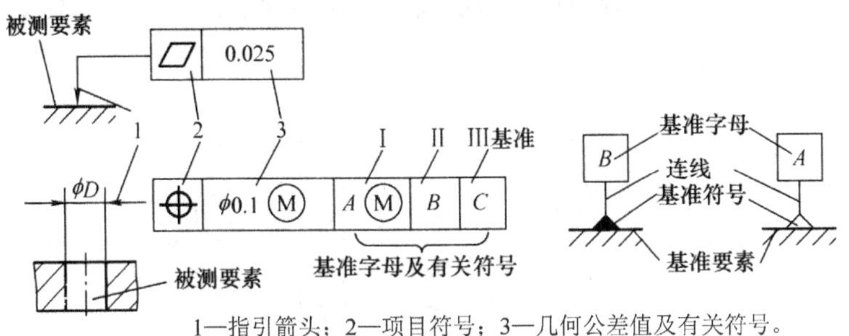

1—指引箭头；2—项目符号；3—几何公差值及有关符号。

图 5-6　公差框格及基准代号

几何公差框格由 2～5 格组成。形状公差一般为 2 格，方向、位置和跳动公差一般为 3～5 格，框格中的内容从左到右按顺序填写：公差特征符号；几何公差值(以 mm 为单位)和有关符号；基准字母及有关符号。代表基准的字母(包括基准代号方框内的字母)用大写英文字母(为不引起误解，其中 E、I、J、M、Q、O、P、L、R、F 不用)表示。若几何公差值的数字前加注有 ϕ 或 Sϕ，则表示其公差带为圆形、圆柱形或球形。如果要求在几何公差带内进一步限定被测要素的形状，则应在公差值后或框格上、下加注相应的符号，如表 5-4 所示。

表 5-4　对被测要素说明与限制符号

含义	符号	举例	含义	符号	举例
公共公差带	CZ	— | t | CZ	线要素	LE	// | t | A LE
不凸起	NC	▱ | t NC	任意横截面	ACS	ACS ◎ | Φt | A

对被测要素的数量说明，应标注在形位公差框格的上方，如图 5－7(a)所示；其他说明性要求应标注在形位公差框格的下方，如图 5－7(b)所示；如对同一要素有一个以上的几何公差特征项目的要求，其标注方法又一致时，为方便起见，可将一个框格放在另一个框格的下方，如图 5－7(c)所示；当多个被测要素有相同的几何公差(单项或多项)要求时，可以从框格引出的指引线上绘制多个指示箭头并分别与各被测要素相连，如图 5－7(d)所示。

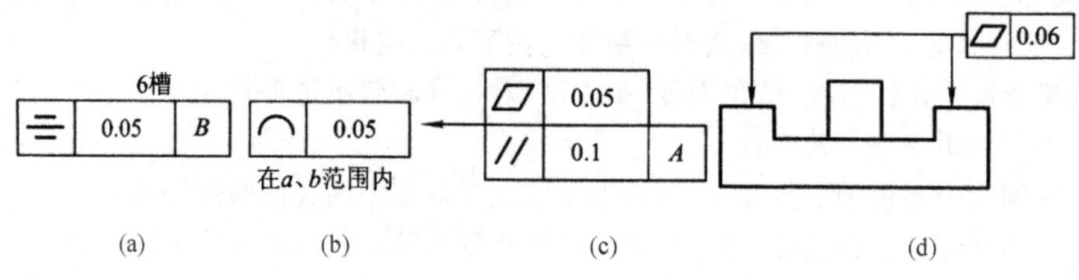

图 5－7　几何公差的标注

1. 被测要素的标注

设计要求给出几何公差的要素用带指示箭头的指引线与公差框格相连。指引线一般与框格一端的中部相连，如图 5－6 所示，也可以与框格任意位置水平或垂直相连。

当被测要素为轮廓线或轮廓面时，指示箭头应直接指向被测要素或其延长线上，并与尺寸线明显错开，如图 5－8 所示。

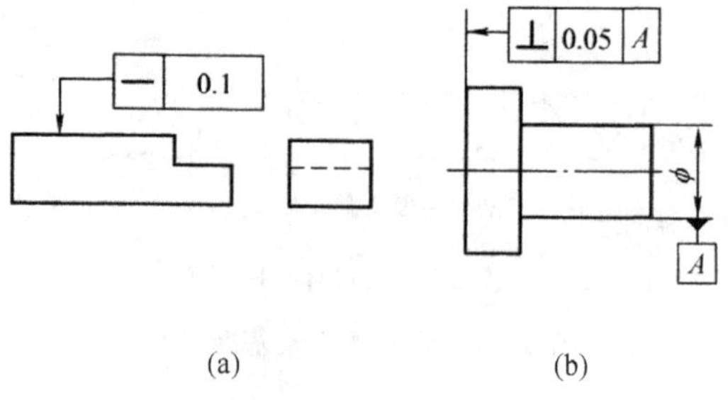

图 5－8　被测要素是轮廓要素时的标注

当被测要素为中心点、中心线、中心面等时，指示箭头应与被测要素相应的轮廓要素的尺寸线对齐，如图 5－9 所示。指示箭头可代替一个尺寸线的箭头。

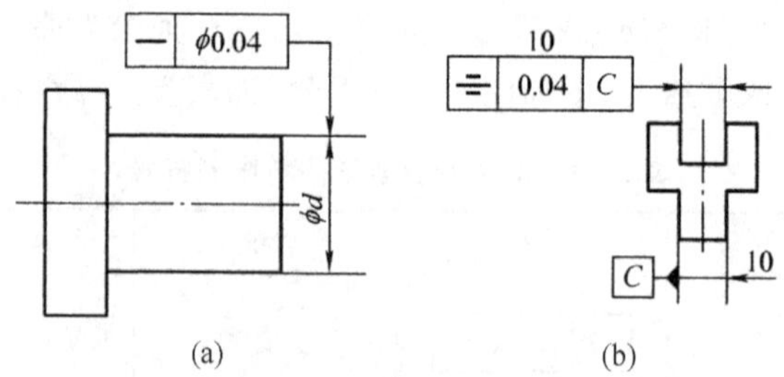

图 5－9　被测要素是中心要素时的标注

对被测要素任意局部范围内的公差要求，应将该局部范围的尺寸标注在几何公差值后面并用斜线隔开，如图 5－10(a)表示圆柱面素线在任意 100 mm 长度范围内的直线度公差为 0.05 mm；图 5－10(b)表示箭头所指平面在任意边长为 100 mm 的正方形范围内的平面度公差是 0.01 mm；图 5－10(c)表示上平面对下平面的平行度公差在任意 100 mm 长度范围内为 0.08 mm 。

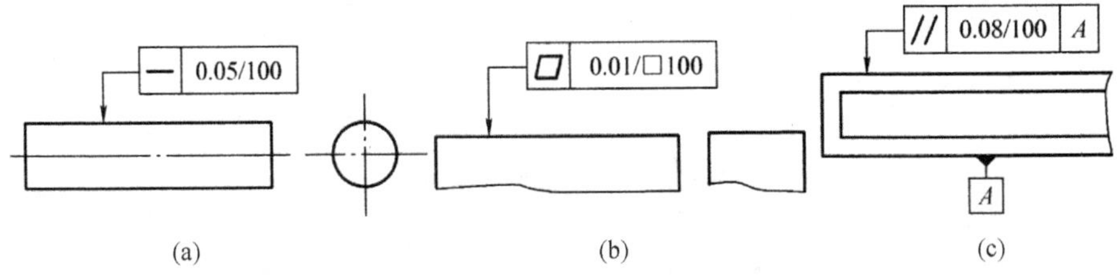

图 5－10　被测要素任意范围内几何公差要求的标注

当被测要素为视图上的整个轮廓线(面)时，应在指示箭头的指引线的转折处加注全周符号。如图 5－11(a)所示线轮廓度公差 0.1 mm 是对该视图上全部轮廓线的要求，其他视图上的轮廓不受该公差要求的限制。以螺纹、齿轮、花键的轴线为被测要素时，应在几何公差框格下方标明节径 PD、大径 MD 或小径 LD ，如图 5－11(b)所示。

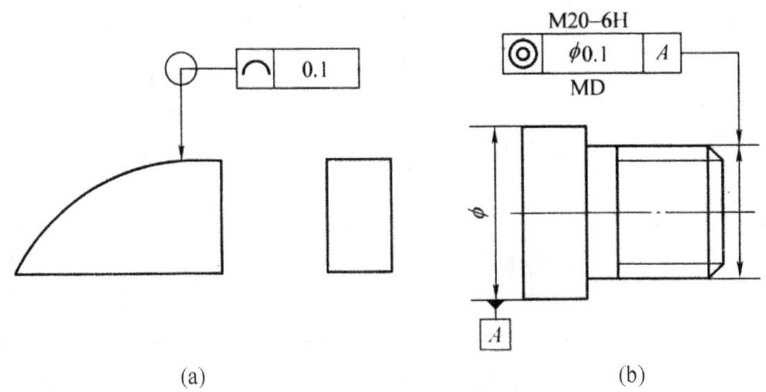

图 5－11　被测要素的其他标注

2. 基准要素的标注

对关联被测要素的方向、位置和跳动公差要求必须注明基准。基准代号如图 5－6(b)所示，方框内的字母应与公差框格中的基准字母对应，且不论基准代号在图样中的方向如何，方框内的字母均应水平书写。单一基准由一个字母表示，如图 5－12(a)所示；公共基准采用由横线隔开的两个字母表示，如图 5－12(b)所示；基准体系由两个或三个字母表示，如图 5－6(a)所示。

当以轮廓要素为基准时，基准符号在基准要素的轮廓线或其延长线上，且与轮廓的尺寸线明显错开，如图 5－12(a)所示；当以中心要素为基准时，基准连线应与相应的轮廓要素的尺寸线对齐，如图 5－12(b)所示(基准符号可以是涂黑的或空白的三角形)。

此外，国家标准中还规定了一些其他特殊符号，如ⒺⓂⓁⓇⓅⒻ等。

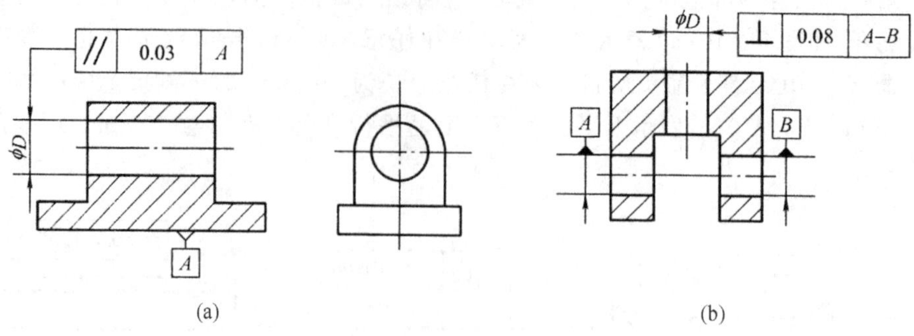

图 5-12 基准要素的标注

5.2.6 轴类零件形位公差推荐标注项目

在轴类零件图上应对重要表面注出形状及位置公差，以保证加工精度和装配质量。轴类零件形位公差推荐标注项目见表 5-5。

表 5-5 轴类零件形位公差推荐标注项目

标注项目		符号	精度等级	对工作性能的影响
与传动零件配合的圆柱表面	圆柱度	⌭	7～8	影响传动零件及轴承与轴配合的松紧程度、对中性及几何回转精度
与轴承配合的圆柱表面			6	
与传动零件配合的圆柱表面	径向圆跳动	↗	6～8	影响传动零件及轴承的运转同心度
与轴承配合的圆柱表面			5～6	
轴承定位端面	端面圆跳动	↗	6	影响轴承、传动零件及联轴器的定位及受载均匀性
传动零件、联轴器等定位端面			6～8	
平键键槽两侧面	对称度	⌯	7～9	影响键与键槽的受载均匀性及装拆松紧程度

根据表 5-5 推荐项目，减速器的小圆柱齿轮轴形位公差的确定及标注如图 5-13 所示。两轴颈 $\phi40^{+0.018}_{+0.002}$ 与滚动轴承内圈相配合，为保证配合性质，保证轴承的旋转精度，要提出圆柱度公差的要求，其公差值由 GB/T 275—2015 查得为 0.004 mm。这两轴颈上安装滚动轴承后，将分别与减速器箱体的两孔配合，因此需限制两轴颈的同轴度误差，以保证轴承外圈和箱体孔的安装精度。为检测方便，实际给出了两轴颈的径向圆跳动公差 0.012 mm。$\phi47$ mm 处的两轴肩都是止推面，起一定的定位作用，为保证定位精度，提出了两轴肩相对于基准轴线的端面圆跳动公差为 0.012 mm。

为保证齿轮的运动精度，与齿轮轴齿圈对基准轴线的径向圆跳动公差为 0.045 mm。$\phi30^{0.015}_{0.002}$ 轴颈上的键槽 $8^{\ 0}_{-0.038}$ 的对称度公差为 0.015 mm，以保证键槽的安装精度和安装后的受力状态。

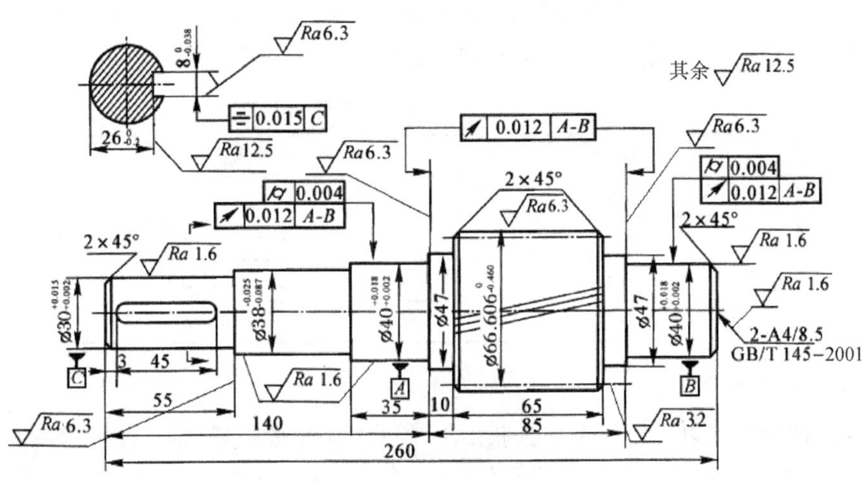

图 5－13　小圆柱齿轮轴

5.3　形位误差的测量

5.3.1　形位误差测量原则

为了能正确地测量形位误差，便于选择合理的测量方案，国家标准《形状和位置公差检测规定》中规定了形位误差检测的五条原则。这些测量原则是各种测量方法的概括，检测形位误差时，可以按照这些原则，根据被测对象的特点和有关条件，选择最合理的测量方案。

1. 与理想要素比较原则

将被测实际要素与理想要素相比较，量值由直接法和间接法获得，理想要素用模拟法获得，由这些数据来评定误差。理想要素可以是实物，也可以是一束光线、水平面或运动轨迹。由于检测时要用理想要素作为测量的标准，所以理想要素的形状必须有足够的精度。

理想要素可以用精度较高的实物，如刀口尺的刃口可以作为理想直线，铸铁或大理石平板可以作为理想平面，标准样板可以作为特定曲线等。

图 5－14 为用刀口尺测量给定平面内的直线度误差。刀口尺体现理想直线，将刀口尺与被测要素直接接触，并使两者之间的最大空隙为最小，则此最大空隙即为被测要素的直线度误差。当光隙较小时，可按标准光隙估读间隙大小，如图 5－14(a)所示；当光隙较大时则用厚薄规（塞规）测量。

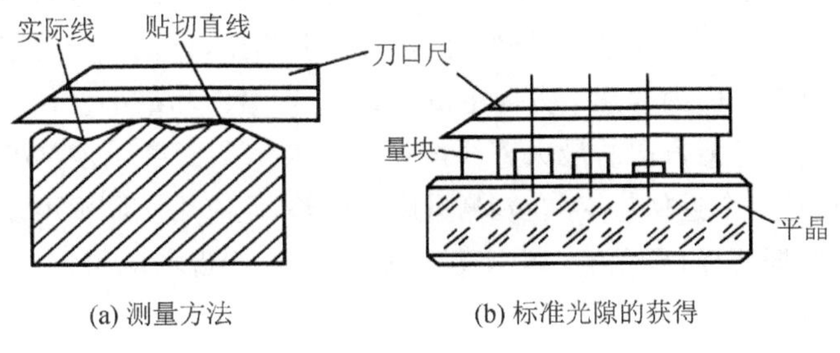

(a) 测量方法　　(b) 标准光隙的获得

图 5－14　刀口尺测量直线度误差

标准光隙由量块、刀口尺和平晶(或精密平板)组合而成,如图 5-14(b)所示。标准光隙的大小借助于光线通过狭缝时呈现各种不同颜色的光来鉴别,见表 5-6。

表 5-6 标准光隙颜色与间隙的关系

颜色	间隙
不透光	小于 0.5 μm
蓝色	约等于 0.8 μm
红色	1.25~1.75 μm
白色	大于 2.5 μm

2. 测量坐标值原则

几何要素的特征可以在坐标系中反映出来。用坐标测量装置(如三坐标测量机或大型工具显微镜等)测得被测要素上各点的坐标值(如直角坐标值、极坐标值、圆柱坐标值)后,经数据处理可以获得其形位误差值。该原则广泛应用于轮廓度、位置度的测量。

图 5-15 是用测量坐标值原则测量位置度误差的示例。由坐标测量机测得各孔实际位置的坐标值(x_1,y_1)、(x_2,y_2)、(x_3,y_3)、(x_4,y_4),计算出相对理论正确尺寸的偏差:

$$\Delta x_i = x_i - \boxed{x_i}$$

$$\Delta y_i = y_i - \boxed{y_i}$$

于是,各孔的位置度误差值可按下式求得

$$\phi f_i = 2\sqrt{(\Delta x_i)^2 + (\Delta y_i)^2} \quad (i = 1、2、3、4)$$

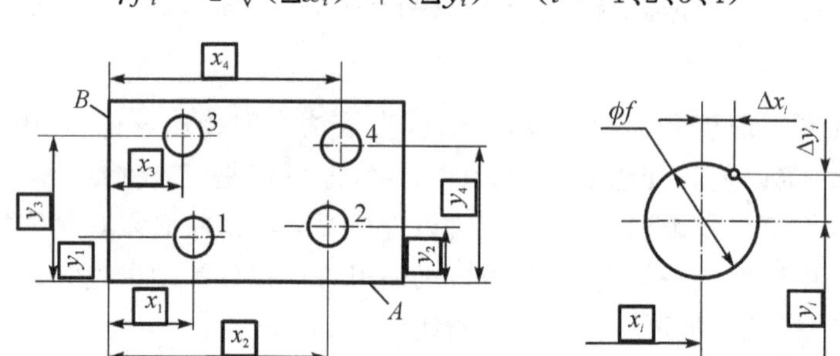

图 5-15 用坐标测量机测量位置度误差示意图

3. 测量特征参数的原则

被测要素上具有代表性的参数为特征参数,即能近似反映形位误差的参数。因此,应用测量特征参数原则测得的形位误差,与按定义确定的形位误差相比,只是一个近似值。例如用两点法测量圆度误差,在一个横截面内的几个方向上测量直径,取最大和最小直径之差的 1/2 作为该截面的圆度误差;以平面内任意方向的最大直线度误差来表示平面度误差。虽然测量特征参数原则得到的形位误差只是一个近似值,存在着测量原理误差,但应用该原则可以简化测量过程和设备,也不需要复杂的数据处理,易在生产中实现,是一种在生产现场应用较为普遍的测量原则。

4. 测量跳动原则

测量跳动原则就是在被测实际要素绕基准轴线回转过程中,沿给定方向测量其对某参考点或线的变动量，变动量是指指示器最大读数与最小读数之差。当图样上标注圆跳动或全跳动公差时，用该原则进行测量。如图 5－16 所示为测量跳动误差的例子。图 5－16(a)为被测工件通过心轴安装在两同轴顶尖之间，两同轴顶尖的中心线体现基准轴线。图 5－16(b)为用V型块体现基准轴线，测量时，当被测工件绕基准轴线回转一周，指示表不做轴向(或径向)移动时，可测得径向圆跳动误差(或端面圆跳动误差)；若指示表在测量中作轴向(或径向)移动时，可测得径向全跳动误差(或端面全跳动误差)。

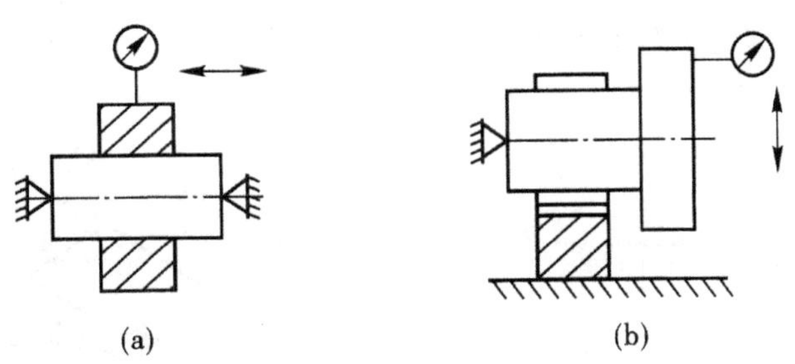

图 5－16　测量跳动误差

5.3.2　形位误差的测量方法

1. 圆度误差的测量

测量圆度误差最理想的测量方法是用圆度仪测量。通过圆度仪的记录装置将被测表面的实际轮廓形象地描绘在坐标纸上，然后按最小包容区域法求出圆度误差。实际测量中也可采用近似测量方法，如两点法、三点法、两点三点组合法等。

(1)两点法。两点法测量是用游标卡尺、千分尺等通用量具测出同一径向截面中的最大直径差，此差之半$(d_{max}-d_{min})/2$就是该截面的圆度误差。测量多个径向截面，取其中最大值作为被测零件的圆度误差。

(2)三点法。对于奇数棱形截面的圆度误差可用三点法测量，其测量装置如图 5－17 所示。被测件放在 V 形块上回转一周，指示表的最大与最小读数之差$(M_{max}-M_{min})$反映了该测量截面的圆度误差 f，其关系式为

$$f=(M_{max}-M_{min})/K$$

式中，K 为反映系数，它是被测件的棱边数及所用 V 形块夹角的函数，其关系比较复杂。在不知棱数的情况下，常以夹角为 90°、120°或 72°、108°的两个 V 形块分别测量(各测若干个径向截面)，取其中读数差最大者为测量结果，此时可近似地取反映系数 $K=2$，计算被测件的圆度误差 f。

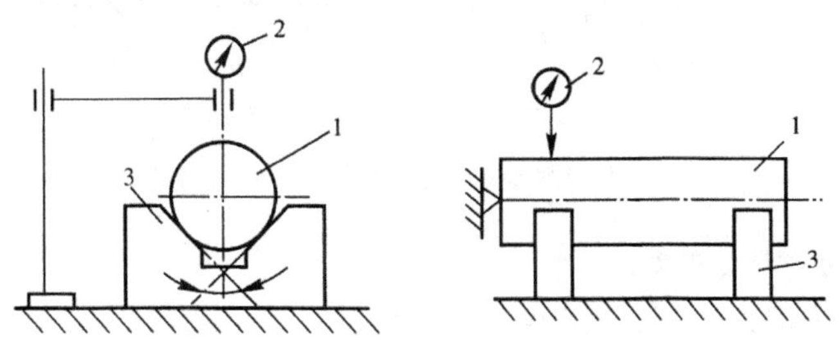

1—被测件；2—指示表；3—V型块。

图 5－17　三点法测圆度误差

一般情况下，椭圆(偶数棱形圆)出现在用顶针夹持工件车、磨外圆的加工过程中，奇数棱形圆出现在无心磨削圆的加工过程中，且大多为三棱圆形状。因此在生产中可根据工艺特点进行分析，选取合适的测量方法。

2. 平行度误差的测量

1)测量面对面的平行度误差

如图 5-18 所示，测量面对面的平行度误差时以平板体现基准，指示表在整个被测表面上的最大、最小读数之差即是平行度误差。

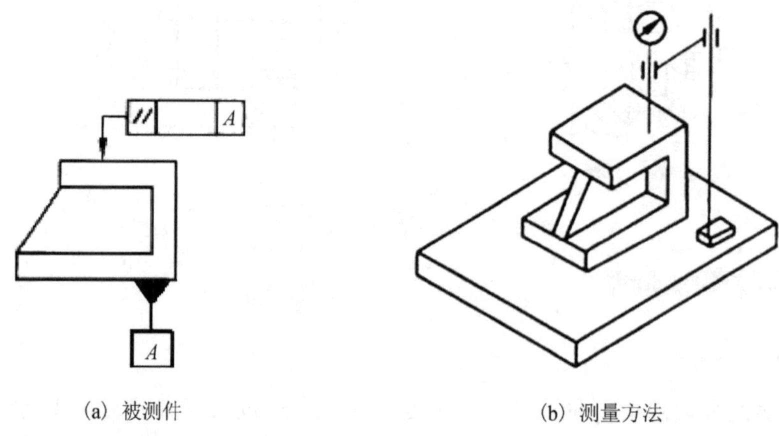

图 5-18 测量面对面的平行度误差

2)测量线对面的平行度误差

如图 5-19 所示，测量线对面的平行度误差时以心轴模拟被测孔轴线，在长度 L_1 两端用指示表测量。设测得的最大、最小读数之差为 a，则在给定长度 L 内的平行度误差 f 为

$$f = La/L_1$$

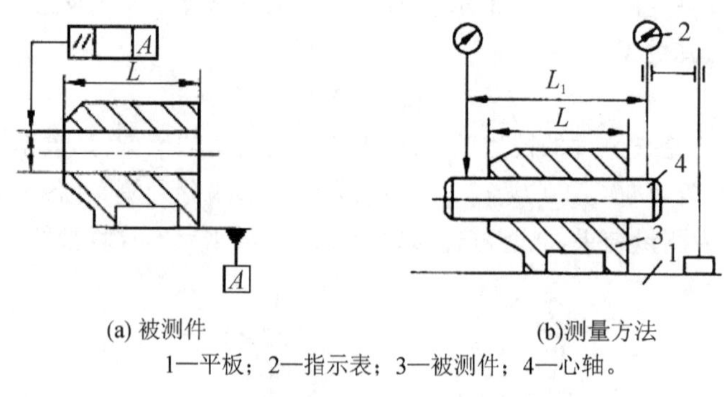

1—平板；2—指示表；3—被测件；4—心轴。

图 5-19 测量线对面的平行度误差的测量

3)测量线对线的平行度误差

测量时以心轴模拟被测轴线与基准轴线。如图 5-20(a)所示，直径 $\phi1$ 孔的轴线对基准轴线 A 的平行度在水平方向和垂直方向均有要求，则在检测时应分别测量。图 5-20(b)为垂直方向平行度误差的测量示例，在直径 $\phi2$ 孔内插入心轴，安置在可调 V 形块上，用测微计调整心轴两端与平板等高，此时心轴的轴线即为与平板平行的基准轴线，然后在被测孔直径 $\phi 1$ 内也插入心轴，用测微计测量孔两端的高度差 Δ，即为垂直方向的平行度误差。水平方向的平行度误差测量如图 5－20(c)所示，测量方法与上述垂直方向平行度误差的测量方法相同。

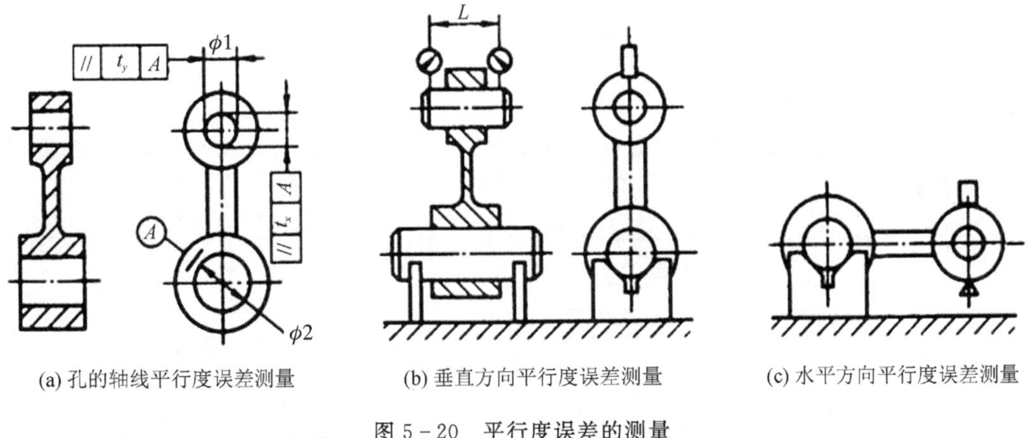

(a) 孔的轴线平行度误差测量　(b) 垂直方向平行度误差测量　(c) 水平方向平行度误差测量

图 5－20　平行度误差的测量

3. 垂直度误差的测量

如图 5－21(a)所示，测量平面对基准轴线的垂直度公差值 f 时，可利用 V 形块等具有相互垂直面的检验工具，将零件夹紧在 V 形部位，然后将 V 形块如图 5－21(b)安置在平板上，此时基准轴线 A 位于垂直平板平面内，用测微计测量被测表面相对平板的平行度误差，即测微表在被测表面上移动时最大、最小读数的差值，此值就是被测表面对基准轴线 A 的垂直度误差 f。

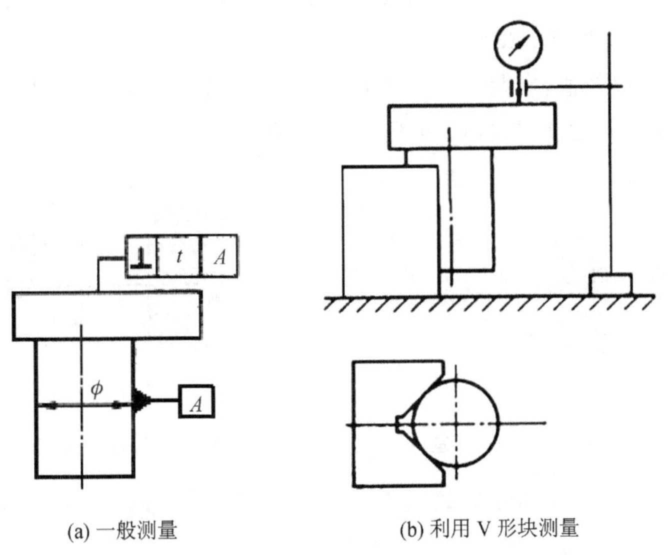

(a) 一般测量　(b) 利用 V 形块测量

图 5－21　垂直度误差的测量

4. 同轴度误差的测量

(1)孔对孔的同轴度误差的测量如图 5－22 所示。将心轴与两孔成无间隙配合地插入孔内，并调整被测零件使其基准孔心轴与平板平行，在靠近被测孔心轴 A、B 两点测量，求出两点与高度 $(L+\frac{d}{2})$ 的差值 f_{Ax}、f_{Bx}；然后将被测件旋转 90°，按上述方法再测出 f_{AY}、f_{BY}，则

A 点处的同轴度误差：$f_A = 2\sqrt{f_{AX}^2 + f_{AY}^2}$

B 点处的同轴度误差：$f_B = 2\sqrt{f_{BX}^2 + f_{BY}^2}$

取 f_A、f_B 中较大者作为被测要素的同轴度误差，如测点不能取在孔端处，则同轴度误差可按比例折算。

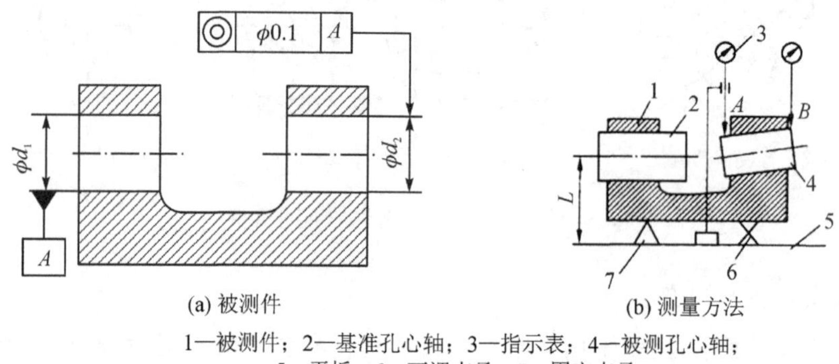

(a) 被测件　　(b) 测量方法

1—被测件；2—基准孔心轴；3—指示表；4—被测孔心轴；5—平板；6—可调支承；7—固定支承。

图 5－22　测量孔对孔的同轴度误差

在成批生产中，可用专用测量芯棒测量，若芯棒能自由地推入几个孔中，表明孔的同轴度误差在规定的范围之内。对精度要求不很高的孔，为减少专用测量芯棒数量，可用几副不同外径的测量套配合测量(见图 5－23)。

若要确定同轴度误差值，在两孔中装入专用套，将芯棒插入套中，再将百分表固定在芯棒上，转动芯棒即可测出同轴度误差值，如图 5－24 所示。

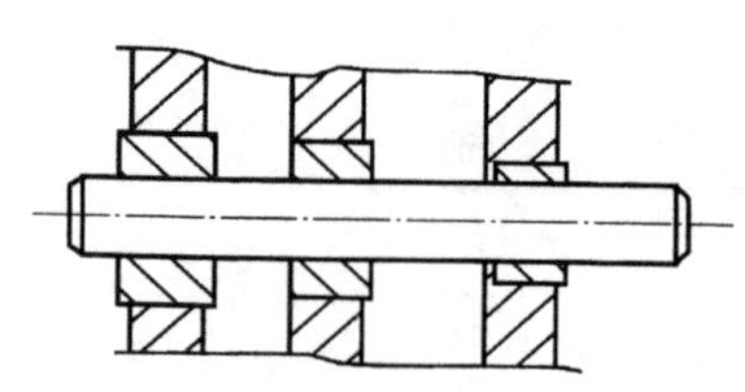

图 5－23　用通用芯棒检验孔的同轴度误差

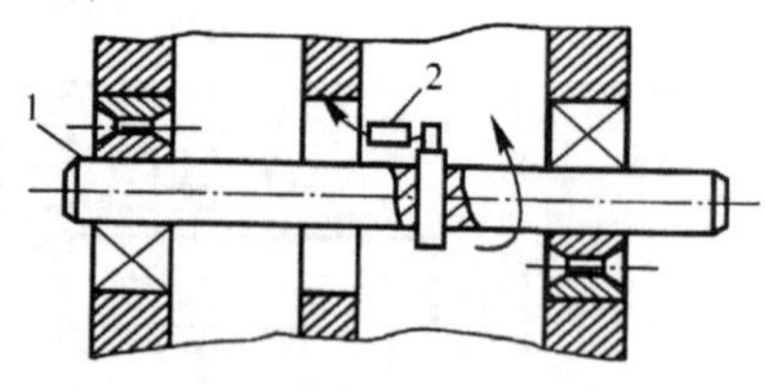

1—检验芯棒；2—百分表图。

图 5－24　用芯棒和百分表检验同轴孔

(2)轴对轴的同轴度误差的测量如图 5－25 所示，公共基准轴线由 V 形架体现。将被测零件基准要素的中截面放置在两个等高的刃口状 V 形架上，选若干垂直基准轴线的径向截面，用两点法或三点法测出各径向截面中的最大直径差，取其中最大值(绝对值)作为被测零件的同轴度误差。

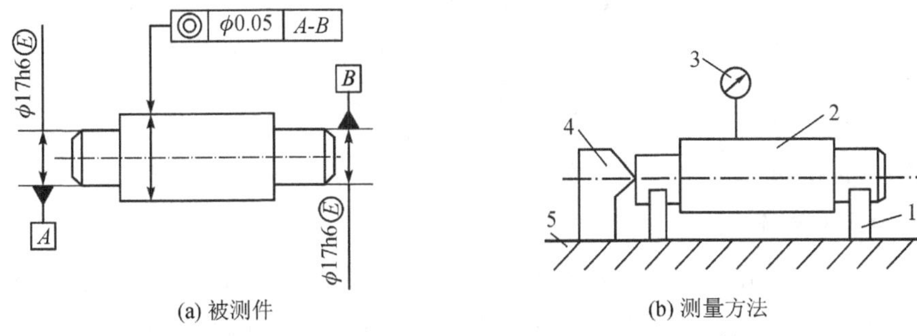

(a) 被测件　　(b) 测量方法

1—V 形块；2—被测轴；3—指示表；4—定位器；5—平板。

图 5－25　测量轴对轴的同轴度误差

5. 对称度误差的测量

对称度误差是定位误差的一种，是指被测实际对称要素对已确定位置的基准要素的变动量，因此在检测时首先应确定基准的位置。如图 5－26 所示，将心轴插入基准孔，安装在中心架上固定，实际应用中也可安置在两等高 V 形块或专用装置上，对基准轴线定位，然后进行测量。测量时调整被测量面与平板平行，记下指示表读数。不改变指示表位置，将零件转 180°后重复上述测量，取两次读数之差即为对称度误差。

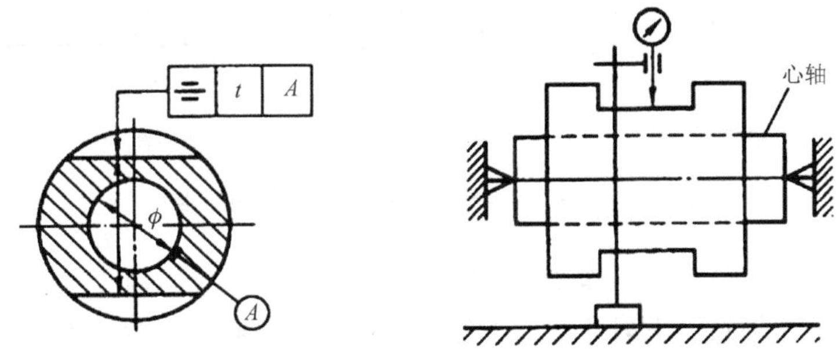

图 5－26　对称度误差的测量

轴键槽如图 5－27(a)所示，对称度误差的测量如图 5－27(b)所示。测量时基准线由 V 形块模拟，被测中心平面由定位块模拟，调整被测零件使定位块沿径向与平板平行，在键槽长度

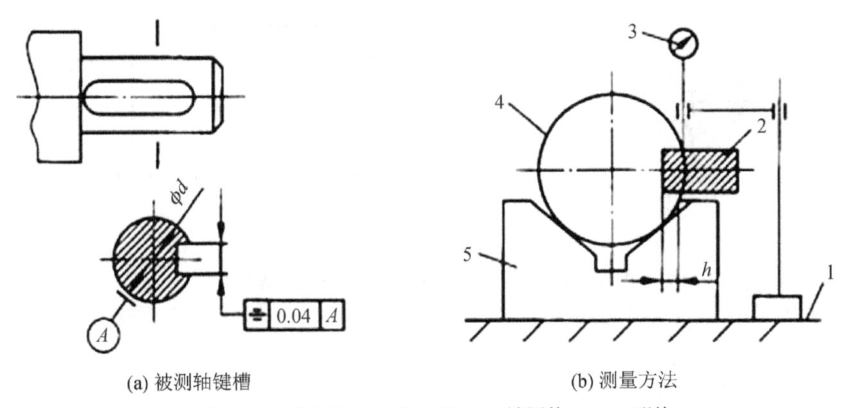

(a) 被测轴键槽　　(b) 测量方法

1—平板；2—定位块；3—指示表；4—被测件；5—V 形块。

图 5－27　测量键槽的对称度误差

两端的径向截面内测量定位块到平板的距离。再将零件转 180°后重复上述测量，得到两径向测量截面内的距离之半 Δ_1 和 Δ_2（以绝对值大者为 Δ_1），则对称度误差为

$$f=\frac{2\Delta_2 h+d(\Delta_1-\Delta_2)}{d-h}$$

式中，d 为轴的直径；h 为键槽深度。

6. 跳动误差的测量

被测件绕基准轴线作无轴向移动的旋转，在旋转一周过程中，指示表的最大和最小读数之差即为该测量截面上的径向圆跳动。图 5-28(b)为最常用的径向圆跳动的测量方法，测量时将被测零件安装在两顶尖之间，在被测零件回转一周中，指示表读数最大值和最小值的差值即为单个测量面的径向圆跳动。按上述方法，测若干个截面，取其中的最大值作为该零件的径向圆跳动。

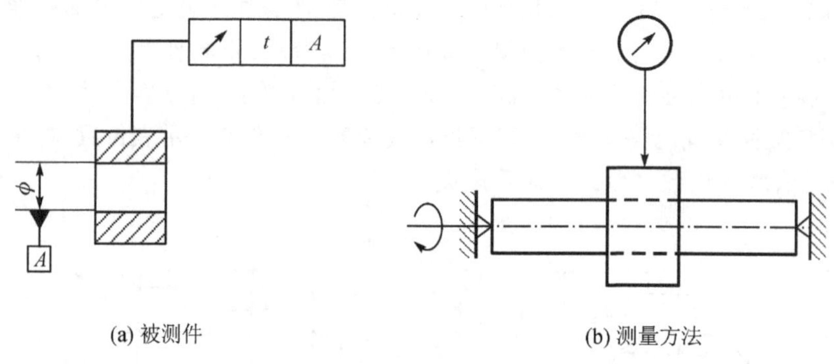

(a) 被测件　　(b) 测量方法

图 5-28　跳动误差的测量(以轴心线为基准)

当以轴为基准时，则可将基准轴安置在一个 V 形块上(或两个等高 V 形块上)，如图 5-29所示，将基准轴在 V 形块上旋转即得到模拟的基准轴线，其径向圆跳动的测量方法同上所述。为了保证在同一截面上进行测量，在端面须有轴向定位装置，这在端面跳动测量时很重要。

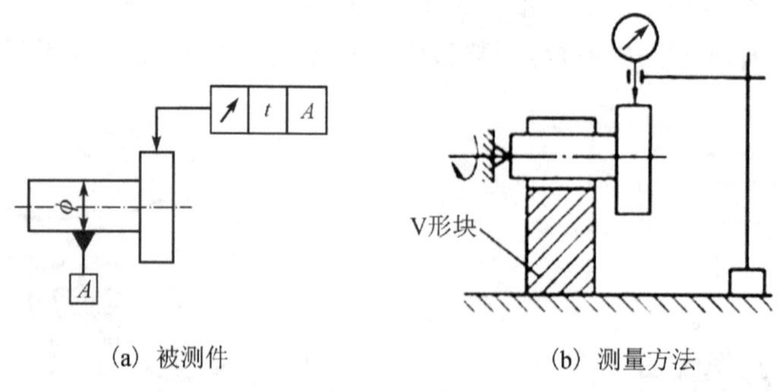

(a) 被测件　　(b) 测量方法

图 5-29　跳动误差的测量(以轴为基准)

7. 全跳动误差的测量

被测零件在绕基准轴线作无轴向移动的连续回转过程中，指示表缓慢地沿基准轴线方向平移，测量整个圆柱面，其最大读数差为径向全跳动，如图 5-30 所示。若指示表沿着与基准

轴线的垂直方向缓慢移动时，测量整个端面，则最大读数差为端面全跳动，如图 5－31 所示。

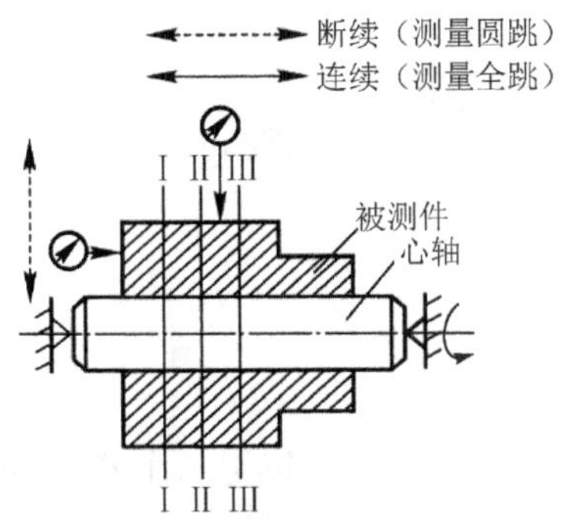

图 5－30　径向全跳动的测量

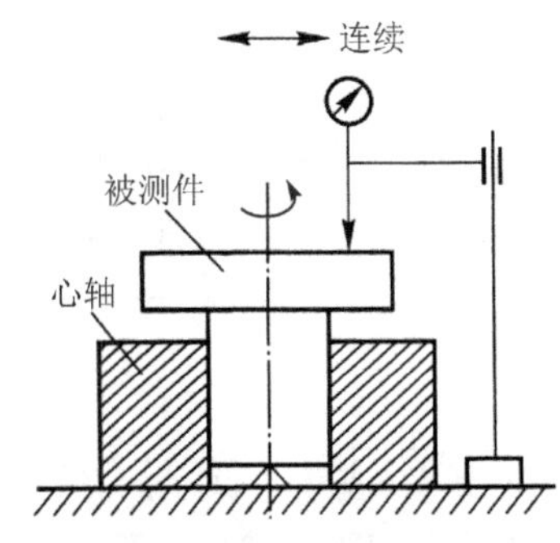

图 5－31　端面全跳动的测量

8. 平面度误差测量

1）测量原理

平面度误差的测量原理与直线度误差测量原理基本相同，仅有的差别是：直线度误差的测量是在一条被测实际直线上，而平面度误差的测量是在被测实际平面上预先拟定若干条测量线。如图 5－32 所示，在测量小平板平面的平面度误差时，将百分表夹于磁力表架上，磁力表架座置于大平板上（即以大平板为模拟测量基准平面），然后按事先布置好的点，拖动表架依次测量各点的读数值。操作步骤如下：

（1）用可调整支承将被测件顶起，将测量仪先放在被测表表面上互相垂直的位置上，调整支撑，使被测表面大致呈水平状。

（2）按选定的测量方法在被测表面上布线并做好标记（若测量平板，则四周的布线应离边缘 10 mm）。

（3）按事先布置好的点（本实验是以网格法布点），拖动表架依次测量将各点的读数填在框格的相应位置上，如图 5－33 所示。

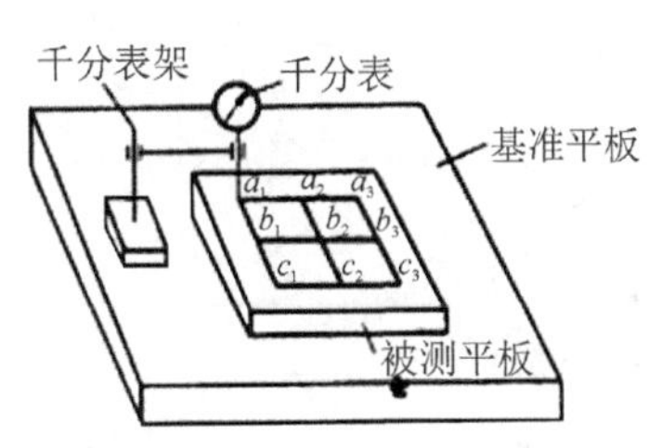

图 5－32　平行度测量示意图

2）平面度误差值的评定方法

（1）最小区域法。最小区域法就是按最小包容区域的宽度评定平面度误差值（见图 5－34）。

最小区域的判别方法是：由两平行平面包容被测实际表面时，至少有三点或四点相接触，相接触的高、低点分布有如下列三种形式之一者，即属最小区域：

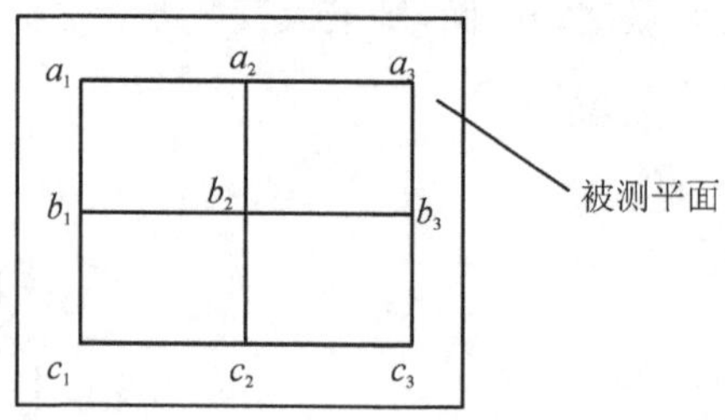

图 5-33　平面度测量坐标规律

①三个高点(或三个低点)与一个低点(或高点):低(或高)点投影位于三个高(或低)点组成的三角形内,如图 5-34(a)所示,称为三角形准则;

②两个高点与两个低点:两高点投影位于两个低点连线两侧,如图 5-34(b)所示,称为交叉准则;

③两个高点(或两个低点)与一个低点(或高点):低(或高)点投影位于两个高(或低)点连线上,如图 5-34(c)所示,称为直线准则。

(2)三点法。三点法是以通过被测实际表面上相距最远且不在一条直线上的三点建立理想平面,各测点对此平面的偏差中最大值与最小值的绝对值之和作为被测实际表面的平面度误差值。

(3)对角线法。对角线法是以通过被测实际表面的一条对角点的连线且平行于另一条对角点的连线的平面建立理想平面,各测点对此平面的偏差中最大值与最小值的绝对值之和作为被测实际表面的平面度误差值。

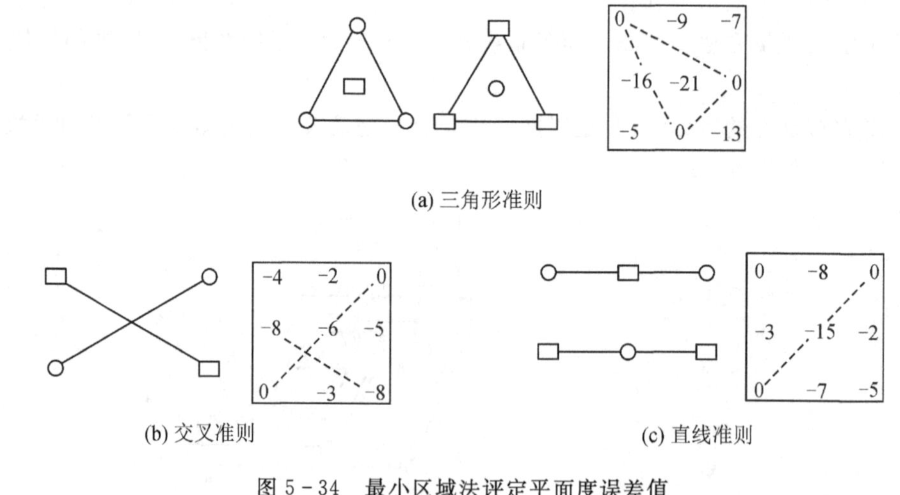

图 5-34　最小区域法评定平面度误差值

例 5-1　图 5-35 为一平面相对检验平板的坐标值,按上述方法评定平面度误差。

解 1　如图 5-35 所示,任取三点+4,−9,−10,按图 5-36 的规律列出三点等值方程:

$$+4+P=-9+2P+Q$$

$$-10+2Q=+4+P$$

由上式解出 $P=+4$、$Q=+9$,按图 5-33 规律和 P、Q 值转换被测平面的坐标值,得到图

5－36 的形式，同时可以按三点法计算测量结果，如图 5－37 所示。

0	+4	+6
−5	+20	−9
−10	−3	+8

图 5－35　平面度误差测得值

0	$+4+P$	$+6+2P$
$-5+Q$	$+20+P+Q$	$-9+2P+Q$
$-10+2Q$	$-3+P+2Q$	$+8+2P+2Q$

图 5－36　平面度误差测量坐标变换

0	+8	+14
+4	+33	+8
+8	+19	+34

图 5－37　三点法

所以，平面度误差为(＋34) μm－0 μm＝34 μm。

解 2　按图 5－36 规律列出两等值对角点的等值方程：

$$0 = +8 + 2P + 2Q$$

$$+6 + 2P = -10 + 2Q$$

解得 $P = -6, Q = +2$。按图 5－33 规律和 P、Q 值转换被测平面的坐标值得到图 5－38 所示的结果：

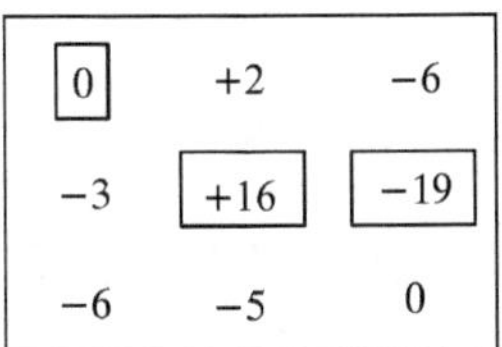

0	+2	−6
−3	+16	−19
−6	−5	0

图 5－38　对角线法

其平面度误差＝(＋16) μm－(－19) μm＝35 μm。

上述两种方法计算的结果不一样，这是因为用三点法求平面度误差时人为因素影响太大造成的(因三点任选)，所以一般不采用三点法求平面度误差，而通常采用对角线法。若有争议，或误差值在公差值的边缘上不便于评定时，则采用最小区域法。

5.3.3　形位公差选择举例

图 5－39 所示为减速器的输出轴，两轴颈 ϕ55j6 与 P0 级滚动轴承内圈相配合，为保证配合性质采用了包容要求，为保证轴承的旋转精度，在遵循包容要求的前提下，又进一步提出圆柱度公差的要求，其公差值由 GB/T 275—2015 查得为 0.005 mm。这两轴颈上安装滚动轴承后，将分别与减速器箱体的两孔配合，因此需限制两轴颈的同轴度误差，以保证轴承外圈和箱体孔的安装精度。为检测方便，实际给出了两轴颈的径向圆跳动公差 0.025 mm(跳动公差 7 级)。ϕ62 mm 处的两轴肩都是止推面，起一定的定位作用，为保证定位精度，提出了两轴肩相

对于基准轴线的端面圆跳动公差 0.015 mm(由 GB/T 275—2015 查得)。

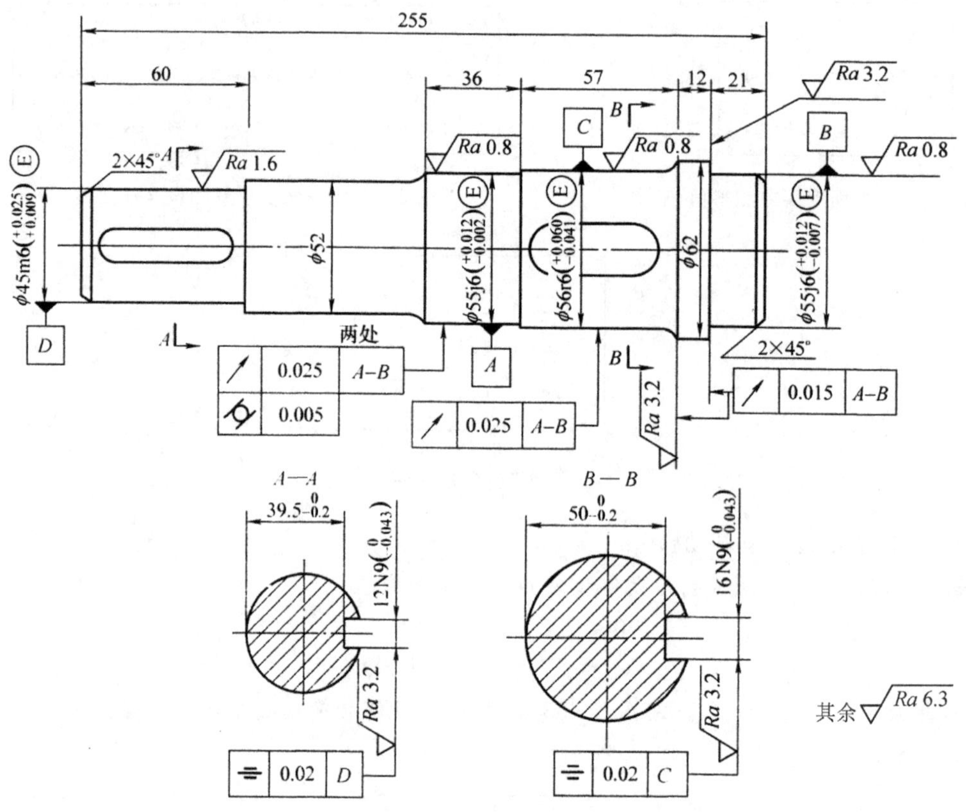

图 5-39　减速器输出轴几何公差标注示例

ϕ56r6 和 ϕ45m6 分别与齿轮和带轮配合，为保证配合性质，也采用了包容要求，为保证齿轮的运动精度，对与齿轮配合的 ϕ56r6 圆柱又进一步提出了对基准轴线的径向圆跳动公差 0.025 mm(跳动公差 7 级)。对 ϕ56r6 和 ϕ45m6 轴颈上的键槽 16N9 和 12N9 都提出了对称度公差 0.02 mm(对称度公差 8 级)，以保证键槽的安装精度和安装后的受力状态。

任务6　轴类零件表面粗糙度的选择与标注

任务描述

【任务目标】

①选择且标注与轴承配合的轴径表面粗糙度。

②选择且标注与齿轮配合的轴径表面粗糙度。

③选择且标注与联轴器配合的轴径形表面粗糙度

④选择且标注与密封圈配合的轴径表面粗糙度。

⑤选择且标注其他轴径的表面粗糙度。

【知识目标】

①用类比法选择表面粗糙度的一般方法。

②与标准件配合时,表面粗糙度的确定方法。

③表面粗糙度的标注方法。

【能力目标】

①掌握用类比法选择表面粗糙度的方法。

②掌握表面粗糙度的标注方法。

【素质目标】

培养学生一丝不苟、耐心细致的工作作风,养成诚实守信、严谨踏实、沟通协作的职业素质,树立质量、效率、成本、安全等意识。

基础知识

6.1　表面粗糙度的概念

6.1.1　概述

由机床、刀具、工件组成的工艺系统,在切削加工时,由于刀具与被加工表面的摩擦,切屑分离时工件表面层金属的塑性变形以及工艺系统中的高频振动等原因,使零件表面形成具有一定周期性的峰谷,存在着较小间距,其间距和高度介于宏观和微观几何形状误差之间。相邻两波峰或两波谷之间的距离小于1 mm的高低起伏的微小峰谷所组成的微观几何形状特征,称为表面粗糙度。表面粗糙度是反映微观几何形状误差的一个指标。

表面粗糙度是零件表面的微观几何形状误差。粗糙度值的大小对机器零件使用性能和制造成本有很大影响,且影响零件配合性质的稳定性。对于间隙配合,粗糙表面会加快磨损,使工作过程中间隙逐渐增大而破坏机器使用性能。对于过盈配合,若用加压装配,则装配时将微观凸峰挤平,会减小实际有效过盈,降低联结强度。表面越粗糙,这种影响就越大。

表面粗糙度还影响零件强度。在交变应力作用下的钢质零件的表面越粗糙,对应力集中越敏感,会使零件的疲劳强度下降。

表面粗糙度还对零件的其他使用性能如摩擦、接触刚度、耐腐蚀性、承载能力等都有影响。

从以上分析来看,似乎表面粗糙度值越小越好,但实际情况并非如此。比如耐磨性能是在某一适当的粗糙度情况下最好(见图 6-1),大于这个值时越粗糙磨损越大,而小于这个值时磨损也会随粗糙度值减小而增加,这是因为过于光整的表面使润滑油膜难以形成,从而使磨损量加大。如中小马力拖拉机的发动机汽缸套内表面的粗糙度 Ra 值在 0.16~0.63 之间较合适,过大时会加速汽缸套内壁与活塞环的磨损,也不利于密封;过小会破坏油膜易造成拉缸。随着粗糙度值的减小,零件加工工时提高,从而造成生产成本大幅度上升。因此,在机器设计或测绘过程中,准确确定被测零件的表面粗糙度是一项重要内容。

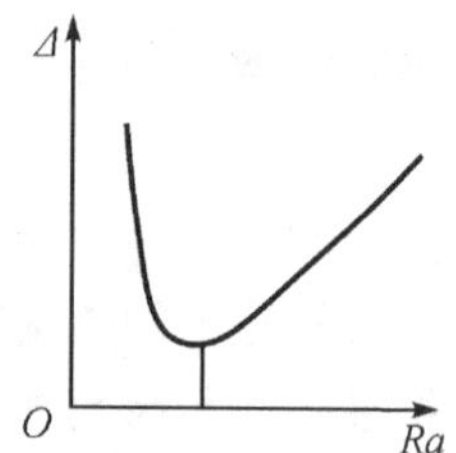

图 6-1 金属磨损量 Δ 与粗糙度的关系

为保证机械零件的使用性能,在对零件进行尺寸、形状和位置精度设计的同时,必须合理地提出表面粗糙度要求。我国颁布了 GB/T 3505—2009《产品几何技术规范(GPS) 表面结构 轮廓法术语、定义及表面结构参数》,GB/T 1031—2009《产品几何技术规范(GPS) 表面结构 轮廓法 表面粗糙度参数及其数值》和 GB/T 131—2006《产品几何技术规范(GPS)技术产品文件表面结构的表示法》等国家标准用于评定表面粗糙度。

6.1.2 表面粗糙度的选择

(1)根据零件的使用要求,在满足零件的工作性能的前提下,考虑工艺经济性,尽可能选用表面粗糙度较大的值。这是最主要、最基本的一条原则。

在选择参数值时,应仔细观察被测表面的粗糙度情况,认真分析被测表面的作用、加工方法、运动状态等,根据经验统计资料来初步选定表面粗糙度参数值,参看本书电子档附件,然后再对比工作条件做适当调整。

(2)间隙配合的表面粗糙度值一般比过盈配合的表面粗糙度值小;摩擦表面的粗糙度值应比非摩擦表面小;滚动摩擦表面的粗糙度值应比滑动摩擦表面小。间隙配合中,间隙越小的配合表面粗糙度值应越小;在过盈配合中,配合强度要求越高,则两配合表面粗糙度值应越小。

(3)运动速度高、单位面积压力大的表面以及受交变应力作用的重要零件表面应选用较小的表面粗糙度值;对高精度、高转速、重载荷机械设备的零件,其表面粗糙度数值应比低精度、低转速、低载荷机械设备的零件小一些;受交变应力作用的重要钢制零件圆角及沟槽处,应取较小的粗糙度;铸铁等对应力集中不敏感的材料,其粗糙度的变化对强度影响较小。

(4)粗糙度的选择应与尺寸公差和形位公差相协调。配合性质要求越稳定,其配合表面的粗糙度值应越小;配合性质相同时,小尺寸结合面的粗糙度值应比大尺寸结合面小;孔与轴配合时，轴表面应比孔表面粗糙度值小；同一零件上，工作面要比非工作面粗糙度值小；尺寸精度高的表面应比尺寸精度低的表面粗糙度值小。如果按尺寸公差与形状公差所确定的表面粗糙度不一致时，则应以形状公差所要求的较小的表面粗糙度值为准。

一般来说，尺寸公差和形位公差小的表面，其粗糙度值也应小。本书电子档附件列出了在正常的工艺条件下，表面粗糙度参数值与尺寸公差及形位公差的对应关系，可供参考。

(5)防腐性、密封性要求高，外表美观的物体表面粗糙度值应较小，例如医疗器械，操纵用的手轮、手柄、卫生设备及食品用具等，为了造型美观和操作舒适，都要求很光滑，其粗糙度值与尺寸的大小和精度不存在确定的函数关系。

(6)凡有关标准中已对表面粗糙度按要求做出规定的，如与滚动轴承配合的轴颈和外壳孔、齿坯、键配合的键槽等，则应按标准确定的表面粗糙度参数值选取。表面粗糙度参数值应与尺寸公差及形位公差相协调。

6.1.3　表面粗糙度符号、参数及其标注方法

确定了表面粗糙度的评定参数及数值以后，应按 GB/T 131—2006《机械制图表面粗糙度符号、代号及其注法》的规定，把表面粗糙度按要求正确地标注在零件图样上。正确确定零件表面粗糙度是测绘过程中的一项重要内容。

1. 表面粗糙度的符号

表面粗糙度符号见电子档附件。如果零件表面需要加工(采用去除材料的方法或不去除材料的方法)，但没有表面粗糙度的其他要求时，允许只标注表面粗糙度符号。

2. 确定表面粗糙度参数

表面粗糙度评定基本参数有 Ra、Rz 两个。评定轮廓的算术平均偏差 Ra 指在一个取样长度内纵坐标值 $Z(x)$ 绝对值的算术平均值；轮廓的最大高度 Rz 指在一个取样长度内，最大轮廓峰高 Z_p 和最大轮廓谷深 Z_v 之和的高度。

表面粗糙度的参数值已经标准化，设计时应按 GB/T 1031—2009《产品几何技术规范(GPS)表面粗糙度参数及其数值》规定的参数值系列选取。

Ra 和 Rz 数值列于表 6-1 和表 6-2。

表 6-1　Ra 的数值（摘自 GB/T 1031—2009）　　单位：μm

0.012	0.050	0.20	0.80	3.2	12.5	50
0.025	0.100	0.40	1.60	6.3	25	100

表 6-2　Rz 的数值（摘自 GB/T 1031—2009）　　单位：μm

0.025	0.20	1.60	12.5	100	800
0.050	0.40	3.2	25	200	1600
0.100	0.80	6.3	50	400	

实际使用时可选用一个参数，也可同时选用两个。其中，参数 Ra 较能客观地反映表面微观几何形状特征，因此得到广泛应用，国家标准也推荐优先选用 Ra。

3. 表面粗糙度在图样上的标注方法

1)一般标注

表面粗糙度符号、代号一般注在可见轮廓线或其延长线(见图 6-2 和图 6-3)和指引线(见图 6-4)、尺寸线、尺寸界线上;也可标注在公差框格上方(见图 6-5)或圆柱和棱柱表面上。符号的尖端必须从材料外指向表面,其中注在螺纹直径上的符号表示螺纹工作表面的粗糙度。在同一图样上,每一表面一般只标注一次符号、代号,并尽可能靠近有关的尺寸线;如果每个棱柱表面有不同的要求,则分别单独标注。

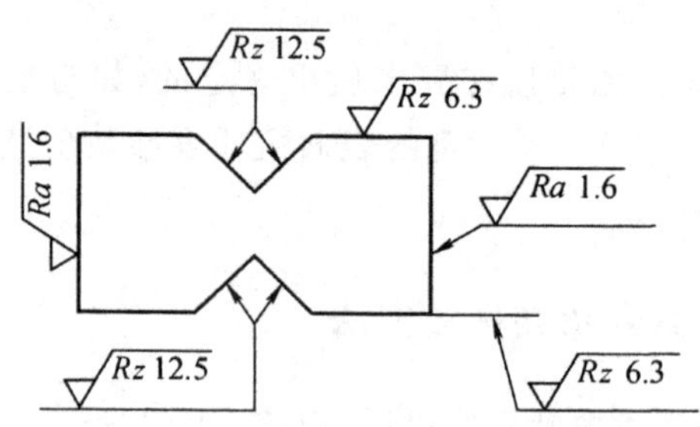

图 6-2　表面粗糙度标注在轮廓线上

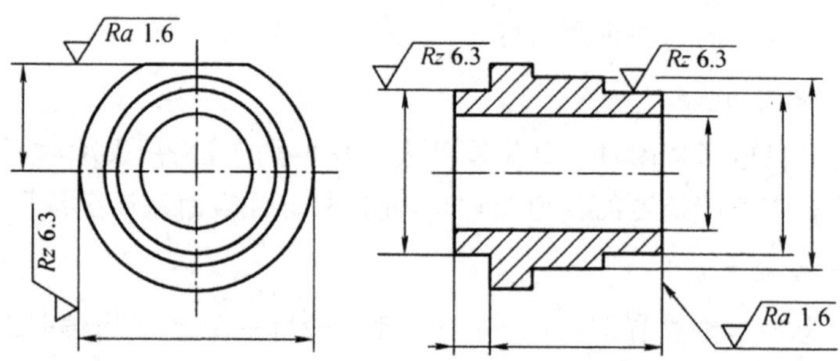

图 6-3　表面粗糙度标注在圆柱特征的延长线上

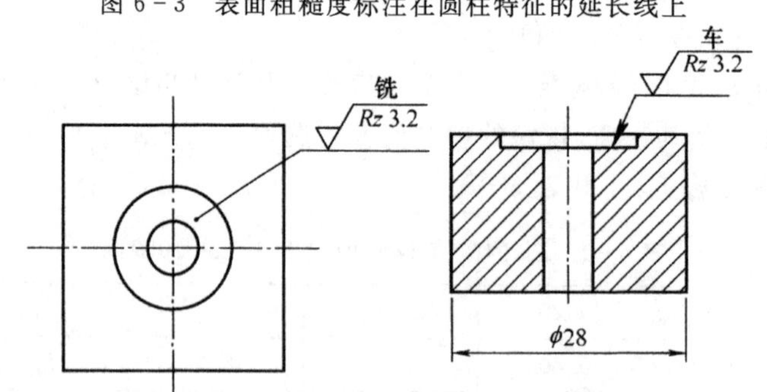

图 6-4　用指引线引出标注表面粗糙度

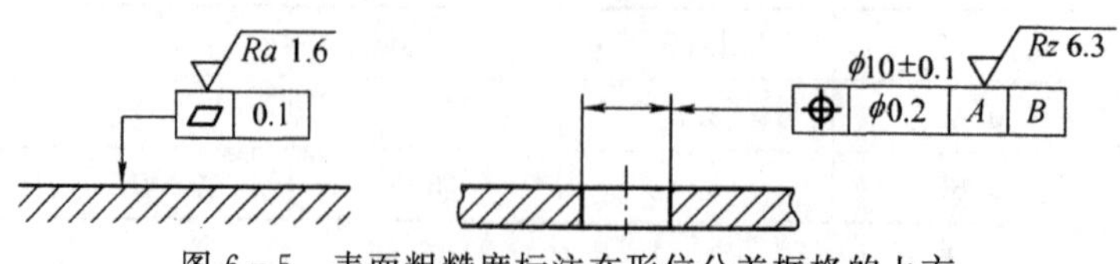

图 6-5　表面粗糙度标注在形位公差框格的上方

倒角、圆角和键槽的粗糙度标注方法，见图 6－6 和图 6－7。

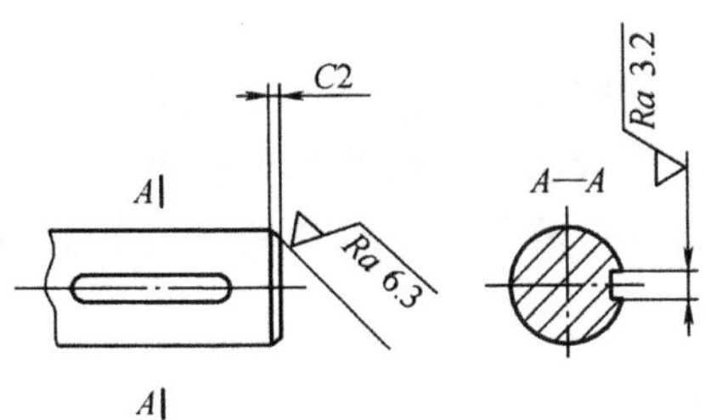

图 6－6　键槽的表面粗糙度注法

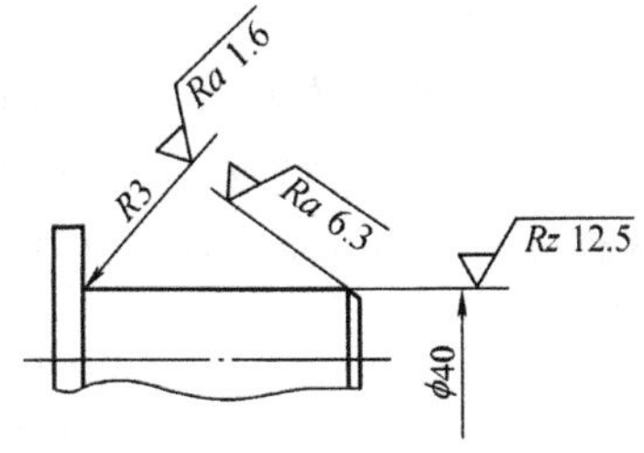

图 6－7　圆角和倒角的表面粗糙度注法

2)简化注法

当零件除注出表面外，其余所有表面具有相同的表面粗糙度要求时，其符号、代号可在图样上统一标注，并采用简化注法，如图 6－8 和图 6－9 所示，表示除 *Rz* 值为 1.6 和 6.3 的表面外，其余所有表面粗糙度均为 *Ra* 值 3.2，这两种注法意义相同。

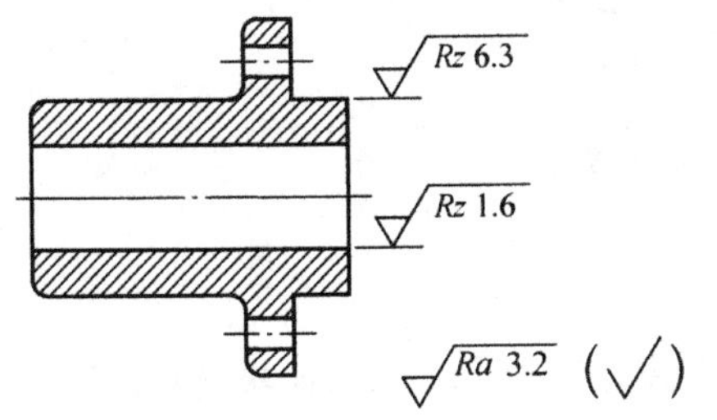

图 6－8　简化标注(一)

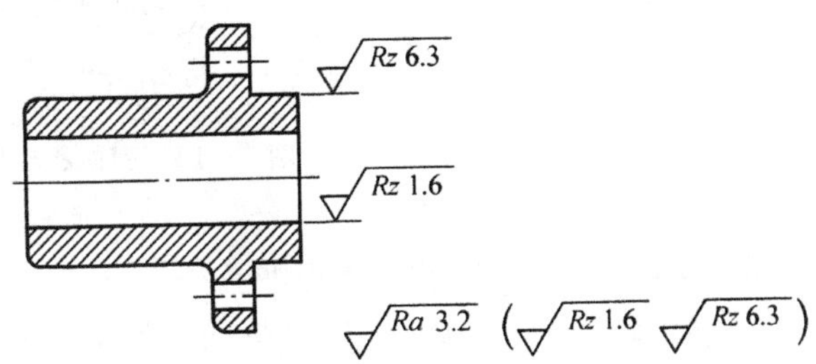

图 6－9　简化标注(二)

当多个表面具有相同的表面结构要求或图纸空间有限时，也可采用简化注法，以等式的形式给出，如图 6－10 和图 6－11 所示。

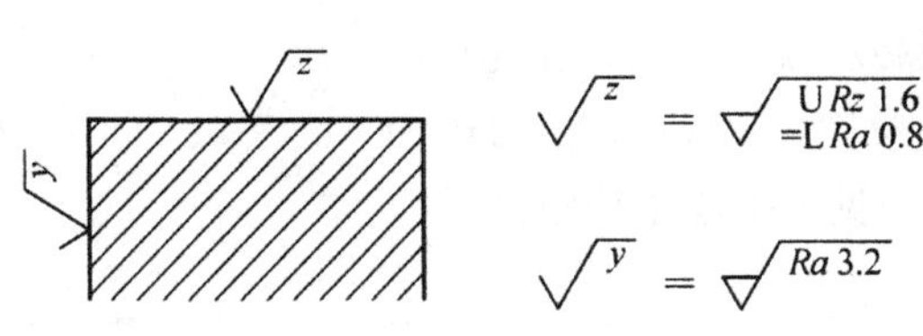

图 6－10　图纸空间有限时的简化注法

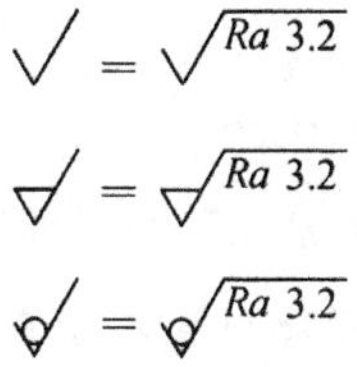

图 6－11　只用符号的简化注法

6.2　测定表面粗糙度的方法

表面粗糙度的检测方法主要有比较法、仪器测量法及类比法。比较法和仪器测量法适用于没有磨损或磨损极小的零件表面粗糙度；对于磨损严重的零件表面就不能用这两种方法确定，而只能用类比法确定。

6.2.1 比较法

比较法是将被测表面与已知高度特征参数值的粗糙度样板相比较，通过人的视觉和触觉，亦可借助放大镜来判断被测表面的粗糙度。粗糙度样板比较法是表面粗糙度最简单的测量方法，这种方法是用一组粗糙度样块（图 6 - 12）作为比较标准，样板上需标出粗糙度数值，并注明加工方法。

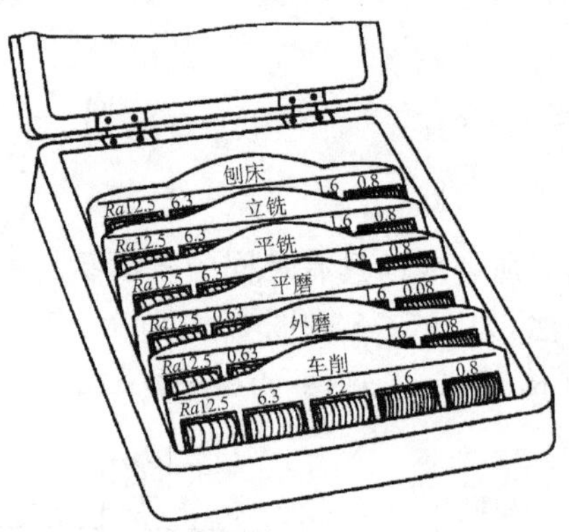

图 6 - 12　表面粗糙度标准样块

1. 粗糙度样块（板）的结构和相关标准

一套完整的粗糙度样块（板）包括车、磨、镗、铣、刨、插等几种加工方式的样块，每种加工方式的样块又按粗糙度的几种常用级别排列若干块，一般装在一个专用的盒子里。

下述国家标准规定了各种表面粗糙度样块的制造标准：

(1)GB/T 6060.1—2018《表面粗糙度比较样块 铸造表面》；

(2)GB/T 6060.2—2006《表面粗糙度比较样块 磨、车、镗、铣、插及刨加工表面》；

(3)GB/T 6060.3—2008《表面粗糙度比较样块 电火花加工表面》；

(4)GB/T 6060.4—1988《表面粗糙度比较样块 抛光加工表面》；

(5)GB/T 6060.3—2008《表面粗糙度比较样块 抛(喷)丸、喷砂加工表面》。

机械加工表面粗糙度的 *Ra* 值及尺寸规格见本书电子档附件。

2. 用比较法测量表面粗糙度

测量的时候把被测零件和样板靠近在一起，用肉眼或借助放大镜、低倍率的显微镜观察比较，感触抚摸，凭检验者的经验来判断工件的粗糙度。通常被测表面较粗糙时，用目测比较；当被测表面较光滑时，可借助 5～10 倍的放大镜比较；被测表面很光滑时，则借助比较仪或显微镜进行比较，以提高检测精度。

比较时，所用的样板在形状、加工方法和所用的材料等方面，都要与被测零件相近，这样才能得到比较正确的结果。同时应注意将样块和被检工件放在同一自然条件下（光线、温度、湿度等），如图 6 - 13 所示；另一个是通过手触摸的感觉来判定是否达到了要求，触摸时手的移动方向要与加工纹理相垂直。

比较时还应注意，不能将光亮度和粗糙度数值大小混淆，也就是说，光亮度大的工件表面不一定粗糙度数值小。

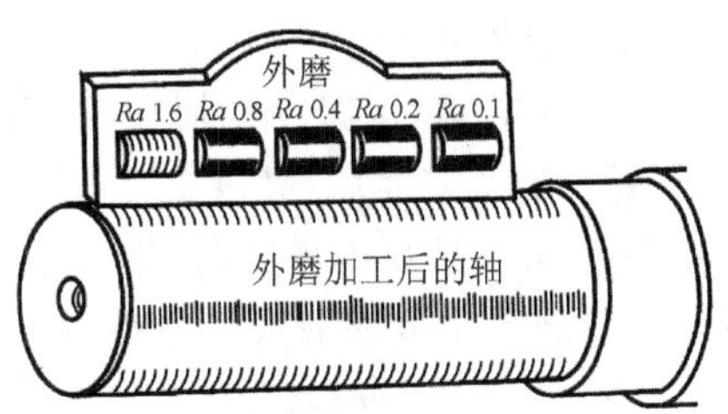

图 6－13　用视觉法检验加工件粗糙度

用比较法评定表面粗糙度虽然不能精确地得出被检表面的粗糙度数值，但由于器具简单，使用方便且能满足一般的生产要求，便于在生产中或测绘现场进行，因此，比较法得到了广泛应用。用“标准粗糙度比较样块”作为标准，使比较结果更趋统一和准确。这种方法的缺点是不能准确得到粗糙度的各参数值，所比较出的一般是一个范围。

用比较法确定粗糙度的适用范围是 $Ra>0.08\ \mu m$。

6.2.2　仪器测量法

仪器测量法是利用表面粗糙度测量仪器确定被测表面粗糙度数值的方法，仪器测量法主要有三种。

1. 光切法

光切法就是利用“光切原理”测量零件表面的粗糙度，工厂计量部门使用的光切显微镜又称双管显微镜。光切显微镜结构外形如图 6－14 所示。

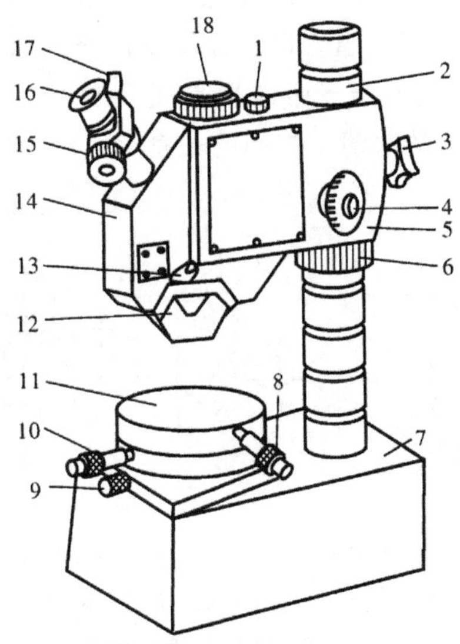

1—光源；2—立柱；3—锁紧螺钉；4—微调手轮；5—横臂；6—升降螺母；7—底座；
8—工作台纵向移动千分尺；9—工作台固定螺钉；10—工作台横向移动千分尺；
11—工作台；12—物镜组；13—手柄；14—壳体；15—测微鼓轮；16—测徽目镜；
17—紧固螺钉；18—照相机插座。

图 6－14　光切显微镜的结构外形

光切法一般用于测量表面粗糙度的 Rz 与 Ry 参数，参数的测量范围依仪器的型号不同而有所差异。光切法测量 Rz 的范围一般为 0.8～100 μm。

光切显微镜是一种非接触法测量的光学仪器。光切显微镜的原理如图 6－15 所示，从光源 3 发出的光经狭缝 4 以 $\alpha_1=45°$ 射向被测表面后，又以 $\alpha_2=45°$ 的角度反射出来($\alpha_2=\alpha_1$)，则在观察管中可看到一条光带。当被测表面有微观不平度时，则光带为曲折形状，如图 6－15(b)所示，光带曲折的程度即为被测表面微观不平度的放大。当被测表面的微小峰谷差为 H 时

$$H=b\cos\alpha/N$$

式中，N 为物镜系统放大倍数。当 $\alpha=45°$，则 $b=\sqrt{2}NH$。

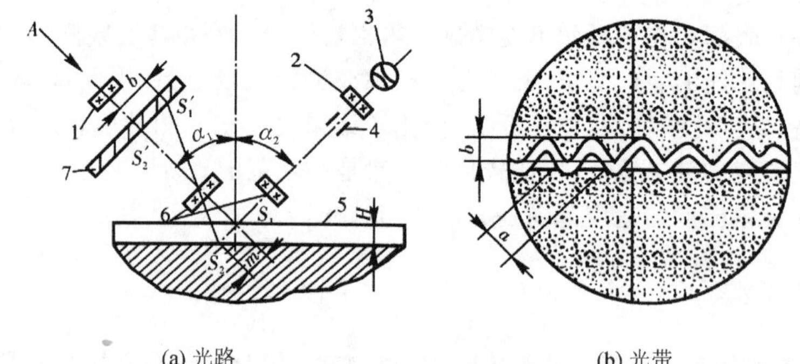

(a) 光路　　(b) 光带

1—目镜；2—聚光镜；3—光源；4—狭缝；5—工件表面；6—物镜；7—目镜分划板。

图 6－15　光切显微镜的工作原理

如图 6－14 所示，在观察管上装有测微目镜 16 用以读数，测微目镜中目镜分尺的结构原理如图 6－16(a)所示。刻度套筒旋转一圈，活动分划板 2 上的双刻线相对于固定分划板 1 上的刻线移动 1 格，而活动分划板 2 上的双刻线是在十字线的角平分线上，由此可见活动分划板上十字线与测微丝杆轴线成 45°，所以当测量 b 时，转动刻度套筒使十字交叉线之一分别与波峰或波谷对准，双刻线和十字线是沿与光带波形高度 b 成 45°方向移动的，如图 6－16(b)所示。所以 b 与在目镜分尺中读取的数值 a 之间的关系有：$a=b/\cos\alpha$。

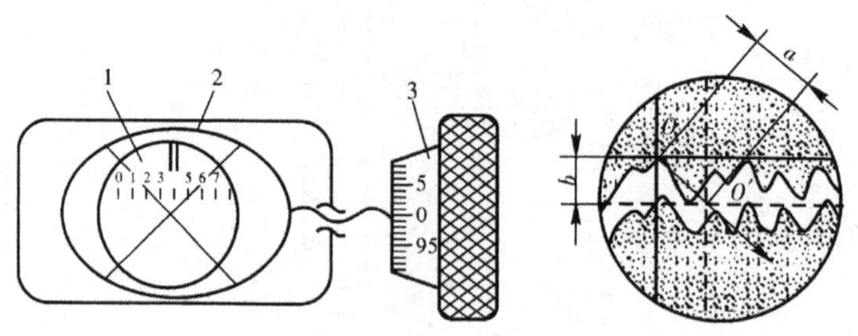

(a) 测微目镜分尺结构　　(b) 双刻线和十字线移动方向

1—固定分划板；2—活动分划板；3—测微鼓轮。

图 6－16　读数目镜示意图

当 $\alpha=45°$ 时，$a=\sqrt{2}b$，将 $b=\sqrt{2}NH$ 代入 $a=\sqrt{2}b$ 得，$a=\sqrt{2}\times\sqrt{2}NH=2NH$，则 $H=a\dfrac{1}{2N}$。

2. 干涉法

干涉法是利用光波干涉原理测量表面粗糙度，使用的仪器叫作干涉显微镜(其外形结构见图6-17)。干涉显微镜具有高放大倍数和高鉴别率，通常用于测量 Rz 值在0.030～1 μm的很光洁的表面。粗糙的表面不能形成干涉条纹，所以低精度表面不能用此法测量。

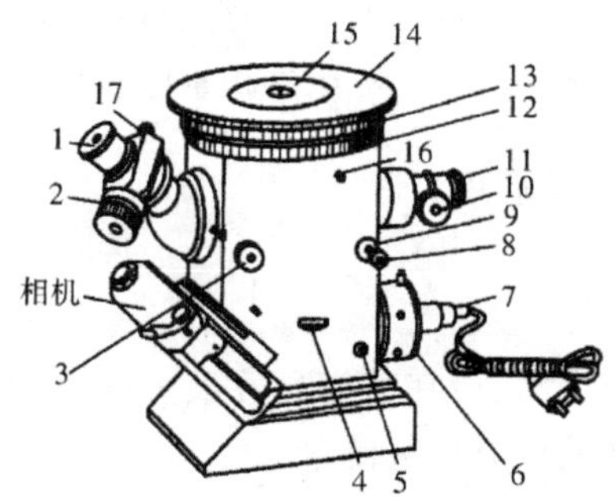

1—目镜；2—目镜测微鼓轮；3—手轮；4—光阑调节手轮；5—手柄；6、17—螺钉；7—光源；8、9、10、11—手轮；12、13、14—滚花轮；15—工作台；16—遮光板调节手柄(显微镜背面)。

图6-17　6JA型干涉显微镜的外形结构

3. 针描法

针描法又称感触法，针描法用的仪器是电动轮廓仪，它是利用金刚石针尖与被测表面相接触，当针尖以一定速度沿着被测表面移动时，被测表面的微观不平将使触针在垂直于表面轮廓方向上产生上下移动，然后将这种上下移动转换为电量并加以处理。人们可对记录装置记录得到的实际轮廓图进行分析计算，或直接从仪器的指示表中获得参数值，把这种移动信号输入轮廓仪再经过放大、检波、运算后即可在指示表上直接显示出 Ra 值。如果接上记录器，还可绘出放大后的表面粗糙度曲线，并由曲线通过计算得到 Rz 等其他参数值。

针描法应用较广，较小型的轮廓仪还可带到工作现场使用。仪器的测量范围约在 Ra 值为0.125～5.0 μm之间，因为过粗表面指针移动困难，过精表面指针的尖端不能达到谷底而影响测量准确性。

采用针描法测量表面粗糙度的仪器叫电动轮廓仪(见图6-18)，它可以直接指示 Ra 值，也可以经放大器记录出图形，作为 Ra、Rz 与 Ry 等多种参数的评定依据。

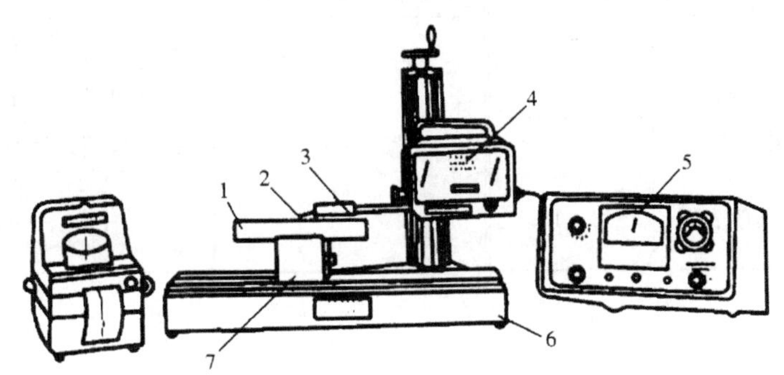

1—工件；2—触针；3—传感器；4—驱动器；5—批示器；6—工作台；7—V形块。

图6-18　电动轮廓仪

6.2.3 类比法

类比法是将所测绘或设计的零件图参照一些工作条件相同的，实践证明使用性能良好的机件的表面粗糙度进行选注，这种方法简便易行，所以使用较广。

类比法不是盲目照搬，使用时要按具体条件进行适当修正，以求获得更好的机械性能和经济性能。类比法要求技术人员具有丰富的工作经验，收集积累更多的资料，逐渐提高正确性。

6.3 测量表面粗糙度时的注意事项

1. 测量方向

(1)当图样上未规定测量方向时，应在高度参数最大值的方向上进行测量，即对于一般切削加工表面，应在垂直于加工痕迹的方向上测量。

(2)当无法确定表面加工纹理方向时(如经研磨的加工表面)，应通过选定的几个不同方向测量，然后取其中的最大值作为被测表面的粗糙度参数值。

2. 测量部位

被测工件的实际表面由于各种原因总存在不均匀性问题，为了比较完整地反映被测表面的实际状况，应选定几个部位进行测量。测量结果的确定可按照国家标准的有关规定进行。

3. 表面缺陷

零件的表面缺陷，如气孔、裂纹、砂眼、划痕等，一般比加工痕迹的深度或宽度大得多，不属于表面粗糙度的评定范围，必要时，应单独规定对表面缺陷的要求。

6.4 轴类零件的表面粗糙度参考值

轴类零件所有表面都应注明表面粗糙度。轴的表面粗糙度参数 Ra 可查阅相关资料，也可参考表 6-3 选取。

表 6-3 轴的表面粗糙度 Ra 荐用值

<table>
<tr><td colspan="2">加工表面</td><td>Ra/μm</td><td>加工表面</td><td colspan="4">Ra/μm</td></tr>
<tr><td colspan="2">与传动零件及联轴器配合表面</td><td>3.2~0.8</td><td>与普通级轴承配合表面</td><td colspan="4">1.6~0.8</td></tr>
<tr><td colspan="2">传动零件、联轴器等定位端面</td><td>6.3~1.6</td><td>普通级轴承定位端面</td><td colspan="4">1.6</td></tr>
<tr><td rowspan="2">平键键槽</td><td>侧面</td><td>3.2~1.6</td><td rowspan="5">密封处表面</td><td colspan="4">密封型式</td></tr>
<tr><td>底面</td><td>6.3</td><td>毡封油圈</td><td colspan="2">橡胶油封</td><td rowspan="2">隙缝迷宫</td></tr>
<tr><td colspan="2">中心孔锥孔</td><td>0.8~1.6</td><td colspan="3">密封处圆周速度/(m·s⁻¹)</td></tr>
<tr><td colspan="2" rowspan="2">自由端面、倒角及其他表面</td><td rowspan="2">6.3~12.5</td><td>≤3</td><td>>3~5</td><td>>5~10</td><td rowspan="2">3.2~1.6</td></tr>
<tr><td>3.2~1.6</td><td>1.6~0.8</td><td>0.8~0.4</td></tr>
</table>

任务7　机械零件材料热处理的选择及零件技术条件的确定

 任务描述

【任务目标】

确定齿轮轴、低速轴、隔圈、观察孔盖板这四个零件的材料、热处理及技术要求，并标注在图中。

【知识目标】

①热处理的作用及类型。

②机械零件常用材料及选择材料的基本原则。

③机械零件图中标注技术条件的常见类型。

【能力目标】

①掌握用类比法选择材料、热处理及零件技术条件的方法。

②掌握材料、热处理的选择及零件技术条件在图中的表示方法。

【素质目标】

培养学生一丝不苟、耐心细致的工作作风，养成诚实守信、严谨踏实、沟通协作的职业素质，树立质量、效率、成本、安全等意识。

 基础知识

7.1　材料的处理鉴别与选择

7.1.1　材料的分类及性能

机器零件根据功用、受力情况和工作环境的不同，所用的材料是不同的。材料的种类很多，通常可分为金属材料和非金属材料两大类。本章重点介绍在机械工程中主要采用的金属材料。

1. 金属材料的分类及其牌号表示方法

金属材料的种类繁多，一般将它们归纳为黑色金属和有色金属。

黑色金属指铁、锰、铬及其合金，如铁碳合金（即钢和铁），金属锰、金属铬等。除黑色金属以外的金属及它们的合金属于有色金属，如铝合金、铝镁合金、铜合金等。

1)黑色金属材料的分类及牌号的表示方法

机械工业常用的黑色金属材料是钢和铁,它们的种类及分类方法很多,可按冶炼方法分类,也可按化学成分、质量和用途等进行分类。这里介绍国家标准分类法。

国家标准分类法是依据材料的化学成分和工艺方法,把钢分成碳素钢、合金钢和铸钢三大类。在碳素钢中,又以其质量和用途的不同分为普通碳素钢、优质碳素结构钢、碳素工具钢和易切削钢。在合金钢中,根据加入元素的不同以及用途的不同分为普通低合金钢、合金结构钢、合金弹簧钢、合金工具钢、高速工具钢、轴承钢和特殊合金钢等。它们的特点及牌号表示方法见电子档附件。

铸铁与钢的区别在于含碳量的不同,通常含碳量大于2%的铁碳合金称为铸铁,在电子档附件中介绍了国家标准中的灰铸铁和球墨铸铁的特点及牌号表示方法。

2)有色金属材料的分类及牌号的表示方法

有色金属材料分为纯金属冶炼产品(如铝锭、铜锭)、纯金属加工产品(如铝材、铜材)、合金加工产品和专用合金(如轴承合金、铸造合金)四类,其牌号和表示方法见电子档附件。

2. 金属及其合金的性能

上面简单介绍了金属材料的分类和牌号的表示,而具体零件应选用哪种牌号的材料则应根据零件的功能及材料的性能确定。具体地说,一方面应当考虑材料的使用性能(包括物理、化学和机械性能等),另一方面还要考虑材料的工艺性能(即通过哪种加工方式得到零件和实现这种加工方式的难易程度等)。下面分别介绍材料的各种性能。

1)使用性能

使用性能反映材料在使用过程中所表现出来的特点,主要包括以下几方面:

(1)物理性能,主要指材料的比重、熔点、膨胀系数、导电性、导热性和磁性等。

(2)化学性能,表示材料在常温和高温下抵抗各种活泼介质化学作用的能力,亦称化学稳定性。如材料的耐酸、耐氧化、耐热等方面的能力,这些能力也叫材料的抗腐性。

(3)机械性能,零件在机械工作时绝大部分都承受外力的作用,此时材料所表现出的性能称为机械性能,或称力学性能。具体内容如下:

①强度,指材料抵抗外力作用的能力。零件在工作中,按照外力方向的不同可分为拉伸、压缩、扭转、弯曲、剪切等几种受力情况,同一种材料在不同受力情况下的强度不同,但各种强度之间又有一定联系,所以工程上常以拉伸受力状态下的强度作为最基本的强度值,并以材料被拉伸至破坏瞬间,材料的单位面积上所承受的力(应力)的大小来度量。根据材料受外力作用的情况不同,强度又可分为:

ⓐ静强度,表示当外力缓和地作用于材料时所测得的强度。

ⓑ冲击强度(又称冲击韧性),表示材料抵抗冲击作用力的能力。以材料受冲击力作用被破坏时,材料的单位面积上所吸收的功来表示。

ⓒ疲劳强度,表示材料承受反复作用外力的能力。以材料在多次的交变外力作用下,不致引起破坏时所承受的最大应力来表示。

②弹性,当材料受外力而变形,而一旦外力取消后,仍可恢复原状态的能力。它以材料试样在最大弹性变形时,材料所承受的应力来表示。

③刚度,指材料在受力时抵抗弹性变形的能力。刚度的大小由材料试样在弹性变形范围内,应力与应变的比值——弹性模数来代表。弹性模数越大,材料的刚度越大,越不易产生弹

性变形。

④塑性，指材料在力作用，在完整性不被破坏条件下而产生永久变形的能力。塑性大小以材料试件在拉伸试验中的伸长率和断面收缩率来表示。

⑤硬度，指材料表面局部体积内抵抗外来物体压入而引起的塑性变形的能力。通常测试材料的硬度时用硬钢球或金刚石圆锥体压入材料的表面，由压痕的大小与深度来表示硬度的大小。工程上常用布氏硬度（HB）和洛氏硬度（HBC）两种硬度值，此外还有维氏硬度（HV）等。

2）工艺性能

各种材料往往要经过不同方式和不同程度的加工才能得到所需要的机械零件。通常对金属零件的基本加工方法有四种：铸造、压力加工、焊接和机械加工。所谓材料的工艺性能就是指材料接受这些加工方法的难易程度，下面将分别介绍。

(1)铸造性能。铸造是将熔化的金属充填入型腔凝固后获得所需零件毛坯(或零件)的加工方法。因此，铸造性能的好坏应由金属液充填铸型的能力(流动性)，即它在凝固过程中的体积收缩情况和金属凝固后铸件各部位化学成分的均匀程度来决定。很明显，金属熔液的流动性越好，凝固过程中体积收缩越小，则铸件的形状越准确，铸件的缩孔、变形和裂纹等缺陷越小。同时，凝固后铸件的各部位化学成分越均匀，铸件的质量越高。

(2)锻造性能。锻造是金属或合金在常温或高温下承受外加压力而改变形状来获得所需的形状，因此金属材料的锻造性能(又称压力加工工艺性能)取决于材料的塑性。通常将材料试件在拉伸试验时所测得的不产生永久变形最大应力(屈服限)作为判别材料锻造性能的标准。显然，屈服限的应力值越大，锻造性能越差。

(3)焊接性能。金属材料是否易于按常规方法进行焊接称为材料的焊接性能。易于进行焊接且焊时不易形成裂纹、气孔、夹渣等缺陷，焊接后接头强度与母材(基体)相近的材料，其焊接性能好。例如，低碳钢焊接性能较好，高碳钢和铸铁的焊接性能则较差。

(4)切削加工性能。用车、磨、刨、铣等机床、工具对零件进行切削加工是机械加工的常用方法。所谓切削加工性能就是指对材料进行切削的难易程度。切削加工性能好的材料切削时消耗的动力小，刀具寿命长，切屑易折断和脱落，切削后零件的表面粗糙度小。例如灰铸铁切削加工性能好。太软的钢则在切削时不易折断，刀具易磨损，切削速度提不高，因此切削加工性能则较差。

7.1.2　金属材料的鉴别方法

在机器测绘中，正确鉴别零件所用的材料非常重要。如果对材料质量鉴别过高，则成本加大，反之则不能满足零件的工作要求。鉴别材料的关键是判明材料的化学成分和组织结构，以及所采用的处理方法。通常在鉴别零件材料时，希望尽可能不损坏或少损坏原有零件，因为测绘后往往还要将零件重新装配成样机，以备与测绘仿制的产品进行比较。

零件材料的鉴别通常有以下几种方法。

1. 类比法

在不允许破坏零件的情况下，可根据观察零件表面的色别、光泽及敲击零件，听其声音、称其重量或通过考察零件的用途、加工方法等，并与相近似的机器上的零件材料进行类比，来确定零件的材料。

(1)从颜色可区分出有色金属和黑色金属。例如,钢、铁成黑色;青铜成暗灰色;铝合金、镁合金呈银白色;灰铸铁、球墨铸铁的断口呈灰色;钢有金属光泽,而铁则没有。

(2)从声音可区分出铸铁与钢。当轻轻敲击零件时,如声音清脆有余音者为钢;声音闷实者为铸铁。

(3)从零件未加工表面可区分出铸铁与铸钢。铸钢表面光滑,铸铁表面粗糙。从加工表面也可区分出脆性材料(铸铁)和塑性材料。脆性材料的加工表面刀痕清晰、有脆性断裂痕迹,塑性材料刀痕不清,无脆性断裂痕迹。

(4)称其重量,用不同比重来鉴别。

(5)从零件的使用功能并参考有关资料确定零件的材料等。

上述确定零件材料的方法简单,只能粗略地判别出材料的大致类型,无法判明材料的化学成分和组织结构。

2. 化学分析法

化学分析法是一种可靠的材料鉴定方法,它是对零件进行取样或切片,并用化学分析的手段,对零件材料的组成、含量进行鉴别的方法。所以在可能的条件下,主要零件应该用此种方法进行材料鉴定。这种鉴定方法的缺点是要对零件进行局部破坏或损伤。实际测绘中,多是用刀在非重要表面上,刮下少许材料(称为取样)进行化验分析。

3. 光谱分析法

光谱分析法是采用光谱分析仪,依靠组成材料各元素的光谱不同,分辨原材料中各组成元素。它主要是用来对材料中各组成元素进行定性分析,而不能对其进行确切的定量鉴定。

这种鉴定方法的工作原理是金属材料在电弧或电火花的激发下,表面被气化形成炽热的蒸气,这时组成蒸气的原子便获了能量,当这些原子自发恢复到正常状态时,所获得的能量又会以不同波长的光的形式放射出来。由于各种元素都具有自己特有的光谱,从而可以根据谱线的条数、位置和波长来鉴别金属材料中所含的元素种类。同时由于谱线的强弱取决于放射的原子数量,即材料中的元素含量,由此可以确定金属材料中各种元素的含量。由于这种方法灵敏度高,分析速度快,成本低,所以光谱分析法得到了广泛应用。

4. 硬度鉴定法

硬度是材料的主要机械性能之一,一般在测绘中若能直接测得硬度值,就可大略估计出零件的材料。如黑色金属一般硬度较高,有色金属一般硬度较低。所以绝大多数零件,在测绘中都要进行硬度测定,一般多在硬度机上进行,对有些不重要的零件,还可采用简便的锉刀试验法来测定。这种方法是利用经过标定的硬度值不同的几把锉刀锉削零件的表面,以确定零件的硬度。

确定零件表面硬度常用的方法是布氏硬度法和洛氏硬度法,维氏硬度法和肖氏硬度法很少在机械制造工程中应用,所以不在此介绍。

1)布氏硬度法

布氏硬度法是对直径为 10 mm 的淬火钢球,施加载荷,压入被测金属表面,经过规定的时间卸掉载荷以后,测量出压痕直径 d,载荷除以被压痕面积即为硬度,符号用 HBS 表示,其计

算式为

$$\mathrm{HBS}=\frac{P}{F}=\frac{2P}{\pi D(D-\sqrt{D^2-d^2})}\ (\mathrm{kg/mm^2})$$

式中 D、d 的含义如图 7-1 所示。若采用硬质合金压球，硬度值符号用 HBW 表示。

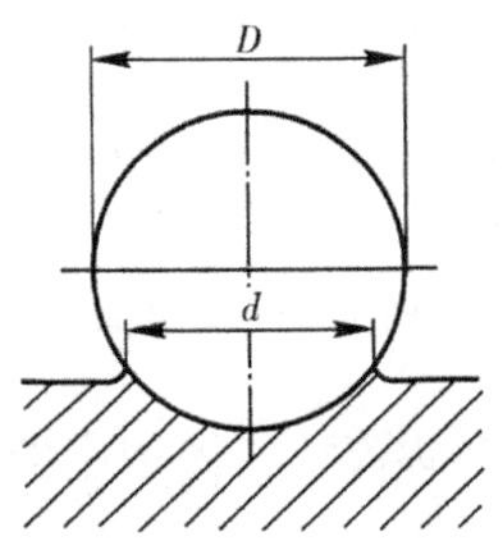

图 7-1　压痕直径

在实际测定时，布氏硬度不需要计算，可从所测压痕直径 d 经查表得出硬度值。“压痕直径与布氏硬度对照表”可查有关手册。

布氏硬度测定法的测量数据稳定，测量误差小，主要用于测定小于 HBS450 的金属半成品，如退火、正火、调质的钢材、灰铸铁、有色金属等。但用布氏硬度测定时，压力较大，压痕较大，所以不适用于加工件和太薄的零件，而多用于原材料表面硬度的测定。

2)洛氏硬度法

洛氏硬度法是对 120°金刚石角锥施加载荷，以压痕的深度确定材料硬度。压痕越深，被测表面硬度越低；压痕越浅，被测表面硬度越高。硬度符号用 HR 表示，又分为 A、B、C 三种。其中 HRA 是用于测量高硬度薄件及较薄硬化层零件的；HRB 用于测量软钢、有色金属等；HRC 常用于测量高、中硬度的零件，如各种钢制工具、齿轮、弹簧等。有时也用于硬度偏低(HRC20 以上)的小尺寸材料或成品件的测量。三种硬度适用范围为 HRB＜25；25＜HRC＜67；HRA＞67。

洛氏硬度适用于测定经过淬火、回火及表面渗碳、渗氮等处理的零件的硬度。

硬度越高表明金属抵抗塑性变形能力越大，而且硬度不是一个单纯的物理量，它与材料的强度(δ_b)等指标有内在联系，它们之间虽无严格的对应关系，但根据大量试验数据可找出它们之间大概关系和经验公式。例如，低碳钢 $\delta_b\approx0.36\mathrm{HBS}$；高碳钢 $\delta_b\approx0.34\mathrm{HBS}$；调质合金钢 $\delta_b\approx0.32\mathrm{HBS}$等。

5. 火花鉴别法

因为钢的种类繁多，它们的外观又无明显区别，人们用肉眼直接观察是分辨不清的，如果利用火花鉴别法便可以鉴别出钢种和相近似的钢号。

火花鉴别法是利用零件在砂轮上磨削时形成的火花束特征，初步查出钢的成分。这种方法对钢渗碳后表面含碳量能够作定性或半定量分析，是一种简单鉴别钢种的方法。

1)火花鉴别法的名词定义

(1)火花束。金属材料在砂轮上磨削产生的全部火花称火花束，如图 7-2 所示。火花束由流线、节点、爆花和尾花组成。

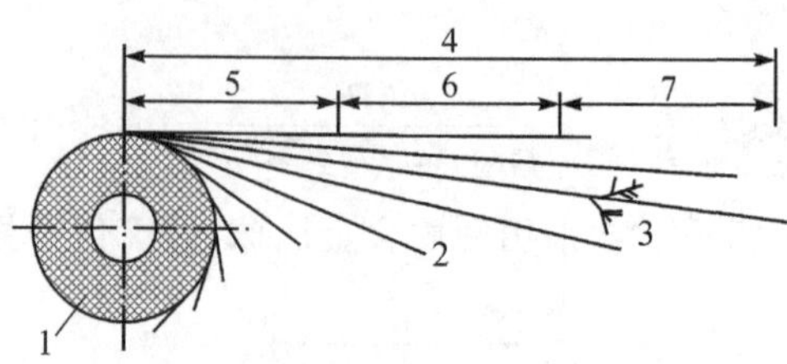

1—砂轮；2—流线；3—爆花；4—火花束；
5—花根；6—花间；7—花尾。

图 7-2　火花束

(2)流线。火花束中线条状的光亮称流线。因钢中的化学成分不同，流线分为直流线、断续流线和波浪流线三种，如图 7-3 所示。

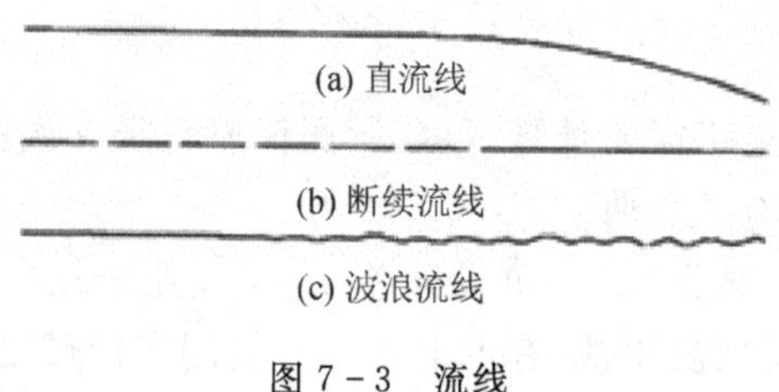

图 7-3　流线

(3)节点。流线上明亮而又稍粗的点，其温度较流线其他部分高。

(4)爆花。以节点为核心发生爆裂火花称爆花，如图 7-4 所示。爆花分布在流线上，以节点为核心，是碳元素专有的火花特征。

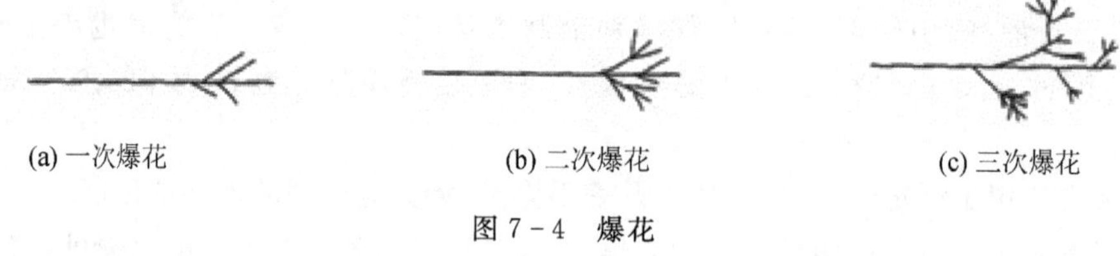

图 7-4　爆花

一次爆花含碳量在 0.2％以下；

二次爆花含碳量在 0.3％以下；

三次爆花含碳量在 0.45％以上。

2)钢中含碳量及合金元素对火花的影响

(1)碳对火花的影响。随着钢中含碳量的增加，火束变短、流线变细、流线数量增多，由一次爆花转向多次爆花。

(2)合金元素对火花的影响。合金元素对火花的影响比较复杂，有的合金元素助长火花发生，有的合金元素抑制火花发生，其根本原因取决于合金元素氧化反应的速度。氧化速度快，使流线、亮点、爆花等均增加，反之则减少。

爆花的形式随含碳量和其他元素的含量、温度、氧化性及钢的组织结构等因素而变化，因此爆花形式在钢的火花鉴别中占有相当的地位。

表 7－1 所列的是利用零件在砂轮上磨削时，几种零件材料的火花特征。

表 7－1　几种零件材料的火花特征

材料种类	熟铁	灰铸铁	白口铁	可锻铸铁	高速工具钢	铬不锈钢
火花形状						
火花束粗细	粗大	细小	极小	中等	较小	中等
流线长度	极长	短	短	较短	长	较长
火花束颜色 根部	稻草色	红色	红色	红色	红色	稻草色
火花束颜色 尾部	明亮	稻草色	稻草色	稻草色	稻草色	明亮
火花数量	极少	多	少	多	极少	中等
火花特征	分叉	星形、迭开	小枝多	芒线细	分叉有狐尾	分叉、星形

7.1.3　机械零件常用的材料

1. 铸铁

铸铁是含碳量大于 2%的铁碳合金，它是脆性材料，不能进行轧制和锻压，但具有良好的液态流动性，可铸出形状复杂的铸件。另外其减震性、可加工性、耐磨性均良好且价格低廉，因此应用非常广泛。常用的灰铸铁、球墨铸铁、可锻铸铁的名称、牌号及应用举例见本书电子档附件。

2. 碳钢与合金钢

钢是含碳量小于 2%的铁碳合金。一般来说，钢的强度高、塑性好，可以锻造，而且通过不同的热处理和化学处理可改善和提高钢的机械性能以满足使用要求。钢的种类很多，有不同的分类方法：按含碳量可分为低碳钢（C 含量≤0.25%）、中碳钢（0.25%<C 含量≤0.60%）、高碳钢（C 含量>0.60%）；按化学成分可分为碳素钢、合金钢；按质量可分为普通钢、优质钢，按用途可分为结构钢、工具钢、特殊钢等。常用的普通碳素结构钢、优质碳素结构钢、合金结构钢、铸造碳钢的名称、牌号及应用举例见本书电子档附件。

3. 有色金属合金

通常将钢、铁称为黑色金属，而将其他金属统称为有色金属。纯有色金属应用较少，一般使用的是有色金属合金，常用的有色金属合金是铜合金和铝合金等。有色金属比黑色金属价格昂贵，因此，仅用于要求减摩、耐磨、抗腐蚀等特殊情况。

常用的铸造铜合金、铸造铝合金的名称、牌号及应用举例见本书电子档附件。

4. 非金属材料

常用的非金属材料有橡胶和工程塑料。橡胶有耐油石棉橡胶板、耐酸碱橡胶板、耐油橡胶板、耐热橡胶板等，其性能及应用见电子档附件。工程塑料有硬聚氯乙烯、低压氯乙烯、改性有机玻璃、聚丙烯、ABS、聚四氟乙烯等，其性能及应用见本书电子档附件。

7.1.4 材料的热处理和表面处理

1. 热处理的作用及类型

金属材料的热处理就是在固态范围内将材料（或工件）放在一定的介质中，通过加热-保温-冷却，人为地改变材料表面的或内部的组织结构，从而获得所需的工艺或使用性能的一种工艺方法。

热处理的工艺方法很多，常用的有如下几种：

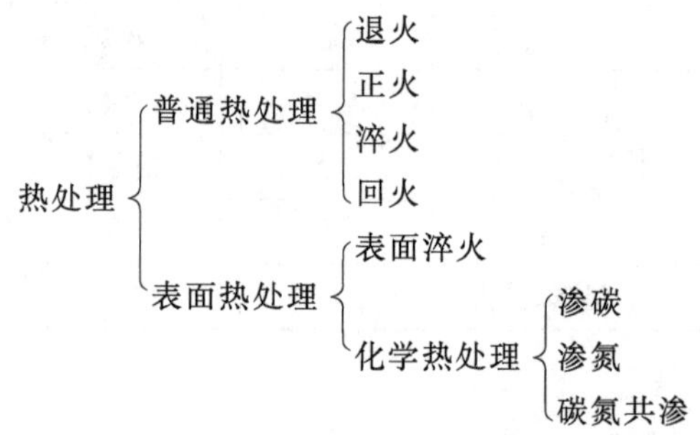

根据作用机理的不同，热处理主要有普通热处理和表面热处理两种。

1）普通热处理

普通热处理主要通过热的作用改变金属材料的内部（或表面）组织、结构和性能。这种工艺方式对材料的化学成分、零件的形状和尺寸影响不大。以钢的热处理为例，其工艺过程是，将钢在固态下加热到一定温度，保温一定时间，再在介质中以一定的速度冷却。钢经过热处理后，可以改变其内部的金相组织，改善其机械性能、力学性能及工艺性能，提高零件的使用寿命。热处理在机械制造业中的应用日益广泛，据统计，在机床制造中要进行热处理的零件占60%～70%；在汽车、拖拉机制造中占70%～80%；在各类工具（刃具、模具、量具等）和滚动轴承制造中，几乎所有的零件都需要进行热处理。

（1）退火与正火。退火与正火的目的是调整钢件硬度，以利于切削加工。如高碳钢和一些合金钢经轧制或锻造后，常因硬度较高难以切削加工；而低碳钢坯料往往因硬度太低，切削时易“粘刀”而影响加工效率和零件表面粗糙度。经适当退火与正火处理后，钢件硬度可控制在HBS170～230之间，最适宜切削加工。也可消除钢中残余内应力，以防止变形及开裂并改善钢的力学性能。

①退火：将钢加热到临界温度以上（不同钢号的临界温度不同，一般是710～750℃，个别合金钢是800～900℃），在此温度停留一定时间（保温），然后，在炉内或埋入导热性差的介质中缓慢冷却的热处理工艺。退火的目的是得到球状渗碳体，降低硬度，改善高碳钢的切性能。

②正火：把钢件加热到临界温度以上，保温一定时间，然后放在空气中冷却的热处理工艺。正火的作用和退火基本相同，不同的是正火的加热温度稍高，而且冷却速度较退火快。正

火后的钢件强度、硬度比退火时高，塑性较退火时低。

对于低碳钢工件，正火可以细化晶粒，均匀组织，改善切削加工性能，而且工艺过程比退火短；对于中碳钢工件，正火与退火后的性质有较显著的差别。正火后工件的强度和硬度都有所提高，因此，不能用正火代替退火；对于高碳钢工件，正火可以消除原始组织中的缺陷。因此，常用于较重要的工件在淬火前的预备热处理。

(2)淬火。将钢加热到临界点温度以上，保温一定时间，然后放在水、盐水或油中，急速冷却的过程叫淬火。它的主要目的是提高工件的强度和硬度，增加工件的耐磨性，延长工件的使用寿命。

对各种高碳钢工具、模具、滚动轴承以及渗碳件等要求硬度高且耐磨的零件来说，淬火的主要目的是提高它的硬度，以此来保证用它制造刀具的切削性能。对中碳钢制造的零件，淬火是为以后的回火做好结构和性能上的准备。因为经过淬火后，强度、硬度增加，韧性降低，通过回火，适当降低部分强度，增强零件的韧性。

(3)回火。回火是紧接着淬火之后进行的一种热处理工艺。将淬硬的工件加热到临界点温度以下的温度，保温一定时间，然后在油、水或空气中冷却的过程称为回火。主要目的是消除淬火后的内应力，增加韧性。回火后零件的强度、硬度下降，塑性、韧性提高。

(4)调质。工件淬火后再进行高温回火的工艺过程叫调质处理。它的目的是使钢件获得高韧性和足够的强度，使其具有良好的综合机械性能。

(5)时效。在铸造冷却过程中，由于铸件厚薄不匀、形状复杂，各部位的冷却速度不同，容易产生较大的内应力。因此，对于机床床身等大型铸件，在进行切削加工之前进行的消除内应力的退火处理也称为时效。时效又分为人工时效和自然时效两种。

普通热处理通常有退火、正火、淬火、回火、调质等多种操作方式。为简单起见，将金属材料的这些基本热处理方式、操作特点和应用范围列表说明，见本书电子档附件。同时，通过各种处理的使用范围，也可判断材料进行了哪些处理。

2)表面热处理

(1)表面淬火。表面淬火是将钢件的表面层淬透到一定的深度，而芯部仍保持未淬火状态的一种局部淬火方法。表面淬火时通过快速加热，使钢件表面层很快达到淬火温度，在热量来不及传到工件芯部就立即冷却，实现局部淬火。

(2)化学热处理。化学热处理是将工件置于一定的化学介质中加热和保温，使介质中的活性原子渗入工件表层，以改变工件表层的化学成分和组织，从而提高零件表面的硬度、耐磨性、耐腐蚀性和表面的美观程度等，而芯部仍保持原来的机械性能，以满足零件的特殊要求。例如，采用表面渗碳这种化学热处理工艺，可使碳钢表面层含碳量增加，使零件中心部分有足够强度和韧性的同时，又提高了其表面的硬度、耐磨性、抗蚀性、耐热性等。

根据渗入的元素不同，常用的钢的化学热处理方法有渗碳、氮化和氰化等，它们的工艺特点和应用范围列于电子档附件。

铸铁常用渗氮(软氮化)化学处理，提高铸件的耐磨性、耐蚀性和疲劳强度。如摩擦试验表面，HT20～40 灰铸铁未经氮化时，电机每转一次磨耗量为 25.6905×10^{-5}g，而经氮化后，每转一次磨耗量仅为 0.1008×10^{-5}g。

有色金属材料中，目前只有钛合金采用渗氮化学热处理，经处理后钛合金材料表面形成的氮化层可使它的硬度提高约 2～4 倍。另外，还可提高材料的耐蚀性。试验证明，未经氮化的

Tc3 钛合金阀片，工作 500 h，腐蚀损耗达 0.3 mm；而经过氮化的该阀片在同样工作条件下，腐蚀损耗仅 0.01 mm。此外，氮化还可提高工作的疲劳强度。

从目前情况看，虽然在有色金属材料中应用化学热处理工艺较少，但随着技术的不断发展，有色金属材料的化学处理将得到广泛地应用。

除了前面所讲的两大类热处理工艺外，随着生产的需要和科学技术的发展，新的热处理工艺不断出现，如真空热处理、离子轰击热处理、形变热处理和激光热处理等，目前它们的应用虽然还有局限性，但随着科学技术的进一步发展，必将得到更广泛地应用。

2. 材料的表面处理

表面处理是用电镀、化学处理等方法，在零件的表面形成保护层以达到保护零件表面，改善其耐磨、导电、反光能力等机械、物理性能，满足工艺提出的要求或美化外观等目的的工艺措施。常用的表面处理方法为电镀、氧化、磷化等。

1)电镀

电镀就是利用电解作用，在金属表面上均匀地附上薄薄一层别的金属或合金。电解作用与金属导体的导电作用不同，它是通过电解液的电化学作用由带电离子来输送电流的。

具体地说，就是在电解溶液中，由于溶液分子的极性作用，电解质的化合键断裂而被分离为离子，一部分显正电性叫阳离子，一部分显负电性叫阴离子。通常情况下，由于电解液中正负离子的电荷相等，所以不显电性。当把被电镀零件作为阴极插入电解液，并加电压时，由于强大电场的吸引力，电解液中的离子分别跑向与自己电性相反的电极，其中阳离子跑到阴极得到电子被还原而沉积在零件的表面，这就是电镀的过程。零件表面镀上薄薄的一层金属或合金可以防止零件表面生锈，或是增加耐磨、导电、光反射性能以及装饰外观。

2)氧化

氧化是指人为地使零件表面产生氧化膜层的工艺，氧化膜层可以保护和装饰零件。氧化分为化学氧化和电化学氧化两种，前者是将金属零件放入化学溶液中，在一定温度、浓度和时间条件下，使零件表面形成起保护作用的氧化薄膜，黑色金属的化学氧化通称“发蓝”。电化学氧化是将零件作为阳极放入电解液中，加电压后使零件表面获得一层氧化膜，这个过程又称阳极化，主要用于铝及铝合金和镁合金的表面保护。

3)磷化

将钢铁零件放入磷酸盐溶液中进行浸泡，使零件表面获得一层不溶于水的磷酸盐薄膜。

7.1.5 选择材料及热处理方法

1. 选择材料的基本原则

选择材料时，主要考虑使用要求、工艺性能要求和经济要求。

(1)满足使用要求是选择材料的最基本原则。使用要求一般是指零件的受载情况和工作环境，零件的尺寸与重量的限制，零件的重要性程度等。受载情况是指载荷大小和应力种类，工作环境是指工作温度、周围介质及摩擦性质，重要性程度是指零件失效对人身、机械和环境的影响程度。

(2)材料的工艺性能随环境而有所变化，材料工艺性能的好坏，对决定加工的难易程度、生产效率和生产成本等方面起着重要的作用。这是选择材料时必须同时考虑的另一个重要因素。

(3)在机械零件的成本中，材料费用约占30%以上，有的甚至达到50%。为了使零件制造更经济，不仅要考虑原材料的价格，还要考虑零件的制造费用。

2. 典型零件常用材料及热处理方法

1)轴类零件

轴类零件通常通过键、销等来传递力或运动，工作时可能承受弯矩和扭矩。根据受力特点，轴一般选择碳素钢或合金钢类材料。轴的毛坯多用轧制圆钢或锻件。

碳素钢较合金钢价格低，对应力集中的敏感性较低，还可以用热处理或化学热处理的办法提高其耐磨性和抗疲劳强度，因此广泛用于制造尺寸较小的轴。最常用的是45号钢。

合金钢比碳素钢具有更高的机械性能和更好的淬火性能，常用于要求尺寸小、重量轻、处于高温或低温条件下工作的轴。

一般机床主轴采用中碳钢及中碳合金钢，如45Cr、40Cr、50Mn2等。经调质、淬火等热处理，可获得较高的综合性能。

在高转速、重载荷条件下工作的机床主轴采用低碳合金钢，如20Cr、20MnVB、20CrMnTi等材料。它们经渗碳、淬火后具有很高的表面硬度，冲击韧性和强度高，但变形较大。

对于要求更精密的主轴常采用氮化钢，最典型的是38CrMoAl。其经调质和表面氮化处理后，表面硬度更高，并有优良的耐磨性和抗疲劳性。氮化处理的钢变形很小。

对于精度在7级以下的丝杠常选用45钢、Y40Mn易切削结构钢等，一般采用调质热处理；对于精度在7级以上的丝杠常采用优质碳素工具钢，如T10A、T12A等，其经球化退火可获得较好的切削性能、耐磨性及组织稳定性；对于精度在6级以上的高硬度精密丝杠常采用合金钢，如9Mn2V、GCr15、CrWMn等，这类合金钢淬火变形小，磨削时内部组织稳定，淬硬性也好，硬度可达HRC 58～62；滚珠丝杠常采用GCr15、GCr15SiMn等滚动轴承钢材料。

有的轴采用可锻铸铁或球墨铸铁，这类材料的抗震性和耐磨性好，对应力集中的敏感性较低，且价廉，又容易铸成复杂形状，常用于制造外形复杂的轴，如曲轴等。常用的铸铁牌号有KTZ650-02、QT600-3、QT700-2等。

2)套类零件

套类零件主要指的是轴套、轴瓦、衬套等零件。工作时它们都要与其他零件(主要是轴类)产生相对运动，因此要求所用材料摩擦系数小、磨损少、减磨耐磨。根据这些特点，套类零件常用的材料主要有钢材、铸铁、青铜或黄铜等。有些滑动轴承采用双金属结构，即用离心力铸造法在钢制外套内壁上浇注锡青铜、铅青铜等轴承合金材料。

粉末冶金是一种以铁粉或铜粉为基体，加入少量石墨或锡等，可以大量生产制成尺寸比较准确的整体轴套。用粉末冶金的方法制成的轴承材料，已部分代替滚动轴承套圈和青铜轴套。此外，非金属材料中用于制造轴套、轴瓦的还有石墨、橡胶、酚醛胶布、尼龙等。

3)轮盘类零件

轮盘类零件主要有齿轮、皮带轮、飞轮、手轮等。这里主要介绍齿轮的材料。齿轮是用来传递动力和改变运动速度或方向的。它的轮齿部分主要受弯曲、疲劳和磨损。对于中、轻载荷的低速齿轮，常采用中碳素合金钢，如45钢，其经正火或调质，可获得较好的综合性能，经高频淬火后硬度中达HRC45～50。

对于中速、中载且要求较高的齿轮，常采用优质碳素结构钢，如40Cr、40MnVB、40MnB

等，其经调质及表面淬火后硬度可达 HRC52～56，综合性能优于优质碳素结构钢。

对于高速、重载、冲击大的齿轮，常用渗碳、渗氮钢，如 20Cr、20CrMnTi、20Mn2B、38CrMoAl 等。渗碳钢经渗碳、淬火后硬度可达 HRC58～64，氮化钢经氮化后硬度可达维氏硬度 HV1000～2000。

低速、轻载、无冲击的齿轮可采用铸 HT200、HT300 等 。

冶金、矿山机械的重型齿轮常采用 Si - Mn 钢制造，如 35SiMn、42SiMn、37SiMn2MoV 等。一般经正火或调质制成软质齿面齿轮，与硬齿面的小齿轮配对，获得较长的使用寿命。

4)箱体类零件

箱体类零件包括泵体、阀体，机座和减速箱体等。这类零件一般多用于支承或装置其他零件。固定式机器(如机床等)的机座及箱体的结构较复杂，刚度要求也较高，因而通常都是铸造的，常用既便于加工又价廉的铸铁，如 HT150、HT200、HT250 等。当需要强度高、刚度大时则采用铸钢。对运行式机器(如飞机、汽车等)的机座、箱体及泵体，不仅要求强度高、刚度大，还需要重量轻，则可用铝合金等轻合金。

综合零件的结构特点、工作情况、使用要求，以及对其材料、硬度的鉴定结果，在参考典型零件常用材料的选择和热处理方法的基础上，确定被测零件的材料及热处理规范。

7.2　技术要求的编写

7.2.1　技术要求的概念

在视图上及标注中不便或无法表达的内容，但在制造或检验时又必须保证的要求，可用文字形式直接写明在图纸内予以说明，这些文字内容称技术条件(又称技术要求)。技术条件通常在图纸右下方位置。

7.2.2　零件图技术要求的内容

1. 热处理、表面处理的要求

示例：淬火、硬度 HRC50～55；
渗碳深度 0.8～1.2；
发蓝。

2. 锻、铸、焊接等方面的要求

示例：铸件不得有气孔、砂眼及裂纹；
焊接后消除应力处理。

3. 尺寸、形位公差、粗糙度及材质检测等方面的要求

示例：未注尺寸公差按 GB/T 1804 - m；
未注倒角 $C2$；
ϕ62H7 与 ϕ72H7 孔中心距偏差沿水平方向 0.027，沿垂直方向 0.013X；光探伤，AA 级；
48°锥孔面用着色量规检查，接触面积不少于 85％，并沿圆周连续不间断。

4. 加工工艺方面的要求

示例：标 * 尺寸组合加工保证；

尖边倒圆 $R1$。

7.2.3　装配图技术要求的内容

装配图技术要求通常包括以下内容：

(1)产品性能参数；

(2)产品工作条件要求；

(3)装配安装要求；

(4)产品调试要求；

(5)维护要求。

7.2.4　典型零件技术要求示例

1. 齿轮轴技术要求示例

技术要求：

(1)调质 HB230－280，齿面淬火 HRC50～55；

(2)未注尺寸公差按 GB/T 1804 - m；

(3)未注形位公差按 GB/T 1184 - h；

(4)未注倒角 $C2$；

(5)未注圆角 $R2$。

2. 箱体技术要求示例

技术要求：

(1)铸件不得有气孔、砂眼及裂纹；

(2)ϕ62H7 与 ϕ72H7 孔中心距偏差沿水平方向 0.027，沿垂直方向 0.013；

(3)铸造圆角 $R5$；

(4)时效处理；

(5)标 * 尺寸与上盖组合加工保证。

任务8　绘制低速轴、齿轮轴、盖板、隔圈的工作图

任务描述

【任务目标】

绘制齿轮轴、低速轴、隔圈、观察孔盖板4个零件的工作图。

【知识目标】

①国家标准对标准图幅的规定。

②正确、合理的尺寸、尺寸偏差、形位公差、表面粗糙度标注方式。

③正确绘制零件工作图的技巧。

【能力目标】

掌握简单零件工作图的绘制方法。

【素质目标】

培养学生一丝不苟、耐心细致的工作作风，养成诚实守信、严谨踏实、沟通协作的职业素质，树立质量、效率、成本、安全等意识。

基础知识

8.1　零件图绘制要求

8.1.1　零件图的内容

表示零件结构、大小及技术要求的图样称为零件图。零件图的完整绘制包括以下要求。

(1)视图。根据有关标准和规定，用正投影法表达零件内、外结构。

(2)尺寸。零件图应正确、完整、清晰、合理地标注零件制造、检验时所需的全部尺寸。

(3)技术要求。应标注或说明零件制造、检验或装配过程中应达到的各项要求，如表面粗糙度、极限与配合、形状和位置公差、热处理、表面处理等要求。

(4)标题栏。标题栏画在图框的右下角，需填写零件的名称、材料、数量、比例，制图、审核人员的姓名、日期等内容。

8.1.2　零件图的视图选择

零件的视图是零件图的重要内容之一，必须使零件上每一部分的结构形状和位置都表达完整、正确、清晰，并符合设计和制造要求，且便于画图和看图。

要达到上述要求，在画零件图的视图时，应灵活运用视图、剖视、断面以及简化和规定画法等表达方法，选择一组恰当的图形来表达零件的形状和结构。

1. 主视图的选择

主视图是一组图形的核心，主视图选择是否适当将直接影响到其他视图位置和数量的选择，关系到画图、看图是否方便，甚至牵扯到图纸幅面的合理利用等问题，所以，主视图的选择一定要慎重。

选择主视图的原则：将表示零件信息量最多的那个视图作为主视图，通常是零件的工作位置、加工位置或安装位置。具体地说，一般应从以下三个方面来考虑。

1)表示零件工作位置和安装位置

主视图的位置，应尽可能与零件在机械或部件中的工作位置相一致。这样看图时便于把零件和整个机器联系起来，想象其工作情况。在装配时，也便于直接对照图样进行装配。

2)表示零件的加工位置

工作位置不易确定或按工作位置画图不方便的零件，主视图一般按零件在机械加工中所处的位置作为主视图的位置。因为零件图的重要作用之一是用来指导制造零件的，若主视图所表示的零件位置与零件在机床上加工时所处位置一致，则工人加工时看图方便。

3)表示零件的结构形状特征

选择主视图的投射方向，应考虑形体特征原则，即所选择的投射方向所得到的主视图应最能反映零件的形状特征。

2. 其他视图数量和表达方法的选择

对于十分简单的轴、套、球类零件，一般只用一个视图，再加所注的尺寸，就能把其结构形状表达清楚。但是对于一些较复杂的零件，只靠一个主视图是很难把整个零件的结构形状表达完全的。因此，一般在选择好主视图后，还应选择适当数量的其他视图与之配合，才能将零件的结构形状完整清晰地表达出来。一般应优先考虑选用左、俯视图，然后再考虑选用其他视图。

一个零件需要多少视图才能表达清楚，只能根据零件的具体情况分析确定。考虑的一般原则是：在保证充分表达零件结构形状的前提下，尽可能使零件的视图数目少。应使每一个视图都有其表达的重点内容，具有独立存在的意义。

零件应选用哪些视图，完全是根据零件的具体结构形状来确定的。如果视图的数目不足，则不能将零件的结构形状完全表达清楚，这样不仅会使看图困难，而且在制造时容易造成错误，给生产造成损失；反之，如果零件的视图过多，则会增加一些不必要的绘图工作量。

8.2　零件图绘制的国家标准

机械制图的国家标准是机械专业制图的标准。它们是图样的绘制与使用的准绳，必须认真学习和遵守。

8.2.1 图纸幅面和格式

1. 图纸幅面

绘制图样时应优先采用基本幅面，必要时，允许选用加长幅面，但加长后幅面的尺寸必须是由基本幅面的短边成整数倍增加后得出。表 8-1 规定了零件图的基本幅面。

表 8-1 规定了零件图的基本幅面

<table>
<tr><th rowspan="2">代号</th><th rowspan="2">尺寸
$B\times L/\text{mm}^2$</th><th colspan="3">周边尺寸/mm</th></tr>
<tr><th>a</th><th>e</th><th>c</th></tr>
<tr><td>A0</td><td>841×1189</td><td rowspan="5">25</td><td rowspan="2">20</td><td rowspan="3">10</td></tr>
<tr><td>A1</td><td>594×841</td></tr>
<tr><td>A2</td><td>420×594</td><td rowspan="3">10</td></tr>
<tr><td>A3</td><td>297×420</td><td rowspan="2">5</td></tr>
<tr><td>A4</td><td>210×297</td></tr>
</table>

注：A0 号图纸幅面最大，沿长边将其对裁，可获得 A1 号图纸两张。以此类推，沿某号幅面的图纸的长边对裁就能获得该号的下一号幅面的图纸。

2. 图框格式

图样中的图框由内、外两框组成，外框用细实线绘制，大小为幅面尺寸，内框用粗实线绘制，图框格式分为留有装订边和不留装订边两种，两种格式图框周边尺寸有 a、c、e 三种，同一产品的图样只能采用一种格式。图样绘制完毕后应沿外框线裁边。如图 8-1 所示为不留装订边图框格式，如图所示 8-2 为留有装订边图框格式，其尺寸见表 8-1。

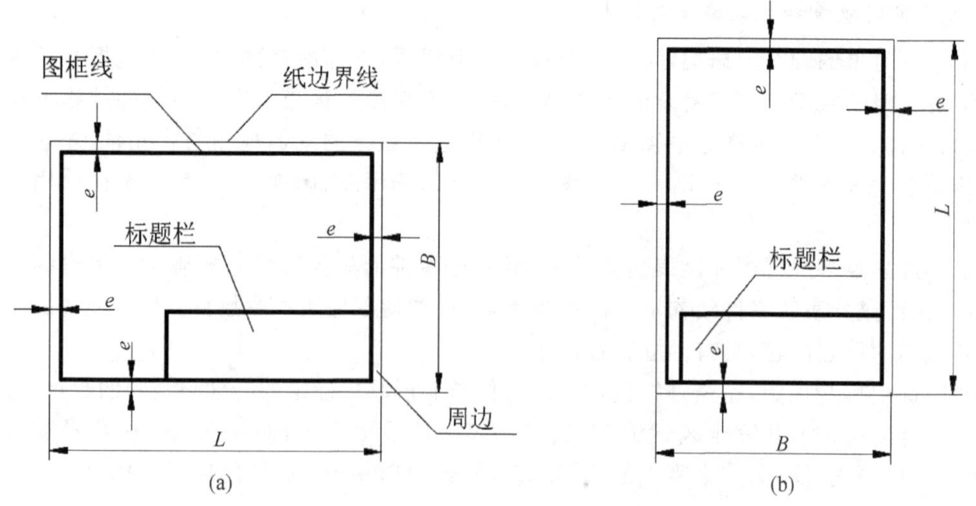

图 8-1 不留装订边图框格式

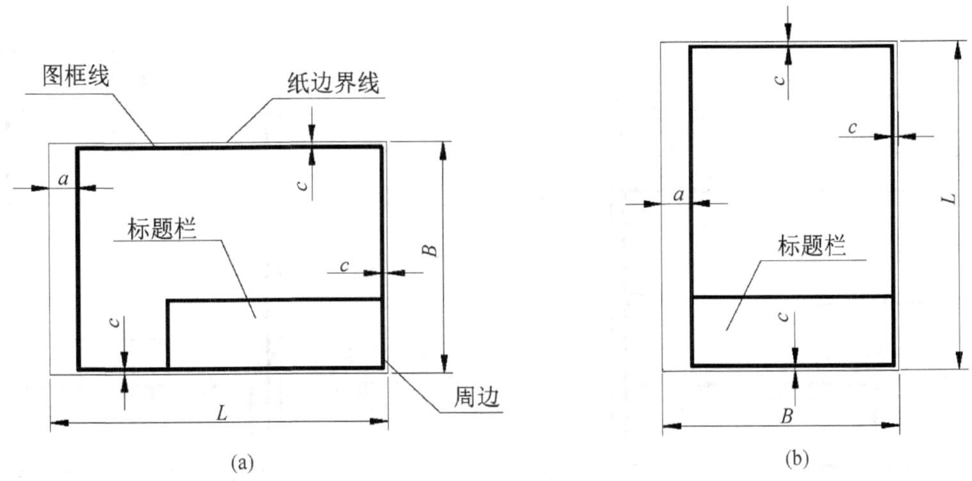

图 8-2 留装订边图框格式

3. 标题栏

(1)每张技术图样中都应画出标题栏，标题栏的格式和尺寸见 GB/T 10609.1—2008。作业中可以采用如图 8-3 简化后的标题栏。

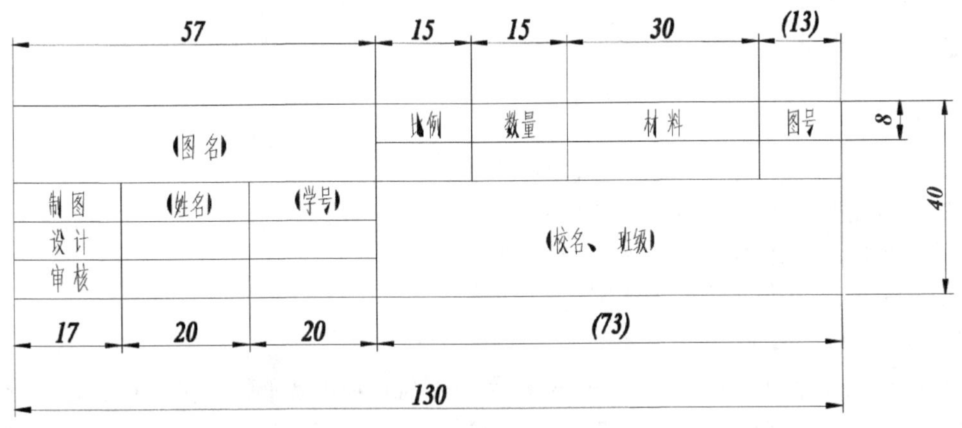

图 8-3 简化后的标题栏

(2)标题栏一般应位于图纸的右下角。当标题栏的长边置于水平方向并与图纸的长边平行时，则构成 X 型图纸；当标题栏的长边与图纸的长边垂直时，则构成 Y 型图纸。看图的方向与看标题栏的方向一致，即标题栏中的文字方向为看图方向。如图 8-4 所示为标题栏位置。

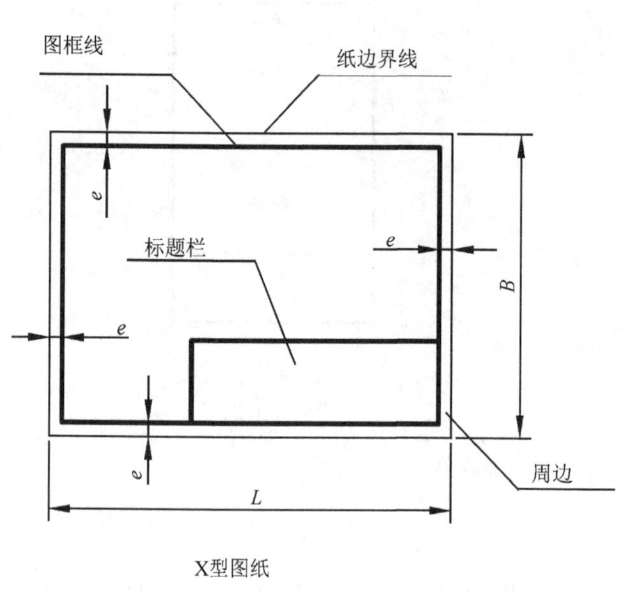

X型图纸

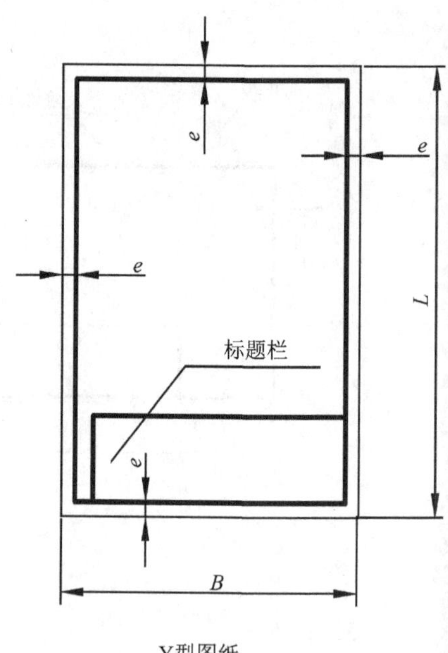

Y型图纸

图 8 - 4　标题栏位置

8.2.2　绘图比例

1. 术语

(1)比例:图中图形与实物相应要素的线性尺寸之比。

(2)原值比例:比值为 1 的比例,即 1∶1。

(3)放大比例:比值大于 1 的比例,如 2∶1 等。

(4)缩小比例:比值小于 1 的比例,如 1∶2 等。

2. 比例系列

需要按比例绘制图样时,首先应由表 8 - 2 规定的系列中选取适当的比例。必要时,也允许从表 8 - 2“允许选择的比例”中选取。为了从图样上直接反映出实物的大小,绘图时应尽量采用原值比例,但各种事物的大小与结构千差万别,绘图时,应根据实际需要选取放大比例或缩小比例。

表 8 - 2　比例系列

种类	优先选择的比例	允许选择的比例
原值比例	1∶1	—
放大比例	2∶1,5∶1,1×10n∶1,2×10n∶1,5×10n∶1	2.5∶1,4∶1,2.5×10n∶1,4×10n∶1
缩小比例	1∶2,1∶5,1∶1×10n,1∶2×10n,1∶5×10n	1∶1.5,1∶2.5,1∶3,1∶4,1∶6,1∶1.5×10n,1∶2.5×10n,1∶3×10n,1∶4×10n,1∶6×10n

3. 标注方法

(1)比例符号应以“:”表示。比例的表示方法如:1:1,2:1 ,5:1 等。

(2)比例一般应标注在标题栏中的比例栏内。

不论采用何种比例,图形中所标注的尺寸数值必须是实物的实际大小,与图形的比例无关。

8.2.3　字体

图样上除了表达机件形状的图形外,还要用文字和数字说明机件的大小、技术要求和其他内容。

1. 基本要求

(1)书写必须做到:字体工整、笔画清楚、间隔均匀、排列整齐。

(2)字体高度(用 h 表示)的公称尺寸系列为:1.8 mm、2.5 mm、3.5 mm、5 mm、7 mm、10 mm、14 mm、20 mm。如果需要书写更大的字,其字体高度应按比率递增。字体高度代表字体号数。

(3)汉字应写成长仿宋体字,并应采用国家正式公布推行的《汉字简化方案》中规定的简化字。汉字的高度 h 不应小于 3.5 mm,其字宽一般为 $h/\sqrt{2}$。

(4)字母和数字分 A 型和 B 型。A 型字体的笔画宽度 d 为字高 h 的 1/14,B 型字体的笔画宽度 d 为字高 h 的 1/10。在同一图样上,只允许选用一种字型。

(5)字母和数字可写成斜体或直体,斜体字字头向右倾斜,与水平基准线成 75°。

2. 图样中的书写规定

用作分数、指数、极限偏差、注脚等的字母和数字一般应采用小一号的字体。图样中的数学符号、物理量符号、计量单位符号以及其他符号和代号应分别符合国家的有关规定和标准。

8.2.4　图线

1. 图线型式及尺寸

(1)国家标准规定了 9 种基本线型和若干种基本线型的变种。

(2)所有线型的图线宽度 d 应按图样的类型和尺寸大小在下列数系中选择:

0.13 mm、0.18 mm、0.25 mm、0.35 mm、0.5 mm、0.7 mm、1.0 mm、1.4 mm、2 mm。

(3)在同一图样中,同类图线的宽度应一致。

(4)机械工程图样上采用两类线宽,称为粗线和细线,其宽度比例关系为 2:1。

2. 图线的应用

国家标准规定了 8 种图线,表 8-3 是图线应用举例。

表 8-3　图线应用举例

图线名称	线型	图线宽度	一般应用
粗实线	————————	d	(1)可见轮廓线; (2)可见相贯线

续表

图线名称	线型	图线宽度	一般应用
细实线	————————	$d/2$	(1)尺寸线及尺寸界线； (2)剖面线； (3)过渡线
细虚线	------------------------	$d/2$	(1)不可见轮廓线； (2)不可见相贯线
细点画线	—·—·—·—·—·—	$d/2$	(1)轴线； (2)对称中心线； (3)剖切线
波浪线	～～～	$d/2$	(1)断裂处的边界线； (2)视图与剖视图的分界线
双折线	—⋀⋁—⋀⋁—⋀⋁—	$d/2$	(1)断裂处的边界线； (2)视图与剖视图的分界线
细双点画线	—··—··—··—··—	$d/2$	(1)相邻辅助零件的轮廓线； (2)可动零件的极限位置的轮廓线； (3)成形前的轮廓线； (4)轨迹线
粗点画线	━━ · ━━ · ━━	d	限定范围的表示线
粗虚线	━ ━ ━ ━ ━ ━ ━	d	允许表面处理的表示法

8.2.5 标注尺寸的基本规则

(1)机件的真实大小应以图上所注尺寸数值为依据，与图形的大小及绘图的准确度无关。

(2)图样中的尺寸，以 mm 为单位时，不需标注计量单位的代号或名称，如采用其他单位，则必须注明相应的计量单位的代号或名称。

(3)对机件的每一个尺寸，一般只标注一次，并应标注在反映该结构最清晰的图形上。

(4)标注尺寸时，应尽可能使用符号和缩写词。

8.2.6 常见尺寸的标注

1. 尺寸数字

(1)线性尺寸的数字一般注在尺寸线的上方，也允许填在尺寸线的中断处，如图 8 - 5 所示。

(2)线性尺寸的数字应按图 8 - 6(a)所示的方向填写，并尽量避免在图示 30°范围内标注尺寸，竖直方向尺寸数字也可按图 8 - 6(b)形式标注。

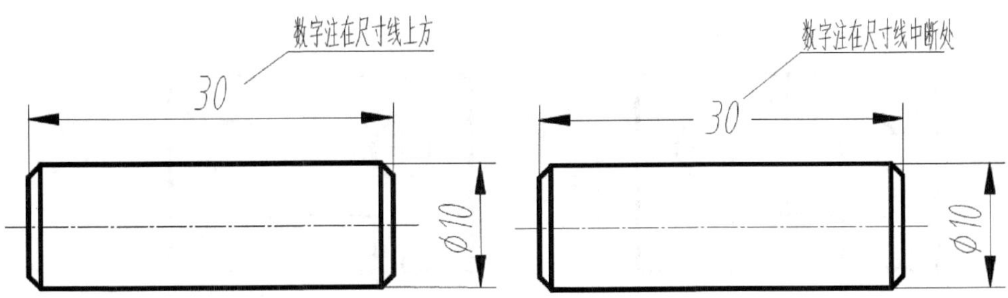

图8-5　线性尺寸的数字水平标注

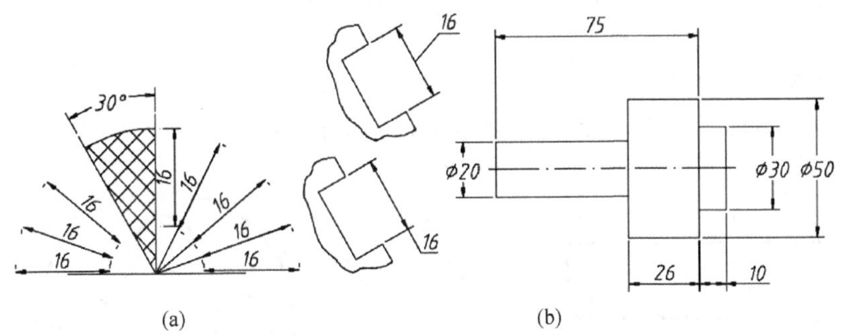

图8-6　线性尺寸的数字倾斜标注

(3)数字不可被任何图形所通过。当不可避免时,图线必须断开,如图8-7所示。

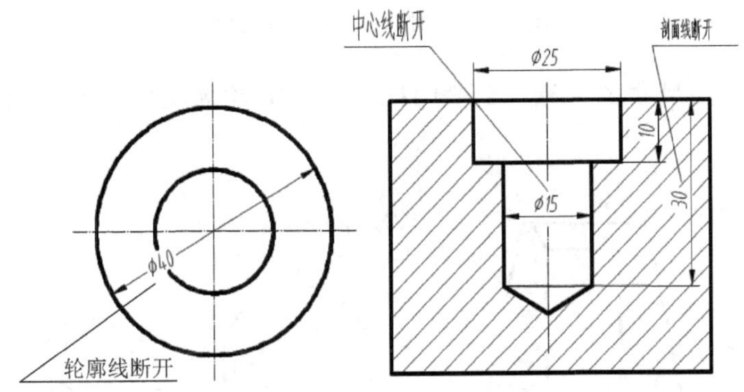

图8-7　数字不可被任何图形所通过

2. 尺寸线

(1)尺寸线必须用细实线单独画出。轮廓线、中心线或它们的延长线均不可作尺寸线使用。

(2)标注线性尺寸时,尺寸线必须与所标注的线段平行,如图8-8所示。

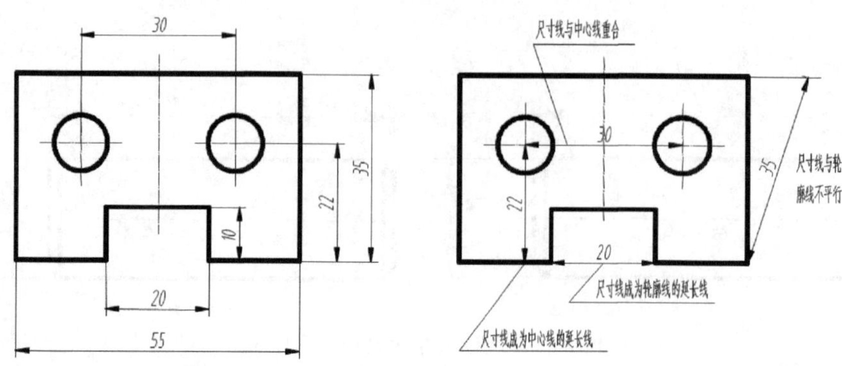

图 8-8 尺寸线的画法

3. 尺寸界线

(1)尺寸界线用细实线绘制,也可以利用轮廓线或中心线作尺寸界线,如图 8-9 所示。

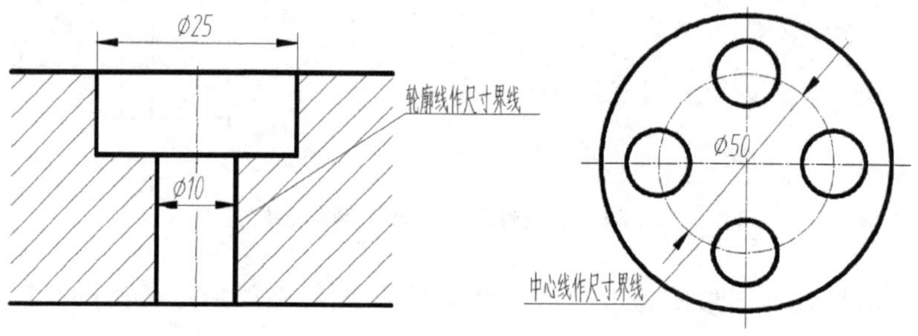

图 8-9 尺寸界线用细实线绘制

(2)尺寸界线应与尺寸线垂直。当尺寸界线过于贴近轮廓线时,允许倾斜画出,如图8-10所示。

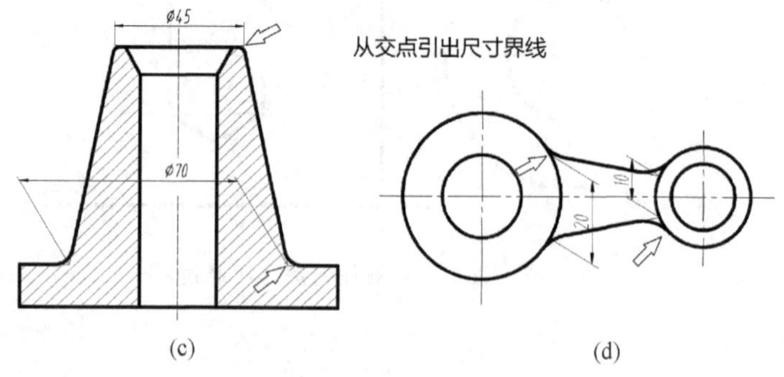

图 8-10 尺寸界线允许倾斜画出

(3)在光滑过渡处标注尺寸时,必须用细实线将轮廓线延长,从它们的交点引出尺寸界线。

4. 直径与半径

(1)标注直径尺寸时，应在尺寸数字前加注直径符号“ϕ”；标注半径尺寸时，加注半径符号“R”，尺寸线应通过圆心，如图8-11所示。

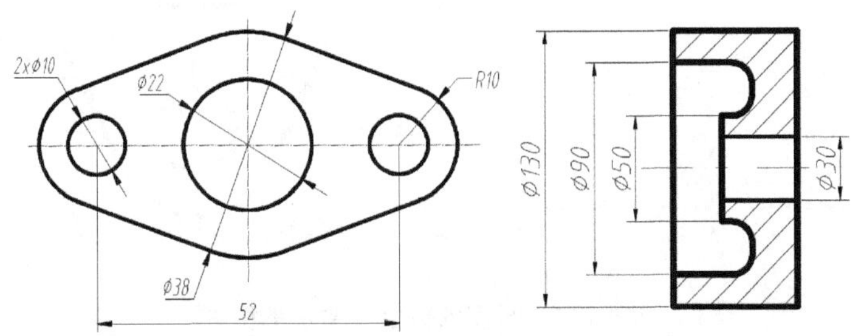

图8-11　尺寸数字前加注直径符号

(2)标注小直径或小半径尺寸时，箭头和数字都可以布置在外面，如图8-12所示。

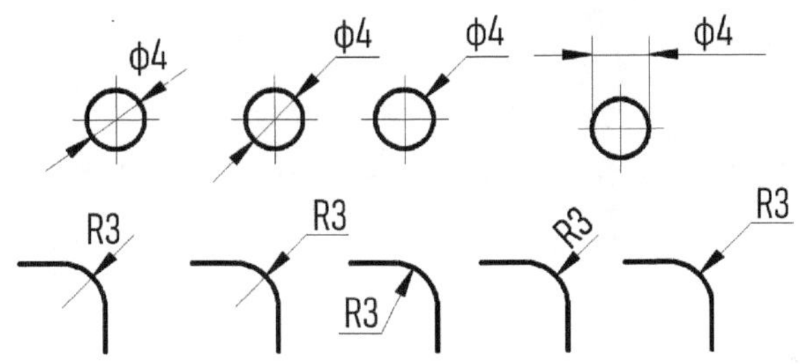

图8-12　标注小直径或小半径尺寸

5. 小尺寸的注法

(1)标注一连串的小尺寸时，可用小圆点或细实线代替箭头，但外两端箭头仍应画出。
(2)小尺寸的标注如图8-13所示。

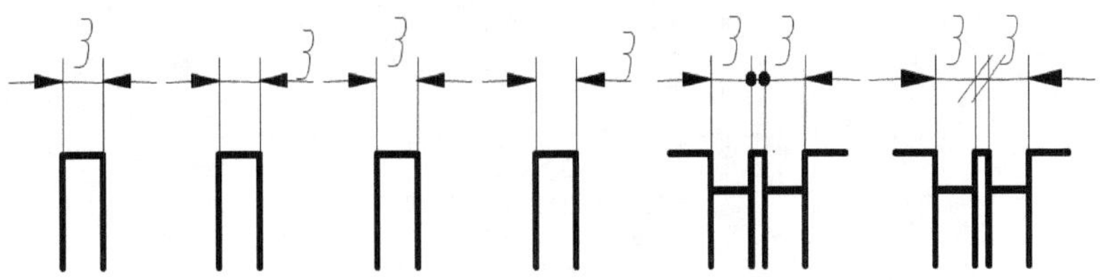

图8-13　标注成串小尺寸

6. 角度

(1)角度的数字一律水平填写。
(2)角度的数字应写在尺寸线的中断处，必要时允许写在外面或引出标注。

(3)角度的尺寸界线必须沿径向引出,如图 8 - 14 所示。

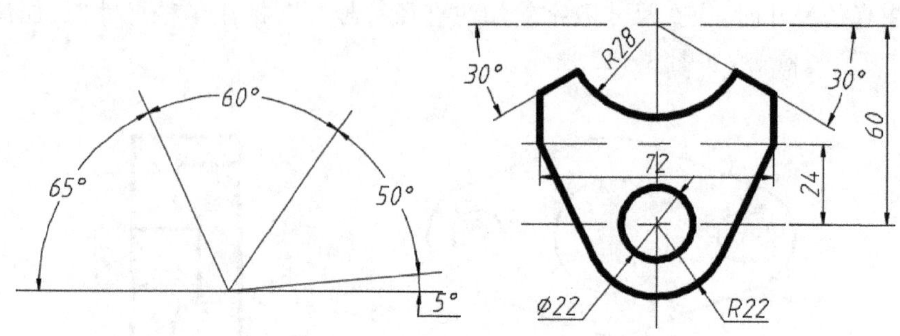

图 8 - 14　角度的数字一律水平填写

任务9　端盖、堵盖的测绘

任务描述

【任务目标】

①草图绘制和尺寸线标注。

②实物测绘。

③确定尺寸偏差。

④确定形位公差。

⑤确定表面粗糙度。

⑥确定材料、热处理及技术要求。

【知识目标】

①圆盘类零件的测绘方法。

②较复杂零件的视图表达方法和尺寸标注方法。

③较复杂零件的尺寸偏差、形位公差、表面粗糙度标注方式。

【能力目标】

①掌握较复杂零件的测绘方法。

②掌握较复杂零件的视图表达方法和尺寸标注方法。

③掌握较复杂零件尺寸偏差、形位公差、表面粗糙度确定方式。

【素质目标】

培养学生一丝不苟、耐心细致的工作作风，养成诚实守信、严谨踏实、沟通协作的职业素质，树立质量、效率、成本、安全等意识。

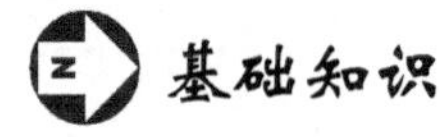

基础知识

基础知识参考任务3中的3.1。

拓展知识

9.1　徒手画图的基本知识

徒手画图也叫徒手草图(但并非潦草的图)，它是以目测估计图形与实物的比例，按一定画法要求徒手(或部分使用绘图仪器)绘制的图,在生产实践中人们经常借助它来记录或表达技术思想,因此徒手画图是工程技术人员必备的一项重要的基本技能。徒手画图主要用于机器的测绘、讨论设计方案、技术交流、现场参观等。

由于徒手草图并不是潦草的图,因此,徒手草图仍应基本做到图形正确、线型分明、比例匀称、字体工整、图面整洁。

9.2 徒手画图的基本要求

(1)画线要稳,图线要清晰。

(2)目测尺寸要准(尽量符合实际),各部分比例均匀。画中、小物体时,可用铅笔当尺直接放在实物上测各部分的大小,然后按测量的大体尺寸画出草图。也可用此方法估计出各部分的相对比例，画出缩小的草图。

(3)绘图速度要快。

(4)字体工整,标注尺寸无误。

(5)绘图铅笔要比仪器画图的铅笔软一号,并且削成圆锥形,画粗实线笔尖要钝些,画细线时笔尖要细些。

9.3 徒手画图技巧

1. 直线的画法

手握笔的位置要比仪器绘图时高些,以利于运笔和观察目标。笔杆与纸面成45°～60°,执笔稳而有力,如图 9-1 所示。

画直线时手腕要靠着纸面,沿着画线方向移动,并且眼睛要注意终点方向,以便于控制直线,保证尽量画直。

画水平线时,图纸可以放斜一点,不要固定图纸,以便随时旋转图纸到最为顺手的位置。

画垂直线时,要自上向下运笔。

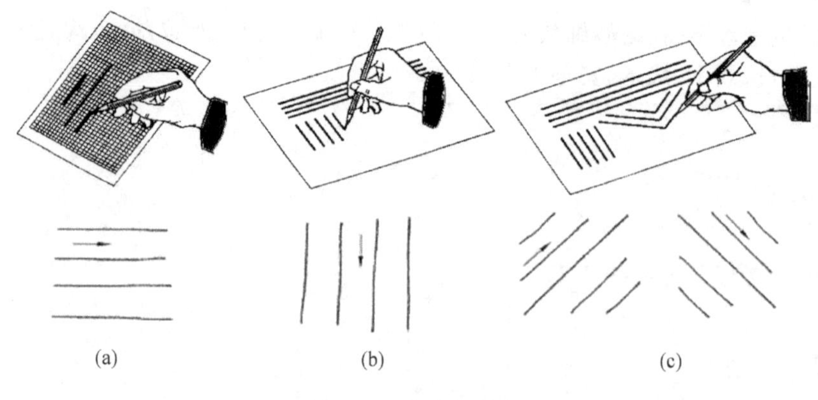

图 9-1　直线的画法

2. 常用角度的画法

画 45°、30°、60°等常见角度,可根据两直角边的比例关系,在两直角边上定出几点,然后连线而成，画线的运笔方向如图 9－2 所示。

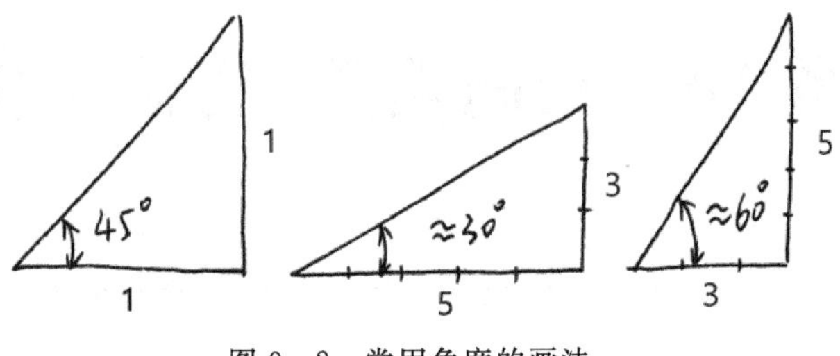

图 9－2　常用角度的画法

3. 圆的画法

画直径较小的圆时，先在中心线上按半径目测定出 4 个点，然后徒手将各点连接成圆。

当画较大的圆时，可过圆心加画一对十字线，按半径目测定出 8 个点，连接成圆，如图 9－3 所示。

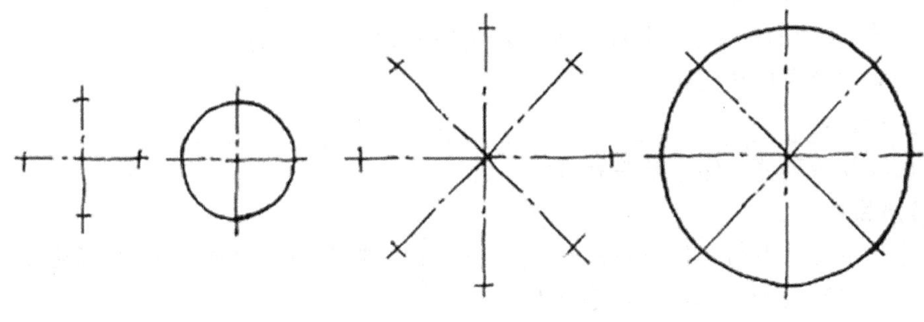

图 9－3　圆的画法

4. 圆角、曲线连接及椭圆的画法

画圆角时，先将两直线画成相交，然后目测，在分角线上定出圆心位置，使它与角两边的距离等于圆角半径的大小，过圆心向两边引垂线，定出圆弧的起点和终点，并在分角线上也定出一圆周点，最后画圆弧连接三点即可，如图 9－4 所示。

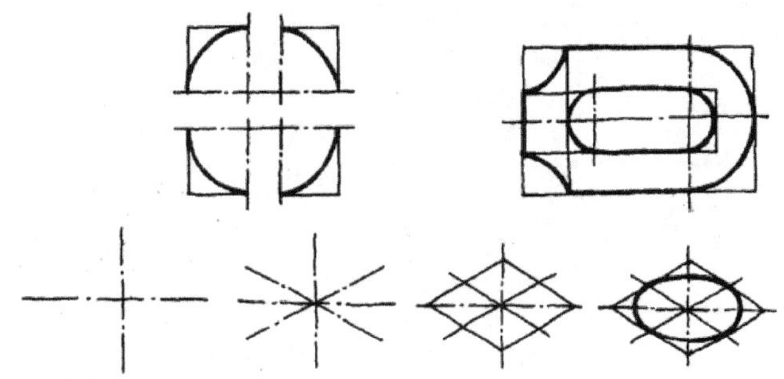

图 9－4　圆角、曲线连接及椭圆的画法

画椭圆时，先目测定出其长短轴上的四个端点，然后分段画出四段圆弧(注意图形的对称性)。

任务 10　绘制端盖、堵盖工作图

 任务描述

【任务目标】

绘制端盖、堵盖工作图。

【知识目标】

①国家标准对标准图幅的规定。

②正确、合理的尺寸、尺寸偏差、形位公差、表面粗糙度的标注方式。

③绘制零件工作图的技巧。

【能力目标】

掌握较复杂零件工作图的绘制方法。

【素质目标】

培养学生一丝不苟、耐心细致的工作作风，养成诚实守信、严谨踏实、沟通协作的职业素质，树立质量、效率、成本、安全等意识。

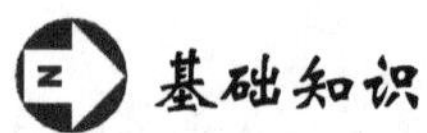

 基础知识

基础知识参考任务 8 中 8.1 和 8.2。

任务11　齿轮的测绘

任务描述

【任务目标】

①齿轮零件的测绘和设计计算。

②草图绘制和尺寸线标注。

③实物测绘。

④确定尺寸偏差。

⑤确定形位公差。

⑥确定表面粗糙度。

⑦确定材料、热处理方法及技术要求。

【知识目标】

①齿轮零件的测绘方法和设计方法。

②齿轮零件的视图表达方法和尺寸标注方法。

③齿轮零件的尺寸偏差、形位公差、表面粗糙度的标注方法。

【能力目标】

①掌握齿轮零件的测绘方法和设计方法。

②掌握齿轮零件的视图表达方法和尺寸标注方法。

③掌握齿轮零件尺寸偏差、形位公差、表面粗糙度确定方式。

【素质目标】

培养学生一丝不苟、耐心细致的工作作风，养成诚实守信、严谨踏实、沟通协作的职业素质，树立质量、效率、成本、安全等意识。

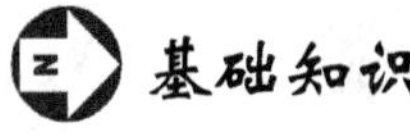

11.1　齿轮零件的设计计算

11.1.1　齿轮的功用与类型

齿轮是组成机器的重要传动零件。齿轮传动是机械传动中最重要、最广泛的一种传动形

式。其主要功用是通过平键或花键和轴类零件连接起来形成一体,再和另一个或多个齿轮相啮合,用来传递运动和转矩,改变转速的大小和方向,将动力和运动从一根轴上传递到另一根轴上。与齿条配合时,可把转动变为移动。

齿轮是回转零件,其结构特点是直径一般大于长度,通常由外圆柱面(圆锥面)、内孔、键槽(花键槽)、轮齿、齿槽及阶梯端面等组成。根据结构形式的不同,齿轮上常常还有轮缘、轮毂、腹板、孔板、轮辐等结构。按结构不同,齿轮可分为实心式、腹板式、孔板式、轮辐式等多种形式。如果齿轮和轴连在一起,则形成齿轮轴;按齿廓曲线形状来分,有渐开线形、圆弧形、摆线形等齿轮;按轮齿齿形和分布形式不同,齿轮又有多种形式,常用的标准齿轮可分为直齿圆柱齿轮、斜齿圆柱齿轮、圆锥齿轮等;从齿轮设计的参数来分,有米制齿轮(模数齿轮)和英制齿轮(径节齿轮)。另外,为了满足使用要求,还产生出变位齿轮等。

齿轮传动的主要优点是:传动效率高、工作可靠、寿命长、传动比准确、结构紧凑;适用的速度和传递的功率范围大;可实现平行轴、相交轴和交错轴之间的传动。

其主要缺点是:制造精度要求高,故成本也高;精度低时噪声大;无过载保护作用,不如带传动平稳;不宜用于轴间距较大的传动。

齿轮是现代机械中一种常见的重要基础零件,应用非常广泛。齿轮传动的类型如下:

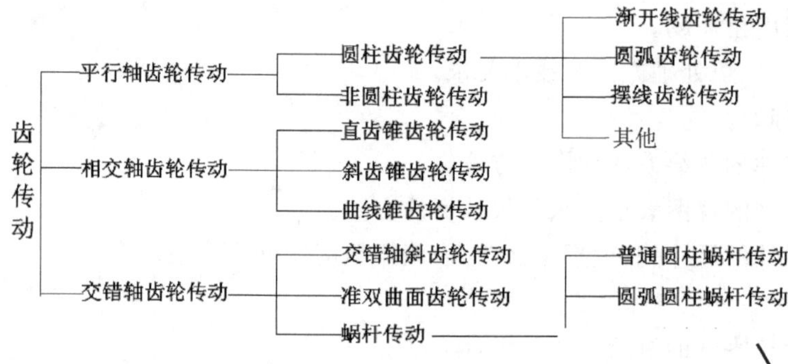

11.1.2 渐开线齿轮的特性

1. 渐开线齿轮的基圆及其压力角

1)渐开线齿轮的基圆

如图 11-1 所示,当一条直线沿一圆周作相切纯滚动时,直线上任一点 K 的轨迹 AK 称为该圆的渐开线。这个圆称为渐开线的基圆,直线 L 称为渐开线的发生线。

2)渐开线上点 K 的压力角

如图 11-1 所示,一对齿廓相互啮合时,齿轮上接触点 K 所受到的正压力方向与受力点速度方向之间所成的锐角称为齿轮齿廓在该点的压力角。渐开线齿廓各点具有不同的压力角。

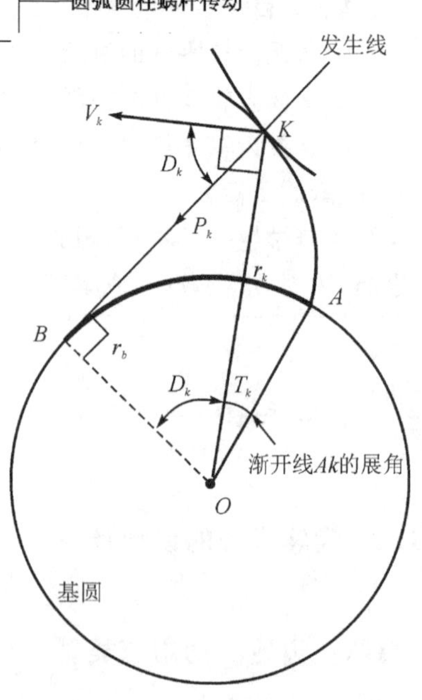

图 11-1 渐开线的特性

2. 渐开线齿廓的啮合特点

1)节圆

两齿廓在任何位置接触,如图 11 - 2 所示,过接触点的公法线都必与连心线交于一点 C,过节点 C 所做的两个相切的圆称为节圆。由于节点的相对速度等于 0,所以一对齿轮传动时,它的一对节圆在做纯滚动。

2)啮合角

过节点所做的两节圆的内公切线($t-t$)与两齿廓接触点的公法线所夹的锐角称为啮合角。如图11 - 2所示。一对齿廓啮合过程中,啮合角始终为常数。啮合角在数值上等于节圆上的压力角。

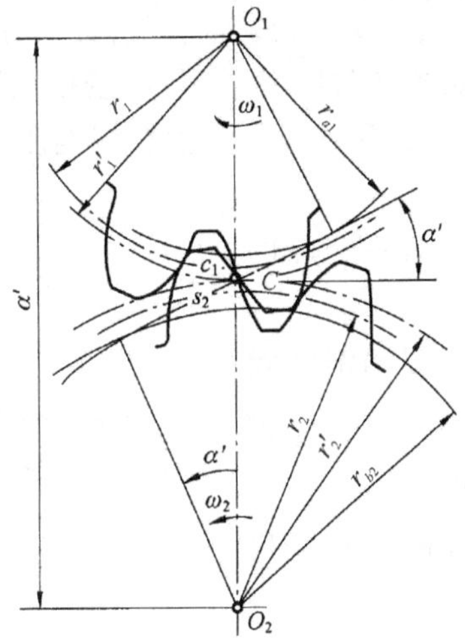

图 11 - 2 渐开线齿轮传动的啮合角

3)渐开线齿轮具有中心距可分性

如图 11 - 3 所示,当一对渐开线齿轮的实际中心距与理论中心距不一致时,瞬时传动比是恒定的,这种特性称为中心距的可分性。

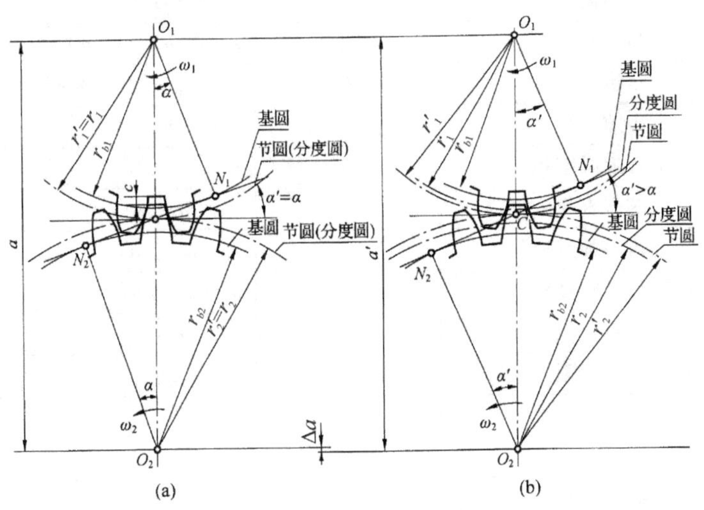

图 11 - 3 渐开线齿轮中心距可分性

4)渐开线函数

工程上常用渐开线函数计算不同的压力角，压力角 α_K 的渐开线函数表示为

$$\mathrm{inv}\alpha_K = \tan\alpha_K - \alpha_K$$

11.1.3 渐开线标准直齿圆柱齿轮

1. 标准直齿圆柱齿轮基本参数

标准直齿圆柱齿轮的基本参数有齿数 z、模数 m、压力角 α、齿顶高系数 ha^*、顶隙系数 c^*。

规定分度圆上的模数和压力角为标准值。渐开线标准直齿圆柱齿轮的几何尺寸和齿廓形状完全由 z、m、α、h_a^*、c^* 这 5 个基本参数确定，其中 m 按标准模数系列取值，我国国家标准中 $\alpha=20°$，$h_a^*=1$，$c^*=0.25$。分度圆是具有标准模数和标准压力角的圆，且分度圆是尺寸计算的基准圆。

两齿轮要想正确啮合，必须保证两齿轮的模数和压力角相等。

我国渐开线圆柱齿轮基本齿廓和渐开线圆柱齿轮模数见本书电子档附件。

2. 标准直齿圆柱齿轮几何尺寸

标准直齿圆柱齿轮几何尺寸的名称和代号(外齿轮)如图 11-4 所示。

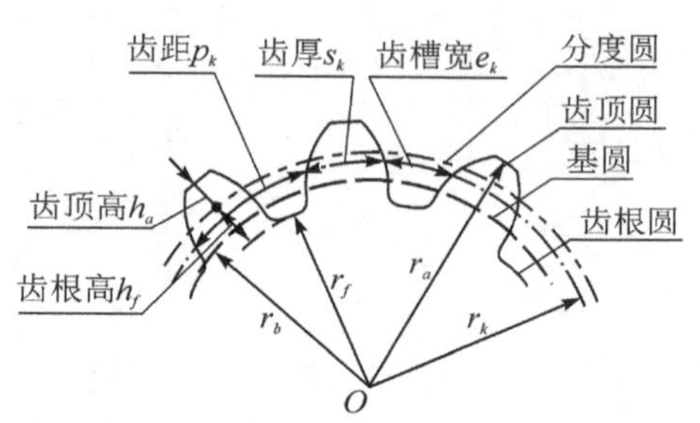

图 11-4 齿轮几何尺寸的名称和符号

齿轮传动中的主要代号及其意义与单位见本书电子档附件，主要几何尺寸的计算公式见表 11-1。

表 11-1 主要几何尺寸的计算公式

序号	名称	符号	计算公式
1	齿顶高	h_a	$h_a= h_a^* m$
2	齿根高	h_f	$h_f=(h_a^* +c^*)m$
3	全齿高	h	$h= h_a+h_f= (2 h_a^* +c^*)m$
4	顶隙	c	$c =c^* m$
5	分度圆直径	d	$d=mz$
6	基圆直径	d_b	$d_b=mz\cos\alpha$
7	齿顶圆直径	d_a	$d_a=d+2 h_a$
8	齿根圆直径	d_f	$d_f=d-2 h_f$
9	齿距	p	$p=\pi m$
10	基圆齿距	p_b	$p_b=p\cos\alpha$
11	齿厚	s	$s=p/2$
12	齿槽宽	e	$e=p/2$
13	标准中心距	a	$a=d_1+d_2=(z_1+z_2)m/2$

3. 渐开线标准直齿圆柱齿轮的公法线长度

1)法向齿距与基圆齿距

基圆齿距:在基圆上度量的相邻两齿同侧齿廓之间的弧长。

法向齿距:在渐开线齿廓上任意一点的法线上度量的相邻两齿同侧齿廓之间的直线长度。

如图 11-5 所示,法向齿距与基圆齿距的长度相等,都是相邻两个轮齿同侧齿廓之间度量的长度。

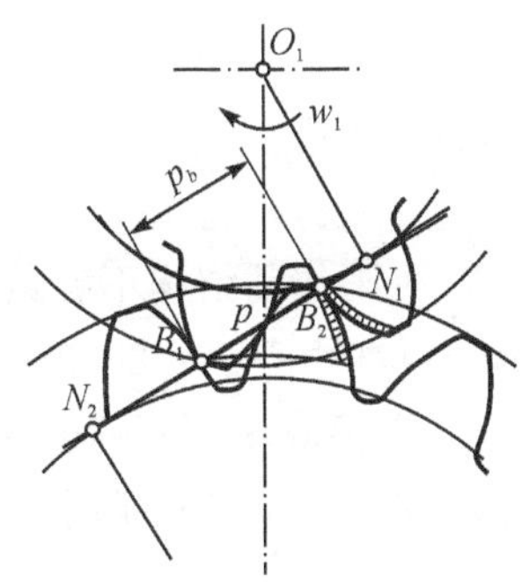

图 11-5　渐开线齿轮的正确啮合

2)公法线长度

公法线长度是指用公法线千分尺跨过 K 个齿后量得的齿廓间的法向距离,用 W_K 表示。

通常用测量公法线长度的方法检验齿轮的精度,也可用于测量基圆齿距,以确定被测齿轮的模数和压力角。

同一基圆上两条渐开线间的公法线长度处处相等(等于两渐开线间的基圆弧长),如图 11-6所示。理论上卡尺在任何位置测得的公法线长度均相等,但实际测量时,以分度圆附近测得的尺寸精度最高。因此,测量时应确定跨测齿数 K 值,如图 11-7 所示。尽可能使卡尺切于分度圆附近,如图 11-8 所示。

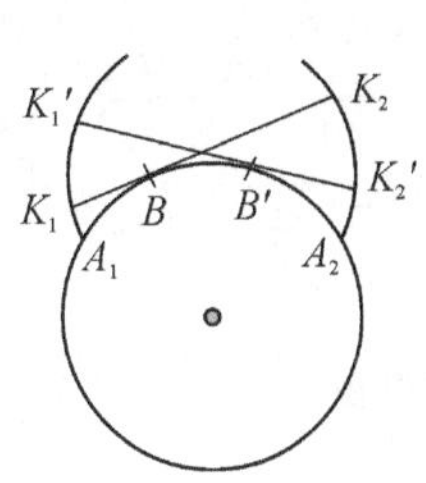

图 11-6　两条渐开线间的公法线长度处处相等

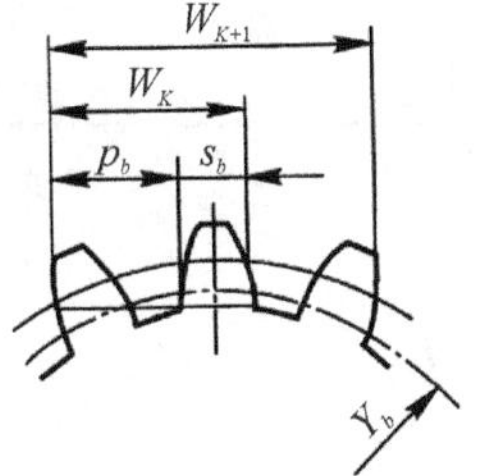

图 11-7　跨 K 个齿数的公法线长度

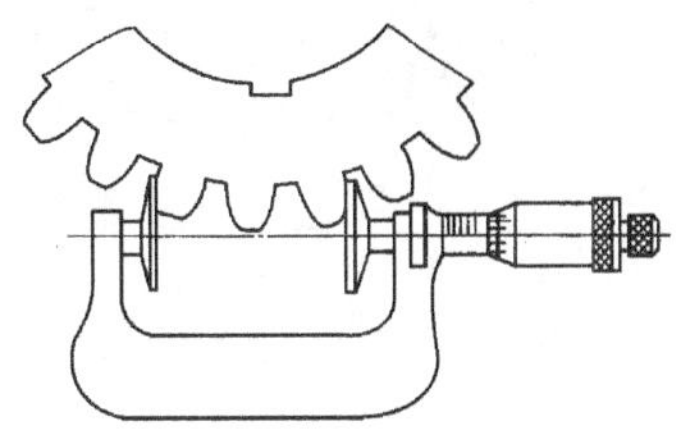

图 11-8　公法线长度测量

标准直齿圆柱齿轮,公法线的跨测齿数 K 为

$$K=\frac{z\alpha}{180^\circ}+0.5\ \text{(四舍五入圆整)}$$

式中,z 为齿数,α 为压力角。

如图 11-7 所示,跨 K 个齿数的公法线长度 W_K 为

$$W_K = (K-1)p_b + s_b = m\cos\alpha[\pi(k-0.5) + z\text{inv}\alpha_n]$$

3)公法线长度与基圆齿距的关系

如图 11－8 所示,公法线长度每增加一个跨齿,即增加一个基圆齿距,因此,基圆齿距可通过公法线长度 W_K 和 W_{K+1} 的差值求得。

$$p_b = W_{K+1} - W_K$$

11.1.4 渐开线直齿圆柱变位齿轮

1. 变位齿轮的概念

1)标准齿轮的局限性

(1)受根切限制,齿数不得少于 17,否则传动结构不够紧凑。

(2)不适用于安装中心距 a' 不等于标准中心距 a 的场合。

(3)一对标准齿轮传动时,小齿轮的齿根厚度小而啮合次数又较多,故小齿轮的强度较低,齿根部分磨损也较严重,因此小齿轮容易损坏,同时也限制了大齿轮的承载能力。

2)齿轮的变位

如图 11－9 所示,利用轮齿啮合时齿廓曲线互为包络线的原理来加工齿廓,其中一个齿条作为刀具,另一个齿轮则为被切齿轮毛坯。刀具相对于被切齿轮毛坯运动时,刀具齿廓即可切出被加工齿轮的齿廓。

齿条刀中线与齿轮坯分度圆相切,并使它们之间保持纯滚动,这样切出的齿轮必为标准齿轮;当齿条刀中线与轮坯分度圆不相切,加工出的齿轮则为变位齿轮,如图 11－10 所示。其中,齿条刀中线与轮坯分度圆相离加工出的齿轮为正变位齿轮,用 $x>0$ 表示正变位;齿条刀中线与轮坯分度圆相交,加工出的齿轮为负变位,用 $x<0$ 表示负变位。

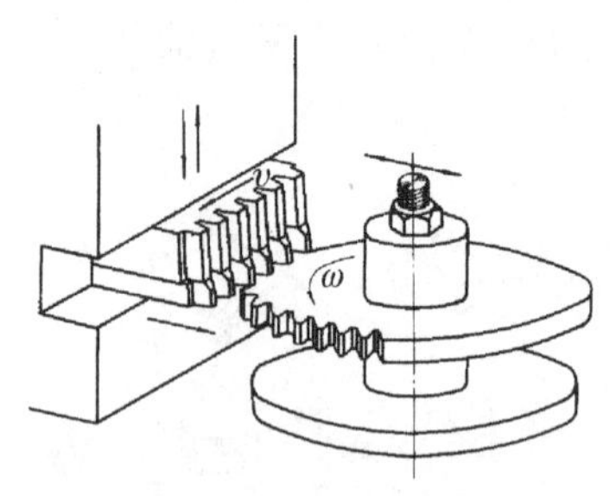

图 11－9　加工齿廓

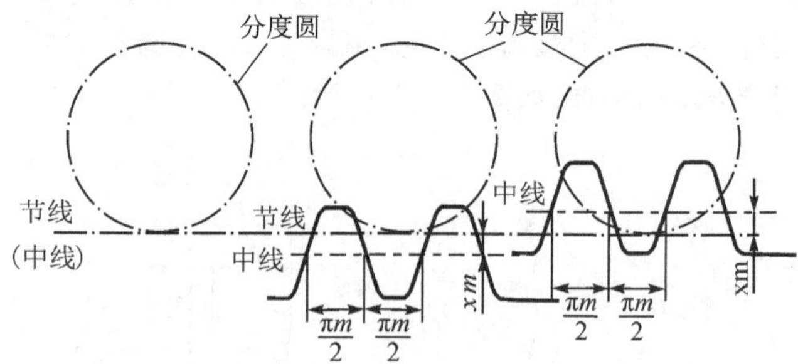

图 11－10　齿轮的变位

2. 直齿圆柱变位齿轮主要几何尺寸的计算

1)齿轮变位后对齿轮尺寸的影响

加工齿轮时,不论正变位还是负变位,刀具上总有一条与标准齿条刀具中线平行的节线与齿轮的分度圆相切并保持纯滚动。因标准齿条刀具的基本参数不变,故制出的变位齿轮的齿距、模数、压力角与刀具上的一样,与标准齿轮一致,由此可知,变位齿轮的分度圆不变、基圆不变。

标准齿轮、变位齿轮相同的尺寸有:模数 m,压力角 α,齿距 $p=\pi m$,基圆齿距 $p_b = mz\cos\alpha$,

分度圆 $d = mz$，基圆 $d_b = \pi m\cos\alpha$ 。

标准齿轮、变位齿轮不相同的尺寸有：

正变位时，$x>0$，切出的齿轮分度圆的齿厚 s 大于齿槽宽 e，齿根高 h_f 小于标准齿根高，齿顶高 h_a 大于标准齿顶高。

负变位时，$x<0$，切出的齿轮分度圆的齿厚 s 小于齿槽宽 e，齿根高 h_f 大于标准齿根高，齿顶高 h_a 小于标准齿顶高。

2）直齿圆柱变位齿轮主要几何尺寸的计算公式

变位齿轮主要几何尺寸的计算公式如表 11－2。

表 11－2　变位齿轮主要几何尺寸的计算公式

序号	名称	符号	计算公式
1	分度圆直径	d	$d=mz$
2	标准中心距	a	$a=m(z_1+z_2)/2$
3	基圆直径	d_b	$d_b=mz\cos\alpha$
4	实际中心距	a'	$a'\cos\alpha'=\alpha\cos\alpha$
5	啮合角	α'	$a'\cos\alpha'=\alpha\cos\alpha$
6	变位系数和	$x_\Sigma=x_1+x_2$	$\mathrm{inv}\alpha'=\mathrm{inv}\,\dfrac{2(x_1+x_2)}{z_1+z_2}\tan\alpha+\mathrm{inv}\alpha$
7	节圆直径	d'	$d'=d\,\dfrac{\cos\alpha}{\cos\alpha'}$
8	中心距变动系数	y	$y=\dfrac{\alpha'-\alpha}{m}$
9	齿顶高变动系数	Δy_n	$\Delta y=(x_1+x_2)-y$
10	齿顶高	h_a	$h_a=h_a^*m+x-\Delta y_n$
11	齿根高	h_f	$h_f=(h_a^*+c^*)m$
12	齿顶圆直径	d_a	$d_a=d+2h_a=m(z+2h_a^*-2x-2\Delta y_n)$
13	齿根圆直径	d_f	$d_f=d-2h_f=m(z-2h_a^*-2c^*+2x)$
14	分度圆齿厚	s	$s=m(\pi/2+2x\tan\alpha')$

3）变位齿轮公法线长度

变位直齿圆柱齿轮公法线的跨测齿数 K 为

$$K=\frac{Z}{\pi}\left[\frac{1}{\cos\alpha}\sqrt{\left(1+\frac{2\alpha}{z}\right)^2-\cos^2\alpha}-\frac{2\alpha}{z}\tan\alpha-\mathrm{inv}\alpha\right]+0.5$$

跨 K 个齿数的公法线长度 W_K 为

$$W_K=(K-1)p_b+s_b=m\{\cos\alpha[\pi(K-0.5)+z\cdot\mathrm{inv}\alpha]+2X\sin\alpha\}$$

与标准直齿圆柱齿轮相同，变位齿轮的基圆齿距也可通过计算公法线长度 W_K 和 W_{K+1} 之差获得

$$p_b=W_{K+1}-W_K$$

3. 各种类型变位齿轮传动的尺寸特点

1)角变位齿轮

当实际中心距不等于标准中心距时,这类变位齿轮称为角变位齿轮。角变位齿轮分为两种情况:

(1)正变位齿轮 $x_1+x_2>0$,两分度圆分离而小于节圆;

(2)负变位齿轮 $x_1+x_2<0$,两分度圆相交而大于节圆。

2)高度变位(等距变位)齿轮

当实际中心距等于标准中心距,且 $x_1+x_2=0$,这类变位齿轮称为高度变位齿轮。高度变位齿轮两分度圆相切而等于节圆。

3)标准齿轮

实际中心距等于标准中心距,且 $x_1=x_2=0$,这类齿轮称为标准齿轮。标准齿轮两分度圆相切而等于节圆。

4. 变位齿轮的选择

1)角变位(不等距变位)齿轮

(1)正传动($x_1+x_2>0$)。

①可以减少齿轮机构的尺寸(当 $z_1+z_2<2z_{\min}$时用)。

②可以提高齿轮的承载能力。

③适当选择 x_1 及 x_2,可以配凑给定的中心距。

④必须成对地设计制造和使用。

⑤重合度较小,而且正变位太大时齿顶可能变尖。

(2)负传动($x_1+x_2<0$)。要使两轮不发生根切,必须 $z_1+z_2>2z_{\min}$。此类传动一般不用,只有在实际中心距小于标准中心距的场合才不得不用。

2)高度变位(等距变位)齿轮($x_1+x_2=0$)

(1)小齿轮取正变位,大齿轮取负变位。可以使两轮的弯曲强度趋于相等,提高了齿轮的承载能力。

(2)当 $z_1+z_2\geqslant 2z_{\min}$时,可采用这种传动。

(3)可以制造出齿数 $z_1<z_{\min}$而无根切现象。

(4)适用实际中心距等于标准中心距,大、小齿轮的齿数相差较大的场合。

3)标准齿轮传动($x_1=x_2=0$)

适用实际中心距等于标准中心距,大、小齿轮的齿数相差不大的场合,且 $z_1\geqslant z_{\min}$,$z_2\geqslant z_{\min}$。

11.1.5 渐开线标准斜齿圆柱齿轮

1. 法面模数、端面模数、压力角、齿顶高系数和顶隙系数

斜齿圆柱齿轮法面模数 m_n、法面压力角 α_n、法面齿顶高系数 h_{an}^*、法面顶隙系数 c_n^* 为标准值。端面模数 m_t、端面压力角 α_t、端面齿顶高系数 h_{at}^*、端面顶隙系数 c_t^* 需进行计算,斜齿圆柱齿轮的基本尺寸用端面参数,基本参数计算公式见表 11-3。

两齿轮要想正确啮合，必须保证两齿轮的模数和压力角相等，螺旋角大小相等，方向相反。

表 11－3 基本参数计算公式

法面模数	$m_n = m_t \cos\beta$
法面压力角	$\tan\alpha_n = \tan\alpha_t \cos\beta$
齿顶高系数	$h_{at}^* = h_{an}^* \cos\beta$
顶隙系数	$c_t^* = c_n^* \cos\beta$
法面齿距	$p_n = p_t \cos\beta$
斜齿轮的螺旋角	$\tan\beta_b = \cos\alpha_t \tan\beta$

2. 渐开线标准斜齿圆柱齿轮基本尺寸的计算

只要将直齿圆柱齿轮几何尺寸计算公式中的各参数看作端面参数，就完全适用于平行轴标准斜齿圆柱齿轮的基本尺寸计算，具体计算公式见表 11－4。

表 11－4 标准斜齿圆柱齿轮主要几何尺寸的计算公式

序号	名称	符号	计算公式
1	分度圆直径	d	$d = zm_t = zm_n/\cos\beta$
2	基圆直径	d_b	$d_b = d\cos\alpha_t$
3	齿顶高	h_a	$h_a = h_{an}^* m_n$
4	齿根高	h_f	$h_f = (h_{an}^* + c_n^*) m_n$
5	全齿高	h	$h = h_a + h_f = (2h_{an}^* + c_n^*) m_n$
6	齿顶圆直径	d_a	$d_a = d + 2h_a$
7	齿根圆直径	d_f	$d_f = d - 2h_f$
8	法向齿距	p_n	$p_n = \pi m_n$
9	标准中心距	a	$a = \frac{1}{2} m_n (z_1 + z_2)/\cos\beta$

3. 渐开线标准斜齿圆柱齿轮的公法线长度

标准斜齿圆柱齿轮，公法线的跨测齿数 k 为

$$k = z' \frac{\alpha_n}{180^\circ} + 0.5$$

式中，z'为假想齿数，$z' = z\frac{\mathrm{inv}\alpha_t}{\mathrm{inv}\alpha_n}$

公法线长度 $W_n = m_n \cos\alpha_n [\pi(k - 0.5) + z' \mathrm{inv}\alpha_n]$，公法线长度与基圆齿距的关系与渐开线标准直齿圆柱齿轮相同。

11.1.6 渐开线斜齿圆柱变位齿轮

1. 基本尺寸计算

与渐开线直齿圆柱齿轮相同,渐开线斜齿圆柱变位齿轮与标准齿轮相比,其分度圆不变、基圆不变。

标准齿轮与变位齿轮相同的尺寸有:法面模数、端面模数、法面压力角、端面压力角、法面齿距、基圆齿距、分度圆、基圆。

变位齿轮的齿厚、中心距 a' 及中心距变动系数、齿根圆、齿顶圆、公法线长度的推导与渐开线直齿圆柱齿轮相似。

将斜齿圆柱变位齿轮的法面参数换算成端面参数,代入直齿圆柱变位齿轮的基本尺寸计算公式中,即可得到斜齿圆柱变位齿轮的基本尺寸计算公式。斜齿圆柱变位齿轮的基本尺寸计算公式见表 11-5。

表 11-5 斜齿圆柱变位齿轮的基本尺寸计算公式

序号	名称	符号	计算公式
1	端面压力角	α_t	$\tan\alpha_t=\dfrac{\tan\alpha_n}{\cos\beta}$
2	端面啮合角	α'	$\cos\alpha'=\dfrac{a}{a'}\cos\alpha_t$
3	变位系数和	$x_{n\Sigma}=x_{n1}+x_{n2}$	$x_{n\Sigma}=\dfrac{z_1+z_2}{2\tan\alpha_n}(\mathrm{inv}\alpha'-\mathrm{inv}\alpha_t)$
4	分度圆直径	d	$d=\dfrac{m_n z}{\cos\beta}$
5	法向中心距变动系数	y_n	$y_n=\dfrac{a'-a}{m_n}$
6	齿顶高变动系数	Δy_n	$\Delta y_n=x_{n\Sigma}-y_n$
7	齿顶圆直径	d_a	$d_a=m_n\dfrac{z}{\cos\beta}+2(h_{an}^*+X_n-\Delta Y_n)m_n$

2. 变位齿轮公法线长度

变位斜齿圆柱齿轮公法线的跨测齿数 k 为

$$k=\frac{z'}{\pi}\left[\frac{1}{\cos\alpha_n}\sqrt{\left(1+\frac{2\alpha_n}{z'}\right)^2-\cos^2\alpha_n}-\frac{2\alpha_n}{z'}\tan\alpha_n-\mathrm{inv}\alpha_n\right]+0.5$$

跨 k 个齿数的公法线长度 W_k

$$W_k=\{\cos\alpha_n[\pi(k-0.5)+z'\mathrm{inv}\alpha_n]+2x_n\sin\alpha_n\}m_n$$

变位齿轮的基圆齿距与标准直齿圆柱齿轮相同,也可通过计算公法线长度 W_k 和 W_{k+1} 之差获得

$$p_b=W_{k+1}-W_k$$

11.2 齿轮类零件的测绘

11.2.1 齿轮类零件的视图表达及标注

1. 视图

齿(蜗)轮类零件的工作图一般需要两个主要视图(一个主视图,一个左视图)。主视图通

常采用通过齿轮轴线的全剖和半剖视图，主要表达轮毂、轮缘、轴孔、键槽等结构。左视图可画出完整视图，也可采用以表达毂孔和键槽结构及尺寸为主的局部视图；若为轮辐结构，则应详细画出左视图，并附加必要的局部视图，如轮辐断面图等。可视具体情况根据机械制图的规定画法对视图做某些简化。

对组装的蜗轮，应分别绘出组装前的零件图（齿圈和轮心）和组装后的蜗轮图。切齿工作是在组装后进行的，因此组装前，零件的相关尺寸应该留出必要的加工余量，待组装后再加工到最后需要的尺寸。

2. 尺寸标注

齿（蜗）轮类零件的尺寸应按回转体零件进行标注。在标注时，齿轮的各径向尺寸以轴线为基准，宽度方向（轴向）尺寸以端面为基准。齿轮的分度圆直径是设计计算的基本尺寸，齿顶圆直径、轴孔直径、轮毂直径和宽度、齿宽、轮辐（或腹板）、键槽等是齿轮加工中不可缺少的尺寸，都必须标注。其他细部结构如圆角、倒角、锥度等尺寸，标注时应做到既不遗漏又不重复。齿根圆直径是根据齿轮参数加工的结果得出的，在图中不必标注。

3. 啮合参数及精度

1）啮合参数

齿轮是一类特殊零件，在齿轮零件工作图的右上角位置列出啮合特性表（见图11－11）。表中包括齿轮的基本参数和精度等级、齿厚偏差（或公法线长度）、检验项目及其偏差或公差。

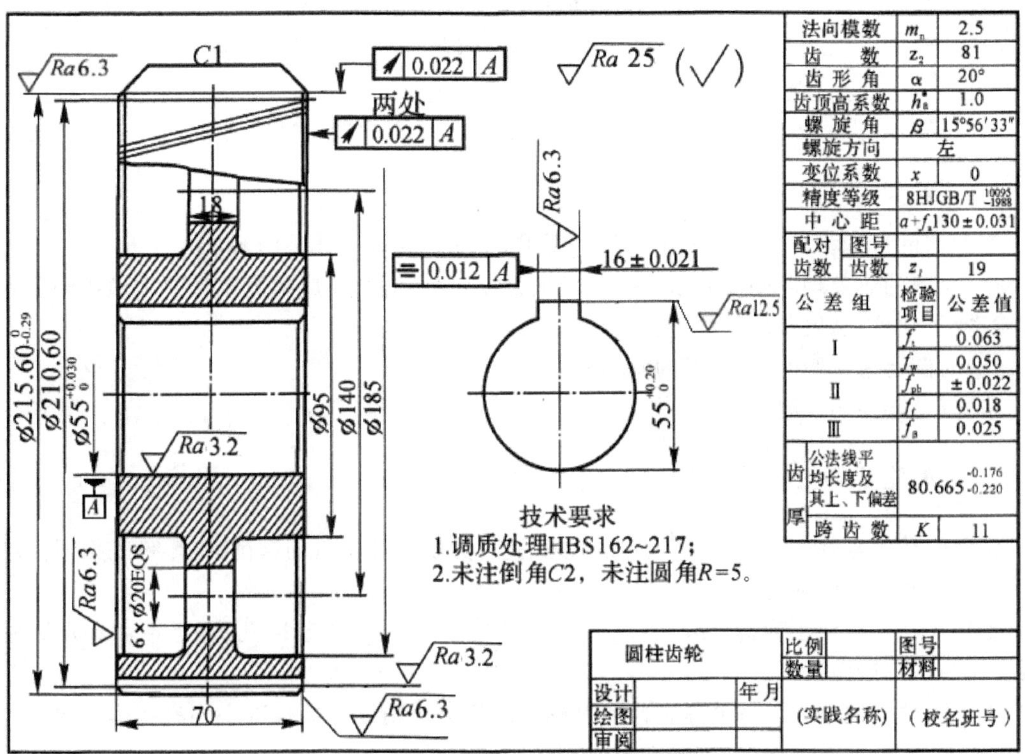

图11－11　齿轮零件图

2)精度控制

渐开线圆柱齿轮、圆锥齿轮和蜗杆传动的精度等级及公差,分别按国家标准渐开线圆柱齿轮精度 GB/T 10095—2008,圆锥齿轮传动公差 GB/T 11365—2019 和蜗杆传动公差 GB/T 10089—2018 选择。

普通减速器的齿轮和蜗杆传动精度多选用 7～9 级。按对传动性能的要求每个精度等级的公差分别按有关国家标准选择。

齿轮、蜗轮及蜗杆零件工作图上应标明各项精度及公差项目。

4. 表面粗糙度

齿(蜗)轮类零件工作图上,各主要加工表面的粗糙度要求,在相应的传动精度规范中已有规定。普通减速器中齿(蜗)轮表面的粗糙度见表 11-6。

表 11-6 齿(蜗)轮类零件表面粗糙度的选择

加工表面		表面粗糙度		
齿轮工作表面	零件名称	精度等级		
		7	8	9
	圆柱齿轮、蜗轮	*Ra*0.8	*Ra*1.6	*Ra*3.2
	圆锥齿轮、蜗杆	*Ra* 0.8	*Ra*1.6	*Ra*3.2
齿顶圆		*Ra*1.6	*Ra*3.2	*Ra*3.2
轮毂孔		*Ra*0.8	*Ra*1.6	*Ra*3.2
定位端面		*Ra*1.6	*Ra*3.2	*Ra*3.2
平键键槽		工作表面 *Ra*3.2 或 *Ra*6.3,非工作表面 *Ra*6.3 或 *Ra*12.5		
轮圈与轮心的配合表面		*Ra*0.8	*Ra*1.6	*Ra*1.6
自由端面、倒角表面		*Ra*12.5 或 *Ra*6.3		

5. 技术要求

减速器的齿(蜗)轮图上应提出的技术要求,一般包括以下几项内容:

(1)材料的热处理和硬度要求。齿轮表面做硬化处理时,还应根据设计要求说明硬化方法(如渗碳、氮化等)和硬化层的深度。

(2)对图上未注明的倒角和圆角的说明。

(3)其他必要的说明。

11.2.2 齿轮毛坯尺寸及公差

齿(蜗)轮类零件在切齿以前应先加工好毛坯,为了保证切齿的精度,在零件工作图上应注意毛坯尺寸和公差的标注。

毛坯尺寸要标注正确,首先应明确标注的基准,它们主要是基准孔、基准端面和顶圆柱面(锥齿轮为顶圆锥面)等。

毛坯尺寸的偏差和形位公差在齿轮及蜗轮蜗杆传动精度等级标准中均有明确规定。为了对毛坯尺寸和公差有正确的了解,下面给予简要的说明。

1. 基准孔

轮毂孔是重要的基准,它不仅是装配的基准,也是切齿和检测加工精度的基准。孔的加工质量直接影响到零件的旋转精度，孔的尺寸精度一般可选为基孔制 7 级，地区冲突以孔为基准标注的尺寸偏差和形位公差见图 11－12 和图 11－13，形位公差有端面跳动、顶圆和锥面的径向跳动。对蜗轮还应注出蜗轮孔轴心线至滚刀中心距离的尺寸偏差(见图 11－13 中的 $a \pm \Delta a$)。

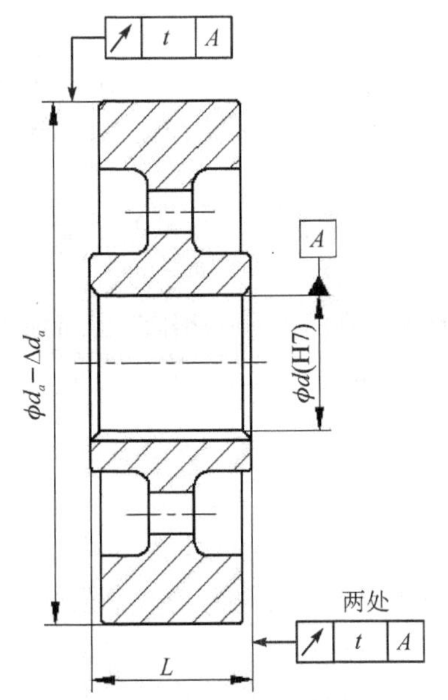

图 11－12　圆柱齿轮毛坯尺寸及公差

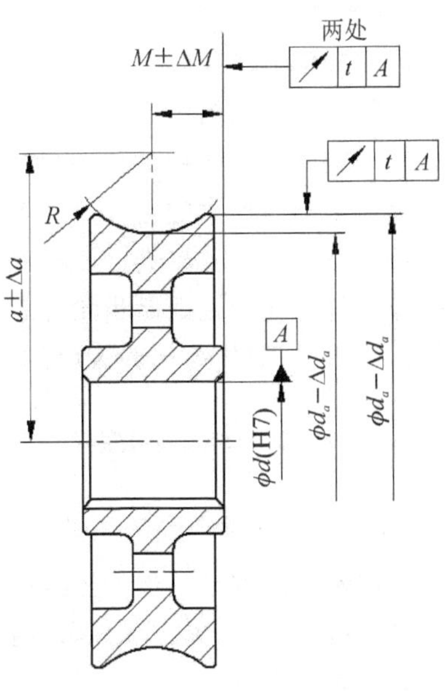

图 11－13　蜗轮毛坯尺寸及公差

2. 基准端面

轮毂孔的端面是装配定位基准，切齿时也以它定位。由于轮毂孔端面要影响安装质量和切齿精度，所以除应标出端面对孔中心线的垂直度或端面跳动以外，对蜗轮和齿轮还应标注出以端面为基准的毛坯尺寸和偏差，如图 11－13 和图 11－14 所示。对于悬臂装置的锥齿轮，只需要一个端面作为基准面，就能满足定位要求，如图 11－14(b)所示。其余尺寸的标注与图 11－14(a)相同。

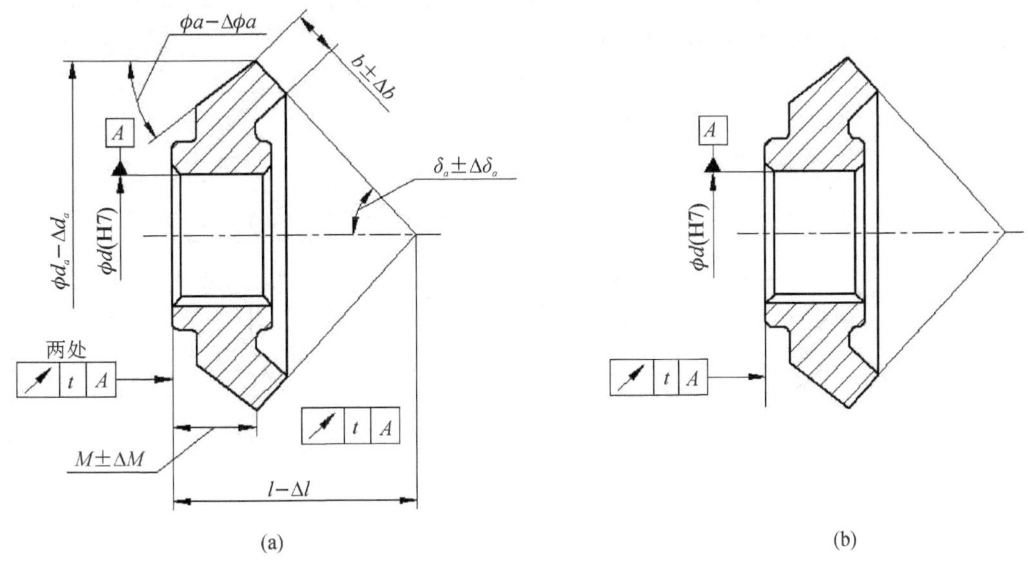

图 11－14　圆锥齿轮毛坯尺寸及公差

以端面为基准应标注的毛坯尺寸及偏差：对锥齿轮为端面至锥体大端及锥顶的距离 $M-\Delta M$ 和 $t-\Delta t$（见图 11－14）；对蜗轮为端面至主平面的距离 $M\pm\Delta M$（见图 11－13），这些尺寸规定偏差是为了保证在切齿时滚刀能获得正确的位置，以满足切齿精度的要求。

3. 顶圆柱面

圆柱齿轮和蜗轮的顶圆常作为工艺基准和测量的定位基准，因此应标注出尺寸偏差和形位公差，如图 11－12 和图 11－13 所示。圆锥齿轮除应注出锥体大端的直径偏差外，还应注出顶锥角偏差和锥面的径向跳动公差，如图 11－14(a)所示。

除按上述基准面标注的毛坯尺寸及偏差外，对锥齿轮还应注意加工背锥的角度及其偏差 $\phi_z\pm\Delta\phi_z$ 以及齿宽的尺寸及偏差 $b\pm\Delta b$，如图 11－14(a)所示。

圆柱齿轮的轴孔和端面是齿轮加工、检验、安装的重要基准，齿顶圆常作为齿面加工时定位找正的工艺基准，或作为检验齿厚的测量基准，因此，都应标注形位公差。

11.2.3 直齿圆柱齿轮的测绘

1. 几何参数的测量

齿轮几何参数的测量是齿轮测绘的关键工作之一，特别是对于能够准确测量的几何参数，应力求准确，以便为准确确定其他参数提供条件。

1)齿数 z 的测定

通常情况下，我们见到的齿轮多为完整齿轮，整个圆周都布满了轮齿，只要数一下有多少个齿就可以确定其齿数 z。对于不完整的齿轮，如扇形齿轮或残缺的齿轮，因为只有部分圆周，无法直接确定一周应有的齿数，所以为了确定这类齿轮的齿数，则应根据其结构测出齿顶圆直径后，用图解法或计算法等测算出齿数 z。

(1)图解法。如图 11－15(a)所示，以齿顶圆直径 d_a 画一个圆，根据扇形齿轮实有齿数多少而量取跨多个周节的弦长 A，见图 11－15(b)，再以此弦长 A 截取圆 d_a，对小于 A 的剩余部分 DF，再以一个周节的弦长 B 去截取，直到截完为止，然后算出齿数 z。图中，以 A 依次截取 d_a 为三份，即 CD，CE 和 EF，剩余部分 DF 正好被 B 一次截取。设弦长 A 包含 n 个齿，则 $z=3n+1$。

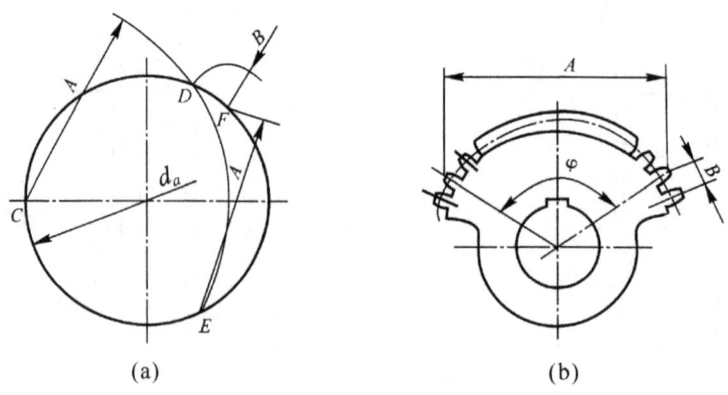

图 11－15　不完整齿轮齿数 Z 的测量

(2)计算法。量出跨 n 个齿的齿顶圆弦长 A，如图 11－15(b)所示，求出 N 个齿所含的圆心角，再求出一周的齿数 z。

$$\phi = 2\sin^{-1}\frac{A}{d_a},\quad z = 360°\frac{N}{\phi}$$

2)齿顶圆直径 d_a 和齿根圆直径 d_f 的测量

如图 11－16 所示，对于偶数齿齿轮，可用游标卡尺直接测量得到 d_a 和 d_f；而对奇数齿齿轮，则不能直接测量得到，可按下述方法进行测量。

(1)用游标卡尺直接测量，但此时卡尺的一侧在齿顶，另一侧在齿间，测得的不是 d_a，而是 d'_a。需通过几何关系推算获得，从图 11－16(b)可看出在 $\triangle ABE$ 中

$$\cos\theta = \frac{AE}{AB} = \frac{AE}{d_a}$$

在 $\triangle AEF$ 中

$$\cos\theta = \frac{AF}{AE} = \frac{d'_a}{AE}$$

将两式相乘得

$$\cos^2\theta = \frac{AE}{d_a}\frac{d'_a}{AE} = \frac{d'_a}{d_a}$$

$$d_a = d'_a/\cos^2\theta$$

取 $k = 1/\cos^2\theta$，则

$$d_a = kd'_a$$

式中，k 称为校正系数，也可由表 11－7 查得。

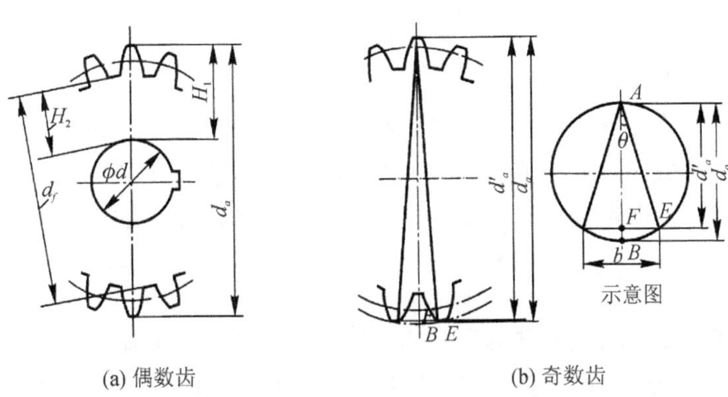

(a) 偶数齿　　(b) 奇数齿

图 11－16　齿顶圆直径 d_a 的测量

表 11－7　奇数齿齿轮齿顶圆直径校正系数 k 与参数对照表

齿数 z	7	9	11	13	15	17	19
齿数 k	1.02	1.015 4	1.010 3	1.007 3	1.005 5	1.004 3	1.003 4
齿数 z	21	23	25	27	29	31	33
齿数 k	1.002 8	1.002 3	1.002 0	1.001 7	1.001 5	1.001 3	1.001 1
齿数 z	35	37	39	41.43	45	47～51	53～57
齿数 k	1.001 0	1.000 9	1.000 8	1.000 7	1.000 6	1.000 5	1.000 4

(2)对于中间有孔的齿轮,也可用间接测量的方法,即测量内孔直径 ϕd,内孔壁到齿顶的距离 H_1 或内孔壁到齿根的距离 H_2 见图 11－16(a),计算得到

$$d_a = d + 2H_1,\quad d_f = d + 2H_2$$

3)全齿高 h 的测量

全齿高 h 可采用游标深度尺直接测量,如图 11－17 所示。这种方法不够精确,测得的数值只能做参考。

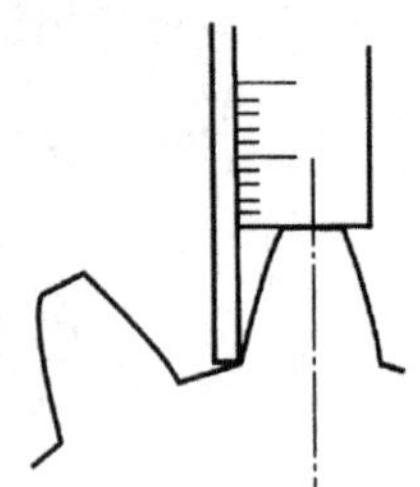

图 11－17　全齿高 h 的测量

全齿高 h 也可以用间接测量齿顶圆直径 d_a 和齿根圆直径 d_f,或测量内孔壁到齿顶的距离 H_1 和内孔壁到齿根的距离 H_2 的方法,如图 11－16 所示,按下式计算

$$h = \frac{d_a - d_f}{2}$$

或

$$h = H_1 - H_2$$

4)中心距 α 的测量

中心距的测量精度将直接影响齿轮副测绘结果,所以测量时要力求准确。测量中心距时,可直接测量两齿轮轴或对应的两箱体孔间的距离,再测出轴或孔的直径,通过换算得到中心距。如图 11－18 所示,即用游标卡尺测量 A_1、A_2、d_1、d_2,然后按下式计算

$$a = A_1 + \frac{d_1 + d_2}{2}\quad 或\quad a = A_2 - \frac{d_1 + d_2}{2}$$

测量时要力求准确,因为轴、孔的形状和位置误差会影响中心距的准确性,所以为了使测量值尽量符合实际值,还必须考虑孔的圆度、锥度及两孔轴线的平行度对中心距的影响。

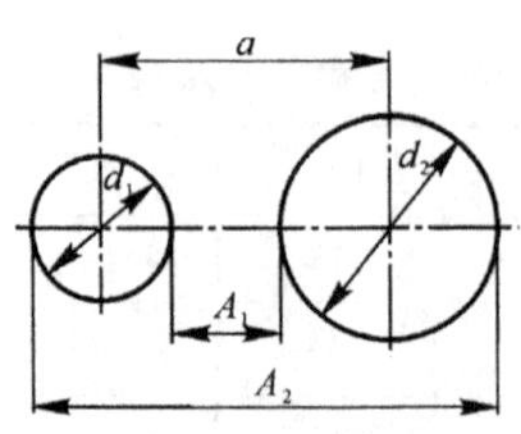

图 11－18　中心距 α 的测量

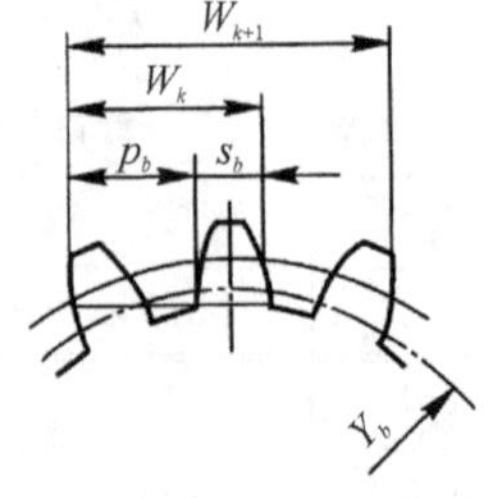

图 11－19　公法线长度 W_k 的测量

5)公法线长度 W_k 的测量

对于直齿和斜齿圆柱齿轮,可用公法线指示卡规(如图 11－20 所示)、公法线千分尺(如图

11－21 所示）测出两相邻齿公法线长度 W_k（k 为跨测齿数）。依据渐开线性质，理论上卡尺在任何位置测得的公法线长度均相等，但实际测量时，以分度圆附近测得的尺寸精度最高。因此，测量时应尽可能使卡尺切于分度圆附近，避免卡尺接触齿尖或齿根圆角。测量时，如切点偏高，可减少跨测齿数 k；如切点偏低，可增加跨测齿数。

跨测齿数 k 值可按公式计算或查本书电子档附件。如测量一标准直齿圆柱齿轮，其齿形角 $\alpha=20°$，齿数 $z=30$，则公法线的跨测齿数 k 为

$$k=\frac{za}{180°}+0.5\text{（四舍五入圆整）}$$

$$k=30\times\frac{20°}{180°}+0.5=4$$

在测量公法线长度时，需注意选择适当的跨齿数，一般要在相邻齿上多测几组数据，以便比较选择。

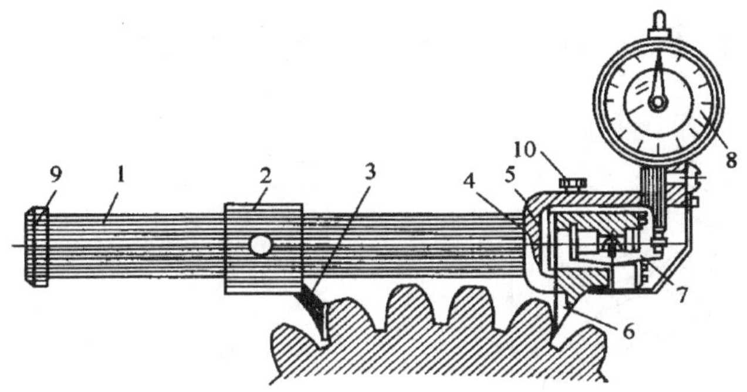

1—尺身；2—尺框；3、6—量爪；4—支撑爪；5—表架；7—平衡杆；8—百分表；9—限位板；10—紧固螺钉。

图 11－20　用公法线指示卡规测量公法线长度

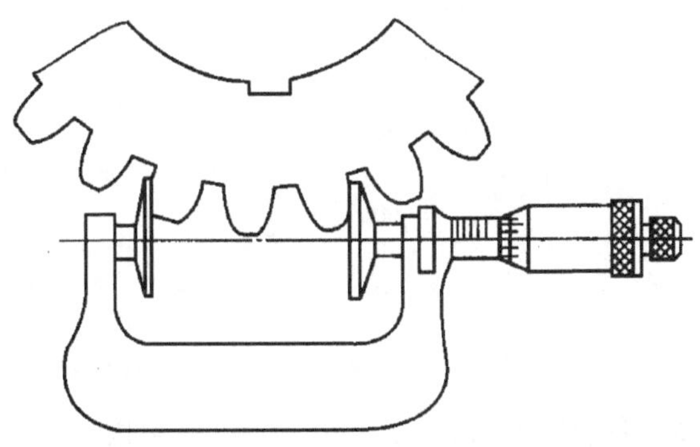

图 11－21　用公法线千分尺量测公法线长度

6）基圆齿距 p_b 的测量

（1）用公法线长度测量。从图 11－19 中可见，公法线长度每增加一个跨齿，即增加一个基圆齿距，所以，基圆齿距 p_b 可通过公法线长度 W_k 和 W_{k+1} 计算获得

$$p_b=W_{k+1}-W_k$$

式中，W_{k+1} 和 W_k 分别为跨 $k+1$ 和 k 个齿时的公法线长度。

考虑到公法线长度的变动误差，每次测量时，必须在同一位置，即取同一起始位置，同一方向进行测量。

(2)用标准圆棒测量。图 11-22 为用标准圆棒测量基圆齿距 p_b 的原理图。图中两直径分别为 d_{p1} 和 d_{p2} 的标准圆棒切于两相邻齿廓。另外，为了减少测量误差的影响，两圆棒直径的差值应尽可能取得大一些，通常差值可取 0.5～3 mm。过基圆作两条假想的渐开线，使其分别通过圆棒中心 O_1、O_2。依据渐开线性质，从图中可看出，圆棒半径等于基圆上相应的一段弧长，即

$$\frac{d_p}{2} = r_b \mathrm{inv}\alpha$$

从而可得到下式

$$\frac{d_{p2} - d_{p1}}{2} = \pm r_b(\mathrm{inv}\alpha_2 - \mathrm{inv}\alpha_1)$$

式中，$\mathrm{inv}\alpha$ 为渐开线函数；等式右端的“＋”号用于外齿轮，“－”号用于内齿轮。

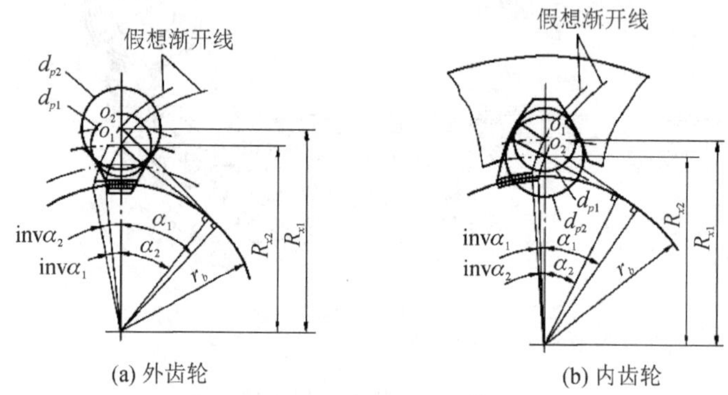

图 11-22 用标准圆棒测量基圆齿距

再依据几何关系

$$\alpha_1 = \arccos\left(\frac{r_b}{R_{x1}}\right)$$

$$\alpha_2 = \arccos\left(\frac{r_b}{R_{x2}}\right)$$

将 α_1 和 α_2 的值代入前式得

$$d_{p2} - d_{p1} = \pm 2r_b\left[\mathrm{inv}\arccos\left(\frac{r_b}{R_{x2}}\right) - \mathrm{inv}\arccos\left(\frac{r_b}{R_{x1}}\right)\right]$$

式中，r_b 为基圆半径，无法用简单的代数方法求出，为此，可采用试算法，即以不同的 r_b 值代入式中，使等式成立的 r_b 值即为所求的值。求得 r_b 值后，就可按下式求得 p_b。

$$p_b = \frac{2\pi r_b}{z}$$

对于奇数齿齿轮，R_x 值的测量方法见图 11-23 和图 11-24。

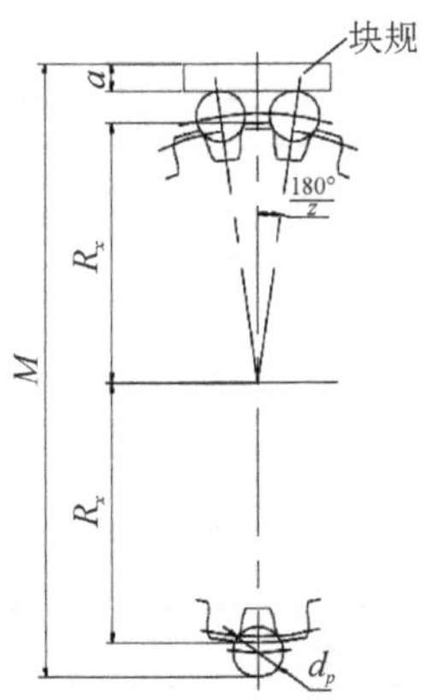

图 11-23　奇数齿外齿轮基圆齿距的测量

R_x 值的测量方法如下：

①当齿轮为奇数齿的外齿轮时，如图 11-24 所示，此时 R_x 值由下式得

$$R_x = (m - d_p - \alpha)/(1 + \cos\frac{180^\circ}{z})$$

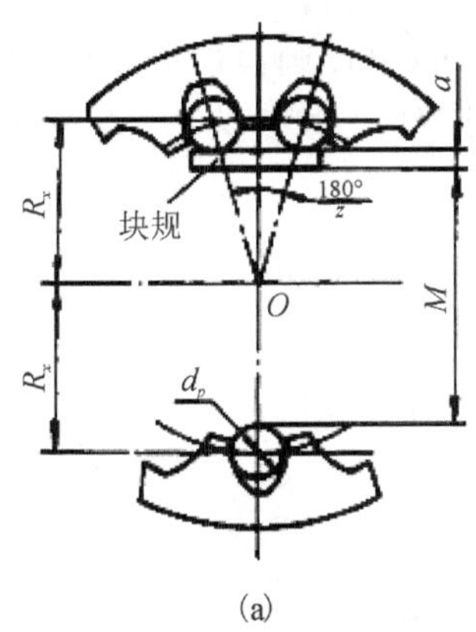

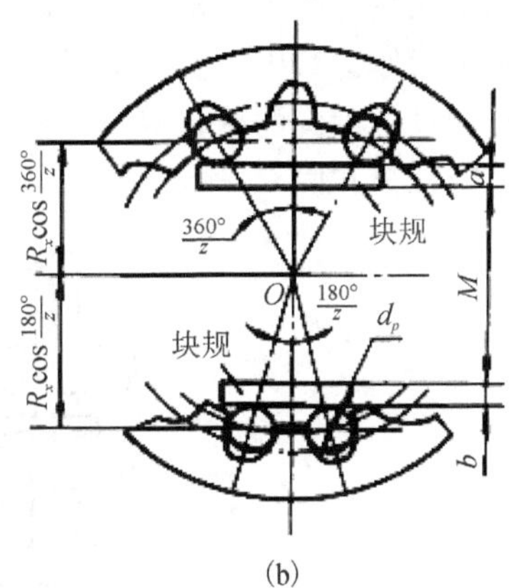

(a)　(b)

图 11-24　奇数齿内齿轮基圆齿距的测量

②当齿轮为奇数齿的内齿轮时，如图 11-24(a)所示，此时 R_x 值由下式得

$$R_x = (m + d_p + \alpha)/(1 + \cos\frac{180^\circ}{z})$$

③当齿轮为奇数齿的内齿轮时，如图 11-24(b)所示，此时 R_x 值由下式得

$$R_x = (m + d_p + \alpha + b)/(\cos\frac{360^\circ}{z} + \cos\frac{180^\circ}{z})$$

测量时，所选圆棒直径 d_p 应能使其与轮齿的接触点处于渐开线齿廓部位。圆棒直径 d_p 可按下式计算或查表 11-8 得。

直齿圆柱齿轮：　$d_p = 1.68m$（外齿轮），

$d_p = 1.476m$（内齿轮）；

斜齿圆柱齿轮：　$d_p = 1.75m_n$。

式中，m 为模数，m_n 为法向模数。

表 11－8　标准圆棒(钢珠)直径 d_p　　单位:mm

齿轮模数	斜齿圆柱齿轮/mm	直齿圆柱外齿轮/mm	直齿圆柱内齿轮/mm	齿轮模数	斜齿圆柱齿轮/mm	直齿圆柱外齿轮/mm	直齿圆柱内齿轮/mm
1.5	2.625	2.520	2.214	3	5.250	5.040	4.428
1.75	3.063	2.940	2.678	3.5	6.125	5.880	5.166
2	3.500	3.360	2.952	4	7.000	6.720	5.904
2.25	3.937	3.780	3.321	4.5	7.875	7.560	6.642
2.5	4.375	4.200	3.690	5	8.750	8.400	7.380
2.75	4.812	4.620	4.059	5.5	9.625	9.240	8.118

7)分度圆弦齿厚及固定弦齿厚的测量

控制相配齿轮的齿厚是十分重要的，它可以保证齿轮在规定的侧隙下运行。齿轮的齿厚偏差可以通过齿厚游标尺测量。

测量齿厚偏差的齿轮游标尺如图 11－25 所示，它是由两套相互垂直的游标尺组成。测量时将垂直尺调整到相应弦齿高的位置，即分度圆弦齿高或固定弦齿高，再用水平尺测量分度圆弦齿厚或固定弦齿厚。其中垂直游标尺用于控制测量部位(分度圆至齿顶圆)的弦齿高 h_f，水平游标尺用于测量分度圆的弦齿厚 s_f (实际)。齿轮游标尺的分度值为 0.02 mm，其原理和读数方法与普通游标尺相同。

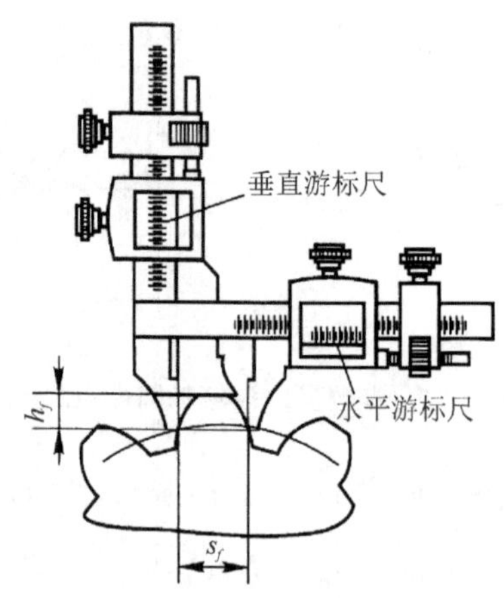

图 11－25　量测齿厚偏差的齿轮游标尺

分度圆弦齿厚和弦齿高，固定弦齿厚和固定弦齿高请查相关设计手册。为了减少被测齿轮齿顶圆偏差对测量结果的影响，应在分度圆弦齿高或固定弦齿高的表值基础上加上齿顶圆半径偏差值。齿顶圆半径偏差值为实测值与公称值之差。

8)齿圈径向跳动量的测量

齿圈径向跳动是用以评定由齿轮几何偏心所引起的径向误差，是评定传动准确性的重要参数。径向跳动通常用齿圈径向跳动检查仪、万能测齿仪等仪器进行测量。当一个适当的测头(球、圆柱体、圆锥体、卡爪等)在齿轮一转范围内,测头在齿槽内或在轮齿上与齿高中部双面接触,测头相对于齿轮轴线的最大变动量称之为齿圈径向跳动量,如图 11－26 所示。齿轮径向跳动误差可用齿圈径向跳动检查仪测量,图 11－27 所示的是测量圆柱齿轮时的径向跳动检查仪的外形图。齿圈径向跳动检查仪主要由底座、立柱、顶尖座、指示表架、手柄和指示表等组成,指示表的分度值为 0.001 mm。该仪器可测量模数为 0.3～5 mm 的齿轮。

为了测量各种不同模数的齿轮,仪器备有不同直径的球形测量头,在测量前根据被测齿轮模数的大小选择测头,并确保测头在齿高中部附近与齿面两边接触。被测齿轮借助心轴安装在顶尖座的顶尖上。用心轴固定好被测齿轮,通过升降调整使测量头位于齿槽内。调整指示表零位,并使其指针压缩 1～2 圈。将测量头相继置于每个齿槽内,逐齿测量一圈,并记下指示表的读数。求出测头到齿轮轴线的最大和最小径向距离之差,即为被测齿轮的径向跳动量。

此外,齿圈径向跳动检查仪还备有内接触杠杆和外接触杠杆,选择合适的测头,可以测量内齿轮的齿圈径向跳动和孔的径向圆跳动,以及测量圆锥齿轮的齿圈径向跳动和端面圆跳动等。

齿圈径向跳动还可在万能测齿仪和万能工具显微镜上测量,也可在普通顶尖架上借用专用量棒进行测量。

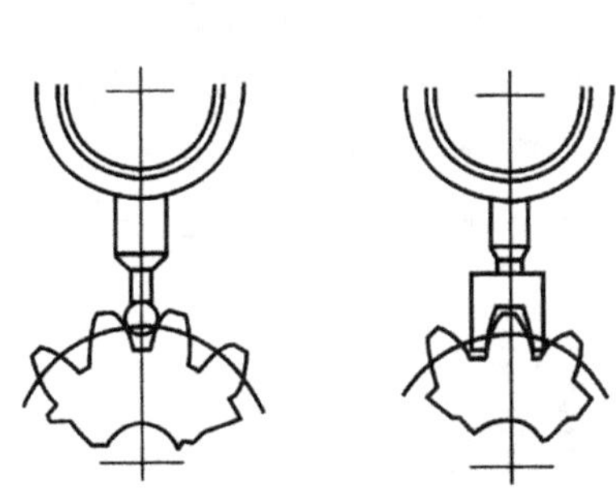

图 11－26　齿圈径向跳动误差

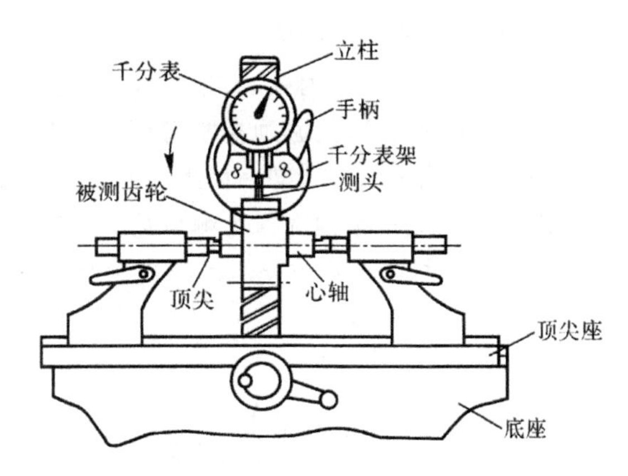

图 11－27　齿圈径向跳动测量仪

9)齿轮齿距误差与齿距累积误差的量测

齿距误差是指在分度圆上,实际齿距与公称齿距之差,如图 11－28 所示,齿距误差可用于评定齿轮的工作平稳性。齿距累积误差是指在分度圆上,任意两个同侧齿面间的实际弧长与公称弧长的最大差值。

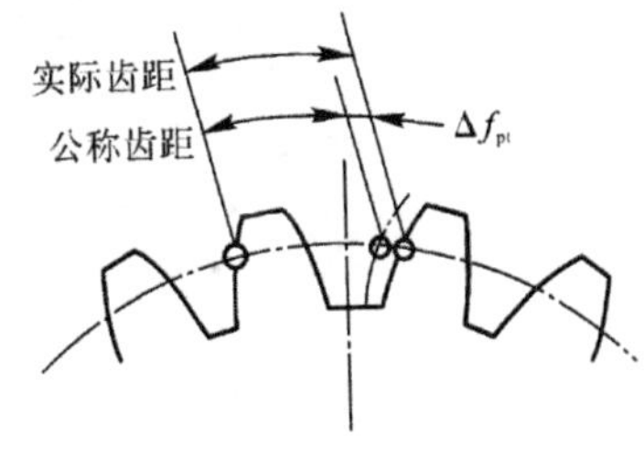

图 11－28　齿距偏差

齿距偏差与齿距累积误差的测量方法有相对测量法和绝对测量法。下面以相对测量法为例说明其测量方法。

(1)齿距误差的测量。用相对法测量时,公称齿距是指所有实际齿距的平均值。测量时,首先以被测齿轮任意两相邻齿之间的实际齿距作为基准齿距调整仪器,然后按顺序测量各相邻的实际齿距相对于基准齿距之差,称为相对齿距差。各相对齿距差与相对齿距差平均值的代数差,即为齿距误差。

(2)齿距累积误差的测量。如图 11－29 所示，齿距累积误差是指在分度圆上任意两个同侧面间的实际弧长与公称弧长之差的最大绝对值，代号为 ΔF_p。

在分度圆上，k 个齿距的实际弧长与公称弧长之差的最大绝对值称为 k 个齿距累积误差，k 为 2 到小于 $z/2$ 之间的整数。

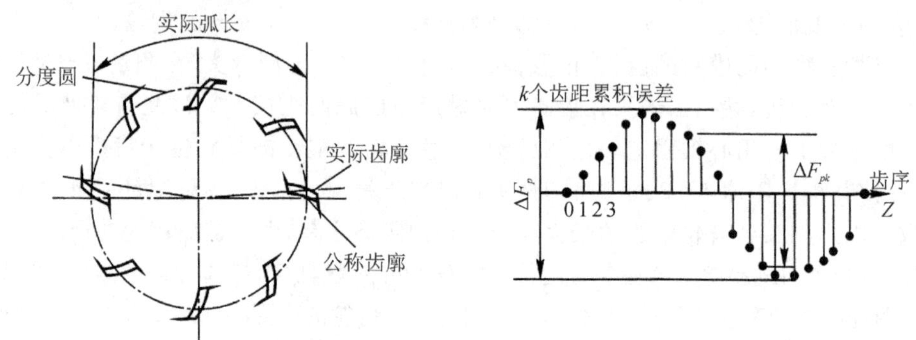

图 11－29　齿距累积误差

测量应在齿高中部的同一圆周上进行，因此，测量时必须保证测量基准的精度。对于齿轮来说其测量基准可选用内孔、齿顶圆或齿根圆，为了使测量基准与装配基准统一，以内孔定位最好。当用齿顶定位时，必须控制齿顶圆对内孔轴线的径向跳动。实际生产中，通常根据所用量具的结构来确定测量基准。齿距偏差与齿距累积误差可用如图 11－30 所示的齿距检测仪进行相对测量，它以齿顶圆作为测量基准，指示表的分度值为 0.005 mm，测量范围为模数 3～15 mm。测量时，两个定位支脚紧靠齿顶圆定位，活动测量头的位移通过杠杆传给指示表。

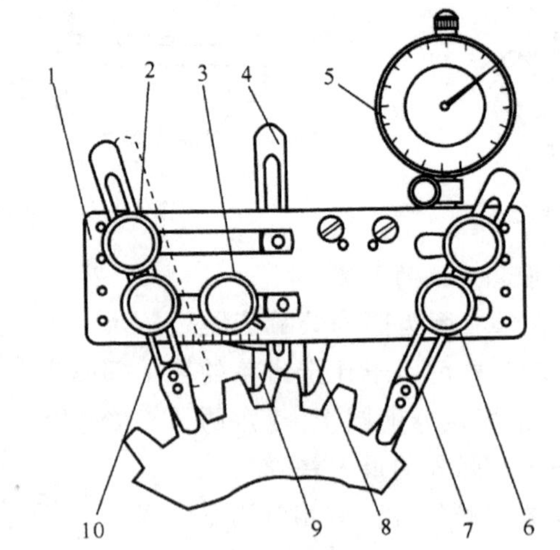

1—主体；2、3、6—固定螺钉；4—辅助支持爪；5—指示表；
7、10—支持爪；8—活动测头；9—固定测头。

图 11－30　手提式周节仪

根据被测齿轮模数，调整齿轮仪的固定测量头 9 并用螺钉锁紧。调节定位支脚，使测头 8、9 位于齿高中部的同一圆周上，并与两同侧齿面相接触且指示表 5 的指针预压约一圈，锁紧螺钉。旋转表壳使指针对零，以此实际齿距作为基准齿距，然后，逐齿测量其余的齿距，指示表读数即为这些齿距与基准齿距之差。

10）齿顶高系数 h_a^* 和顶隙系数 c^* 的确定

齿顶高系数 h_a^* 可由测定的齿顶圆直径 d_a 计算确定

$$h_a^* = \frac{d_a}{2m} - \frac{z}{2}$$

顶隙系数 c^* 可由测定的齿根圆直径 d_f 或全齿高 h 计算确定

$$c^* = \frac{z}{2} - \frac{d_f}{2m} - h_a^*$$

或

$$c^* = \frac{h}{m} - 2h_a^*$$

计算所得的值应与其标准值相符，否则应考虑可能为变位齿轮。

11）齿侧间隙及齿顶间隙的确定

为了保证齿轮副能进行正常啮合运行，齿轮副需要有一定的侧隙及顶隙。齿侧间隙的测量，应在传动状态下利用塞尺或压铅法进行。测量时，一个齿轮固定不动，另一个齿轮的侧面与其相邻的齿面相接触，此时的最小间隙即为齿侧间隙。测量时应注意在两个齿轮的节圆附近测量，这样测出的数值较为准确。顶隙的测量，同样是在齿轮啮合状态下，用塞尺或压铅法测出。

2. 基本参数的确定

1）模数与径节的制式判定

模数或径节是齿轮很重要的参数，其他参数的计算与其有关，在确定时可以从以下方面综合考虑。

（1）了解齿轮的生产国，初步认定该齿轮所采用的标准制度。如中国、日本、法国等国生产的齿轮，可判为模数制，齿形角 $\alpha=20°$，齿顶高系数 $h_a^*=1.0$ 或 $h_a^*=0.8$；如英、美等国生产的齿轮，可能为径节制，齿形角 $\alpha=14.5°$ 或 $\alpha=20°$，齿顶高系数 $h_a^*=1.0$ 或 $h_a^*=0.875$。通过制造国便可初步判断所测齿轮是模数齿轮还是径节齿轮。

（2）通过观察分辨齿形特征来识别。如图 11－31 所示，齿形弯曲，齿槽根部狭窄且圆弧大，为模数制；反之，齿形平直，齿槽根部较宽且圆弧小，为径节制。齿形细长的为标准齿，齿形短粗的为短齿。

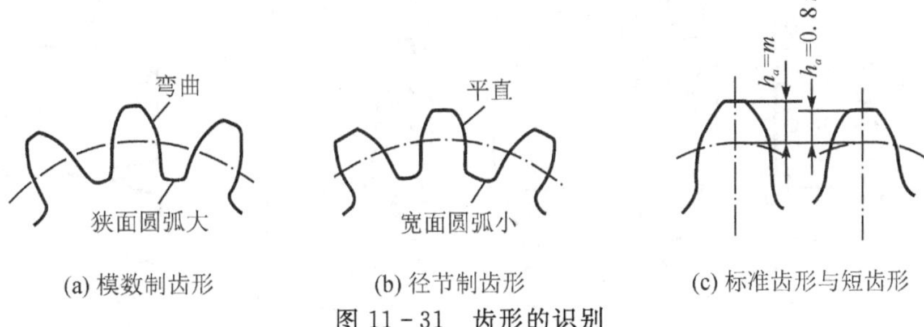

(a) 模数制齿形　(b) 径节制齿形　(c) 标准齿形与短齿形

图 11－31　齿形的识别

2）模数的确定

模数在测量时无法直接确定，必须经过计算才能确定，为使计算尽可能准确，常采用以下几种方法。

用测定的齿顶圆直径 d_a 或齿根圆直径 d_f 计算确定模数

$$m = \frac{d_a}{z + 2h_a^*}$$

或
$$m=\frac{d_f}{z-2h_a^*-2c^*}$$

式中，h_a^* 为齿顶高系数，标准齿形 $h_a^*=1$，短齿形 $h_a^*=0.8$；c^* 为顶隙系数，国产齿轮 $h_a^*=1$；$c^*=0.25$。

计算所得的值应与表 11－8 中某一标准值相符或接近。若差值较大，在确认测量值无误的情况下，则应考虑可能为变位齿轮。

用测定的全齿高计算确定模数

$$m=\frac{h}{2h_a^*+c^*}$$

用测定的中心距计算确定模数

$$m=\frac{2a}{z_1+z_2}$$

例 11－1 一直齿圆柱齿轮，其齿数 $z=24$，测得齿顶圆直径 $d_a=64.82$ mm，齿根圆直径 $d_f=53.90$ mm，试确定其模数 m。

解
$$m=\frac{d_a}{z+2h_a^*} \text{ 或 } m=\frac{d_f}{z-2h_a^*-2c^*}$$

以 $h_a^*=1$ 和 $c^*=0.25$ 代入，则

$$m=64.82/(24+2\times1)=2.493 \text{ mm}$$
$$m=53.90/(24-2\times1-2\times0.25)=2.507 \text{ mm}$$

查表 11－8，两数均与标准模数 2.5 非常接近，故确定该齿轮模数 $m=2.5$ mm。

3)齿形角 α 的确定

(1)用齿形样板对比确定。按标准齿条的形状制造出一系列齿形样板，每一块样板对应一个固定的模数 m 和齿形角 α，如图 11－32 所示。将样板放在齿轮上，观察齿侧间隙和径向间隙，可同时确定齿轮的模数 m 和齿形角 α。

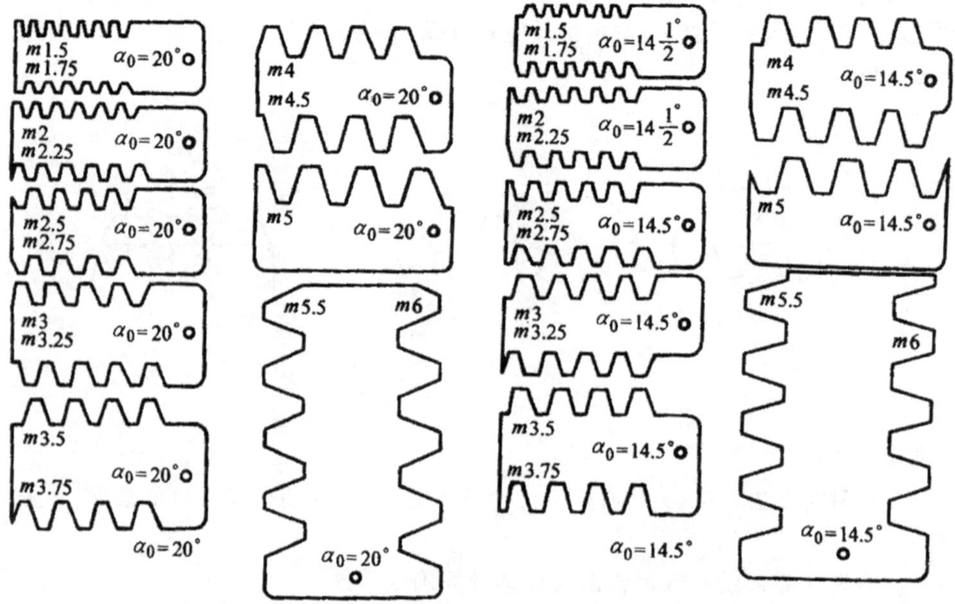

图 11－32 齿形样板

(2)用齿轮滚刀试滚法确定。选择不同齿形角 α 的齿轮滚刀与齿轮作啮合滚动,观察齿形是否一致,观察齿顶和齿根处是否有间隙,据此即可确定齿形角 α。

(3)用公法线长度法计算确定。按测得的公法线长度 W_k、W_{k-1} 或 W_{k+1} 推算出基圆齿距 p_b,按下式计算齿形角,即

$$\alpha = \arccos\frac{p_b}{\pi m} = \arccos\frac{W_k - W_{k-1}}{\pi m}$$

例 11-2　已知一齿轮的模数 $m=2$,齿数 $z=48$,测得其公法线长度 $W_6=33.75$ mm,$W_7=39.66$ mm,试确定其齿形角 α。

解 1

$$p_b = W_{k+1} - W_k$$

$$p_b = (39.66 - 33.75)\ \text{mm} = 5.91\ \text{mm}$$

查本书电子档附件,p_b 接近 5.904 表值,得 $m=2$,$\alpha=20°$。

解 2

$$\alpha = \arccos\frac{p_b}{\pi m}$$

$$\alpha = \arccos\frac{p_b}{\pi m} = \cos^{-1}0.9406 = 19.85° \approx 20°$$

但须注意的是,使用这种方法有时也会碰到判断困难的情况,如已知 $m=1.5$,$p_b=4.556$,查设计手册,此值介于 4.552 和 4.562 间,前者 $\alpha=15°$,后者 $\alpha=14.5°$,无法直接判定。出现这种情况时,就应该结合了解其所采用的标准制度来确定。

4)材料、齿面硬度及热处理方式

齿轮材料的测定,可在齿轮不重要部位钻孔取样,进行材料化学成分分析,确定齿轮材质。也可根据使用情况类比确定。齿轮齿面硬度可通过硬度计测出。

齿轮材料、齿面硬度及热处理方式可参考表 11-9 提供的资料,综合考虑后确定。

表 11-9　齿轮的材料及热处理

工作条件及特征	材料	代用材料	热处理	硬度
在低速度及轻负荷下工作而不受冲击性负荷的齿轮	HT150～HT350	—	—	—
在低速及中负荷下工作的齿轮	45	50	调质	220～250HBW
	40Cr	—	调质	220～250HBW
在低速及重负荷或高速及中负荷下工作而不受冲击性负荷的齿轮	45	50	高频表面加热淬火	45～50HRC
在中速及中负荷下工作大的齿轮	50Mn2	50SiMn 45Mn2 40CrSi	淬火、回火	255～302HBW
在中速及重负荷下工作的齿轮	40Cr 35CrMo	30CrMnSi 40CrSi	淬火、回火	45～50HRC

续表

工作条件及特征	材料	代用材料	热处理	硬度
在高速及轻负荷下工作,无猛烈冲击,精密度及耐磨性要求较高的齿轮	40Cr	35Cr	碳氮共渗或渗碳,淬火回火	48～54HRC
在高速及中负荷下工作并承受冲击负荷的小齿轮	15	20 15Mn	渗碳、淬火回火	56～62HRC
在高速及中负荷下工作并承受冲击负荷的外形复杂的重要齿轮	20Cr 18CrMnTi	20Mn2B	渗碳、淬火回火	56～62HRC
在高速及中负荷下工作无猛烈冲击的齿轮	40Cr	—	高频感应加热淬火	50～55HRC
在高速及重负荷下工作的齿轮	40CrNi 12CrNi3 35CrMoA	—	淬火、回火(渗碳)	45～50HRC
周速为 40～50 m/s 的齿轮	夹布胶木	—	—	—

11.2.4 斜齿圆柱齿轮的测绘

1. 斜齿圆柱齿轮的测绘特点

斜齿圆柱齿轮测绘步骤与直齿圆柱齿轮大致相同,主要是增加了齿顶圆螺旋角 β_a 的测量和分度圆螺旋角 β 的计算。另外还须指出的是,由于轮齿的倾斜,造成了法面参数与端面参数的不一样,在测绘中要注意两者间的换算。如法面模数 m_n 和端面模数 m_t 的关系为

$$m_t = \frac{m_n}{\cos\beta}$$

通常将斜齿轮主要参数的标准值规定在法面上,如用滚刀、片铣刀切制的经过磨齿的斜齿轮,它们的法面模数 m_n 和法面齿形角 α_n 为标准值;也有将主要参数的标准值规定在端面上的,如用插齿刀切制的斜齿轮。

在测量分度圆弦齿厚 s_n、固定弦齿厚 s_{cn} 时,采用的是当量齿数 z_v

$$z_v = \frac{z}{\cos^3\beta}$$

在测量法面公法线长度 W_{kn},确定跨测齿数 k 时,采用的是假想齿数 z'

$$z' = z\,\frac{\text{inv}\alpha_t}{\text{inv}\alpha_n}$$

式中,$\text{inv}\alpha_t/\text{inv}\alpha_n$ 值可从本书电子档附件查得,$\text{inv}\alpha_t$ 和 $\text{inv}\alpha_n$ 分别为端面齿形角 α_t 和法面齿形角 α_n 的渐开线函数。

2. 螺旋角的测定

1)滚印法测定

在齿轮的齿顶圆上薄薄地涂上一层红印油,将齿轮端面紧贴直尺,顺一个方向在白纸上滚动,这时在白纸上就留下了齿顶的展开痕迹,如图 11－33 所示。利用量角器即可量出齿印的斜角。应注意的是,用这种方法量得的是齿顶圆螺旋角 β_a,而不是分度圆螺旋角 β。分度圆螺

旋角 β 可按下式计算

$$\tan\beta = \frac{d_a - 2h_n^* m_n}{d_a}\tan\beta_a$$

这种方法求得的螺旋角 β 只能是一个近似值。对于成对更换的齿轮，这种方法可以基本满足要求；但对只更换一个齿轮时，这种方法就不能满足要求。

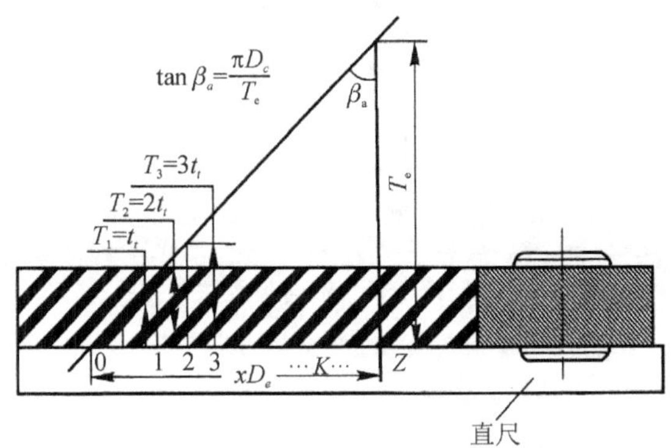

图 11－33　滚印法

2）正弦棒法测量

如图 11－34 所示，在齿向仪上，固定斜齿轮 1，将齿条状测头 2 插入斜齿轮的齿间，正弦棒也就随之倾斜一个角度。测量尺寸 B 和 C，即可按下式计算

$$\sin\beta = \frac{B - C}{A}$$

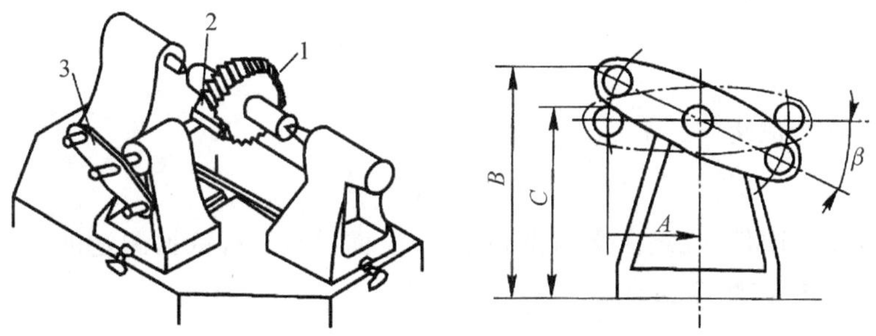

1—斜齿轮；2—齿条状测头；3—正弦棒。

图 11－34　正弦棒法

3）轴向齿距法测量

如图 11－35 所示，将两个直径相同的钢球放在斜齿轮的齿间，使两钢球的球心连线平行于齿轮轴线 $O-O$，这时可用游标卡尺或千分尺直接量出尺寸 L，则轴向齿距 p_x 和螺旋角 β 可按下式计算

$$p_x = \frac{L - d_p}{N}, \qquad \sin\beta = \frac{\pi m_n}{p_x}$$

式中，N 为两钢球间的齿数；d_p 为钢球直径，一般可按 $d_p=1.68m_n$ 选取。

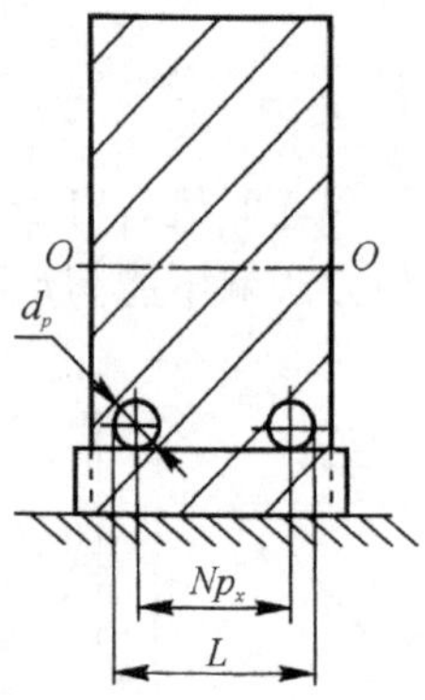

图 11－35　轴向齿距法

3. 基本参数的确定

1)确定法面模数 m_n 及法面齿形角 α_n

(1)依据法面基节 p_{bn}，查本书电子档附件确定法面齿形角 α_n 和法面模数 m_n。

测量法面公法线长度 W'_{kn} 和 $W'_{(k+1)n}$，测量方法与直齿圆柱齿轮相同。不同的是，此时在确定跨测齿数时，采用的是假想齿数 z'，而不是实际齿数 z，计算法面基节 p_{bt}

$$p_{bn} = W'_{(k+1)n} - W'_{kn}$$

(2)依据计算的 p_{bn} 值，查本书电子档附件，确定法面齿形角 α_n 和法面模数 m_n。

当齿宽 $b \leqslant W_{kn}\sin\beta$ 时，法面公法线长度无法测量，此时可测量端面公法线长度 W_{kt}，计算端面基节 p_{bt}

$$p_{bt} = W'_{(k+1)t} - W'_{kt}$$

然后按下式换算成法面基节 p_{bn}

$$p_{bn} = p_{bt}\cos\beta$$

再查本书电子档附件，确定法面齿形角 α_n 和法面模数 m_n，依据测定的齿顶圆直径 d_a' 或中心距 a，计算确定法面模数 m_n

$$m_n = \frac{2a\cos\beta}{z_1 + z_2}$$

(3)依据测定的全齿高 h，计算确定法面模数 m_n。

$$m_n = \frac{h}{2h_a^* + c^*}$$

2)法面齿顶高系数 h_{an}^* 和法面顶隙系数 c_n^* 的确定

斜齿轮一般采用标准齿形，国产斜齿轮，其 $h_{an}^* = 1$，$c_n^* = 0.25$。通常可按下式计算确定

$$h_{an}^* = \frac{1}{2}(d'_a/m_n - z/\cos\beta)$$

$$c_n^* = \frac{h}{m_n - 2h_{an}}$$

拓展知识

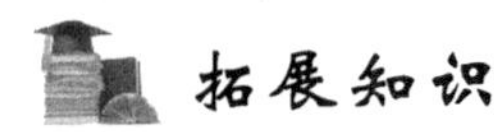

11.3　一级减速器齿轮轴、大齿轮测绘实例分析

在拆卸和分析减速器的过程中，已列出了所有标准件和非标准件明细表，要对表中所列非标准件逐一进行测绘。减速器的非标准件包含轴类、盘盖类和箱体类零件，下面对一级减速器中典型结构的齿轮轴、大齿轮零件进行测绘实例分析。

11.3.1　齿轮轴的测绘

齿轮轴是由实心圆柱体、键槽等构成的，是减速器的重要组成部分。轴上工艺结构有圆角、倒角及中心孔。该轴是被测减速器的输入轴，与轴配合的零部件有联轴器、轴承、密封件、键等。测绘步骤如下：

1. 齿轮轴的装配关系、装配精度分析

装配关系：堵盖→轴承→齿轮轴→轴承→密封圈→端盖。

装配精度：为保证传动精度，齿顶圆应与装配轴承两轴颈处同轴，且装配轴承两轴颈处应同轴。为保证轴承的轴向间隙，装配两轴承的轴肩之间距离应有较高要求。

2. 绘制零件草图

轴类零件主视图按加工状态将轴水平放置，只需采用一个基本视图（主视图）就能表示其主要形状。实心轴不必采用剖视图，对轴上的键槽及花键等结构，要绘出相应的移出横剖面图，如图 11－36 所示。必要时对螺纹退刀槽、砂轮越程槽等可绘出局部放大视图，较长的轴用折断画法。

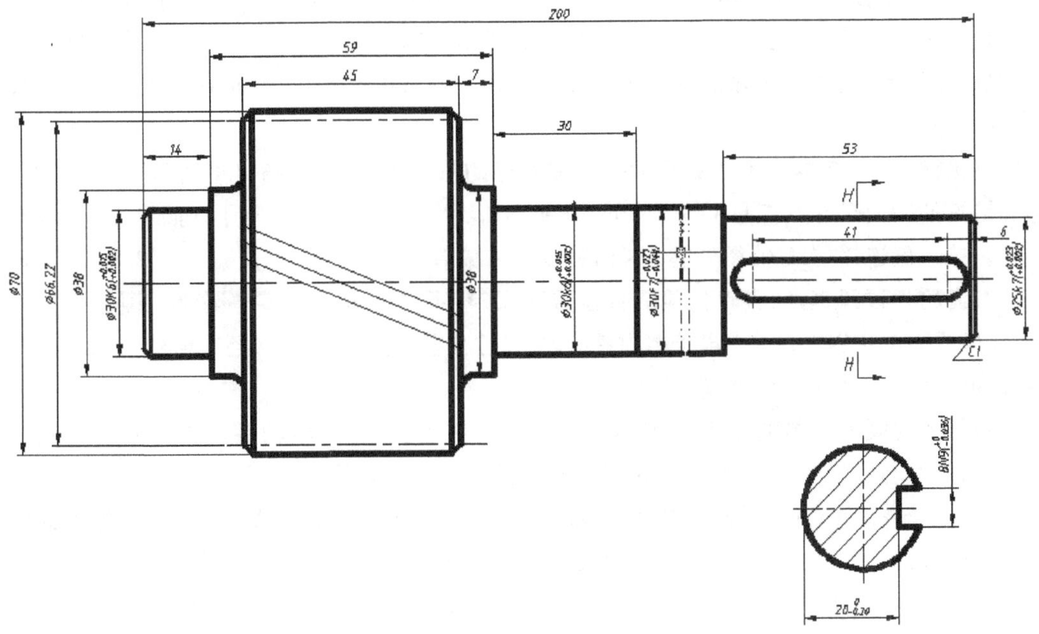

图 11－36　齿轮轴的草图

如图 11－36 所示，齿轮轴按加工位置选择主视图，轴线水平放置，轴上键槽朝前方放置。

3. 齿轮轴零件的尺寸标注

(1)轴向尺寸：轴向尺寸以左侧轴承的定位面为主要基准面，并考虑加工情况，以轴的两端面为辅助基准面。尺寸 14 确定主要基准面的位置；尺寸 59 保证两轴承的相对位置；ϕ30 段尺寸 30 与右侧轴承安装面有关，从右侧轴承安装面直接注出；ϕ38 段尺寸 7 确定齿轮位置，从主要基准面直接注出。ϕ 25 段尺寸 53 和 6 从右侧辅助基准面(轴的右端面)注出，以便测量；加工时，轴的全长 200 以左侧辅助基准面(轴的左端面)为基准测量。图中未标出的尺寸为工序过程中自然形成的尺寸，因此零件图上不标注，如 ϕ30 段轴长为不重要尺寸，其累积误差不影响装配精度。

为保证轴承的轴向间隙，装配两轴承的轴肩之间距离尺寸为主要尺寸，应直接标出，并需标注尺寸偏差。其他轴向尺寸不需标注尺寸偏差。

(2)径向尺寸：径向尺寸以轴线为基准，轴的各段直径尺寸都应注出。所有配合处的直径尺寸或精度要求较高的重要尺寸应注出尺寸偏差。

(3)键槽尺寸：齿轮轴 ϕ25 轴段上键槽尺寸除注出定位尺寸 3 和键槽长 45 外，还应在移出断面图上按键连接国家标准规定注法，注出槽宽和槽深的尺寸及其极限偏差值，标注方法如图 11－36 所示。键连接的结构尺寸可按轴径 d 由《机械设计手册》查出。

(4)所有细部结构的尺寸，如倒棱、倒角、退刀槽、砂轮越程槽、键槽、中心孔等结构，应查阅有关技术资料的尺寸后再进行标注，或在技术要求中说明。

4. 确定齿轮轴零件的尺寸偏差

1)径向尺寸偏差

(1)与轴承配合的两轴径 ϕ30：ϕ30 轴径与轴承配合，查本书电子档附件《安装向心轴承和角接触轴承的轴颈公差带》(摘自 GB/T 275—2015)，旋转状态为内圈相对于负荷方向旋转或摆动，负荷为正常负荷。查表知 ϕ30 轴径尺寸偏差为 k5，又查表注②单列圆锥滚子轴承和单列角接触球轴承，因内部游隙的影响不重要，可用 k6 和 m6 代替 k5 和 m5；故取 ϕ30 轴径尺寸偏差为 k6。

(2)键槽尺寸：查本书电子档附件《普通平键的形式和尺寸》(摘自 GB/T 1096—2003)，《键和键槽的断面尺寸》(摘自 GB/T 1095—2003)，《平键键槽的剖面尺寸》(摘自 GB/ T275—2015)。选一般连接，ϕ25 轴径处键 7×8，键宽尺寸偏差 N9，键深尺寸及偏差为 $21_{-0.2}^{\ 0}$。

(3)齿轮齿顶圆直径：齿轮齿顶圆直径需计算(参照本书齿轮类零件测绘)，国家标准推荐的齿坯齿顶圆尺寸公差查本书电子档附件《齿坯尺寸公差》为 $\pm 0.05m_n$(经计算 $m_n = 1.5$)，故知齿坯齿顶圆尺寸公差为 $\pm 0.05 \times 1.5 = \pm 0.075$。

(4)与密封圈配合的轴径 ϕ30：查本书电子档附件中关于《旋转轴唇形密封圈的型式及尺寸》的内容，知与唇形密封圈 B030050 配合的轴径 ϕ30 尺寸偏差为 h11。

(5)伸出轴径 ϕ25：伸出轴径 ϕ25 需与联轴器配合，基准制确定为基孔制；公差等级的选择查本书电子档附件《公差等级的选择》，确定为联轴器孔径 7 级，按工艺等价原则，轴径选 6；伸出轴径 ϕ25 与联轴器配合，用键连接传递力，轴端没有定位零件，因无相对运动且要传递转矩、要精确同轴、可拆结合，拟采用较紧的过渡配合，又查本书电子档附件中《各种基本偏差的应用实例》的相关内容选 n，故伸出轴径为 ϕ25n6。

(6)ϕ38 轴肩：无配合要求，故取未注尺寸公差 m(中等级)，标注为 GB/T 1804－m。

2)轴度尺寸偏差

两 ϕ38 轴肩长度尺寸 54 的误差影响轴承侧隙暂确定为±0.1。

其他长度尺寸无尺寸偏差要求。

5. 确定齿轮轴零件的形位公差

由前述分析知，为保证传动精度，齿顶圆应与装配轴承两轴颈处同轴，装配轴承两轴颈处应同轴，同时与标准件配合的轴径形位公差又有国家标准规定，以下逐项确定：

1)与滚动轴承配合的轴径、轴肩形位公差的确定

滚动轴承取 0 级，查本书电子档附件《轴颈和外壳孔的几何公差》的相关内容选取，与滚动轴承配合的轴径圆柱度为 0.004 mm，与滚动轴承配合的轴肩端面圆跳动为 0.012 mm。

2)键槽形位公差的确定

在国家标准中，轴槽和轮毂槽对轴线的对称度公差做了规定。根据键槽宽 b，一般按 GB/T 1184—1996《形状和位置公差》中对称度 7～9 级选取，知对称度选 8 级，查本书电子档附件《同轴度、对称度、圆跳动和全跳动的公差值》，知对称度 8 级的公差值为 0.015 mm。

3)齿轮轴齿轮形位公差的确定

查本书电子档附件《各类机械设备的齿轮精度等级》，确定齿轮轴齿轮精度等级为 7 级，又查《齿坯径向和端面圆跳动公差》，知齿轮轴齿轮径向和端面圆跳动公差为 0.018 mm。

4)装配轴承两轴颈处同轴度

装配轴承两轴颈处作为测量齿轮轴形位公差的公共基准，类比确定两轴颈径向圆跳动公差为 0.016 mm。

6. 确定齿轮轴零件的表面粗糙度

与标准件配合的轴的各表面粗糙度在国家标准中都有相应规定，表面粗糙度的确定应查阅相关国家标准，对其他表面可采用类比法确定。类比法是将所测绘或设计的零件图参照一些工作条件相同的，实践证明使用性能良好的机件的表面粗糙度进行选注。

1)与轴承配合的轴径和轴肩的表面粗糙度

查本书电子档附件《轴颈和外壳孔的表面粗糙度》，知轴径表面粗糙度为 Ra0.8 μm，轴肩的表面粗糙度为 Ra3.2 μm。

2)ϕ25 轴径键槽两侧面的表面粗糙度

表面粗糙度值要求为：键槽侧面为 Ra1.6～3.2 μm；其他非配合面为 Ra6.3 μm，确定 ϕ25 轴径键槽两侧面的表面粗糙度为 Ra1.6 μm。

3)ϕ25 轴径的表面粗糙度

ϕ25 轴径与联轴器配合，用类比法确定。轴的表面粗糙度 Ra 荐用值确定为 Ra1.6 μm。

4)与密封圈配合的 ϕ30 轴径表面粗糙度

查本书电子档附件《旋转轴唇形密封圈的型式及尺寸》与密封圈配合的 ϕ30 轴径表面粗糙度确定为 Ra0.4 μm。

5)齿轮齿面的表面粗糙度

查本书电子档附件《齿面表面粗糙度允许值》，确定齿轮齿面的表面粗糙度为 Ra1.6 μm。

6)齿顶圆的表面粗糙度

查《齿(蜗)轮类零件表面粗糙度的选择》,确定齿轮齿顶圆的表面粗糙度为 $Ra1.6\ \mu m$。

7)其余表面确定为 $Ra3.2\ \mu m$

7. 确定齿轮轴的材料及热处理

选择材料时,主要考虑使用要求、工艺性能要求和经济要求。碳素钢较合金钢价格低,对应力集中的敏感性较低,还可以用热处理或化学热处理的办法提高其耐磨性和抗疲劳强度。因为该齿轮轴是减速器用轴,中速、中载,条件工件一般,故选用 45 号钢,然后通过调质处理提高材料的综合力学性能,通过齿面高频淬火提高齿面硬度。

8. 技术要求的确定

在视图上及标注中不便或无法表达的内容,但在制造或检验时又必须保证的要求,可用文字形式直接写明在图纸内予以说明,这些文字内容称技术条件(又称技术要求)。技术条件通常在图纸右下方位置。

齿轮轴的技术要求可确定为:①调质 HB230-280,齿面淬火 HRC50～55;②未注尺寸公差按 GB/T1804-m;③未注形位公差按 GB/T1184-h;④未注倒角 $C2$;⑤未注圆角 $R2$。

11.3.2 齿轮的测绘

如图 11-37 所示齿轮为腹板式结构,采用锻造轮坯,轮毂、轮缘各圆及倒角在车床上加工,键槽在插床上加工,腹板孔在钻床上加工。轮齿在滚齿机上连续切削加工,与其他加工方法比较,其精度、效率都较高。与大齿轮配合的件有低速轴、键。齿轮的测绘步骤如下。

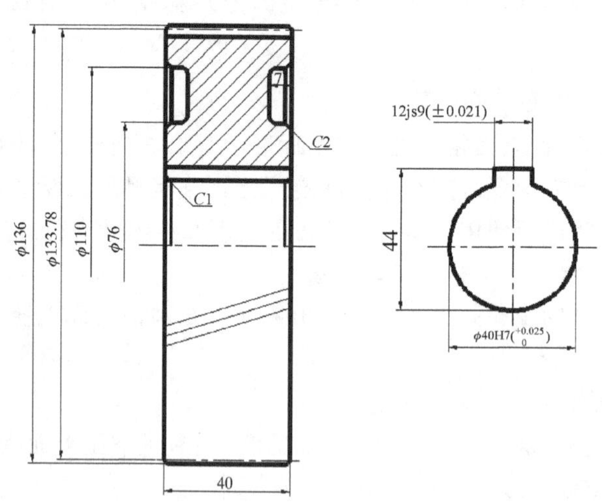

图 11-37 齿轮草图

1. 齿轮的装配关系、装配精度分析

装配关系:堵盖→轴承→低速轴→齿轮→隔圈→轴承→密封圈→端盖。

装配精度:为保证传动精度,齿轮齿顶圆与内孔应同轴;为保证接触精度,齿轮内孔应与齿轮端面垂直;为保证轴承的轴向间隙,齿轮厚度尺寸应有较高要求。

2. 齿轮的测量与计算

1)齿轮几何参数的测量

测量得小齿轮齿数44,大齿轮齿数88,小齿轮齿顶圆直径实测值 $d'_{a1}=69.88$ mm,大齿轮齿顶圆直径实测值 $d'_{a2}=36.11$ mm,查有关资料知螺旋角 $\beta=9°22'$,中心距为100 mm。并进行其他尺寸测量,如齿厚、内孔、轮毂、键槽等结构的尺寸。

2)基本参数的确定

测量若干个齿之间的公法线长度 W_n,通过相邻的 W_n 值之差可求得基圆齿距 P_b,再查本书电子档附件《基圆齿距 P_b 数值表》,可以查到与实测的 P_b 最接近的标准 P_b 值,从而查出相对应的 α_n 和 m_n。经计算得基圆齿距 P_b 为4.43,在《基圆齿距 p_b 数值表》中找到与4.43最近的标准基圆齿距值为4.428,由此可得 $\alpha_n=200$、$m_n=1.5$。因为是国产齿轮,可取标准齿顶高系数 $h_a^*=1$,顶隙系数 $c^*=0.25$。

3)计算齿顶圆直径、分度圆直径、全齿高、公法线长度

因实际中心距与标准中心距 A 不相等,可确定为角变位齿轮,经计算知,小齿轮为标准齿轮;大齿轮为角变位齿轮,且变位系数为−0.222。

经计算知,小齿轮齿顶圆直径为69.88 mm,分度圆直径为66.89 mm;大齿轮齿顶圆直径为136.1 mm,分度圆直径为133.78 mm。全齿高 $h=3.375$ mm。小齿轮跨测齿数 $k=5$,公法线长度约为20.89 mm,大齿轮跨测齿数 $k=10$,公法线长度约为43.77 mm。

4)齿轮精度的确定

根据齿轮的工作及使用要求,参照本书齿轮类零件测绘,查本书电子档附件《各类机械设备的齿轮精度等级》,类比确定齿轮的精度为:$7F_\beta 8(F_pF_\alpha F_r)$GB/T 10095.1—2008。即齿距累积总偏差 F_p 为8级、齿圈径向跳动公差 F_r 为8级、齿廓总偏差 F_α 为8级、齿向公差 F_β 为7级。查本书电子档附件,知小齿轮 $F_p=0.052$、大齿轮 $F_p=0.069$、小齿轮 $F_r=0.042$、大齿轮 $F_r=0.055$、小齿轮 $F_\alpha=0.017$、大齿轮 $F_\alpha=0.020$、小齿轮 $F_\beta=0.028$、大齿轮 $F_\beta=0.025$。

公法线长度极限偏差经计算为:小齿轮上偏差 $E_{WMS}=-0.067$,下偏差 $E_{WMI}=-0.216$;大齿轮上偏差 $E_{WMS}=-0.077$,下偏差 $E_{WMI}=-0.242$。

5)啮合参数的确定

通过以上测量及计算得到齿轮的啮合参数,在齿轮零件工作图的右上角位置列出啮合特性表。如表11-10所示,表中包括齿轮的基本参数和精度等级、公法线长度偏差、检验项目及其偏差或公差。

表11-10 啮合参数表

啮合参数	数值/特征
法向模数 m_n	15
齿数Z	44
法向齿形角 α_n	20°
螺旋角 β	9°22′
齿旋方向	右旋
齿顶高系数 h_{an}^*	1

续表

啮合参数		数值/特征
全齿高 h		3.375
变位系数 X_n		0
精度等级		8-8-7 GB/T 10095—2001
齿距累计总公差 F_p		0.052
齿廓总公差 F_α		0.017
齿向公差 F_β		0.028
齿圈径向跳动公差 F_r		0.042
公法线平均长度 W_k 及其极限偏差		$20.89^{-0.054}_{-0.125}$
跨测齿数 K		5
配对齿轮	中心距 A	100±0.043
	图号	ZD10-05
	齿数	88

3. 绘制零件草图

齿(蜗)轮零件工作图一般需要两个主要视图(一个主视图,一个左视图)。该齿轮主视图采用半剖视图表达轮毂、轮缘、轴孔等结构,左视图采用局部视图表达键槽结构及尺寸,如图11-37所示。

4. 尺寸标注

齿轮零件尺寸按回转体零件进行标注。在标注时,径向尺寸以轴线为基准,宽度方向(轴向)尺寸以端面为基准。如图11-37所示,齿轮的分度圆直径、齿顶圆直径、内孔直径、齿宽、轮辐、键槽等必须标注。齿根圆直径是根据齿轮参数加工的结果,在图中不必标注。

5. 确定齿轮的尺寸偏差

1)齿轮齿顶圆直径的尺寸偏差

同前文所述,国家标准推荐的齿坯齿顶圆尺寸公差为$\pm0.05m_n$(经计算$m_n=1.5$),故知齿坯齿顶圆尺寸公差为$\pm0.05\times1.5=\pm0.075$。

2)齿轮内孔直径的尺寸偏差

齿轮内孔与轴的配合应为基孔制,查本书电子档附件《齿坯尺寸公差》知内孔直径的尺寸公差为IT7,齿轮内孔为基准孔,故尺寸偏差为H7。

3)齿轮内孔键槽尺寸偏差

同前文所述,查本书电子档附件,选一般连接,$\phi40$内孔处键12×8,键宽尺寸偏差JS9,键深尺寸及偏差为$40+3.3=43.3^{+0.2}_{0}$。

4)齿轮厚度尺寸偏差

齿轮厚度40尺寸偏差影响轴承侧隙,暂确定为±0.1。

5)其他长度尺寸偏差

其他长度尺寸无尺寸偏差要求。

6. 齿轮的形位公差

1)齿坯径向和端面圆跳动公差

同前文所述,查本书电子档附件《齿坯径向和端面圆跳动公差》,知齿轮轴齿轮径向和端面圆跳动公差为 0.022 mm。

2)大齿轮坯内孔圆度公差

查本书电子档附件《基准面与安装面的形位公差》,知大齿轮孔圆度公差为 $0.04(L/b)F_{\beta}=0.04$。

3)齿轮键槽对称度公差

同前文所述,查本书《轴承、键、齿轮的互换性》,对称度选 8 级,查本书电子档附件《同轴度、对称度、圆跳动和全跳动的公差值》,知对称度 8 级的公差值为 0.020 mm。

7. 齿轮的表面粗糙度

1)齿轮齿面的表面粗糙度

同前文所述,查本书电子档附件《齿面表面粗糙度允许值》,确定齿轮齿面的表面粗糙度为 $Ra1.6\ \mu m$。

2)齿轮齿顶圆、轮毂孔、两端面的表面粗糙度

同前文所述,查本书《齿轮类零件测绘》《齿(蜗)轮类零件表面粗糙度的选择》,确定齿轮齿顶圆表面粗糙度为 $Ra3.2\ \mu m$、轮毂孔表面粗糙度为 $Ra1.6\ \mu m$、两端面的表面粗糙度为 $Ra3.2\ \mu m$。

3)齿轮轮毂孔 $\phi40$ 键槽两侧面的表面粗糙度

同前文所述,查键的国家标准,确定齿轮轮毂孔 $\phi40$ 键槽两侧面的表面粗糙度为 $Ra1.6\ \mu m$。

4)其余加工表面粗糙度确定为 $Ra3.2\ \mu m$。

8. 确定齿轮的材料及热处理

同前文所述,该齿轮是减速器用齿轮,中速、中载,条件工件一般,故选用 45 号钢。通过调质处理提高材料的综合力学性能,齿面高频淬火提高齿面硬度。

9. 技术要求的确定

同前文所述,齿轮的技术要求可确定为:调质 HB230－280,齿面淬火 HRC50～55;未注尺寸公差按 GB/T 1804－m;未注形位公差按 GB/T 1184－h;未注倒角 $C2$;未注圆角 $R2$。

任务 12　绘制齿轮的工作图

任务描述

【任务目标】

绘制齿轮零件工作图。

【知识目标】

①国家标准对标准图幅的规定。

②正确、合理的尺寸、尺寸偏差、形位公差、表面粗糙度标注方式。

③正确绘制零件工作图的技巧。

【能力目标】

掌握齿轮零件工作图的绘制方法。

【素质目标】

培养学生一丝不苟、耐心细致的工作作风，养成诚实守信、严谨踏实、沟通协作的职业素质，树立质量、效率、成本、安全等意识。

基础知识

基础知识参考任务 8 中 8.1 和 8.2。

任务13　箱体、上盖的测绘

任务描述

【任务目标】

①箱体、上盖零件的测绘。

②草图绘制和尺寸线标注。

③实物测绘。

④确定尺寸偏差。

⑤确定形位公差。

⑥确定表面粗糙度。

⑦确定材料、热处理及技术要求。

【知识目标】

①箱体、上盖零件的测绘方法。

②箱体、上盖零件的视图表达方法和尺寸的标注方法。

③箱体、上盖零件的尺寸偏差、形位公差、表面粗糙度的标注方式。

【能力目标】

①掌握箱体、上盖零件的测绘方法。

②掌握箱体、上盖零件的视图表达方法和尺寸的标注方法。

③掌握箱体、上盖零件尺寸偏差、形位公差、表面粗糙度的确定方式。

【素质目标】

培养学生一丝不苟、耐心细致的工作作风，养成诚实守信、严谨踏实、沟通协作的职业素质，树立质量、效率、成本、安全等意识。

基础知识

13.1　箱体类零件的测绘

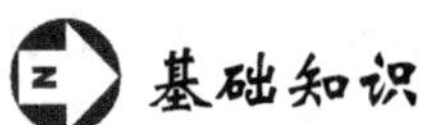

箱体类零件形状复杂，视图数量较多，因此测绘周期长，工作量较大。本任务着重介绍箱体类零件的测绘特点、常用测绘方法和步骤，以及测绘中的注意事项等内容。

13.1.1 箱体类零件测绘基础

箱体类零件包括各种减速箱、泵体、阀体、机床的主轴箱、变速箱、动力箱、机座等。箱体类零件是机器或部件的基础件，它将机器或部件中的有关零件连接成一个整体，并保持正确的相互位置，按照一定的传动关系协调地运动。因此，箱体类零件的精度和刚度直接影响到机器或部件的性能、寿命和可靠性等。

1. 箱体类零件的结构特点

箱体类零件以铸造件为主(少数采用锻件或焊接件)，其结构特点是：体积较大，形状较复杂，内部呈空腔形，壁薄且不均匀，体壁上常设有轴孔、凸台、凹坑、凸缘、肋板、铸造圆角、斜面、沟槽、油孔、窗口等各种结构。箱体类零件测绘繁琐，又必不可少，因此，测绘中必须了解这些结构的工艺特点以及对它们的要求，正确测绘。

图 13-1 为机械设备中几种常见箱体类的结构，由图可见，箱体类零件不但有多变的内形，而且有复杂的外貌，几乎全由几何体组合构成。从其形状上看，不仅有各种形式几何体的堆积，而且还有各种不同几何体的相贯，形成不同的相贯线和截交线；既可能碰到不完整的圆锥、圆柱、球形和环形，又可能遇到非圆曲线、曲面和斜面，既有凸缘、凸台，又有沟槽、油孔等，不规则的内部通道和凹坑也比其他零件复杂得多。

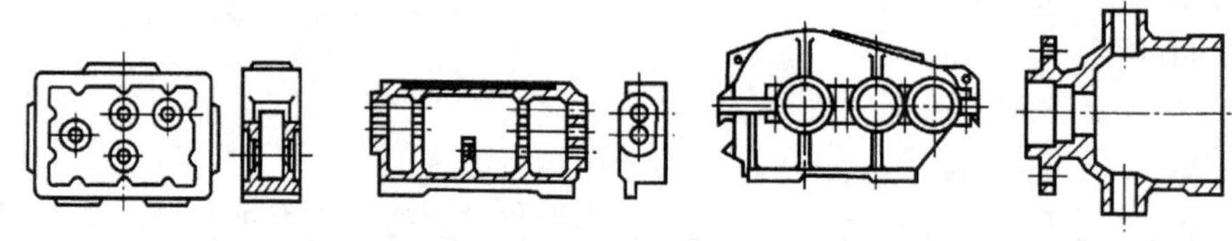

(a) 组合机床主轴箱体类　(b) 车床进给箱体类　(c) 剖分式减速箱体类　(d) 泵壳

图 13-1　几种箱体类的结构简图

箱体类的主要加工表面为平面和孔，不但尺寸精度和表面粗糙度要求较高，而且还有较高的形位精度。

2. 箱体类零件的工艺性

1)箱体类零件的毛坯及材料分析

箱体类零件由于形状较复杂，其毛坯绝大多数都采用铸件，少数采用锻件和焊接件。由于铸铁的尺寸稳定性好、易切削、价格低廉、吸振性和耐磨性也较好，故在箱体类零件中应用最广。根据需要，箱体类材料可选用 HT100 到 HT400 各种牌号的灰铸铁，常用牌号为 HT200。某些负荷较大的箱体类，有时采用铸钢件，只有单件小批生产或某些简易机器或部件的箱体类，为了缩短毛坯的生产周期，才采用钢板焊接。某些大型箱体类也可采用铸-焊或铸-锻-焊复合毛坯。有特殊要求时，也可采用其他材料制作，如飞机发动机的汽缸体，为了减轻重量，通常采用镁铝合金铸造而成。

为了避免加工变形，提高尺寸稳定性，改善切削性能，箱体类毛坯均应进行时效处理。

2)箱体类零件的铸造工艺性

对于铸造箱体类，为了保证具有足够的刚度和强度，以及造型、拔模和浇注的方便，对其形状和尺寸都有相应要求，如铸造圆角、拔模斜度、最小壁厚的要求；隔板、加强肋、凸台、凹坑、工艺孔的设置以及壁厚的过渡和连接等。

3）箱体类零件的机械加工工艺性

箱体类零件构形复杂，主要加工表面为孔和平面。箱体类上的孔大致可分通孔、阶梯孔、盲孔和交叉孔等几类。通孔的工艺性最好，阶梯孔和交叉孔的工艺性次之，盲孔的工艺性最差。

箱体类零件同一轴线上孔的直径排列方式通常有两种：一种是孔径的大小向一个方向递减，这样便于镗杆和刀具从一端伸入，可逐个加工或同时加工几个孔，以保证较高的同轴度要求；另一种是孔径大小从两边向中间递减，这样可使刀杆从两边进入箱体加工各孔。外小内大孔的工艺性较差，应尽量避免采用。

箱体类的外端面凸台应尽可能在一个平面上，以使加工简单方便。箱体类装配基面的尺寸应尽可能大些，形状力求简单，以便于加工、装配和检验。箱体类上的紧固孔和螺孔尺寸规格应尽量一致，以减少刀具数量和换刀次数。为便于加工或装配，必要时可增设工艺凸台、工艺孔等。另外，一个装配尺寸链上通常出现一个调整环，其尺寸是配作的，测绘时请注意找出，并在零件草图上注明。

综上所述，一般箱体类零件结构都比较复杂，不但尺寸精度和表面粗糙度要求较高，而且还有较高的形位公差，工艺流程长，工序种类多，可能涉及车、铣、刨、磨、拉、镗、铰等。所以测绘时除了要分析和了解箱体类零件的结构特点外，还必须掌握其工艺性，这样才能对箱体类零件的几何形体做到全面、正确地分析和表达，从而画出合乎要求的零件工作图。

13.1.2　箱体类零件的视图表达

由于箱体类零件的形状较复杂，因此一般都需要较多视图才能表达清楚，通常要用三个以上的基本视图来表达。

箱体类零件的内部形状通常采用剖视图和剖面图来表达。但由于箱体类零件的外形也相当复杂，因此为了表达清楚，也需要画出零件的外部视图。在画剖视图时，多采用全剖视图、局部剖视图、斜剖视图、局部放大图等。而剖视图中再取剖视的表达方法，也比其他类型的零件应用得多一些。究竟应采用哪些视图表达，则要视其具体情况而定。

箱体类零件一般按工作位置放置，并以最能反映各部分形状特征和相对位置关系的一面作为主视图。

主视图的安放位置应尽量与箱体类零件在机器或部件上的工作位置一致。箱体类零件由于常常需要多道加工工序才能完成，其加工位置经常变化，因而很难按加工位置来确定主视图的安放位置。按工作位置来选择主视图，还有助于绘制装配图。

选择其他视图时，应围绕主视图来进行。主视图确定后，根据形体分析法，对箱体类零件各组成部分逐一进行分析，考虑还需要几个视图，以及采用什么方法才能把它们的形状和相对位置关系表达出来。

为了将内、外部的结构形状表达清楚，常采用单独的局部视图、局部剖视图、斜视图、断面图及局部放大图等进行补充表达。

总之，在测绘时应边分析、边考虑、边补充，灵活应用各种表达方法，力求做到视图数量最少。

下面为综合应用各种表达方法的举例：

例 13－1 液压泵泵体(见图 13－2)的视图选择。

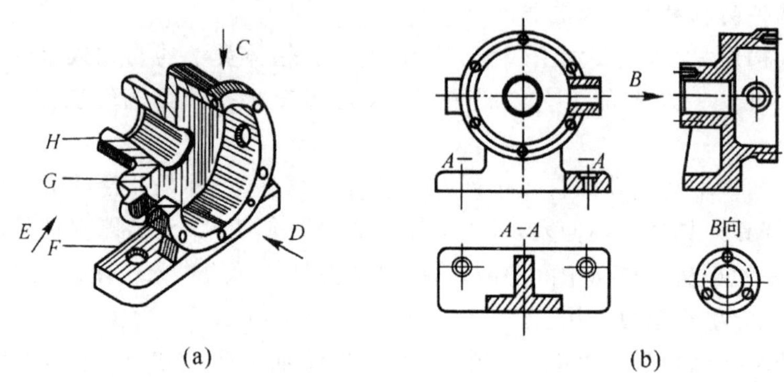

图 13－2 泵体

解 (1)分析零件形体。图 13－2(a)所示泵体的主体部分有底板 F、圆筒体 G 和 H。圆筒体 G 和 H 的轴线重合，圆孔相通；G 和 H 叠加在 F 之上；G 和 H 的端面都有螺孔；圆筒 G 的左右两边各有一个凸台，凸台上有螺孔与圆筒的孔相通；底板 F 上有两个通孔，通孔上部锪平，另外还有支承板和加强肋(在轴测图中被遮盖住了)。

(2)选择主视图。通过对泵体的各个方向，特别是 C、D、E 三个方向进行观察和比较，同时考虑到零件的形状特征和工作位置，选择 D 向作为主视图，如图 13－2(b)所示。在主视图中，采用局部剖视来表达圆筒 G 凸台上的螺孔和底板 F 上的安装螺栓孔。

(3)选择其他视图。通过分析，画一个左视图并采用全剖视图来表达是比较合理的。因为这样既能显示圆筒 G 和 H 的内部形状及其相对位置，又能表示圆筒 G 和 H 与底板 F、支承板和加强肋等的相对位置。俯视图上显示的内容与左视图类似，可以不画，但为了表达支承板和加强肋的联接关系，需要画出 $A-A$ 剖视图。画出“E 向”局部视图，圆筒 H 端面上的螺孔分布位置就表达清楚了。选用这三个视图与主视图配合，泵体的整体表达效果较好。

13.1.3 箱体类零件的测绘步骤及方法

1. 箱体类零件的测绘步骤

箱体类零件的测绘一般采用常规手段，与其他各类零件的测绘方法基本相同。但由于其结构形状复杂、牵涉面广，所以测绘较繁琐、周期较长。

(1)对测绘的箱体类零件进行结构和工艺分析，确定零件的基准。

(2)确定箱体类零件的表达方案，并画出零件草图，然后按照形体分析法和工艺分析法，画出零件全部几何形体的定型和定位尺寸界线及尺寸线。

(3)根据画好的每一条尺寸线仔细进行测量，把尺寸标注在零件草图上。

(4)根据配合部位的配合性质，用类比法或查资料确定尺寸公差和形位公差。

(5)用粗糙度量块对比或根据各部分的配合性质确定表面粗糙度。

(6)用类比法或检测法确定箱体类零件的材料和热处理方法。

(7)与相关零件的结构尺寸核对无误后，完成草图绘制，待装配图完成后，再依据草图绘制零件工作图。

2. 箱体类零件的测量方法

箱体类零件的测量方法应根据各部位的形状和精度要求来选择。对于一般要求的线性尺寸，可用钢直尺或钢卷尺直接量取，如箱体类零件的长、宽、高等外形尺寸；对于箱体类孔、槽的深度，可用游标卡尺上的深度尺、深度游标卡尺或深度千分尺进行测量。

孔径尺寸可用游标卡尺或内径千分尺进行测量，精度要求高时要采用多点测量法，即在三、四个不同直径位置上进行测量，对于孔径产生磨损的情况，要选取测量中的最小值，以保证测绘较准确、可靠。

在测绘中如果遇到不能直接测量的尺寸，可利用工具进行间接测量。

3. 箱体类零件的尺寸标注

箱体结构比较复杂，箱体图上需标注的尺寸较多。为使标注的尺寸清晰正确、多而不乱且避免遗漏和重复，避免出现封闭尺寸链，标注箱体尺寸时应考虑如下几方面的问题。

1)合理选择尺寸基准

为便于箱体的加工和测量，保证其各部分的加工精度，宜选择工艺基准作为标注尺寸的基准。箱座和箱盖高度方向尺寸以箱座底平面或箱体结合面为主要基准；宽度方向尺寸应以箱体宽度的对称中心线为主要基准；长度方向尺寸则应以轴承座孔的中心线为主要基准。

箱体类零件的底面一般都有设计基准、工艺基准、检测基准和装配基准，符合基准统一的原则，这样既可减少基准不重合产生的误差，又可简化工具、夹具、量具的设计、制造和检测的过程。选择的基准应明确指定，标出代号，如图13-3所示，箱体类零件的长、宽、高尺寸基准分别为A、B、C。

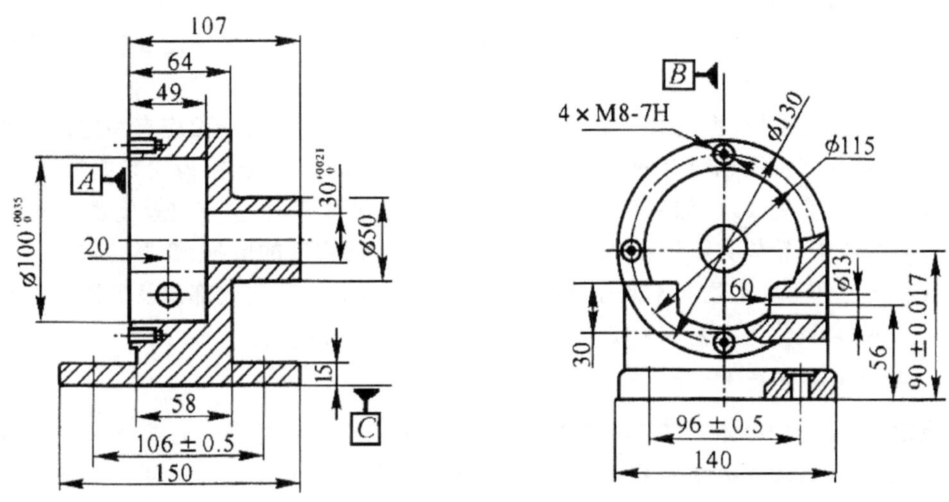

图13-3　箱体零件的尺寸标注

2)定形尺寸和定位尺寸

对于箱体上各部分的结构尺寸，可按结构形状和相对位置分为定形尺寸和定位尺寸。

(1)定形尺寸是确定箱体各部分形状大小的尺寸，如壁厚、圆弧和圆角半径，光孔和螺孔的直径和深度，槽的宽度和深度以及箱体的长、宽、高等。定形尺寸应直接标出，以避免加工时做任何计算。如图13-3中箱体的长、宽、高尺寸分别为150 mm、140 mm、155(90+65) mm。当影响图面或不便标注时，可在技术要求中加以说明。

(2)定位尺寸是确定箱体各部分相对于基准的位置尺寸，如孔的中心线、关键平面等到基准的距离。定位尺寸应从主要基准或辅助基准直接标出。对于影响机器工作性能的尺寸一定要直接标注出来，如支承齿轮传动，蜗杆传动轴的两孔中心线间的距离尺寸，输入、输出轴的位置尺寸等。如图 13 - 3 中孔的中心线与基准的距离尺寸 90±0.017 等。所有的配合尺寸都应根据配合要求，直接标出其极限偏差值。

对于铸造箱体上的附件结构，如窥视孔、油标尺座孔、放油孔等，在其基本形体的定位尺寸注出后，其定形尺寸应从自身的基准注出，以便于制作由基本几何体拼合而成的木模。

3)标准化结构和尺寸系列

在箱体类零件中，有许多已有标准化结构和尺寸系列，如机床的主轴箱、动力箱，各种传动机构的减速箱，各种泵体、阀体等。在测绘这些零件时，应参照有关标准，向标准化结构和尺寸系列靠近。

13.1.4 箱体类零件的主要技术要求

箱体类零件是为了支承、安装其他零部件的重要零件。为了保证机器或部件的性能和精度，对箱体类零件提出了一系列的技术要求，主要包括对孔和平面的尺寸精度、形位精度及表面粗糙度要求，热处理、表面处理和有关装配、试验等方面的要求。测绘时必须全面、正确地反映在零件图上。

箱体类上的重要孔，如轴承孔等，要求有较高的尺寸公差、形状公差及较小的表面粗糙度值；有齿轮啮合关系的相邻孔之间，应有一定的孔距尺寸公差和平行度要求；同一轴线上的孔应有一定的同轴度要求。

箱体类的装配基准面和加工中的定位基准面都要求有较高的平面度和较小的表面粗糙度值。

各轴承孔与装配基准面应有一定的尺寸公差和平行度要求，与端面应有一定的垂直度要求；各平面与装配基准面也应有一定的平行度与垂直度要求；对于圆锥齿轮和蜗杆、蜗轮啮合的两轴线，应有垂直度要求；如果箱体类上孔的位置精确度较高时，应有位置度要求等。

在机修测绘中，箱体类零件经过长期使用，会发生不同程度的磨损、变形、破裂等，因而箱体类零件在尺寸和形状上均有不同程度的改变。测绘时，应对其失效部位及原因进行认真分析与检查，并结合具体生产要求和使用情况采取相应措施加以改进。

1. 箱体类零件的尺寸公差

在测绘中，应根据箱体类零件的具体情况来确定尺寸公差与配合。通常，对于各种重要的主轴箱体，主轴孔的尺寸精度为 IT6，箱体上其他轴承孔的尺寸精度一般为 IT7；各轴承孔中心距精度允差为±0.05 到±0.07 mm；剖分式减速器箱孔，其上轴承孔的尺寸精度为 IT7；各轴承孔孔距精度允差为±0.03 到±0.05 mm。

在实际测绘中，也可采用类比法参照同类零件的尺寸公差综合考虑后确定。

2. 箱体类零件的形位公差

在实际测绘中，可采用测量法测出箱体上各有关部位的形状和位置公差，并参照同类零件进行确定，同时注意与尺寸公差和表面粗糙度等级相适应。

(1)箱体类零件上的孔的圆度或圆柱度误差，可采用内径百分表或内径千分尺等进行测量。

(2)箱体类零件上的孔的位置度误差，可采用坐标测量装置或专用测量装置等测量。

(3)箱体类零件上的孔与孔的同轴度误差，可采用千分表配合检验心轴进行测量。

(4)箱体类零件上的孔与孔的平行度误差，可分别用两检验心轴两端尺寸的差值再除以轴线长度来表示，即测量时，先用游标卡尺(或量块、百分表)测出两检验心轴两端尺寸，然后通过计算求得。

(5)测量箱体类零件上孔中心线与孔端面的垂直度误差，可采用塞尺和心轴配合，也可采用千分表配合检验心轴进行测量。

如图 13－4 所示被测箱体共有 7 项形状及位置公差。

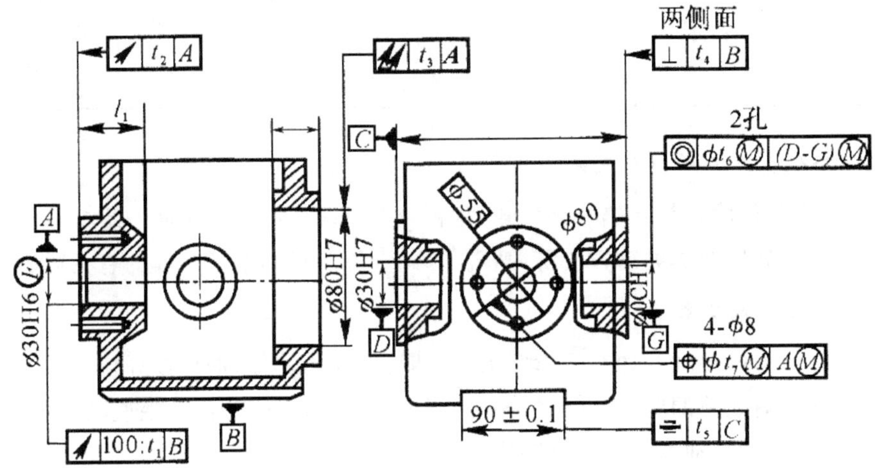

图 13－4 被测箱体

在实际测绘中，可采用测量法测出箱体类上各有关部位的形状和位置公差，并参照同类零件进行确定，同时必须注意与尺寸公差和表面粗糙度等级相适应。

表 13－1 为剖分式减速器箱体类的形位公差项目及公差等级，可供测绘时参考。

表 13－1 剖分式减速器箱体类的形位公差

形位公差		等级	说明
形状公差	轴承孔的圆度或圆柱度	6～7	影响箱体孔与轴承的配合性能
	剖分面的平面度	7～8	影响剖分面的密合性及防渗漏
位置公差	轴承孔中心线间的平行度	6～7	影响齿面接触魔点及传动的平稳
	两轴承孔中心线的同轴度	6～8	影响轴系安装及齿面负荷分布的均匀性
	轴承孔端面对中心线的垂直度	7～8	影响轴承固定及轴向受载的均性
	轴承孔中心线对剖分面的位置度	小于 0.3 mm	影响孔系精度及轴系装配
	两轴承孔中心线间的垂直度	7～8	影响传动精度及负荷分布的均性

3. 箱体类零件的表面粗糙度

箱体类零件的加工表面应标注表面粗糙度值。确定箱体类零件的表面粗糙度在零件图上的标注方法及形式，详见本书任务7有关内容。对于非加工面，如铸造毛坯面等，则用“∀”符号表示。

表13－2为剖分式减速器箱体类的表面粗糙度参数值，可供测绘时参考。

表13－2 剖分式减速器箱体类的表面粗糙度 单位：μm

加工表面	Ra	加工表面	Ra
减速器剖分面	3.2～1.6	减速器底面	12.5～6.3
轴承座孔面	3.2～1.6	轴承座孔外端面	6.3～3.2
圆锥销孔面	3.2～1.6	螺栓孔座面	12.5～6.3
嵌入盖凸缘槽面	6.3～3.2	油塞孔座面	12.5～6.3
视孔盖接触面	12.5	其他表面	＞12.5

4. 确定箱体类零件的材料及热处理

确定箱体类零件的材料及热处理包括：材料及其牌号，箱体类表面有无镀层，有无化学处理，箱体类的表面硬度及热处理方法等内容。其确定方法见本书任务8的有关内容。

5. 对毛坯的技术要求

(1)对毛坯种类的要求。如在技术要求中注明：毛坯为铸件、锻件或焊接件等。

(2)对毛坯制造缺陷的要求。如对铸件的要求：清砂、铲除浇冒口、毛刺；铸件不得有裂纹、缩孔等缺陷；在结合面、轴承孔面上对缺陷的限制说明等。

铸造、锻造和焊接件毛坯的质量要求较高时，应采用无损检验法进行检查，如磁粉法、渗透法、超声波检验和射线检验法等，在技术要求中予以规定。

(3)用文字说明未注尺寸。箱体类零件的大多数尺寸可在技术要求中用文字说明，如未注铸造圆角尺 $R3 \sim R5$；起模斜度为3°，斜度沿加大壁厚方向等。

(4)最终热处理及表面处理的要求。对于某些箱体类零件，需在技术要求中注明最终热处理的工艺种类、部位和要求的范围，表面镀层的种类、厚度和部位等，如铸件须经人工时效处理。

(5)对试验等的要求。如在技术要求中注明：端面进行着色检查，着色面积不小于70％，不允许间断，加工后清除污垢，内表面涂漆等。

总之，测绘时应根据具体情况选择与制定技术要求。下面以剖分式减速器箱体类零件的技术要求为例，可供读者测绘时参考。

剖分式减速器箱体的技术要求：

①剖分面定位销孔应连接后配钻、配铰。

②轴承孔应在连接后装入定位销后再镗孔。

③清砂、时效处理等。

④铸造圆角及铸造斜度等。

13.2　常用测量技巧

13.2.1　测量一般要求

(1)根据被测零件的精度不同,使用不同的测量工具。

(2)关键零件的尺寸、零件的重要尺寸以及精密尺寸,应反复测量若干次,直到数据稳定可靠,然后选取其中数值较为一致者或取其平均值。整体尺寸应直接测量,不能用中间尺寸叠加而得。

(3)读取数值时,视线应与被测读数值垂直,否则,会因视线歪斜而造成读数误差。

(4)对于复杂零件,必须采用边测量、边画放大图的方法,以便及时发现问题。对精密配合面,应随时考证测量数据的正确性。

(5)在测量较大的孔径、轴径及长度等尺寸时,必须考虑其几何形状误差的影响,应多测几个点,取其平均数。

(6)测量时,应确保零件的自由状态,防止由于装夹或量具接触压力等造成的零件变形引起测量误差。对组装前后形状有变化的零件,应掌握其变化前后的差异。

(7)两零件在配合或连接处,其形状结构可能完全一样,测量时亦必须各自测量,分别记录,然后相互检验确定尺寸,决不能只测一处简单处理。

13.2.2　直径尺寸的测量

直径尺寸常用游标卡尺测量。对精密零件的内、外径则用千分尺测量。

测量阶梯孔的直径时,如果外面孔小,里面孔大,用游标卡尺和内径千分尺均无法测量大孔的直径时,则可采用内卡钳测量,如图13-5(a)所示;也可用特殊量具(内、外同值卡)测量,如图13-5(b)所示;还可以用打样膏或橡皮泥拓出阳模,测量出凹模深度尺寸,即可间接测量出阶梯孔的直径。

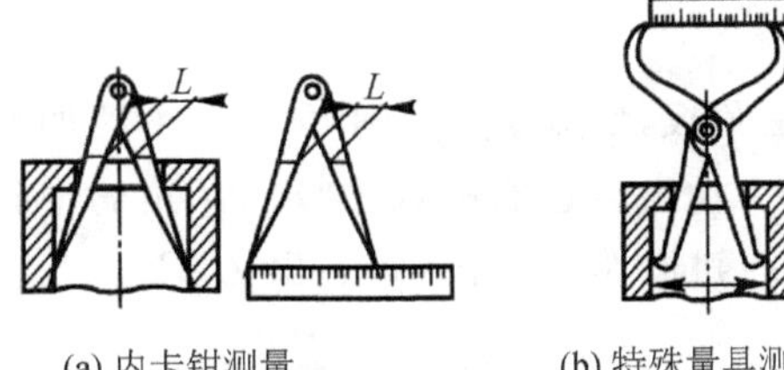

(a) 内卡钳测量　　(b) 特殊量具测量

图13-5　卡钳测量阶梯孔

测量壳体上的大直径尺寸无法直接测量时,可采用周长法或弓高弦长法进行。

1. 周长法

用钢卷尺在壳体上绕一圈,测量出周长 L,则可通过公式计算出直径尺寸 D。

2. 弓高弦长法

如图13-6所示,先测量出尺寸 H,再用游标卡尺测量出弦长 L,则通过下式计算可得直径尺寸。

$$D = \frac{L^2}{4H} + H$$

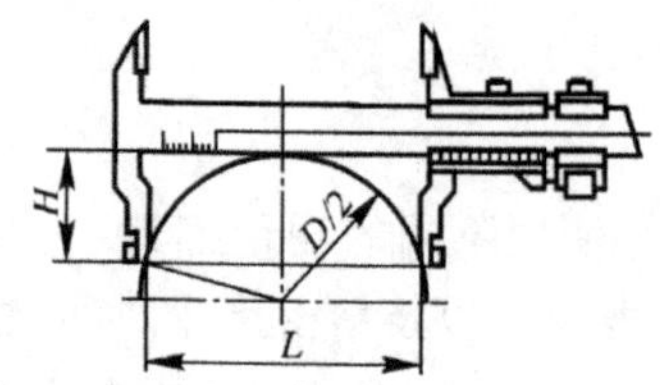

图 13－6　弓高弦长法

13.2.3　半径尺寸的测量

测绘过程中，还经常碰到如图 13－7 所示的一些圆弧形的零件，对于圆弧形零件半径的测定，除了用半径样板测量半径之外，测绘中还常采用如下一些方法。

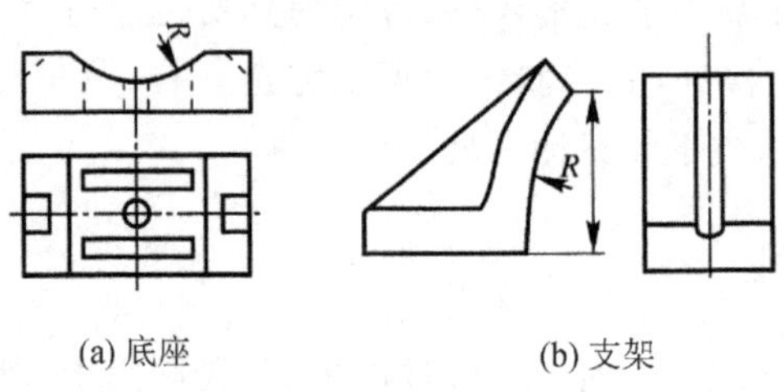

图 13－7　带圆弧的零件

1. 作图法

如图 13－8 所示，把非整圆部分拓印在纸上，然后选取图上任意三点 A、B、C，连接 AB、BC，AB、BC 中垂线的交点 O 即圆弧的中心；连接 OA（或 OB、OC）并进行测量，可得所测圆弧曲线半径。

测绘中，也可直接用 45°三角板，快速测定大圆弧圆心，方法如图 13－9 所示。借助直尺和分规脚，在标准的 45°三角板上，找出斜边的中点，画出 90°角的平分线，然后应用此三角板在圆弧上任意两个位置（三角板的斜边作为弦长）确定出 A、B、C、D 各点，直线 AB 和 CD 的交点，即为该圆弧的圆心。

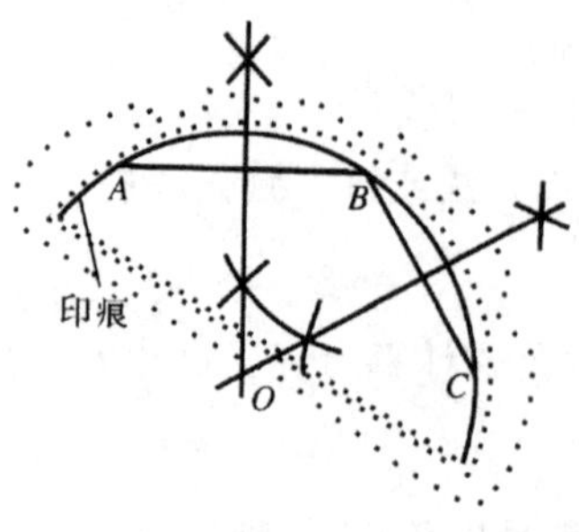

图 13－8　作图法求圆弧半径

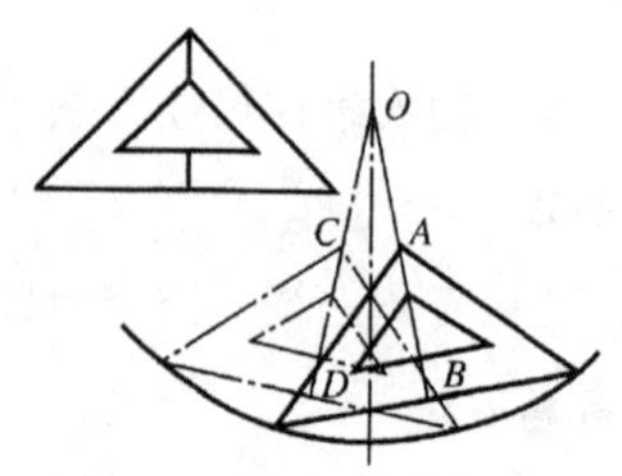

图 13－9　借助 45°三角板快速定圆

2. 利用 V 型铁测量圆弧半径

将圆弧零件放置于 V 型块上，如图 13－10 所示。V 型块槽底至 V 型交点 B 之间距离 H 为一常数，可事先测知。因此，只需要测量出圆弧底点至槽底距离 F，即可得出 h，进而求得 R。

3. 用量块和圆棒测量

当测量精度要求较高时，可在检验平台上放一个高度为 H 的量块，如图 13－11 所示。工件轻放在量块上，两侧夹入两根标准圆棒，注意相互间保持良好接触。用百分尺测出标准圆棒外侧尺寸 M，便可求得两圆棒中心距尺寸 $L=M-d$，则

$$R=\frac{L^2}{8(d-H)}-2H$$

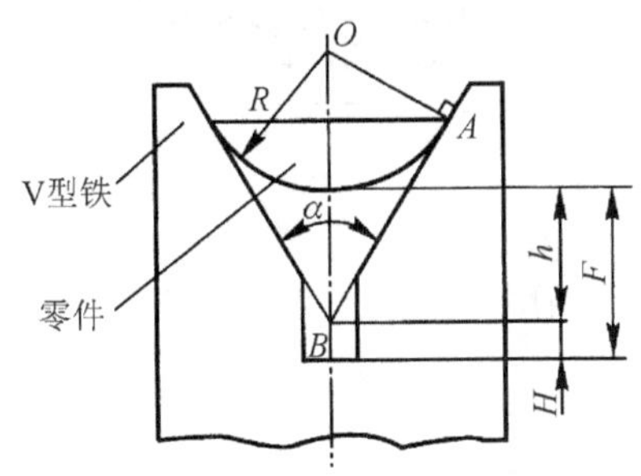
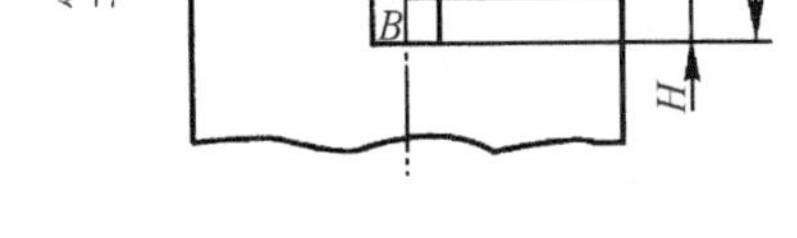

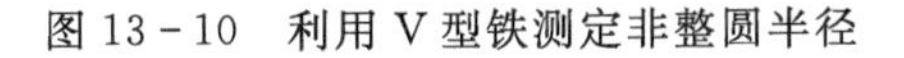

图 13－10　利用 V 型铁测定非整圆半径

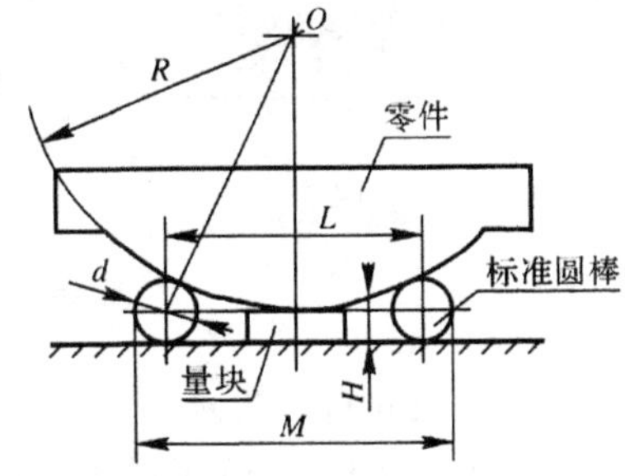

图 13－11　用量块和圆棒测量非整圆半径

13.2.4　其他尺寸的测量

1. 内圆弧半径的测量

内圆弧半径的测量与外圆弧相同，仅计算式不同，如图 13－12 所示。

$$R=\frac{L^2}{8(d-H)}+\frac{H}{2}$$

另外，也可以用三个直径相等的圆棒测量内圆弧半径，如图 13－13 所示。

$$R=\frac{d}{2}\left(\frac{d}{H}+1\right)$$

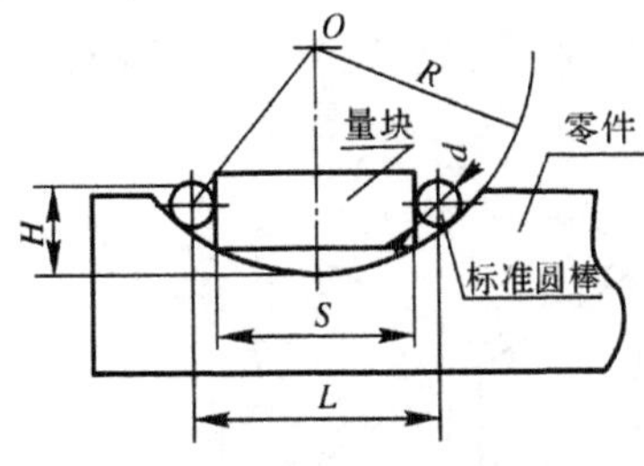
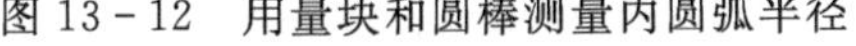

图 13－12　用量块和圆棒测量内圆弧半径

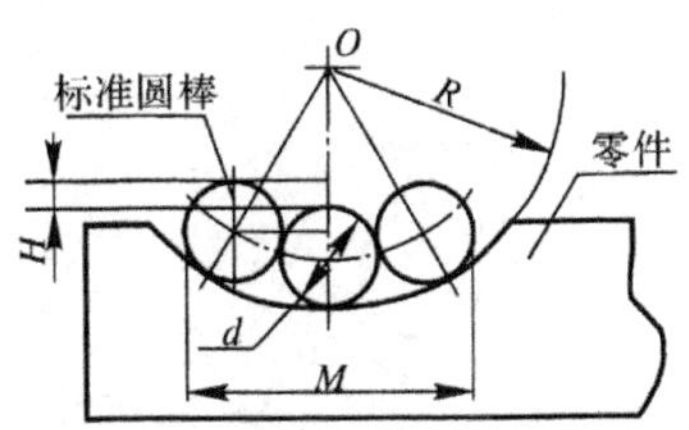

图 13－13　用三个等径标准圆棒测量内圆弧半径

2. 内锥孔锥度的测量

1）钢球法测量内锥孔锥度

如图 13－14(a)所示为用钢球测内锥孔锥度，计算式为

$$\alpha = \arcsin \frac{\frac{D}{2}-\frac{d}{2}}{h_2-h_1-\left(\frac{D}{2}-\frac{d}{2}\right)}$$

式中，α 为圆锥角；D、d 分别为大小钢球的直径，mm；h_2、h_1 为用其他计量器具测出的钢球位置参数，mm。

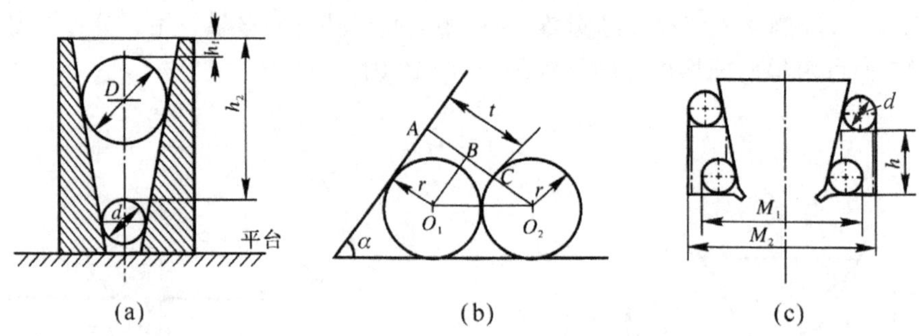

图 13－14　钢球圆柱法测锥度和角度

2)圆柱法测量内锥孔锥度

图 13－14(b)为用圆柱测量内角的示意图，计算式为

$$\alpha = \frac{\arcsin t}{2r}$$

式中，t 为用量块测出的尺寸，mm；r 为圆柱的半径，mm。

3)圆柱法测量燕尾角

图 13－14(c)为用圆柱测量燕尾角的示意图，计算式为

$$\alpha = \arctan \frac{2h}{M_2-M_1}$$

式中，h 为量块组合尺寸，mm；M_1、M_2 分别用其他计量器具测出的外廓尺寸，mm。

3. 箱体上各轴孔中心距的测量

箱体各轴孔的中心距尺寸是壳体上的功能尺寸，应根据传动链关系进行测量，如图13－15所示，以轴孔Ⅰ中心线为测量起点，根据传动链关系用千分尺依次测量各中心距。对于非功能尺寸，可用坐标法测量，如图 13－16，用芯轴作为测量的辅助工具，配合高度尺测出孔距坐标尺寸。

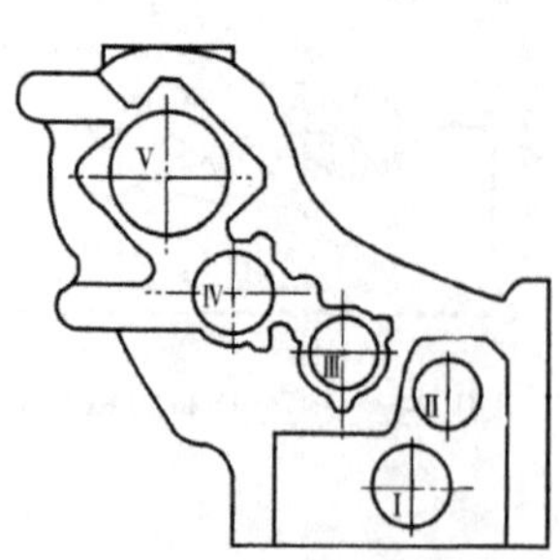

图 13－15　根据传动链测量孔距

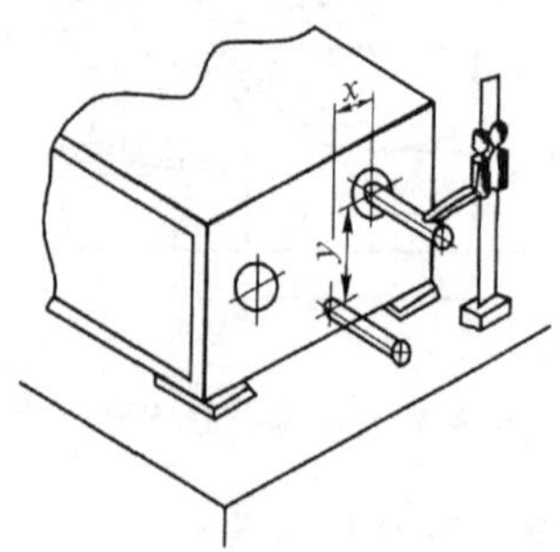

图 13－16　用芯轴和高度尺测量孔距坐标

端面不在同一平面上的孔距用一般通用量具不便测量时，可借助芯轴作为辅助工具进行测量，如图 13－17 所示。轴线相交孔坐标尺寸测量时，如果孔径尺寸较大，可在检验平台上测量出孔的下沿(或上沿)与平板的距离 B_1 和 B_2，如图 13－18 所示，则中心距为

$$A_1 = B_1 + \frac{D_1}{2}$$

$$A_2 = (B_2 + \frac{D_2}{2}) - A_1$$

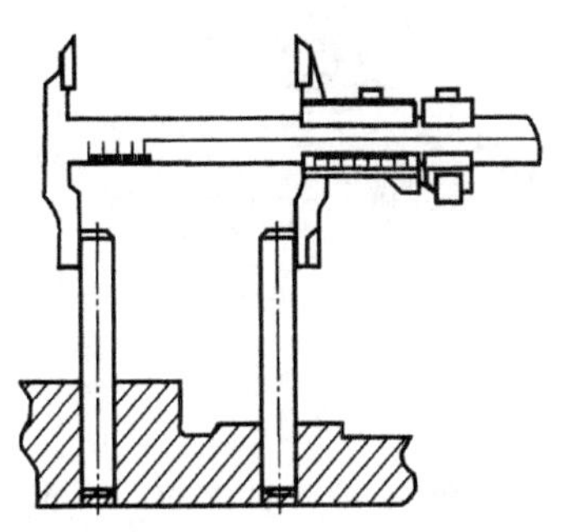

图 13－17　端面不在同一平面上孔距测量

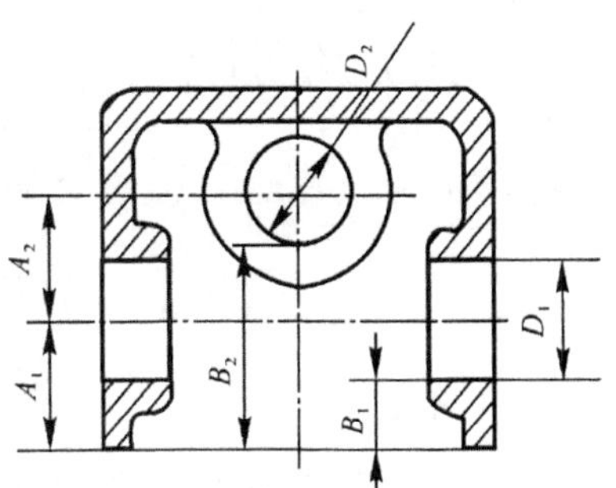

图 13－18　轴线相交孔坐标尺寸测量

4. 孔中心高度的测量

孔中心高度可以使用高度游标卡尺测量，参照图 13－16。另外还可用游标卡尺、直尺和卡钳等测出一些相关数据，再用几何运算方法求出，如图13－19所示。

5. 深度的测量

深度可以用带深度尺的游标卡尺、深度千分尺直接量得，还可以用钢直尺测量，如图13－20所示。

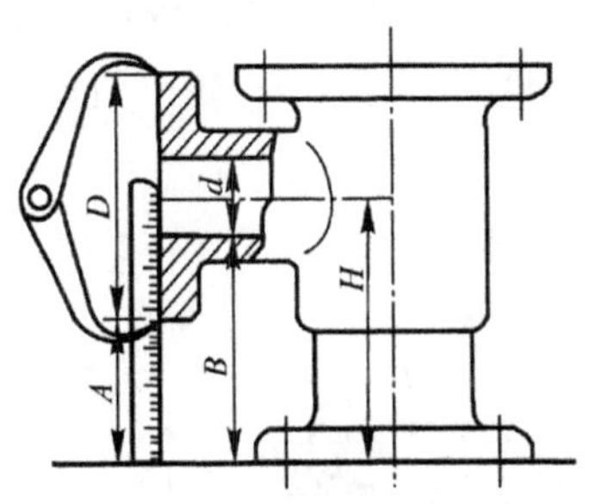

图 13－19　孔中心高测量

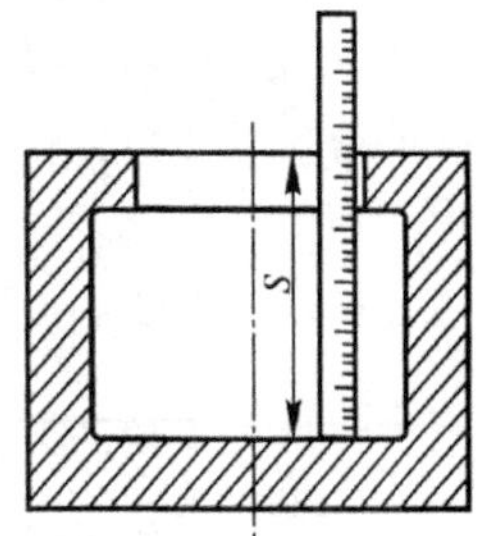

图 13－20　测深度

6. 壁厚的测量

壁厚可用钢直尺，或钢直尺和外卡钳结合进行测量，也可用游标卡尺和量块(或垫块)结合进行测量，如图 13－21 所示。

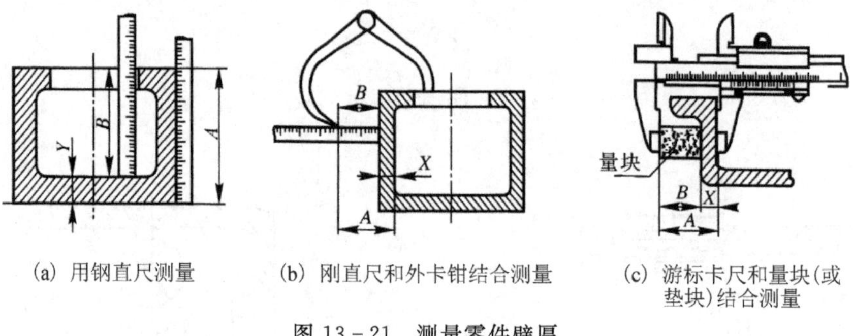

(a) 用钢直尺测量　(b) 刚直尺和外卡钳结合测量　(c) 游标卡尺和量块(或垫块)结合测量

图 13－21　测量零件壁厚

7. 斜孔尺寸的测量

箱体上的油孔、油槽、油标孔等，通常表现为各式各样的斜孔，测绘时要对这些斜孔的位置尺寸进行测量。如图 13－22 所示，标注时大多是以孔的轴线与端面的交点来确定斜孔位置。

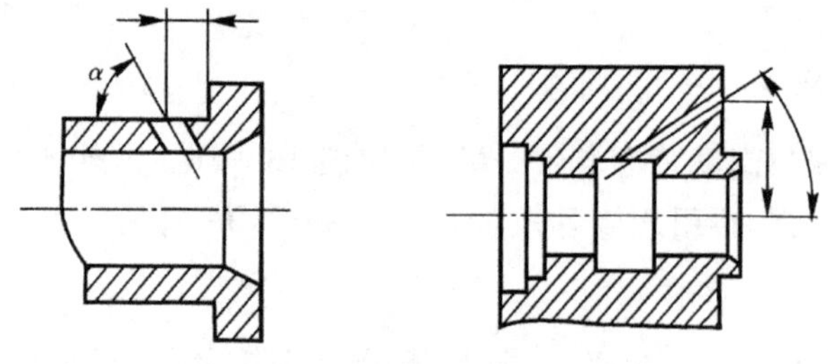

图 13－22　斜孔尺寸的标注

测绘时，斜孔的位置尺寸除了可在工具显微镜上进行测量外，还可用检验心轴进行间接测量。如图 13－23 所示，先在斜孔中配上检验心轴，量出检验心轴直径，测出角度 α 和尺寸 M，然后通过计算求得尺寸 L

$$L = M - \frac{D}{2} - \frac{D+d}{2\cos\alpha} - \frac{D}{2}\tan\alpha$$

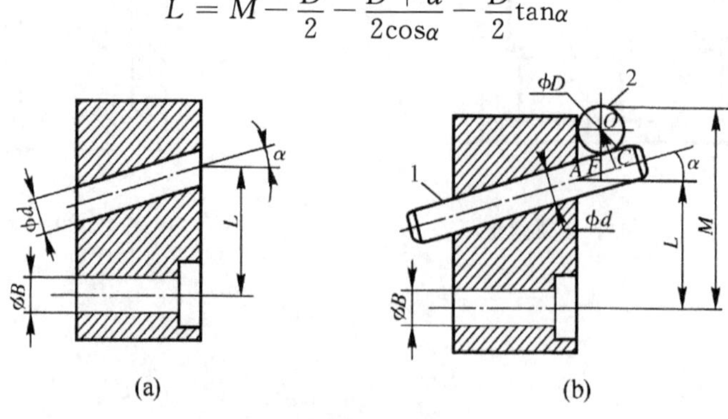

1、2—检验心轴。

图 13－23　斜孔尺寸的测量

13.2.5　箱体类零件形位公差测量方法

1. 平行度误差的测量

//	100∶t_1	B

表示孔 ϕ30H6 的轴线对箱体底平面 B 的平行度公差，在轴线长度 100 mm 内，其平行度公差为 t_1，在孔壁长度 L 内，其平行度公差为 $t_1L/100$，mm。测量时，用平板模拟基准平面 B，用孔的上、下素线的对应轴心线代表孔的轴线。因孔较短，孔的轴线弯曲很小，因此，其形状误差可忽略不计，可测孔的上、下壁到基准面 B 的高度，取孔壁两端的中心高度差作为平行度误差。

平行度误差的测量方法如下。

(1)如图 13－24 所示，将箱体 2 放在平板 1 上，使底面与平板接触。

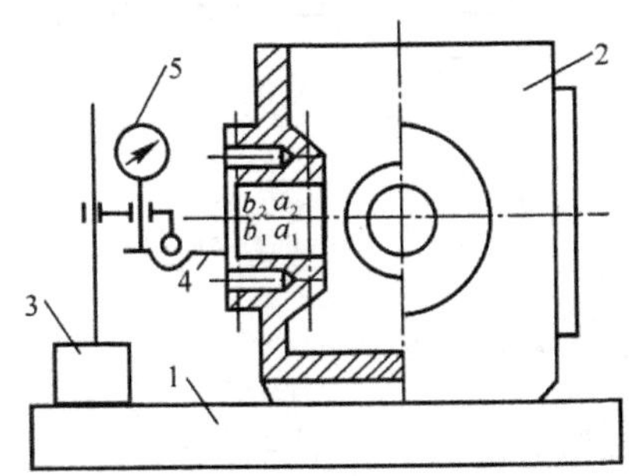

1—平板；2—箱体；3—表座；4—测杆；5—杠杆千分表。

图 13－24　平行度测量

(2)测量孔的轴剖面内的下素线 a_1、b_1 两点(离边缘约 2 mm 处)至平板的高度。其方法是将杠杆千分表的换向手柄朝上拨，推动表座，使测头伸进孔内，调整杠杆表使测杆大致与被测孔平行，并使测头与孔接触在下素线 a_1 点处，旋动表座的微调螺钉，使表针预压半圈，再横向来回推动表座，找到测头在孔壁的最低点，取表针在转折点时的读数 M_{a1}(表针逆时针方向读数为大)。将表座拉出，用同样的方法测量出 b_1 点处，得读数 M_{b1} 。退出时，不使表及其测杆碰到孔壁，以保证两次读数时的测量状态相同。

(3)测量孔的轴剖面内上素线 a_2、b_2 两点至平板的高度。此时需要将表的换向手柄朝下拨，用同样方法分别测量 a_2、b_2 两点，找到测头在孔壁的最高点，取表针在转折点时的读数 M_{a2} 和 M_{b2} (表针顺时针方向读数为小)。其平行度误差按下式计算

$$f_{//}=\left|\frac{M_{a1}+M_{a2}}{2}-\frac{M_{b1}+M_{b2}}{2}\right|=\frac{1}{2}\mid(M_{a1}-M_{b1})+(M_{a2}-M_{b2})\mid$$

如 $f_{//}\leqslant\frac{L}{100}t_1$ ，则该项合格。

2. 端面圆跳动误差的测量

↗	t_2	A

表示端面对孔 ϕ30H6 轴线的端面圆跳动误差不大于其公差 t_2，以孔 ϕ30H6 的轴线 A 为基准。

测量时，用心轴模拟基准轴线 A，测量该端面任一圆周上的各点与垂直于基准轴线平面距

离的最大差作为端面圆跳动误差。端面圆跳动误差的测量方法如下：

(1)如图 13 - 25 所示，将带有轴套的心轴 3 插入孔 ϕ30H6 内，使心轴右端顶针孔中的钢球 6 顶在角铁 7 上。

(2)调节表 5，使测头与被测孔端面的最大直径处接触，并将表针顶压半圈。

(3)将心轴向角铁推紧并回转一周，取指示表上的最大读数和最小读数，两读数差作为端面圆跳动误差 $f\nearrow$。如 $f\nearrow \leqslant t_2$，则该项合格。

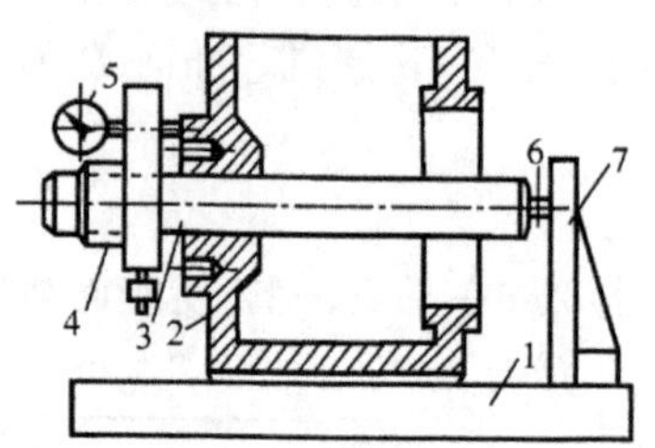

1—平板；2—箱体；3—心轴；4—轴套；
5—千分表；6—钢球；7—角铁。

图 13 - 25　端面跳动测量

3. 径向全跳动误差的测量

| ⌰ | t_3 | A | 表示 ϕ80H8 孔壁对孔 ϕ30H6 轴线的径向全跳动误差不大于其公差 t_3，以孔 ϕ30H6 的线轴 A 作为基准。

测量时，用心轴模拟基准轴线 A，测量 ϕ80 孔壁的圆柱面上各点到基准轴线的距离，以各点距离中的最大差作为径向全跳动误差。径向全跳动误差的测量方法如下：

(1)如图 13 - 26 所示，将心轴 3 插入 ϕ30H6 孔内，使定位面紧靠孔口，并用套 6 从里面将心轴定住。在心轴的另一端装上轴套 4，调整杠杆表 5，使其测头与孔壁接触，并将表针预压半圈。

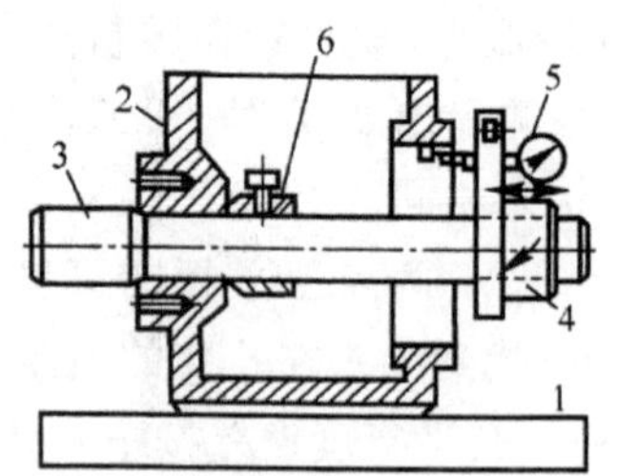

1—平板；2—箱体；3—心轴；4—轴套；
5—千分表；6—挡套。

图 13 - 26　径向全跳动测量

(2)将轴套绕心轴回转，并沿轴线方向左、右移动，使测头在孔的表面上走过，取表上指针的最大读数与最小读数之差作为径向全跳动误差 f，若 $f \leqslant t_3$，则该项合格。

4. 垂直度误差的测量

| ⊥ | t_4 | B | 表示箱体类两侧面对箱体类底平面 B 的垂直度公差均为 t_4。用被测面和底面

之间的角度与直角尺比较来确定垂直度误差。

垂直度误差的测量方法如下：

(1)如图 13－27(a)所示，先将表座 3 上的支承点 4 和千分表 5 的测头同时靠在标准直角尺 6 的侧面上，并将表针预压半圈，转动表盘使零刻度表针对齐，此时读数取零。

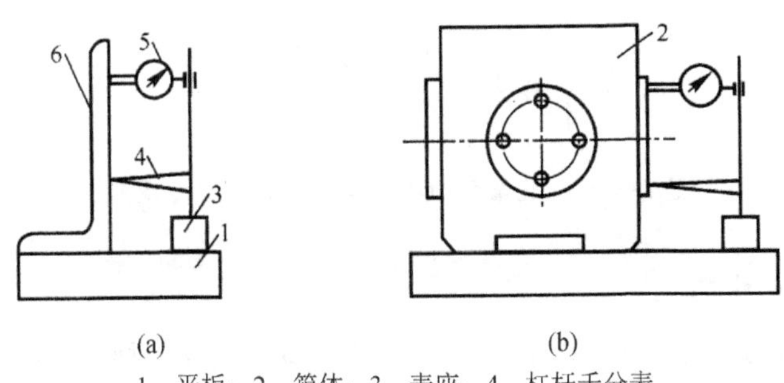

1—平板；2—箱体；3—表座；4—杠杆千分表。

图 13－27　垂直度测量

(2)再将表座上支承点和千分表的测头靠向箱体类侧面，如图 13－27(b)所示，记住表上读数。移动表座，测量整个侧面，取各次读数的绝对值中最大值作为垂直度误差 $f_{\perp}$，若 $f_{\perp} \leqslant t_4$，则该项合格。要分别测量左、右两侧面。

测量箱体类零件上两孔轴线的垂直度误差，对于同一平面内垂直相交的两孔可按图 13－28(a)所示方法进行：在检验心轴 1 上安装定位套和千分表，使千分表指针触及检验心轴 2 的表面，将心轴 1 旋转 180°，分别读出千分表上的读数，其差值即为两孔在 L 上的垂直度误差。

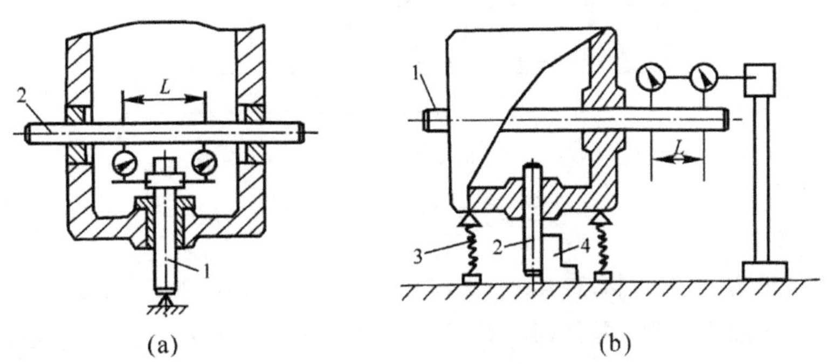

图 13－28　同一平面内两孔轴线垂直度误差的测量

不在同一水平面内的中心线垂直度误差的测量方法如图 13－28(b)所示。用千斤顶将箱体类支承在检验平板上，用角尺 4 将检验心轴 2 找正，使其与平板垂直，用千分表测量检验心轴 1 对平板的平行度误差，即可得出两孔轴线的垂直度误差。

测量箱体类上孔中心线与基面的平行度误差的方法如图 13－29 所示。在检验平板上用等高垫铁支承好箱体类基面，插入检验心轴，量出心轴两端距平板的尺寸 h_1 和 h_2，则平行度误差为：$f = \dfrac{L_1}{L_2} \mid h_1 - h_2 \mid$ (L_1，L_2，h_1 和 h_2 见图 13－29)。

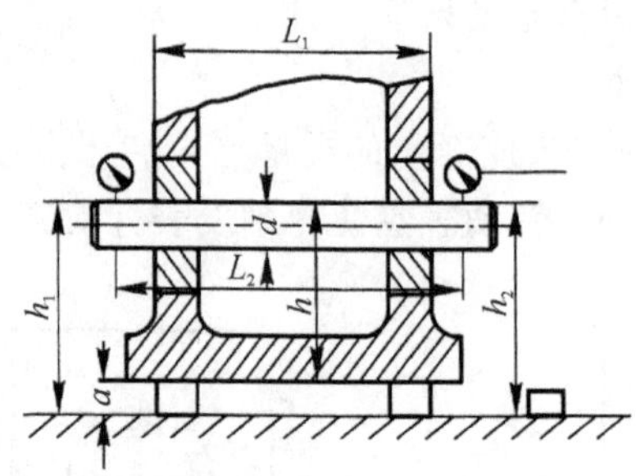

图 13-29 测量孔中心线与基面的平行度误差

5. 对称度误差的测量

| ⊥ | t_4 | B |表示宽度为(90±0.1 mm)的槽面的中心平面对箱体类左、右两侧面的中心平面的对称度公差为 t_s 。

分别测量左槽面到箱体类左侧面和右槽面到右侧面的距离，并取对应的两个距离之差中绝对值最大的数值，作为对称度误差。对称度误差的测量方法如下：

(1)如图 13-30 所示，将箱体 2 的左侧面置于平板 1 上，将杠杆千分表 4 的换向手柄朝上拨，调整百分表 4 的位置使测杆平行于槽面，并将表针预压半圈。

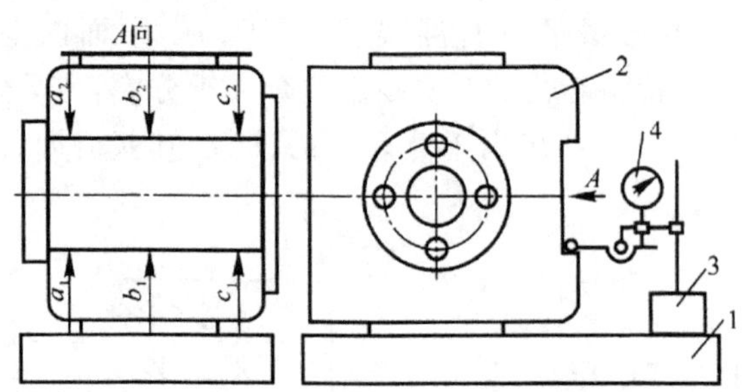

1—平板；2—箱体；3—表座；4—杠杆千分表。

图 13-30 对称度测量

(2)分别测量槽面上三处高度 a_1、b_1、c_1，记取读数 M_{a1}、M_{b1}、M_{c1}；将箱体右侧面置于平板上，保持千分表 4 的原有高度，再分别测量另一槽面上三处高度 a_2、b_2、c_2，记取读数 M_{a2}、M_{b2}、M_{c2}，则各对应点的对称度误差为

$$f_a = |M_{a1} - M_{a2}|, \ f_b = |M_{b1} - M_{b2}|, \ f_c = |M_{c1} - M_{c2}|$$

取其中的最大值作为槽面对两侧面的对称度误差 f，若 $f \leqslant t_5$，则该项合格。

| ◎ | ϕt_6Ⓜ | $D-G$Ⓜ |表示两个孔 ϕ30H7 的实际轴线对其公共轴线的同轴度公差为 ϕt_6，Ⓜ表示 ϕt_6 是在两孔均处于最大实体状态之下给定的。这项要求最适宜用同轴度功能量规检验。

| ⊕ | ϕt_7Ⓜ | AⓂ |表示四个孔 ϕ8 的轴线之位置度公差为 ϕt_7，以孔 ϕ30H6 的轴线 A 作为基准。Ⓜ表示 t_7 是在四个孔径和基准孔均处于最大实体状态之下给定的。这项要求最适宜用位置度功能量规检验。

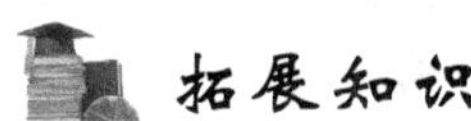

拓展知识

13.3　一级减速器箱体测绘实例分析

减速器箱体包括箱体和上盖，均属箱体类零件，采用铸造毛坯。这里主要以箱体为例介绍减速器箱体的测绘方法。

减速器箱体结构较复杂，基础形体由箱壳、底板、与箱盖连接处的凸缘、轴承座孔系及肋板等构成，并设有导油沟、油标尺座孔、放油孔、吊钩、螺栓孔、螺钉孔、定位销孔及凸台，以及其他工艺结构。这些结构需经刨、铣、镗、磨、钻、钳等多道工序加工，且有多种加工位置。与箱体配合的零部件有轴承、轴承盖等。

1. 箱体的装配关系、装配精度分析

装配关系：箱体上装有齿轮轴和低速轴两组轴系组件，包括堵盖、轴承、低速轴、齿轮轴、齿轮、隔圈、轴承、密封圈、端盖等零件。这些与上盖组合在一起，构成减速器。

装配精度：箱体类的主要加工表面为平面和孔，不但尺寸精度和表面粗糙度要求较高，而且还有较高的形位精度。主轴孔、主轴孔高度、各孔中心距、箱体宽度要求有尺寸精度；形位公差要求有轴承孔的圆柱度、剖分面的平面度、轴承孔中心线间的平行度、两轴承孔中心线的同轴度、轴承孔端面对中心线的垂直度。

2. 绘制箱体零件草图

按工作位置和结构形状特征来选择主视图。该箱体采用三个基本视图和三个局部视图来表达，如图13－31所示。主视图主要表达高速轴和低速轴轴承座孔、箱体的形状和位置关系、吊钩形状，并采取局部剖视图以反映油标尺座孔、放油孔、螺栓孔等结构；左视图采用半剖视图，主要表达箱体与轴承座的连接关系，肋板与轴承座和箱壳的连接关系，肋板的断面形状和

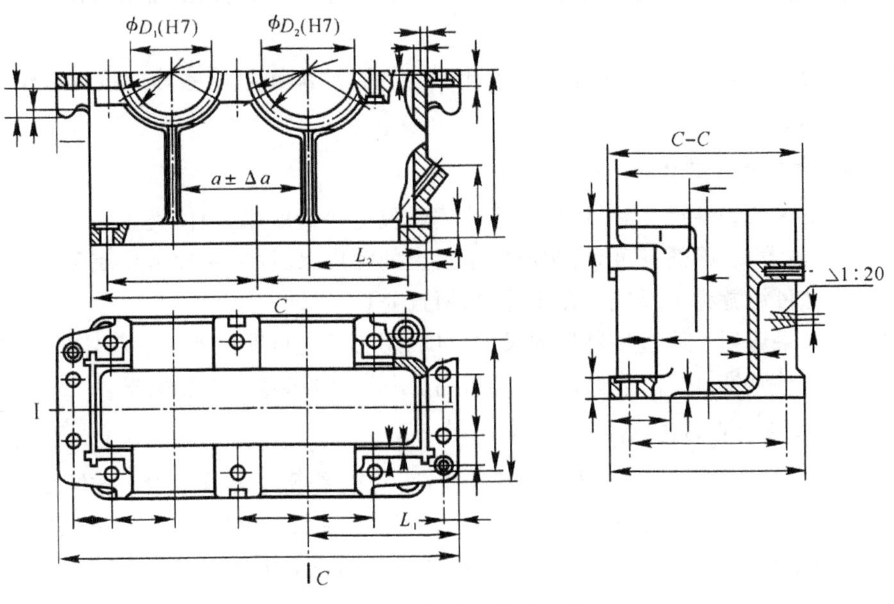

图13－31　箱体的尺寸标注

螺钉孔，并采用局部剖视图反映地脚螺栓孔；俯视图绘制成外形图，主要表达箱体和底板、两轴系座孔的位置关系以及螺栓孔、销孔的布局和位置。除此以外，局部视图分别反映油标尺座孔处、放油孔处和轴承座孔处的凸台形状。

3. 箱体零件的尺寸标注

箱体类零件图上的尺寸较多，比较复杂，需要重点关注的问题是正确选择尺寸标注的基准，同时注意箱盖与箱座彼此对应的尺寸要排在相同的位置，因为很多工序是箱座组合后进行加工的。现就箱座尺寸的标注方法简述如下(箱盖尺寸的标注方法基本相同)：

1)高度方向的尺寸

高度方向按所选基准面，可分为两个尺寸组：第一组尺寸以箱座底平面为基准进行标注，如箱座高度、泄油孔和油标孔位置的高度，以及底座的厚度等。第二组尺寸以分箱面为基准进行标注，如分箱面的凸缘厚度、轴承螺栓凸台的高度等。

此外，表示某些局部结构的尺寸，也可以毛面为基准进行标注，如起吊钩的高度等。其中以底平面为主要基准，其余为辅助基准，因为加工分箱面、镗轴承孔和安装减速器都是以底平面为工艺基准。

2)宽度方向的尺寸

宽度方向的尺寸，应以减速箱体的对称中线(如图 13 - 31 中的 $I-I$ 所示)为基准进行标注，如螺栓(钉)孔沿宽度方向的位置、箱座宽度和起吊钩的厚度等。

3)长度方向的尺寸

沿长度方向的尺寸，应以轴承座孔为主要基准进行标注。图 13 - 31 中是以尺寸 L_1 先确定轴承座孔 ϕD_2(H7)的位置，再以轴承座孔为基准标注其他尺寸，如轴承座孔中心距、轴承螺栓孔的位置尺寸等。

4)地脚螺栓孔的位置尺寸

地脚及地脚螺栓孔沿长度和宽度方向的尺寸均应以箱座底座的对称中线为基准布置和标注。此外，还应特别注明地脚螺栓孔的定位尺寸(如图 13 - 31 中的 L_2 所示)，作为减速器安装定位用。

除上述主要尺寸以外，其余尺寸如检查孔、加强筋、油沟和起吊钩等应按具体情况选择合适的基准进行标注。

4. 箱体类零件的测量方法

对于一般要求的线性尺寸，可用钢直尺或钢卷尺直接量取，如箱体类零件的长、宽、高等外形尺寸；对于箱体类孔、槽的深度，可用游标卡尺上的深度尺、深度游标卡尺或深度千分尺进行测量。孔径尺寸可用游标卡尺或内径千分尺进行测量。

在测绘中如果遇到不能直接测量的尺寸，可利用工具进行间接测量。箱体类上的大直径、非整圆半径、内、外圆锥、内环形槽、内、外螺纹、孔距的测量参考其他相关书。

5. 确定箱体的尺寸偏差

(1)与轴承配合的箱体两对轴承孔 $\phi62$、$\phi72$：两对轴承孔与轴承配合，查本书电子档附件《安装向心轴承和角接触轴承的轴颈公差带》《安装向心轴承和角接触轴承的壳体孔公差带》，旋转状态为外圈相对于负荷方向静止，负荷为正常负荷，可查得两对轴承孔的尺寸偏差为 H7。

(2)同轴轴承孔凸沿宽度:尺寸144的误差影响轴承侧隙,暂确定为±0.1。

(3)轴承孔中心线高度:类比同类产品,确定为±0.1。

(4)轴承孔中心距:查本书"7、8级精度齿轮 f_a=IT9/2",对中心距100,IT9=0.087,故取0.043。

(5)其他尺寸无尺寸偏差要求。

6. 确定箱体的形位公差

查本书电子档附件《箱体的形位公差推荐》知:

(1)轴承孔的圆柱度7级;

(2)剖分面的平面度8级;

(3)轴承孔中心线间的平行度7级;

(4)两轴承孔中心线的同轴度7级;

(5)轴承孔端面对中心线的垂直度8级;

(6)两轴承孔中心线间的垂直度8级。

7. 确定箱体的表面粗糙度

查本书电子档附件《剖分式减速器箱体类的表面粗糙度》知:

(1)减速器剖分面为 Ra3.2;

(2)轴承孔为 Ra1.6;

(3)圆锥销孔为 Ra1.6;

(4)轴承座孔外端面为 Ra3.2;

(5)其他加工表面 Ra6.3。

8. 确定箱体的材料及热处理

同前所述,该箱体是减速器用箱体,中速、中载,条件工件一般,故选用灰铸铁HT200,通过时效处理消除铸造应力。

9. 技术要求的确定

同前所述,齿轮的技术要求可确定为:铸件不得有气孔、砂眼及裂纹,铸造圆角 $R4$,时效处理,标*尺寸与上盖组合加工保证等。

任务 14　绘制箱体、上盖工作图

任务描述

【任务目标】

绘制箱体、上盖零件工作图。

【知识目标】

①国家标准对标准图幅的规定。

②正确、合理的尺寸、尺寸偏差、形位公差、表面粗糙度标注方式。

③正确绘制零件工作图的技巧。

【能力目标】

掌握箱体、上盖零件工作图的绘制方法。

【素质目标】

培养学生一丝不苟、耐心细致的工作作风，养成诚实守信、严谨踏实、沟通协作的职业素质，树立质量、效率、成本、安全等意识。

基础知识

基础知识参考任务 8 中 8.1 和 8.2。

任务 15　减速器零件图尺寸校核

任务描述

【任务目标】

①确定保证减速器装配精度要求的装配方法。

②齿轮轴轴系零件的尺寸校对。

③低速轴轴系零件的尺寸校对。

④减速器其他零件的尺寸校对。

【知识目标】

①常用的几种保证装配精度要求的装配方法。

②机械设备尺寸核对的一般方法。

【能力目标】

①掌握机械设备保证装配精度要求的装配方法。

②掌握机械设备尺寸核对的一般方法。

【素质目标】

培养学生一丝不苟、耐心细致的工作作风，养成诚实守信、严谨踏实、沟通协作的职业素质，树立质量、效率、成本、安全等意识。

基础知识

1. 尺寸校对的概念

尺寸校对是指对相互结合、连接、配合的零件或部件间的尺寸进行校核比对，确定所标注尺寸的正确性，以保证按零件工作图加工的零件能装配成符合性能要求的机器。

我们在测量零件的有关尺寸时，由于测量误差、尺寸圆整或某种原因使我们确定的零件尺寸不是原设计尺寸，而且试图找出原设计尺寸很困难也没有必要时，我们只需考虑部件与部件之间、部件中零件与零件之间的装配关系。对所标注尺寸的正确性进行校对，合理调整，以确保按零件工作图加工的零件能装配成符合性能要求的机器。

2. 尺寸校核的方法

尺寸校核的方法很多，这里介绍一种简单实用的方法。

(1)分析机器各零件的装配关系，找出装配主线，如减速器的两轴系零件的装配关系，绘制装配草图，并反映出轴系零件的相关轴向和径向尺寸(见图 15－1、图 15－2)，找出零件工作图上的相关尺寸并标注在装配草图上，通过设计、计算，校对零件工作图上标注尺寸的正确性。在设计、计算时应考虑到机器的安装尺寸。

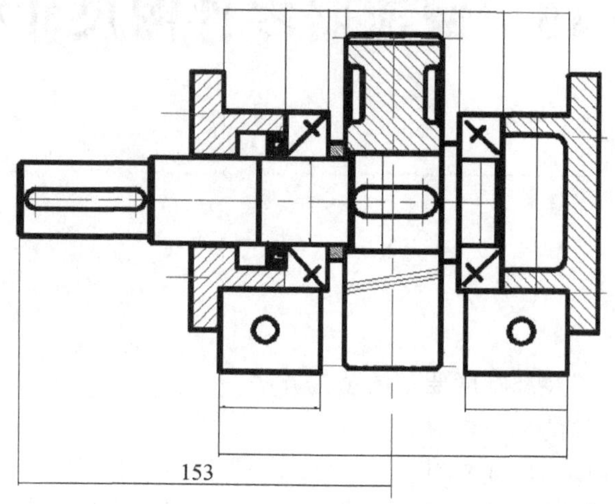

图 15－1　低速轴装配草图

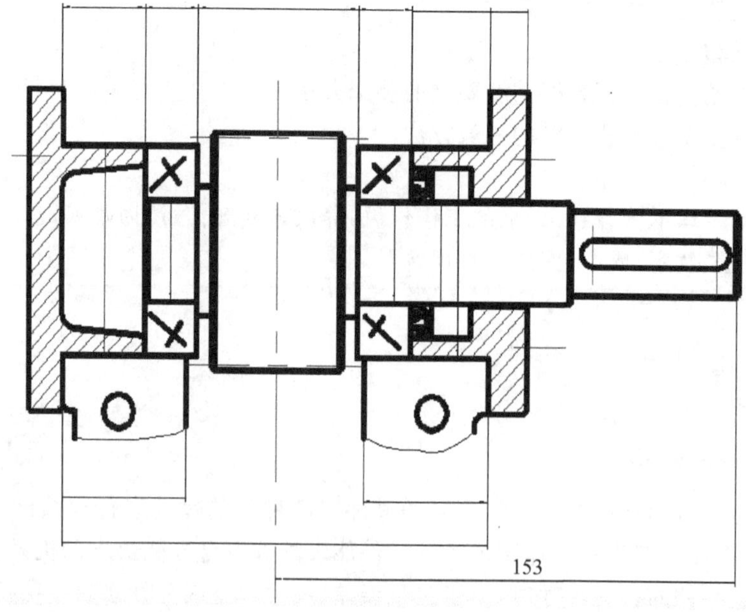

图 15－2　齿轮轴装配草图

(2)非轴系零件的尺寸校对，可通过画装配草图，也可用文字描述说明进行尺寸校对。以图 15－3 为例，非轴系零件的尺寸校对应包括以下内容：

①上盖和箱体连接用螺栓孔和锥销孔的位置尺寸和孔径。

②观察孔盖板上通孔和上盖观察孔、上螺栓孔的位置尺寸和孔径。

③上盖和箱体凸缘的外形尺寸。

④堵盖、端盖与上盖和箱体连接用螺栓孔的位置尺寸和孔径。

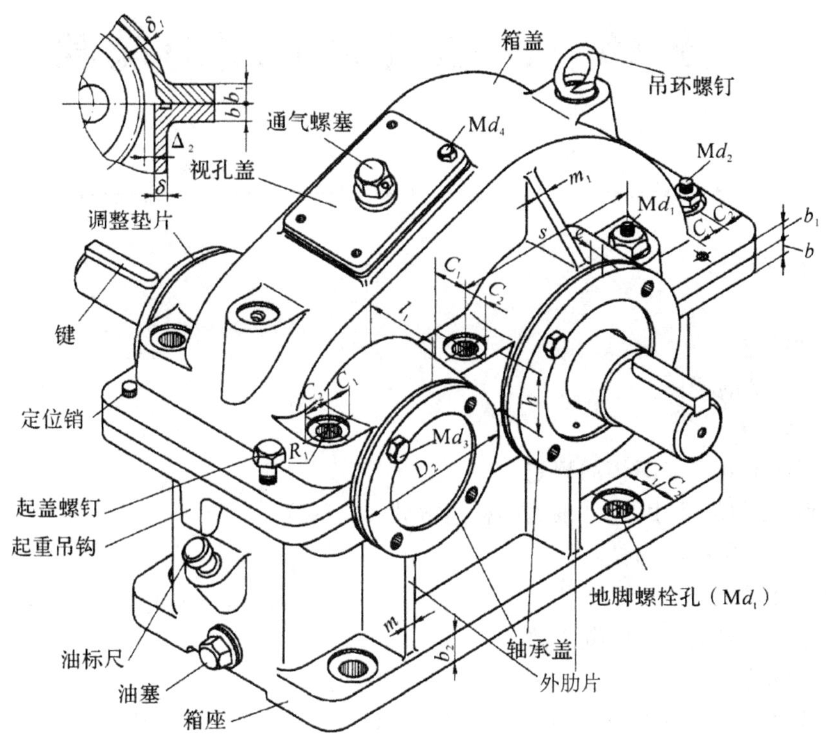

图 15-3　减速器立体图

任务 16　减速器装配图的绘制

任务描述

【任务目标】

绘制减速器装配图。

【知识目标】

①国家标准对标准图幅的规定。

②正确、合理的尺寸、尺寸偏差的标注方式。

③正确绘制装配图的技巧。

【能力目标】

掌握减速器装配图的绘制方法。

【素质目标】

培养学生一丝不苟、耐心细致的工作作风,养成诚实守信、严谨踏实、沟通协作的职业素质,树立质量、效率、成本、安全等意识。

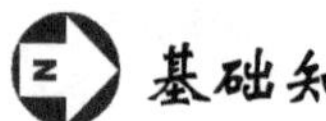

基础知识

减速器装配图是用来表示减速器各零件间的装配关系、结构形状和尺寸以及工作原理的图样;是用来了解该传动装置总体布局、性能、工作状态、安装要求、制造工艺的图样,也是减速器调试、维护、装拆的技术依据。

1. 绘制减速器装配草图

根据减速器装配示意图和非标准件的零件草图、标准件的类型和规格尺寸,以及减速器零部件的位置尺寸,便可逐步完成减速器装配草图。

由于所测绘的零件草图常常存在与装配关系不协调的尺寸,如果机器测绘过程采用的方法和程序是“零件草图→装配图→零件工作图”,则需在绘图过程中对其进行修改。因此,在绘制装配草图过程中应使用绘图器绘制,并且比例要准确、着笔要轻、线条要细,以便准确地表达所测实际零件的结构形状,协调其尺寸数据及零件间的相互位置。为便于核对相关尺寸并及时做出调整或修改。机器测绘中无论是采用何种方法和程序都应先画零件的基本轮廓,后画其细部结构,最后再画零件的圆角、倒角。对于标准化零件(如螺栓、螺母、滚动轴承等)可先用示意法表示其位置和外形,后画其具体结构。剖面线暂时不必画出,以便修改。一张完整的减速器装配草图即为减速器装配图底图。

1)视图选择和布置图面

(1)选用图幅、选择视图。减速器装配图中需表达的内容较多，一般用 A1 图纸绘制，必要时也可采用 A0 图纸。图幅确定后，先将图纸边框线及标题栏、明细表的外框线绘出，剩下的空白图纸即为绘图的有效面积。减速器装配图一般采用三个视图(主、俯、左视图)并辅以必要的剖视图或局部剖视图来表达(见图 16－1)。

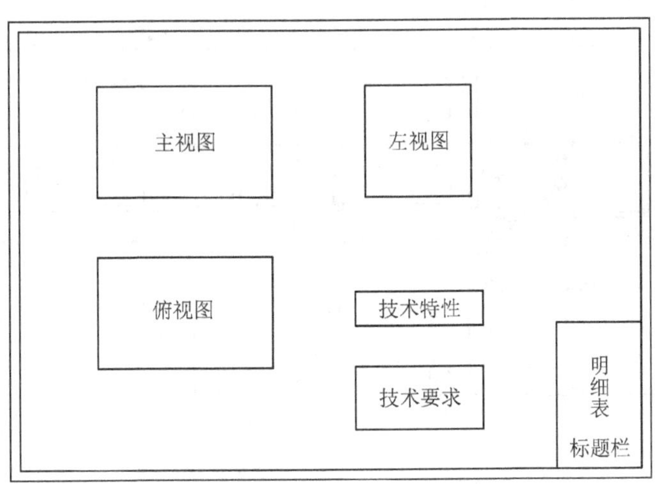

图 16－1　装配的图面布置

(2)选择比例、布置图面。尽量优先选用 1∶1 或 1∶2 的比例尺，以增强减速器产品的真实感。绘制装配图时，应根据减速器装配示意图和减速器内部齿轮的直径、中心距以及轴的长度，参考同类减速器图样，估算出减速器三个主要视图的大致轮廓尺寸。同时，还应估计零件的序号、技术条件及减速器特性表所占用的位置，合理地布置好三个主要视图(见图 16－5)。

2)画轴系零部件结构

由测绘所得的装配示意图、非标准件零件草图和标准件明细表，可得到所绘零部件的结构形状和几何尺寸以及位置关系，据此可依次画出轴、齿轮、轴承、轴承盖、键等轴系零部件的结构，如图 16－2 所示。画图时应注意如下几点：

(1)画轴的结构时，为保证其有准确的轴向位置，一般以齿轮的定位轴肩接触面作为轴的绘图基准面。对于齿轮轴，则以齿轮端面作为绘图基准面。

(2)画齿轮的结构时，应按国家制图标准的规定画法画出齿轮及其啮合部位。斜齿轮的螺旋角方向用倾斜于轴线的三段细直线表示(见图 16－2)，并注意轮毂长度约大于相配轴段长度。

(3)画轴承的结构时，应按国家制图标准规定的简化画法正确画出，并检查其轴向定位是否可靠、合理。

(4)轴承盖为透盖时，其通孔直径由密封件尺寸确定，与相配轴段之间应有一定间隙，该间隙在画图时应表示出来。

3)画箱体和附件结构

由于箱体和附件结构较为复杂，表达时反映零件主要形体的视图各不相同，所绘的图线也较多，因此，本阶段绘图应在主、俯、左三个视图上同时交替进行，必要时可增加局部视图或局部剖视图。绘图的顺序应为先箱体、后附件；先主体、后局部；先轮廓、后细节。

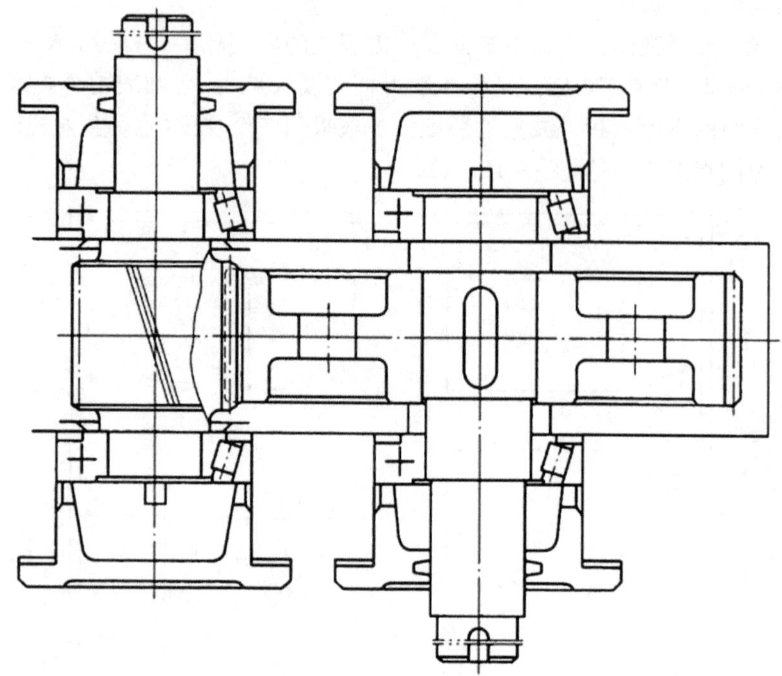

图 16-2　绘制一级减速器轴系零件部结构

当画箱体结构时，应从箱体主视图入手画图，画图依据仍然是箱盖、箱座零件测绘草图上所表达的结构形状和尺寸。当在主视图上确定了箱盖、箱座的基本外廓后，便可在三个视图上详细画出箱盖、箱座的结构。

最后逐一画出附件结构。对于如螺栓、螺母、垫圈、螺钉等标准件的连接，应按国家制图标准规定的简化画法正确画出。对于相同结构、相同尺寸的螺栓连接、螺钉连接，其相互关系清楚，可以只画一个，其他用中心线表示清楚位置。

完成这一阶段的绘图后，便可得到减速器装配草图，即减速器装配图底图，如图 16-3 所示。

2. 完成减速器装配图

完成减速器装配图不是绘制装配图的最后一步。完整的装配图应包括表达减速器结构的各个视图、主要尺寸和配合、技术特性和技术要求、零件编号、明细表和标题栏等。

1)绘图要求

(1)表达减速器结构的各个视图应在已绘制的装配草图基础上进行审核、修改、补充使视图完整、清晰并符合制图规范。

(2)装配图上尽量避免用虚线表示零件结构，必要表达的内部结构或某些附件结构，可采用局部视图或局部剖视图加以表示。

(3)画剖视图时，剖面线间距应与零件的大小相协调；相邻零件的剖面线方向应相反或间距不同，以便区别；对于零件剖面宽不大于 2 mm 的视图，其剖面线可以涂黑表示；同一零件在各视图上剖面线的方向和间距应保持一致。

(4)当肋板沿纵向剖切或对于轴、螺栓、垫片、销等零件沿轴线剖切时，其剖面线不画。

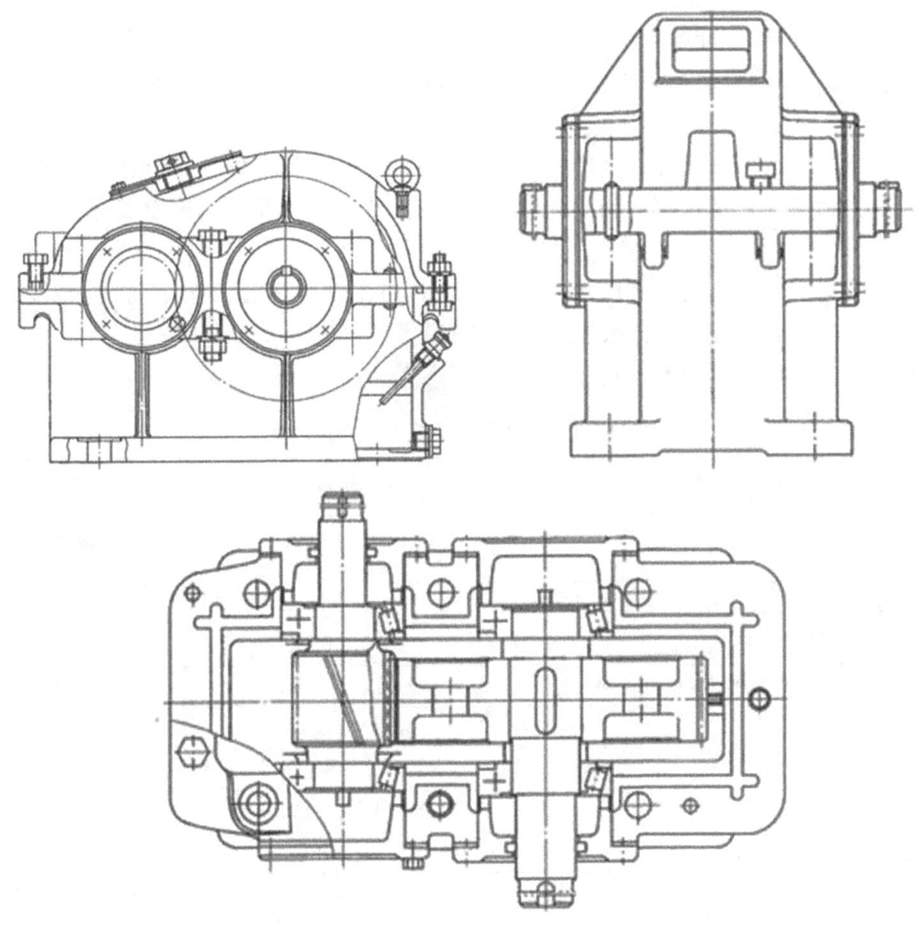

图 16－3　一级减速器装配草图

2)标注主要尺寸和配合

装配图是装配减速器的依据，因此装配图上必须标注下列有关尺寸：

(1)外形尺寸，包括减速器的总长、总宽、总高等，它是表示减速器大小的尺寸，由此可确定其所占空间的大小，以供装箱运输及车间布置时参考。

(2)特性尺寸，反映传动装置技术性能、规格或特征的尺寸，如传动零件的中心距及其极限偏差。

(3)安装尺寸，减速器的中心高、箱座底面尺寸、地脚螺栓孔的直径和间距，孔中心线相对于箱座底面的定位尺寸，输入和输出轴外伸端配合轴段的直径和长度等。

(4)配合尺寸，包括主要零件的配合尺寸、配合性质和精度等级。与其他机器、部件一样，减速器装配时配合面必须满足一定的配合要求，以保证减速器的工作性能，同时配合类别也是选择装配方法的依据。因此，装配图上必须标注出配合面的尺寸数值，以及相应的配合种类代号。

在装配图上应标注出以下四种配合尺寸：

①齿轮、蜗轮、带轮、链轮、联轴器和轴的配合。在较少装拆的情况下选用小过盈配合；在经常装拆的情况下选用过渡配合。

②轴承和轴、轴承座的配合。滚动轴承是标准组件，与相关零件配合时，其内孔与外径分别是基准孔和基准轴，在配合中不必标注。与轴承内孔配合的轴及与轴承外径配合的孔选用公差带代号。转速越高、负荷越大，则应采用较紧的配合；经常拆卸的轴承和游动套圈，则应采用较松的配合。

③套筒、封油盘、挡油盘等与轴的配合为间隙配合，但这些零件往往和滚动轴承装在同一轴段上。由于轴的外径已按滚动轴承配合的要求选定，此时轴和孔的配合是采用基轴制和不同公差等级组成的。

④轴承盖与轴承座孔的配合应选用间隙配合。由于轴承座孔已按滚动轴承要求选定，此时它与轴承盖的配合也是由不同公差等级组成的。

减速器主要零件的荐用配合见表 16－1。

表 16－1　减速器主要零件的荐用配合

配合零件	荐用配合	装拆方法
一般齿轮、蜗轮、带轮、联轴器与轴，轮缘与轮芯等	H7/r6、H7/s6	用压力机或温差法
要求对中性良好及很少拆装的齿轮、蜗轮、带轮、联轴器与轴	H7/n6	用压力机
小锥齿轮、较常拆装的齿轮、联轴器与轴	H7/k6、H7/m6	用手锤打入
滚动轴承内孔与轴	J6(轻负荷)、 k6、m6(中等负荷)	用压力机或温差法
滚动轴承外圈与轴承座孔	H7、H6(精度要求高时)	用木锤或徒手装拆
轴承套杯与轴承座孔	H7/h6、H7/js6	
轴承盖与轴承座孔(或套杯孔)	H7/h8、H7/f9	
嵌入式轴承盖与轴承座孔凹槽	H11/d11	
套筒、溅油轮、封油环、挡油环等与轴	H7/h6、E8/k6、E8/js6、D11/k6	

上述四方面尺寸应尽量集中标注在反映主要结构的视图上，并应使尺寸的布置整齐、清晰、规范。关于各零件的详细尺寸及公差不在装配图上而应在零件图上标注。

3. 注写技术要求

装配图的技术要求是用文字表达的，用来说明在图面上无法表达或表达不清的有关装配、检验、润滑、使用及维护等内容和要求。技术要求的执行是保证减速器正常工作的重要条件。

4. 编制零件序号、明细表和标题栏

1)零件编号

零件序号应严格按顺时针或逆时针方向顺序依次编排，不得重复和遗漏，排列要整齐，字体要比尺寸数字大一号。序号引线不能相交，并尽可能不与剖面线平行。

凡规格、尺寸、材料和精度等各项均相同的零件，不论数目多少都只应编一个序号，若有一项不同者则应另编序号。标准件和非标准件可统一编号，也可分别编号。对于标准组件(如螺栓、垫圈、螺母)可以利用公共序号引线，如图 16－4 所示。对于独立部件(如通气器、油面指示器等)可作为一个零件编号。

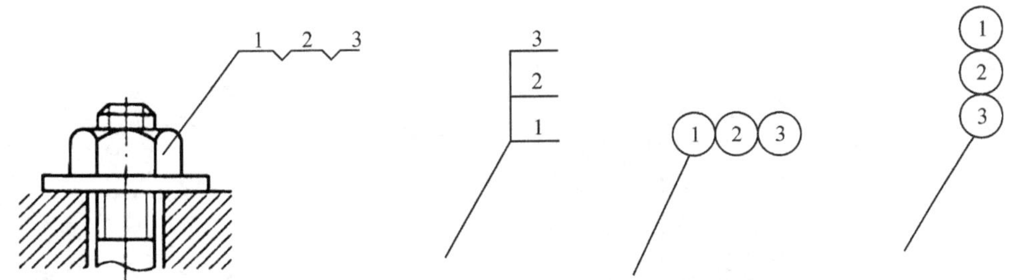

图 16－4　零件组件的指引线和编号

2)明细表和标题栏

明细表是减速器中所有零件的详细目录。对于每一个编号的零件，在明细表上都应由下而上按序号列出名称、数量、材料及规格。标准件必须注出规定的标记，材料应注明牌号。

标题栏应布置在图纸的右下角，用来注明减速器的名称、比例、图号、件数、重量、作者姓名等。

完成上述工作后即可得到完整的一级齿轮减速器装配图，如图 16－5 所示。

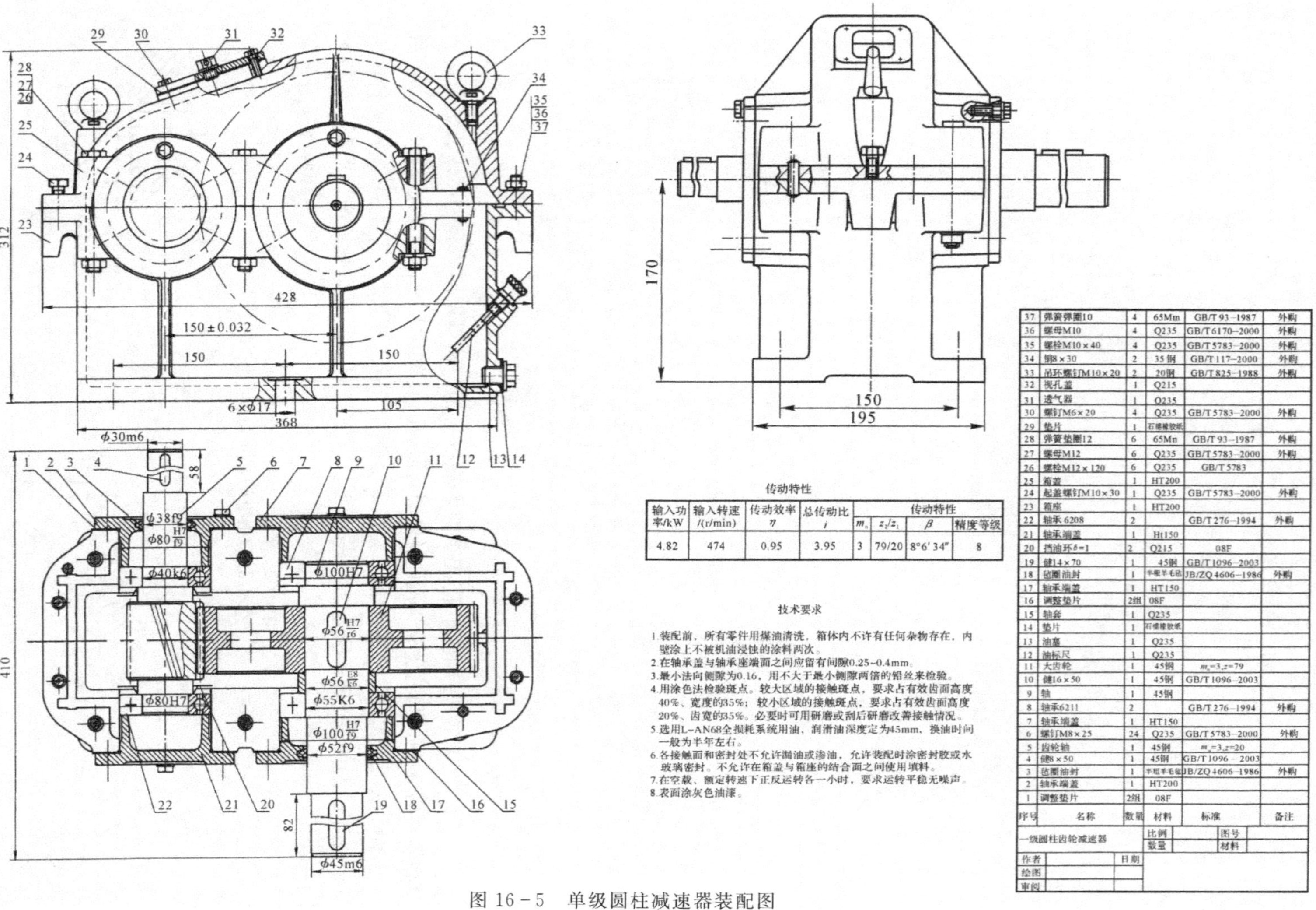

传动特性

输入功率/kW	输入转速/(r/min)	传动效率 η	总传动比 i	传动特性			
				m_n	z_2/z_1	β	精度等级
4.82	474	0.95	3.95	3	79/20	8°6′34″	8

技术要求

1.装配前，所有零件用煤油清洗，箱体内不许有任何杂物存在，内壁涂上不被机油浸蚀的涂料两次。
2.在轴承盖与轴承座端面之间应留有间隙0.25~0.4mm。
3.最小法向侧隙为0.16，用不大于最小侧隙两倍的铅丝来检验。
4.用涂色法检验斑点。较大区域的接触斑点，要求占有效齿面高度40%、宽度的35%；较小区域的接触斑点，要求占有效齿面高度20%、齿宽的35%。必要时可用研磨或刮后研磨改善接触情况。
5.选用L-AN68全损耗系统用油，润滑油深度定为45mm，换油时间一般为半年左右。
6.各接触面和密封处不允许漏油或渗油，允许装配时涂密封胶或水玻璃密封。不允许在箱盖与箱座的结合面之间使用填料。
7.在空载、额定转速下正反运转各一小时，要求运转平稳无噪声。
8.表面涂灰色油漆。

37	弹簧弹圈10	4	65Mm	GB/T 93-1987	外购
36	螺母M10	4	Q235	GB/T 6170-2000	外购
35	螺栓M10×40	4	Q235	GB/T 5783-2000	外购
34	销8×30	2	35钢	GB/T 117-2000	外购
33	吊环螺钉M10×20	2	20钢	GB/T 825-1988	外购
32	视孔盖	1	Q215		
31	透气器	1	Q235		
30	螺钉M6×20	4	Q235	GB/T 5783-2000	外购
29	垫片	1	石棉橡胶纸		
28	弹簧垫圈12	6	65Mn	GB/T 93-1987	外购
27	螺母M12	6	Q235	GB/T 5783-2000	外购
26	螺栓M12×120	6	Q235	GB/T 5783	
25	箱盖	1	HT200		
24	起盖螺钉M10×30	1	Q235	GB/T 5783-2000	外购
23	箱座	1	HT200		
22	轴承 6208	2		GB/T 276-1994	外购
21	轴承端盖	1	Ht150		
20	挡油环δ=1	2	Q215	08F	
19	键14×70	1	45钢	GB/T 1096-2003	
18	毡圈油封	1	半粗羊毛毡	JB/ZQ 4606-1986	外购
17	轴承端盖	1	HT150		
16	调整垫片	2组	08F		
15	轴套	1	Q235		
14	垫片	1	石棉橡胶纸		
13	油塞	1	Q235		
12	油标尺	1	Q235		
11	大齿轮	1	45钢	$m_n=3,z=79$	
10	键16×50	1	45钢	GB/T 1096-2003	
9	轴	1	45钢		
8	轴承6211	2		GB/T 276-1994	外购
7	轴承端盖	1	HT150		
6	螺钉M8×25	24	Q235	GB/T 5783-2000	外购
5	齿轮轴	1	45钢	$m_n=3,z=20$	
4	键8×50	1	45钢	GB/T 1096-2003	
3	毡圈油封	1	半粗羊毛毡	JB/ZQ 4606-1986	外购
2	轴承端盖	1	HT200		
1	调整垫片	2组	08F		
序号	名称	数量	材料	标准	备注

一级圆柱齿轮减速器		比例		图号	
		数量		材料	
作者		日期			
绘图					
审阅					

图 16－5　单级圆柱减速器装配图

任务 17　用 AutoCAD 软件绘制减速器工作图

 任务描述

【任务目标】

用 AutoCAD 软件绘制减速器零件工作图。

【知识目标】

①用 AutoCAD 软件绘制零件工作图的绘制步骤。

②“文字样式”文字字体、字高设置。

③“标注式样”文字字体、字高设置。

④编辑命令的使用技巧。

【能力目标】

掌握用 AutoCAD 软件绘制减速器工作图的技巧。

【素质目标】

培养学生一丝不苟、耐心细致的工作作风，养成诚实守信、严谨踏实、沟通协作的职业素质，树立质量、效率、成本、安全等意识。

 基础知识

17.1　用 AutoCAD 软件绘制减速器零件工作图

1. 零件工作图的绘制过程

当用 AutoCAD 来进行计算机绘图时，应按照以下步骤进行：

(1)进入 AutoCAD 时选择适当的图框样板文件。

(2)完成视图。

(3)处理细节，如圆角、倒角等。

(4)标注尺寸。

(5)完成标题栏和技术要求。

2. 选择图框样板文件

若先以 1∶1 比例画图，再去套用图框，将会使很多和计算机画图有关的画图环境无法先默认而衍生出其他问题，因此正式画图前应先选择合适的图框样板文件。

正式画图前应先设置图框样板文件，图框样板文件应保持空白图框及相关的定义资料，以

扩展名为“.dwg”的图形文件存入合适的目录中。应按不同图号图纸幅面形式和边框尺寸分别制作几个图框样板文件，以供需要时调入。

在设置图框样板文件中，主要应完成以下工作：

1)绘制矩形图框

按机械制图国家标准规定的不同图号的图纸幅面形式和边框尺寸绘制矩形图框，设置图形界限。

2)建立图层和线型、线宽

至少建立粗实线、细实线、细虚线、细点划线、细双点划线、尺寸线等五个图层，线型按机械制图国家标准选取，粗线线宽为 0.5，细线线宽为 0.25。图层颜色不能用 255 白，否则打印不出。

3)定义文字格式

设置“文字样式”，文字字体设置为“gbcbig.shx”，字高为 5 mm。

4)定义标注式样

可根据绘图时需要使用的不同情况，设定若干个“标注式样”，数字、拉丁字母字体设置为“gbeitc.shx”，字高为 3.5 mm，在绘图时根据需要调入。

3. 绘制视图

首先绘制主视图，先画出主视图的布局线，形成图样的大致轮廓，再以布局线为基础绘制图样的细节。布局轮廓时，一般先画图形的定位线，如中心线、孔轴线、图形对称线、端面线等，再画零件的轮廓线。主视图完成后，再根据投影关系完成其他视图。

在完成视图的过程中，注意使用以下技巧可以提高绘图速度并保证尺寸关系的精确。

(1)使用“偏移”命令绘制指定距离的辅助线，再用“修剪”命令对辅助线进行修剪，可以控制精确画图。

(2)在操作中使用捕捉功能，保证各图之间相交准确。

(3)使用“正交”功能，保证直线的水平或垂直。

(4)当线条长度不够或切断时，不要用“直线”命令补充画线，而要尽量用“延伸”或“打断”等编辑命令，也可以通过夹点拉伸，这样可避免重复画线。

(5)先完成主要轮廓线，最后统一进行“圆角”“倒角”等细节修饰。

4. 标注尺寸

尺寸标注命令有线性标注、对齐标注、弧长标注、坐标标注、半径标注、直径标注、折弯标注、角度标注、基线标注、连续标注等。在进行尺寸标注时要注意以下问题：

(1)在图框样板文件中一般已经定义好了常用的尺寸标注样式，画图开始前先调入样板文件即可。如果需要临时更改某些尺寸标注变量，可通过“标注”→“更新”菜单实现。

(2)尺寸标注里的数值是根据实际的轮廓长度自动生成的，在标注时要打开“对象捕捉”功能键，也可键入“ED”，出现“编辑标注”对话框，手动修改尺寸值或增加偏差标注等。

(3)对于视图中有需要标注线性直径的轴类零件时，应定义专门的标注样式，在“主单位”选项的“前缀”中输入“%%C”。专用之于线性直径标注。

17.2　用 AutoCAD 软件绘制减速器装配图

1. 绘制减速器装配图的方法

减速器装配图的绘制一般方法和要求如前所述，用 AutoCAD 软件绘制减速器装配图的方法主要有以下几种：

(1)直接绘制法：用 AutoCAD 命令直接绘制装配图。

(2)零件图复制法：若已用 AutoCAD 画好零件图，则可将零件图形复制到装配图中。

(3)可直接用三维模型生成二维装配图。

2. 绘制减速器装配图的步骤

进入 AutoCAD 后根据装配图所选择的视图决定用的图幅、选择适当的图框样板文件调入 AutoCAD 界面。

1)确定各视图位置

选择适当的视图数量及排列位置进行适当布局，再根据各视图图形的大小，画各视图图形的定位线，如中心线、孔轴线、图形对称线等，合理确定各视图的位置。各视图之间应留出标注零件序号和标注尺寸线的合理空间。

2)调入基础件

选择减速器基础件，如减速器箱体。打开减速器箱体零件工作图，关闭尺寸线图层，此时图形没有了标注的尺寸线，再复制图形到减速器装配图适当位置中。

然后再复制图形到减速器装配图中时，都必须关闭尺寸线图层，以提高绘图效率。

3)画轴系零部件

根据轴系零部件的结构形状和装配位置关系，依次打开轴、齿轮、轴承、轴承盖、键等轴系零部件的零件工作图，分别复制图形到减速器装配图中适当位置进行拼装，根据投影关系删除多余线条后，插入减速器装配图中基础件的适当位置。

4)画其余零件

用上述方法，在减速器装配图中适当位置依次插入其余零件。

5)画标准件

查标准件的国家标准，确定标准件外形及尺寸，在减速器装配图中适当位置画标准件。

6)尺寸线标注

尺寸线标注方法如前所述。

7)标注零件序号指引线

按规定要求标注。

8)明细表、标题栏和技术要求

按规定要求编写明细表、标题栏和技术要求，完成减速器装配图的绘制。

参考文献

[1] 郑建中.机器测绘技术[M].北京:机械工业出版社,2001.

[2] 李月琴,何培英,段红杰.机器零部件测绘[M].北京:机械工业出版社,2007.

[3] 任晓莉,钟建华.公差配合与量测实训[M].北京:北京理工大学出版社,2008.

[4] 赵忠玉.测量与机械零件测绘[M].北京:机械工业出版社,2008.

[5] 机械工业技师考评培训教材编审委员会.机修钳工技师培训教材[M].北京:机械工业出版社,2004.

[6] 黄劲枝,程时甘.机械分析应用综合课题指导[M].北京:机械工业出版社,2007.

[7] 王之栎,王大康.机械设计综合课程设计[M].北京:机械工业出版社,2003.

[8] 房海蓉,李建勇.现代机械工程综合实践教程[M].北京:机械工业出版社,2006.

[9] 王世刚,张秀亲,苗淑杰.机械设计实践[M].哈尔滨:哈尔滨工程大学出版社,2004.

[10] 劳动和社会保障部教材办公室.钳工工艺与技能训练[M].北京:中国劳动保障出版社,2006.

[11] 马鹏飞,等.钳工与装配技术[M].北京:化学工业出版社,2005.

[12] 才家刚.图解常用量具的使用方法和测量实例[M].北京:机械工业出版社,2007.

[13] 刘显贵,涂小华.机械设计基础[M].北京:北京理工大学出版社,2007.

[14] 南秀蓉,马素玲.公差配合与测量技术[M].北京:北京大学出版社,2007.

[15] 王志伟,孟玲琴.机械设计基础课程设计[M].北京:北京理工大学出版社,2007.

[16] 刘春林.机械设计基础课程设计[M].杭州:浙江大学出版社,2004.

[17] 程芳,杜伟.机械工程材料及热处理[M].北京:北京理工大学出版社,2008.

[18] 吕天玉.公差配合与测量技术[M].大连:大连理工大学出版社,2008.

[19] 马霄.互换性与测量技术基础[M].北京:北京理工大学出版社,2008.

[20] 黄志远,黄宏伟.装配钳工[M].北京:化学工业出版社,2007.

[21] 高钟秀.钳工技术[M].北京:金盾出版社,2004.

[22] 叶学明,周兆元,郭易.机修装配钳工[M].沈阳:辽宁科学技术出版社,2007.

[23] 陈宏钧.钳工操作技能手册[M].北京:机械工业出版社,2004.

[24] 晏文华.二手设备拆卸与安装工艺[M].北京:机械工业出版社,2004.

[25] 马锡琪.机械综合技术基础及应用[M].西安:西安交通大学出版社,2009.